Informationstechnik
P. Vary/U. Heute/W. Hess
Digitale
Sprachsignalverarbeitung

Informationstechnik

Herausgegeben von
Prof. Dr.-Ing. Dr.-Ing. E. h. Norbert Fliege, Mannheim
Prof. Dr.-Ing. Martin Bossert, Ulm

In der Informationstechnik wurden in den letzten Jahrzehnten klassische Bereiche wie analoge Nachrichtenübertragung, lineare Systeme und analoge Signalverarbeitung durch digitale Konzepte ersetzt bzw. ergänzt. Zu dieser Entwicklung haben insbesondere die Fortschritte in der Mikroelektronik und die damit steigende Leistungsfähigkeit integrierter Halbleiterschaltungen beigetragen. Digitale Kommunikationssysteme, digitale Signalverarbeitung und die Digitalisierung von Sprache und Bildern erobern eine Vielzahl von Anwendungsbereichen. Die heutige Informationstechnik ist durch hochkomplexe digitale Realisierungen gekennzeichnet, bei denen neben Informationstheorie Algorithmen und Protokolle im Mittelpunkt stehen. Ein Musterbeispiel hierfür ist der digitale Mobilfunk, bei dem die ganze Breite der Informationstechnik gefragt ist.

In der Buchreihe „Informationstechnik" soll der internationale Standard der Methoden und Prinzipien der modernen Informationstechnik festgehalten und einer breiten Schicht von Ingenieuren, Informatikern, Physikern und Mathematikern in Hochschule und Industrie zugänglich gemacht werden. Die Buchreihe soll grundlegende und aktuelle Themen der Informationstechnik behandeln und neue Ergebnisse auf diesem Gebiet reflektieren, um damit als Basis für zukünftige Entwicklungen zu dienen.

Digitale Sprachsignalverarbeitung

Von Professor Dr.-Ing. Peter Vary
Rheinisch-Westfälische Technische Hochschule Aachen

Professor Dr.-Ing. Ulrich Heute
Universität Kiel

und Professor Dr.-Ing. Wolfgang Hess
Universität Bonn

Mit 250 Bildern und 30 Tabellen

B. G. Teubner Stuttgart 1998

Die Deutsche Bibliothek – CIP-Einheitsaufnahme
Vary, Peter:
Digitale Sprachsignalverarbeitung : mit 30 Tabellen /
von Peter Vary, Ulrich Heute und Wolfgang Hess. –
Stuttgart : Teubner, 1998
  (Informationstechnik)
  ISBN 3-519-06165-1

Das Werk einschließlich aller seiner Teile ist urheberrechtlich geschützt. Jede Verwertung außerhalb der engen Grenzen des Urheberrechtsgesetzes ist ohne Zustimmung des Verlages unzulässig und strafbar. Das gilt besonders für Vervielfältigungen, Übersetzungen, Mikroverfilmungen und die Einspeicherung und Verarbeitung in elektronischen Systemen.

© B. G. Teubner Stuttgart 1998
Printed in Germany
Druck und Bindung: Präzis-Druck GmbH, Karlsruhe

Vorwort

Die digitale Sprachsignalverarbeitung hat mit der Verfügbarkeit leistungsfähiger Signalprozessoren große praktische Bedeutung erlangt. Hauptanwendungsbereiche sind Endgeräte für den digitalen Mobilfunk, die digitale leitungsgebundene Telefonie sowie die Spracheingabe und Sprachausgabe zur Mensch-Maschine-Kommunikation. Ein besonderes Kennzeichen dieses Arbeitsgebietes ist die enge Verbindung zwischen Theorie und Praxis mit einem quasi nahtlosen Übergang von der Systemsimulation unter Einsatz von Allzweckrechnern bis zur Systemrealisierung mit frei programmierbaren oder anwendungsspezifischen Prozessoren. Bei der Weiterentwicklung der Theorie der digitalen Sprachsignalverarbeitung spielen anwendungsorientierte Fragestellungen eine große Rolle. Das vorliegende Buch, das sich in erster Linie an Studierende und Ingenieure der Elektrotechnik und Informationstechnik richtet, versucht dieser Tatsache Rechnung zu tragen. Es entstand im Zusammenhang mit Vorlesungen zum Thema Sprachsignalverarbeitung, die von den Autoren an den Universitäten Bonn und Kiel sowie an der RWTH Aachen angeboten werden.

Umfang und Vertiefung einzelner Themen gehen vielfach über den Vorlesungsstoff hinaus, indem auf aktuelle Forschungsergebnisse, Standards, Realisierungsfragen und Anwendungen eingegangen und auf weiterführende Literatur verwiesen wird. Es werden Grundkenntnisse der digitalen Signalverarbeitung und der statistischen Signal- und Systembeschreibung vorausgesetzt. Die Themenauswahl wurde durch die sich ergänzenden Arbeitsschwerpunkte der drei Autoren und ihrer Arbeitsgruppen geprägt. Darstellung und Akzentuierung spezifischer Sachverhalte unterscheiden sich deshalb in den einzelnen Kapiteln in individueller Weise. Durch zahlreiche Querverweise zwischen den einzelnen Kapiteln werden Zusammenhänge sichtbar gemacht. Vielfach sind auch Ergebnisse der drei Arbeitsgruppen eingeflossen, soweit sie den Zielsetzungen dieses Buches entsprechen. Hierzu findet der Leser weitergehende Informationen in Form von Veröffentlichungen, Programmen und Tonbeispielen unter den folgenden Internet-Adressen:

http://www.ikp.uni-bonn.de
http://daniels.techfak.uni-kiel.de
http://www.ind.rwth-aachen.de

Zahlreiche Mitarbeiter und Studierende haben durch Arbeitsergebnisse und Diskussionen sowie durch redaktionelle Mitarbeit an der Entstehung und Korrektur des Manuskriptes mitgewirkt, ihnen allen gilt unser Dank. Ganz speziell gilt er Herrn Dipl.-Ing. Matthias Dörbecker für fachliche Beiträge, Herrn Horst Krott für die Anfertigung des größten Teils der Zeichnungen und Frau Renate Frijns für Schreibarbeiten.

Unser besonderer Dank gilt vor allem Frau Dr.-Ing. Christiane Antweiler, die sich in unermüdlicher Weise um Fertigstellung, einheitliche Gestaltung und inhaltliche Abstimmung des gesamten Manuskriptes gekümmert hat.

Schließlich sind wir Herrn Dr. J. Schlembach vom Teubner-Verlag für sein Vertrauen, seine Geduld und sein Engagement zu Dank verpflichtet.

Bonn, Kiel und Aachen, im Januar 1998

      Wolfgang Hess   Ulrich Heute   Peter Vary

Inhaltsverzeichnis

1	**Einleitung**	**1**
2	**Sprechen und Hören**	**5**
2.1	Lautsprachliche Kommunikationskette	5
2.2	Die menschlichen Sprechorgane	8
	2.2.1 Anregung des Sprechtrakts	10
	2.2.2 Formanten und Vokalartikulation	13
	2.2.3 Röhrenmodell des Vokaltrakts	20
	2.2.4 Lineares Modell der Spracherzeugung	26
2.3	Aufbau und Funktionsweise des menschlichen Gehörs	28
	2.3.1 Grundsätzlicher Aufbau des Gehörorgans	28
	2.3.2 Hörfläche	31
	2.3.3 Mithörschwelle, Frequenzgruppe, Lautheit, Maskierung	33
	2.3.4 Differentielle Wahrnehmbarkeitsschwellen	38
2.4	Aspekte der Phonetik und Linguistik	39
	2.4.1 Linguistische Einheiten: Phonem und Phon	39
	2.4.2 Die verschiedenen Informationsebenen in einem sprachverarbeitenden System	42
	2.4.3 Lautlehre: Vokale und Konsonanten	44
	2.4.4 Internationales Lautschriftalphabet; Transkription	50
	2.4.5 Distinktive Merkmale	52
	2.4.6 Lautübergänge und Koartikulation	54
	2.4.7 Phonotaktik	57
	2.4.8 Prosodie	58
3	**Signale, Spektren und Systeme**	**61**
3.1	Signalbeschreibungen	61
3.2	Spektraltransformationen	62
3.3	Systembeschreibung im Zeit- und Spektralbereich	66
3.4	Logarithmisches Spektrum und Cepstrum	68

4 Spektralanalyse   71

- 4.1 Kurzzeitspektren 71
  - 4.1.1 Filterung einer Spektralkomponente 71
  - 4.1.2 Taktreduktion 73
  - 4.1.3 Messung eines Gesamtspektrums 75
- 4.2 Unmittelbare Transformations-Berechnung 75
  - 4.2.1 Effiziente DFT-Berechnung (FFT) 76
  - 4.2.2 DFT als Filterbank 81
  - 4.2.3 Taktreduktion 85
  - 4.2.4 Verallgemeinerte Spektraltransformationen 85
  - 4.2.5 Verallgemeinerte DFT (GDFT) 86
  - 4.2.6 Diskrete Cosinus-Transformation (DCT, GDCT) 87
  - 4.2.7 Karhunen-Loève-Transformation (KLT) 91
- 4.3 Filterbänke 94
  - 4.3.1 Filterrealisierungen 94
  - 4.3.2 Baumstrukturen 102
  - 4.3.3 Polyphasen-Filterbänke 107
  - 4.3.4 Modulierte Filterbänke 110
  - 4.3.5 Polyphasen-Filterbänke mit ungleichmäßiger Auflösung . . . 111

5 Spektralsynthese, Analyse-Synthese-Systeme   117

- 5.1 Begriffsklärung 117
- 5.2 Synthese- und Analyse-Synthese-Filterbänke 119
- 5.3 QMF-Bänke 120
  - 5.3.1 Gleichphasige und versetzte Taktreduktion 123
  - 5.3.2 Zweikanal – QMF – System 123
  - 5.3.3 Filterentwurf 124
- 5.4 Polyphasen-Filterbänke 126
  - 5.4.1 Struktur und Varianten 126
  - 5.4.2 Taktreduktion 127
  - 5.4.3 Aliaskompensation 129
  - 5.4.4 Filterentwurf 131

6 Statistische Analyse — 137

- 6.1 Benötigte Begriffe 137
  - 6.1.1 Verteilung, Verteilungsdichte, Stationarität 137
  - 6.1.2 Erwartungswerte, Momente, Korrelationen 139
  - 6.1.3 Unkorreliertheit, Orthogonalität, Dekorrelation 142
  - 6.1.4 Statistische Unabhängigkeit 142
  - 6.1.5 Korrelations- und Kovarianzmatrizen 143
  - 6.1.6 Spektren 144
  - 6.1.7 Lineare Filterung von Zufallssignalen 145
  - 6.1.8 Beispiele 147
- 6.2 Messung statistischer Kenngrößen 152
  - 6.2.1 Verteilungsdichte, Histogramm 152
  - 6.2.2 Zeitmittelwerte, Ergodizität, Schätzung 155
  - 6.2.3 Zeitliche Momente, zeitliche Korrelation 157
  - 6.2.4 Zeitliche Korrelations- und Kovarianzmatrizen 161
  - 6.2.5 Kurzzeitspektren 162

7 Lineare Prädiktion — 165

- 7.1 Zugrundeliegendes Modell und Kurzzeitprädiktion 165
- 7.2 Optimale Prädiktorkoeffizienten bei Stationarität 171
- 7.3 Adaptive Einstellung des linearen Prädiktors 174
  - 7.3.1 Blockorientierte Adaption 174
  - 7.3.2 Sequentielle Adaption 184
- 7.4 Langzeitprädiktion 188

8 Grundperiode, Grundfrequenz, Anregungsart — 195

- 8.1 Grundfrequenzbestimmung: Übersicht 196
  - 8.1.1 Definitionen des Parameters Sprachgrundfrequenz 197
  - 8.1.2 Grobunterteilung der GFB-Algorithmen 200
- 8.2 GFB nach dem Prinzip der Kurzzeitanalyse 201
  - 8.2.1 Überblick 201
  - 8.2.2 Beispiel: GFB mit Hilfe doppelter Spektraltransformation und nichtlinearer Verzerrung im Frequenzbereich 204
  - 8.2.3 GFB mit aktiver Modellierung; weitere Entwicklungen 207
- 8.3 Grundperiodenbestimmung im Zeitbereich 209
  - 8.3.1 Analyse der Zeitstruktur 210
  - 8.3.2 Bestimmung der ersten Teilschwingung 211
  - 8.3.3 Mehrkanalalgorithmen 213

8.4	Korrektur und Glättung von GF-Verläufen	214
8.5	Stimmbandschwingung, Glottisverschlußzeitpunkt	215
	8.5.1 Rekonstruktion der Stimmbandschwingung	216
	8.5.2 Bestimmung des Glottisverschlußzeitpunktes	217
8.6	Bestimmung der Anregungsart	219
	8.6.1 Schwellwertanalyse mit wenigen Parametern	220
	8.6.2 Simultane Bestimmung von Anregungsart und Grundfrequenz	222
	8.6.3 ABA mit Hilfe der Mustererkennung	225
8.7	Evaluierung und Robustheit	227

9 Quantisierung und Codierung 233

9.1	Klassifikation und Kriterien	233
	9.1.1 Klassifikation der Algorithmen zur Sprachcodierung	234
	9.1.2 Kriterien zur Beurteilung	236
	9.1.3 Quantisierung und Codierung	238
9.2	Gleichmäßige Quantisierung	239
9.3	Quantisierung mit Kompandierung	247
9.4	Optimalquantisierung	256
9.5	Adaptive Quantisierung	257
9.6	Vektorquantisierung	262
	9.6.1 Prinzip	262
	9.6.2 Das Komplexitätsproblem	265
	9.6.3 Lattice-Quantisierung	266
	9.6.4 Entwurf von optimalen Vektor-Codebüchern	267
	9.6.5 Gain-Shape-Vektorquantisierung	270

10 Codierung im Zeitbereich 271

10.1	Modellgestützte prädiktive Codierung	271
10.2	Differentielle Signalform-Codierung	273
	10.2.1 Grundstrukturen	273
	10.2.2 Quantisierung des Restsignals	278
	10.2.3 ADPCM: Adaptive Differenz-Puls-Code-Modulation	288
10.3	Parametrische Codierung	290
	10.3.1 Vocoder-Strukturen	290
	10.3.2 LPC-Vocoder	293
	10.3.3 Quantisierung der Prädiktorkoeffizienten	295
10.4	Hybrid-Codierung	301
	10.4.1 Gemeinsame Grundlage der Codec-Konzepte	301
	10.4.2 Restsignal-Codierung: RELP	311
	10.4.3 Analyse-durch-Synthese: CELP	319
	10.4.4 Analyse-durch-Synthese: MPE, RPE	327
10.5	Codec-Verbesserung durch adaptive Nachfilterung	331

11 Codierung im Frequenzbereich — 337

- 11.1 Hintergrund 337
- 11.2 Transformationscodierung (TC) 340
  - 11.2.1 Prinzip 340
  - 11.2.2 Fehlervarianz 341
  - 11.2.3 Mögliche Transformationen 342
  - 11.2.4 Optimale Bitzuteilung 343
  - 11.2.5 Minimale Fehlerleistung, Störspektrum ... 346
  - 11.2.6 Transformationsgewinn, Wortlängenreduktion ... 346
  - 11.2.7 Optimale und praktikable Transformationen ... 348
  - 11.2.8 Adaptive Transformationscodierung (ATC) ... 351
  - 11.2.9 Realisierung 353
- 11.3 Teilbandcodierung (SBC) 355
  - 11.3.1 Prinzip 355
  - 11.3.2 Bandbreiten und Bitzuteilung 356
  - 11.3.3 Adaption 357
  - 11.3.4 Teilband-Differenzcodierung 358
  - 11.3.5 Vielkanal-SBC 359
  - 11.3.6 „Gehörrichtige" Quantisierung 361
  - 11.3.7 Codierung mit Polyphasen-Filterbänken ... 363
  - 11.3.8 Realisierungen 364
- 11.4 Sinusmodellierung und Harmonische Codierung ... 365
  - 11.4.1 Prinzip der Sinusmodellierung 365
  - 11.4.2 Prinzip der Harmonischen Codierung 368
  - 11.4.3 Probleme und Lösungsansätze 368
  - 11.4.4 Realisierung, Aufwand, Qualität 372
  - 11.4.5 Multiband-Codierung (MBE) 373

12 Geräuschreduktion — 377

- 12.1 Begriffsklärung und Motivation 377
- 12.2 Ansätze 379
- 12.3 Einkanaliges Optimalfilter (Wienerfilter) 380
  - 12.3.1 Ansatz und Zeitbereichslösung 380
  - 12.3.2 Frequenzbereichslösung 382
  - 12.3.3 Realisierung, Adaption 384
- 12.4 Spektrale Subtraktion 387
  - 12.4.1 Ansatz und Zusammenhang mit dem Optimalfilter ... 387
  - 12.4.2 Realisierung, Adaption 390

       12.4.3 Reststörungen: Musical Tones 393
       12.4.4 Variation der „Subtraktionsregel" 396
12.5 Verwendung verallgemeinerter Spektraldarstellungen 398
12.6 Eigenwert-/Eigenvektor-orientierte Geräuschreduktion 398
12.7 Geräuschkompensation 404
       12.7.1 Ansatz und Zeitbereichslösung 404
       12.7.2 Frequenzbereichsüberlegungen 406
       12.7.3 Adaptionsmöglichkeiten 407
12.8 Zweikanal-Geräuschreduktion 409
       12.8.1 Vorüberlegungen 409
       12.8.2 Kohärenzfunktion und Kompensationsgewinn 411
       12.8.3 Zweikanalige Geräuschreduktion im Zeitbereich 416
       12.8.4 Zweikanalige Geräuschreduktion im Frequenzbereich 417
12.9 Mehrkanal-Geräuschreduktion 419
12.10 Beamforming 422
       12.10.1 Mikrofonarrays mit superdirektiven Richteigenschaften 424

13 Kompensation akustischer Echos   429
13.1 Aufgabenstellung und Lösungsansatz 429
13.2 Objektive Beurteilungskriterien 434
13.3 Adaptionsalgorithmus: LMS, NLMS 436
       13.3.1 Zusatzmaßnahmen zur Verbesserung der Echodämpfung 451
13.4 Frequenzbereichsverfahren und Blockverarbeitung 457

14 Sprachsynthese   465
14.1 Sprachsynthese und akustische Mensch-Maschine-Kommunikation 465
14.2 Synthese auf segmentaler Ebene – Verkettung 468
       14.2.1 Regeln versus natürlichsprachliche Daten; Koartikulation 468
       14.2.2 Segmentale Einheiten und Elemente 470
14.3 Akustische Synthese 474
       14.3.1 Parametrische Synthese 474
       14.3.2 Synthese durch Signalmanipulation im Zeitbereich 477
       14.3.3 Inventarerstellung. Auf dem Weg zum „Personal Synthesizer" .. 483
       14.3.4 Verkettung in Systemen mit natürlichsprachlichen Bausteinen .. 484
       14.3.5 Direkte Sprachsynthese vom Sprachkorpus 485
14.4 Zur Frage der Prosodie 487
       14.4.1 Dauersteuerung 488
       14.4.2 Intonationssteuerung 489
14.5 Einige ausgewählte Anwendungen 491
       14.5.1 Einsatz der Sprachsynthese im Behindertenbereich 492
       14.5.2 Multilinguale Systeme 493
       14.5.3 Inhaltsgesteuerte Sprachsynthese (*Concept to Speech*) 494

15 Sprachsignal-Qualität 499

- 15.1 Problematik 499
- 15.2 Auditive Qualitätsbestimmung 500
  - 15.2.1 Beurteilungsansätze 500
  - 15.2.2 Mean-Opinion Score (MOS) 503
  - 15.2.3 Anker-Beurteilungen, MNRU 503
  - 15.2.4 Attributbewertungen 504
  - 15.2.5 Faktoren- und Hauptkomponentenanalyse 504
- 15.3 Instrumentelle Qualitätsbestimmung 507
  - 15.3.1 Problematik der ACR-Nachbildung 507
  - 15.3.2 Zwei Vergleichsbasen 507
  - 15.3.3 Bekannte Maße 509
  - 15.3.4 Neuere psychoakustisch motivierte Ansätze 516
- 15.4 Evaluierung der Qualität von Sprachsynthesesystemen .. 528
  - 15.4.1 Evaluierung der Verständlichkeit und Verstehbarkeit 528
  - 15.4.2 Bewertung der Natürlichkeit und zugehöriger Attribute ... 531
  - 15.4.3 Beispiele von Qualitätsauswertungen 531
- 15.5 Schlußbemerkungen 536

Anhang: Codec-Standards 537

- A.1 ITU-T/G.726: Adaptive Differential Pulse-Code Modulation 538
- A.2 ITU-T/G.728: Low-Delay CELP Speech Coder 539
- A.3 ITU-T/G.729: Conjugate-Structure Algebraic CELP-Codec 542
- A.4 ITU-T/G.722: 7 kHz Audio Coding within 64 kbit/s 545
- A.5 ETSI-GSM 06.10: Full-Rate Speech Transcoding 546
- A.6 ETSI-GSM 06.20: Half-Rate Speech Transcoding 548
- A.7 ETSI-GSM 06.60: Enhanced Full-Rate Speech Transcoding 550
- A.8 INMARSAT: Improved Multi-Band Excitation Codec (IMBE) 552
- A.9 ISO-MPEG1 Audio Codierung 554

Literaturverzeichnis 557

Sachwortverzeichnis 581

Kapitel 1

Einleitung

Sprache wird als wichtigstes Kommunikationsmittel des Menschen im wesentlichen in zwei Formen verwendet: als gesprochene Sprache (lautsprachliche Kommunikation) und als geschriebene Sprache (textliche Kommunikation). Mit der Gebärdensprache gibt es daneben noch eine dritte Form, die z.B. zur Kommunikation mit Gehörlosen dient. Für die *Sprachsignalverabeitung* sind vor allem Fragestellungen von Interesse, die gesprochene Sprache betreffen.

Sprachverarbeitung ist insgesamt ein Aufgabenbereich mit vielgestaltigen interdisziplinären Bezügen, u.a. zur Physiologie, Psychologie, Phonetik, Linguistik, Akustik, Psychoakustik und insbesondere zur digitalen Signalverarbeitung. Der Grad der Interdisziplinarität hängt dabei natürlich von der jeweiligen Aufgabenstellung ab.

Sprachsignalverarbeitung im engeren Sinne ist als Teilgebiet der Informationstechnik den Ingenieurwissenschaften zuzuordnen, wobei interdisziplinäre Gesichtspunkte der Spracherzeugung und der Psychoakustik eine große Rolle spielen.

Aufgrund der Fortschritte der Signalverarbeitungstechnologie hat die Sprachsignalverarbeitung mit der Verfügbarkeit von leistungsfähigen, monolithisch integrierten Signalprozessoren große praktische Bedeutung erlangt. Die wesentlichen Aufgabenschwerpunkte sind die Sprachcodierung (Datenkompression), die Verbesserung gestörter Sprachsignale, die Sprach- und Sprecher-Erkennung sowie die Sprachsynthese (Umsetzung von Text in gesprochene Sprache). Ein Hauptanwendungsbereich, der die Entwicklung stark vorantreibt, ist der digitale Mobilfunk. Ein weiterer Anwendungsbereich, der zunehmend an Bedeutung gewinnt, ist die *akustische Mensch-Maschine-Kommunikation* in Verbindung mit Multimedia-Systemen.

Die genannten Sprachverarbeitungsfunktionen lassen sich z.B. in einem Mobilfunk-Endgerät oder in einem Multimedia-Terminal kombinieren, wie dies in Bild 1.1 dargestellt wird.

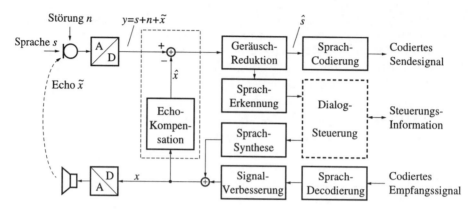

Bild 1.1: Sprachsignalverarbeitung in einem Endgerät zur Sprachkommunikation

Ein für den Benutzer wichtiges Leistungsmerkmal ist das sog. *Freisprechen* ohne Telefon-Handapparat, d.h. die Kommunikation über Mikrofon und Lautsprecher. Freisprecheinrichtungen sind im Kfz aus Gründen der Verkehrssicherheit und allgemein zur Erhöhung des Komforts angebracht. Das vom Lautsprecher abgestrahlte Signal x wird über die akustische Strecke und das Mikrofon der Freisprecheinrichtung als sog. *akustisches Echo* $\tilde{x}$ rückgekoppelt. Dies hat zur Folge, daß im Beispiel der Telefonanwendung der ferne Sprecher sich mit einer Verzögerung hört, die der doppelten Signallaufzeit des Telefonnetzes entspricht. In den GSM-Mobilfunknetzen beträgt diese Gesamtlaufzeit ca. 180 ms: Eine Verzögerung in dieser Größenordnung wird bei merklichem Pegel des akustischen Echos als störend empfunden. Darüber hinaus kann das Übertragungssystem infolge der Rückkopplung u.U. instabil werden. Zur Vermeidung dieser Effekte wird ein adaptives digitales Filter, ein sog. *Echokompensator*, eingesetzt. Eine ideale Unterdrückung des Echos ist in der Regel aus Gründen des Aufwandes oder wegen zu rascher zeitlicher Veränderungen des Lautsprecher-Raum-Mikrofon-Systems (LRM) nicht möglich, aber auch nicht erforderlich, da z.T. Verdeckungseffekte des Gehörs ausgenutzt werden können.

Die Kompensation des akustischen Echos ist auch dann erwünscht, wenn das Sprach-Endgerät eine Sprachsteuerung durch *Spracherkennung* und eine Benutzerführung mit *Sprachausgabe*, z.B. mittels einer *Sprachsynthese*-Einheit, enthält. Die *Dialogsteuerung* übernimmt dabei die von der jeweiligen Spracheingabe abhängige Koordinierung von Spracherkennung und Sprachausgabe. Bei der Sprachausgabe kann es sich um die Wiedergabe gespeicherter Signale oder um eine sog. Vollsynthese aus Texten handeln. Der erste Ansatz bietet den Vorteil größerer Natürlichkeit, der zweite den größerer Flexibilität, da die Texte ohne großen Zusatzaufwand an die jeweilige Aufgabenstellung angepaßt werden können.

Durch Echokompensation kann verhindert werden, daß das akustische Echo des Lautsprechersignals zum Eingang des Spracherkenners gelangt, so daß dieser auch während einer Sprachausgabe zu nutzen ist. Ein erfahrener Benutzer kann somit darauf verzichten, sich den ausführlichen Text der Benutzerführung anzuhören, da er den Dialog zu jeder Zeit durch ein entsprechendes Sprachkommando abkürzen kann. Auch in Verbindung mit Multimedia-Anwendungen besteht ein großes Interesse daran, den Spracherkenner ununterbrochen nutzen zu können.

Eine nachteilige Konsequenz einer Freisprecheinrichtung folgt aus der im Vergleich zu einem Handapparat vergrößerten Distanz zwischen dem Mund des Sprechers (Signal s) und dem Mikrofon: Bei Hintergrundstörungen ergeben sich deutlich schlechtere Signal-Störabstände. In einem Kraftfahrzeug sind hier beispielsweise um bis zu 20 dB geringere Signal-Störabstände festzustellen. Deshalb sind Maßnahmen zur *Geräuschreduktion* durch adaptive Filterung zu ergreifen, nicht zuletzt auch, um eine automatische Spracherkennung in akustisch gestörter Umgebung erst zu ermöglichen. Den Verfahren zur Geräuschreduktion liegen bestimmte Kriterien zur Unterscheidung von Nutzsignal und Störung zugrunde. Bei Systemen mit nur einem Mikrofon beruht die Trennung von Sprache und Störung auf der Annahme, daß die Störung stationär bzw. periodisch ist. Dann lassen sich die zur Einstellung eines adaptiven Filters benötigten Parameter der Störung in den Sprachpausen analysieren. Reale akustische Störgeräusche erfüllen diese Annahme meist nur eingeschränkt. Deutlich bessere Ergebnisse lassen sich vielfach durch Einsatz von zwei oder mehr Mikrofonen in Verbindung mit speziellen Signalverarbeitungsmaßnahmen erzielen. Dabei werden Eigenschaften des Störschallfeldes wie die räumliche Verteilung der Störquellen oder der diffuse Charakter des Störschalls ausgenutzt. Im letzten Fall beruht die Trennung von Signal und Störung auf den unterschiedlichen Kohärenzeigenschaften. Eine wesentliche Voraussetzung für die Wirksamkeit eines zu entwickelnden Verfahrens zur Geräuschreduktion ist daher die sorgfältige Analyse des Lautsprecher-Mikrofon-Systems mit akustischen und signaltheoretischen Methoden.

Die Randbedingungen für die *Sprachcodierung*, die auch als Quellencodierung oder Datenkompression bezeichnet wird, ergeben sich aus der jeweiligen Anwendung. Für die Entwicklung von Systemen zur Übertragung oder Speicherung von Sprachsignalen sind die verfügbare Übertragungsbandbreite oder Speicherkapazität und damit die zulässige Datenrate sowie die mindestens geforderte Sprachqualität die wichtigsten Leistungsmerkmale. Dabei sind auch die rechentechnische Komplexität sowie die Signalverzögerung der Codierungsalgorithmen zu berücksichtigen. Die spezifischen Algorithmen zur Codierung mit niedrigen Datenraten, d.h. mit $0.5\ldots2$ bit pro Abtastwert stützen sich explizit auf ein Modell der Spracherzeugung und nutzen Eigenschaften des Gehörs. Sie haben besondere Bedeutung für den digitalen Mobilfunk gewonnen, da die bei ausreichender Sprachqualität erzielten relativ niedrigen Datenraten eine Grundvoraussetzung für frequenzökonomische Mobilfunknetze darstellen. Da es sich in diesem Bitratenbereich in der Regel um eine verlustbehaftete Codierung handelt, ist hier der häufig verwendete Begriff der Datenreduktion (im Sinne einer informationstheoretischen Redundanzreduktion) nicht ganz zutreffend: In der Regel gehen Signalanteile unwiederbringlich verloren. Es wird jedoch versucht, die Codierung derart auszulegen, daß diese Anteile auditiv *irrelevant* sind.

Bei den niederratigen Verfahren mit effektiv weniger als 2 bit pro Abtastwert gelingt dies nicht perfekt. Durch eine der Decodierung nachgeschaltete *Signalverbesserung* kann jedoch vielfach eine auditiv günstige *Nachfilterung* durchgeführt werden.

Die *Signalverbesserung* umfaßt auch in gewissen Grenzen Maßnahmen zur Minderung der Auswirkung von Übertragungsfehlern, die von gestörten Kanälen verursacht werden. Unter Ausnutzung von Restredundanz des codierten Sprachsignals und von Qualitätsinformation über den momentanen Zustand des Übertragungskanals können die Auswirkungen von Fehlern in vielen Fällen durch interpolative Maßnahmen, durch Filterung oder durch Schätzen von Ersatzparametern subjektiv verdeckt werden. In der englischsprachigen Literatur wird hierfür der Begriff *error concealment* verwendet.

Das vorliegende Buch behandelt Grundlagen, Problemstellungen und Lösungsansätze der Sprachsignalverarbeitung mit einer Fokussierung auf den mit Bild 1.1 skizzierten Anwendungsbereich. Im Mittelpunkt stehen die einschlägigen *Algorithmen der Signalverarbeitung*. Deshalb wurde bewußt auf die Behandlung der Themen *Spracherkennung* und *Dialogsteuerung* verzichtet, während die Aufgabenstellung der *Sprachsynthese* unter Berücksichtigung der dabei erforderlichen Signalverarbeitungsschritte kurz behandelt wird. Die Verbindung zur Spracherkennung ist dennoch insofern gegeben, als die ihr zugrundeliegenden Verfahren der Signalanalyse dargestellt werden, während die Probleme der Mustererkennung nicht diskutiert werden.

Die für die Sprachsignalverarbeitung erforderlichen Hintergrundinformationen über die Spracherzeugung und das Gehör werden in Kapitel 2 dargestellt. Die Kapitel 3 bis 9 behandeln *grundsätzliche* Fragen der Signalverarbeitung, die für die Verarbeitung von Sprachsignalen von besonderem Interesse sind. Grundkenntnisse der digitalen Signalverarbeitung und der Statistik werden vorausgesetzt.

Die anwendungsspezifischen Algorithmen und Verfahren werden mit den Themen *Codierung, Geräuschreduktion, Kompensation akustischer Echos* und *Sprachsynthese* in den Kapitel 10 bis 14 behandelt. Dabei wird vielfach auf Standards der Telekommunikation sowie auf aktuelle Entwicklungen und Trends Bezug genommen und auf weiterführende Literatur verwiesen. Die wichtigsten *Standard-Codierverfahren* werden mit ihren typischen Merkmalen im Anhang vorgestellt.

Das abschließende Kapitel 15 ist der Frage der *Qualitätsbeurteilung* gewidmet. Nach einer kurzen Schilderung der Techniken *auditiver* Gütebestimmung für sprachverarbeitende, insbesondere Sprache codierende Systeme wird klar, daß wegen des hohen Aufwandes auditiver Qualitätstests die *instrumentelle* Qualitätsbeurteilung für die Entwicklung und Optimierung von Sprachverarbeitungssystemen von großer Bedeutung ist. Der Stand dieses noch stark im Fluß befindlichen Aufgabenbereichs wird exemplarisch dargestellt.

Kapitel 2

Sprechen und Hören

2.1 Lautsprachliche Kommunikationskette

Ein einfaches Modell der Kommunikation zwischen zwei Kommunikationspartnern ist in Bild 2.1 aufgezeigt. Der Terminus *Kommunikation* sei hier im Sinne von [Lyons-77] interpretiert als „intentionale Informationsübertragung mittels eines eingeführten Signalsystems". Diese Definition ist allgemein; sie läßt sich in allen Zusammenhängen einsetzen, in denen der Terminus Kommunikation heute angewendet wird. Für die lautsprachliche Kommunikation von Bedeutung sind die folgenden Aspekte:

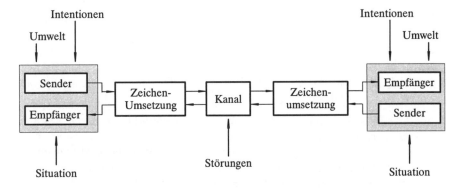

Bild 2.1: Ein einfaches Kommunikationsmodell

- *Sender* (Sprecher, Produzent) – wie wird eine lautsprachliche Äußerung erzeugt?
- *Empfänger* (Hörer, Rezipient) – wie wird eine lautsprachliche Äußerung wahrgenommen?
- *Kanal* (Übertragungsmedium Luft) – da eine lautsprachliche Äußerung als akustisches Signal übertragen wird, welches sind die akustischen Eigenschaften dieses Signals, und wie wirken sich die akustischen Eigenschaften des Übertragungsmediums auf die Sprechorgane und das Gehör aus?
- *Zeichensystem* – welche sprachlichen Zeichen werden zur lautsprachlichen Informationsübermittlung benutzt, welches sind ihre Eigenschaften, und wie sind sie strukturiert?

Für die gesprochene Sprache, ausgehend vom Gehirn des Sprechers bis zum Gehirn des Hörers, ergibt sich als Anwendung des einfachen Kommunikationsmodells von Bild 2.1 die in Bild 2.2 dargestellte kausale Verkettung physiologischer und

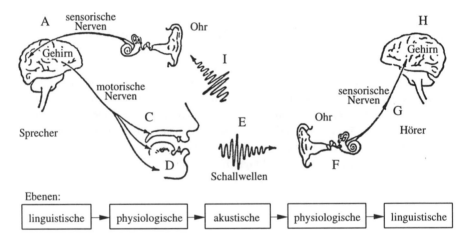

Bild 2.2: Die lautsprachliche Kommunikationskette
  („the speech chain", nach [Denes, Pinson-93])
  A) Neurophysiologische Vorgänge im Gehirn des Sprechers
  B) elektrische Vorgänge in den efferenten Nervenbahnen des Sprechers
  C) daraus resultierende Stellungen und Bewegungen seiner Sprechorgane
  D) akustische Erzeugung der Sprachsignale im Sprechtrakt
  E) akustische Übertragung
  F) mechanische Vorgänge im Mittelohr sowie hydromechanische Vorgänge im Innenohr des Hörers
  G) elektrische Signale auf den afferenten Nervenbahnen des Gehörs
  H) neurophysiologische Vorgänge im Gehirn des Hörers
  I) akustische Rückkopplung zum Gehör des Sprechers

physikalischer Abläufe (lautsprachliche Kommunikationskette; the *„speech chain"* [Denes, Pinson-93]).

Mehr und mehr versteht sich die *Sprachverarbeitung* als interdisziplinäres Arbeitsgebiet. Sprach*signal*verarbeitung im engeren Sinn ist als Teilgebiet der Informationstechnik und der digitalen Signalverarbeitung den Ingenieurwissenschaften zugehörig. Als unmittelbar benachbarte Disziplin ist die Akustik beteiligt, da Sprachsignale akustische Signale sind und ihre Eigenschaften wesentlich durch die akustischen Eigenschaften der Sprechorgane bestimmt sind. Im erweiterten Sinne – beispielsweise beim Aufbau von Spracherkennungs- oder Sprachsynthesesystemen – benötigt die Sprachsignalverarbeitung aber detaillierte Kenntnisse über alle Glieder der lautsprachlichen Kommunikationskette. Damit wird die Verbindung zunächst hergestellt zur Phonetik als derjenigen Wissenschaft, die sich mit den lautlichen Aspekten sprachlicher Kommunikation beschäftigt, und darüber hinaus zur allgemeinen Sprachwissenschaft (Linguistik), die alle Bereiche der Sprache (gesprochener wie geschriebener) behandelt. Weitere Disziplinen mit Verbindung zur Sprachsignalverarbeitung sind u.a. Computerlinguistik (Umsetzung linguistischer Modelle der Sprache in Algorithmen; Analyse und Synthese sprachlicher Äußerungen auf Symbolebene), Psychologie (Modellierung kognitiver Prozesse, Psycholinguistik), Physiologie (Aufbau und Funktionsweise der Sprechorgane und des Gehörs) sowie Kommunikationswissenschaft (Kommunikationstheorien, Sprechakttheorie, Soziolinguistik).

Ein wichtiger Aspekt ist die mögliche Störung in der Kommunikationskette. In Bild 2.1 ist beispielhaft eine Störung mit Angriffspunkt am Übertragungskanal eingezeichnet. Die Beschäftigung mit Störungen im Übertragungskanal ist eine klassische Aufgabe der Nachrichtentechnik, und auch in der Sprachsignalverarbeitung werden erhebliche Anstrengungen unternommen, bei der Übertragung von Sprachsignalen entstandene Störungen nachträglich zu beseitigen bzw. abzumildern (Geräuschreduktion; Kap. 12) oder die Übertragung möglichst unempfindlich gegen Störungen auszulegen.[1]

In diesem Kapitel soll das für die Sprachsignalverarbeitung erforderliche Hintergrundwissen aus einigen der genannten Disziplinen bereitgestellt werden. Dies kann

---

[1] In einem viel weiteren Sinne können Kommunikationsstörungen ihre Ursachen in jedem Glied der Kommunikationskette haben. Kommunikation als zielgerichtete Handlung zwischen zwei Individuen kann nur dann gelingen, wenn die übermittelte Information einwandfrei codiert, übertragen und wieder decodiert werden kann. Bei lautsprachlicher Kommunikation bedeutet dies zunächst, daß die Sprechorgane Sprachsignale produzieren müssen, die vom Hörer einwandfrei wahrgenommen werden. Dies ist bei normal sprechfähigen und normalhörenden Individuen der Fall. Eine andere Situation ergibt sich, wenn eine Person an anatomisch (z.B. infolge angeborener Spaltenbildung im Gaumenbereich) oder funktional (z.B. als Folge eines Schlaganfalls) verursachten Sprechstörungen leidet, oder wenn das Gehör durch Schwerhörigkeit oder Taubheit seine kommunikative Funktion nicht erfüllen kann. Wie jede mit Hilfe eines Zeichensystems durchgeführte Kommunikation verlangt auch die (laut-)sprachliche Kommunikation darüber hinaus eine beiden Kommunikationspartnern gemeinsame Grundkenntnis des verwendeten Zeichensystems, also hier die beiden Partnern gemeinsame Kenntnis der verwendeten Sprache.

schon aus Platzgründen nur unvollständig geschehen. Für vertiefende Studien sei auf die angegebene Literatur verwiesen.

Abschnitt 2.2 beschäftigt sich mit den menschlichen Sprechorganen. Hierbei wird der funktionale Aspekt der Sprachproduktion in den Vordergrund gestellt. In Abschnitt 2.3 wird eine kurze Einführung in die Funktionsweise des menschlichen Gehörs gegeben. Abschnitt 2.4 schließlich behandelt die Rolle des Zeichensystems Sprache und damit die phonetischen und linguistischen Aspekte der lautsprachlichen Kommunikation, soweit sie für die Sprachsignalverarbeitung notwendig sind.

2.2 Die menschlichen Sprechorgane

Bild 2.3 zeigt eine schematische Übersicht des menschlichen Sprechtraktes. In erster Näherung erfolgt die Bildung des Sprachsignals in zwei Stufen: (1) Anregung sowie (2) „Signalformung" (vgl. das Quelle-Filter-Modell, Abschnitt 2.2.4). Die menschlichen *Sprechorgane* sind: (1) die Lungen als Lieferant des Luftstromes und damit der notwendigen Energie; (2) Luftröhre und Bronchien; (3) Kehlkopf und Stimmbänder; (4) die Begrenzung von Rachen- und Mundraum, Velum, Gaumen, Zunge und Lippen; (5) Nasenraum. Bei allen diesen Organen ist das Sprechen Sekundärfunktion; ihre primär lebenswichtigen Funktionen sind die Atmung und (für Mund- und Rachenraum) die Nahrungsaufnahme. Als *Sprechtrakt* (im etwas engeren Sinn) bezeichnen wir den Kehlkopf, den Mund- und Rachenraum sowie den Nasenraum, also alle Komponenten, die unmittelbar an der Signalerzeugung und Signalformung beteiligt sind. Der Rachenraum (oberhalb des Kehlkopfes) und

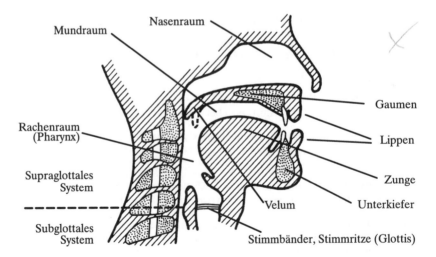

Bild 2.3: Schematische Übersicht über den Bau des menschlichen Sprechtraktes

2.2 Die menschlichen Sprechorgane

der Mundraum bilden zusammen den *Vokaltrakt*, auch *Ansatzrohr*[2] genannt; dieser dient in erster Linie der Signalformung, bei Nasalen und nasalierten Vokalen tritt der Nasenraum, gelegentlich auch *Nasaltrakt* genannt, hinzu.

Unter *Anregung* verstehen wir den Vorgang, bei dem im Luftstrom, der den Sprechtrakt durchströmt, Schwingungen oder Geräusche erzeugt werden, die nach weiterer Formung als Schall abgestrahlt werden. Hierauf wird in Abschnitt 2.2.1 näher eingegangen.

Das Quellen- oder Anregungssignal ist als Informationsträger für Sprache noch nicht ausreichend. Es bedarf noch der Signalformung im Vokaltrakt (Ansatzrohr). Hierunter verstehen wir den *Rachenraum* über der Glottis (Epiglottis, Pharynx) sowie den *Mundraum*, insgesamt also das supraglottale System mit Ausnahme des *Nasenraums*. Die wesentlich zur Klangfarbe des Sprachsignals beitragenden Komponenten im Vokaltrakt sind: (1) die Stellung der Zunge, (2) der Grad der Mundöffnung (durch den Unterkiefer gesteuert) sowie (3) die Stellung der Lippen. Diese Komponenten tragen in Form stetig veränderlicher Merkmale zum Sprachsignal bei. Die Stellung des Gaumensegels (Velum) hingegen, das den Nasenraum an- und abkoppelt, ist ein im wesentlichen binäres Merkmal.

Die Gesamtheit der Stellungen und Bewegungen der Organe des Sprechtrakts und ihre zeitliche Aufeinanderfolge wird als *Artikulation* bezeichnet; eine einzelne Stellung oder Bewegung bildet eine *Artikulationsgeste*. Die einzelnen an der Artikulation beteiligten Komponenten der Sprechorgane (Lippen, Zunge usw.) sind die *Artikulatoren*. Jeder Sprachlaut, der die akustische Grundlage für ein Phonem (siehe Abschnitt 2.4) bilden kann, ist gekennzeichnet durch die zugehörige Art der Anregung sowie eine (oder in Einzelfällen auch mehrere aufeinanderfolgende) Artikulationsgeste, die zusammen die artikulatorische Zielkonfiguration des Vokaltrakts bzw. der Sprechorgane ausmachen. Diese Zielkonfiguration bildet letztlich die Aussprachevorschrift für den jeweiligen Laut (vgl. Abschnitt 2.4.3). In fließender Sprache wird jedoch die jeweilige Zielstellung in erheblicher Weise durch den lautlichen Kontext beeinflußt (siehe Abschnitt 2.4.6). Auf diese Aspekte der Artikulation und der Artikulationsgesten werden wir im Rahmen von Abschnitt 2.4 zurückkommen.

Die akustischen Eigenschaften des Vokaltrakts werden durch die *akustische Theorie der Vokalartikulation* beschrieben (Abschnitt 2.2.2); das Röhrenmodell des Vokaltrakts stellt den Bezug zu einer Allpol-Übertragungsfunktion her (Abschnitt 2.2.3). Schließlich werden Anregung und Signalformung zu einem gemeinsamen linearen Modell der Spracherzeugung vereinigt (Abschnitt 2.2.4).

---

[2]Der Begriff *Vokaltrakt* hat nichts mit Vokalen als Lautklasse zu tun (vgl. im Englischen *vocal tract* versus *vowel*), sondern leitet sich vom lateinischen *vox* (Stimme) bzw. *vocalis* (der Stimme zugehörig) ab. Der Begriff *Ansatzrohr* stammt aus der akustischen Theorie der Vokalartikulation (siehe Abschnitt 2.2.2). Beide Begriffe werden in der deutschprachigen Literatur fast synonym verwendet, wobei *Vokaltrakt* in der technisch orientierten und *Ansatzrohr* in der phonetischen Literatur bevorzugt wird.

2.2.1 Anregung des Sprechtrakts

Der Mensch kann mit Hilfe seiner Sprechorgane sehr verschiedenartige Signale erzeugen; beim Sprechen greift er hauptsächlich auf drei Grundarten der Anregung zurück:

1) stimmhafte Anregung (Phonation),
2) stimmlose Anregung (Reibe- oder Friktionsgeräusch),
3) transiente Anregung (Plosivanregung).

Phonation. Unter Phonation verstehen wir die Funktionsweise der Stimmbänder, durch die ein pulmonaler Luftstrom im Kehlkopf (Larynx) durch die Stimmbänder so modifiziert wird, daß ein Schallsignal (Stimmbandschwingung) entsteht, welches wiederum als Anregungssignal zur Produktion von Sprache (oder von anderen vokalen Äußerungen wie Schreien oder Gesang) dient. Bei Phonation erzeugen die Stimmbänder eine quasiperiodische (d.h. näherungsweise als periodisch anzunehmende), nichtsinusförmige Schwingung. In der Regel erfolgt Phonation beim Ausatmen, jedoch kann auch beim Einatmen eine Stimmbandschwingung erzeugt werden. Die folgenden Erklärungen beziehen sich auf Phonation beim Ausatmen.

Die Vorgänge bei der Phonation werden erklärt durch die *myoelastisch-aerodynamische Theorie* [Van den Berg, Zantema, et al.-57], [Van den Berg-58] (Bild 2.4). In der Ausgangsstellung sind die Stimmbänder leicht gespannt (vgl. Bild 2.5); die Glottis (hierunter verstehen wir die Ritze zwischen den Stimmbändern) ist geschlossen (Bild 2.4-a,b, Figur 4), jedoch reicht der subglottale Druck[3] dazu aus, die Stimmbänder zu öffnen (Bild 2.4-a,b, Figuren 5 und 6). Nun kann Luft durch die Glottis strömen; deren Querschnitt ist jedoch im Vergleich zum Querschnitt oberhalb und unterhalb des Larynx gering, so daß die Luft mit großer Geschwindigkeit durchströmt. Hierdurch entsteht im Bereich der Stimmbänder durch den Bernoulli-Effekt ein Unterdruck, der als Bernoullikraft quer zur Strömungsrichtung wirkt und die Rückstellkraft verstärkt, die von der Spannung der Stimmbänder herrührt und die Stimmbänder bei Wegfall des subglottalen Drucks wieder in die Ausgangslage bringen würde. Rückstellkraft und Bernoullikraft zusammen übersteigen die durch den subglottalen Druck wirkende Kraft erheblich, so daß die Stimmbänder sich wieder aufeinander zubewegen. Durch die erhöhte Kraft

---

[3]Bei der Anregungsart Phonation stellen die Stimmbänder im gesamten Bereich der Sprechorgane (von der Lunge bis zur Abstrahlung an der Mundöffnung) grundsätzlich die engste Stelle dar. Sie teilen die Sprechorgane in das *subglottale System* (Lunge, Bronchien, Luftröhre bis zum Larynx) und das *supraglottale System*, das Rachen-, Mund- und Nasenraum umfaßt. Der subglottale Druck ist die Differenz des Luftdrucks im subglottalen System (bei geschlossenen Stimmbändern) und des atmosphärischen Luftdrucks außerhalb des Körpers des Sprechers. Sofern im supraglottalen System kein Verschluß und keine wesentliche Engstelle vorliegt, besteht keine Druckdifferenz zwischen Außenwelt und supraglottalem System, so daß der subglottale Druck bei der Phonation an den Stimmbändern abfällt. Bei Sprache in üblichen Lautstärken nimmt der subglottale Druck Werte zwischen 2 und 20 cm Wassersäule an [diese Werte finden sich in älteren Literaturangaben; 1 cm H_2O entspricht ungefähr 100 Pa].

2.2 Die menschlichen Sprechorgane

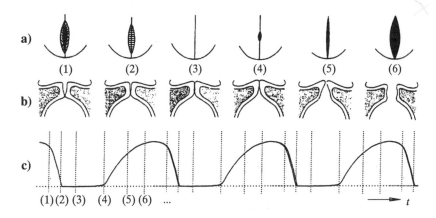

Bild 2.4: Schematische Ansicht der Bewegung der Stimmbänder (Bruststimme)
(Lecluse, 1977; hier nach [Hess-83], S.43)
a) Schematische Darstellung der Stimmbänder,
   von oben gesehen, Vorderseite unten
b) Längsschnitt
c) Phonationssignal (Stimmbandschwingung;
   Querschnittsfunktion bzw. Luftstrom)

werden die Stimmbänder regelrecht aufeinandergepreßt, so daß die Glottis abrupt geschlossen wird (Bild 2.4, Figuren 1-3). Mit Unterbrechung des Luftstromes fällt auch die Bernoullikraft weg, so daß die Ausgangsstellung wieder erreicht wird und der Zyklus erneut beginnen kann. Der Luftstrom wird also durch die Schwingung der Stimmbänder periodisch unterbrochen; dies ist als ein akustisches Signal, die Stimmbandschwingung bzw. das Phonationssignal, wahrnehmbar.

Das für das Sprachsignal wichtigste Ereignis ist das abrupte Schließen der Glottis (Bild 2.4, Figur 2). Hierdurch entsteht im Phonationssignal ein Knick, der letztlich dafür verantwortlich ist, daß in stimmhaften Sprachsignalen Frequenzen bis hinauf zu mehreren kHz merklich vorhanden sind.

Durch die Voreinstellung der Stimmbänder (Bild 2.5) und die Stärke des subglottalen Drucks läßt sich die Amplitude sowie die Folgefrequenz der einzelnen Schwingungszyklen steuern; letztere ist die Sprachgrundfrequenz oder einfach die *Grundfrequenz* F_0 des Signals (siehe hierzu auch Abschnitt 8.1.1). Ein Zyklus der Stimmbandschwingung wird als eine Sprachgrundperiode bzw. *Grundperiode* bezeichnet. Sprachsignale, die durch Stimmbandschwingung angeregt werden, werden als *stimmhafte* Sprachsignale bezeichnet.

Stimmlose und transiente Anregung. Durchströmt die Luft bei geöffneten Stimmbändern eine Engstelle im Mund- oder Rachenraum, so kann dort durch Reibung eine turbulente Strömung und somit ein Rauschen entstehen; dieses bildet das Anregungssignal bei stimmloser Anregung. Die akustischen Eigenschaften des

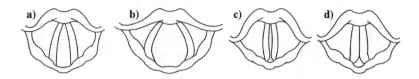

Bild 2.5: Stellung der Stimmbänder bei verschiedenen Funktionen.
Sicht jeweils von oben (nach [O'Shaughnessy-87])
a) normale Atmung
b) tiefes Einatmen
c) Phonation
d) Flüstern

Rauschens hängen hauptsächlich von der Stelle im supraglottalen System ab, an der es entsteht.

Stimmlose und stimmhafte Anregung schließen einander nicht aus. Treten beide gleichzeitig auf, wie dies bei stimmhaften Reibelauten (z.B. [z]) der Fall ist (oder bei wohlartikulierter Aussprache zumindest sein sollte), so sprechen wir von *gemischter* Anregung. Alle drei Anregungsformen sind quasi-stationär, d.h. sie können so lange andauern, wie der Luftstrom aus den Lungen aufrechterhalten werden kann.

Transiente Anregung liegt dann vor, wenn irgendwo im supraglottalen System ein Verschluß gebildet wird, so daß der Luftstrom kurzzeitig unterbrochen wird und sich hinter der Verschlußstelle durch den subglottalen Druck ein Überdruck aufbaut. Durch plötzliches Öffnen des Verschlusses entweicht die angestaute Luft.

Die transiente Anregung ist durch das Zeitverhalten charakterisiert. Zunächst wird durch den Verschluß jeder Schall unterbunden; es entsteht eine kurze Pause (*Verschlußpause*). Höchstens eine leise Stimmbandschwingung kann während dieser Zeit noch bestehen (engl.: *voice bar*). Das Öffnen des Verschlusses im Mund- oder Rachenraum bewirkt das plötzliche Entweichen der angestauten Luft mit dem zugehörigen Geräusch (*Plosionsgeräusch*[4], engl. *burst*). Die transiente Anregung kann nicht ausgehalten werden und verläuft kurzzeitig; die Verschlußpause liegt in der Größenordnung von 20 bis 100 ms; das Plosionsgeräusch dauert 20 bis 50 ms. Falls ein Reibelaut folgt, verbindet es sich mit diesem.

Bild 2.6 zeigt ein charakteristisches Beispiel für die Sprachsignale, die aus den verschiedenen Anregungsformen hervorgehen.

---

[4]In europäischen Sprachen ist die Plosion stets eine Explosion, d.h. beim Lösen des Verschlusses wird ein in der Verschlußphase entstandener Überdruck abgebaut. Denkbar (und in manchen außereuropäischen Sprachen existent) sind auch Laute, bei denen in der Verschlußphase ein Unterdruck erzeugt wird (Schnalzlaute). Wie von jedermann leicht zu verifizieren, können durch entsprechende Lippen- und insbesondere Zungenbewegungen Unterdrücke erzeugt werden, die den durch subglottalen Druck bei Explosionslauten erzeugten Überdruck betragsmäßig erheblich überschreiten, so daß Schnalzlaute wesentlich energiereicher geäußert werden können als die in der Regel vergleichsweise leisen Explosivlaute.

2.2 Die menschlichen Sprechorgane

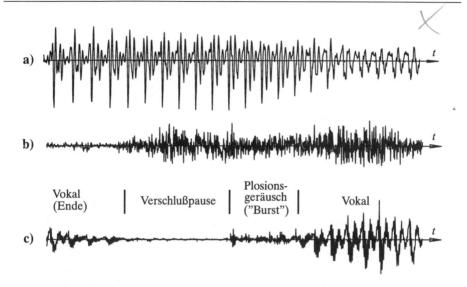

Bild 2.6: Sprachsignalbeispiele für die einzelnen Anregungsarten (Maßstab: 100 ms/Zeile)
  a) Stimmhaft (Vokal mit Übergang zu einem stimmhaften Konsonanten)
  b) Stimmlos (Frikativ)
  c) Übergang Vokal-Plosiv-Vokal

2.2.2 Formanten und Vokalartikulation

Indem wir sprechen, erzeugen und formen wir ein Schallsignal mit Hilfe der Luft, die an unseren Sprechorganen vorbei- bzw. durch sie hindurchströmt. Das Sprachsignal wird als Schallwelle im Ansatzrohr geformt und von den Lippen bzw. den Nasenlöchern abgestrahlt.

Ausgangspunkt einer Schallwelle ist immer ein schwingender Körper; im Fall der Sprechorgane ist dies die Luft selbst in Form eines unterbrochenen Luftstromes der Stimmbandschwingung. Wenn sich eine Schallwelle nach allen Richtungen frei und ungestört bewegen kann, so breitet sie sich kugelförmig (d.h. als Kugelwelle) aus. In einem zylindrischen Rohr, wie dies im Vokaltrakt näherungsweise gegeben ist, kann sich die Welle nur noch in einer Richtung ausbreiten, in der Längsrichtung des Rohres. Dieser Fall der ebenen Welle ist für die Beschreibung der akustischen Eigenschaften der Sprechorgane grundlegend.

Die Schallwelle ist eine Longitudinalwelle. Die Teilchen bewegen sich in Richtung der Ausbreitung des Schalls; Schallschnelle v und Ortskoordinate x sind gleichgerichtet. Die Schallwelle ist somit zu sehen als eine Folge von Verdichtungen und Verdünnungen. An den Verdichtungen nimmt der Schalldruck p einen maximalen und an den Verdünnungen einen minimalen Wert an. Entlang der Ortskoordinate, also entlang der Ausbreitungsrichtung, kann sich die Welle in Bild 2.7 ungestört

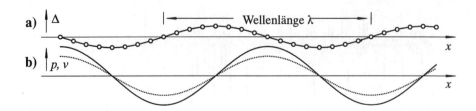

Bild 2.7: Ungestörte Ausbreitung einer ebenen akustischen Welle
   a) Auslenkung Δ
   b) Schalldruck p (durchgezogen) und Schallschnelle v (punktiert)

bewegen. Durch den Schalldruck werden die einzelnen Teilchen um die Ruhelage herum ausgelenkt. Sie erreichen maximale Schnelle v in der Ruhelage, während an den Umkehrpunkten die Schnelle Null wird. Auch der Schalldruck nimmt ein Maximum bzw. Minimum an, wenn die Teilchen gerade die Koordinaten ihrer Ruhelage passieren. Schalldruck p und Schallschnelle v haben also ihre Maxima und Minima und auch ihre Nulldurchgänge zu einer bestimmten Zeit an gleichen Orten bzw. an einem festliegenden Ort zu gleichen Zeitpunkten; sie verlaufen also in Phase. Nur so erfolgt auch eine Übertragung von Energie bzw. Leistung.

Grundsätzlich kann sich eine Welle immer dann ungestört ausbreiten, wenn die Schallfeldimpedanz konstant bleibt. Ändert sich die Schallfeldimpedanz sprunghaft, so wird die Ausbreitung der Welle gestört, und es kommt zu Reflexionen. Eine ideal schallharte ebene Wand senkrecht zur Ausbreitungsrichtung der Schallwelle beispielsweise bewirkt, daß die Welle vollständig reflektiert wird. Wand und Teilchen seien als ideal elastisch betrachtet; prallt ein Teilchen (senkrecht) auf die Wand auf, so wird es mit gleicher Geschwindigkeit, aber entgegengesetzter Richtung zurückgeworfen. Somit wechselt die Schallschnelle an der reflektierenden Wand ihr Vorzeichen, während der Schalldruck als omnidirektional wirkende Größe konstant bleibt. Da sich die Teilchen an der schallharten Wand nicht mehr bewegen können, lautet die Randbedingung für die Reflexion

$$v = 0 \quad \text{(an der Reflexionsstelle)}. \tag{2.1}$$

Auch beim Auftreffen der Welle auf ein ideal schallweiches Medium treten Reflexionen auf. Endet beispielsweise ein zylindrisches Rohr, in dem sich eine ebene Schallwelle ausbreitet, mit einer Öffnung ins freie Schallfeld, so kann sich die Welle ab dort frei in alle Richtungen ausbreiten; die Schallfeldimpedanz wird im freien Schallfeld erheblich geringer als im Rohr. Nehmen wir das freie Schallfeld als im Vergleich zum Rohr ideal schallweich an, so verursacht auch dieser Übergang eine totale Reflexion des Schalls; nur ist hier die Reflexionsbedingung eine andere:

$$p = 0 \quad \text{(an der Reflexionsstelle)}. \tag{2.2}$$

Durch die Überlagerung der ursprünglichen und der reflektierten Welle entsteht eine *stehende Welle*; Schalldruck und Schallschnelle sind nicht mehr in Phase, sondern um 90° gegeneinander phasenverschoben.

Die *akustische Theorie der Vokalartikulation* modelliert den Vokaltrakt als akustisches Rohr (Ansatzrohr), dessen Wände als ideal hart angesehen werden. Die Querschnittsfläche ist abhängig von der jeweiligen – durch die Artikulation bedingte – Geometrie des Vokaltrakts. Das Rohr ist am einen Ende (auf der Mundseite) offen, am anderen Ende (der Glottis) geschlossen. Die Theorie wurde in den 50er Jahren von Fant [Fant-70] sowie – hiervon unabhängig und mit anderem Ansatz – von Ungeheuer [Ungeheuer-62] entwickelt. Beide Ansätze sollen kurz vorgestellt werden. Auf Details muß aus Platzgründen verzichtet werden; hierfür sei auf die Literatur verwiesen [Fant-70], [Ungeheuer-62], [Flanagan-72], [Rabiner, Schafer-78].

Im einfachsten Fall (siehe Bild 2.8) – und hier werden die beiden Ansätze identisch – ist die Querschnittsfläche des Ansatzrohres über die gesamte Länge als konstant anzusehen. Durch die zweiseitige Begrenzung können nur stehende Wellen bestimmter Wellenlängen entstehen, die die Randbedingungen an beiden Enden des Ansatzrohres erfüllen. Ist das Rohr wie hier am einen Ende geschlossen und am anderen Ende offen, so stellen sich Resonanzen stets bei den Frequenzen ein, wo die Wellenlänge der zugehörigen Welle dafür sorgt, daß beispielsweise die möglichen Änderungen der Schallschnelle am geschlossenen Ende Null werden und am offenen Ende einen Extremwert erreichen (dies bedeutet gleichzeitig, daß dort

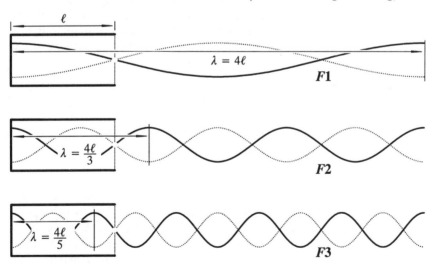

Bild 2.8: Akustisches Rohr mit konstantem Querschnitt: mögliche Resonanzfrequenzen und die dazugehörigen Wellenformen. Gezeichnete Größe: Einhüllende des Schalldrucks p für die ersten drei Formanten

der Schalldruck Null wird). Dies ist gegeben, wenn ein ungeradzahliges Vielfaches einer Viertelwelle genau in das Rohr paßt. Resonanzen entstehen bei folgenden Frequenzen (Bild 2.8):

$$f_k = \frac{(2k-1)c}{4\ell} \; ; \quad k = 1, 2, \ldots . \tag{2.3}$$

Bei einer Schallausbreitungsgeschwindigkeit von $c = 340$ m/s und einer Länge des Vokaltrakts von $\ell = 17$ cm (Durchschnittswert für Männer) ergeben sich damit Resonanzfrequenzen von

$$f_k = (2k-1) \cdot 500 \text{ Hz} \; ; \quad k = 1, 2, \ldots . \tag{2.4}$$

Diese Resonanzfrequenzen f_k, $k = 1, 2, \ldots$ des Vokaltrakts werden als *Formanten $F1$, $F2$, ...* bezeichnet. Für die Sprache sind vor allem die beiden untersten Formanten $F1$ und $F2$ von Bedeutung. Wie aus (2.4) hervorgeht, treten die Formanten hier in Abständen von etwa 1 kHz auf. Im Bereich der Telefonbandbreite ($0.3 < f \leq 3.4$ kHz) liegen somit in der Regel 4 Formanten.

Für den neutralen Vokal, das *Schwa* [ə] trifft die Modellannahme eines akustischen Rohres mit konstantem Querschnitt recht gut zu. Bei den anderen Vokalen weicht die Stellung des Vokaltrakts von der neutralen Stellung ab. Die akustische Theorie der Vokalartikulation ermöglicht die Berechnung der Formantfrequenzen aus der Geometrie des Ansatzrohres auch in diesen Fällen.

Auf älteren Arbeiten basierend, modelliert [Ungeheuer-62] das Ansatzrohr mit Hilfe der Webster'schen Horngleichung, einer linearen partiellen Differentialgleichung 2. Grades, die die Ausbreitung einer ebenen Welle durch ein verlustfreies akustisches Rohr mit dem ortsveränderlichen Querschnitt $A(x)$ beschreibt:

$$\frac{\partial^2 \Phi}{\partial x^2} + \frac{1}{A}\frac{dA}{dx}\frac{\partial \Phi}{\partial x} = \frac{1}{c^2}\frac{\partial^2 \Phi}{\partial t^2} \quad \text{oder} \quad \frac{\partial^2 \Phi}{\partial x^2} + \frac{d(\ln A)}{dx}\frac{\partial \Phi}{\partial x} = \frac{1}{c^2}\frac{\partial^2 \Phi}{\partial t^2} \; ; \tag{2.5}$$

hierbei ist c die Schall(ausbreitungs)geschwindigkeit, $\Phi(x,t)$ ist das *Geschwindigkeitspotential*, eine Hilfsgröße, die wie folgt definiert ist:

$$p = \varrho_0 \frac{\partial \Phi}{\partial t} \; , \quad v = -\frac{\partial \Phi}{\partial x} \; ; \tag{2.6}$$

ϱ_0 ist die Dichte der Luft bei normalem Luftdruck. Das Geschwindigkeitspotential wird eingeführt, damit die Randbedingungen an Mund und Glottis in der gleichen Variablen ausgedrückt werden; sie lauten nunmehr

$$v(t) = 0 \quad \text{und damit} \quad \frac{\partial \Phi}{\partial t} = 0 \quad \text{für} \quad x = 0 \quad \text{[Glottis] sowie} \tag{2.7-a}$$

$$p(t) = 0 \quad \text{und damit} \quad \Phi = 0 \quad \text{für} \quad x = \ell \quad \text{[Mundöffnung]} . \tag{2.7-b}$$

2.2 Die menschlichen Sprechorgane

In der Regel ist (2.5) in geschlossener Form nicht lösbar. Sie läßt sich jedoch durch den Ansatz

$$\Phi(x,t) = \varphi(x) \cdot \psi(t) \tag{2.8}$$

umformen in

$$\frac{1}{\varphi}\left(\frac{d^2\varphi}{dx^2} + \frac{d(\ln A)}{dx}\frac{d\varphi}{dx}\right) = \frac{1}{c^2\psi}\frac{d^2\psi}{dt^2} \; . \tag{2.9}$$

Die linke Seite von (2.9) hängt nur von x, die rechte nur von t ab; damit können beide als gleich einer Konstanten angesehen werden, die mit $-\Lambda$ bezeichnet sei:

$$\frac{1}{\varphi}\left(\frac{d^2\varphi}{dx^2} + \frac{d(\ln A)}{dx}\frac{d\varphi}{dx}\right) = -\Lambda = \frac{1}{c^2\psi}\frac{d^2\psi}{dt^2} \; . \tag{2.10}$$

Die rechte Hälfte von Gl. (2.10) führt uns auf ungedämpfte Sinusschwingungen:

$$\psi(t) = \cos\left(\sqrt{\Lambda} \cdot c \cdot t\right) \; . \tag{2.11}$$

Die linke Hälfte ergibt

$$\frac{d^2\varphi}{dx^2} + \frac{d(\ln A)}{dx}\frac{d\varphi}{dx} + \Lambda\varphi = 0 \; . \tag{2.12}$$

Ungeheuer legt diesem Ansatz ein Eigenwertproblem zugrunde, bei dem sich unter Anwendung der Randbedingungen (2.7-a,b) gewisse Eigenwerte Λ_k und die zugehörigen Eigenfunktionen $\varphi_k(x)$ ergeben, die die Gleichung und die Randbedingungen erfüllen; diesen können die entsprechenden Formantfrequenzen F_k gemäß

$$2\pi F_k = c\sqrt{\Lambda_k} \tag{2.13}$$

zugeordnet werden. Da die Webster'sche Horngleichung sich auch in der Form (2.12) nicht für einen beliebigen Querschnittsverlauf exakt lösen läßt, sind wir für allgemeine Vorhersagen über den Verlauf der Formantfrequenzen auf Approximationen angewiesen. Ein solches Verfahren, das auf Meyer-Eppler und Ungeheuer zurückgeht [Ungeheuer-62], arbeitet mit Hilfe der Störungsrechnung. Ausgangspunkt ist das zylindrische Rohr mit konstantem Querschnitt A; für diesen Fall fällt das mittlere Glied in (2.5) und (2.12) weg,

$$\frac{d^2\varphi}{dx^2} + \Lambda\varphi = 0 \tag{2.14}$$

und wir erhalten die „ungestörten" Eigenwerte, die mit $\Lambda_k^{(0)}$ bezeichnet sein sollen:

$$\Lambda_k^{(0)} = \frac{\pi^2}{4\ell^2}(2k-1)^2 = \left[\frac{(2k-1)\pi}{2\ell}\right]^2 \; . \tag{2.15}$$

Damit ergibt sich die Differentialgleichung selbst zu

$$\frac{d^2\varphi}{dx^2} + \left[\frac{(2k-1)\pi}{2\ell}\right]^2 \varphi = 0 \; ; \qquad k = 1, 2, \ldots , \tag{2.16}$$

und der Verlauf des Geschwindigkeitspotentials $\varphi_k^{(0)}(x)$, das dem Eigenwert $\Lambda_k^{(0)}$ zugeordnet ist, wird

$$\varphi_k^{(0)}(x) = \cos\frac{(2k-1)\pi x}{2\ell} . \tag{2.17}$$

Dieser Fall sei als *ungestört* bezeichnet; die „Störung" besteht in der Änderung des Querschnitts:

$$A(x) = A_0 + \Delta A(x) \; ;$$

hierdurch ändern sich die Eigenwerte, und die Änderung wird in Form einer Reihe angesetzt:

$$\Lambda_k = \Lambda_k^{(0)} + \Lambda_k^{(1)} + \ldots . \tag{2.18}$$

Die Störungsrechnung gestattet es, die jeweils nächste Approximation $\Lambda_k^{(\mu+1)}$ aus $\Lambda_k^{(\mu)}$ und der zugehörigen Eigenfunktion $\varphi_k^{(\mu)}$ zu berechnen. Für unseren Fall genügt der Schluß von $\mu = 0$ auf $\mu + 1 = 1$, also die Berechnung von $\Lambda_k^{(1)}$. Wir gehen aus von der Form

$$L[\varphi_k] + M[\varphi_k] + \Lambda_k \varphi_k = 0 , \tag{2.19}$$

wobei L den ungestörten und M den gestörten Term darstellt, also

$$L[\varphi_k] = \frac{d^2\varphi_k}{dx^2} \; ; \qquad M[\varphi_k] = \frac{d(\ln A)}{dx}\frac{d\varphi_k}{dx} . \tag{2.20}$$

Durch Einsetzen von (2.18) erhalten wir

$$L[\varphi_k] + M[\varphi_k] + (\Lambda_k^{(0)} + \Lambda_k^{(1)})\varphi_k = 0 \; ;$$

wegen (2.14) ergibt sich aber hieraus

$$M[\varphi_k] + \Lambda_k^{(1)}\varphi_k = 0 .$$

Die Randbedingungen, die stets die gleichen bleiben, lassen sich einbauen, indem wir mit φ_k multiplizieren und beide Seiten von 0 bis ℓ aufintegrieren; dies ergibt

$$\Lambda_k^{(1)} = \frac{2}{\ell}\int_0^\ell \varphi_k^{(0)}(x)\, M[\varphi_k^{(0)}(x)]\, dx . \tag{2.21}$$

Gehen wir davon aus, daß $\Delta A(x)$ klein ist, so läßt sich $M[\cdot]$ in (2.20) bezüglich $(\ln A)$ linearisieren. Die resultierende Änderung des Eigenwertes ergibt sich nach längerer Umrechnung zu

$$\Lambda_k^{(1)} = \frac{(2k-1)^2\pi^2}{2\ell^3 A_0} \int_0^\ell -\Delta A \cdot \cos\left(\frac{(2k-1)\pi}{\ell}x\right) dx . \qquad (2.22)$$

Der Integrand in (2.22) definiert eine *Empfindlichkeitsfunktion* für die Veränderung der Formantfrequenzen abhängig von der Querschnittsänderung und der Position dieser Änderung. Die Abweichung ist insbesondere davon abhängig, ob wir uns an einer Stelle befinden, an der der Schalldruck p bzw. die Schallschnelle v maximal variieren kann oder nicht. Die Aussage läßt sich wie folgt systematisieren:

Querschnittsvergrößerung an einer Stelle, wo $p(t) = 0$ ist, führt zur Erhöhung der zugehörigen Formantfrequenz; an einer Stelle, wo $v(t) = 0$ ist, führt sie zu deren Verringerung. Die Knoten der stehenden Wellen – $p(t) = 0$ bzw. $v(t) = 0$ – sind zugleich Stellen maximaler Empfindlichkeit der Formantfrequenzen gegenüber Querschnittsveränderungen (Bild 2.9).

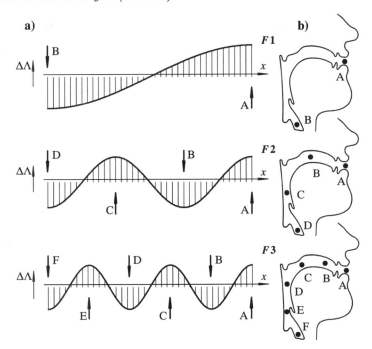

Bild 2.9: a) Empfindlichkeitsfunktion $\Delta\Lambda$ für die Eigenwerte der Formantverschiebungen ($F1$-$F3$) über die Länge des Ansatzrohres
b) Extremwerte der Empfindlichkeitsfunktion (A-F) projiziert auf das Ansatzrohr

Der Wert dieser Näherung liegt weniger darin, daß sie uns gestattet, die Formantfrequenzen von Vokalen zu schätzen, sondern daß sich hieraus eine Systematik ablesen läßt, auf Grund derer wir die Auswirkung einer Artikulationsgeste auf die Formanten beschreiben können. Diese Systematik gilt gleichermaßen für Vokale und Konsonanten und dient daher als Grundlage für die phonetische Interpretation von Spektrogrammen. Querschnittsverengung an den Lippen beispielsweise sorgt dafür, daß sich alle Formanten nach unten bewegen, während eine Engstelle im palatalen Bereich (siehe Abschnitt 2.4.3, Bild 2.27) die höheren Formanten ($F2$ und $F3$) in die Höhe gehen läßt.

Für jeden Vokal sind seine Formanten charakteristisch. Entsprechendes gilt für Liquide und Gleitlaute (siehe Abschnitt 2.4), die auf die gleiche Weise artikuliert werden. Die Verschiebung trifft im wesentlichen $F1$ und $F2$, mit gewissen Einschränkungen auch noch den 3. Formanten. Von $F4$ aufwärts müssen die Formanten jedoch zu den sprecherspezifischen, d.h. nicht lautabhängigen Merkmalen gezählt werden. Auch dies trifft mit Einschränkungen bereits auf $F3$ zu.

2.2.3 Röhrenmodell des Vokaltrakts

Das Röhrenmodell des Vokaltrakts geht aus vom akustischen Rohr konstanten Querschnitts; hier vereinfacht sich die Wellengleichung (2.5) für den verlustfreien Fall zu

$$\frac{\partial^2 \Phi}{\partial x^2} = \frac{1}{c^2} \frac{\partial^2 \Phi}{\partial t^2} \; , \tag{2.23}$$

und es existieren allgemeine Lösungen der Form

$$\Phi(x,t) = \Phi_\text{f}\left(t - \frac{x}{c}\right) + \Phi_\text{b}\left(t + \frac{x}{c}\right) \; . \tag{2.24}$$

Φ_f (*forward*) bezeichnet die *vorlaufende* Welle, die sich in x-Richtung bewegt; Φ_b (*backward*) bezeichnet die *rücklaufende* Welle. Hieraus lassen sich mit (2.6) die zugehörigen Formeln für Schalldruck p und Schallschnelle v gewinnen. Für v gilt

$$v(x,t) = \frac{1}{c}\left[\Phi_\text{f}\left(t - \frac{x}{c}\right) - \Phi_\text{b}\left(t + \frac{x}{c}\right)\right] \; . \tag{2.25}$$

Es ist zweckmäßig, neben der Schnelle die *Volumengeschwindigkeit* bzw. den *Schallfluß* u zu definieren:

$$u := v \cdot A \; ; \tag{2.26}$$

damit ergibt sich für Volumengeschwindigkeit und Druck

$$u(x,t) = \frac{A}{c}\left[\Phi_\text{f}\left(t - \frac{x}{c}\right) - \Phi_\text{b}\left(t + \frac{x}{c}\right)\right] = u_\text{f}\left(t - \frac{x}{c}\right) - u_\text{b}\left(t + \frac{x}{c}\right) ; \tag{2.27-a}$$

$$p(x,t) = \varrho_0 \left[\Phi_{\mathrm{f}}\left(t-\frac{x}{c}\right) + \Phi_{\mathrm{b}}\left(t+\frac{x}{c}\right)\right] = p_{\mathrm{f}}\left(t-\frac{x}{c}\right) + p_{\mathrm{b}}\left(t+\frac{x}{c}\right). \quad (2.27\text{-b})$$

Unter Berücksichtigung der akustischen Impedanz

$$Z = \frac{\varrho_0 c}{A}$$

können wir den Druck auf die Volumengeschwindigkeit zurückführen,

$$p(x,t) = Z\left[u_{\mathrm{f}}\left(t-\frac{x}{c}\right) + u_{\mathrm{b}}\left(t+\frac{x}{c}\right)\right]. \quad (2.28)$$

Im allgemeinen Fall ist das Modell des Vokaltrakts aus mehreren jeweils homogenen Leitungsstücken zusammengesetzt. An den Stoßstellen ändert sich der Querschnitt sprunghaft; dort gelten die Kontinutätsbedingungen, daß sowohl der Druck als auch die Volumengeschwindigkeit auf beiden Seiten gleich sein muß. An der Stoßstelle zwischen dem k-ten Leitungsstück und dem Leitungsstück k-1 gilt also zunächst (Bild 2.10-a)

$$p_k(t) = p_{k-1}(t) \quad \text{sowie} \quad u_k(t) = u_{k-1}(t).$$

Sind A_k und A_{k-1} die jeweiligen Querschnitte[5], so ergibt sich daraus

$$Z_k [u_{\mathrm{f},k}(t) + u_{\mathrm{b},k}(t)] = Z_{k-1}[u_{\mathrm{f},k-1}(t) + u_{\mathrm{b},k-1}(t)] \quad \text{bzw.} \quad (2.29\text{-a})$$

$$\frac{1}{A_k}[u_{\mathrm{f},k}(t) + u_{\mathrm{b},k}(t)] = \frac{1}{A_{k-1}}[u_{\mathrm{f},k-1}(t) + u_{\mathrm{b},k-1}(t)] \quad (2.29\text{-b})$$

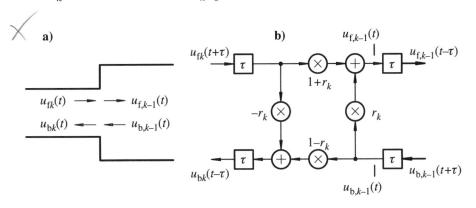

Bild 2.10: Übergang zwischen zwei zylindrischen akustischen Rohren;
(τ) Laufzeit in einem Segment der Länge Δx gemäß (2.36)
a) Vorlaufende und rücklaufende Wellen an der Stoßstelle
b) Signalfluß an der Stoßstelle (Kelly-Lochbaum-Struktur)

---

[5]Mit Rücksicht auf den Levinson-Durbin-Algorithmus bei der linearen Prädiktion (siehe Abschnitt 7.3.1.3) erfolgt die Zählung der Segmente *entgegen* der vorlaufenden Welle, so daß sich A_1 am Mund und A_n an der Glottis befindet.

für den Schalldruck sowie

$$u_{f,k}(t) - u_{b,k}(t) = u_{f,k-1}(t) - u_{b,k-1}(t) \qquad (2.30)$$

für die Volumengeschwindigkeit. Definieren wir nun den *Reflexionskoeffizienten* zu

$$r_k := \frac{A_{k-1} - A_k}{A_{k-1} + A_k}, \qquad (2.31)$$

so erhalten wir für die vorlaufende Welle im Leitungsabschnitt k-1 sowie die rücklaufende Welle im Abschnitt k

$$u_{f,k-1}(t) = (1 + r_k)\, u_{f,k}(t) + r_k\, u_{b,k-1}(t) \; ; \qquad (2.32\text{-a})$$
$$u_{b,k}(t) = -r_k\, u_{f,k}(t) + (1 - r_k)\, u_{b,k-1}(t) \; . \qquad (2.32\text{-b})$$

Das Verhältnis der Impedanzen in den beiden Abschnitten wird

$$\frac{Z_{k-1}}{Z_k} = \frac{A_k}{A_{k-1}} \; . \qquad (2.33)$$

Da die Flächen A immer positiv sind, ist der Reflexionskoeffizient auf die Werte

$$-1 \leq r_k \leq 1 \qquad (2.34)$$

beschränkt. Die Grenzwerte ergeben sich für den ideal schallharten und den ideal schallweichen Abschluß:

$$A_{k-1} = 0 \quad \text{ergibt} \quad Z_{k-1} = \infty \quad \text{und} \quad r_k = -1 \; ; \qquad (2.35\text{-a})$$
$$A_{k-1} = \infty \quad \text{ergibt} \quad Z_{k-1} = 0 \quad \text{und} \quad r_k = 1 \; . \qquad (2.35\text{-b})$$

Mit Hilfe dieser Formeln läßt sich ein Modell des Vokaltrakts bilden, das aus homogenen Rohrstücken besteht, die hart aneinanderstoßen. In Fants Theorie der Vokalartikulation [Fant-70] sind dies wenige (2-4) Stücke verschiedener Länge, deren Längen als Parameter in die Rechnung mit eingehen.

Für die digitale Modellierung besonders geeignet ist dieses Modell dann, wenn die einzelnen Rohrstücke gleiche Längen erhalten; in diesem Fall erhalten wir die Querschnittsfunktion des Vokaltrakts in abgetasteter Form (Bild 2.11). Hat jedes Teilstück die Länge Δx, so ist die Laufzeit für die Welle in einem Teilstück

$$\tau = \frac{\Delta x}{c} \; . \qquad (2.36)$$

In dieser Form führt das Modell auf die Kelly-Lochbaum-Struktur (Bild 2.10-b) [Kelly, Lochbaum-62]. Hierzu werden entsprechend dem Modell die einzelnen Rohrstücke in Reihe geschaltet (Bild 2.12-a). In seiner idealisierten Form ist das Modell als verlustfrei angenommen. Im realen Ansatzrohr treten selbstverständlich

2.2 Die menschlichen Sprechorgane

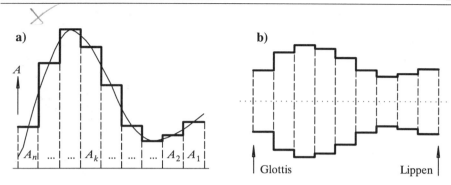

Bild 2.11: Röhrenmodell des Vokaltrakts
  a) Kontinuierlicher Verlauf der Flächenfunktion und
     Approximation durch gleichlange Abschnitte
  b) Röhrenmodell (gezeichnet: Querschnitt durch Zylinderstücke)

Verluste auf, zum einen bedingt durch Reibung in der Luft, Wärmeeffekte und Mitschwingen der Wände, zum anderen jedoch vor allem durch die Abstrahlung an den Lippen, die zwar bezogen auf das Ansatzrohr als abgeschlossenes System eine Verlustkomponente ausmacht, aber erst dafür sorgt, daß der Schall an die Außenwelt weitergegeben werden kann. Die Verluste bewirken, daß den Formanten gedämpfte Schwingungen entsprechen, die eine endliche Bandbreite besitzen. Im Modell lassen sich diese Verluste durch einen abschließenden Reflexionskoeffizienten r_L approximieren, so daß das Ausgangssignal nur teilweise ins Modell rückgekoppelt wird ([O'Shaughnessy-87], S. 103ff.). Die nicht ideale Realisierung der Randbedingung an der Glottis kann in entsprechender Weise durch einen glottalen Reflexionskoeffizienten r_G berücksichtigt werden. Im verlustfreien Fall wird $r_\mathrm{L} = 1$; an der Glottis besteht, da es sich bei (2.32-a) um ein Modell für u handelt und u wegen der Randbedingung (2.1) dort verschwindet, zwischen dem vorlaufenden und dem rücklaufenden Zweig keine Verbindung (Bild 2.12-b).

Dieses im Zeitbereich analoge Modell läßt sich bequem in ein Digitalfilter überführen. Hierfür wählen wir zunächst das Signalabtastintervall zu

$$T := 2\tau \tag{2.37}$$

und erzwingen wegen des Abtasttheorems damit implizit, daß das Ausgangssignal des Modells auf einen Frequenzbereich von $\{0, 1/2T\}$ bandbegrenzt ist. In der z-Ebene entsprechen die Verzögerungen um τ einer Multiplikation mit $z^{-\frac{1}{2}}$. In dieser Form hat die Struktur zuerst im Bereich der Wellendigitalfilter Eingang gefunden [Fettweis-86].

Bei den folgenden Betrachtungen wollen wir vom verlustfreien Fall ausgehen (Bild 2.12). Die Verzögerungsglieder, die dort noch gleichmäßig auf den vorlaufenden und

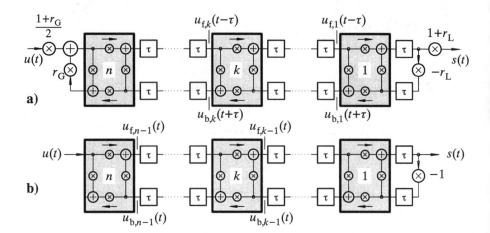

Bild 2.12: Röhrenmodell des Vokaltrakts: Kelly-Lochbaum-Struktur
  a) Struktur mit Approximation der endlichen Impedanzen an Glottis und Lippen
  b) idealisierter, verlustfreier Fall (zur Anbindung an die lineare Prädiktion)

den rücklaufenden Zweig verteilt sind, lassen sich in einem der beiden Zweige konzentrieren; dort wird das Signal dann um ein ganzes Abtastintervall verzögert. Da wir bei Digitalfiltern in Direktstruktur davon ausgehen (vgl. [Schüßler-94], [Hess-93]), daß das Eingangssignal verzögerungsfrei auf den Ausgang durchgeschaltet werden kann, ist es zweckmäßig, die Verzögerungsglieder im rücklaufenden Zweig anzuordnen. Weiterhin ist es zweckmäßig, das Vorzeichen der Signale im rücklaufenden Zweig gegenüber Bild 2.12-b umzudrehen; dadurch entfällt die Multiplikation mit -1 bei der Rückkopplung des Ausgangssignals, jedoch muß bei allen Koeffizienten in den Querzweigen des Filters das Vorzeichen ebenfalls vertauscht werden. Die zugehörige Struktur (Bild 2.13-a), die auch in der linearen Prädiktion eine Rolle spielt (vgl. Abschnitt 7.3.1.3), ist dort als Viermultiplizierer-Gitterstruktur (*ladder structure*) bekannt [Markel, Gray-76]. Aus der Topologie ist unmittelbar zu ersehen, daß es sich hierbei um ein rein rekursives Digitalfilter handelt. Die zugehörige Übertragungsfunktion wird somit eine Allpol-Übertragungsfunktion, die nur Resonanzen, d.h. Formanten besitzt. Die Strukturgleichung des k-ten Gliedes (in z) wird in dieser Darstellung

$$U_{f,k-1}(z) = (1 + r_k)\, U_{f,k}(z) - r_k\, U_{b,k-1}(z)\, ; \qquad (2.38\text{-a})$$

$$U_{b,k}(z) = r_k\, U_{f,k}(z) + (1 - r_k)\, U_{b,k-1}(z)\, . \qquad (2.38\text{-b})$$

Von der Viermultiplizierer-Gitterstruktur gelangt man leicht auf die gebräuchlichere Zweimultiplizierer-Kreuzgliedstruktur (*lattice structure*), indem man (2.38-a-b)

2.2 Die menschlichen Sprechorgane

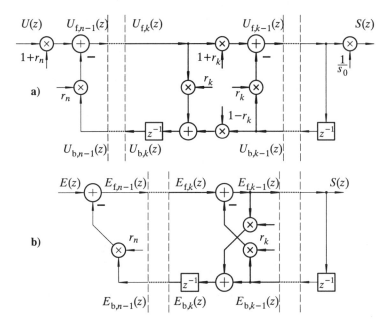

Bild 2.13: Röhrenmodell des Vokaltrakts: äquivalente Digitalfilter
  a) Viermultiplizierer-Gitterstruktur (*ladder structure*)
  b) Zweimultiplizierer-Kreuzgliedstruktur (*lattice structure*)

nicht in Abhängigkeit von $U_{\mathrm{f},k}(z)$, sondern von $U_{\mathrm{f},k-1}(z)$ berechnet:

$$U_{\mathrm{b},k}(z) = \frac{r_k}{1+r_k}\,U_{\mathrm{f},k}(z) + \frac{1}{1+r_k}\,U_{\mathrm{b},k}(z)$$

und durch geeignete Skalierung dafür sorgt, daß die Multiplizierer in den Längszweigen verschwinden (in der Wellendigitalfilter-Darstellung entspricht dies dem Zwischenschalten eines idealen Übertragers). Hierfür sei

$$U_{\mathrm{f},k}(z) := E_{\mathrm{f},k}(z)\cdot s_k\;,\qquad U_{\mathrm{b},k}(z) := E_{\mathrm{b},k}(z)\cdot s_k\;,$$

$$s_{k-1} = (1+r_k)\,s_k \quad\text{sowie}\quad s_n = 1\;;$$

n ist der Grad des Filters. Es ergibt sich nach kurzer Umrechnung

$$E_{\mathrm{f},k-1}(z) = E_{\mathrm{f},k}(z) - r_k\,E_{\mathrm{b},k-1}(z)\;; \tag{2.39-a}$$

$$E_{\mathrm{b},k}(z) = r_k\,E_{\mathrm{f},k-1}(z) + E_{\mathrm{b},k-1}(z)\;. \tag{2.39-b}$$

Um den Gesamtverstärkungsfaktor der Filter nach (2.38-a) und (2.39-a) gleich zu machen, muß die Wirkung der Skalierung zwischen den beiden Filtern ausgeglichen werden. Da die Form (2.39-a) eine Übertragungsfunktion besitzt, deren Zähler den Wert z^n (bzw. 1, wenn die Übertragungsfunktion mit negativen Potenzen von z angesetzt wird) annimmt, ist es üblich, die Skalierung mit $1/s_0$ bei der Viermultiplizierer-Gitterstruktur anzusetzen; s_0 ergibt sich zu

$$s_0 = \prod_{k=1}^{n}(1+r_k) \; .$$

Damit ist das Röhrenmodell des Vokaltrakts in der digitalen Darstellung auf ein Allpol-Filter in Kreuzglied- oder Viermultiplizierstruktur[6] zurückgeführt. Ist also die Querschnittsfunktion des Vokaltrakts bekannt, so kann daraus unmittelbar ein digitales Filter entworfen werden, das die Übertragungsfunktion des Vokaltrakts modelliert[7].

Bei Ankopplung des Nasenraums durch Öffnen des Velums entsteht ein Nebenschluß, durch den es zur Auslöschung einzelner Frequenzen und damit zu Nullstellen (*Antiformanten*) in der Übertragungsfunktion des kombinierten Vokal- und Nasaltrakts kommt. Entsprechendes gilt, wenn die Anregung nicht an der Glottis, sondern an einer anderen Stelle im Vokaltrakt erfolgt (z.B. stimmlose Anregung bei Frikativen). Auf die Behandlung dieses Falles wird hier verzichtet.

2.2.4 Lineares Modell der Spracherzeugung

Im vergangenen Abschnitt haben wir das Ansatzrohr als lineares System modelliert. Zusammen mit den Überlegungen zur Anregung in Abschnitt 2.2.1 entsteht das *Quelle-Filter-Modell*. Seine beiden Komponenten sind frequenzabhängig und zeitveränderlich; es lassen sich aber Teilsysteme abspalten, die nicht frequenzabhängig sind (Amplitude) oder in erster Näherung als zeitinvariant angesehen werden können (z.B. Abstrahlung). So entsteht das *lineare Modell der Spracherzeugung* (Bild 2.14), dessen Komponenten – in zeitdiskreter Darstellung als z-Transformierte – im folgenden kurz vorgestellt werden.

Stimmhafte und stimmlose Anregung werden auf getrennten Zweigen realisiert. Im stimmhaften Zweig wird zunächst die Phonation modelliert; hier wird der Parameter Grundfrequenz von der Generierung der Signalform der Stimmbandschwingung

---

[6] Die Beziehung zwischen Kreuzglied- und Direktstruktur ist in Abschnitt 7.3.1.3 kurz erläutert (siehe auch Bild 7.6); für weitere Details sei der Leser an die Literatur über digitale Filter verwiesen (z.B. [Schüssler-94], [Hess-93], [Lacroix-95]).

[7] Es ist auch versucht worden, den umgekehrten Weg zu gehen ([Wakita-73], [Wakita-79]), also die Querschnittsfunktion des Vokaltrakts aus den mit Hilfe der linearen Prädiktion gewonnenen Reflexionskoeffizienten zu schätzen. Dieses Verfahren liefert jedoch unbefriedigende Ergebnisse. Das Röhrenmodell in der Form von (2.39-a) gilt für den verlustfreien Fall. Wird die Übertragungsfunktion des Vokaltrakts jedoch durch lineare Prädiktion aus realen Sprachsignalen geschätzt, so wird stets ein verlustbehaftetes Signal analysiert, ohne daß die entsprechenden Koeffizienten r_G und r_L in die Struktur Eingang finden können. Hierdurch ist die Schätzung mit erheblichen Ungenauigkeiten behaftet.

2.2 Die menschlichen Sprechorgane

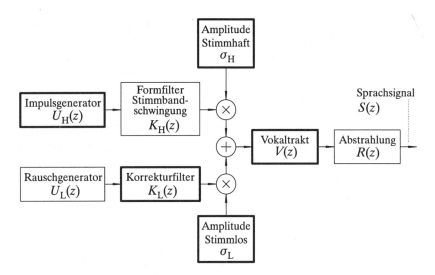

Bild 2.14: Lineares Modell der Spracherzeugung. Dick umrandete Komponenten repräsentieren zeitveränderliche Parameter und Teilsysteme. Die Übertragungsfunktionen sind in zeitdiskreter, zeitinvarianter Darstellung angegeben (entsprechend (2.40) für den stimmhaften Zweig)

abgekoppelt. Der Impulsgenerator $U_H(z)$ gibt eine Impulsfolge mit der (zeitveränderlichen) Grundperiodendauer T_0 ab. Das Formfilter $K_H(z)$ erzeugt aus dieser die Stimmbandschwingung (vgl. Bild 2.4). Da die Stimmbandschwingung grob durch eine Dreieckschwingung angenähert werden kann, ist $K_H(z)$ in erster Näherung ein Tiefpaßfilter, dessen Amplitudengang für Frequenzen oberhalb F_0 mit 12 dB/Oktave abfällt. Die genaue Übertragungsfunktion $K_H(z)$ ist sprecherspezifisch und hängt auch von situativen Faktoren ab, z.B. vom Momentanwert des subglottalen Drucks. Diese Faktoren sind ebenfalls zeitveränderlich, ändern sich jedoch in der Regel weitaus langsamer als F_0, so daß $K_H(z)$ in diesem Modell als zeitinvariant angesehen werden kann.

Die Stimmbandschwingung regt den Vokaltrakt an; dieser habe die (zeitveränderliche) Übertragungsfunktion $V(z)$. Die Abstrahlung $R(z)$, die wiederum als zeitinvariant angesehen werden kann, bildet die Anpassung des Sprachsignals an das freie Schallfeld nach und wird in erster Näherung als ein Differenzierglied 1. Grades (*Präemphase*) realisiert. Ist σ_H die Amplitude der stimmhaften Anregung, so ergibt sich die z-Transformierte des Sprachsignals zu

$$S(z) = U_H(z)\, K_H(z)\, V(z)\, R(z)\, \sigma_H \,. \tag{2.40}$$

Die Zeitveränderlichkeit des Modells kommt noch stärker zum Ausdruck, wenn wir auf eine Kurzzeitdarstellung (entsprechend Abschnitt 4.2.2) ausweichen:

$$S(z,k) = U_H(z,k)\, K_H(z)\, V(z,k)\, R(z)\, \sigma_H(k) \,. \tag{2.41}$$

Da in diesem Modell die Übertragungsfunktion $V(z)$ des Vokaltrakts für stimmhafte, stimmlose und gemischt angeregte Sprachsignale gleich angesetzt wird, und da in dem linearen System (2.40) die Reihenfolge der Komponenten – bis auf den Impulsgenerator – vertauscht werden kann, ist es zweckmäßig, σ_H zwischen Formfilter und Vokaltrakt zu plazieren und damit im Zusammenspiel mit dem Zweig für die stimmlose Anregung auch die Anregungsart zu steuern.

Auf stimmloser Seite erfolgt die Anregung durch einen Rauschgenerator $U_L(z)$, dessen Ausgangssignal anschließend das Korrekturfilter $K_L(z)$ durchläuft. Dieses berücksichtigt die Tatsache, daß die Anregung für stimmhafte und stimmlose Signale – insbesondere auch bei gemischter Anregung – im Sprechtrakt an verschiedenen Stellen erfolgt und damit die Übertragungsfunktionen des Vokaltrakts für den stimmhaften und den stimmlosen Signalanteil nicht identisch sind.

Das Vorhandensein einer getrennten Amplitudeneinstellung für stimmhafte und stimmlose Anregung ermöglicht es, das Modell mit gemischter Anregung zu betreiben und dabei den Grad der Stimmhaftigkeit einzustellen. Im *vereinfachten linearen Modell der Spracherzeugung* wird diese Amplitudeneinstellung ersetzt durch einen Schalter, der zwischen stimmhafter und stimmloser Anregung hin- und herschalten kann (vgl. Bild 7.1). Gemischte Anregung ist dann nicht möglich. Dieses vereinfachte Modell wird meist für die Zwecke der parametrischen Sprachübertragung verwendet. In der parametrischen Sprachsynthese (siehe Abschnitt 14.3.1) werden dagegen Modelle bevorzugt, die eine noch detailliertere Steuerung ermöglichen als das hier vorgestellte Modell; insbesondere werden stimmhafte und stimmlose Laute in völlig getrennten Teilsystemen realisiert [Klatt-80], [Carlson, Granström, et al.-91].

2.3 Aufbau und Funktionsweise des menschlichen Gehörs

2.3.1 Grundsätzlicher Aufbau des Gehörorgans

Das menschliche Gehörorgan (Bild 2.15) besteht aus

- dem *Außenohr* mit Ohrmuschel und Gehörgang bis hin zum Trommelfell;
- dem *Mittelohr* vom Trommelfell über die Gehörknöchelchen bis hin zum ovalen Fenster; sowie
- dem *Innenohr* mit der Schnecke und dem Cortischen Organ, das die Hörempfindung an den Hörnerv abgibt.

Die Unterteilung des Gehörs in Außen-, Mittel- und Innenohr hat neben den anatomischen auch akustische Gründe. Im Außenohr breitet sich der Schall noch in

2.3 Aufbau und Funktionsweise des menschlichen Gehörs

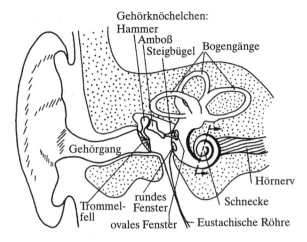

Bild 2.15: Schematische Darstellung von Außen-, Mittel- und Innenohr ([Zwicker-82], S. 22)

der Luft aus. Im Innenohr (*Schnecke, Cochlea*) erfolgt die Leitung des Schalls in den Lymphflüssigkeiten. Die akustischen Eigenschaften von Lymphe und Luft sind sehr verschieden. Luft ist leicht kompressibel und damit vergleichsweise schallweich; die inkompressible Flüssigkeit als schallhartes Medium hingegen benötigt große Drücke, um kleine Auslenkungen zu ermöglichen. Trifft nun eine Schallwelle, die sich in Luft bewegt, unvermittelt auf ein schallhartes Medium, so wird sie zum größten Teil an der Grenze zwischen schallweichem und schallhartem Medium reflektiert (vgl. Abschnitt 2.2.2). Damit dieses Problem für das menschliche Ohr nicht auftritt, übernimmt das Mittelohr die Funktion einer Anpassung der akustischen Eigenschaften durch mechanische Wandlung über die Gehörknöchelchen (Hammer, Amboß, Steigbügel), die durch Hebelwirkung die Bewegung des Trommelfells (geringe Kraft, weiter Weg) an die Verhältnisse der Flüssigkeit (hohe Kraft, kurzer Weg) angleichen. Hierbei sorgt das Trommelfell mit seiner im Vergleich zum ovalen Fenster großen Oberfläche für eine zusätzliche Verstärkung des eintreffenden Schalls.

Das Innenohr ist beim Menschen in einem sehr harten Knochen, dem Felsenbein, eingelagert. Es hat die Form einer Schnecke und ist bei allen höheren Wirbeltieren in ähnlicher Form aufgebaut. Beim Menschen hat sie etwa 2.5 Windungen. Ein Schnitt durch die Schnecke (Cochlea) ist schematisch in Bild 2.16-a dargestellt. Die Cochlea besteht aus drei parallel verlaufenden Kanälen, den *Skalen*. Die Fußplatte des Steigbügels steht über den Eingang zum Innenohr, das *ovale Fenster*, in direkter Verbindung mit der oberen Kammer, die aus der *Scala vestibuli* und der *Scala media* besteht (Bild 2.16-a). So gelangt der Schall ins Innenohr. Da Knochen und Flüssigkeit inkompressibel sind, ist ein Druckausgleich notwendig, der über das runde Fenster erfolgt.

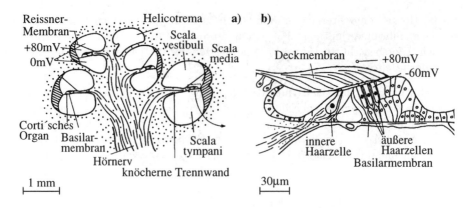

Bild 2.16: a) Schnitt durch das Innenohr (schematisch)
b) Schnitt durch das Cortische Organ ([Zwicker-82], S. 23)

Zwischen der oberen und der unteren Kammer (*Scala tympani*) befindet sich, in Knochengewebe eingespannt, die *Basilarmembran*, auf der das *Cortische Organ* (Bild 2.16-b) mit den Haarzellen, den Sinneszellen des Gehörs, liegt. Auf dem Weg vom ovalen zum runden Fenster versetzt der Schall die Basilarmembran in Schwingungen. Die Haarfortsätze der Sinneszellen des Cortischen Organs führen hierdurch mechanische Scherbewegungen mit der darüberliegenden Deckmembran aus, die von den Sinneszellen registriert und – in nervöse Reize umgewandelt –

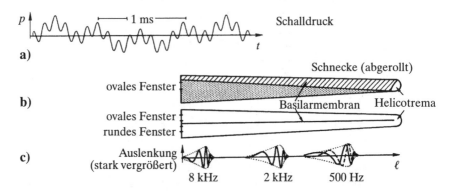

Bild 2.17: Frequenz-Orts-Transformation im Innenohr ([Békésy-60], nach [Zwicker-82], S. 25)
  a) Zeitsignal, bestehend aus drei monofrequenten Komponenten (500 Hz, 2000 Hz, 8000 Hz) gleicher Amplitude
  b) schematische Schnittdarstellung (Draufsicht und Seitenansicht) der abgerollten Schnecke
  c) Wanderwellen-Resonanzen auf der Basilarmembran

an die Hörnerven weitergeleitet werden. In der Nähe des ovalen Fensters ist die Basilarmembran verhältnismäßig schmal; zum Ende der Schnecke hin verbreitert sie sich. Hier besteht auch eine Verbindung zwischen der oberen und der unteren Kammer (*Helicotrema*).

Die Schwingungen der Basilarmembran haben die Form einer Wanderwelle. Hochfrequente Schalle verursachen dabei vornehmlich in der Nähe des ovalen Fensters Auslenkungen der Basilarmembran, tieffrequente Anteile in der Nähe des Helicotremas. Auf diese Weise werden verschiedene Frequenzen verschiedenen Orten auf der Basilarmembran zugeordnet (*Frequenz-Orts-Transformation*, siehe Bild 2.17).

2.3.2 Hörfläche

Als *Hörfläche* (Bild 2.18) wird der Bereich des Schalldruckpegels bzw. der Schallintensität abhängig von der Frequenz bezeichnet, in dem wir in der Lage sind, Schalle wahrzunehmen. Die Hörfläche wird intensitätsmäßig nach unten von der *Ruhehörschwelle*, nach oben von der *Schmerz-* oder *Fühlschwelle* begrenzt. Als Bezugsgröße (0 dB) ist für den Schalldruckpegel ein Wert von 20 μPa, für die Schallintensität der entsprechende Wert von 10^{-12} W/m^2 international festgelegt. Dieser Wert liegt knapp unterhalb des Wertes der Ruhehörschwelle für die Frequenz $f = 1$ kHz.

Ruhehörschwelle. Die *Ruhehörschwelle* ist der Schalldruckpegel eines Sinustons, der in Abhängigkeit von seiner Frequenz gerade noch wahrgenommen wird. Sie wird auch als absolute Hörschwelle bezeichnet, unterhalb derer Schallsignale nicht

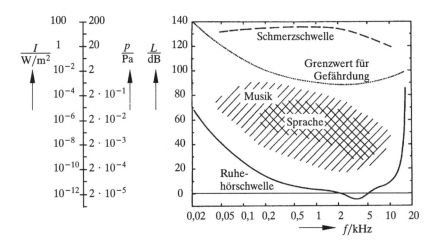

Bild 2.18: Hörfläche. Aufgetragen ist der Pegel L (in dB) über der Frequenz f im logarithmischen Maßstab. Als Vergleichswerte sind angegeben: der Schalldruck p (in Pa) und die Schallintensität I (in W/m^2) ([Zwicker-82], S. 34)

wahrgenommen werden. Die Ruhehörschwelle ist frequenzabhängig. Die größte Empfindlichkeit erreicht das Gehör (infolge der Resonanz des Gehörgangs) bei Frequenzen zwischen 1 kHz und 5 kHz. Die obere Frequenzgrenze unseres Hörvermögens ist – im wesentlichen durch das Mittelohr bedingt – zwischen 15 kHz und 20 kHz erreicht; sie sinkt mit dem Lebensalter des Menschen etwas ab.

Schmerzschwelle und Grenzwert für Gefährdung. Wird ein Schall lauter und immer lauter, so ist einmal ein Pegel erreicht, bei dem im Gehör ein unmittelbarer, stechender Schmerz auftritt. Dieser Pegel, der an der empfindlichsten Stelle etwa 140 dB über der Ruhehörschwelle liegt (das sind 7 Zehnerpotenzen für den Schalldruck und 14 Zehnerpotenzen für die Intensität), wird *Schmerzschwelle* oder *Fühlschwelle* genannt. Schalldrücke dieser Größenordnung verursachen im Gehör bereits nach kurzer Einwirkung irreparable Schäden. Eine Langzeitgefährdung tritt aber bereits bei Dauerbelastungen des Gehörs mit sehr viel niedrigeren Pegeln auf (*Grenzwert für Gefährdung*; vgl. auch [Ising, Kruppa-96]). Alle hörbaren, keinen Schmerz verursachenden Schalle liegen im Gebiet zwischen der Ruhehörschwelle und der Schmerzschwelle, der Hörfläche.

Kurven gleicher Lautstärke. Stellt ein Sinuston von 1 kHz, dargeboten mit einem Pegel von 40 dB, ein nicht besonders lautes, aber gut hörbares Schallereignis dar, so liegt ein Ton gleichen Pegels mit einer Frequenz von 50 Hz bereits unterhalb der Hörschwelle. Diese beiden Töne werden daher offensichtlich nicht als gleich laut empfunden. Um als gleich laut wie ein 1-kHz-Ton empfunden zu werden, muß ein 50-Hz-Ton also einen erheblich höheren Pegel besitzen. Für alle Pegel und alle Frequenzen aufgetragen, führt diese Fragestellung auf die Kurven gleicher Lautstärke (Bild 2.19). Der Lautstärkepegel L_N, angegeben in der (Pseudo-)Einheit *phon*, ist

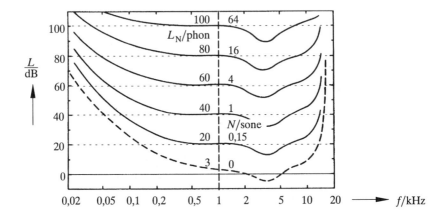

Bild 2.19: Hörfläche mit eingezeichneten Kurven gleicher Lautstärke. Angaben in phon (Lautstärkepegel L_N) und sone (Lautheit N, vgl. Abschnitt 2.3.3) ([Zwicker-82], S. 34)

definiert als der Schalldruckpegel (in dB) des als gleich laut empfundenen 1-kHz-Tones. Die Einheit *phon* stellt somit ein modifiziertes Pegelmaß dar.

2.3.3 Mithörschwelle, Frequenzgruppe, Lautheit, Maskierung

Mithörschwelle. Die Mithörschwelle ist definiert als die Wahrnehmbarkeitsschwelle für einen Testschall bei (gleichzeitiger) Anwesenheit eines Störschalls (*Maskierer*) und wird meist in dB angegeben. Mithörschwellen lassen sich für die verschiedensten Konstellationen von Stör- und Testschallen messen.

Frequenzgruppe und Tonheit. Wahrnehmungsexperimente mit Ruhehörschwelle und Mithörschwellen zeigen, daß das Gehör offensichtlich in eng begrenzten Frequenzbändern Intensitäten von verschiedenen Schallreizen zusammenfaßt. Diese Frequenzbänder werden als *Frequenzgruppen* (engl.: *critical bands*) bezeichnet.

Zur näheren Erläuterung sei eines der Grundexperimente kurz skizziert. Benötigt werden Versuchspersonen mit einem sehr flachen Verlauf der Ruhehörschwelle im Bereich von 1 kHz. Dort betrage die Ruhehörschwelle für eine normalhörende Versuchsperson und einen Sinuston von 920 Hz als Testschall 3 dB. Bietet man statt des einen Tones zwei Sinustöne gleicher Amplitude mit den Frequenzen 920 und 940 Hz an, so sinkt die Ruhehörschwelle auf 0 dB, bezogen auf den jeweiligen Pegel eines der Sinustöne. Bei vier Sinustönen (920, 940, 960, 980 Hz) beträgt sie -3 dB, bei acht (920-1060 Hz jeweils im Abstand von 20 Hz) sinkt sie auf -6 dB. Offensichtlich werden die Sinustöne, was die Intensität betrifft, nicht unabhängig voneinander wahrgenommen, sondern das Gehör ermittelt die Gesamtintensität des Reizes, und die Hörschwelle richtet sich nach dieser Gesamtintensität, denn in jedem Teilexperiment liegt die Hörschwelle bei einem Pegel des Gesamtreizes von 3 dB, wenn die Intensitäten der Einzelkomponenten aufaddiert werden. Dieser Effekt ist jedoch auf ein Frequenzband von 160 Hz begrenzt: bietet man 16 Sinustöne dar, die ein Frequenzband von 300 Hz überstreichen, so bleibt die Ruhehörschwelle, bezogen auf den Pegel des einzelnen Sinustones, bei -6 dB liegen.

Das vorgenannte Experiment ist nicht das einzige zum Nachweis der Frequenzgruppe. Ein ähnliches Experiment läßt sich bei allen Frequenzen und mit allen normalhörenden Versuchspersonen durchführen, wenn man die Messung nicht an der Ruhehörschwelle vornimmt, sondern bei höheren Pegeln in Gegenwart eines speziellen Maskierers, des sogenannten *gleichmäßig verdeckenden Rauschens*, das über die gesamte Hörfläche eine konstante Mithörschwelle erzeugt. Mit diesem und weiteren Experimenten läßt sich die Frequenzgruppe über den gesamten Hörbereich nachweisen und ihre Bandbreite Δf_G bestimmen. Diese ist frequenzabhängig und beträgt unter 500 Hz konstant etwa 100 Hz; über 500 Hz wächst sie proportional zur Frequenz an und beträgt etwa 20% der jeweiligen Bandmittenfrequenz (Bild 2.20-a). Reiht man über den gesamten Hörbereich alle Frequenzgruppen

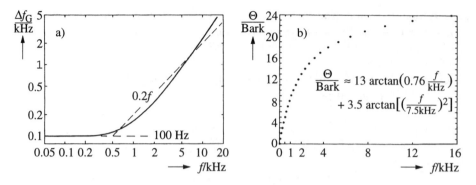

Bild 2.20: Zur Definition der Frequenzgruppe (nach [Zwicker-82], S. 51, 53)
   a) Bandbreite Δf_G
   b) Tonheit ϑ (Bark-Skala), jeweils abhängig von der Frequenz

auf, so ergibt sich eine gehörorientierte nichtlineare Frequenzskala, die als *Tonheit* (engl.: *critical band rate*) bezeichnet wird und die Einheit *Bark* (nach dem Dresdner Akustiker Barkhausen) besitzt (Bild 2.20-b). Sie umfaßt im Frequenzbereich von 0 bis 16 kHz insgesamt 24 Frequenzgruppen.

Die Frequenzgruppe ist für die gesamte Hörempfindung von grundlegender Bedeutung. Zwei weitere psychoakustische Kenngrößen sind eng mit ihr liiert: die Wahrnehmungsschwelle für die Frequenzänderung von Sinustönen (siehe Abschnitt 2.3.4) und die Verhältnistonhöhe. Letztere ist eine *Empfindungsgröße*, also eine Empfindung, die sich quantitativ messen läßt[8].

Die nichtlineare Zuordnung von Frequenz und Tonheit hat ihren Ursprung in der Frequenz-Orts-Transformation auf der Basilarmembran. Wird eine Frequenz auf der Basilarmembran dem Ort zugeordnet, an dem die zugehörige Wanderwelle ihr Maximum erreicht, so ergibt sich die Skala derart, daß jede Frequenzgruppe entlang der Basilarmembran, die eine Gesamtlänge von ungefähr 32 mm besitzt, einen Abschnitt von etwa 1.5 mm beansprucht.

---

[8]Wir sind es an sich nicht gewöhnt, Empfindungen zu quantifizieren. Wir können uns beispielsweise nicht vorstellen, die Temperatur an einem Tag als *doppelt so warm* wie an einem anderen zu empfinden oder ein unangenehmes Ereignis als doppelt so ärgerlich wie ein anderes. Viele Hörempfindungen lassen aber eine solche Quantifizierung und damit eine solche Fragestellung zu. So können wir einen Testton so einstellen, daß er halb oder doppelt so hoch wie ein Vergleichsschall mit eindeutig zuordnungsfähiger Tonhöhe empfunden wird (allerdings muß der Experimentator sicherstellen, daß die Versuchsperson die Tonhöhe nicht auf dem Weg über die Wahrnehmung eines musikalischen Intervalles erschließen kann). Wird dies für Töne zahlreicher Frequenzen durchgeführt, so entsteht eine Kennlinie, die die Frequenz des Reizes der Empfindung (hier der *Verhältnistonhöhe*) zuordnet. Um für die Empfindungsgröße eine Pseudoeinheit festlegen zu können, muß noch ein Bezugspunkt festgelegt werden; für die Verhältnistonhöhe mit der Pseudoeinheit *mel* liegt dieser im linearen Bereich der Skala: 125 Hz $\hat{=}$ 125 mel. Die Verhältnistonhöhe ist eng mit der Tonheit liiert; über den gesamten Bereich hörbarer Frequenzen gilt: 1 Bark $\hat{=}$ 100 mel.

2.3 Aufbau und Funktionsweise des menschlichen Gehörs

Lautheit. Der Lautstärkepegel, der aus den Kurven gleicher Lautstärke ermittelt wird, ist noch keine Empfindungsgröße. Zwei Schalle verschiedener Intensität lassen sich aber wiederum so einstellen, daß der eine als halb bzw. doppelt so laut empfunden wird wie der andere. Die zugehörige Empfindungsgröße wird *Lautheit* (engl. *loudness*) genannt und besitzt die Pseudoeinheit *sone*. Für den Bezugspunkt gilt: Ein 1-kHz-Ton mit dem Pegel 40 dB hat eine Lautheit von $N = 1$ sone.

Die Umsetzung Schalldruckpegel in Lautheit bringt eine starke Kompression der Dynamik auf der Empfindungsebene mit sich. Um einen Ton (bei einem Pegel über 40 dB) als doppelt so laut zu empfinden, muß man seine Intensität um 10 dB erhöhen (Bild 2.21). Unterhalb 40 dB ist die Kurve steiler; an der Hörschwelle (für $f = 1$ kHz bei 3 dB gelegen) erreicht die Lautheit den Wert Null.

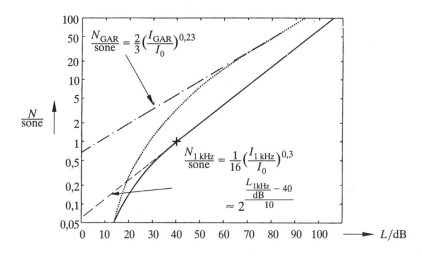

Bild 2.21: Lautheit N als Funktion des Schallpegels $L_{1\,\mathrm{kHz}}$ für den 1-kHz-Ton (durchgezogen) und L_{GAR} für gleichmäßig anregendes Rauschen (punktiert). Näherungsformeln sind mit angegeben ([Zwicker-82], S. 81)

Die Lautheit ist eine komplizierte Empfindungsgröße, die insbesondere auch von der spektralen Zusammensetzung und der Bandbreite eines Schallreizes abhängt. Breitbandige Schalle werden als lauter empfunden als schmalbandige Schalle gleichen Pegels (man beachte den Unterschied zwischen dem 1-kHz-Ton und dem gleichmäßig anregenden Rauschen[9]).

Zur Erläuterung sei ein weiteres Experiment skizziert. Als Testschall dargeboten werden zwei Sinustöne mit einem Pegel von jeweils 60 dB und variablem Frequenzabstand Δf derart, daß das geometrische Mittel der beiden Frequenzen 1 kHz beträgt. Aufgabe der Versuchsperson ist es, den Pegel eines 1-kHz-Sinustons so

---
[9] Gleichmäßig anregendes Rauschen ist ein Rauschen, das in jeder Frequenzgruppe die gleiche Schallintensität besitzt.

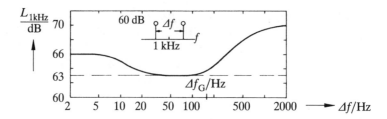

Bild 2.22: Pegel $L_{1\text{kHz}}$ des 1-kHz-Tones, der als gleich laut empfunden wird wie zwei gleichzeitig dargebotene Sinustöne mit einem Pegel von 60 dB, dargestellt in Abhängigkeit von ihrem Frequenzabstand Δf ([Zwicker-82], S. 78)

einzustellen, daß er als gleich laut wie der Testschall empfunden wird (Bild 2.22). Bei geringem Frequenzabstand (10 Hz und weniger) ist das Ohr offensichtlich in der Lage, dem Schalldruckverlauf der entstehenden Schwebung zu folgen und stellt die Lautheit des Testschalls nach dem Maximum des Schalldrucks ein, so daß von den beiden Sinustönen des Testschalles offensichtlich die Amplituden addiert werden. Von etwa 20 Hz bis zur Breite der Frequenzgruppe (160 Hz) erfolgt dann die Zusammenfassung der Intensitäten, d.h. das Gehör addiert die Leistungen der beiden Testtöne zu einer Gesamtleistung und bildet aus dieser die Lautheit, so daß der Pegel des als gleich laut empfundenen 1-kHz-Tones 63 dB beträgt. Anders dagegen, wenn die Frequenzen der Testtöne weit auseinander liegen: bei $\Delta f = 2$ kHz muß man den Vergleichston auf 70 dB aufdrehen, damit er als gleich laut empfunden wird. Hier bildet das Gehör offensichtlich von jedem Teilton des Testschalles zuerst eine eigene Empfindung (Lautheit) und addiert anschließend die Lautheiten.

Maskierung. Bestimmt man die Mithörschwelle für schmalbandige Maskierer (Sinustöne, Schmalbandrauschen, frequenzgruppenbreites Rauschen), so zeigt sich, daß die Mithörschwelle auch bei solchen Frequenzen gegenüber der Ruhehörschwelle angehoben ist, bei denen der Maskierer gar keine spektralen Anteile besitzt. Dieser Effekt der *Maskierung* ist in Bild 2.23 für ein Schmalbandrauschen als Maskierer aufgezeigt. Die Maskierung ist unsymmetrisch: an der unteren Flanke, also nach tiefen Frequenzen hin, sinkt die Mithörschwelle rasch ab (mit etwa 27 dB/Bark), während sie an der oberen Flanke langsamer abfällt. Die Maskierung ist pegelabhängig: für laute Maskierer wird an der oberen Flanke der Maskierungseffekt ausgeprägter. Das Phänomen hat seine Erklärung in der Form der Wanderwelle auf der Basilarmembran: die Bereiche, die den hohen Frequenzen zugeordnet sind, werden von der Wanderwelle zuerst durchlaufen, und diese erzeugt dort Ausschläge, die die Verdeckung hervorrufen. Hat die Wanderwelle aber ihr Maximum erst einmal erreicht, so ebbt sie rasch ab und kann nichts mehr verdecken.

Auch über der Zeitachse tritt Maskierung auf (Bild 2.24). Nach dem Abschalten eines Maskierers sinkt die Hörschwelle nicht sofort auf die Ruhehörschwelle ab, sondern erreicht diese erst nach etwa 200 ms (*Nachverdeckung*). Verblüffender

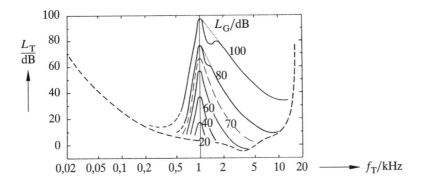

Bild 2.23: Maskierung im Frequenzbereich: Beispiel für die Mithörschwellen bei einem Schmalbandrauschen mit Mittenfrequenz 1 kHz und verschiedenen Pegeln L_G als Maskierer und einem Sinuston mit der Frequenz f_T und dem Pegel L_T als Testschall ([Zwicker-82], S. 41)

noch: ein Maskierer verdeckt den Testtonimpuls sogar bereits, bevor er überhaupt eingeschaltet wird (*Vorverdeckung*); dieser Effekt ist allerdings im Vergleich zur Nachverdeckung wesentlich weniger ausgeprägt. Eine Erklärung hierfür ist, daß eine Hörempfindung nicht sofort mit Einschalten des Reizes einsetzt, sondern eine gewisse Zeit benötigt, um sich aufzubauen. Dabei kann die Hörempfindung des Testtones von der später einsetzenden, aber stärkeren Hörempfindung des Maskierers verdeckt werden. Auch nach dem Abschalten des Maskierers klingt sie nicht ab. Die hierfür maßgebliche Zeitgröße liegt offensichtlich bei etwa 200 ms. Sie fällt damit in die Größenordnung der Dauer von Sprachlauten und ist somit für die Sprachwahrnehmung von Bedeutung. Vor- und Nachverdeckung sind auch dafür verantwortlich, daß ein Klang als länger und eine Pause zwischen zwei Tönen oder Klängen als kürzer empfunden werden, als sie tatsächlich sind (dies lernt jeder

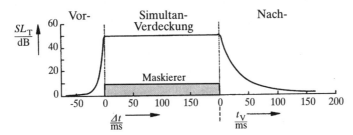

Bild 2.24: Vor- und Nachverdeckung (mit breitbandigem Rauschen als Maskierer und kurzen Tonimpulsen als Testschalle) ([Zwicker-82], S. 94)
  SL_T : Pegel über der Ruhehörschwelle
  Δt : Zeit nach Einschalten des Maskierers
  t_V : Zeit nach Abschalten des Maskierers

Musiker, der ein Instrument spielt, das Dauertöne erzeugt, z.B. Orgel oder Synthesizer, aber auch Geige und Blasinstrumente).

Lautstärkeempfindung von Tonimpulsen. Bis hinunter zu 200 ms ist die Lautheit eines Tonimpulses von dessen Dauer unabhängig. Bei kürzeren Impulsen ändert sich dies: ein 20-ms-Impuls muß im Pegel um 10 dB erhöht werden, um als gleich laut wie ein 200-ms-Impuls empfunden zu werden. Dies deutet darauf hin, daß die Lautheit etwa 200 ms benötigt, bis sie „eingeschwungen" ist, und daß bei kürzeren Impulsen die Energie und nicht die Intensität (also die Leistung) des Reizes die für die Lautheit maßgebliche Reizgröße ist. Auch dieser Effekt ist für die Sprachwahrnehmung von Bedeutung, da die meisten Laute kürzer als 200 ms sind.

2.3.4 Differentielle Wahrnehmbarkeitsschwellen

Differentielle Wahrnehmbarkeitsschwellen (engl: *difference limen*, DL, oder *just noticeable difference*, JND) sind im Unterschied zu Ruhe- und Mithörschwellen Wahrnehmbarkeitsschwellen für die *Änderung* einer Reizgröße. Zwei dieser Schwellen sind für die Sprachwahrnehmung von Bedeutung: die differentielle Wahrnehmbarkeitsschwelle für Pegeländerungen und die entsprechende Schwelle für Frequenzänderungen. Die zugehörigen Experimente sind methodisch nicht ganz einfach.

Als Faustformel für die Amplitude gilt: Eine Amplitudenänderung ist dann wahrnehmbar, wenn sie (innerhalb einer Frequenzgruppe) 1 dB überschreitet.

Die Wahrnehmbarkeitsschwelle für Frequenzänderungen von Sinustönen ist die empfindlichste Schwelle dieser Art, die das Gehör überhaupt besitzt: sie liegt bei etwa 0.7% für Frequenzen oberhalb 500 Hz und bei etwa 3.5 Hz für Frequenzen unterhalb 500 Hz. Damit ist sie an die Frequenzgruppe gekoppelt und beträgt etwa 1/27 Bark. Diese Schwelle befindet sich, relativ gesehen, um mehr als eine Größenordnung unter der Wahrnehmbarkeitsschwelle für Amplitudenänderungen[10] (1 dB entspricht einer Änderung der Amplitude um ungefähr 12.5% und der Intensität um rund 26%).

Bei tiefen Frequenzen wird die differentielle Wahrnehmbarkeitsschwelle für Tonhöhenänderungen von Sinustönen, relativ gesehen, schlechter: bei 50 Hz liegt sie bei 6% und damit bei einem Halbton. Experimentell wurde aber für synthetische

---

[10]Diese empfindliche Schwelle ist über die Wanderwelle auf der Basilarmembran nicht zu erklären. Sie erklärt sich über die Maskierung und die Wahrnehmbarkeitsschwelle für Amplitudenänderungen. Eine Änderung der Struktur eines komplexen Schallereignisses, z.B. eines Breitbandrauschens, wird dann wahrgenommen, wenn sie mit einer Intensitätsänderung von mindestens 1 dB *innerhalb einer Frequenzgruppe* verbunden ist. Eine Änderung der Frequenz eines Sinustons um 1/27 Bark verschiebt das zugehörige Intensitäts-Tonheits-Muster (vgl. Bild 2.23) auf der Basilarmembran derart, daß an der unteren Flanke (mit einem Abfall der Mithörschwelle um 27 dB/Bark) in der dortigen Frequenzgruppe eine Intensitätsänderung von 1 dB erfolgt; damit nimmt das Gehör wahr, daß sich in dem dargebotenen Reiz etwas geändert hat.

Sprachsignale [Flanagan, Saslow-58] und für andere nichtsinusförmige Töne nachgewiesen, daß dort die Schwelle auch bei tieferen (Grund-)Frequenzen bei 0.7% bleibt. Hierfür finden die Theorien für Tonhöhenwahrnehmung komplexer Töne eine Erklärung (z.B. [Terhardt-79], [Terhardt, Stoll, et al.-82]): sind höhere Harmonische bei Frequenzen oberhalb 500 Hz vorhanden, so wird die Tonhöhenwahrnehmung von diesen bestimmt, und die volle Empfindlichkeit der differentiellen Wahrnehmungsschwelle bleibt erhalten.

2.4 Aspekte der Phonetik und Linguistik

In diesem Abschnitt werden Grundlagen der Phonetik und Linguistik vorgestellt, soweit sie für die Sprachsignalverarbeitung (einschließlich Spracherkennung und Sprachsynthese) relevant sind. Eine erschöpfende Behandlung würde den Rahmen dieses Buches sprengen. Zur Vertiefung sei aus diesem Grund u.a. folgende Standardliteratur der Phonetik empfohlen: [Kohler-95], [Ladefoged-93], [Laver-94], [Pompino-Marschall-95]; als Nachschlagewerk zu Begriffen der Phonetik und Linguistik ist [Bußmann-90] zu empfehlen.

Wie zu Beginn dieses Kapitels (Abschnitt 2.1) vorgestellt, sind für unser einfaches Kommunikationsmodell (Bild 2.1) Sender (Sprecher), Empfänger (Hörer), Kanal (Übertragungsmedium Luft) und das verwendete Zeichensystem von Bedeutung. Dieser Abschnitt beschäftigt sich in erster Linie mit dem Zeichensystem und seiner Beschreibung[11]. In Abschnitt 2.4.1 wird der Begriff des sprachlichen Zeichens vorgestellt und an zwei Beispielen (Phonem und Morphem) erläutert. Abschnitt 2.4.2 stellt dann ein Modell der Sprachverarbeitung auf verschiedenen Ebenen vor; auf jeder Ebene lassen sich Einheiten definieren und Beziehungen aufstellen, durch die die Einheiten verknüpft sind. Mit der Beschreibung von Sprachlauten beschäftigen sich die Abschnitte 2.4.3 bis 2.4.5. In den beiden darauf folgenden Abschnitten werden dann Aspekte der Lautverbindungen diskutiert, zuerst auf akustisch-artikulatorischer Ebene (Abschnitt 2.4.6), anschließend aus funktionaler Sicht (Abschnitt 2.4.7) im Rahmen einer Einzelsprache, hier des Deutschen. Eine kurze Diskussion der Prosodie (Abschnitt 2.4.8) bildet den Abschluß.

2.4.1 Linguistische Einheiten: Phonem und Phon

Sprachliche Kommunikation ist, wie eingangs dieses Kapitels bemerkt, zeichenvermittelt. Der Begriff des *Zeichens* ist hierbei gegenüber dem alltäglichen Gebrauch wesentlich umfassender zu verstehen. Ein sprachliches Zeichen besitzt drei Grundeigenschaften.

---

[11]In diesem Abschnitt folgen wir im wesentlichen der strukturalistischen Theorie der Linguistik, wie sie von De Saussure (1914; hier nach [Bußmann-90]) aufgestellt wurde. Die hierbei verwendeten französischen Begriffe gehen auf De Saussure zurück.

– *Bilateralität*: jedes Zeichen besteht aus der Zuordnung von zwei Aspekten, dem materiellen (lautlichen oder graphischen) Zeichenkörper (*signifiant*) sowie dem Gegenstand bzw. Sachverhalt, den es bezeichnet (*signifié*) (also z.B. zwischen der Lautfolge [tiʃ] als Zeichenkörper und dem Gegenstand mit i.a. vier Beinen und einer Platte, von dem man essen oder an dem man arbeiten kann);

– *Arbitrarität*: die Beziehung zwischen *signifiant* und *signifié* ist zwar in einer Sprache durch Konvention vorgegeben, aber im Prinzip arbiträr (willkürlich). Beispiel: deutsch *Tisch*, englisch *table*, lateinisch *mensa* für den gleichen Gegenstand;

– *Linearität*: sprachliche Zeichen im Rahmen einer Äußerung bilden eine *lineare*, d.h. lückenlose und überlappungsfreie Abfolge (man beachte den Unterschied in der Verwendung des Begriffs *linear* gegenüber der Systemtheorie der Nachrichtentechnik).

Sprachliche Zeichen bilden ein *Zeichensystem*. Grundsätzlich besteht ein System aus Elementen und den zugehörigen Relationen (der Begriff des Systems ist hier, verglichen mit der Nachrichtentechnik, viel umfassender zu verstehen). Sprache als Zeichensystem ist ein soziales Produkt, hervorgebracht und verwaltet von der jeweiligen *Sprachgemeinschaft*, also der Gesamtheit aller Personen, die diese Sprache als Muttersprache sprechen und schreiben. Elemente (beispielsweise die Wörter) und Relationen (beispielsweise die Regeln der Grammatik, die dazu dienen, aus den Wörtern Sätze zu formen) werden von der Sprachgemeinschaft durch Konvention, aber auch durch den täglichen Gebrauch, festgelegt. Dem gegenüber stehen gesprochene Äußerungen oder geschriebene Texte als individuelle *Sprechakte*, also als – im gesprochenen Fall einmalige und unwiederholbare – *Realisierung* von Sprache. De Saussure (1914, nach [Bußmann-90]) hat für diesen Gegensatz das Begriffspaar *langue* vs. *parole*[12] geprägt: *Langue* steht für die Sprache als System, *parole* für die Realisierung. Diese Unterscheidung ist für das Verständnis sprachwissenschaftlicher Begriffe grundlegend.

Sprachliche Einheiten sind auf verschiedenen Ebenen definiert (siehe die Auswahl in Tabelle 2.1). Auf jeder Ebene muß zwischen *langue* und *parole* unterschieden werden. Zwei Ebenen und die zugehörigen Einheiten sind besonders zu erwähnen.

Das *Phonem* ist die kleinste *bedeutungsunterscheidende* Einheit einer Sprache. Zwei Wörter verschiedener Bedeutung, die sich nur durch ein Phonem unterschei-

---

[12]Leider läßt sich für *langue* und *parole* kein entsprechendes deutsches Begriffspaar finden, da die deutsche Bezeichnung für beide das Wort *Sprache* ist. Der Versuch, zwischen *Sprache* und *Sprechen* bzw. *Sprache* und *Rede* zu unterscheiden, hat sich nicht durchgesetzt. Insofern bleibt nichts übrig, als die französische Bezeichnung zu verwenden. Das Englische tut sich leichter: *language* vs. *speech*, obwohl in der neueren technischen Literatur durch den Terminus *spoken language processing* (womit im de Saussure'schen Sinne klar *parole* gemeint ist) dieses Prinzip wieder durchbrochen wird. Das deutsche Wort Sprache hat somit eigentlich eine vierfache Bedeutung: sie schließt sowohl die Begriffe *langue* und *parole* als auch *gesprochene Sprache* und *geschriebene Texte* ein.

Tabelle 2.1: Einige Einheiten der Sprache

Laut (Phonem)
Silbe
Wortteil: Stamm, Präfix, Suffix (Morphem)
Wort
Wortgruppe (Satzglied, Phrase)
Satz
Satzgruppe
....

den (beispielsweise *Tisch* und *Fisch* oder *Gebet* und *Gebot*), bilden ein *Minimalpaar*. Die Zahl der Phoneme in einer Sprache ist verhältnismäßig klein: im Deutschen existieren etwa 50 Phoneme. Das Phonem ist eine Einheit, die der *langue* zugehörig ist. Auf der Seite der *parole* entspricht ihm das *Phon* (nicht mit der (Pseudo-) Einheit aus den Kurven gleicher Lautstärke (Abschnitt 2.3.2) zu verwechseln!). Der Zusammenhang zwischen Phonem und Phon kann in beiden Richtungen hergestellt werden. Aussprachereglen, von der jeweiligen Sprachgemeinschaft festgelegt, geben an, wie die in einer sprachlichen Äußerung enthaltenen Phoneme von einem Sprecher in Phone umgesetzt werden sollen. Umgekehrt rekonstruiert der Hörer aus der Folge von Phonen, in die er das an seinem Ohr eintreffende Sprachsignal segmentiert hat, die zugehörigen Phoneme als einen Zwischenschritt zum Gesamtverständnis der Äußerung.

Das *Morphem* ist die kleinste *bedeutungstragende* Einheit der Sprache. Ein Wort bzw. eine Wortform kann aus einem oder mehreren Morphemen bestehen. Wir unterscheiden zwischen *freien* Morphemen, die für sich allein Wörter bilden können, und *gebundenen* Morphemen, die nicht für sich allein stehen können. Letztere dienen der Flexion, aber auch zur Bildung neuer Wörter. Beispiel: das Wort „Herrlichkeiten" besteht aus dem Substantiv „Herr" als freiem Morphem, dem (gebundenen) Wortbildungsmorphem „-lich", das u.a. aus dem Substantiv ein Adjektiv ableitet, dem Wortbildungsmorphem „-keit", das wiederum aus einem Adjektiv ein Substantiv bildet, und dem Pluralmorphem, einem Flexionsmorphem, das das Substantiv in den Plural setzt, hier realisiert durch das Morph[13] „-en".

Auf jeder der vorgenannten Ebenen lassen sich Elemente und Beziehungen spezifizieren. Die Beziehungen sind nach der Zeichentheorie von Morris (1938, hier wiederum nach [Bußmann-90]) dreifacher Art:

- *Syntax* als die Beziehung der Zeichen untereinander (z.B. die Regeln, nach denen der Plural gebildet oder ein Satz aus Wörtern aufgebaut wird);
- *Semantik* als Beziehung zwischen den Zeichen und dem, was sie bezeichnen, also die Lehre von der *Bedeutung* der sprachlichen Zeichen; sowie

---

[13]Das Morph ist die dem Morphem entsprechende Einheit auf der Seite der *parole*.

- *Pragmatik* als Beziehung zwischen den Zeichen und ihrem Benutzer. Sie repräsentiert das „Weltwissen", das hinter einer Äußerung zu finden ist.

Diese drei Beziehungsebenen sollen an einem Beispiel erläutert werden. Gesprochen werde der Satz: „Der schwarze König geht von Feld H4 nach G3." Sollte er von einem Sprachverstehenssystem automatisch verarbeitet werden, so würde – immer richtige Verarbeitung vorausgesetzt – das System auf der Wortebene erkennen, daß der Satz aus 11 Wörtern besteht; weiterhin würde festgestellt, welche Wörter und welche Wortarten (Substantiv, Verb usw.) jeweils vorliegen. Auf der syntaktischen Ebene würde festgestellt, daß ein einzelner Aussagesatz vorliegt, der ein Subjekt, ein Prädikat und zwei adverbiale Bestimmungen aufweist; außerdem würde festgestellt, daß der Satz syntaktisch korrekt ist. Die semantische Ebene stellt fest, daß mit dem Satz ein Schachzug definiert wird, und daß der Satz folglich einen Sinn besitzt. Die pragmatische Ebene schließlich steuert das Wissen bei, das für das Schachspiel spezifisch ist: die Bezeichnung der einzelnen Felder, die Spielregeln, die Bezeichnung der Figuren, aber auch die momentane Stellung der Figuren in einem speziellen Spiel. Nur mit diesem Wissen läßt sich endlich der Satz vollständig interpretieren, d.h. es läßt sich feststellen, ob der Zug legal (also den Spielregeln entsprechend), ausführbar und sinnvoll ist. Nicht ausführbar wäre der Zug beispielsweise, wenn auf Feld G3 bereits eine andere schwarze Figur stände; nicht sinnvoll wäre er, wenn sich die schwarze Partei beispielsweise durch diesen Zug in Schach begäbe.

2.4.2 Die verschiedenen Informationsebenen in einem sprachverarbeitenden System

Eine Gliederung der Sprachinformation, die textliche und gesprochene Form gleichermaßen umfaßt, erhält man, wenn man die Sprache in *Informationsebenen* oder *Informationsquellen* gliedert, die nicht notwendigerweise hierarchisch miteinander verknüpft sein müssen (es ist aber für didaktische Zwecke sinnvoll, dies hier als gegeben anzunehmen). Die verschiedenen Ebenen sind in Tabelle 2.2 aufgelistet. Im Zusammenhang mit der Sprachsignalverarbeitung werden alle Informationsebenen jenseits der Ebene „Akustik-Phonetik" als *höhere Informationsebenen* bezeichnet. Grob gesprochen, sind die akustische, die parametrische und die akustisch/phonetische Ebene der gesprochenen Sprache allein zugeordnet.

Eine wesentliche Eigenschaft des Sprachsignals ist seine hohe Redundanz. Sie äußert sich bei einfacher Digitalisierung in einer vergleichsweise hohen Datenrate, die in krassem Mißverhältnis zur übertragenen „höheren" Information (etwa auf textlicher oder semantischer Ebene) steht. Sprachsignalverarbeitung ist daher häufig auch Datenreduktion. Tabelle 2.3 gibt die entsprechende Übersicht.

In dieser Tabelle steht die akustische Form ganz obenan. Die Textform benötigt, sofern eine Sprechgeschwindigkeit von ca. 10 Phonen je Sekunde vorausgesetzt ist,

Tabelle 2.2: Die verschiedenen Informationsebenen der Sprache

Informationsebene	Repräsentation
Akustik	Sprachsignal
Parameter	Quellen- und Vokaltraktparameter
(Akustik/)Phonetik	Realisationen von Phonemen ("Phone") oder anderer phonetischer Einheiten
(Phonetik/)Phonologie	Phoneme oder entsprechende elementare Einheiten (z.B. Silben)
Lexikale Ebene	Morpheme oder Wörter bzw. deren Realisierung
Syntaktische Ebene	Wortgruppe und/oder Satz
Semantische Ebene	Inhalt und Bedeutung einer Aussage
Pragmatik	"Umfeld" oder "Weltmodell", in das die Aussage eingebettet ist.
Prosodie	Betonung, Sprachmelodie (Grundfrequenzverlauf), Dauer (Rhythmus) und Intensität einzelner Laute, Silben etc. (in der Textform der Sprache so gut wie nicht vertreten)
Individuelle Merkmale	Klangfarbe der Stimme, Dialekt, Tonfall, Stimmung, Wortwahl und Sprechstil

Tabelle 2.3: Nötige Datenraten bei verschiedenen Darstellungsarten von Sprache

Informationsebene	Datenrate bit/s	Art der Darstellung
Sprachsignal	320000	HiFi-Sprachsignal (Abtastfrequenz 20 kHz, Wortlänge 16 bit/Abtastwert)
	64000	Sprachsignal in Telefon-PCM-Qualität (Standardwerte: Abtastfrequenz 8 kHz, Wortlänge 8 bit/Abtastwert)
	2400	Untere Grenze für Repräsentation auf Signalebene (mit aufwendigen Codierverfahren)
Parameter	4800	Parametrische Darstellung in guter Qualität oder gemischte Darstellung akustisch-parametrisch
	2400	Parametrische Darstellung in guter Qualität
	1200	Parametrische Darstellung in mäßiger Qualität
	400	Untergrenze für parametrische Darstellung bei sehr grober Quantisierung
Akustik/Phonetik	100-500	Gemischte parametrisch-phonetische Darstellung (z.B. "Phonetischer Vocoder")
Phonetik/Phonologie	60	Darstellung als Phonemfolge (oder auch als Text in Rechtschrift). Angenommen: rund 40 Phoneme, d.h., 6 bit/Phonem; Sprechgeschwindigkeit 10 Phone/s; keine Berücksichtigung einschränkender linguistischer Bedingungen
Höhere Ebenen	10-20	Enthaltene Information, die zum Verstehen der Nachricht notwendig ist, unter Einbeziehung aller Einschränkungen linguistischer Art (Syntax, Semantik, Pragmatik).

etwa 60 bit/s. Bei der Verarbeitung im menschlichen Gehirn erfolgt eine Reduktion auf die ca. 10 bis 20 bit/s, die zum Verstehen und Verarbeiten der Information durch den Menschen genügen.

Nach dieser Übersicht beschäftigen wir uns in den folgenden Abschnitten hauptsächlich mit der phonetischen Ebene, also dem Phonem und seiner Realisierung in Form des Phons bzw. des Sprachlauts. Auf größere Einheiten kommen wir in Abschnitt 2.4.7 zurück.

2.4.3 Lautlehre: Vokale und Konsonanten

Die Sprachlaute – hierunter sollen alle Laute vom Charakter eines Allophons[14] oder Phonems verstanden sein, unabhängig davon, ob sie in einer bestimmten Sprache den Status eines Phonems (bzw. Allophons) besitzen oder nicht – lassen sich grundsätzlich in *Vokale* und vokalähnliche Laute (zu denen insbesondere die Diphthonge gehören) einerseits sowie *Konsonanten* andererseits einteilen. Vokale zeichnen sich aus durch

- stationäre Anregung ausschließlich durch Phonation, also stimmhaft *und*
- Fehlen von Verschlüssen und wesentlichen Engstellen im Ansatzrohr *und*
- Abstrahlung des Schalles über die Mundöffnung (wenn auch nicht ausschließlich; in nasalierten Vokalen tritt die Abstrahlung über die Nase hinzu).

Konsonanten sind dadurch gekennzeichnet, daß

- die Abstrahlung nicht über den Mund erfolgt (Nasale) *oder*
- die Anregung nicht (rein) stimmhaft ist *oder*
- wesentliche Engstellen oder Verschlüsse im Vokaltrakt auftreten.

Die Grenzen zwischen Vokalen und Konsonanten sind fließend; einige Laute (z.B. [l], [r]) können je nach Sprache der einen, der anderen oder auch beiden Kategorien angehören.

Da Engstellen und Verschlüsse Punkte im Vokaltrakt darstellen, wo verschiedene Artikulatoren einander ganz oder zumindest beinahe berühren, läßt sich bei Konsonanten die Artikulation eher einem bestimmten Punkt zuordnen als bei den Vokalen, wo die Beschreibung nach Artikulationsgesten schwierig ist [Kohler-95]. Hinzu kommt, daß eine universelle phonetische Beschreibung sprachübergreifend erfolgen, also möglichst unabhängig von einer partikulären Sprache sein soll.

---

[14]Unter *Allophonen* versteht man akustisch und artikulatorisch verwandte, aber deutlich verschiedene Laute, die zum gleichen Phonem gehören und *komplementär distribuiert* sind, d.h. wo der eine Laut vorkommt, kann der andere nicht vorkommen. Im Deutschen existieren zu dem Phonem /x/ („ch"-Laut) die beiden Allophone [ç] („ich"-Laut) und [x] („ach"-Laut). Hiervon zu unterscheiden (obwohl dies in der Literatur nicht durchgängig so geschieht) ist die *freie Variante*, wo ein Sprecher nach eigenem Ermessen die eine oder andere Realisierung des gleichen Lautes wählen kann. Im Deutschen betrifft dies die verschiedenen Realisierungsmöglichkeiten des Phonems /r/.

a) Vokale

Einteilung nach Zungenhöhe, Zungenlage und Lippenstellung. Die Klassifizierung von Vokalen nach der Tabelle der *International Phonetic Association* ([IPA-49], vgl. auch [Kohler-95]) geht aus vom höchsten Zungenpunkt, der entweder im Bereich der Vorderzunge oder der Mittelzunge oder der Hinterzunge zu finden ist. Entsprechend der Entfernung dieses Punktes vom Gaumen ist ein Vokal geschlossen, halb geschlossen, halb offen oder offen; die beiden möglichen Lippenstellungen *gerundet* bzw. *ungerundet* bilden die dritte Komponente der Einteilung. Damit ergeben sich die drei Parameter

- *Zungenhöhe* mit vier Stufen;
- *artikulierender Zungenteil* mit drei Einteilungen;
- *Lippenstellung* mit zwei Abstufungen.

Diese Einteilung hat in das Lautschriftsystem der IPA Eingang gefunden (vgl. Bild 2.28). Ein noch etwas gröberes, aber sehr gebräuchliches Schema unterteilt Vokale entsprechend der Zungenhöhe in *Hochzungenvokale* und *Tiefzungenvokale*, entsprechend dem artikulierenden Zungenteil in *Vorderzungenvokale* und *Hinterzungenvokale*.

Das System der Kardinalvokale. Der britische Phonetiker Daniel Jones [Jones-72] entwickelte ein System von (zunächst) acht *Kardinalvokalen* (Bild 2.25-a). Da die Vokale ein auditives Kontinuum bilden (durch langsames Gleiten von [i] über [e], [ɛ], [a] und [ɑ] nach [o] und [u] zu demonstrieren), waren – willkürliche – Referenzpunkte mit klar definierten Merkmalen notwendig, die dann einen Artikulationsraum für Vokale aufspannen. Jones wählte zunächst nach artikulatorischen Gesichtspunkten zwei extreme Vokale aus: (1) den höchsten und vordersten [i]; (2) den tiefsten und hintersten [ɑ]. Weitere sechs Punkte wurden dann auditiv bestimmt, davon drei zwischen [i] und [ɑ] in der Weise, daß die fünf Vokale eine

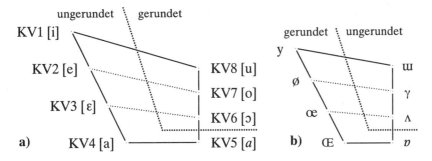

Bild 2.25: Das Viereck der primären (a) und der sekundären Kardinalvokale (b)

Reihe auditiv gleicher Schritte bilden. Die drei letzten Vokale [ɔ], [o] und [u] wurden in entsprechender Weise angefügt, wobei – entsprechend einer als „natürlich" empfundenen Lippenstellung – die Lippenrundung progressiv zunahm. Hiermit war die Reihe der acht primären Kardinalvokale vollständig. Zusammen bilden sie das *Vokalviereck*, zu dem man im übrigen auch gelangt, wenn man die Vokale nach artikulierendem Zungenteil und Zungenhöhe übereinander aufträgt. – Eine Reihe von acht (bzw. sieben, wenn der schlecht artikulierbare Vokal [Œ] unberücksichtigt bleibt) *sekundären Kardinalvokalen* (Bild 2.25-b) entsteht, indem man die „natürliche Lippenstellung" (Vorderzungenvokale ungerundet; Hinterzungenvokale gerundet) umkehrt, so daß die Vorderzungenvokale gerundet und die Hinterzungenvokale ungerundet artikuliert werden.

In den verschiedenen Sprachen treten die sekundären Kardinalvokale weniger häufig auf als die primären [Maddieson-96]; insbesondere ist es sehr selten, daß ein sekundärer Kardinalvokal in einer Sprache existiert, ohne daß diese Sprache auch den zugehörigen primären Kardinalvokal besitzt. Im Deutschen sind die Langvokale [i], [e], [ɛ], [u] und [o] sowie der Kurzvokal [ɔ] primäre Kardinalvokale, den sekundären Kardinalvokalen gehören die deutschen Langvokale [y] und [ø] sowie der Kurzvokal [œ] an. Das deutsche /a/ liegt zwischen den Kardinalvokalen [a] und [ɑ] (zur Notation siehe Abschnitt 2.4.4); kardinales [a] existiert im Französischen und Niederländischen, [ɑ] im Englischen. Die hinteren sekundären Kardinalvokale existieren im Deutschen nicht und sind auch in den europäischen Sprachen relativ selten: [ɒ] ist am ehesten – sofern nicht als [ɔ] realisiert – im bayerischen Dialekt zu finden; [ʌ] finden wir im Englischen (z.B. *but* [bʌt]), und [ɯ] tritt im Türkischen auf, wo es orthographisch als „i ohne Punkt" geschrieben wird (z.B. *kIz* [kɯs] „Mädchen"). Artikulatorisch ist ein Laut wie [ɯ] leicht zu bilden, indem man die Zungenstellung für [u] mit der Lippenstellung für [i] kombiniert.

Vokaldarstellung durch Formantkarten. Eine gebräuchliche Darstellungsart der Vokale aufgrund akustischer Eigenschaften ist die Formantkarte. Hier werden die beiden ersten Formantfrequenzen ($F1$ und $F2$) der Vokale gegeneinander aufgetragen. Formantkarten existieren für zahlreiche Sprachen, z.B. die noch heute beispielhafte Untersuchung von [Peterson, Barney-52] für das Englische. Bild 2.26 zeigt eine Formantkarte für deutsche Vokale [Hess-76].

Wie sich aus den Formantkarten zeigt, besteht zwischen den Formantkarten und dem System der Kardinalvokale bzw. dem Vokalviereck eine frappierende Ähnlichkeit. Insbesondere ist die Vorstellung von „gleicher Höhe" beispielsweise der Vokale [i] und [u], die bei der tatsächlichen Zungenhöhe Anlaß zur Kritik gab, aufgrund gleicher Werte des Formanten $F1$ hier viel besser zu rechtfertigen.

Der neutrale Vokal [ə], der im Grunde genommen weder in das Schema der Kardinalvokale noch in die Einteilung nach Zungenhöhe, Zungenlage und Lippenstellung hineinpaßt, findet hier seinen Platz im Zentrum der Formantkarte (vgl. Bild 2.26).

2.4 Aspekte der Phonetik und Linguistik

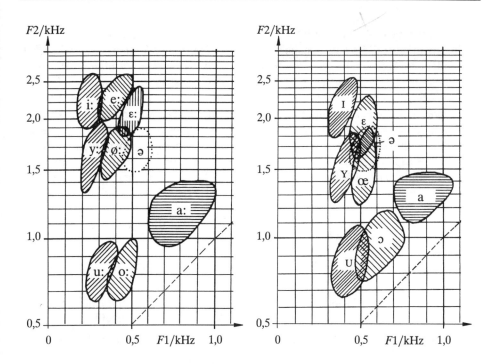

Bild 2.26: Formantkarte der deutschen Vokale (nach [Hess-76]). (Links) Langvokale, (rechts) Kurzvokale; 16 Sprecherinnen und Sprecher

b) Konsonanten

Konsonanten lassen sich leichter anhand eines festlegbaren artikulatorischen Kriteriums gruppieren als Vokale. Entscheidend sind hier

- die Artikulationsgeste, die für die Lauteigenschaften charakteristisch ist (*Art der Artikulation*); dies schließt die Anregung (stimmhaft oder stimmlos im Sinne der *langue*, vgl. Abschnitt 2.4.1) mit ein;
- der Ort im Vokaltrakt, an dem sich diese Geste ereignet (*Ort der Artikulation*).

Der Terminus *Artikulation* ist hier im Sinne der *langue* zu verstehen. Wir abstrahieren von der Gesamtheit der Artikulationsgesten und konzentrieren uns auf die eine Geste, die eine Klasse von Lauten von den anderen unterscheidet.

Art der Artikulation. Als wesentliche Arten der Artikulation unterscheiden wir

- *Plosiv* (Verschlußlaut, Explosivlaut): ein Laut, der durch momentanes Unterbrechen des Luftstroms am zugehörigen Ort der Artikulation gebildet wird; bei der Verschlußlösung entsteht das Plosionsgeräusch. Beispiele: [p] [t] [k] [b] [d] [g].

- *Frikativ* (Reibelaut): am Artikulationsort entstehen durch Engebildung Wirbel (Turbulenzen), die als Friktions- oder Reibegeräusch wahrgenommen werden. Beispiele: [s] [f] [ç] [ʃ] [x] [z]. Bei stimmlosen Frikativen ist die Glottis geöffnet, bei stimmhaften findet zusätzlich zum Friktionsgeräusch Phonation statt.
- *Nasal* (Nasenlaut): Der Nasenraum wird an den Vokaltrakt angekoppelt; gleichzeitig wird der Mundausgang am Ort der Artikulation verschlossen; die Luftströmung ist nur über den Nasenweg möglich. Beispiele: [m] [n] [ŋ]. Laute, bei denen die Luft sowohl über die Nase als auch über den Mund ausströmen kann, werden als *nasalierte* Laute bezeichnet (Beispiele: französische Nasalvokale).
- *Gleitlaut* (Approximant): am Artikulationsort wird eine kurzzeitige Enge gebildet, die jedoch nicht ausreicht, um ein Friktionsgeräusch zu verursachen (Beispiel: [j]).
- *Lateral*: die Zunge bildet einen zentralen Verschluß, und die Luft entweicht über mindestens eine Seite. Beispiel: [l].
- *Vibrant*: Schnelle zeitliche Abfolge von Verschluß und Öffnung; Vibrieren der Lippen, der Zungenspitze oder des Zäpfchens. Beispiel: gerolltes [r].
- *Frikativvibrant*: Gleichzeitig Vibrant und Frikativ. Beispiel: polnisch „rz".

Laterale und Vibranten werden auch unter der Bezeichnung *Liquide* (Fließlaute) zusammengefaßt. Vokale, Liquide und Nasale bilden zusammen die *Sonoranten*, d.h. Laute mit ausschließlich stimmhafter Anregung. Plosive und Frikative zusammen bilden die *Obstruenten*.

Als Sonderfälle sind zu verzeichnen:
- *nasale Plosion*; Beispiel: [pm] [tn] (im Deutschen in fließender Rede sehr gebräuchlich)
- *laterale Plosion*; Beispiel: [dl] (ebenfalls häufig im Deutschen)
- *Affrikate*: Verbindung eines Plosivs mit einem nachfolgenden, homorganen (d.h. am gleichen Ort gebildeten) Frikativ. Beispiele: [ts] [pf] [tʃ].

Ort der Artikulation. Die wesentlichen Orte der Artikulation (Bild 2.27) sind
- *labial*: an den Lippen; bei bilabialer Artikulation mit beiden Lippen; bei labiodentaler Artikulation mit der Unterlippe gegen die obere Zahnreihe. Beispiele: [b] [p] [m] [f];
- *dental*: mit der Zungenspitze an den Zähnen; wir unterscheiden interdental und postdental; Beispiel: „th" [ð] [Θ] im Englischen;
- *alveolar*: mit der Zungenspitze an den oberen Zahnwurzeln (Alveolen); etwas weiter hinten (aber immer noch mit der Zungenspitze): postalveolar sowie palato-alveolar; Beispiele: [t] [d] [n] [s] [z];

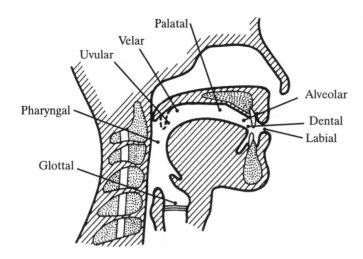

Bild 2.27: Schematische Übersicht über die wesentlichen Orte der Artikulation

- *retroflex*: mit zurückgebogener Zungenspitze im Bereich des harten Gaumens; Beispiel: englisches und besonders amerikanisches „r";

- *palatal*: mit dem Zungenrücken gegen den harten Gaumen; etwas weiter vorne (aber bereits mit dem Zungenrücken): alveolo-palatal; Beispiel: [ç] („ich"-Laut);

- *velar*: mit dem Zungenrücken gegen den weichen Gaumen im Bereich des Velums; Beispiele: [g] [k] [x] („ach"-Laut);

- *uvular*: mit dem Zungenrücken im Bereich des Zäpfchens (*uvula*);

- *pharyngal*: im Rachenraum;

- *glottal*: an der Glottis. Im Deutschen ist ein glottaler Verschluß (Knacklaut) vorgeschrieben, wenn ein Wort oder Morphem mit einem Vokal beginnt. Glottaler Frikativ im Deutschen: [h].

Erfolgt die Artikulation mit der Zungenspitze, so sprechen wir von *apikaler* Artikulation; erfolgt sie mit dem Zungenrücken, so sprechen wir von *dorsaler* Artikulation. Die Artikulationsorte *dental* und *alveolar* bedingen apikale Artikulation; palatale Artikulation sowie alle Artikulationsorte, die noch weiter hinten liegen, verlangen dorsale Artikulation. Im postalveolaren bzw. präpalatalen Bereich ist sowohl apikale als auch dorsale Artikulation möglich: *palato-alveolare* Artikulation ist apikal, *alveolo-palatale* Artikulation ist dorsal, der Ort selbst ist in beiden Fällen etwa der gleiche.

2.4.4 Internationales Lautschriftalphabet; Transkription

Ziel der 1886 in Frankreich gegründeten *Association Phonétique Internationale* (*International Phonetic Association*, IPA) war es, eine Lautschrift für phonetische Transkription zu entwerfen. Im Fremdsprachenunterricht sollte die Aussprache unabhängig von der jeweiligen Rechtschreibung veranschaulicht werden. Das Lautschriftalphabet ist in Bild 2.28 auszugsweise dargestellt. Bei der Entwicklung der Lautschrift waren die folgenden Gesichtspunkte maßgebend:

a)

	Bilabial	Labiodental	Dental	Alveolar	Postalveolar	Retroflex	Palatal	Velar	Uvular	Pharyngeal	Glottal
Plosive	p b			t d		ʈ ɖ	c ɟ	k g	q ɢ		ʔ
Nasal	m	ɱ		n		ɳ	ɲ	ŋ	N		
Trill	ʙ			r					R		
Tap or Flap				ɾ		ɽ					
Fricative	ɸ β	f v	θ ð	s z	ʃ ʒ	ʂ ʐ	ç ʝ	x ɣ	χ ʁ	ħ ʕ	h ɦ
Lateral fricative				ɬ ɮ							
Approximant		ʋ		ɹ		ɻ	j	ɰ			
Lateral approximant				l		ɭ	ʎ	ʟ			

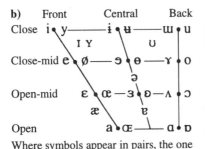

b) Front   Central   Back   c)

.	Voiceless n̥ d̥	~	Nasalized ẽ
ˬ	Voiced s̬ t̬	ⁿ	Nasal release dⁿ
ʰ	Aspirated tʰ dʰ	ˡ	Lateral release dˡ
ˌ	Syllabic ɺ̩	̚	No audible release d̚
̯	Non-syllabic e̯	ː	Long eː

Where symbols appear in pairs, the one to the right represents a rounded vowel

Bild 2.28: Das internationale Lautschriftalphabet der IPA in der Fassung der Revision von 1989 [IPA-93] (Auswahl). Laute innerhalb der schattierten Bereiche gelten als nicht artikulierbar
  a) Symbole für Konsonanten
  b) Symbole für Vokale
  c) einige Diakritika

- Darstellung verschiedener Laute der gleichen Sprache durch verschiedene Symbole;

- Darstellung gleicher bzw. sehr ähnlich klingender Laute in verschiedenen Sprachen einheitlich durch das gleiche Zeichen;

- Verwendung von Buchstaben des lateinischen Alphabets; die im Bedarfsfall durch andere Zeichen [über das ursprüngliche lateinische Alphabet hinausgehende Buchstaben aus verschiedenen europäischen Sprachen, Kapitälchen sowie auf dem Kopf stehende oder spiegelbildlich gesetzte Buchstaben] zu ergänzen sind; Auswahl der Buchstaben derart, daß der zugehörige Lautwert in einer Mehrheit der (abendländischen) Sprachen dem Lautwert in der jeweiligen Sprache entspricht;

- Verwendung diakritischer Zeichen zur Modifikation der Lautschriftsynbole. Diakritika dienen insbesondere zur genaueren Kennzeichnung der Laute, wenn die einfachen Symbole nicht ausreichen; Beispiel: „:" hinter einem Symbol steht für Verlängerung; hierdurch werden im Deutschen lange und kurze Vokale wie [a:] und [a] unterschieden. Bis auf wenige Ausnahmen bleiben diakritische Zeichen in diesem Abschnitt aus Platzgründen unberücksichtigt.

Unter *Transkription* verstehen wir die Übertragung eines gehörten Textes in Lautschrift. Transkription „*hält Gehörseindrücke in serieller Form symbolisch so konsistent wie möglich fest und ist daher eine Weiterentwicklung des Alphabetprinzips*" [Kohler-95, S. 16]. Die Transkription ist eine der zentralen Aufgaben der (auditiven) Phonetik. Das Hauptproblem besteht darin, daß der Transkribent aus der eigenen Muttersprache sozusagen „heraustreten" und sich von ihr freimachen muß. Die Fähigkeit zur Transkription erfordert ein gutes Gehör sowie sorgfältiges und häufiges Üben. Wir unterscheiden:

- *Enge Transkription*: Kategoriale Übertragung in Lautschrift, zumeist mit diakritischen Zeichen, die die Istaussprache des gehörten Textes so genau wie möglich wiedergibt (Übertragung in Phone) [Ziel: „ ... was hat sie/er gesagt?"].

- *Breite Transkription*: Ziel der kategorialen Übertragung in Form einer Lautschrift, die die Sollaussprache wiedergibt (Übertragung in Phoneme, evtl. unter Berücksichtigung von Allophonen) [Ziel: „... was sollte sie/er sagen?"].

Es ist üblich, Texte in Lautschrift auf phonetischer Ebene, d.h. bei phonetischer (und insbesondere bei enger) Transkription in eckige Klammern zu setzen, während eine Transkription auf phonologisch-phonemischer Ebene in Schrägstrichen steht. Beispiel: Soll-Aussprache /ziːbən/ vs. (eine mögliche) Realisierung [ziːm]. Die Unterscheidung zwischen Schrägstrichen und eckigen Klammern wird jedoch in der Literatur nicht konsequent durchgehalten.

2.4.5 Distinktive Merkmale

Distinktive Merkmale stellen den Versuch dar, linguistische Kategorien auf die akustische (artikulatorische) Ebene zu übertragen; die Beschreibung erfolgt anhand (idealisierter) höherer akustischer bzw. artikulatorischer Parameter. Sie bieten eine Beschreibung jedes Phonems bzw. Allophons einer Sprache durch ein Bündel binärer, höchstens ternärer Merkmale, wobei Vokale und Konsonanten nach Möglichkeit gleich behandelt werden. Kann man die Phoneme im Sprachsystem als eine Art Atome bezeichnen, so entsprechen die distinktiven Merkmale den Elementarteilchen. Die Merkmale bilden eine Hierarchie: Einzelne Merkmale schließen sich gegenseitig aus; darüber hinaus können gewisse Merkmale nur dann verschiedene Werte annehmen, wenn ein anderes Merkmal zutrifft oder nicht zutrifft. – Die folgende Darstellung entspricht der Beschreibung von [Jakobson, Fant, et al.-52][15] für das Englische; die deutschen Begriffe, soweit sie nicht unmittelbar aus dem Englischen hervorgehen, stammen aus [Heike-61].

Vocalic / non-vocalic (*vokalisch / nichtvokalisch*): Ausschließlich stimmhafte Anregung; keine Verschlüsse und auch keine wesentlichen Engstellen im Ansatzrohr.

Consonantal / non-consonantal (*konsonantisch / nichtkonsonantisch*): Wesentliche Engstellen bzw. Verschlüsse im Ansatzrohr oder nicht stimmhafte Anregung bzw. Anregung mit abruptem Stimmeinsatz.

Liquide sind sowohl vokalisch als auch konsonantisch. Alle anderen Konsonanten sind konsonantisch und nicht vokalisch. Aus Platzgründen werden im folgenden nur die Merkmale zur Beschreibung von Vokalen behandelt.

Compact / diffuse (*kompakt / diffus; offen / geschlossen*): Das Merkmal *kompakt* bedeutet die Konzentration der Schallenergie in einem relativ engen Frequenzband; trifft das Gegenmerkmal *diffus* zu, so streut die Schallenergie über ein breiteres Frequenzband. Das Merkmal korrespondiert für Vokale recht gut mit der Größe der Mundöffnung[16].

Grave / acute (*dunkel / hell*): Bei „dunklen" Vokalen dominieren die tiefen Frequenzen, bei „hellen" Vokalen die hohen. Vorderzungenvokale sind durchweg hell, während Hinterzungenvokale durchweg dunkel sind. Beispiel: [i] ist *hell*; [u] *dunkel*.

---

[15] Die distinktiven Merkmale nach [Jakobson, Fant, et al.-52] sind nicht das einzige distinktive Merkmalsystem. Die ursprüngliche Entwicklung stammt von Trubetzkoy aus den 30er Jahren. [Chomsky, Halle-68] haben ein weiteres Merkmalsystem vorgeschlagen, das rein auf artikulatorischen Kriterien basiert. Es hat sich in einigen Bereichen speziell der Linguistik gegenüber dem System von [Jakobson, Fant, et al.-52] durchgesetzt, ist aber wesentlich weiter von den akustischen Eigenschaften des Sprachschalls entfernt.

[16] Im Deutschen und in einigen anderen Sprachen ist dieses Merkmal ternär; es existiert eine Mittelstellung. Bei streng binärer Betrachtungsweise muß auch dieses Merkmal in zwei binäre Merkmale aufgeteilt werden (*kompakt / nicht kompakt* sowie *diffus / nicht diffus*). Die Mittelstellung ist dann durch Abwesenheit beider Merkmale, d.h. die Beschreibung *nicht kompakt, nicht diffus* gekennzeichnet; gleichzeitiges Vorhandensein beider Merkmale ist ausgeschlossen. Beispiel: [ɛ] ist *kompakt*, [i] *diffus*, [e] nimmt die Mittelstellung ein.

Flat / plain (*gerundet / ungerundet; tief / nicht tief*). Die englische Bezeichnung ebenso wie die (selten verwendete) deutsche Bezeichnung *tief / nicht tief* ergibt sich aus spektralen Signaleigenschaften, die – mit etwas Fantasie – als Erniedrigung einer musikalischen Note um einen Halbton („*flattening*") umschrieben werden können. *Plain* zeigt gewissermaßen den Normalzustand an und wäre musikalisch durch ein Auflösungszeichen zu beschreiben. Die deutsche Bezeichnung *gerundet / ungerundet* trifft für Vokale (nur für diese, nicht für Konsonanten!) sehr genau auf das zugehörige artikulatorische Merkmal zu. Beispiel: [i] ist *plain*, [y] *flat*.

Tense / lax (*gespannt / entspannt*). Dieses Merkmal gibt an, ob sich der Vokaltrakt weit („gespannt") oder weniger weit („entspannt") aus der neutralen Stellung herausbewegt. Gespannte Phonemrealisationen haben meist eine größere Dauer und sind energiereicher als entspannte. In den Vokalen des Deutschen korreliert dieses Merkmal stark mit der Länge; so ist [i:] *gespannt*, [I] dagegen *entspannt*.

Die distinktiven Merkmale wirken sich auf die Formanten wie folgt aus:

- Das Merkmal *offen / geschlossen* beeinflußt hauptsächlich den Formanten $F1$; je offener der Vokal, desto höher ist $F1$.
- Das Merkmal *dunkel / hell* beeinflußt hauptsächlich den Formanten $F2$; je heller der Vokal, desto höher ist $F2$.
- Die Lippenrundung bewirkt eine Verlängerung des Vokaltrakts sowie eine Verengung des Querschnitts an den Lippen. Die Formantfrequenzen werden daher beim Runden vermindert; gegenüber dem entsprechenden ungerundeten Vokal ist daher ein gerundeter Vokal auf der Formantkarte zum Ursprung hin verschoben. $F2$ ist dabei erheblich mehr betroffen als $F1$.
- Das Merkmal *gespannt / entspannt* sagt etwas aus über die Anstrengung, die der Artikulator beim Aussprechen eines Lautes aufbringen muß. In der Formantkarte liegen gespannte Vokale von der neutralen Stellung des Vokaltrakts (*Schwa* [ə], dort ist der Vokaltrakt am wenigsten *gespannt*) weiter entfernt als ungespannte.

Da bei den Vokalen des Deutschen dieses Merkmal durchweg mit der Unterscheidung lang-kurz zusammenfällt, ergibt sich das Vokaldreieck in der Formantkarte für Kurzvokale kleiner als für Langvokale (vgl. Bild 2.26). Kurz- und Langvokale unterscheiden sich also nicht nur hinsichtlich der Quantität (Dauer), sondern auch hinsichtlich der Qualität (Klangfarbe, Formantfrequenzen); beispielsweise ist der Vokal [I] von den Formantfrequenzen her nicht mit [i:], sondern (fast) mit [e:] identisch, so daß in der Formantkarte für eine Mittelstellung des distinktiven Merkmals *offen / geschlossen* bei Kurzvokalen kein Platz mehr bleibt. Dieses Phänomen ist auch in zahlreichen anderen Sprachen zu beobachten.

Die in [Chomsky, Halle-68] erstmals vorgestellte Möglichkeit, das Regelwerk einer (generativen) Grammatik auf distinktive Merkmale anzuwenden, eröffnete ein gewaltiges Potential bei der regelhaften Beschreibung von Lautmodifikationen aller

Art (z.B. durch Koartikulation und Reduktion; vgl. Abschnitt 2.4.6). Besonders flexibel wird diese Beschreibung dadurch, daß es auf allen Ebenen jederzeit möglich ist, distinktive Merkmale neu zu definieren. Auf die weitere Diskussion wird aus Platzgründen verzichtet.

2.4.6 Lautübergänge und Koartikulation

Bei ungestörter Artikulation lassen sich die Änderungen der Formantfrequenzen beim Übergang vom Vokal zu einem Konsonanten sehr gut aus der Systematik der Formantverschiebungen bei Querschnittsänderung des Vokaltrakts herleiten. Für den zeitlichen Ablauf gilt das bereits von [Menzerath, de Lacerda-33] vorweggenommene Gesetz der Synchronität der Artikulation: *Verlangt die Artikulation eines Lautes das exakte zeitliche Zusammenwirken mehrerer Artikulatoren, so müssen diese – da sie verschiedene Massen besitzen und verschieden lange Wege zurückzulegen haben – zu verschiedenen Zeiten ihre Bewegungen beginnen; die Bewegungen sind aber so aufeinander synchronisiert, daß die Artikulatoren ihr Ziel zur richtigen Zeit erreichen.* Für die meisten Konsonanten trifft dies zu; deshalb erstrecken sich die Übergänge weit in die benachbarten Vokale hinein.

Bild 2.29 faßt die Untersuchungen von [Delattre-68] für das Französische zusammen, erweitert um die beiden im Deutschen zusätzlich vorhandenen Frikative [x] und [ç] sowie den Nasal [ŋ]. Das Bild stellt die Übergänge von und zu allen Konsonanten als stilisierte Formantverläufe in quasi-neutraler Vokalumgebung (Vokal [ɛ]) dar. Die Richtung, in die sich die Formanten ändern, ist im wesentlichen durch den Ort der Artikulation festgelegt, während sich die Art der Artikulation durch den Verlauf der Formantänderung, das Vorhandensein von Turbulenzen, Verschlußlösungsgeräuschen etc. äußert. Die Lautübergänge sind für die Verständlichkeit von fundamentaler Bedeutung. Werden in synthetischer Sprache Laute ohne Übergänge einfach nebeneinandergestellt, wird die Sprache unverständlich.

In realer, fließender Sprache sind die Artikulationsabläufe komplexer. Neben dem Prinzip der Synchronität gilt das Prinzip der *Ökonomie* der Artikulation. Dieses ist wesentlich bei der zeitlichen Organisation von Artikulationsgesten. Mit einem Minimum artikulatorischen Aufwands soll ein Maximum an Information in das Sprachsignal hineingepackt werden. Die wesentliche kommunikative Randbedingung ist, daß die Nachricht für den Hörer verständlich sein (und bleiben) soll. Ökonomie hat zwei Seiten: zum einen bei gleichem Artikulationsaufwand den Durchsatz, d.h. die Sprechgeschwindigkeit zu erhöhen, zum anderen bei gleicher Leistung den Aufwand zu minimieren. Dies wird in beiden Fällen dadurch erreicht, daß die zeitliche Organisation der Artikulation in größeren Einheiten als Lauten und Lautübergängen geplant wird und daß somit Artikulationsgesten, die zu verschiedenen Lauten gehören, einander beeinflussen oder überlappen.

2.4 Aspekte der Phonetik und Linguistik

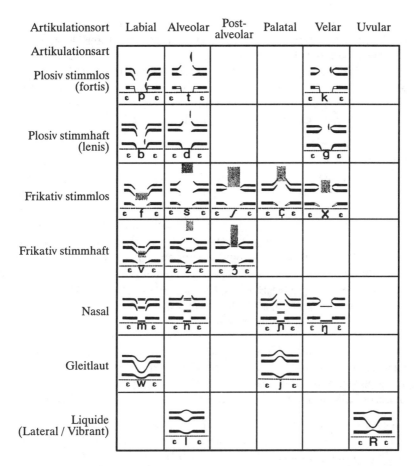

Bild 2.29: Realisierung von Konsonanten in (quasi-) neutraler Vokalumgebung ([ɛ]); Darstellung in Form stilisierter Formantverläufe und Spektrogramme. Nach [Delattre-68] (für das Französische), für das Deutsche modifiziert und erweitert. Schraffierte Flächen bedeuten stimmlose Anregung; abgebildet ist jeweils ein Frequenzbereich von 0 bis 3.6 kHz und ein Zeitausschnitt von etwa 300 ms.

Was ist artikulatorischer Aufwand? Wir haben hierfür kein direktes quantitatives Maß. Plausibel ist die in der Literatur vertretene These, daß die Maximalgeschwindigkeit einzelner Artikulatoren (Lippen, Unterkiefer, Zunge, Velum) die maßgebliche Größe darstellt.

Die traditionelle artikulatorische Phonetik sieht jedes Phonem charakterisiert durch eine besondere Einstellung der Artikulatoren, d.h. eine spezifische Zielposition. In der Praxis gilt dies allenfalls für wohlartikulierte Sprache und solche Phoneme, die durch ein (quasi-)stationäres Segment realisiert werden (also Vokale, Nasale, Liquide und Frikative, nicht jedoch Plosive oder Gleitlaute). In kontinuierlicher Sprache werden diese Zielpositionen durch Transitionen verknüpft, die dem Prinzip des minimalen Artikulationsaufwandes unterliegen. Bei gegebener Sprechgeschwindigkeit laufen also diese Transitionen so langsam wie möglich ab und benötigen einen beträchtlichen Anteil der gesamten Äußerung. Darüber hinaus beeinflussen benachbarte Laute einander derart, daß auch die realisierten Zielstellungen der Sprechorgane kontextabhängig werden. Dieser Effekt wird als *Koartikulation*[17] bezeichnet [Menzerath, de Lacerda-33].

Koartikulation ist in fließender Sprache allgegenwärtig. Gesprochene Sprache ist hochredundant; in Erfüllung des Prinzips minimalen Artikulationsaufwandes können viele Artikulationsgesten über größere Zeitintervalle hinweg geplant und organisiert werden. Insbesondere wenn Artikulationsgesten für die Realisierung bestimmter Laute unerläßlich sind, werden sie soweit wie möglich antizipiert; hierdurch können viele Übergänge weiter verlangsamt werden. Die Prominenz von Koartikulationseffekten in einer Äußerung ist eine Funktion der Lautfolge und damit Funktion der Zeit. Manche Laute erweisen sich als „Koartikulationsschranken"; d.h. der wechselseitige koartikulatorische Einfluß über eine solche Schranke hinweg ist relativ gering. Dies gilt immer dann, wenn eine artikulatorische Zielposition voll erreicht und für eine bestimmte Zeit ausgehalten wird. Diese Bedingung erfüllen zunächst Vokale, besonders dann, wenn sie lang oder betont sind. Auch über Nasale oder Frikative hinweg sind koartikulatorische Auswirkungen gering. Umgekehrt sind besonders Verschlußlaute und Gleitlaute anfällig gegen Koartikulationseffekte [Öhman-66]. Einige Laute, z.B. [r], nehmen eine artikulatorische Extremstellung ein, die mit einem hohen Aufwand verbunden ist; hieraus ergibt sich ein beträchtlicher koartikulatorischer Einfluß dieser Laute auf ihre Umgebung.

Die Auswirkung des Prinzips des minimalen Artikulationsaufwands auf fließende Rede endet nicht mit der gegenseitigen Beeinflussung der Artikulationsgesten verschiedener Laute; erwähnt sei noch das Auftreten reduzierter Silben und Wörter, vor allem Funktionswörter, in fließender Rede. Reduzierte und deakzentuierte Vokale und Silben werden mit verminderter Dauer und geringerer Gespanntheit der Artikulatoren geäußert und führen deshalb zu zentralisierter Artikulation (für Vokale bedeutet dies beispielsweise, daß sich die Formanten von den für den jeweiligen Vokal spezifischen Werten weg in Richtung auf die Position des neutralen Vokals, des *Schwa*, bewegen). Weiterhin werden beim schnellen Sprechen einzelne Zielstellungen von Artikulatoren insbesondere in reduzierten Vokalen infolge

---

[17]Hierzu ein kleines Beispiel, das der Leser leicht selbst nachvollziehen kann. Das Wort „Glück" [glʏk] verlangt als eine wesentliche Artikulationsgeste des Vokals [ʏ] die Lippenrundung. Die vorangehenden Konsonanten [g] und [l] sind in dieser Richtung unspezifiziert, werden aber laut Aussprachevorschrift des Deutschen ohne Lippenrundung artikuliert. Im Kontext des Wortes [glʏk] jedoch setzt die Lippenrundung bereits mit dem ersten Konsonanten [g] ein und wird somit im Hinblick auf den Vokal antizipiert. Dies ist möglich, weil die Lippen an der Artikulation des [g] und des [l] im Prinzip nicht beteiligt sind und daher bezüglich dieser Laute einen „freien Artikulator" darstellen, der sich bereits auf den folgenden Laut hin orientieren kann. Durch die Vorwegnahme der Rundung gewinnen die Lippen als Artikulator Zeit; der Vorgang der Lippenrundung kann langsamer ablaufen, und der Artikulationsaufwand wird vermindert.

Zeitmangels nicht mehr erreicht [Lindblom-63]. Dies führt bis hin zum völligen Verschwinden (Elision) einzelner Laute, im Deutschen insbesondere des *Schwa* [ə], sowie zu Assimilationen (Angleichungen von Lauten in einzelnen oder auch allen artikulatorischen Merkmalen) auch über Silben- und Wortgrenzen hinweg. Für das Deutsche sei hierzu insbesondere auf die Arbeiten von [Kohler-90] verwiesen.

2.4.7 Phonotaktik

Die *Phonotaktik* behandelt die Probleme der Kombinierbarkeit der Laute im Silbengefüge einer Sprache. Durch ihre Gesetze ist festgelegt, welche Laute innerhalb einer Silbe aufeinander folgen können und welche nicht.

Eine Silbe besteht – in dieser Reihenfolge – aus der *Anfangskonsonantenfolge* (auch *Onset* genannt), dem *Silbenkern* und der *Endkonsonantenfolge* (*Coda*). Der Silbenkern ist immer vorhanden, während die Anfangs- und Endkonsonantenfolge auch leer sein können. Im Deutschen besteht der Silbenkern aus einem Vokal oder einem Diphthong. Die Anfangskonsonantenfolgen können im Deutschen bis zu drei, Endkonsonantenfolgen sogar bis zu fünf Konsonanten umfassen; hierdurch zählt das Deutsche zu den Sprachen mit einer sehr komplexen Phonotaktik. Die Aufeinanderfolge der Konsonanten wird durch ihre *Vokalaffinität* bestimmt; die größte Vokalaffinität besitzen Liquide (wobei im Deutschen die des /r/ größer ist als die des /l/), gefolgt von den übrigen Sonoranten (d.h. Nasalen und Gleitlauten). Die geringste Vokalaffinität besitzen die Obstruenten. In den Anfangs- und Endkonsonantenfolgen, die mehrere Konsonanten umfassen, stehen Konsonanten mit höherer Vokalaffinität immer näher am Silbenkern als solche mit niedriger. Diese Gesetzmäßigkeit erweist sich als sehr mächtig: sie beschränkt die Zahl der Anfangs- und Endkonsonantenfolgen auf einen geringen Bruchteil des durch freie Kombination von Konsonanten prinzipiell Möglichen. Im Deutschen können Anfangskonsonantenfolgen bis zu 3 Konsonanten enthalten, aber nur ungefähr 50 Anfangskonsonantenfolgen sind tatsächlich realisiert ([Ruske, Schotola-78], siehe Tabelle 2.4). Entsprechendes gilt für die Endkonsonantenfolgen, die im Deutschen

Tabelle 2.4: Anfangskonsonantenfolgen des Deutschen. Nach [Ruske, Schotola-78]. [–] Leere Konsonantenfolge, realisiert durch Glottalverschluß

–	h	j	z	f	ʃ	ʃp	ʃt	b	d	g	p	pf	t	ts	tʃ	k
l				fl	ʃl	ʃpl		bl		gl	pl	pfl				kl
r				fr	ʃr	ʃpr	ʃtr	br	dr	gr	pr	pfr	tr			kr
v					ʃv									tsv		kv
m					ʃm											
n					ʃn					gn						kn

zwischen 0 und 5 Konsonanten enthalten können, von denen jedoch nur etwa 160 existieren (auf die Tabelle wird aus Platzgründen verzichtet). Für das Englische liegen vergleichbare Daten vor [Fujimura, Lovins-78].

2.4.8 Prosodie

Unter *Prosodie* (aus dem Griechischen: das „Hinzugesungene") versteht die Linguistik vor allem drei Aspekte bzw. Parameter [Lehiste-70]: Quantität, Intensität und Intonation. Ihnen ist gemeinsam, daß sie das Klangbild gesprochener Sprache wesentlich prägen, aber in den wenigsten Fällen Eingang in die Schriftsprache gefunden haben. Die prosodischen Parameter werden auch als *suprasegmentale* Merkmale bezeichnet; sie überlagern sich den Segmenten[18] und können sich insbesondere auch über mehrere Segmente erstrecken.

Quantität erfaßt alles, was mit der zeitlichen Struktur der Sprache zu tun hat. Im engeren Sinn ist dies die Dauer von Vokalen und Konsonanten, aber auch die Silbendauer im Gefüge einer Äußerung. Im weiteren Sinne zählen hierzu auch Fragen des Sprechrhythmus und der Sprechgeschwindigkeit.

Intensität (nicht mit dem gleichnamigen Begriff aus der Akustik zu verwechseln!) oder *Akzentuierung* beinhaltet alle Aspekte von Akzent und Betonung auf Wort-, Satz- und Äußerungsebene.

Die *Intonation* liefert den melodischen Aspekt der Sprache. Sie interagiert auf der einen Seite eng mit Akzent und Betonung; auf der anderen Seite ist sie Trägerin solcher Information wie Phrasierung, Satzmodus und Fokus; damit kennzeichnet sie die Teile einer Äußerung, die für den Hörer besonders wichtige oder bisher nicht bekannte Information enthält. Weiterhin ist sie Trägerin para- und extralinguistischer Information, die mit Haltung und Emotion des Sprechers zu tun hat (z.B. Entschlossenheit, Zweifel, Überraschung, Freude oder Zorn).

Auf akustischer Seite entsprechen den linguistischen Parametern Quantität, Akzentuierung und Intonation die akustischen Parameter Dauer, Amplitude und Grundfrequenz. Jedoch ist die Zuordnung zwischen Linguistik und akustischer Realisierung nicht eindeutig. Stark korreliert sind Quantität und Dauer, ebenso Intonation und Sprachgrundfrequenz. Akzent und Betonung dagegen sind nur geringfügig mit dem Parameter Amplitude korreliert; sie schlagen sich ebenfalls in hohem Maß in Dauer und Sprachgrundfrequenz nieder (Bild 2.30). Darüber hinaus kann die Änderung einer (Wort-) Betonung auch eine Veränderung der Aussprache des Wortes zur Folge haben.

Von allen Aspekten gesprochener Sprache gibt die Prosodie sowohl einem individuellen Sprecher als auch einer individuellen Sprachgemeinschaft die meisten

---

[18] Als *Segmente* sind hier die sprachlichen Elemente unterhalb Silbengröße zu verstehen, vor allem Phone, aber ggf. auch Halbsilben.

2.4 Aspekte der Phonetik und Linguistik

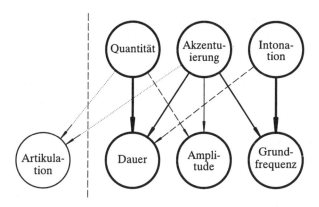

Bild 2.30: Zur Prosodie: Beziehung zwischen den linguistischen Parametern Quantität, Akzentuierung und Intonation und den zugehörigen akustischen Parametern Dauer, Amplitude und Grundfrequenz

Freiheitsgrade zur eigenen Ausgestaltung. Sie ist wesentlich der Semantik und Pragmatik verpflichtet [Kohler-91] und der gesprochenen Sprache eigentümlich. In die Schriftform der Sprache gelangt sie kaum (höchstens durch Satzzeichen zur Gliederung eines Satzes, durch die Kennzeichnung von Wortakzenten in einigen Sprachen oder durch Hervorhebungen im Text). Nicht umsonst besteht die Kunst des Vorlesens vor allem in einer adäquaten Umsetzung und Realisierung des Gelesenen auf prosodischer Ebene.

Die Möglichkeiten, die die Prosodie bietet, werden von den Sprachen sehr unterschiedlich eingesetzt. Grundsätzlich kann in einer Sprache ein prosodischer Parameter a) nicht genutzt, b) vornehmlich auf segmentaler Ebene genutzt oder c) vornehmlich auf suprasegmentaler Ebene genutzt werden. Wird er auf segmentaler Ebene genutzt, gibt es prosodische Minimalpaare, also Wörter, bei denen die Änderung des prosodischen Parameters eine Änderung der Bedeutung nach sich zieht.

Das Deutsche beispielsweise unterscheidet zwischen langen und kurzen Vokalen; damit wird die Quantität auf segmentaler Ebene genutzt; Minimalpaare wie *Bahn–Bann* [ba:n–ban] oder *nett–näht* [nɛt–nɛ:t] belegen dies. Das Italienische kennt keine langen und kurzen Vokale, dafür aber lange und kurze Konsonanten, z.B. *camino* (der Kamin) vs. *cammino* (der Weg). Das Finnische kennt sowohl Vokale als auch Konsonanten in langer und kurzer Ausprägung. In anderen Sprachen wie Französisch, Englisch oder Spanisch existieren keine Quantitätsunterschiede auf segmentaler Ebene.

In zahlreichen Sprachen ist der Wortakzent auf segmentaler Ebene bedeutungsunterscheidend. Im Englischen kann er zwischen einem Substantiv einerseits und einem Verb oder Adjektiv andererseits unterscheiden (Beispiel: *the 'record* vs.

to re'cord); hier geht der Betonungsunterschied mit einem Unterschied in der Aussprache einher. Besonders ausgiebig wird der Wortakzent im Russischen auf segmentaler Ebene verwendet: zur Unterscheidung verschiedener Lexeme, verschiedener Kasus in der Deklination und verschiedener Formen in der Konjugation. Im Deutschen sind Minimalpaare im Bereich des Wortakzents eher selten: es sind dies einige Lexeme (z.B. *'August* vs. *Au'gust*) und eine Reihe zusammengesetzter Verben (z.B. *'umfahren* vs. *um'fahren*).

Ist die Grundfrequenz auf segmentaler Ebene bedeutungsunterscheidend, so sprechen wir von einer *Tonsprache*, wo jeder Silbe zwangsweise ein bestimmter Grundfrequenzverlauf zugeordnet ist (z.B. Chinesisch mit seinen vier „Tönen"); eine abgemilderte Form sind *Tonakzentsprachen*, bei denen Wörter einen speziellen Tonakzent erhalten *können* (hierzu gehören beispielsweise Schwedisch und Japanisch).

Im Vergleich zur segmentalen Ebene der Sprache ist die Prosodie weniger erforscht. Es existiert noch kein prosodisches Zeichensystem, das der Lautschrift der IPA vergleichbar wäre. In Spracherkennungs- und Sprachverstehenssystemen werden Aspekte der Prosodie erst nach und nach mit einbezogen [Sagisaka, Campbell, et al.-96]. In der Sprachsynthese ist eine gute Prosodiesteuerung das größte Problem, das derzeit einer guten Qualität synthetischer Sprache noch im Wege steht.

Kapitel 3

Signale, Spektren und Systeme

3.1 Signalbeschreibungen

Wenn im weiteren von einem Signal $x(k)$ die Rede ist, so ist damit stets eine Folge von Zahlen gemeint, die durch k „numeriert" sind; k ist demnach ganzzahlig. Entstanden sein mag $x(k)$ z.B. durch eine äquidistante Abtastung eines kontinuierlichen Zeitsignals $x_a(t)$ – etwa einer Mikrophonspannung – in Zeitpunkten $t = kT$. Der Kehrwert der Abtastperiode T heißt Abtastfrequenz f_A. Die mit der Abtastung in einem Analog-Digital-Konverter üblicherweise einhergehende Quantisierung wird zunächst vernachlässigt (s. aber Kap. 9). Es wird also von wertkontinuierlichen zeitdiskreten Signalen ausgegangen; ihre Werte $x(k)$ können reell oder auch allgemein komplex sein. Zusammengefaßt gilt also

$$x(k) \in \{x(k);\ x \in \mathbb{C},\ k \in \mathbb{Z}\}, \tag{3.1}$$

$$x(k) = x_a(k\,T), \tag{3.2}$$

$$f_A = \frac{1}{T}. \tag{3.3}$$

In weiten Bereichen der Technik, insbesondere in der Nachrichtentechnik spielen sinusförmige Signale eine wichtige Rolle: An den Eingang eines linearen, zeitinvarianten Systems gelegt, treten sie am Systemausgang mit veränderter Amplitude und Phase, aber unveränderter Form und Frequenz wieder auf. Allgemeine Signale $x_a(t)$ oder $x(k)$ stellt man daher gern als Überlagerung von Sinusanteilen dar. Etwas verallgemeinert nennt man die *Bestimmung* geeignet gewählter Grundkomponenten *aus* einem Gesamtsignal *Spektralanalyse*, die Überlagerung der Anteile *zu* einem Gesamtsignal *Spektralsynthese*.

Unmittelbar gelingt diese Spektraldarstellung nur für determinierte Signale. Zufällige Signale wie auch Signale, die für eine deterministische Behandlung zu kompliziert sind (wie etwa Sprachsignale!), erfordern zunächst eine Beschreibung durch *statistische* Kenngrößen. Erst hiermit gelingt auch für sie wieder die Angabe eines geeignet definierten *Spektrums* von Komponenten.

Kenntnisse der spektralen wie der statistischen Signalbeschreibung sind für die Sprachverarbeitung unabdingbar. Das gilt nicht nur wegen des Allgemeinverständnisses, sondern auch wegen des unmittelbaren Einsatzes in den Verarbeitungsmethoden. Grundkenntnisse werden vorausgesetzt; sie lassen sich aus Vorlesungen zum Thema „Signal- und Systemtheorie" wie aus der entsprechenden Literatur beziehen (z.B. [Schüßler-91], [Oppenheim, Willsky-89], [Schüßler-94], [Fettweis-96], [Fliege-91]). Im folgenden sind einige Grundbegriffe zusammengestellt, soweit sie später benötigt werden; damit wird die Nomenklatur festgelegt. Darüber hinaus soll auf weitere Begriffe eingegangen werden und vor allem auf die Bestimmung spektraler oder statistischer Charakteristika aus gegebenen Signalen. Die – wiederum statistisch arbeitende – Theorie der optimalen Schätzung von Kenngrößen stochastischer Prozesse interessiert dabei höchstens am Rande. Wesentlich ist hier die praktische Realisierung spektraler oder statistischer Messungen.

3.2 Spektraltransformationen

Häufig wird die Bezeichnung „*Spektrum*" fast synonym mit dem Begriff „*Fourier-Transformierte*" gebraucht. Für ein Signal nach (3.1) ist diese Transformierte definiert durch

$$x(k) \quad \stackrel{\mathcal{F}}{\circ\!\!-\!\!\bullet} \quad X(e^{j\Omega}) \doteq \sum_{k=-\infty}^{\infty} x(k)\, e^{-jk\Omega} \doteq \mathcal{F}\{x(k)\}. \qquad (3.4\text{-a})$$

Die Umkehrtransformation

$$X(e^{j\Omega}) \quad \stackrel{\mathcal{F}^{-1}}{\bullet\!\!-\!\!\circ} \quad x(k) = \frac{1}{2\pi} \int_{-\pi}^{\pi} X(e^{j\Omega})\, e^{jk\Omega}\, d\Omega \qquad (3.4\text{-b})$$

stellt die oben angesprochene Zusammensetzung von $x(k)$ durch sinus- und cosinusförmige Anteile $e^{jk\Omega} = \cos(k\Omega) + j\sin(k\Omega)$ mit komplexen Amplituden $X(e^{j\Omega})$, also eine Fourier-*Synthese* dar. Die *Analyse*gleichung (3.4-a) gibt dagegen an, wie diese Amplituden (genauer: die Amplitudendichte) als Funktion der normierten Frequenz Ω zu bestimmen sind. $X(e^{j\Omega})$ ist 2π-periodisch; mit

$$\Omega = 2\pi \frac{f}{f_A} = 2\pi f T \qquad (3.5)$$

entspricht das der bekannten Periodizität des Spektrums abgetasteter Signale mit der Periode f_A.

Eine Erweiterung zu (3.4) in mehrfacher Hinsicht ist die *z-Transformation*:

$$x(k) \;\overset{\mathcal{Z}}{\circ\!\!-\!\!\bullet}\; X(z) \doteq \sum_{k=-\infty}^{\infty} x(k)\, z^{-k} \doteq \mathcal{Z}\{x(k)\}, \qquad (3.6\text{-a})$$

$$X(z) \;\overset{\mathcal{Z}^{-1}}{\bullet\!\!-\!\!\circ}\; x(k) = \frac{1}{2\pi j} \oint X(z)\, z^k\, \frac{dz}{z}. \qquad (3.6\text{-b})$$

Sie erlaubt u.U. die Spektraldarstellung von vielen Signalen, deren Fouriertransformierte nicht existieren.

Wenn sowohl $X(e^{j\Omega})$ nach (3.4-a) als auch $X(z)$ nach (3.6-a) existieren, so gilt offenbar auf dem Einheitskreis der komplexen z-Ebene

$$\mathcal{Z}\{x(k)\}_{z=e^{j\Omega}} = \mathcal{F}\{x(k)\} = X(e^{j\Omega}), \qquad (3.7)$$

und (3.6-b) geht bei Integration auf dem Einheitskreis in (3.4-b) über.

Einschränkungen in mehrfacher Hinsicht enthalten dagegen die *Diskrete Fourier-Transformation* (DFT) und ihre Inversion (IDFT):

$$x(k) \;\overset{\mathrm{DFT}}{\circ\!\!-\!\!\bullet}\; X_\mu \doteq \sum_{k=0}^{M-1} x(k)\, w_M^{\mu k} \doteq \mathrm{DFT}\{x(k)\}, \qquad (3.8\text{-a})$$

$$X_\mu \;\overset{\mathrm{IDFT}}{\bullet\!\!-\!\!\circ}\; x(k) = \frac{1}{M} \sum_{\mu=0}^{M-1} X_\mu\, w_M^{-\mu k} \qquad (3.8\text{-b})$$

mit

$$w_M \doteq e^{-j\frac{2\pi}{M}}. \qquad (3.8\text{-c})$$

Sie sind nur für Folgen der endlichen Länge M oder, nach (3.8-b, c) gleichwertig, für periodische Folgen der Periode M definiert, und die DFT liefert nur M diskrete Komponenten. Der Vergleich von (3.8-a) mit (3.4-a) zeigt, daß mit

$$X_\mu = X(e^{j\mu \frac{2\pi}{M}}) \qquad (3.9)$$

Abtastwerte des kontinuierlichen Fourierspektrums einer endlich langen Folge in den Frequenzpunkten

$$\Omega_\mu = \mu \frac{2\pi}{M} \;\hat{=}\; f_\mu = \mu \frac{f_A}{M}, \quad \mu = \{0, 1 \ldots, M-1\}, \qquad (3.10)$$

(vgl. (3.5)!) bestimmt werden. Nach (3.7) sind das auch Abtastwerte der zugehörigen z-Transformierten auf dem Einheitskreis der z-Ebene.

Diese für die Nachrichtentechnik „klassischen" Spektraltransformationen lassen sich verallgemeinern und erweitern. Hierauf werden wir – soweit für die spätere Anwendung sinnvoll – eingehen, wenn wir die praktische Bestimmung eines Spektrums zu einem gegebenen Signal diskutieren (s. Abschnitt 4.2.4 ff.).

Auf zwei wichtige Signalbeispiele werden wir immer wieder zurückkommen. Bei der anschließend zu besprechenden Systembeschreibung spielt die Anregung eines Systems durch den Einheitsimpuls

$$\gamma_0(k) \doteq \begin{cases} 1 & , k = 0 \\ 0 & , k \neq 0 \end{cases} \qquad (3.11\text{-a})$$

eine wichtige Rolle. Hierzu gehört nach (3.4), (3.6) und (3.8) ein konstantes Spektrum in allen drei Transformationsbereichen:

$$\Gamma_0(e^{j\Omega}) = \Gamma_0(z) = \Gamma_{0\mu} \equiv 1 \quad \forall\, \Omega, z, \mu. \qquad (3.11\text{-b})$$

Als Umkehrung dieser Beziehung kann man den Zusammenhang zwischen einem konstanten Signal und seinem impulsförmigen Spektrum sehen:

$$x(k) \equiv 1 \quad \forall\, k$$

$$x(k) \;\circ\!\!-\!\!\bullet\; X(e^{j\Omega}) = \mathcal{F}\{x(k)\} = 2\pi \sum_{\nu=-\infty}^{\infty} \delta_0(\Omega - \nu 2\pi). \qquad (3.11\text{-c})$$

Hierin ist allerdings mit $\delta_0(x)$ kein Einheitsimpuls nach (3.11-a) bezeichnet, sondern der sog. Dirac-Impuls. Er ist – für eine allgemeine (Zeit- oder Frequenz-) Variable u und eine beliebige Funktion $g(u)$ – durch seine Integral- und Ausblendeigenschaften definiert:

$$\int_{u=-\infty}^{\infty} \delta_0(u)\, du = 1,$$

$$g(u)\, \delta_0(u - u_0) = g(u_0)\, \delta_0(u - u_0).$$

Man muß in (3.11-c) zu dieser verallgemeinerten Funktion („Distribution") übergehen, da die Fouriertransformierte der konstanten Folge im üblichen Sinne nicht existiert. Generell erlaubt die Einbeziehung dieser Distribution die Angabe eines Spektrums zu einigen wichtigen, sonst nicht transformierbaren Signalen.

3.2 Spektraltransformationen

Der Einheitsimpuls tritt im übrigen auf, wenn man die umkehrbare Eindeutigkeit der Transformationen nach (3.4) und (3.8) durch Einsetzen des einen Ausdrucks in den zweiten zeigen will. Mit (3.4-a) folgt z.B. aus (3.4-b)

$$\frac{1}{2\pi}\int_{-\pi}^{\pi}\left(\sum_{\kappa=-\infty}^{\infty}x(\kappa)e^{-j\kappa\Omega}\right)e^{jk\Omega}\,d\Omega = \sum_{\kappa=-\infty}^{\infty}x(\kappa)\frac{1}{2\pi}\int_{-\pi}^{\pi}e^{j(k-\kappa)\Omega}\,d\Omega$$

$$= \sum_{\kappa=-\infty}^{\infty}x(\kappa)\cdot\left\{\begin{array}{ll}1 & \text{für}\quad \kappa = k\\ 0 & \text{für}\quad \kappa \neq k\end{array}\right\} = \sum_{\kappa=-\infty}^{\infty}x(\kappa)\gamma_0(k-\kappa) = x(k),$$

ganz entsprechend mit (3.8-a) aus (3.8-b)

$$\frac{1}{M}\sum_{\mu=0}^{M-1}\left(\sum_{\kappa=0}^{M-1}x(\kappa)\,e^{-j\kappa\mu\frac{2\pi}{M}}\right)e^{jk\mu\frac{2\pi}{M}} = \sum_{\kappa=0}^{M-1}x(\kappa)\frac{1}{M}\sum_{\mu=0}^{M-1}e^{j(k-\kappa)\mu\frac{2\pi}{M}}$$

$$= \sum_{\kappa=0}^{M-1}x(\kappa)\cdot\left\{\begin{array}{ll}1 & \text{für}\quad \kappa = k(+\lambda M)\\ 0 & \text{für}\quad \kappa \neq k(+\lambda M)\end{array}\right\} = \sum_{\kappa=0}^{M-1}x(\kappa)\,\gamma_0(k-\kappa) = x(k).$$

Die Feststellung

$$\frac{1}{2\pi}\int_{-\pi}^{\pi}e^{j(k-\kappa)\Omega}\,d\Omega = \gamma_0(k-\kappa) \qquad (3.11\text{-d})$$

kennzeichnet die bekannte Orthogonalität der harmonischen Exponentialfunktionen, die entsprechende Beziehung

$$\frac{1}{M}\sum_{\mu=0}^{M-1}e^{j(k-\kappa)\mu\frac{2\pi}{M}} = \gamma_0(k-\kappa) \qquad (3.11\text{-e})$$

die Summenorthogonalität harmonischer Exponentialfolgen. Wie in der Herleitung angedeutet (dort aber wegen der Summation über genau M Werte nicht gebraucht), ist die letzte Beziehung an sich M-periodisch zuschreiben:

$$\frac{1}{M}\sum_{\mu=0}^{M-1}e^{j(k-\kappa)\mu\frac{2\pi}{M}} = \sum_{\lambda=-\infty}^{\infty}\gamma_0(k-\kappa-\lambda M). \qquad (3.11\text{-f})$$

3.3 Systembeschreibung im Zeit- und Spektralbereich

Die eben vorgestellten Spektraltransformationen lassen sich auf allgemeine Signale $x(k)$ ebenso anwenden wie speziell auf die Folgen, mit denen man üblicherweise lineare, zeitinvariante Systeme im Zeitbereich charakterisiert. Gemeint ist insbesondere die Reaktion eines solchen Systems auf einen Impuls nach (3.11-a, b).

Diese Reaktion heißt *Impulsantwort* $h_0(k)$ und hat als

- z-Transformierte die *Übertragungsfunktion*

$$H(z) = \mathcal{Z}\{h_0(k)\}, \tag{3.12-a}$$

- Fourier-Transformierte den *Frequenzgang*

$$H(e^{j\Omega}) = \mathcal{F}\{h_0(k)\}. \tag{3.12-b}$$

Man bezeichnet $|H(e^{j\Omega})|$ als *Betragsfrequenzgang*, $|H(e^{j\Omega})|^2$ als Leistungsübertragungsfunktion. Ist $h_0(k)$ endlich lang, so liefert die DFT nach (3.8) Abtastwerte des Frequenzgangs in äquidistanten Frequenzen Ω_μ, wie in (3.10) angegeben.

Mit diesen systembeschreibenden Ausdrücken lassen sich das Ausgangssignal $y(k)$ und seine Spektraldarstellungen $Y(\cdot)$ bei bekanntem Eingangssignal $x(k)$ bzw. Eingangsspektrum $X(\cdot)$ mit Hilfe der (sog. linearen) Faltung und der Faltungssätze angeben:

$$\begin{aligned} y(k) &= x(k) * h_0(k) = \sum_{\kappa=-\infty}^{\infty} x(\kappa)\, h_0(k-\kappa) \\ &= h_0(k) * x(k) = \sum_{\kappa=-\infty}^{\infty} x(k-\kappa)\, h_0(\kappa), \end{aligned} \tag{3.13-a}$$

$$Y(z) = H(z)\, X(z), \tag{3.13-b}$$

$$Y(e^{j\Omega}) = H(e^{j\Omega})\, X(e^{j\Omega}). \tag{3.13-c}$$

Da $H(z)$ und $H(e^{j\Omega})$ i.a. komplexe Faktoren sind, besagen die Gln. (3.13-b, c), daß ein Filter die Spektralkomponenten des Eingangssignals sowohl in ihrer Größe – gemäß $|H(\cdot)|$ – als auch in ihrer Phasenlage – gemäß $\arg H(\cdot)$ – beeinflußt.

Die inversen Transformationen (3.6-b) bzw. (3.4-b) angewandt auf (3.13-b, c) oder die Transformationen (3.6-a) bzw. (3.4-a) angewandt auf (3.13-a) zeigen die Gleichwertigkeit dieser drei Formeln. Der entsprechende Faltungssatz für die DFT

$$Y_\mu = H_\mu\, X_\mu = \mathrm{DFT}\{h_0(k)\}\, \mathrm{DFT}\{x(k)\} \tag{3.14-a}$$

3.3 Systembeschreibung im Zeit- und Spektralbereich

besagt allerdings wegen der impliziten DFT-Periodizität, daß

$$y(k) = \text{IDFT}\{Y_\mu\} = x(k) \circledast h_0(k) = h_0(k) \circledast x(k)$$
$$= \sum_{\kappa=0}^{M-1} x(\kappa)\, h_0\big([k-\kappa]_{\bmod M}\big) \qquad (3.14\text{-b})$$

Ergebnis einer *zyklischen* Faltung ist: Das endlich lange Signal $x(k)$ wird gefaltet mit der M-periodisch wiederholten Impulsantwort (oder umgekehrt). Die entstehende Folge stimmt daher i.a. *nicht* überein mit dem Ergebnis der linearen Faltung nach (3.13-a) bzw. (3.13-b) derselben endlich langen Folgen, wie sie auch nach (3.14-b) *ohne* Moduloindizierung zu berechnen wäre.

Erstens ist wegen der DFT-Multiplikation nach (3.14-a) klar, daß die zunächst i.a. ungleichen Längen L_x von $x(k)$ und L_h von $h_0(k)$ aneinander anzugleichen sind. Als gemeinsame DFT-Länge muß man zumindest

$$M_{\min} = \max\{L_x, L_h\} \qquad (3.15)$$

wählen. Die kürzere Folge ist dann mit Nullwerten entsprechend zu verlängern, bei größerem M auch die längere (*zero padding*). Das Faltungsergebnis nach (3.14-b) hat stets die (DFT-) Länge M.

Bild 3.1 erläutert die Zusammenhänge anhand stilisierter Beispiel-Verläufe. Im Teilbild a) sind $x(\kappa)$ und $h_0(\kappa)$, in Bild 3.1-b) die an der linearen Faltung betei-

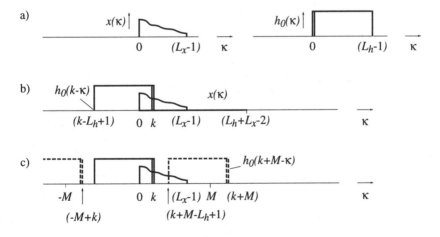

Bild 3.1: Lineare und zyklische Faltung zweier endlich langer Signale $x(\kappa)$ und $h_0(\kappa)$
  a) Beteiligte Signale als kontinuierliche Einhüllende skizziert
  b) lineare und
  c) zyklische Faltung – beteiligte Signale zum Zeitpunkt k

ligten Folgen in ihrer Lage zum Zeitpunkt k skizziert. Durch einfache Anschauung ist festzustellen, daß das Resultat i.a. eine Ausdehnung

$$L_y = L_x + L_h - 1 \qquad (3.16)$$

erhält (entsprechend dem fett gezeichneten Teil der κ-Achse). Bild 3.1-c) zeigt dagegen, daß $y(k)$ nach (3.14-b) unverändert die Länge M behält (s.o.) und auch M-periodisch aufzufassen ist. Hier ist auch sofort zu sehen, daß für die gezeichnete Situation, d.h. für $k + M - L_h + 1 \leq L_x - 1$, mit (3.16) genau

$$L_s = L_x + L_h - 1 - M = L_y - M \qquad (3.17)$$

Werte entstehen, die nicht den Ergebnissen der linearen Faltung entsprechen. Offensichtlich ist aber auch, daß *danach*, d.h. für $k \in \{L_x + L_h - 1 - M, \ldots, M - 1\}$, gemäß (3.16) und (3.17)

$$L_{\text{lin}} = M - (L_x + L_h - 1 - M) = M - L_s = 2M - L_y \qquad (3.18)$$

Ergebniswerte der linearen Faltung durch die zyklische Faltung erzeugt werden. Daraus folgt unmittelbar, daß mit (3.16) und der Wahl

$$M_{\text{lin}} = L_y = L_x + L_h - 1 \qquad (3.19)$$

nach (3.17) $L_s = 0$ und nach (3.18) $L_{\text{lin}} = L_y = M$ gelten: Die zyklische Faltung liefert *alle* Werte der linearen Faltung. Eine Vergrößerung von M über den Wert nach (3.19) hinaus durch zusätzlich angefügte Nullen ist unschädlich.

In Abschnitt 4.3.1 kommen wir hierauf zurück.

3.4 Logarithmisches Spektrum und Cepstrum

Der Nutzen einer Logarithmierung von Ausdrücken, die einen großen Wertebereich annehmen können, ist bekannt. Gerade auf Spektren der eben definierten Art wird sie häufig angewandt. Insbesondere ist die Darstellung eines Frequenzgangs nach (3.12-a) durch die getrennte Angabe des logarithmierten Betrags- und des Phasenwinkel-Verlaufs gemäß

$$\ln H(e^{j\Omega}) = \ln |H(e^{j\Omega})| + j \arg\{H(e^{j\Omega})\} \qquad (3.20\text{-a})$$

bekannt. Die Betragsinformation gibt man oft mit Hilfe des Zehnerlogarithmus an als Dämpfung mit der (Pseudo-) Dimension dB:

$$\frac{a(\Omega)}{\text{dB}} \doteq -20 \lg |H(e^{j\Omega})|; \qquad (3.20\text{-b})$$

3.4 LOGARITHMISCHES SPEKTRUM UND CEPSTRUM

den Winkel bezeichnet man – nach Vorzeichenumkehr – als Systemphase:

$$b(\Omega) \doteq -\arg\{H(e^{j\Omega})\}. \tag{3.20-c}$$

Auch auf Betragsspektren beliebiger (determinierter) Signale wendet man die (3.20-b) entsprechende Darstellung gern an. Man nennt

$$\frac{P(\Omega)}{\mathrm{dB}} \doteq 20\lg|X(e^{j\Omega})| = 10\lg|X(e^{j\Omega})|^2 \tag{3.20-d}$$

dann den *Signalpegel*. Im Falle stochastischer Signale ist $|X(e^{j\Omega})|^2$ durch ein geeignet zu definierendes sog. Leistungsdichtespektrum zu ersetzen (s. Kap. 6.1.6).

Die Logarithmierung überführt bekanntlich multiplikative in additive Verknüpfungen. In einem durch Faltung entstandenen Signal enthaltene Anteile lassen sich also als Summanden im logarithmierten Spektrum wiederfinden. Wendet man hierauf eine inverse Transformation an, so bleibt wegen deren Linearität die additive Überlagerung erhalten.

Diese Transformation führt nun an sich wieder in den Zeitbereich zurück. Um das Resultat aber vom eigentlich zugrundeliegenden Zeitsignal abzuheben, führt man eigene Bezeichnungen ein, und zwar auch für die unabhängige Variable der Inverstransformation und ebenso für Operationen in diesem Bereich ([Bogert, Healy, et al.-63], [Oppenheim, Schafer, et al.-68]): Man nennt

$$C_x^{(c)}(n) \doteq \mathcal{F}^{-1}\{\ln X(e^{j\Omega})\} \tag{3.21-a}$$

das komplexe *Cepstrum* zur Folge $x(k) = \mathcal{F}^{-1}\{X(e^{j\Omega})\}$, und seine Variable bezeichnet man als „quefrency". Die Buchstabenvertauschungen in den Namen sollen darauf hindeuten, daß man in vielen Anwendungsfällen in Spektrum und Cepstrum Zusammenhänge wie sonst in Zeit- und Frequenzbereich quasi „gespiegelt" wiederfindet. Im weiteren wird uns das (dann reelle) Cepstrum nur im Zusammenhang mit dem Betrag der DFT interessieren; anstelle von (3.21-a) gilt also

$$C_x(n) \doteq \mathrm{IDFT}\{\ln|X_\mu|\}, \qquad n \in \{0,1,\ldots,M-1\}. \tag{3.21-b}$$

Kapitel 4

Spektralanalyse

4.1 Kurzzeitspektren

4.1.1 Filterung einer Spektralkomponente

Zur Messung einer Komponente bei der Frequenz Ω_m benötigt man, anschaulich einfach, die beiden Schritte „Schmalbandfilterung" zur Abtrennung der übrigen Anteile und „Demodulation", damit nicht die Schwingung bei Ω_m, sondern nur deren (komplexe) Amplitude $X(e^{j\Omega_m})$ bestimmt wird. „Klassisch" ist eine Prinzip-Anordnung aus Bandpaßfilter und Demodulator, der als einfache Gleichrichtung und Glättung realisiert sein mag (s. Bild 4.1-a). Digitale Realisierungen erlauben zum einen den äquivalenten, aber in analoger Technik problematischen Aufbau aus Demodulator und Tiefpaß, zum anderen eine echte komplexe Demodulation (s. Bild 4.1-b).

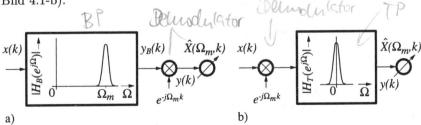

Bild 4.1: Spektralanalyse mit
    a) Bandpaßfilter und komplexer Demodulation am Ausgang
    b) komplexer Demodulation am Eingang und Tiefpaßfilterung

Bandpaß- und Tiefpaßfilter sind äquivalent, wenn ihre Frequenzgänge durch Verschiebung auseinander hervorgehen:

$$H_B(e^{j\Omega}) = H_T\left(e^{j(\Omega-\Omega_m)}\right).$$

Aufgrund des Modulationssatzes der Fourier-Transformation, der in der allgemeinen Form

$$x(k) \;\stackrel{\mathcal{F}}{\circ\!\!-\!\!\bullet}\; X(e^{j\Omega}) \;\Rightarrow\; x(k)\,e^{j\Omega_0 k} \;\stackrel{\mathcal{F}}{\circ\!\!-\!\!\bullet}\; X\left(e^{j(\Omega-\Omega_0)}\right) \qquad (4.1)$$

aus (3.4) leicht herzuleiten ist, bedeutet das für die entsprechenden Impulsantworten

$$h_B(k) = h_T(k)\,e^{j\Omega_m k}.$$

Hiermit findet man für das Ausgangssignal $y(k)$ beider Anordnungen

$$\begin{aligned} y(k) &= \Big(x(k) * h_B(k)\Big)e^{-j\Omega_m k} = \Big(x(k)\,e^{-j\Omega_m k}\Big) * h_T(k) \\ &= \sum_{\kappa=-\infty}^{\infty} \Big(x(\kappa)h_T(k-\kappa)\Big)\,e^{-j\Omega_m \kappa}. \end{aligned} \qquad (4.2\text{-a})$$

Diese Größe tritt als komplexe „Amplitude" bei der harmonischen Exponentiellen

$$y_B(k) = y(k)\,e^{j\Omega_m k} \qquad (4.2\text{-b})$$

am Bandpaßausgang auf und ist nach Vergleich von (3.4-a) und (4.2-a) als Fourier-Transformierte zu interpretieren – allerdings *nicht* als diejenige des Signals $x(k)$: Die irreführende Vermutung $y(k) \approx X(e^{j\Omega_m})$ wird korrekt ersetzt durch den von k abhängigen Spektralwert

$$\widehat{X}(\Omega_m, k) = y(k) = \mathcal{F}\{x(\kappa)\,h_T(k-\kappa)\}_{\Omega=\Omega_m}. \qquad (4.2\text{-c})$$

Man bezeichnet die Zeit-Frequenz-Funktion

$$\widehat{X}(\Omega, k) \doteq \mathcal{F}\{x(\kappa)\,h_T(k-\kappa)\} \qquad (4.2\text{-d})$$

allgemein als *Kurzzeitspektrum*.

Die Zeitabhängigkeit drückt sich aus durch die Gewichtung des Signals $x(\kappa)$ mit der Wertefolge $h_T(k-\kappa)$. Was das bedeutet, wird anhand einer Beispielüberlegung klar: Seien die (Band- oder Tiefpaß-) Filter kausal und stabil. Dann beginnt $h_T(k)$ bei $k = 0$, und $|h_T(k)|$ klingt für wachsende k (z.B. exponentiell) ab. Wie in Bild 4.2 skizziert, blendet dann die Multiplikation $x(\kappa) \cdot h_T(k - \kappa)$ ein „Stück Signalvergangenheit" bis zum Betrachtungszeitpunkt k aus; weiter zurückliegende Signalwerte gehen allmählich immer schwächer ins Kurzzeitspektrum ein.

4.1 KURZZEITSPEKTREN

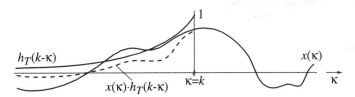

Bild 4.2: Signal $x(\kappa)$, Gewichtung $h_T(k-\kappa)$ und gewichtete Signalvergangenheit $x(\kappa) \cdot h_T(k-\kappa)$ (der Übersichtlichkeit halber kontinuierlich und für $h_T(k) > 0$ skizziert)

Das Abklingen der Impulsantwort bei Stabilität führt dazu, daß $h_T(k)$ stets näherungsweise als zeitlich begrenzt anzusehen ist. In bestimmten Filterrealisierungen ist $h_T(k)$ sogar exakt endlich lang (s. Abschnitt 4.3.1). Bild 4.2 kann man dann pauschal so deuten, daß der Faktor $h_T(k-\kappa)$ das Signalstück ausblendet (und gewichtet), das für die momentane Spektralwertbestimmung „sichtbar" ist. Unabhängig von Länge und Form der Impulsantwort spricht man daher oft von einer Signal-*Fensterung*: Das wirksame Fenster $h_T(k-\kappa)$ gleitet mit wachsendem k über das ganze Signal $x(\kappa)$ und führt zu einer *gleitenden Kurzzeit-Spektralanalyse*.

4.1.2 Taktreduktion

Die entstehenden Signalwerte $y(k) = \widehat{X}(\Omega_m, k)$ weisen eine hohe Redundanz auf, wenn das verwendete Filter einen schmalen Durchlaßbereich der Breite $\Delta\Omega \ll 2\pi$ und eine hohe Sperrdämpfung besitzt: Nach dem Abtasttheorem würde es genügen, am Filterausgang mit einer Abtastfrequenz

$$f'_A = f_A \frac{\Delta\Omega}{2\pi} \qquad (4.3)$$

zu arbeiten. Die gleitende Analyse liefert dagegen Daten im Takt f_A. Aus Gründen des Aufwandes bei der weiteren Verarbeitung von $\widehat{X}(\Omega_m, k)$, u.U. auch schon bei seiner Bestimmung, reduziert man daher i.a. den Takt um einen (ganzzahligen) Faktor $r > 1$, wenn möglich um den größtmöglichen Wert nach (4.3):

$$r_{\max} = \frac{2\pi}{\Delta\Omega} \stackrel{!}{\in} \mathbb{N}. \qquad (4.4)$$

Im letztgenannten Fall spricht man von *„kritischer Taktreduktion"*: Das Entstehen spektraler Überfaltungen (*Aliasing*) wird bei idealer Filterung gerade noch, das Verbleiben von Redundanz gerade schon vollständig vermieden. Eine Taktreduktion läßt sich formal durch das Eliminieren von $(r-1)$ Nullwerten nach einer Abtastung der Signalfolge alle r Takte, d.h. der Signalmultiplikation mit einem Impulskamm

$$p(k) = \sum_{i=-\infty}^{\infty} \gamma_0(k - i\,r) \qquad (4.5\text{-a})$$

beschreiben. Diese periodische Folge von Einheitsimpulsen im Abstand r läßt sich als Fourierreihe darstellen; hierfür findet man (z.B.) mit Hilfe der Summenorthogonalitätsformel (3.11-f)

$$p(k) = \frac{1}{r} \sum_{\mu=0}^{r-1} e^{jk\mu \frac{2\pi}{r}}. \qquad (4.5\text{-b})$$

Mit dem Modulationsatz (4.1) wird klar, daß die zur Folgen-Abtastung äquivalente Modulation mit Vielfachen der Frequenz $2\pi/r$ das (schmale) Filter-Ausgangsspektrum auf der Ω-Achse mit der Periode $2\pi/r$ wiederholt. Nach Weglassen der Nullwerte liegt der reduzierte Takt $f'_A = f_A/r$ vor. Über einer hierauf normierten Frequenz $\Omega' = r \cdot \Omega$ aufgetragen, ist das Spektrum dann wiederum 2π-periodisch.

Im Bandpaßausgang $y_B(k)$ in Bild 4.1-a ist neben $\widehat{X}(\Omega_m, k)$ nach (4.2-b) noch der Term $e^{j\Omega_m k}$ enthalten; ihn beseitigt die nachfolgende Demodulation. Dadurch wird das bei Ω_m herausgefilterte Spektralband zur Frequenz $\Omega = 0$ hin verschoben;

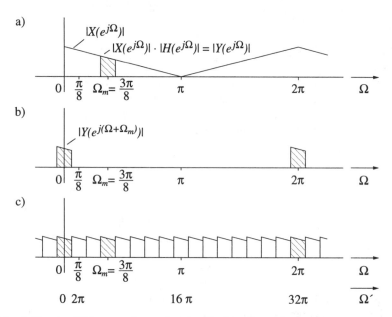

Bild 4.3: a) Bandpaßfilterung eines schmalen Spektralbereiches
  b) komplexe Demodulation des Bandpaß-Ausgangssignals mit $e^{-j\Omega_m k}$
  c) periodisch wiederholtes Bandpaß-Ausgangsspektrum nach Demodulation und Taktreduktion um $r = 16$ oder – äquivalent – nach unmittelbarer Taktreduktion ohne vorhergehende Demodulation, wobei $\Delta\Omega = \frac{2\pi}{16} = \frac{\pi}{8}$ und $\Omega_m = \frac{3\pi}{8}$ gewählt wurden. Die auf $f'_A = \frac{f_A}{r} = \frac{f_A}{16}$ normierte Frequenzachse ist mit $\Omega' = r\Omega$ bezeichnet.

man spricht daher vom „Kurzzeitspektrum in Tiefpaßlage". Bei geschickter Wahl von Bandbreite, Mittenfrequenz und Taktreduktion ist diese zusätzliche Operation allerdings vermeidbar: Man kann dafür sorgen, daß eine der spektralen Verschiebungen um $\mu \frac{2\pi}{r}$ durch die Impulskamm-Modulation zum Punkt $\Omega = 0$ führt und somit $\widehat{X}(\Omega_m, k)$ in Tiefpaßlage liefert (s. Bild 4.3). Dazu muß die Bandbreite nach (4.4) ein ganzzahliger Teiler von 2π und die Mittenfrequenz Ω_m ein ganzzahliges Vielfaches der Bandbreite sein:

$$\Omega_m \stackrel{!}{=} l \, \Delta\Omega, \quad l \in \mathbb{N}. \tag{4.6}$$

Wegen der Ganzzahligkeit der beteiligten Größen spricht man hier von *integer-band sampling*.

Interessanterweise liegt eines der entstehenden Modulationprodukte nach wie vor bei Ω_m, also an unveränderter Stelle auf der Ω-Achse.

4.1.3 Messung eines Gesamtspektrums

Der vorausgegangene Abschnitt hat sich mit der Bestimmung *einer* Spektralkomponente beschäftigt. Es schließt sich die Frage an, wie man *das Spektrum* als Funktion von z oder Ω findet. Klar ist, daß man meßtechnisch nicht die kontinuierliche Ω-Achse oder gar die komplexe z-Ebene abdecken kann: Man muß sich auf eine begrenzte Anzahl von Meßpunkten beschränken und betrachtet üblicherweise nur diskrete reelle Frequenzen Ω_μ, also Punkte des Einheitskreises der z-Ebene.

Die Messung bei mehreren Frequenzen erfordert – s. Bild 4.1-a – anschaulich Bandpaßfilter mit unterschiedlichen Mittenfrequenzen Ω_μ, die zusammen mit den Bandbreiten $\Delta\Omega_\mu$ so gewählt werden können, daß das gesamte Band $\Omega \in [0, 2\pi]$ abgedeckt wird. Gleichwertig sind nach Bild 4.1-b Tiefpässe entsprechender Bandbreiten mit vorgeschalteten unterschiedlichen Demodulatoren.

Die Bandbreiten können, müssen aber nicht verschieden gewählt werden. Entsprechend können die Mittenfrequenzen sinnvollerweise ungleichmäßig gestuft oder äquidistant gewählt werden.

Eine Parallelanordnung von M Systemen nach Bild 4.1, die in M Punkten gleichzeitig Kurzzeitspektralwerte $\widehat{X}(\Omega_\mu, k)$, $\mu \in \{0, 1, \ldots, M-1\}$, liefert, nennt man *(Analyse-) Filterbank*.

4.2 Unmittelbare Transformations-Berechnung

Neben der in Bild 4.1 dargestellten Analysemethode, die im Prinzip der digitalen Version der früher analogen Meßtechnik entspricht, bietet sich für die Analyse diskreter Signale mit digitalen Mitteln natürlich eine direkte Auswertung der Formeln

(3.4-a), (3.6-a) oder (3.8-a) an. Aus den eben erläuterten Gründen der Realisierbarkeit können auch dann nur begrenzt viele Frequenzkomponenten Ω_μ behandelt werden, für deren Berechnung zwangsläufig auch nur endlich viele Abtastwerte heranzuziehen sind. Als einzige direkt umsetzbare Formel bleibt zunächst (3.8-a): Die Berechnung der DFT-Werte X_μ für alle $\mu \in \{0, 1, \ldots, M - 1\}$ liefert M Spektralkoeffizienten zu Komponenten $\Omega_\mu = \mu \frac{2\pi}{M}$ (s. (3.10)). Sie beschreiben $x(k)$ exakt, wenn es sich um ein endlich langes Signal der Länge M oder ein periodisches Signal der Periode M handelt, weil $x(k)$ dann nämlich ein Linienspektrum mit eben diesen äquidistanten Frequenzpunkten besitzt. Sind die M verwendeten Abtastwerte $x(k)$ dagegen nur ein Ausschnitt einer ursprünglich längeren (i.a. unbegrenzt langen) nicht periodischen Folge, so sind die X_μ noch zu interpretieren. Nahe liegt die pauschale Erklärung, daß dann die X_μ (wie die Filtermessung) nur eine Näherung für Abtastwerte des Spektrums $X(e^{j\Omega})$ nach (3.4-a) oder (3.6-a) sein können.

Die Frage nach der *Art dieser Näherung* ist noch zu beantworten (s. Abschnitt 4.2.2). Interessant genug ist aber schon die Feststellung ihrer Existenz: Für die Berechnung der DFT nach (3.8-a) – wie für die der IDFT nach (3.8-b) – gibt es nämlich außerordentlich effiziente Algorithmen.

4.2.1 Effiziente DFT-Berechnung (FFT)

Das Ausrechnen aller M Spektralwerte X_μ für $\mu \in \{0, 1, \ldots, M - 1\}$ unmittelbar nach (3.8-a) erfordert, komplexe Signale $x(k)$ und Spektralkoeffizienten X_μ angenommen, ca. M^2 komplexe Multiplikationen und ebenso viele Additionen. Für durchaus gängige Blocklängen wie $M \approx 1000$ und Abtastraten im Bereich von $f_A = 8 \ldots 48$ kHz ist u.U. auch mit schnellen Rechnern die Echtzeitbedingung nicht zu erfüllen: Wenn nicht-überlappende Signalsegmente der Länge M gebildet und transformiert werden, so sind effektiv M Multiplikationen kombiniert mit Additionen ($\doteq$ „Operationen") pro Signalwert $x(k)$ auszuführen. Der erforderliche Rechenbedarf (in Operationen pro Sekunde, „OPS") beträgt somit $f_A \cdot M$, mit den obigen Beispielzahlen also $8 \ldots 48 \cdot 10^6$ OPS. Man hat daher Wege gesucht und gefunden, diesen Aufwand zu verringern. Ein inzwischen „klassischer" Weg soll hier kurz erläutert werden. Er nutzt die Periodizität der Koeffizientenfolgen $w_M^{\mu k}$ nach (3.8-c).

Wir setzen eine gerade DFT-Länge M voraus. Das gilt im weiteren stets, wenn nichts Gegenteiliges gesagt wird. Wir berechnen (3.8-a) in zwei Teilschritten; dazu zerlegen wir die ursprüngliche Summation in eine über gerade, eine über ungerade k-Werte:

$$X_\mu = \sum_{k=0}^{M-1} x(k)\, w_M^{\mu k} = \sum_{k=0}^{M/2-1} x(2k)\, w_M^{2\mu k} + \sum_{k=0}^{M/2-1} x(2k+1)\, w_M^{2\mu k}\, w_M^{\mu}.$$

4.2 Unmittelbare Transformations-Berechnung

Mit (3.8-c) ist

$$w_M^{2\mu k} = w_{M/2}^{\mu k}$$

und mit den Abkürzungen

$$x_1(k) \doteq x(2k), \qquad k \in \{0, 1, \ldots, M/2 - 1\}, \tag{4.7-a}$$

$$x_2(k) \doteq x(2k+1), \qquad k \in \{0, 1, \ldots, M/2 - 1\}, \tag{4.7-b}$$

findet man dafür die Schreibweise

$$X_\mu = \sum_{k=0}^{M/2-1} x_1(k)\, w_{M/2}^{\mu k} + w_M^\mu \sum_{k=0}^{M/2-1} x_2(k)\, w_{M/2}^{\mu k}. \tag{4.7-c}$$

Berechnet werden jetzt also zwei DFTs der halbierten Länge $M/2$, deren Rechenaufwand jetzt zusammen durch ca. $2 \cdot \left(\frac{M}{2}\right)^2 = \frac{M^2}{2}$ komplexe Multiplikationen und Additionen gekennzeichnet ist; hinzu kommen M komplexe Multiplikationen der zweiten DFT mit w_M^μ, $\mu \in \{0, 1, \ldots, M-1\}$, und die M Additionen der Teilergebnisse. Bezogen auf die M^2 Operationen der ursprünglichen DFT-Rechnung findet man

$$\frac{2 \cdot (M/2)^2 + M}{M^2} = \frac{1}{2} + \frac{1}{M}.$$

Der Aufwand hat sich für große M ungefähr halbiert.

Ist nun $M/2$ selbst wiederum gerade, so läßt sich die Prozedur wiederholen, die Operationszahlen sinken erneut um nahezu den Faktor 2. Diese Zerlegung läßt sich offenbar dann am weitesten treiben, wenn $M = 2^m$ gilt, also eine Zweierpotenz als DFT-Länge gegeben ist. Das Verfahren der fortgesetzten *Halbierung* der DFT-Berechnung im *Zeit*bereich heißt *Radix-2/Decimation-in-Time*-Algorithmus zur „Schnellen Fourier-Transformation" (*Fast Fourier Transform*), abgekürzt R-2/DIT-FFT. Es hat als Signalflußgraph (SFG) die in Bild 4.4 dargestellte Form und benötigt ca.

$$\frac{M}{2} m = \frac{M}{2} \log_2 M \ (\ll M^2 \text{ für } M \geq 16)$$

Multiplikationen. Das führt insbesondere bei großen Werten M zu drastischen Rechenzeit–Einsparungen: Schon für $M = 16$ (s. Bild 4.4) erreicht man eine Verringerung um den Faktor $\frac{m}{2M} = \frac{1}{8}$, und von den ca. 10^6 Operationen bei $M = 1024$ lassen sich 99.5% einsparen. Hierbei ist bereits berücksichtigt, daß man nach der Periodizität nun die Symmetrie von $w_M^{\mu k}$ ausnutzen kann, um vor dem Grundelement des Algorithmus, dem sogenannten *Butterfly*, nur *eine* komplexe Multiplikation rechnen zu müssen. Die Gesamtzahl komplexer Additionen ist doppelt so groß.

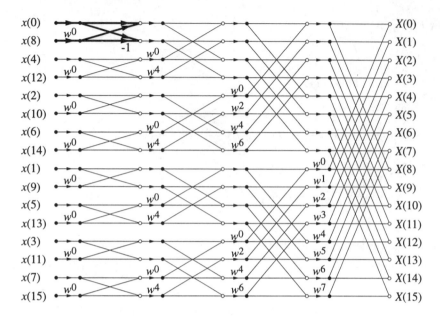

Bild 4.4: SFG-Darstellung einer R-2/DIT-FFT (z.B. für $M = 16$). Das sich überall wiederholende Grundelement *Butterfly* ist an einer beliebigen Stelle hervorgehoben. Nicht explizit bezeichnete SFG-Zweige tragen den Faktor 1.

Die Bezeichnung des Algorithmus zeigt schon, daß es Alternativen zur R-2/DIT-FFT gibt. Man findet sie durch andere Zerlegungen anstelle der Halbierungen (d.h. andere Radizes), geeignetes Umordnen der SFG-Pfade oder auch Transponieren der gefundenen SFG's. Bild 4.5 zeigt z.B. einen so gefundenen, zu Bild 4.4 spiegelbildlichen SFG. Der zugehörige Algorithmus ist eine *Radix-2/Decimation-in-Frequency-* (R-2/DIF-)FFT. Bezüglich der Operationszahlen ist sie zum oben hergeleiteten Vorgehen gleichwertig. Unterschiede bestehen im numerischen Verhalten. Zu Einzelheiten wird auf die Literatur verwiesen (z.B. [Oppenheim, Schafer-89], [Brigham-95], [Kammeyer, Kroschel-89], [Heute-81/2], [Heute-82]).

Vorausgesetzt wurde bei der bisherigen Betrachtung $x(k) \in \mathbb{C}$. In der Anwendung – z.B. auf Sprachsignale – liegen aber oft reellwertige Signale vor. Bei einer gegebenen Hardware- oder Softwarerealisierung einer FFT stehen dann im Eingangsspeicher für den Imaginärteil nur Nullen. Deren redundante Verarbeitung kann man auf zwei Arten vorteilhaft vermeiden:

a) Man kann zusammen mit einem Signalblock
$\{x_1(k) \in \mathbb{R}, \quad k \in \{0, 1 \ldots, M-1\}\}$ einen zweiten Signalblock
$\{x_2(k) \in \mathbb{R}, \quad k \in \{0, 1 \ldots, M-1\}\}$ transformieren. Man bildet dazu ein künstliches komplexwertiges Signal

$$x_0(k) \doteq x_1(k) + jx_2(k)$$

4.2 Unmittelbare Transformations-Berechnung

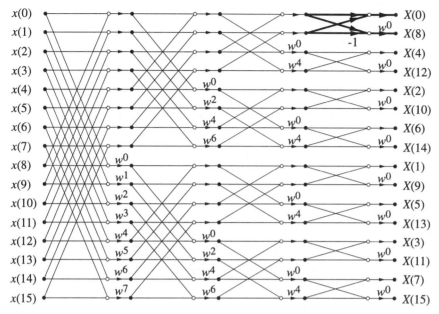

Bild 4.5: SFG einer R-2/DIF-FFT (z.B. für $M = 16$)

und nutzt die bekannten Symmetrien der Fouriertransformation, die auch für die DFT gelten (z.B. [Schüßler-91]): Bei der Zerlegung eines Signals $x(k)$ und seines Spektrums X_μ in Real- und Imaginärteile ($x_{R,I}(k)$ bzw. $X_{\mu R,I}$) einerseits, in ihre geraden und ungeraden Anteile ($x_{g,u}(k)$ bzw. $X_{\mu g,u}$) andererseits, gilt nach der Definition (3.8-a) folgende Zuordnung von Teilfolgen und Teilspektren:

$$x(k) = x_{Rg}(k) + x_{Ru}(k) + j\, x_{Ig}(k) + j\, x_{Iu}(k),$$

DFT

$$X_\mu = X_{\mu Rg} + X_{\mu Ru} + j\, X_{\mu Ig} + j\, X_{\mu Iu}.$$

Für die geraden und ungeraden Teilfolgen gelten dabei die bekannten Definitionen, allerdings modifiziert wegen der impliziten DFT-Periodizität; so ergeben sich z.B. für ein Zeitsignal die Anteile

$$\begin{aligned} x_g(k) &= \tfrac{1}{2}\Big(x(k) + x(-k)\Big) = \tfrac{1}{2}\Big(x(k) + x(M-k)\Big), \\ x_u(k) &= \tfrac{1}{2}\Big(x(k) - x(-k)\Big) = \tfrac{1}{2}\Big(x(k) - x(M-k)\Big) \end{aligned}$$

und für die Spektralfolgen gelten entsprechende Beziehungen:

$$X_{\mu g} = \tfrac{1}{2}\left(X_\mu + X_{M-\mu}\right),$$
$$X_{\mu u} = \tfrac{1}{2}\left(X_\mu - X_{M-\mu}\right).$$

Hieraus ist u.a. die bekannte Hermite-Symmetrie der Spektren reeller Signale abzulesen:

$$\begin{aligned} x(k) &= x_{Rg}(k) + x_{Ru}(k) \in \mathbb{R}: \\ X_{M-\mu} &= X_\mu^*, \quad \mu \in \{0,1,\ldots,\tfrac{M}{2}\}. \end{aligned} \quad (4.8)$$

Aus

$$X_\mu^{(0)} = \mathrm{DFT}\{x_0(k)\} = \mathrm{DFT}\{x_1(k) + j\,x_2(k)\}$$

erhält man also

$$\begin{aligned} X_\mu^{(1)} = \mathrm{DFT}\{x_1(k)\} &= X_{\mu Rg}^{(0)} + j\,X_{\mu Iu}^{(0)} \\ &= \tfrac{1}{2}\left(X_\mu^{(0)} + X_{M-\mu}^{(0)*}\right), \end{aligned} \quad (4.9\text{-a})$$

$$\begin{aligned} X_\mu^{(2)} = \mathrm{DFT}\{x_2(k)\} &= X_{\mu Ig}^{(0)} - j\,X_{\mu Ru}^{(0)} \\ &= \tfrac{-j}{2}\left(X_\mu^{(0)} - X_{M-\mu}^{(0)*}\right). \end{aligned} \quad (4.9\text{-b})$$

b) Man kann einen doppelt so langen Signalblock $\{x(k) \in \mathbb{R},\ k \in \{0,1,\ldots,2M-1\}\}$ auf einmal transformieren. Man bildet wieder ein künstliches Signal $x_0(k) \doteq x_1(k) + jx_2(k)$ aus zwei Teilsignalen gemäß

$$x_1(k) \doteq x(2k), \qquad k \in \{0,1,\ldots,M-1\}, \quad (4.9\text{-c})$$
$$x_2(k) \doteq x(2k+1), \qquad k \in \{0,1,\ldots,M-1\}. \quad (4.9\text{-d})$$

Die zugehörigen Transformierten $X_\mu^{(1)}$, $X_\mu^{(2)}$ erhält man nach (4.9-a, b) aus $X_\mu^{(0)} = \mathrm{DFT}_M\{x_0(k)\}$, und die Parallelität von (4.9-c, d) und (4.7-a, b) zeigt, daß man das gesuchte Resultat findet als

$$X_\mu = \mathrm{DFT}_{2M}\{x(k)\} = X_\mu^{(1)} + w_{2M}^\mu\, X_\mu^{(2)}, \quad (4.9\text{-e})$$

$$\mu \in \{0,1,\ldots,2M-1\}.$$

Davon interessieren wegen (4.8) nur die ersten M+1 Werte. Der Rechenaufwand wird gegenüber einer unmittelbaren Berechnung sowohl im Falle a) als auch im Falle b) ungefähr halbiert.

Die Beziehungen (4.9) lassen sich invertieren in dem Sinne, daß zu gegebenen hermiteschen Spektren die zugehörigen reellen Folgen durch eine inverse Transformation mit etwa halbiertem Aufwand berechnet werden können.

4.2.2 DFT als Filterbank

Betrachtet wird die DFT-Berechnung im Beobachtungszeitpunkt k zu einem endlich langen Stück eines Signals nach (3.1). Offenbar können außer dem aktuellen Wert $x(k)$ nur Werte aus der Vergangenheit $x(k - \kappa)$, $\kappa > 0$, verarbeitet werden. Sie seien in einer Kette von $(M - 1)$ Speichern festgehalten.

Man führt nun diese Abtastwerte nicht immer unmittelbar einer DFT-Rechnung zu, sondern modifiziert sie zuvor: Gängige Praxis ist es, sie mit einer Gewichtsfolge $w(\kappa)$ zu multiplizieren, die natürlich nur M Werte ungleich Null enthalten kann. In der Literatur heißt $w(\kappa)$, $\kappa = \{0, 1 \ldots, M - 1\}$, oft „Fensterfunktion" (englisch _window function_). Die multiplikative „Fensterung" des Signals läßt sich bei den üblicherweise angewandten Folgen $w(k)$ wegen der im Frequenzbereich wirksamen Faltung als Glättung des Spektrums interpretieren.

Bild 4.6 zeigt schematisch, wie die Signaldaten $x(k)$ in eine Speicherkette einlaufen (z^{-1} ist der Verzögerungsoperator der z-Transformation und symbolisiert eine

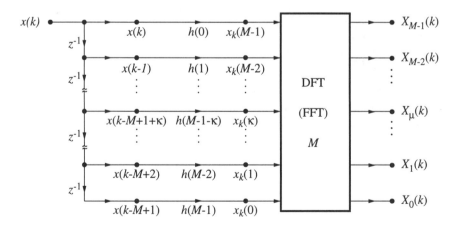

Bild 4.6: Realisierung der DFT-Berechnung für ein gleitendes, mit $w(\kappa) \doteq h(M - 1 - \kappa)$ gefenstertes Signalstück der Länge M

Signalverschiebung um das Abtastintervall T), „gefenstert" werden, den Eingangselementen $x_k(\kappa)$ der DFT geeignet zugeordnet und dann in Spektralkoeffizienten $X_\mu(k)$ transformiert werden. Der gegenüber (3.8-a) zusätzlich angeführte Index k deutet an, daß den *festen* Eingangsindizes κ der DFT mit k *gleitende* Signalsegmente entsprechen:

$$x_k(\kappa) \doteq x(k - M + 1 + \kappa)\, w(\kappa), \quad \kappa \in \{0, 1, \ldots, M-1\}. \tag{4.10}$$

Auf $x_k(\kappa)$ wird nun (3.8-a) unter Berücksichtigung von (4.10) angewandt und schließlich werden $(k - M + 1 + \kappa)$ durch κ und $w(M - 1 - (k - \kappa))$ durch $h(k - \kappa)$ substituiert. Man findet so

$$X_\mu(k) = \sum_{\kappa=k-(M-1)}^{k} x(\kappa)\, h(k-\kappa)\, w_M^{\mu\kappa}\, w_M^{\mu M}\, w_M^{-\mu(k+1)}.$$

Nun ist zu bedenken, daß nach (3.8-c) $w_M^{\mu M} \equiv 1 \;\forall\, \mu$ gilt und alle

$$h(k - \kappa) \equiv 0 \quad \text{für } \kappa > k,\; \kappa < k - (M-1)$$

vorausgesetzt wurden. Dann kann man das obige Zwischenergebnis umschreiben in

$$X_\mu(k) = \left(\sum_{\kappa=-\infty}^{\infty} x(\kappa)\, h(k-\kappa)\, e^{-j\mu \frac{2\pi}{M}\kappa}\right) e^{j\mu \frac{2\pi}{M}(k+1)}. \tag{4.11-a}$$

Ein Blick auf (4.2) zeigt, daß mit

$$X_\mu(k) = e^{j\mu \frac{2\pi}{M}(k+1)} \widehat{X}\left(\mu \frac{2\pi}{M}, k\right) \tag{4.11-b}$$

die mit k gleitenden DFT-Ergebnisse ein *Kurzzeitspektrum* wie bei der Bandpaßanalyse liefern. Die gleichzeitige Berechnung mehrerer oder aller Spektralwerte $X_\mu(k)$ entspricht demnach der Realisierung einer *Filterbank* mit gleichartigen *Kanälen* bei Mittenfrequenzen $\Omega_\mu = \mu \frac{2\pi}{M}$. Der äquivalente Tiefpaß ist hier beschrieben durch die Fensterfolge:

$$h_T(k) = h(k) = w(M - 1 - k). \tag{4.12}$$

Er ist unmittelbar wirksam beim Wert

$$X_0(k) = \widehat{X}(0, k) = \sum_{\kappa=-\infty}^{\infty} x(\kappa)\, h(k-\kappa),$$

welcher offenbar dem Kurzzeitmittelwert des gewichteten Signals und damit einem „Tiefpaß-Kanal" der Filterbank entspricht.

4.2 Unmittelbare Transformations-Berechnung

Die gängigsten Gewichtungen sind vom Typ

$$w(k) = h(M - 1 - k) = \xi_0 + \xi_1 \cos\left(k\frac{2\pi}{M-1}\right), \qquad (4.13\text{-a})$$

$k \in \{0, 1, \ldots M-1\}$.

Dazu zählen das

„Hamming-Fenster" mit $\xi_0 = 0.54$, $\xi_1 = -0.46$, \hfill (4.13-b)

„Hann-Fenster" mit $\xi_0 = 0.5$, $\xi_1 = -0.5$, \hfill (4.13-c)

„Rechteckfenster" mit $\xi_0 = 1$, $\xi_1 = 0$. \hfill (4.13-d)

Im letztgenannten Fall werden die M Daten offenbar unmodifiziert an die Transformation übergeben.

Die DFT-Filterbank weist bei den Mittenfrequenzen $\mu\frac{2\pi}{M}$ gelegene Bandpaß-Frequenzgänge auf, die sämtlich verschobene Versionen des Tiefpaßfrequenzganges sind. Er berechnet sich mit (4.12) und (4.13-a) aus (3.4-a):

$$H_T(e^{j\Omega}) = \mathcal{F}\{h_T(k)\} = \sum_{k=0}^{M-1} h(k)\, e^{-jk\Omega} = W(e^{j\Omega}) = \mathcal{F}\{w(k)\}.$$

Mit einfachen trigonometrischen Regeln läßt er sich in drei geometrische Reihensummen überführen, die sich geschlossen angeben lassen. So findet man schließlich

$$\begin{aligned}H_T(e^{j\Omega}) &= W(e^{j\Omega}) = \mathcal{F}\{w(k)\} \\ &= e^{-j\frac{M-1}{2}\Omega}\left\{\xi_0 \frac{\sin\left(\frac{M}{2}\Omega\right)}{\sin\left(\frac{1}{2}\Omega\right)} + \frac{\xi_1}{2}\left(\frac{\sin\left(\frac{M}{2}(\Omega-\frac{2\pi}{M-1})\right)}{\sin\left(\frac{1}{2}(\Omega-\frac{2\pi}{M-1})\right)} + \frac{\sin\left(\frac{M}{2}(\Omega+\frac{2\pi}{M-1})\right)}{\sin\left(\frac{1}{2}(\Omega+\frac{2\pi}{M-1})\right)}\right)\right\}.\end{aligned} \qquad (4.14)$$

In Bild 4.7 sind die drei in (4.13) genannten Fensterfolgen und ihre zugehörigen Tiefpaß-Betragsfrequenzgänge nach (4.14) logarithmisch dargestellt.

Offenbar arbeitet eine *reine* „DFT-Filterbank" ohne explizite Gewichtung (d.h. mit Rechteckfenster) mit einem Tiefpaß (und damit Bandpässen) sehr geringer Sperrdämpfung. So wird eine Komponente im Abstand $\frac{3\pi}{M}$ vom Durchlaßmaximum $\mu\frac{2\pi}{M}$ des μ-ten „Filterbank-Kanals" nur um ca. 13.5 dB gedämpft; sie verfälscht so das Meßergebnis bei $\mu\frac{2\pi}{M}$ erheblich. Auch im Abstand $\frac{5\pi}{M}$ beträgt die Dämpfung erst 17.9 dB, während sie hier beim Hann-Fenster schon 52.4 dB, beim Hamming-Fenster immerhin 31.9 dB erreicht. Die Werte bei $\frac{3\pi}{M}$ dagegen sind bei den beiden letztgenannten Gewichtungen kaum besser als beim Rechteckfenster. Sieht man sich Frequenzen in unmittelbarer Nähe von $\mu\frac{2\pi}{M}$ an, so stellt man sogar schlechteres Dämpfungsverhalten fest. Die Erklärung liegt im breiter gewordenen

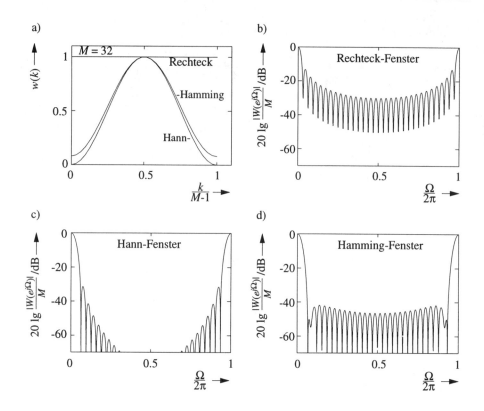

Bild 4.7: a) Rechteck-, Hann- und Hamming-Fenster
b-d) zugehörige Tiefpaßfrequenzgänge in logarithmischer Form ($M = 32$)

Durchlaßbereich (s. Bild 4.7): Beschreibt man ihn durch den Abstand der beiden ersten Dämpfungsmaxima rechts und links vom Durchlaßmaximum bei $\Omega = 0$ und bezeichnet diese Breite wie zuvor als „Bandbreite" $\Delta\Omega$, so gilt

$$\Delta\Omega = 2\frac{2\pi}{M} \text{ für das Rechteckfenster,} \tag{4.15-a}$$

$$\Delta\Omega \approx 4\frac{2\pi}{M} \text{ für das Hann- und das Hamming-Fenster.} \tag{4.15-b}$$

Die im Abstand $\frac{2\pi}{M}$ liegenden Bandpaßfrequenzgänge einer DFT-Filterbank überlappen sich daher in allen drei behandelten Fällen: Bei Rechteckfensterung reicht der μ-te Durchlaßbereich von der Mitte des $(\mu-1)$-ten bis zur Mitte des $(\mu+1)$-ten Kanals, bei Hann- und Hammingfensterung sogar von der Mitte des $(\mu-2)$-ten bis zu der des $(\mu+2)$-ten Kanals. Diese schlechte Trennung unmittelbar benachbarter Frequenzanteile ist der Preis für die bessere Selektivität gegenüber entfernteren Komponenten („Weitabselektion").

4.2.3 Taktreduktion

In Abschnitt 4.1.1 wurde festgestellt, daß das Ausgangssignal eines Schmalbandfilters durch weniger Abtastwerte beschrieben werden kann als das Eingangssignal. Für eine Filterbank mit Kanälen gleicher Bandbreite bedeutet das, daß man Abtastwerte aller Ausgangssignale nur alle r Takte zu entnehmen braucht. Ein Blick auf Bild 4.6 zeigt, daß es im Falle der „DFT-Filterbank" dann auch nicht nötig ist, die übrigen Werte *zu berechnen*: Das Signal $x(k)$ läuft mit der Rate f_A in die Speicherkette ein, die Fensterung und die DFT-Berechnung (i.a. also eine FFT) werden aber nur alle r Takte durchgeführt.

Wegen der in (4.15) angegebenen „Bandbreiten" folgt als höchstens erlaubter Taktreduktionsfaktor nach (4.4) in grober Näherung

$$r_{\max} = \frac{M}{2} \text{ für das Rechteckfenster,} \qquad (4.16\text{-a})$$

$$r_{\max} = \frac{M}{4} \text{ für das Hann- und das Hamming-Fenster.} \qquad (4.16\text{-b})$$

In der Praxis geht man jedoch noch weiter und berechnet die FFT mit Rechteckfenster nur alle M, die mit cos-förmigem Fenster alle $\frac{M}{2}$ Takte. Wegen der dafür an sich zu breiten Durchlaßbereiche erzeugt man dann offenbar erhebliche spektrale Überfaltungen (*Aliasing*), welche die berechneten Spektralwerte verfälschen. Das Abtasttheorem wird darüber hinaus jedoch selbst im Falle der Einhaltung von (4.16) verletzt, da die Sperrdämpfungen bei allen drei Fensterungen, insbesondere aber der Rechteckbewertung bei weitem nicht perfekt sind (vgl. Bild 4.7).

Warum das in gewissen Fällen trotzdem zulässig und wie es in anderen Fällen zu vermeiden ist, wird Gegenstand von Abschnitt 5.4 sein.

4.2.4 Verallgemeinerte Spektraltransformationen

In Abschnitt 3.2 wurde die Definition der drei Transformationen aufgeführt, die man in der digitalen Signalverarbeitung üblicherweise mit dem Begriff „Spektrum" verknüpft. Von ihnen erwies sich die DFT als meßtechnisch unmittelbar verwendbar. Sie läßt sich allerdings auch in einer verallgemeinerten Form angeben. Hierauf wird im folgenden zunächst eingegangen.

In der Praxis werden darüber hinaus weitere Transformationen verwendet. Sie weichen von der – auch aus dem Kontinuierlichen – gewohnten Interpretation eines Spektrums mehr oder weniger stark ab, sind jedoch wie die DFT technisch einsetzbar, da sie a priori aus begrenzt vielen Abtastwerten endlich viele spektrale Komponenten bestimmen. Zwei Varianten interessieren im weiteren. Beiden wird ein reellwertiges Signal $x(k)$ zugrunde gelegt.

4.2.5 Verallgemeinerte DFT (GDFT)

Die Verallgemeinerung der DFT-Definition (3.8) gemäß

$$X_\mu^{\text{GDFT}} \doteq \sum_{k=0}^{M-1} x(k)\, e^{-j\frac{2\pi}{M}(\mu+\mu_0)(k+k_0)}, \quad \mu \in \{0,1,\ldots,M-1\}, \quad (4.17\text{-a})$$
$$\mu_0, k_0 \in \mathbb{R}.$$

wird im weiteren mit dem Kürzel „GDFT" (*generalized* DFT) bezeichnet. Die Inverse ist demgemäß die IGDFT entsprechend

$$x(k) = \frac{1}{M} \sum_{\mu=0}^{M-1} X_\mu^{\text{GDFT}}\, e^{j\frac{2\pi}{M}(\mu+\mu_0)(k+k_0)}, \quad k \in \{0,1,\ldots,M-1\}, \quad (4.17\text{-b})$$
$$\mu_0, k_0 \in \mathbb{R}.$$

Der gegenüber (3.8) zusätzlich aufgenommene Parameter μ_0 beschreibt eine Frequenzverschiebung: Die Mittenfrequenz des μ-ten äquivalenten Filterbankkanals (vgl. Abschnitt 4.2.2) liegt damit nicht mehr bei

$$\Omega_\mu = \mu \frac{2\pi}{M}, \quad \text{sondern bei} \quad \Omega_\mu = (\mu + \mu_0)\frac{2\pi}{M}.$$

Insbesondere liegen die Kanalmitten für $\mu_0 = \frac{1}{2}$ alle genau in der Mitte zwischen den üblichen DFT-Rasterfrequenzen. In diesem Fall entspricht X_0^{GDFT} nicht mehr unmittelbar dem Tiefpaßanteil; vielmehr weist die Filterbank nun nur noch gleichartige, komplexwertige Bandpaßkanäle auf (s. Bild 4.8). Der weitere Parameter k_0 bewirkt eine kanalabhängige Phasendrehung der Transformationsergebnisse:

$$X_\mu^{\text{GDFT}} = e^{-j(\mu+\mu_0)k_0\frac{2\pi}{M}} \sum_{k=0}^{M-1} x(k)\, e^{-j\frac{2\pi}{M}(\mu+\mu_0)k}, \quad (4.17\text{-c})$$

$\mu \in \{0,1,\ldots,M-1\}$.

Die bekannten Symmetrien der DFT reeller Signale (vgl. Abschnitt 4.2.1) gelten hier in modifizierter Form. Für $x(k) \in \mathbb{R}$ findet man aus (4.17-c):

$$X_{M-2\mu_0-\mu}^{\text{GDFT}} = e^{-jk_0 2\pi}(X_\mu^{\text{GDFT}})^*.$$

Offenbar ergeben sich auf der linken Seite nur für bestimmte Werte μ_0 ganzzahlige, sinnvolle Indizes. Insbesondere erhält man für $\mu_0 = 0$ bis auf den konstanten Phasenterm dieselbe Symmetrie wie bei der DFT, für den oben erwähnten Fall $\mu_0 = \frac{1}{2}$ aber

$$X_{M-1-\mu}^{\text{GDFT}} = e^{-jk_0 2\pi}(X_\mu^{\text{GDFT}})^*, \quad \mu \in \{0,1,\ldots,\frac{M}{2}-1\}: \quad (4.17\text{-d})$$

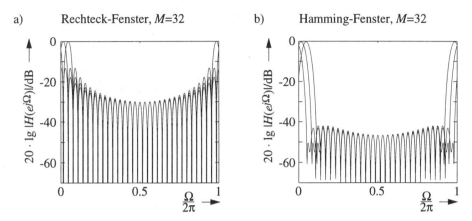

Bild 4.8: Kanalfilter-Frequenzgänge der GDFT mit $\mu_0 = \frac{1}{2}$, jeweils mit Rechteck- und Hamming-Fenster für die Kanäle $\mu = 0, 1$ und $M - 1$

Offenbar genügen jetzt $\frac{M}{2}$ komplexe Spektralwerte zur eindeutigen Signalcharakterisierung. Nach (4.8) sind bei der gewöhnlichen DFT ($\frac{M}{2}+1$) Werte nötig, wovon aber zwei Werte reell sind:

$$X_0 = X^*_{M-0} = X^*_{-0} = X^*_0 \quad \Rightarrow \quad X_0 \in \mathbb{R},$$
$$X_{\frac{M}{2}} = X^*_{M-\frac{M}{2}} = X^*_{\frac{M}{2}} \quad \Rightarrow \quad X_{\frac{M}{2}} \in \mathbb{R}.$$

So ist die Anzahl erforderlicher reeller Zahlenwerte in beiden Fällen gleich M, also identisch mit der Zahl reeller Signaldaten.

Das Vermeiden eines expliziten „Tiefpaßkanals" sowie die Gleichartigkeit aller Kanäle machen die GDFT für bestimmte Fälle interessant. Sie bleibt dabei so eng mit der „normalen" DFT verwandt, daß sie fast ebenso effizient zu berechnen ist.

4.2.6 Diskrete Cosinus-Transformation (DCT, GDCT)

In allgemeiner Form wird eine *generalized discrete cosine transform* (GDCT, [Gluth-93]) für ein reelles Signal $x(k)$ definiert durch

$$X_\mu^{\text{GDCT}} = 2 \sum_{k=0}^{M-1} x(k) \cos\left(\frac{2\pi}{K}(k+k_0)(\mu+\mu_0)\right), \quad (4.18\text{-a})$$

$$\mu \in \{0, 1, \ldots, K-1\}.$$

In den praktisch interessierenden Fällen sind die Phasenverschiebung k_0 und die Frequenzverschiebung μ_0 stets halb- oder ganzzahlig, d.h. es gilt im weiteren

$$2\,k_0 \in \mathbb{Z}, \quad 2\,\mu_0 \in \mathbb{Z}\,. \tag{4.18-b}$$

Weiterhin wird die Zahl K in (4.18-a), welche den Frequenzabstand $\frac{2\pi}{K}$ und damit die Anzahl berechenbarer Transformationswerte X_μ^{GDCT} in (4.18-a) angibt, stets entweder ebenso groß gewählt wie die Eingangsdatenzahl gemäß

$$K = M \tag{4.18-c}$$

oder doppelt so groß entsprechend

$$K = 2\,M\,. \tag{4.18-d}$$

Im letztgenannten Fall entstehen aus (4.18-a) zunächst scheinbar doppelt so viele Spektralwerte, wie Eingangsdaten benutzt werden. Ähnlich wie bei der GDFT in Abschnitt 4.2.5 lassen sich jedoch bei der GDCT modifizierte spektrale Symmetrien feststellen: Mit (4.18-b) folgt aus (4.18-a)

$$X_{K-2\mu_0-\mu}^{\mathrm{GDCT}} = (-1)^{2k_0} \cdot X_\mu^{\mathrm{GDCT}}. \tag{4.18-e}$$

Gilt (4.18-d) und ist μ_0 ganzzahlig, so sind $\frac{K}{2}+1 = M+1$ Werte getrennt bestimmbar; für eine halbzahlige Verschiebung μ_0 sind es tatsächlich nur $\frac{K}{2} = M$. Auch für $K = M$ bleibt (4.18-e) gültig. Zu M Eingangsdaten sind dann entsprechend $\frac{M}{2} + 1$ bzw. $\frac{M}{2}$ Spektralwerte anzugeben.

Die in der Sprachverarbeitung bekannteste Version der GDCT erhält man, wenn man in (4.18-a) $k_0 = \frac{1}{2}$, $\mu_0 = 0$ und $K = 2M$ wählt. Diese Fassung wird oft kurz als „DCT", genauer als „DCT II" bezeichnet. Ihre Inversion (IDCT) hat nahezu dieselbe Form wie die Transformation selbst:

$$X_\mu^{\mathrm{DCT\,II}} \doteq 2 \sum_{k=0}^{M-1} x(k) \cos\left(\frac{\pi}{M}\mu(k+\frac{1}{2})\right), \tag{4.19-a}$$

$$\mu \in \{0, 1, \ldots, M-1\},$$

$$x(k) = \frac{1}{M} \sum_{\mu=0}^{M-1} X_\mu^{\mathrm{DCT\,II}} \cos\left(\frac{\pi}{M}\mu(k+\frac{1}{2})\right) - \frac{1}{2M}\,X_0^{\mathrm{DCT\,II}}, \tag{4.19-b}$$

$$k = \{0, 1, \ldots, M-1\}.$$

Interessanterweise verzichten die Beziehungen (4.19-a) und (4.19-b) auf den Spektralwert $X_M^{\mathrm{DCT\,II}}$, der nach den Überlegungen zur Definition (4.18-a) für die hier

4.2 UNMITTELBARE TRANSFORMATIONS-BERECHNUNG

gewählten Parameter ($k_0 = \frac{1}{2}$ *ist* halbzahlig, $\mu_0 = 0$ *ist* ganzzahlig) getrennt existieren sollte. Aus (4.18-a) wie (4.19-a) folgt jedoch hier ganz speziell

$$X_M^{\text{DCT II}} \equiv 0 \quad \forall\, x(k).$$

Die Unterschiede zwischen der DCT II in (4.19-a) und der DFT in (3.8) sind deutlich. Insbesondere ist $X_\mu^{\text{DCT II}}$ *nicht* einfach der Realteil einer (G)DFT gleicher Länge M. Allerdings kann $X_\mu^{\text{DCT II}}$ auf eine „normale" DFT zurückgeführt werden [Makhoul-80]: Aus der an sich zu transformierenden Datensequenz $\{x(k), k \in \{0, 1, \ldots, M-1\}\}$ wird eine neue Folge $\{v(k), k \in \{0, 1, \ldots, M-1\}\}$ durch einfaches Umsortieren erzeugt. Sie wird einer DFT nach (3.8-a) zugeführt. Die resultierenden Werte V_μ werden mit w_{4M}^μ multipliziert. Der Realteil dieses Produktes ist dann die gesuchte DCT II. Formal schreibt sich diese Prozedur – M geradzahlig vorausgesetzt – wie folgt:

$$v(k) \doteq \begin{cases} x(2k), & k \in \{0, 1, \ldots, \frac{M}{2} - 1\} \\ x\big(2(M-k)-1\big), & k \in \{\frac{M}{2}, \frac{M}{2}+1, \ldots, M-1\}, \end{cases} \quad (4.20\text{-a})$$

$$V_\mu = \text{DFT}_M\{v(k)\}, \quad (4.20\text{-b})$$

$$X_\mu^{\text{DCT II}} = \Re\{w_{4M}^\mu V_\mu\}, \quad \mu \in \{0, 1, \ldots, M-1\}. \quad (4.20\text{-c})$$

Die Inversion der Beziehungen (4.20) kann entsprechend auf eine inverse DFT nach (3.8-b) zurückgeführt werden. Dazu werden die oben aufgeführten Schritte im wesentlichen rückwärts durchlaufen, und die Symmetrie der Spektren reeller Signale wird beachtet:

$$V_0 \doteq X_0^{\text{DCT II}},$$
$$V_\mu \doteq w_{4M}^{-\mu}\left(X_\mu^{\text{DCT II}} - j X_{M-\mu}^{\text{DCT II}}\right), \quad (4.21\text{-a})$$

$$V_{M-\mu} = V_\mu^*, \quad \mu \in \{0, 1, \ldots, \frac{M}{2} - 1\},$$

$$v(k) = \text{IDFT}_M\{V_\mu\}, \quad k \in \{0, 1, \ldots, M-1\}, \quad (4.21\text{-b})$$

$$x(k) = \begin{cases} v(i), & k = 2i, \quad i \in \{0, 1, \ldots, \frac{M}{2} - 1\} \\ v(M-i), & k = 2i-1, \quad i \in \{0, 1, \ldots, \frac{M}{2} - 1\}. \end{cases} \quad (4.21\text{-c})$$

Die beteiligte DFT- bzw. IDFT- Berechnung erfolgt – eine passende Länge M angenommen – selbstverständlich mit Hilfe einer FFT; zusätzlich kann hier stets der Aufwand halbiert werden, da reelle Signale vorausgesetzt werden (s. Abschnitt 4.2.1).

Die DCT läßt sich wie die DFT als Filterbank interpretieren (vgl. Abschnitt 4.2.2). Man muß nur in Bild 4.6 die DFT durch die DCT ersetzen und findet dann als Ergebnis einer völlig entsprechenden Analyse

$$X_\mu^{\mathrm{DCT\,II}}(k) = \left[\frac{1}{2}(-1)^\mu w_{4M}^\mu \widehat{X}\left(\mu\frac{\pi}{M},k\right)\right] e^{j\mu\frac{\pi}{M}(k+1)}$$
$$+ \left[\frac{1}{2}(-1)^\mu w_{4M}^{-\mu} \widehat{X}\left(-\mu\frac{\pi}{M},k\right)\right] e^{-j\mu\frac{\pi}{M}(k+1)}, \quad (4.22)$$
$$\mu \in \{0,1,\ldots,M-1\}.$$

Der Vergleich mit (4.11) zeigt, daß hier im Unterschied zur DFT gleichzeitig bei zwei Frequenzen, nämlich bei $\left(\mu\frac{\pi}{M}\right)$ und $\left(-\mu\frac{\pi}{M}\right)$ vorhandene Komponenten erfaßt werden. Der entsprechende Bandpaßfrequenzgang besitzt also zwei Durchlaßbereiche. Er geht wie bei der DFT aus der Impulsantwort eines einzigen Tiefpaßfilters nach (4.12) hervor, das für den Fall der drei in Abschnitt 4.2.2 diskutierten Fensterfolgen $h(k)$ nach wie vor den durch (4.14) beschriebenen Frequenzgang $H_T(e^{j\Omega})$ aufweist. Während eine DFT-Filterbank aber völlig identisch aussehende Bandpässe mit Frequenzgängen

$$H_\mu^{\mathrm{DFT}}(e^{j\Omega}) = H_T\left(e^{j(\Omega-\mu\frac{2\pi}{M})}\right), \quad \mu \in \{0,1,\ldots,M-1\}, \quad (4.23)$$

enthält, gilt für die DCT nach den obigen Überlegungen

$$H_\mu^{\mathrm{DCT}}(e^{j\Omega}) = \frac{1}{2}(-1)^\mu \left[e^{j\mu\frac{\pi}{2M}} H_T\left(e^{j(\Omega-\mu\frac{\pi}{M})}\right)\right.$$
$$\left. + e^{-j\mu\frac{\pi}{2M}} H_T\left(e^{j(\Omega+\mu\frac{\pi}{M})}\right)\right], \quad \mu \in \{0,1,\ldots,M-1\}. \quad (4.24)$$

Je nach Mittenfrequenz $\mu\frac{\pi}{M}$ unterscheiden sich die Kanalfrequenzgänge jetzt durch unterschiedliche Phasenterme, vor allem aber auch in ihrer Form: Links und rechts der beiden Durchlaßbereiche addieren sich je nach Wert des Kanalparameters μ unterschiedliche Teile der Filter-*Sperrbereiche* (vgl. Bild 4.7). Das wirkt sich insbesondere beim Rechteckfenster mit seiner geringen Sperrdämpfung aus (s. Bild 4.9).

Der Übergang zur allgemeinen Formel (4.18-a) für die GDCT bewirkt wie bei der GDFT im wesentlichen Verschiebungen der Kanal-Mittenfrequenzen entsprechend dem Parameter μ_0. Insbesondere beschreibt der Wert bei $\mu = 0$ dann nicht mehr den Signalmittelwert und $H_0^{\mathrm{GDCT}}(e^{j\Omega})$ nicht mehr den „Tiefpaßkanal" der äquivalenten Filterbank.

4.2 Unmittelbare Transformations-Berechnung

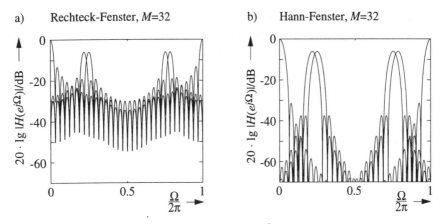

Bild 4.9: Wirksame Bandpaß-Frequenzgänge $H_\mu(e^{j\Omega})$ einer DCT mit Rechteck- und Hann-Fenster der Länge $M = 32$ für $\mu = 0, 14, 16$

4.2.7 Karhunen-Loève-Transformation (KLT)

Eine für bestimmte Aufgabenstellungen besonders geeignete Signalbeschreibung liefert die sog. *Karhunen-Loève-Transformation* (KLT). In den nahezu identischen Definitionen der (diskreten) KLT und ihrer Inversen

$$X_\mu^{\text{KLT}} \doteq \sum_{\kappa=0}^{M-1} x(\kappa)\, a_{\mu\kappa}, \qquad \mu \in \{0, 1, \ldots, M-1\}, \qquad (4.25\text{-a})$$

$$x(\kappa) = \sum_{\mu=0}^{M-1} X_\mu^{\text{KLT}}\, a_{\mu\kappa}, \qquad \kappa \in \{0, 1, \ldots, M-1\}, \qquad (4.25\text{-b})$$

treten Komponenten $a_{\mu\kappa}$ auf, die sich von denen üblicher Spektralbeschreibungen erheblich unterscheiden: Sie haben i.a. *keine Sinusform*, und sie *hängen vom Signal ab*.

Ein endlich langes Signal $x(\kappa), \kappa = \{0, 1 \ldots, M-1\}$, läßt sich als Signalvektor der Länge M ausdrücken:

$$\mathbf{x} \doteq \bigl(x(0), x(1), \ldots, x(M-1)\bigr)^T. \qquad (4.26)$$

Als Korrelationsmatrix[1] $\mathbf{R}_{xx}$ des Signals $x(\kappa)$ bezeichnet man die $M \times M$-Matrix der Terme

$$\varphi_{xx}(i,j) \doteq \mathrm{E}\{x(i)\,x(j)\}, \qquad i,j \in \{0, 1, \ldots, M-1\}. \qquad (4.27)$$

---
[1] Zu den Grundbegriffen der Statistik s. Kap. 6; dort wird auch auf die genauen Zusammenhänge für den Fall eingegangen, daß $\mathbf{x}$ einem Signalsegment $x_k(\kappa)$ nach (4.10) entspricht und demzufolge alle beteiligten Größen von k abhängen.

Bei Mittelwertfreiheit des Signals – bei Sprache stets gegeben – wird die Korrelation in (4.27) zur Kovarianz $\psi_{xx}(i,j)$; sie hängt bei Stationarität des Signals nur noch vom Abstand $|i-j|$ ab, so daß zusätzlich zu (4.27) gilt

$$\varphi_{xx}(i,j) = \psi_{xx}(|i-j|) = \varphi_{xx}(j,i) = \varphi_{xx}(i+\nu, j+\nu), \qquad (4.28)$$

wobei mit $\nu \in \mathbb{Z}$ eine beliebige Verschiebung gekennzeichnet ist. Damit wird die Matrix $\mathbf{R}_{xx}$ zu einer reellen, symmetrischen Toeplitz-Matrix. Sie besitzt M reelle Eigenwerte λ_μ und M orthogonale Eigenvektoren $\mathbf{a}_\mu$, welche die folgende Gleichung erfüllen (z.B. [Bronstein, Semendjajew-91])

$$\mathbf{R}_{xx}\,\mathbf{a}_\mu = \lambda_\mu\,\mathbf{a}_\mu, \quad \mu \in \{0,1,\ldots,M-1\}. \qquad (4.29)$$

Gerade die Elemente der Eigenvektoren

$$\mathbf{a}_\mu = \bigl(a_{\mu,0}, a_{\mu,1}, \ldots, a_{\mu,M-1}\bigr)^T \qquad (4.30)$$

werden nun in (4.25) verwendet: Die Komponenten der Spektralzerlegung entsprechen den Eigenvektoren der Korrelationsmatrix $\mathbf{R}_{xx}$. Die Bestimmung der jeweiligen „Amplituden" X_μ^{KLT} erfolgt auf die in (4.25-a) angegebene Weise, die *strukturell* sehr einfach ist, weil die Komponenten $\mathbf{a}_\mu$ wie die bisher verwendeten Sinussignale orthogonal sind. *Praktisch* sind die Vorschriften (4.25) leider erheblich aufwendiger als die für DFT und IDFT nach (3.8-a, b), denn im Gegensatz zu $w_M^{\mu k}$ aus (3.8-c) weisen die $a_{\mu,\kappa}$ i.a. keine Periodizitäten oder Symmetrien auf, die zur effizienten Berechnung ähnlich wie bei der FFT genutzt werden könnten.

Eine Filterbankinterpretation abstrakter Art ist aus [Scharf-90] bekannt. Eine einfachere Darstellung im Zeitbereich gelingt wie folgt: Wir setzen dazu in (4.25-a) für $x(\kappa)$ ein gefenstertes Signalsegment gemäß (4.10) an und erhalten dann nach einer simplen Indexsubstitution als Momentan-KLT zeitabhängige Transformationssignale

$$X_\mu^{\mathrm{KLT}}(k) = \sum_{\kappa=0}^{M-1} x(k-\kappa)\,h(\kappa)\,a_{\mu,M-1-\kappa}$$

und mit der Abkürzung

$$h_\mu^{\mathrm{KLT}}(\kappa) \doteq h(\kappa)\,a_{\mu,M-1-\kappa}, \qquad \kappa, \mu \in \{0,1,\ldots,M-1\} \qquad (4.31)$$

gemäß (3.13-a) und

$$\begin{aligned}X_\mu^{\mathrm{KLT}}(k) &= \sum_{\kappa=0}^{M-1} x(k-\kappa)\,h_\mu^{\mathrm{KLT}}(\kappa) \\ &= x(k) * h_\mu^{\mathrm{KLT}}(k), \quad \mu \in \{0,1,\ldots,M-1\}\end{aligned} \qquad (4.32)$$

4.2 Unmittelbare Transformations-Berechnung

eine *Faltungs*beziehung: In M parallelen FIR-Filtern mit den Impulsantworten $h_\mu^{KLT}(\kappa)$ werden die KLT-Koeffizienten gemessen. Zur möglichen Taktreduktion gilt das in Abschnitt 4.2.3 Gesagte.

Ausgehend von Impulsantworten nichtrekursiver Filter kann man Frequenzgänge

$$H_\mu^{KLT}(e^{j\Omega}) = \mathcal{F}\{h_\mu^{KLT}(k)\}$$

nach (3.12-b) bestimmen. Sie sind nun aber durch das Signal festgelegt und z.B. im Sinne einer guten Selektivität nur eingeschränkt durch die Fensterwahl beeinflußbar. Interessant ist die Beobachtung, daß wegen der in Bild 4.10-b er-

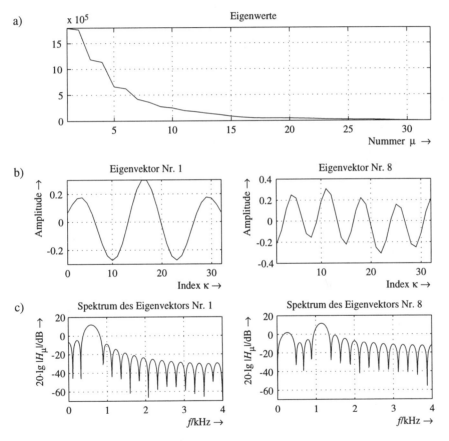

Bild 4.10: Zu einer „Langzeitkorrelationsmatrix" $\mathbf{R}_{xx}$ der Dimension 32×32
    a) gehörige Eigenwerte
    b) gehörige Eigenvektoren ($\hat{=}$ Impulsantworten nach (4.31) bei Verwendung eines Rechteckfensters)
    c) gehörige Frequenzgänge $|H_\mu^{KLT}(e^{j\Omega})|$ (für $\mu = 1, 8$)

kennbaren Cosinus-Ähnlichkeit der Eigenvektoren dennoch „bandpaß-ähnliche" Frequenzgang-Eigenschaften auftreten, wenn man von gemittelten Korrelationsmatrizen (mit gar nicht allzu großer Mittelungsdauer) Gebrauch macht (siehe Bild 4.10).

Nachdem bisher eigentlich nur Nachteile der KLT gegenüber den gängigen Spektraldarstellungen angesprochen wurden, bleibt zu fragen, warum man sich trotzdem für sie interessiert. Der Grund liegt in der Bandbegrenztheit vieler Signale und eben gerade auch der Sprachsignale, weshalb bereits relativ wenige Spektralkomponenten ein Signal weitgehend beschreiben. Diese Aussage gilt in besonderem Maße für die KLT: Man kann sogar zeigen, daß sie die „kompakteste" Spektralbeschreibung liefert (z.B. [Reck-79]). Diese Tatsache und die Ähnlichkeit der Eigenvektoren einer mittleren Sprach-Korrelationsmatrix $\mathbf{R}_{xx}$ mit Cosinusverläufen rechtfertigen zugleich das Interesse an den zuvor besprochenen Cosinustransformationen.

4.3 Filterbänke

Wie in Abschnitt 4.1.3 gesagt, benötigt man zur gleichzeitigen Messung eines Kurzzeitspektrums in M Frequenzpunkten Ω_μ eine Filterbank mit M Bandpaßfiltern entsprechender Mittenfrequenzen. (G)DFT, (G)DCT und KLT realisieren laut Abschnitt 4.2.2, 4.2.5, 4.2.6 und 4.2.7 solche Systeme; allerdings sind die Eigenschaften der Bandpaßkanäle nur eingeschränkt durch die Wahl der M Fensterkoeffizienten zu beeinflussen. Völlig frei in der Wahl der Formen, Bandbreiten und Mittenfrequenzen ist man dagegen, wenn man direkt eine Bank von M parallelen digitalen Filtern mit jeweils geeignet gewählten Filtergraden und Koeffizienten aufbaut.

4.3.1 Filterrealisierungen

Zum Thema Digitalfilter werden im folgenden die hier erforderlichen Grundbegriffe behandelt. Ausführliche Darstellungen und Hinweise auf die umfangreiche Literatur finden sich in [Schüßler-94], [Hess-93].

a) Filter-Grundstrukturen

In Frage kommen u.a. nichtrekursive Filter in direkter Realisierung (Bild 4.11-a) sowie rekursive Filter in Kaskadenform (Bild 4.11-b), in Parallelstruktur (Bild

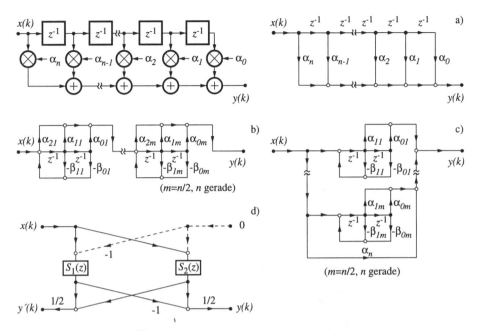

Bild 4.11: Mögliche Realisierungsformen für Bandpaßfilter in Blockschaltbild- und vereinfacht in Signalflußgraphen-Darstellung (SFG-Zweige ohne explizite Bezeichnung tragen den Faktor 1):
a) Nichtrekursives (FIR-) Filter in 2. kanonischer Form
b) rekursives Filter als Kaskade
c) als Parallelanordnung von Blöcken zweiten Grades (unter der Annahme eines geraden Grades $n = 2m$ und jeweils in 2. kanonischer Form)
d) Brücken-Wellendigitalfilter; hierin sind $S_1(z)$ und $S_2(z)$ geeignet realisierte Allpaßfilter, also selbst wiederum rekursive Digitalfilter

4.11-c) oder als (Brücken-) Wellendigitalfilter (WDF, s. Bild 4.11-d). Die Übertragungsfunktionen der rekursiven Systeme schreiben sich allgemein als gebrochenrationale Funktionen

$$H(z) = \frac{Y(z)}{X(z)} = \frac{\sum_{\nu=0}^{n} \alpha_\nu z^\nu}{\sum_{\nu=0}^{n} \beta_\nu z^\nu} \qquad (\text{ mit } \beta_n \doteq 1). \tag{4.33}$$

Diese Beschreibung gilt im Falle von Kaskaden- und Parallelform für die dargestellten Teilblöcke, die meist vom Grad 2 sind, so daß gilt:

$$H_\mu(z) = \frac{\sum_{\nu=0}^{2} \alpha_{\nu\mu} z^\nu}{\sum_{\nu=0}^{2} \beta_{\nu\mu} z^\nu} \qquad (\text{ mit } \beta_{2\mu} \doteq 1). \tag{4.34-a}$$

Bei der Parallelform gilt zusätzlich

$$\alpha_{2\mu} \equiv 0 \qquad \forall\, \mu. \tag{4.34-b}$$

Die Übertragungsfunktion $H(z)$ nach (4.33) insgesamt ergibt sich bei der Kaskade als Produkt gemäß

$$H(z) = \prod_{\mu=1}^{\frac{n}{2}} H_\mu(z) \tag{4.35}$$

und bei der Parallelform als Summe

$$H(z) = \sum_{\mu=1}^{\frac{n}{2}} H_\mu(z) + \alpha_n. \tag{4.36}$$

Dabei wurde in beiden Fällen zur Vereinfachung der Schreibweise ein gerader Filtergrad vorausgesetzt. Im Falle der WDF-Realisierung erhält man

$$H(z) = \frac{1}{2}\Big(S_2(z) - S_1(z)\Big). \tag{4.37}$$

Hier sind für $S_{1,2}(z)$ Allpaßübertragungsfunktionen einzusetzen, die sich aus den transformierten Reaktanzen eines analogen Bandpaßfilters in Brückenstruktur bestimmen ([Fettweis-86], [Schüßler-94]).

Die Art der Kurzzeit-Spektralanalyse wird nach (4.2) letztlich durch die Bandpaßimpulsantwort bestimmt. Sie erhält man aus der Übertragungsfunktion gemäß (3.12-a) als inverse z-Transformierte:

$$h_0(k) = Z^{-1}\{H(z)\}.$$

Im Falle nichtrekursiver Filter ist diese Berechnung sehr einfach: Mit dem Entfall der Rückführung, d.h. mit $\beta_\nu \equiv 0 \;\forall\, \nu \neq n$ in Bild 4.11-a, gilt anstelle von (4.33)

$$H(z) = z^{-n} \sum_{\nu=0}^{n} \alpha_\nu\, z^\nu = \sum_{k=0}^{n} \alpha_{n-k}\, z^{-k}. \tag{4.38-a}$$

Der Vergleich mit (3.6-a) und (3.12-a) zeigt, daß mit den Zählerkoeffizienten α_ν die Impulsantwort vorliegt:

$$h_0(k) = \alpha_{n-k}, \qquad k \in \{0, 1, \ldots, n\}. \tag{4.38-b}$$

Ihre endliche Länge $(n+1)$ ist der Grund für die häufig gebrauchte Bezeichnung nichtrekursiver Filter als „FIR-Filter" (für *finite impulse response*).

Besonders häufig werden FIR-Systeme mit einer zusätzlichen, anders nicht allgemein realisierbaren Eigenschaft eingesetzt: Mit der Wahl *symmetrischer* Koeffizienten erhält man *streng linearphasige* Filter, wie die folgenden Formeln zeigen:

– Gerader Filtergrad $n = 2N$ ($\hat{=}$ ungerade „Filterlänge" $n + 1 = 2N + 1$): Aus (4.38-a) folgt mit (4.38-b) und $h_0(k) \doteq \pm h_0(n-k)$, $k \in \{0, 1, \ldots, N\}$:

$$H(z) = z^{-N}\left\{h_0(N) + \sum_{k=0}^{N-1} h_0(k)\left(z^{(N-k)} \pm z^{-(N-k)}\right)\right\}. \quad (4.38\text{-c})$$

Im Falle ungerader Symmetrie $h_0(n-k) = -h_0(k)$ ist implizit $h_0(N) = 0$.

– Ungerader Filtergrad $n = 2N - 1$ ($\hat{=}$ gerade „Filterlänge" $n + 1 = 2N$): Aus (4.38-a) folgt mit (4.38-b) und $h_0(k) \doteq \pm h_0(n-k)$, $k \in \{0, 1, \ldots, N-1\}$:

$$H(z) = z^{-\left(N-\frac{1}{2}\right)}\left\{\sum_{k=0}^{N-1} h_0(k)\left(z^{\left(N-\frac{1}{2}-k\right)} \pm z^{-\left(N-\frac{1}{2}-k\right)}\right)\right\}. \quad (4.38\text{-d})$$

Die Faktoren z^{-N} bzw. $z^{-\left(N-\frac{1}{2}\right)}$ beschreiben eine reine Verschiebung um den halben Filtergrad ($\hat{=}$ Symmetriepunkt der Impulsantwort); sie werden für $z = e^{j\Omega}$ zu linearen Phasentermen. Die Ausdrücke in den geschweiften Klammern in (4.38-c, d) dagegen werden bei der Frequenzgangbetrachtung mit $z = e^{j\Omega}$ zu *rein reellen* oder *rein imaginären* Cosinus- bzw. Sinuspolynomen, also zu Faktoren mit (bis auf Vorzeichenwechsel) *konstanter Phase*: Man erhält insbesondere für eine gerade Impulsantwort bei geradem Grad anstelle von (4.38-c)

$$H(e^{j\Omega}) = e^{-jN\Omega}\left\{h_0(N) + \sum_{k=0}^{N-1} 2\,h_0(k)\cos\left((N-k)\Omega\right)\right\} \doteq e^{-jN\Omega} H_0(\Omega) \quad (4.38\text{-e})$$

und bei ungeradem Grad statt (4.38-d)

$$H(e^{j\Omega}) = e^{-j(N-\frac{1}{2})\Omega} \sum_{k=0}^{N-1} 2\,h_0(k)\cos\left((N-\tfrac{1}{2}-k)\Omega\right) \doteq e^{-j(N-\frac{1}{2})\Omega} H_0(\Omega). \quad (4.38\text{-f})$$

b) Schnelle Faltung

Ist ein nichtrekursiv zu filterndes Signal $x(k)$ von begrenzter Länge L_x, so realisiert das FIR-Filter in Bild 4.11-a (oder in irgendeiner anderen Struktur) eine lineare Faltung zweier Signale endlicher Längen L_x und $L_h = n + 1$. In Abschnitt 3.3 wurde gezeigt, daß eine zyklische Faltung der Länge $M \geq M_{\min}$ nach (3.15) dieselben Ergebniswerte teilweise oder sogar vollständig erzeugen kann. Damit kann man die Faltung nach (3.14-a) und (3.14-b) auf die Rücktransformation von DFT-Produkten zurückführen. Anders als bei Fourier- oder z-Transformation ist diese Feststellung nicht nur von theoretischer Bedeutung: Wie schon in Abschnitt 4.2 gesagt, läßt sich die DFT für reale (z.B. von einem ADU gelieferte Abtastwert-)

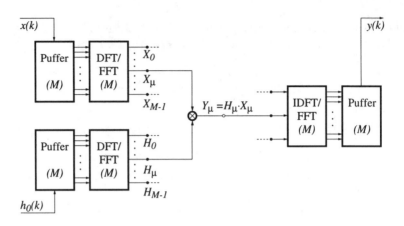

Bild 4.12: Schnelle Faltung durch IDFT (= IFFT) des Produkts der DFTs (= FFTs) von $x(k)$ und $h_0(k)$

Folgen „technisch" und nach Abschnitt 4.2.1 sogar äußerst effizient mit Hilfe der FFT berechnen. Bild 4.12 illustriert damit nicht nur den Faltungssatz der DFT, sondern stellt eine alternative Realisierung für ein FIR-Filter dar. Man spricht von einer „Schnellen Faltung" (englisch *fast convolution*), weil für genügend große Längen L_x, L_h und M der erforderliche Rechenaufwand trotz der drei benötigten FFTs wegen deren Effizienz (drastisch) geringer ist als der für eine Zeitbereichsrealisierung z.B. nach Bild 4.11-a; „genügend groß" sind theoretisch Längen von mehr als ca. 30, praktisch (wegen des zusätzlich nötigen, hardwareabhängigen Verwaltungs- und Adressierungsaufwandes) solche ab etwa 100.

Nun sind uns interessierende Signale (wie Sprache) i.a. nicht von begrenzter Länge. Das Konzept der Schnellen Faltung läßt sich trotzdem anwenden. Man muß dazu nur $x(k)$ im Abstand L in Segmente jeweils der Länge $L_x \geq L$ mit den Werten

$$x_\lambda(\kappa) \doteq x(\lambda L + \kappa), \quad \kappa \in \{0, 1, ..., L_x - 1\} \qquad (4.39\text{-a})$$

und der Festlegung

$$x_\lambda(\kappa) \equiv 0 \qquad \text{für} \quad \kappa < 0, \ \kappa \geq L_x \qquad (4.39\text{-b})$$

zerlegen. Für $L = L_x$ schließen sich die Datenblöcke unmittelbar aneinander an, für $L < L_x$ überlappen sie sich.

Wir betrachten zuerst den Fall $L_x = L$. Das ursprüngliche Signal erhält man dann einfach durch Aneinanderfügen der Segmente im Abstand L_x. Das kann man als Linearkombination

$$x(k) = \sum_{\lambda=-\infty}^{\infty} x_\lambda(k + \lambda L) \qquad (4.40)$$

schreiben; wobei wegen (4.39-b) aber eigentlich keine Additionen erforderlich sind.

Für jedes Segment kann man nun die Schnelle Faltung gemäß Bild 4.12 bzw. die Gln. (3.14-a) und (3.14-b) durchführen. Wählt man die DFT-Länge gemäß (3.19) zu

$$M = L_x + L_h - 1 = L_x + n = L_y,\qquad(4.41)$$

so sind die Teilfolgen $y_\lambda(\kappa)$ mit L_y gültigen Ergebnissen der *linearen* Faltung besetzt (vgl. Abschnitt 3.3):

$$y_\lambda(\kappa) = x_\lambda(\kappa) \circledast h_0(\kappa) = x_\lambda(\kappa) * h_0(\kappa).\qquad(4.42)$$

Wegen der *Linearität* der Filterung gilt der *Überlagerungssatz* und die Segment-Ergebnisse sind ganz entsprechend wie in (4.40) zu summieren:

$$y(k) = \sum_{\lambda=-\infty}^{\infty} y_\lambda(k + \lambda L).\qquad(4.43)$$

Wegen der um $L_y - L_x = L_h - 1 = n$ Werte verlängerten Teilfolgen sind in (4.43) nun aber tatsächlich Additionen der sich überlappenden Teile zu berechnen.

Neben der hiermit geschilderten *Overlap-Add*-Version der Schnellen Faltung gibt es eine weitere Methode. Man setzt dabei $L_x > L_h = n+1$ voraus und wählt nach (3.15)

$$M = L_x.\qquad(4.44)$$

Eine Teilfolge $y_\lambda(\kappa) = x_\lambda(\kappa) \circledast h_0(\kappa)$ enthält dann nach (3.16) und (3.18) nur

$$L_{\text{lin}} = L_x - (L_h - 1) = L_x - n = M - n\qquad(4.45)$$

der linearen Faltung entsprechende Werte. Man segmentiert $x(k)$ daher überlappend im Abstand

$$L = M - n = L_x - n,\qquad(4.46)$$

muß also die letzten n Werte eines Segments $x_\lambda(\kappa)$ für die Wiederverwendung in $x_{\lambda+1}(\kappa)$ speichern (englisch *save*), braucht aber andererseits beim Zusammenfügen entsprechend (4.43) nur die L_{lin} „richtigen" Werte ohne Additionen zu übernehmen. Man spricht hier von der *Overlap-Save*-Variante der Schnellen Faltung.

c) Filterentwurf

Für die Anwendung solcher Systeme in einer Filterbank gibt man sich nun – je Kanal – einen Wunschverlauf für den Frequenzgang $H(z=e^{j\Omega})$ vor. Mit geeigneten, inzwischen weit verbreiteten Programmen (z.B. [Dehner-79], [Parks, McClellan, et al.-79], beide in MATLAB verfügbar; [Gazsi-85]) findet man die Koeffizienten α_ν, β_ν bzw. $\alpha_{\nu\mu}$, $\beta_{\nu\mu}$ oder entsprechende WDF-Parameter, die eine „bestmögliche" Approximation des Wunschverlaufes liefern. Kriterium ist oft das Maximum der Abweichung von der Vorgabe („Min-Max-", „Equal-Ripple-" oder „Tschebyscheff-Entwurf").

Einfacher ist der Entwurf mit minimalem Fehler*quadrat* für nichtrekursive Filter linearer Phase: Dieses Kriterium erfüllt bekanntlich die (zunächst unendlich lange) Fourierreihen-Entwicklung des periodischen Wunschverlaufs $H_w(\Omega)$. Im Falle der hier interessierenden frequenzselektiven Filter hat $H_w(\Omega) \in \mathbb{R}$ meist Rechteckform. Für ein 2π-periodisches Rechteck (und ähnlich einfache Verläufe) findet man die Koeffizienten a_k, $k \in \mathbb{N}_0$, der Fourier-Cosinusreihe

$$H_w(\Omega) = H_w(\Omega - \lambda 2\pi) = \sum_{k=0}^{\infty} a_k \cos(k\Omega)$$

in Tabellenwerken, mit Hilfe von (3.4-b) in geschlossener Form oder mit Hilfe einer IDFT/FFT näherungsweise numerisch. Gleiches gilt, wenn man den Wunschverlauf mit alternierendem Vorzeichen im Abstand 2π, damit insgesamt 4π-periodisch, fortsetzt und hierfür

$$H_w(\Omega) = (-1)^\lambda H_w(\Omega - \lambda 2\pi) = \sum_{k=0}^{\infty} a_k \cos(k\frac{\Omega}{2})$$

schreibt. In diesem Fall verschwinden die Koeffizienten mit geraden Indizes, d.h. es gilt:

$$a_{2k} \equiv 0 \quad \forall \; k \, .$$

Der Vergleich mit (4.38-c) zeigt, daß man für $n = 2N$ unter Beachtung der Impulsantwortsymmetrie einfach

$$h_{0F}(N) = a_0, \quad h_{0F}(N-k) = h_{0F}(N+k) = \frac{a_k}{2}, \quad k \in \mathbb{N}$$

einzusetzen hat, für $n = 2N-1$ entsprechend

$$h_{0F}(N-1-k) = h_{0F}(N+k) = \frac{a_{2k+1}}{2}, \quad k \in \mathbb{N}_0 \, .$$

4.3 FILTERBÄNKE

Hiermit liegt eine unendlich ausgedehnte, zum Zeitpunkt $k = n/2$ symmetrische Impulsantwort $h_{o_F}(k)$ auf Fourierreihen-Basis vor. Für ein FIR-Filter ist sie anschließend auf den Bereich $k \in \{0, 1, \ldots, n\}$ zu begrenzen, was sich als Multiplikation mit einem Rechteckfenster der Länge $n+1$ darstellen läßt. Dieses „Abschneiden" der Reihenkoeffizienten a_k führt bei den hier oft interessierenden unstetigen Wunschfrequenzgängen $H_w(\Omega)$ zu den bekannten Fehleranstiegen in der Nähe des Übergangs vom Durchlaß- zum Sperrbereich, die auch bei beliebig hohem Approximationsgrad N nicht verschwinden („Gibbs'sches Phänomen"). Man kann sie jedoch durch eine gewichtete Fensterung der Fourier-Reihenkoeffizienten $h_{o_F}(k)$ gemäß

$$h_o(k) \doteq h_{o_F}(k)\, w(k), \qquad k \in \{0, 1, \ldots, n\},$$

glätten. Für die Gewichtung kommen Hamming- oder Hann-Fenster wie in (4.13-b, c) in Frage. Besser im Sinne einer „Nahezu-Equal-Ripple-" Lösung ist das sogenannte Kaiser-Fenster [Kaiser-74], für das Formeln zur Abschätzung des Filtergrades bei Vorgabe eines tolerierbaren Fehlers existieren. Sie gibt es auch für einige andere Entwürfe. Bezüglich der Details und einiger anderer Entwurfsverfahren wird auf die Literatur verwiesen (z.B. [Schüssler-94], [Hess-93]). Bild 4.13 zeigt als Beispiel die Frequenzgänge eines FIR-Bandpasses und eines rekursiven Bandpaßfilters mit realistischen Anforderungen.

Der Einsatz getrennt so entworfener und realisierter Einzelfilter in Filterbänken beschränkt sich aus Aufwandsgründen auf solche Fälle, in denen zum einen eine willkürliche Bandaufteilung unbedingt erforderlich und zum anderen eine kleine Kanalzahl ausreichend ist. Sonst gibt es effizientere Lösungen, die allerdings durchaus die geschilderten Filterentwürfe und Realisierungsformen benutzen.

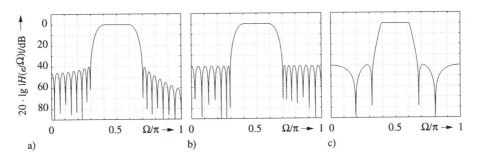

Bild 4.13: Frequenzgänge von Bandpässen der Mittenfrequenz $\Omega_m = \frac{\pi}{2}$, der Bandbreite 0.3π und der Durchlaß- wie Sperrtoleranz $\delta_D = \delta_s = 0.01$:
   a) FIR-Lösung mit Kaiser-Fensterung der Fourier-Reihenentwicklung, $n = 45$
   b) FIR-Lösung mit Tschebyscheff- oder Equal-Ripple-Verhalten, $n = 42$
   c) IIR-Lösung mit Tschebyscheff-Verhalten
      („Cauer"- oder „Elliptisches" Filter), $n = 4$

4.3.2 Baumstrukturen

Ausgangspunkt ist ein Filter*paar* aus Tiefpaß (H_T) und Hochpaß (H_H) (s. Bild 4.14). Beide sind so konstruiert, daß das Frequenzband $\Omega \in [0, \pi] \,\hat{=}\, f \in \left[0, \frac{f_A}{2}\right]$ (vgl. (3.5)) in zwei gleiche Teile aufgeteilt wird. Diese Gleichheit der Aufteilung bedingt zum einen, daß man Tief- und Hochpaß spiegelbildlich zueinander entwirft. Für die Frequenzgänge heißt das

$$H_H(e^{j\Omega}) = H_T(e^{j(\pi+\Omega)}), \tag{4.47-a}$$

für die Übertragungsfunktionen entsprechend

$$H_H(z) = H_T(-z) \tag{4.47-b}$$

und für die zugehörigen Impulsantworten – aus (3.6-a) und (3.12-a) ersichtlich –

$$h_H(k) = (-1)^k h_T(k). \tag{4.47-c}$$

Zum anderen heißt eine „gleiche Aufteilung", daß jedes Filter eine Grenzfrequenz $\frac{\pi}{2} \,\hat{=}\, \frac{f_A}{4}$ haben muß. Nun kann man eine Filtergrenzfrequenz auf unterschiedliche Weise definieren. Eine Möglichkeit besteht darin, einen zu $|H_{T,H}(e^{j\frac{\pi}{2}})| \,\hat{=}\, \frac{1}{2}$ punktsymmetrischen Frequenzgang zu fordern (s. Bild 4.14-b). Bei geeigneter Phasen- und Gradwahl führt das dazu, daß die Summe der beiden gefilterten Signale bis auf eine konstante Verzögerung identisch mit dem Eingangssignal ist. Zudem haben solche „Halbbandfilter" bei geradem Grad n Realisierungsvorteile, da (fast) nur jeder zweite Wert der Impulsantwort von Null verschieden ist.

Im weiteren wird jedoch von einer anderen Möglichkeit ausgegangen: Man verlangt, daß die Summe der Leistungsübertragungsfunktionen $|H_{T,H}(e^{j\Omega})|^2$ der Teilfilter

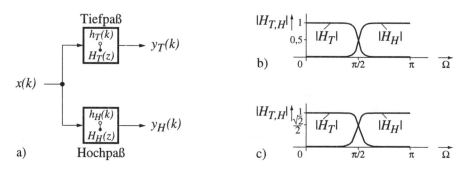

Bild 4.14: a) Aufteilung eines Signals $x(k)$ in Tief- und Hochpaßanteile $y_{T,H}(k)$
b) Punktsymmetrische Betragsfrequenzgänge
c) Leistungskomplementäre Frequenzgänge

4.3 FILTERBÄNKE

konstant wird (vgl. Abschnitt 6.1.7). Diese *Leistungskomplementarität* von Tief- und Hochpaß drückt sich aus in der Forderung

$$|H_T(e^{j\Omega})|^2 + |H_H(e^{j\Omega})|^2 \equiv 1 \quad \forall \, \Omega. \tag{4.48-a}$$

Unter Beachtung der Grundforderung (4.47-a) folgt daraus, daß beide Filter zur Frequenz $\frac{\pi}{2}$ punktsymmetrische Leistungsübertragungsfunktionen aufweisen müssen:

$$|H_{T,H}(e^{j(\frac{\pi}{2}-\Omega)})|^2 - \frac{1}{2} = \frac{1}{2} - |H_{T,H}(e^{j(\frac{\pi}{2}+\Omega)})|^2. \tag{4.48-b}$$

Leistungskomplementarität läßt sich sehr einfach erreichen, wenn man Wellendigitalfilter verwendet, so ist z.B. das Ausgangssignal $y'(k)$ in Bild 4.11-d automatisch das Komplement zum Signal $y(k)$. Sind $S_1(z)$ und $S_2(z)$ so gewählt, daß $y(k)$ das Ergebnis einer Tiefpaßfilterung ist, dann realisiert diese Struktur gleichzeitig den leistungskomplementären Hochpaß.

Im weiteren spielen allerdings nichtrekursive Realisierungen die Hauptrolle. Auch für sie kann man in einer einzigen Anordnung die zueinander spiegelbildlichen Filter gemäß (4.47) realisieren (allerdings *ohne* die Forderung (4.48) i.a. streng erfüllen zu können): Aus (4.47-c) folgt nämlich, daß zwei Filteraufbauten nach Bild 4.11-a, die einen Tiefpaß und einen Hochpaß realisieren, sich nur im Vorzeichen jedes zweiten Koeffizienten unterscheiden. Mit einer einfachen Überlegung lassen sich daher beide Filter gleichzeitig in der Form darstellen, die in Bild 4.15-a skizziert ist, wodurch sich der Rechenaufwand halbiert. Eine erneute Halbierung entstünde, wenn mit dem erwähnten punktsymmetrischen Frequenzgang gearbeitet würde, weil die zugehörige Impulsantwort dann $\frac{n}{2}$ Nullwerte besäße.

Interessant ist eine Beobachtung am Rande: Die in Bild 4.15-a enthaltenen Teilsysteme mit gerade bzw. ungerade indizierten Impulsantwortwerten und Nullwerten

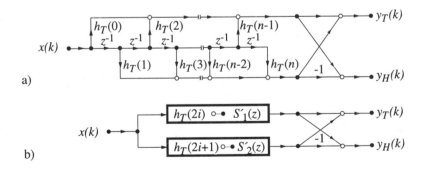

Bild 4.15: a) SFG-Darstellung der gleichzeitigen Tief- und Hochpaßrealisierung unter Berücksichtigung von (4.47)
b) vereinfachendes Blockdiagramm

dazwischen sind in Bild 4.15-b zu Blöcken mit Übertragungsfunktionen $S'_{1,2}(z)$ zusammengefaßt. Näherungsweise beschreiben sie – wie in der offensichtlich eng verwandten Struktur aus Bild 4.11-d die Funktionen $S_{1,2}(z)$ – Allpaßfunktionen. Sie unterscheiden sich (im wesentlichen) durch ihre Phasenfrequenzgänge, wodurch es möglich wird, daß sich ihr Summenfrequenzgang als Tiefpaß- und ihr Differenzfrequenzgang als Hochpaßverlauf ergibt.

Wegen der Spiegelbildlichkeit von Tief- und Hochpaßfilter nach (4.47) und der Komplementforderung (4.48) werden die hiermit vorgestellten Filterpaare als Quadratur-Spiegelfilter (englisch: *quadrature-mirror filters*, QMF) bezeichnet.

Mit zwei Filtern kann man nun ein Signal in zwei Spektral*bereiche* aufteilen. Wenn man von Frequenz*komponenten* spricht, meint man i.a. eine erheblich feinere Auflösung, die man auf der Basis bisheriger Betrachtungen mit Hilfe zweier einfacher Überlegungen erreichen kann.

Erstens besitzen $y_T(k)$ und $y_H(k)$ Spektren, die in ihrer Bandbreite gegenüber derjenigen der Eingangssignale gerade halbiert sind. Man kann also die Abtastrate jeweils ebenfalls halbieren. Bei geeigneter Filterrealisierung wie der in Bild 4.15 (oder auch in Bild 4.11-d) kann man die Taktreduktion gleich zur Aufwandsreduktion heranziehen und nur jeden zweiten Ausgangswert berechnen.

Nach dieser Taktreduktion füllen zweitens beide Signale wieder über der dann geänderten Frequenzachse das volle Band $[0, \pi]$ aus. Beim Hochpaßsignal $y_H(k)$ ist lediglich zusätzlich zu beachten, daß eine Kehrlage entstanden ist. Der Impulskamm, der die Abtastung vor einer Takthalbierung beschreibt, ergibt sich als Sonderfall von (4.5) mit $r = 2$; demgemäß erfolgt eine Modulation durch Multiplikation mit

$$p(k) = \frac{1}{2}\left(1 + e^{jk\pi}\right) = \frac{1}{2}\left(1 + (-1)^k\right).$$

Neben dem Hochpaßanteil an ursprünglicher Stelle entsteht also ein um $\pm\pi$ verschobener, daher spiegelbildlicher Anteil, der über der geänderten Frequenzachse $\Omega' = r\,\Omega = 2\,\Omega$ das Band von $\Omega' = 0$ bis $\Omega' = \pi$ ausfüllt (s. Bild 4.16).

Beide Teilsignale lassen sich nun offenbar ihrerseits mit denselben Filtern wie oben erneut in zwei gleiche Teile zerlegen, deren jeweilige Taktraten wiederum halbiert werden dürfen.

Diese Folge der Operationen „Weichenfilterung – Taktreduktion" kann offenbar beliebig oft wiederholt werden. Die m-fache Wiederholung führt zu einer „QMF-Baumstruktur" mit 2^m Endzweigen, die einer Spektralzerlegung durch 2^m gleichartige Bandpaßkanäle mit anschließender Taktreduktion um den Faktor $r = 2^m$ äquivalent ist (s. Bild 4.17-a). Wegen der unterschiedlich häufigen Kehrlagenbildungen sind allerdings Vertauschungen der Ausgangsbänder gegenüber den ursprünglichen Spektrallagen sowie Spiegelungen zu beachten (s. Bild 4.17-b).

4.3 FILTERBÄNKE

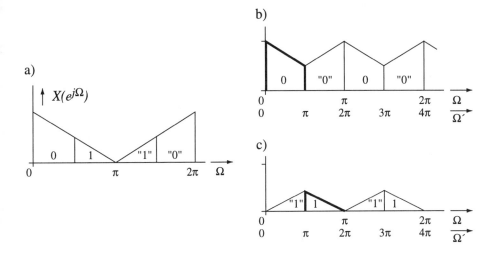

Bild 4.16: a) Fiktives (reelles) Spektrum mit Tiefpaßanteil 0, Hochpaßanteil 1 und deren Gegenstücke „0", „1" im Band $\Omega \in [\pi, 2\pi]$
b) Tiefpaßanteil nach Filterung und anschließender Abtastung bzw. Taktreduktion
c) Hochpaßanteil entsprechend mit Entstehung einer „Kehrlage" in $\Omega' \in [0, \pi]$

Die Filterblöcke in Bild 4.17-a können tatsächlich alle identisch – also auch mit identischen Koeffizienten – aufgebaut sein. Man kann jedoch beobachten, daß ein Frequenzgang mit einem Übergangsbereich der Breite $\Delta\Omega_{\ddot{u}}$ zwischen Durchlaß- und Sperrverhalten in der davor liegenden Stufe mit ihrer doppelt so hohen Abtastrate „doppelt so steil", also mit $\frac{\Delta\Omega_{\ddot{u}}}{2}$ in Erscheinung tritt. Diese Beobachtung kann man nutzen, um die Filtergrade (n in (4.38)) und somit den Realisierungsaufwand in den höheren Stufen zu verringern.

Zu erwähnen ist schließlich, daß die skizzierte Struktur in einfacher Weise so zu modifizieren ist, daß eine Filterbank mit unterschiedlich breiten Kanälen entsteht: Das Weglassen einer Verzweigung in Bild 4.17-a führt an dieser Stelle zu doppelt breiten Bändern (mit ebenfalls doppelter Abtastrate). So können alle Breitenabstufungen realisiert werden, die sich durch Zweierpotenz-Faktoren beschreiben lassen. Mit einer in Bild 4.17-c skizzierten vereinfachten Darstellung eines Tiefpaß-Hochpaß-Filterpaares inklusive Taktreduktion ist in Bild 4.17-d als Beispiel eine Oktavfilterbank skizziert.

Alle hier diskutierten Filterbänke sind u.a. deshalb von Interesse, weil sie im Vergleich zu diskret realisierten Einzelfiltern erheblich weniger Aufwand erfordern. Dazu tragen die Taktreduktionen *bei* der Filterung, die Tiefpaß-Hochpaß-Zusammenfassungen nach Bild 4.15-a und eventuell verschwindende Impulsantwortwerte bei geeignetem Filterentwurf bei.

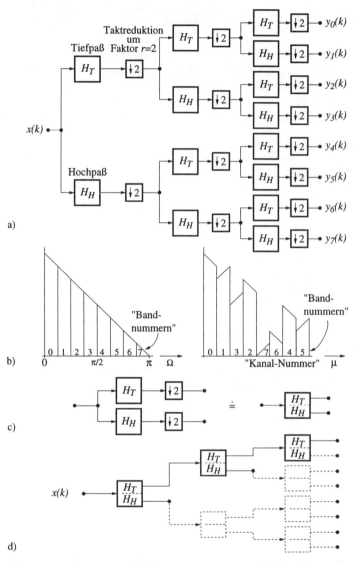

Bild 4.17: a) Baumstruktur einer QMF-Bank mit $m = 3$ Stufen, d.h. $2^m = 2^3 = 8$ Ausgangskanälen
b) Darstellung der Spektralanteile $0 \ldots 7$ eines fiktiven Signals am Eingang und an den Ausgängen Nr. $0 \ldots 7$ der Filterbank; *je Kanal* wird wegen der Taktreduktion jeweils das volle Frequenzband $[0, \pi]$ abgedeckt
c) vereinfachte Blockdarstellung eines Tiefpaß-Hochpaß-Paares mit Taktreduktion
d) Oktavfilterbank (gestrichelt: voll bestückte QMF-Bank mit $m = 3$, d.h. $2^m = 2^3 = 8$ gleichmäßigen Kanälen)

4.3.3 Polyphasen-Filterbänke

Im letzten Abschnitt wurde die Beobachtung festgehalten, daß ein Tiefpaß und ein Hochpaß aus Allpaßfiltern unterschiedlicher Phasengänge durch geeignete Überlagerungen entstehen können. Das Frequenzverhalten der Ausgänge der ganzen Filterbank in Bild 4.17-a kann man so mit einer vielphasigen Kompensation jeweils aller Spektralanteile bis auf gerade *ein* interessierendes Band erklären.

Obwohl der Begriff „Polyphasen-Filterbank" demnach sehr allgemein zu verstehen ist, wird er im folgenden – aus historischen Gründen [Bellanger, Bonnerot, et al.-76] – für eine spezielle Anordnung verwendet: Es handelt sich um eine Verallgemeinerung der Fenster-DFT, die ja in Abschnitt 4.2.2 bereits als Filterbank interpretiert wurde.

In Erweiterung von Bild 4.6 zeigt Bild 4.18 eine Anordnung, in der vor einer DFT (FFT) der Länge M eine Fensterung der Länge $L > M$ stattfindet. Die L Produkte aus Signal- und Gewichtswerten werden durch Teilsummationen auf M Eingangswerte der DFT reduziert. Man kann o.B.d.A. annehmen, daß die Fensterlänge ein ganzzahliges Vielfaches der DFT-Länge ist

$$l \doteq \frac{L}{M} \in \mathbb{N}, \qquad (4.49)$$

da sich durch Anfügen von Nullwerten an eine Impulsantwort kleinerer Länge (4.49) stets einhalten läßt. Aus Bild 4.18 liest man damit ab:

$$\tilde{x}_k(\kappa) = \sum_{\lambda=1}^{l} x(k - \lambda M + 1 + \kappa)\, h(\lambda M - 1 - \kappa). \qquad (4.50)$$

Im folgenden wird die Struktur in Bild 4.18, ausgehend von Bild 4.1-b hergeleitet. Mit $\Omega_m \doteq \mu 2\pi/M$ und (3.8-c) gilt nach (4.2-a) für einen FIR-Tiefpaß mit nichtverschwindenden Impulsantwortwerten $h_T(k) \doteq h(k)$ für $k \in \{0, 1, \ldots, L-1\}$

$$\begin{aligned} X_\mu(k) &= \sum_{\kappa=-\infty}^{\infty} x(\kappa)\, h_T(k-\kappa)\, e^{-j\mu\kappa \frac{2\pi}{M}} \\ &= \sum_{\kappa=0}^{L-1} x(k-\kappa)\, h(\kappa)\, w_M^{\mu(k-\kappa)}. \end{aligned} \qquad (4.51)$$

Nun wird (4.49) beachtet und $\nu \doteq \lambda M - 1 - \kappa$ mit $\lambda \in \{1, \ldots, l\}$ substituiert; ferner wird berücksichtigt, daß nach (3.8-c)

$$w_M^{\lambda M} \equiv 1$$

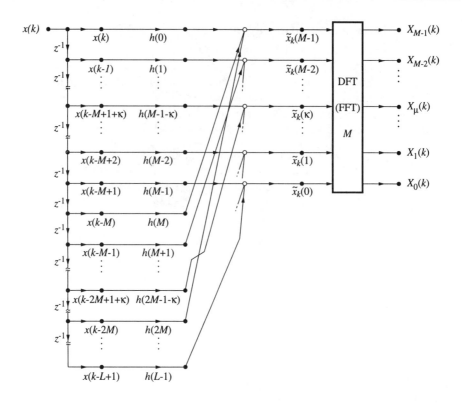

Bild 4.18: Verallgemeinerung der DFT mit Fensterung nach Bild 4.6

gilt. Damit erhält man durch Aufspalten der Summe (4.51) gemäß

$$X_\mu(k) = \sum_{\lambda=1}^{l} \sum_{\nu=0}^{M-1} x(k - \lambda M + 1 + \nu) h(\lambda M - 1 - \nu) w_M^{\mu(k+1+\nu)},$$

nach Ersetzen von ν durch κ und Vertauschen der Summationsreihenfolge mit (4.50)

$$X_\mu(k) = w_M^{\mu(k+1)} \sum_{\kappa=0}^{M-1} \tilde{x}_k(\kappa) w_M^{\mu\kappa}.$$

Bis auf den Modulations-Vorfaktor

$$w_M^{\mu(k+1)} = e^{-j\mu(k+1)2\pi/M}$$

entspricht das nach (3.8-a) der DFT der gemäß (4.50) zusammengefaßten Werte $\tilde{x}_k(\kappa)$, wie Bild 4.18 darstellt.

4.3 FILTERBÄNKE

Wie mit einer DFT und einem Fenster der Länge M erhält man nach (4.51) also auch mit einem längeren Fenster einen Kurzzeit-Spektralwert gemäß (4.11-b) und der äquivalente Tiefpaß ist wie in (4.12) durch das Fenster $h(k)$ beschrieben. *Vorteilhaft* ist jetzt, daß die resultierenden gleichwertigen Kanalfrequenzgänge mit $L > M$ Koeffizienten, d.h. mit prinzipiell beliebig vielen Freiheitsgraden und daher *besser* nach einem geeigneten Kriterium vorgegeben werden können. Das Problem, den zugrundeliegenden „Prototyp-Tiefpaß" mit seiner Impulsantwort $h_T(k) = h(k)$ nach (4.12) passend zu entwerfen, ist für die hier allein diskutierte Analyse durch Standard-Entwurfsprogramme (z.B. auch in MATLAB enthalten) gelöst.

Ein ergänzender Hinweis ist hilfreich für die Erarbeitung weiterführender Literatur: Die hier benutzte Reihenfolge der Transformations-Eingangsdaten $\tilde{x}_k(\kappa)$ ist keineswegs einheitlich definiert. Auch mit vertauschten Daten lassen sich aber mit Hilfe einfacher Modifikationen dieselben Spektralwerte gewinnen.

So kann die Anordnung der Eingangsdaten gemäß $x'_k(\kappa) \doteq \tilde{x}_k(M-1-\kappa)$ invertiert werden und man erhält nach den oben geschilderten Schritten dieselben Ergebnisse

$$X_\mu(k) = w_M^{\mu(k+1)} \cdot \sum_{\kappa=0}^{M-1} x'_k(\kappa) \, w_M^{\mu(M-1-\kappa)} \tag{4.52}$$

$$= M \cdot w_M^{\mu k} \cdot \text{IDFT}\{x'_k(\kappa)\}. \tag{4.53}$$

Kehrt man nur die Reihenfolge der Daten $\tilde{x}_k(1,\ldots,M-1)$ um, ohne $\tilde{x}_k(0)$ zu verändern, so entfällt der Vorfaktor $w_M^{-\mu}$: Auch mit einer *inversen* DFT nach (3.8-b) ist eine Spektral*analyse* möglich, und umgekehrt kann man auch inverse Transformationen als *Analyse*filterbänke interpretieren.

Insbesondere kann man nun $h(k)$ so bestimmen, daß eine vollständige Abdeckung des Frequenzbandes $[0,\pi]$ mit wohldefinierten, begrenzten Überlappungen von Nachbarkanälen stattfindet (vgl. die Diskussion am Ende von Abschnitt 4.2.2). So kann man annehmen, daß praktisch eine Kanalbandbreite $\Delta\Omega = \frac{2\pi}{M}$ einstellbar ist. Damit ist nun bei beliebiger Steilheit des Prototyp-Tiefpasses prinzipiell eine maximale Taktreduktion

$$r_{\max} = M \tag{4.54}$$

nach (4.4) erlaubt, die schon bei der Berechnung zur Aufwandsreduktion berücksichtigt werden kann. Sie liegt um mindestens den Faktor 2 über den Werten, die für die „normale" (Fenster-) DFT in (4.16) gefunden wurde. Sie bedeutet insbesondere, daß die Zahl der zu berechnenden Spektralwerte pro Zeiteinheit gleich der Zahl der Eingangswerte $x(k)$ bleibt. Für den Realisierungsaufwand der Filterbank bedeutet sie weiterhin, daß M gleichartige, äquidistant angeordnete Bandpaßkanäle mit durch die Filterlänge L vorgegebener Qualität durch *eine* einzige Filterberechnung (L Produkte und Summationen) und *eine* FFT *alle M Takte* realisiert werden können. Damit ist die in Bild 4.18 skizzierte Anordnung eine außerordentlich effiziente Filterbankform. Es gibt andere Darstellungen, in der die Zusammenfassungen der Teilsignale $\tilde{x}_k(\kappa)$ als Blöcke gezeichnet werden, die jeweils eine „unterabgetastete Teilimpulsantwort" enthalten. Diese Blöcke entsprechen wiederum Allpaßfiltern, die sich durch ihre Phasen unterscheiden. Das ist der Grund für die Bezeichnung des Systems als Polyphasenfilterbank; gelegentlich heißt der vorverarbeitende Block auch Polyphasennetzwerk (PPN) und die Gesamtkonstruktion dann PPN-DFT. Hiervon ausgehend läßt es sich relativ leicht überlegen, daß die enthaltenen Teilfilter auch rekursiv aufzubauen sind (z.B. [Vary, Heute-80], [Vary, Heute-81]).

4.3.4 Modulierte Filterbänke

Filter, die sich nur in der Mittenfrequenz, nicht aber ihrer Frequenzgangsform nach unterscheiden, kann man auf die Verschiebung eines (z.B. Tiefpaß-) Prototyps zurückführen. Das ist bereits bei den Überlegungen zur Kurzzeitspektralmessung in Abschnitt 4.1.1 geschehen, ebenso im vorangegangenen Abschnitt: Die Beziehung (4.51) enthält die Tiefpaßimpulsantwort in einem Modulationsterm $h(k)e^{jk\mu\frac{2\pi}{M}}$, der einer Verschiebung des Frequenzganges zur Mittenfrequenz $\mu\frac{2\pi}{M}$ im μ-ten Kanal entspricht.

Verallgemeinernd kann man sich $h(k)$ auch mit anderen periodischen Folgen $m_\mu(k)$ multipliziert denken: Stets entstehen (i.a. mehrere) verschobene Versionen eines Prototypfrequenzganges. In [Gluth, Heute-92] werden daher generell Filterbänke mit Kanalimpulsantworten $h(k) \cdot m_\mu(k)$, $\mu = \{0, 1 \ldots, M-1\}$ als modulierte Filterbänke definiert.

Von dieser sehr allgemeinen Klasse interessieren praktisch allerdings relativ wenige, nämlich stets solche, bei denen sich die Modulationsfolgen als Kerne geeigneter Spektraltransformationen ergeben. Demnach gehört die PPN-DFT sicher dazu, ebenso aber eine „PPN-DCT" wie auch Verallgemeinerungen beider Ansätze.

Hierbei folgt dem PPN in Bild 4.18 anstelle der DFT eine GDFT (s. Abschnitt 4.2.5) oder entsprechend eine GDCT (s. Abschnitt 4.2.6) mit Modulationstermen der folgenden Form:

$$\text{GDFT:} \quad h(k)\, e^{j\frac{2\pi}{M}(\mu+\mu_0)(k+k_0)}, \qquad \mu \in \{0,1,\ldots,M-1\}; \quad (4.55\text{-a})$$

$$\text{GDCT:} \quad h(k)\, \cos\left(\frac{\pi}{M}(\mu+\mu_0)(k+k_0)\right), \quad \mu \in \{0,1,\ldots,M-1\}. \quad (4.55\text{-b})$$

Die Frequenz- und Zeitverschiebungsparameter müssen dabei keineswegs ganzzahlig gewählt werden. Besonders interessant ist z.B. gerade der Fall

$$\mu_0 = \frac{1}{2} \qquad (4.55\text{-c})$$

(vgl. Abschnitt 4.2.5). Er führt auf eine Filterbank ohne eigentlichen Tiefpaßkanal, bei der der Ausgang $\mu = 0$ ein Band der Mittenfrequenz $\mu_0 \frac{\pi}{M} = \frac{\pi}{2M}$ beschreibt, das bei geeignetem Prototypentwurf gerade bis zur Frequenz $\Omega = 0$ hinunter (und bis $\frac{\pi}{M}$ hinauf) reicht. Hinzu kommt, daß die Wahl von μ_0 nach (4.55-c) und die entsprechende Wahl

$$k_0 \doteq \frac{1}{2} \qquad (4.55\text{-d})$$

aus der GDCT eine spezielle DCT, die sogenante „DCT IV" machen, die sehr effizient auf eine FFT-Berechnung der Länge $\frac{M}{2}$ zurückzuführen ist (s. [Gluth-91], [Gluth, Heute-92]).

4.3.5 Polyphasen-Filterbänke mit ungleichmäßiger Auflösung

Einige Aufgaben der Sprachsignalverarbeitung wie z.B. die Teilbandcodierung (Abschnitt 11.3) oder die Geräuschreduktion (Kap. 12) lassen sich vorteilhaft mit Hilfe einer Filterbank mit unterschiedlich breiten Kanälen angehen, deren Bandbreiten an die spektrale Auflösung der Frequenzgruppen des Gehörs angepaßt sind (s.a. Abschnitt 2.3).

Ein erster Ansatz dieser Art wurde bereits in Abschnitt 4.3.2 (Bild 4.17) auf der Grundlage einer QMF-Filterbank mit unvollständig ausgebauter Baumstruktur aufgezeigt.

Eine alternative Lösung besteht darin, eine Polyphasen-Filterbank durch Allpaßtransformation in dem gewünschten Sinne zu modifizieren [Vary-78]. Es wird die Polyphasen-Filterbank nach Bild 4.19-a mit gleichmäßiger Spektralauflösung betrachtet. Im Vergleich zur Struktur nach Bild 4.18 wird zur Vereinfachung der Darstellung von einer FIR-Prototyp-Impulsantwort mit $L = M$ Koeffizienten ausgegangen. Weiterhin wird hier anstelle der FFT eine IFFT verwendet. Dadurch wird lediglich das Vorzeichen der Imaginärteile der Ausgangssignale umgekehrt; die Betragsfrequenzgänge der wirksamen Bandpaß-Frequenzgänge bleiben unverändert.

Zunächst werde angenommen, daß die IFFT in jedem Abtasttakt ausgeführt wird. Unter dieser Voraussetzung beschreibt Bild 4.19-a ein zeitinvariantes System mit einem Eingang und M Ausgängen. Im Zeitbereich ergibt sich somit folgende

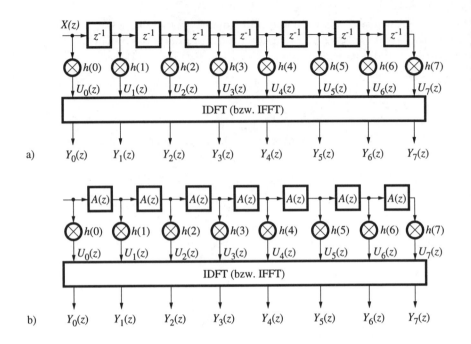

Bild 4.19: Zum Prinzip der Polyphasen-Filterbank mit ungleichmäßiger spektraler Auflösung ($M = L = 8$)
a) Struktur mit gleichmäßiger Auflösung
b) Struktur mit ungleichmäßiger Auflösung

Sichtweise: Das reellwertige Signal $x(k)$ wird in M reellwertige Zwischensignale $u_\kappa(k)$ ($\kappa = 0, 1, \ldots M-1$) umgewandelt, aus denen durch Linearkombination mit komplexen (IDFT-) Gewichtungsfaktoren M komplexe Ausgangssignale $y_\mu(k)$ ($\mu = 0, 1, \ldots M-1$) gebildet werden. In dieser Interpretation hat die IFFT nicht die Bedeutung einer Spektraltransformation, sondern die eines Algorithmus zur effizienten Berechnung bestimmter komplexwertiger Linearkombinationen. Wird eine Reduktion der Abtastrate der Ausgangssignale $y_\mu(k)$ gewünscht, so ist die Linearkombination nur zu den entsprechenden Zeitpunkten, d.h. nicht mehr in jedem Abtasttakt, zu berechnen. Im z-Bereich findet man folgende Beziehungen:

$$Y_\mu(z) = \frac{1}{M} \sum_{\kappa=0}^{M-1} U_\kappa(z) \cdot e^{j \frac{2\pi}{M} \mu \kappa} \qquad (4.56\text{-a})$$

$$= \frac{1}{M} \sum_{\kappa=0}^{M-1} h(\kappa) \cdot e^{j \frac{2\pi}{M} \mu \kappa} \cdot z^{-\kappa} X(z) \qquad (4.56\text{-b})$$

$$= H_\mu(z)\, X(z)\,. \qquad (4.56\text{-c})$$

4.3 Filterbänke

Der Zusammenhang zwischen dem Eingangssignal und dem μ-ten Ausgangssignal läßt sich somit durch Angabe einer wirksamen Bandpaß-Übertragungsfunktion $H_\mu(z)$ bzw. durch eine äquivalente Bandpaß-Impulsantwort

$$h_\mu(k) = \frac{1}{M} h(k) \, e^{j\frac{2\pi}{M}\mu k} \qquad (4.57)$$

beschreiben. Durch Modulation der Impulsantwort $h(k)$ des Prototyp-Tiefpasses entstehen Bandpässe konstanter Bandbreite mit den Mittenfrequenzen

$$\Omega_\mu = \frac{2\pi}{M} \mu, \quad \mu = 0, 1, \ldots M-1. \qquad (4.58)$$

Die gewünschte ungleichmäßige Auflösung erhält man schließlich, indem die Verzögerungselemente durch Allpässe ersten Grades mit den Übertragungsfunktionen

$$A(z) = \frac{1 - a\,z}{z - a} \quad \text{mit} \; -1 < a < 1 \qquad (4.59\text{-a})$$

ersetzt werden (Bild 4.19-b). Für $z = e^{j\Omega}$ gilt

$$A(z = e^{j\Omega}) = e^{-j\varphi(\Omega)} \qquad (4.59\text{-b})$$

mit

$$\varphi(\Omega) = \Omega + 2 \arctan\left(\frac{a \sin \Omega}{1 - a \cos \Omega}\right). \qquad (4.59\text{-c})$$

Es läßt sich leicht zeigen, daß die wirksamen Bandpaßfrequenzgänge nach (4.56) durch diese Substitution wie folgt transformiert werden:

$$\begin{aligned}
\hat{H}_\mu(z = e^{j\Omega}) &= \frac{1}{M} \sum_{\kappa=0}^{M-1} h(\kappa) \cdot e^{j\frac{2\pi}{M}\mu\kappa} \cdot A^\kappa(e^{j\Omega}) & (4.60\text{-a}) \\
&= \sum_{\kappa=0}^{M-1} h_\mu(\kappa) \cdot e^{-j\varphi(\Omega)\cdot\kappa} & (4.60\text{-b}) \\
&= H_\mu(z = e^{j\varphi(\Omega)}). & (4.60\text{-c})
\end{aligned}$$

Dadurch ergibt sich eine Verzerrung der Frequenzskala entsprechend der Phasenfunktion $\varphi(\Omega)$ des Allpasses [Schüßler, Winkelnkemper-70]. Die Abbildung der

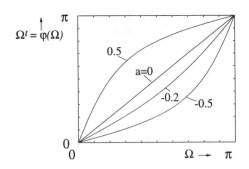

Bild 4.20: Abbildung der Frequenzen durch eine Allpaßtransformation ersten Grades

ursprünglichen Frequenzen Ω auf die transformierte Frequenz

$$\Omega^t = \varphi(\Omega) \tag{4.61}$$

ist in Bild 4.20 für verschiedene Werte von a dargestellt.

Am Beispiel einer Polyphasen-Filterbank mit $M = L = 32$ zeigt Bild 4.21 für $a = 0$ (Bild 4.21-a) und $a = +0.5$ (Bild 4.21-b) die Frequenzgänge einiger Filterbankkanäle. Als Impulsantwort des Prototyp-Tiefpasses wurde ein Hamming-Fenster verwendet.

Dieses Konzept läßt sich auf Prototyp-Impulsantworten mit $L > M$ erweitern. Da die ursprüngliche Verzögerungskette (Bild 4.19-a) durch eine rekursive Allpaßkette ersetzt wird, ist bei ausgangsseitiger Taktreduktion die Allpaßkette mit der Abtastfrequenz des Eingangssignals zu realisieren, während die Fenstergewichtung und die IFFT lediglich mit der reduzierten Taktrate auszuführen sind. Mit diesem Ansatz läßt sich in sehr guter Näherung eine Bark-Spektralanalyse (Frequenzgruppen-Filterbank, z.B. $a = +0.565$ für $f_A = 16\,\text{kHz}$) realisieren.

Diese Form der Allpaßtransformation läßt sich auch auf rekursive Filterbänke bestehend aus einzelnen Bandpässen anwenden, wie in [Doblinger-91] gezeigt wurde.

Da die Frequenztransformation nur durch einen Parameter bestimmt wird, kann die ungleichmäßige Spektralauflösung nur mit der durch (4.59-c) bzw. Bild 4.20 vorgegebenen Charakteristik eingestellt werden.

In [Kappelan, Strauß, et al.-96] und [Kappelan-98] wird gezeigt, wie durch eine weitere Verallgemeinerung der Struktur nach Bild 4.19-b Allpässe höherer Ordnung eingesetzt werden können, um die Flexibilität der Frequenztransformation zu erhöhen. Dadurch läßt sich beispielsweise eine erhöhte Spektralauflösung in einem Bandpaß-Intervall verwirklichen.

4.3 Filterbänke

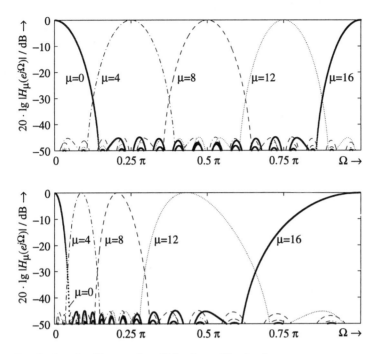

Bild 4.21: Zur Spektralauflösung einer Polyphasenfilterbank
  ($M = L = 32$, $\mu = 0, 4, 8, 12, 16$)
  a) Gleichmäßige Auflösung ($a = 0$)
  b) Ungleichmäßige Auflösung ($a = +0.5$)

Kapitel 5

Spektralsynthese, Analyse-Synthese-Systeme

5.1 Begriffsklärung

Unter einer Spektralsynthese versteht man allgemein – s. Abschnitt 3.1 – das Zusammensetzen spektraler Komponenten zu einem Gesamtsignal. Die Anteile können von beliebiger Art sein; z.B. sind Eigenvektoren der Korrelationsmatrix denkbar (s. Abschnitt 4.2.7). Meistens wird es sich jedoch um Schwingungen im üblichen Verständnis handeln, d.h. um Sinus- oder komplexe Exponentialanteile.

Ein System zur Spektralsynthese läßt sich also aus M Oszillatoren und einer Summation aufbauen. Die Amplituden und Phasen der komplexen Anteile werden den Oszillatoren in Form komplexer Amplituden so vorgegeben, daß das Summensignal einen gewünschten Verlauf zumindest approximiert. Sie entstammen dann einer Spektralanalyse eines vorgegebenen Signals, enthalten aber i.a. gewisse (gewünschte und unerwünschte) Modifikationen wie etwa Abschwächungen, Verstärkungen oder (Quantisierungs-) Fehler.

Im vorliegenden Kontext liegen stets *Kurzzeit*-Spektralanalyseergebnisse vor, d.h. es werden Signalabschnitte mit begrenzter Dauer erzeugt: Die komplexen Amplituden sind zeitvariant. Im allgemeinsten Fall können sich darüber hinaus sogar die Oszillatorfrequenzen ändern. Bild 5.1 zeigt eine Anordnung, die diesem Fall entspricht. An ihrem Ausgang entsteht das Signal

$$y(k) = \sum_{\mu=0}^{M-1} y_\mu(k) = \sum_{\mu=0}^{M-1} X(\Omega_\mu(k), k)\, e^{jk\Omega_\mu(k)}. \tag{5.1}$$

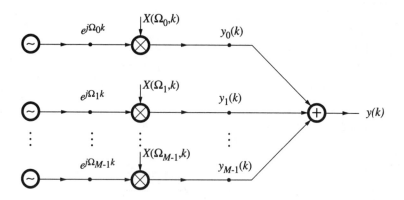

Bild 5.1: Prinzipieller Aufbau eines Spektralsynthese-Systems

Dieser allgemeine Fall ist mit sehr geringen Einschränkungen sehr wohl für die Sprachdarstellung interessant (s. Abschnitt 11.4). Meistens geht man jedoch von festen Frequenzen $\Omega_\mu = const.$ aus.

Weiterhin kann man zunächst annehmen, daß die Werte $X(\Omega_\mu, k)$ jeweils für eine gewisse Zeit konstant bleiben, und zwar gerade für r Takte, wenn r die Taktreduktion nach der Spektralanalyse gemäß Abschnitt 4.1.2 bezeichnet: Nur alle r Takte liegt je Kanal ein neues Analyseergebnis vor.

Äquivalent ist dann eine Anordnung, in der jeder Synthesezweig einmal alle r Takte mit einem Impuls $X(\Omega_\mu, k = \rho r) \gamma_0(k - \rho r)$ angestoßen wird. Diese Information wird dann r-mal wiederholt, was sich durch eine Laufzeitkette mit Abgriffen symbolisieren läßt. Die r gleichen Werte werden schließlich mit der Oszillatorschwingung $e^{jk\Omega_\mu}$ multipliziert. Es entsteht so ein impulsförmig angeregtes „Halteglied" mit anschließender Modulation, wie in Bild 5.2-a für einen Zweig skizziert.

Augenscheinlich läßt sich diese Anordnung auf einfache Weise so erweitern, daß ein *gleitender* Übergang zwischen zwei Kurzzeitamplituden $X(\Omega_\mu, \rho r)$ und $X(\Omega_\mu, (\rho+1)r)$ entsteht: Die Verzögerungskette muß länger als r sein, und an den Abzweigungen müssen geeignete Gewichtungen α_ν vorgesehen werden (s. Bild 5.2-b).

Offenbar läßt sich dieses Teilsystem als *Interpolator* bezeichnen: Er erzeugt zu einer Zahlenfolge $X(\Omega_\mu, \rho r)$ mit ihren $(r-1)$ Nullwerte breiten Lücken jeweils $(r-1)$ Zwischenwerte. Realisiert ist er durch ein nichtrekursives Filter, wie es schon in Bild 4.11-a skizziert wurde. Der zugehörige Frequenzgang muß Tiefpaßcharakter haben: Die Interpolation entspricht einer Glättung der Eingangsfolge. Das trifft auch schon zu auf den zunächst angesprochenen Fall der reinen Wiederholung. Diese sogenannte „Interpolation nullter Ordnung" ist charakterisiert durch eine

5.2 Synthese- und Analyse-Synthese-Filterbänke

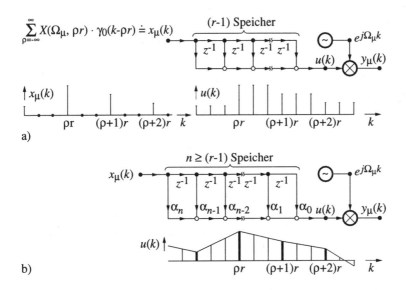

Bild 5.2: Realisierung des μ-ten Synthesezweiges durch Impulserregung
einer Verzögerungskette mit Abgriffen (z.B. für $r = 3$):
a) $(r-1)$ Laufzeitglieder, einfache Wiederholung der Werte $(X(\Omega_\mu, \rho r))$
b) $n \geq r$ Verzögerungen und Gewichtungen, gleitende (z.B. lineare)
Übergänge zwischen $X(\Omega_\mu, \rho r)$ und $X(\Omega_\mu, (\rho+1)r)$

Impulsantwort

$$h_0(k) = \alpha_{n-k} = \begin{cases} 1 & \text{für} \quad k \in \{0, 1, \ldots, r-1\}, \; n = r-1 \\ 0 & \text{sonst} \end{cases}$$

und den zugehörigen Frequenzgang (vgl. (4.13-d) und (4.14))

$$H_T(e^{j\Omega}) = e^{-j\frac{r-1}{2}\Omega} \frac{\sin \frac{r}{2}\Omega}{\sin \frac{1}{2}\Omega},$$

dessen Betragsverlauf für $M \mathrel{\hat=} r$ in Bild 4.7-a wiedergegeben ist.

5.2 Synthese- und Analyse-Synthese-Filterbänke

Mit dem anschließenden Modulator wird aus dem Tiefpaßsignal ein Bandpaßsignal, aus der Gesamtanordnung in Bild 5.1 eine *Synthesefilterbank*: Die taktreduzierten

M Ausgangssignale der Analysefilterbank werden, u.U. modifiziert, mit $(r-1)$ eingefügten Nullwerten an die Eingänge der Synthesefilterbank gelegt und zu Bandpaßsignalen interpoliert. Deren Summe ist das synthetisierte Signal $y(k)$.

Dieser Grundgedanke läßt es zu, wie bei der Analysefilterbank auch hier an andere Realisierungsvarianten als oben skizziert zu denken. Im weiteren interessieren im wesentlichen die Umkehrungen der vorn ausführlich behandelten Strukturen. Das sind neben der zu Bild 4.17-a inversen Baumstruktur aus nichtrekursiven QMF-Paaren insbesondere die Synthesegegenstücke zu den modulierten nichtrekursiven Filterbänken. Dazu zählen die einfachen inversen Transformationen IDFT und IDCT, die sie erweiternden Fenster- und PPN-Formen und die Inversionen von GDFT und GDCT mit geeignetem PPN.

Auch die inverse KLT nach (4.25-b) läßt sich hier einordnen; die „Synthesefilter"-Impulsantworten stimmen hier bei gleicher (i.a. Rechteck-) Fensterung mit denen der „Analysefilterbank" nach (4.31) in umgekehrter Reihenfolge überein (s. Abschnitt 4.2.7). Hierauf wird jedoch nur am Rande in Abschnitt 12.6 eingegangen.

Die Spektralsynthese für sich ist dabei – zumindest aus dem Blickwinkel der Sprachverarbeitung – weniger interessant als die *Synthese nach vorgeschalteter Analyse*. Beschäftigen werden wir uns daher stets mit Anordnungen aus einer Analysefilterbank und ihrem unmittelbar folgenden Pendant. Man spricht dann von „Analyse-Synthese-Systemen".

5.3 QMF-Bänke

Mit der vereinfachten Blockdarstellung eines Filterpaares nach Bild 4.17-c und einem noch zu erläuternden Gegenstück auf der Syntheseseite zeigt Bild 5.3 die vollständige Anordnung einer Analyse- und Synthese-Filterbank mit je 8 Spektralbereichen.

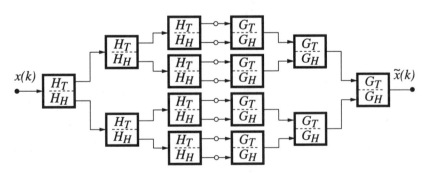

Bild 5.3: QMF-Analyse-Synthese-System mit 8 Kanälen

5.3 QMF-BÄNKE

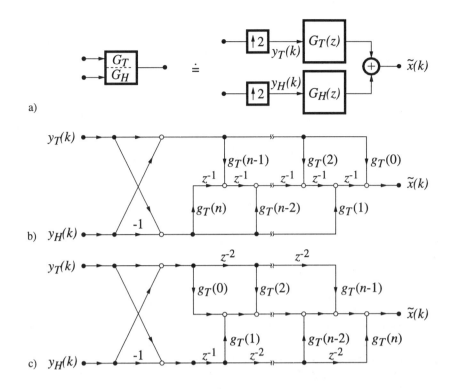

Bild 5.4: a) Syntheseblock aus Bild 5.3 aufgeschlüsselt in Takterhöhungen und Interpolationsfilterpaar $G_{T,H}(z)$
b) nichtrekursive gemeinsame Realisierung des Filterpaares und der anschließenden Summation
c) äquivalente Realisierung in der zu b) „transponierten" Filterstruktur

Die Blöcke mit den Synthese-Filterpaaren in Bild 5.3 beinhalten zunächst einmal das Pendant zur analyseseitigen Taktreduktion um jeweils den Faktor 2 (s. Bild 5.4-a). Diese Takterhöhung (englisch: *upsampling* als Gegenüber der *downsampling* oder *decimation* genannten Reduktion) verfeinert keineswegs die Signaldarstellung, wie die in der Literatur oft fälschlich gebrauchte Bezeichnung „Interpolation" vortäuscht: Sie setzt für die bei der Analyse weggelassenen Abtastwerte lediglich $(r-1)$ Nullen ein und *spreizt* damit die Datenfolge über der k-Achse um den Faktor r auf. Die Interpolation nehmen, wie vorne besprochen, die Tief- und Hochpaß-Filterpaare vor.

Sie sind in Bild 5.3 zur Unterscheidung von den Analysefiltern mit $G_{T,H}$ (genauer: $G_{T,H}(e^{j\Omega})$ bzw. $G_{T,H}(z)$) bezeichnet. Ihre zugehörigen Impulsantworten heißen entsprechend $g_{T,H}(k)$. Mit den (4.47) entsprechenden Spiegelbedingungen

$$G_H(e^{j\Omega}) = G_T(e^{j(\pi+\Omega)}) \qquad (5.2\text{-a})$$

bzw.

$$G_H(z) = G_T(-z) \tag{5.2-b}$$

folgt analog zu (4.47-c) für die Impulsantworten

$$g_H(k) = (-1)^k g_T(k). \tag{5.2-c}$$

Damit ergeben sich wiederum verschiedene effiziente Realisierungen eines Filter*paares* in *einer* Struktur. Für den Fall einer nichtrekursiven Realisierung (vgl. Bild 4.11-a) findet man die zu Bild 4.15-a duale Form, die in Bild 5.4-b wiedergegeben ist. Hierin haben die gespreizten Signale $y_{T,H}(k)$ nur in jedem zweiten Takt i.a. von Null verschiedene Werte. Diese Tatsache kann man nutzen, indem man die „Doppel-Verzögerungen" (durch z^{-2} gekennzeichnet) als einfache Verzögerungen und die Operationen in der niedrigen Taktrate ausführt, die Takterhöhung also erst am Interpolator-*Ausgang* vornimmt. Das entspricht der vorne mehrfach erwähnten Taktreduktion auf der Analyseseite schon *bei* der Filterberechnung (s. Abschnitt 4.3.2).

Entscheidene Bedeutung hat die Frage, wie sich in Bild 5.3 die Signale $x(k)$ und $\widetilde{x}(k)$ unterscheiden: Kann man aus den Ergebnissen, die eine Analysefilterbank mit realen Teilfilterfunktionen $H_T(z)$ im Kern und einer Taktreduktion liefert, durch eine Takterhöhung, ein reales Interpolationsfilter $G_T(z)$ und eine Summation das Eingangssignal (gegebenenfalls bis auf eine konstante Verzögerung k_0) wiedergewinnen? Eine solche *perfekte Rekonstruktion*, beschreibbar durch

$$\widetilde{x}(k) \equiv x(k - k_0), \tag{5.3-a}$$

$$\widetilde{X}(z) \equiv X(z)\, z^{-k_0}, \tag{5.3-b}$$

$$\widetilde{X}(e^{j\Omega}) \equiv X(e^{j\Omega})\, e^{-jk_0\Omega}, \tag{5.3-c}$$

wäre sicher Kennzeichen einer *idealen* Analyse-Synthese-Filterbank. Zur Prüfung ihrer Realisierbarkeit im Falle der in diesem Abschnitt diskutierten QMF-Struktur genügt die Betrachtung eines zweikanaligen Systems, wie es in Bild 5.5 dargestellt ist.

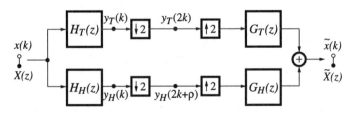

Bild 5.5: Zweikanaliges QMF-Analyse-Synthesesystem

5.3.1 Gleichphasige und versetzte Taktreduktion

Zur Analyse von Bild 5.5 prüfen wir zunächst die Auswirkungen der enthaltenen Taktreduktionen. Sie kann in den beiden Pfaden im Gleich- oder Gegentakt erfolgen. Wir arbeiten daher mit einer gegenüber (4.5) verallgemeinerten Abtastfolge, die jeweils einen von zwei Werten ausblendet:

$$p_\rho(k) \doteq \sum_{\lambda=-\infty}^{\infty} \gamma_0(k - \rho - 2\lambda), \qquad \rho \in \{0,1\}. \tag{5.4}$$

Ohne Beschränkung der Allgemeingültigkeit nehmen wir an, daß im Tiefpaß-Pfad die Abtastung in $k = 0, \pm 2, \pm 4, \ldots$ erfolgt, in (5.4) beschrieben durch die Wahl $\rho = 0$. Im Hochpaß-Pfad kann ebenso ($\rho = 0$) oder ($\rho = 1$) um je 1 Takt versetzt in $k = \pm 1, \pm 3, \pm 5, \ldots$ abgetastet werden. Die jeweiligen Zwischenwerte sind nach einer Multiplikation eines Signals $y_{T,H}(k)$ mit $p_\rho(k)$ durch Nullwerte ersetzt.

Im Fourier-Spektralbereich findet man mit Hilfe des Modulationssatzes (4.1) und mit (4.5) (vgl. Abschnitt 4.3.2, Bild 4.17):

$$y_{T,H}(k)\, p_\rho(k) \quad \stackrel{\mathcal{F}}{\circ\!\!-\!\!\bullet} \quad \frac{1}{2}\left[Y_{T,H}(e^{j\Omega}) + (-1)^\rho\, Y_{T,H}(e^{j(\Omega-\pi)}) \right], \tag{5.5-a}$$

also die (im wesentlichen) π-periodische Wiederholung der ursprünglich 2π-periodischen Spektren $Y_{T,H}(e^{j\Omega}) = \mathcal{F}\{y_{T,H}(k)\}$. Die Phasenlage ρ der Abtastfolge beeinflußt demnach nur das Vorzeichen der spektralen Überlagerungen.

Im Bereich der z-Transformation gilt äquivalent zu (5.5-a)

$$y_{T,H}(k)\, p_\rho(k) \quad \stackrel{\mathcal{Z}}{\circ\!\!-\!\!\bullet} \quad \frac{1}{2}\left[Y_{T,H}(z) + (-1)^\rho\, Y_{T,H}(-z) \right]. \tag{5.5-b}$$

5.3.2 Zweikanal – QMF – System

Damit kann Bild 5.5 nun analysiert werden. Wir nehmen dazu gemäß (4.47) und (5.2) an, daß $H_H(z) = H_T(-z)$ gilt sowie zunächst $G_H(z) = G_T(-z)$. Für das Ausgangssignal $\widetilde{x}(k)$ erhält man demnach im Spektralbereich

$$\begin{aligned}
\widetilde{X}(z) =\ & + \frac{1}{2}\, G_T(z)\, [X(z)\, H_T(z) + X(-z)\, H_T(-z)] \\
& + \frac{1}{2}\, G_T(-z)\, [X(z)\, H_T(-z) + (-1)^\rho\, X(-z)\, H_T(z)] \\
=\ & + \frac{1}{2}\, X(z)\, [H_T(z)\, G_T(z) + H_T(-z)\, G_T(-z)] \\
& + \frac{1}{2}\, X(-z)\, [H_T(-z)\, G_T(z) + (-1)^\rho\, H_T(z)\, G_T(-z)]. \tag{5.6}
\end{aligned}$$

Offenbar kann $\widetilde{X}(z)$ sich von $X(z)$ in zweierlei Hinsicht unterscheiden. Es kann ein spektral „gespiegelter" Anteil $X(-z)$ (*Aliasing*) auftreten, und der „Nutzanteil" $X(z)$ kann mit einem Faktor gewichtet sein, der nicht gleich Eins oder zumindest betragskonstant ist.

Die erste Abweichung von (5.3), d.h. der Rückfaltungsanteil, tritt nicht auf, wenn gilt:

$$H_T(-z)\, G_T(z) + (-1)^\rho\, H_T(z)\, G_T(-z) \equiv 0 \quad \forall\, z. \tag{5.7-a}$$

Eine mögliche Lösung von (5.7-a) besteht in der Wahl von

$$G_T(z) = H_T(z) \quad \text{und} \quad \rho = 1. \tag{5.7-b}$$

Bei dieser Filterdefinition und versetzter Taktreduktion verschwinden die Spiegelfrequenz-Komponenten.

Es läßt sich zeigen, daß für die gleichphasige Abtastung ($\rho = 0$) eine äquivalente Lösung existiert, sofern für den unteren Pfad von Bild 5.5 gilt:

$$G_H(z) = -G_T(-z) = -H_T(-z) \quad \text{und} \quad \rho = 0. \tag{5.7-c}$$

5.3.3 Filterentwurf

Mit (5.7-b, c) gilt anstelle von (5.6) nun

$$\widetilde{X}(z) = \frac{1}{2}\, X(z)\left[H_T^2(z) - (-1)^\rho H_T^2(-z)\right] \doteq X(z)\, \widetilde{H}(z). \tag{5.8}$$

Die Forderung (5.3) läßt sich demnach erfüllen, wenn man $H_T(z)$ so entwerfen kann, daß für die Gesamt-Übertragungsfunktion

$$\widetilde{H}(z) = \frac{1}{2}\left[H_T^2(z) - (-1)^\rho H_T^2(-z)\right] \stackrel{!}{=} z^{-k_0} \tag{5.9-a}$$

bzw. für den Frequenzgang

$$\widetilde{H}(e^{j\Omega}) = \frac{1}{2}\left[H_T^2(e^{j\Omega}) - (-1)^\rho H_T^2(e^{j(\Omega-\pi)})\right] \stackrel{!}{=} e^{jk_0\Omega} \tag{5.9-b}$$

erfüllt ist und damit gilt:

$$|\widetilde{H}(e^{j\Omega})| \equiv 1 \quad \forall\, \Omega. \tag{5.9-c}$$

Die Beziehung (5.9-b) ist (für $\rho = 1$) nicht zu verwechseln mit der Beschreibung eines *leistungskomplementären* Filterpaares nach (4.48). Nur bei linearphasigen Filtern nach (4.38-c, d) sind beide Formeln gleichwertig. Jedoch ist (5.9-b) und (4.48) gemeinsam, daß sie sich mit nichtrekursiven Systemen nur in sehr einfachen

5.3 QMF-BÄNKE

Fällen exakt realisieren lassen, in denen kein „gutes Filterverhalten" im üblichen Sinn (mit wohldefinierten Durchlaß- und Sperrbereichen) erzielt wird. Mit Filtern besserer Selektivität läßt sich (5.9-b) jedoch *approximieren* (vgl. Bild 5.6; s. auch [Jain, Crochiere-83], [Jain, Crochiere-84], [Johnston-80]).

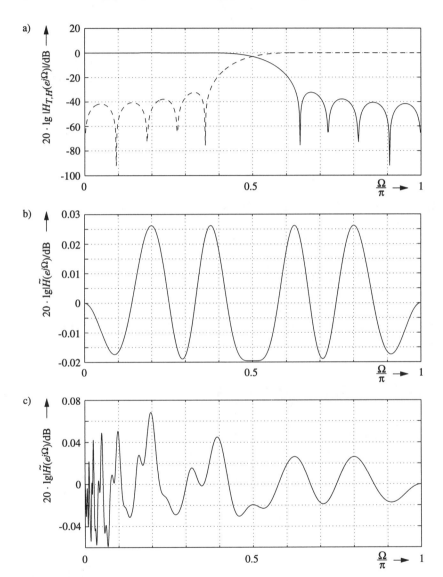

Bild 5.6: a) Approximativ entworfene Halbbandfilter
b) Resultierender Gesamtfrequenzgang der Analyse-Synthese-Filterbank mit zwei Kanälen
c) Resultierender Gesamtfrequenzgang für die Baumstruktur mit acht Kanälen

Die problematische Forderung (5.9) kann man vermeiden, wenn man (5.7-a) nicht mit der einschränkenden Wahl (5.7-b) bzw. (5.7-c) löst.

Analysetiefpaß $H_T(z)$ und Synthesetiefpaß $G_T(z)$ *müssen* ja keineswegs gleich sein, damit entsprechend (5.7-a) z.B. für $\rho = 1$

$$\frac{H_T(z)}{H_T(-z)} = \frac{G_T(z)}{G_T(-z)}$$

gilt. Damit eröffnen sich zahlreiche Lösungsansätze; aus Umfangsgründen kann hier nur auf die Literatur verwiesen werden (z.B. [Wackersreuther-87], [Jain, Crochiere-83], [Jain, Crochiere-84], [Smith, Barnwell-86]).

5.4 Polyphasen-Filterbänke

5.4.1 Struktur und Varianten

Bild 5.7 zeigt den prinzipiellen Aufbau eines Analyse-Synthese-Systems, das auf der weiter verallgemeinerten PPN-DFT-Analyse aus Bild 4.18 beruht. Der mittlere Block kennzeichnet eine u.U. nötige Vertauschung von Daten vor der Empfänger-Transformation; der Asterisk bei den „Rücktransformationen" besagt, daß je nach Art der verwendeten Transformation und Vertauschung empfangsseitig auch andere Transformationen als die jeweilige „Inverse" benötigt werden können (z.B. [Gluth-93]). Auf die Kennzeichnung von Taktreduktionen und Spreizungen und die

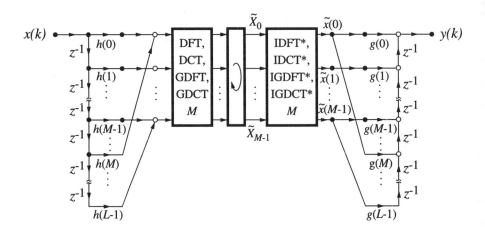

Bild 5.7: Polyphasen-Analyse-Synthese-Filterbanksystem

Angabe evtl. nötiger Skalierungsfaktoren wird aus Gründen der Übersichtlichkeit verzichtet.

Mit $L \doteq M$, $h(k) \equiv g(k) \equiv 1$, $k \in \{0, 1 \ldots, M - 1\}$ sind offenbar Systeme mit reiner Blocktransformation und deren anschließender Inversion enthalten. Mit anders (z.B. nach (4.13-a)) gewählten, aber gleich vielen Werten $h(k)$, $g(k)$ gelangt man zur Fenster-Transformation mit ihrem „Synthesegegenstück". Geeignete Folgen $\{h(k),\ k \in \{0, 1, \ldots, L - 1\}\}$, $\{g(k),\ k \in \{0, 1, \ldots, L - 1\}\}$ mit $L > M$ führen auf modulierte Filterbänke nach Abschnitt 4.3.4, die L Freiheitsgrade zum Entwurf eines günstigen sendeseitigen Analyse-Filters und empfangsseitigen Interpolators zur Verfügung stellen.

5.4.2 Taktreduktion

Wie bei der reinen Analysefilterbank realisiert man eine Taktreduktion um den Faktor r wiederum dadurch, daß die Transformations-, Gewichtungs- und Additionsoperationen nur alle r Takte einmal durchgeführt werden.

Nach Abschnitt 4.2.3 ist bei analyseseitiger Verwendung von Fenstern der Länge $L = M$ mit starkem Aliasing zu rechnen, selbst wenn man die anschaulich begründeten Obergrenzen für r nach (4.16) beachtet.

Gerade für den an sich schlimmsten Fall des Rechteckfensters ist jedoch eine Taktreduktion $r = M$ möglich und sinnvoll, ohne daß Zusatzmaßnahmen zur Fehlerkompensation nötig wären: Transformation und Rücktransformation heben sich auf, die „Addition" des aktuellen Datenblocks auf der Syntheseseite besteht nur im Schreiben der Daten in den Ausgabespeicher, der die letzten M Eingabewerte lediglich verzögert, aber unverändert ausgibt. Offenbar liegt nicht nur Aliasfreiheit, sondern sogar „perfekte Rekonstruktion" vor (s. Abschnitt 5.3).

Wenn andere Fenster der Länge $L = M$ verwendet werden, ergeben sich für $r = M$ ähnlich einfache Überlegungen: An den Ausgangsaddierern liegen Datensegmente an, die mit dem *Produkt* der Fensterfolgen $h(k)$ und $g(k)$ „gefenstert" sind. Die naheliegende Idee, $g(k) = 1/h(k)$ zu wählen, führt zwar unmittelbar auf den oben angesprochenen Fall des Rechteckfensters zurück, ist aber nicht sinnvoll und ausserdem numerisch problematisch, im Falle etwa des Hann-Fensters nach (4.13-a, c) sogar nicht realisierbar. Besser ist es, $r < M$ zu wählen und die nun wirklich auszuführende Addition auf der Syntheseseite zur Kompensation der Gewichtung zu nutzen. Wählt man z.B. für $h(k) \doteq g(k)$ jeweils einen Verlauf, welcher der *Wurzel* einer Hann-Fensterfolge nach (4.13-a, c) entspricht, und mit $r = \frac{M}{2}$ eine fünf-

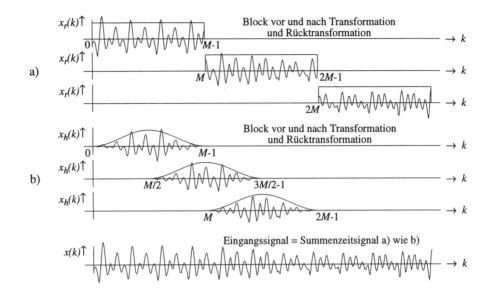

Bild 5.8: Block-Transformationssysteme mit $L = M$
 a) Rechteckfensterung und Taktreduktion $r = M$
 b) Hann-Fensterung durch $h(k)g(k)$ und Taktreduktion $r = M/2$

zigprozentige Blocküberlappung, so ergänzen sich die überlappenden Fensteranteile jeweils zum Wert 1: Aliasfreiheit und perfekte Rekonstruktion sind gegeben (s. Bild 5.8).

Allerdings weisen diese einfachen Systeme gravierende Nachteile auf: Wie schon im Abschnitt 4.2.2 erläutert (s. Bild 4.7), sind die Durchlaßbereiche der inhärenten Filter breiter als der Abstand der Kanalmittenfrequenzen – die Analyseausgänge sind also nicht unabhängig voneinander. Im zweiten Fall kommt hinzu, daß wegen $r = \frac{M}{2}$ pro M Eingangsdaten $2M$ Transformationsdaten entstehen: Die Zahl der zwischen Transformation und deren Inversion zu verarbeitenden, insbesondere im Zusammenhang mit einer Datenreduktion zu übertragenden Signalwerte verdoppelt sich. Das wird im Fall des Rechteckfensters vermieden, hier verschlimmert sich jedoch die Kanalsignal-Abhängigkeit wegen des sehr schlechten Sperrverhaltens. Beide Varianten spielen in der Sprachcodierung dennoch eine wichtige Rolle.

Aus den genannten Gründen ist jedoch der allgemeine Fall mit $L > M$ und möglichst hohem Taktreduktionsfaktor r von Interesse. Wie bei den QMF-Bänken ist dann zu fragen, wie Aliasfehler und Frequenzgangverzerrungen durch geeignete Maßnahmen, insbesondere geeignete Wahl von $h(k)$ und $g(k)$ zu vermeiden oder zumindest zu begrenzen sind. Die im folgenden geschilderten Antworten beruhen auf z.T. umfangreichen, wenn auch nicht schwierigen Herleitungen; hierzu muß aus Platzgründen auf die Literatur verwiesen werden ([Gluth-93], [Vaidyanathan-93]).

5.4.3 Aliaskompensation

Ausgegangen wird von der Anwendung *gleichartiger, verallgemeinerter* Fourier- bzw. Cosinustransformationen analyse- und syntheseseitig, deren Aus- und Eingänge *ohne* Vertauschungen miteinander verbunden sind; die sende- und empfangsseitigen Polyphasennetzwerke sind so angeordnet wie in Bild 5.7.
Angenommen sei zunächst ein Analysefilter-Frequenzgang mit beliebig gutem Sperrverhalten. Realistischerweise wird aber von einem nicht sprungförmigen, sondern allmählichen Übergang vom Durchlaß- in den Sperrbereich ausgegangen. Eine lückenlose Überdeckung der Frequenzachse durch die resultierenden Bandpässe der Filterbank führt dann zu einer unvermeidlichen Überlappung benachbarter Kanäle. Sie kann aber sinnvollerweise auf *unmittelbare* Nachbarn beschränkt werden.

Bei einer Taktreduktion r gemäß dem Kanal*abstand* ohne Berücksichtigung dieser unvermeidlichen Bandverbreiterungen entstehen daher starke Aliasfehler. Wegen des realiter nicht idealen Analysefilter-*Sperr*verhaltens gibt es natürlich weitere Anteile dieser Art, die z.T. in Synthesefilter-Durchlaßbereiche, z.T. auch nur in Sperrbereiche auf der Syntheseseite fallen. Sie sind jedoch, anschaulich klar bei Sperrdämpfungen von z.B. mindestens 40 dB, Fehler „zweiter" bzw. „dritter Ordnung" gegenüber den *dominanten Aliaskomponenten* aus unmittelbar benachbarten Kanälen: *Diese* Störungen müssen vorrangig betrachtet und, wenn möglich, beseitigt werden.

a) Komplexwertige Filterbank

Analyse- und Synthese arbeiten mit einer IGDFT nach (4.17-a). Maximale Taktreduktion $r = M$ erfordert eine Festlegung der Kanalmittenfrequenz mit

$$\mu_0 = 0 \qquad (5.10\text{-a})$$

oder $\qquad \mu_0 = \frac{1}{2}. \qquad (5.10\text{-b})$

Eine nähere Untersuchung zeigt nun, daß die Vermeidung von Aliasstörungen am Ausgang nicht möglich ist, wenn tatsächlich alle M Takte einfach die komplexen Transformationsresultate zur Synthese übergeben werden. Die dominanten Aliasanteile lassen sich erst kompensieren, wenn jeweils Real- und Imaginärteil der Transformationswerte um $\frac{M}{2}$ Takte *versetzt* entnommen werden. Das bedeutet formal, daß M geradzahlig zu wählen ist[1], und praktisch, daß scheinbar der Realisierungsaufwand verdoppelt wird. Das Berechnen der *komplexen* IGDFTs der

---
[1] Ein geradzahliger Wert M wurde bislang stets aus Gründen der Schreibvereinfachung angenommen. Hier wird er notwendig!

Länge M alle $\frac{M}{2}$ Takte zur abwechselnden Entnahme nur der *Real- oder Imaginärteile* läßt sich aber vermeiden, indem Techniken zur reellwertigen Transformation reeller Folgen herangezogen werden. Der Datenanfall bleibt bei geeignet gewählten Phasenparametern k_0 auf Analyse- und Syntheseseite (s.u.) ohnehin unverändert: M einlaufende reelle Signalwerte werden wegen der Hermite-Symmetrie des Spektrums im Falle der Wahl (5.10-a) durch 2 rein reelle oder imaginäre und $\frac{M}{2} - 1$ komplexe, bei (5.10-b) durch $\frac{M}{2}$ komplexe Spektralwerte repräsentiert, insgesamt also stets durch $2\frac{M}{2} = M$ reelle Daten. Bei der geschilderten versetzten Taktreduktion fallen alle $\frac{M}{2}$ Takte je $\frac{M}{2}$ reelle Daten an, also genauso viele.

Nach der Synthese verschwinden die dominanten Überfaltungsfehler nur, wenn von den möglichen Festlegungen nach (5.10-a) und (5.10-b) die erste, also

$$\mu_0 = 0$$

gewählt wird, mit identischen Filtern auf beiden Seiten gemäß

$$g(k) \equiv h(k) \quad \circ\!\!-\!\!\bullet \quad G(z) \equiv H(z) \tag{5.11}$$

gearbeitet wird und als Phasenparameter der IGDFTs z.B. (bei bestimmten Filterlängen, s. (5.19))

$$k_{0_{\text{Analyse}}} = 0, \tag{5.12-a}$$

$$k_{0_{\text{Synthese}}} = \frac{M}{2} \tag{5.12-b}$$

festgelegt werden. Interessanterweise reduziert sich die IGDFT der Analysefilterbank mit (5.10-a) und (5.12-a) offenbar auf die simple IDFT, wie ein Vergleich mit (3.8-a, b) zeigt. Auf der Syntheseseite ergibt sich mit (5.10-a) und (5.12-b) ähnlich einfach die IDFT der im Vorzeichen alternierten empfangenen Werte $\tilde{X}_\mu$: Aus (4.17-b) entnimmt man für die Ausgangsgrößen der syntheseseitigen Transformation in Bild 5.7

$$\begin{aligned}\tilde{x}(k) &= \frac{1}{M} \sum_{\mu=0}^{M-1} \tilde{X}_\mu \, e^{j\frac{2\pi}{M}\mu(k+\frac{M}{2})} \\ &= \frac{1}{M} \sum_{\mu=0}^{M-1} \left[(-1)^\mu \, \tilde{X}_\mu\right] e^{j\frac{2\pi}{M}\mu k}.\end{aligned}$$

Eine verallgemeinerte versetzte Abtastung ist ebenfalls einsetzbar, erfordert aber mehr Aufwand.

b) Reellwertige Filterbank

Analyse- und Syntheseseite arbeiten mit einer GDCT nach (4.18), wobei $K = M$ zu setzen ist. Sinnvolle Bandmittenfrequenzen verlangen die Festlegung

$$\mu_0 = \frac{1}{2}. \tag{5.13}$$

Die Taktreduktion ist begrenzt auf

$$r_{\max} = \frac{M}{2}. \tag{5.14}$$

Wegen der spektralen Symmetrie nach (4.18-e) liegen aber auch pro M Eingangsdaten nur $\frac{M}{2}$ GDCT-Werte vor, so daß sich die Zahl zu übertragender Werte nicht erhöht.

Die Kompensation dominierender Aliasstörungen erfordert interessanterweise genau dieselben Festlegungen wie bei dem zuvor betrachteten GDFT-System: Die Gleichungen (5.11) und (5.12) gelten auch hier.

5.4.4 Filterentwurf

a) Komplexwertige Filterbänke

Aufgrund der eben gefundenen Ergebnisse können wir im weiteren von Alias-Störanteilen absehen. Für das Nutzspektrum gilt in Erweiterung von (5.9-b) unter gleichen Annahmen wie in Abschnitt 5.4.3-a) für die GDFT-Filterbank nun der Gesamtfrequenzgang

$$\widetilde{H}(e^{j\Omega}) = e^{j\frac{2\pi}{M}\mu_0 k_\Sigma} \sum_{\mu=0}^{M-1} e^{j\frac{2\pi}{M}\mu k_\Sigma} F\left(e^{j\left(\Omega - \frac{2\pi}{M}(\mu+\mu_0)\right)}\right) \tag{5.15-a}$$

mit

$$k_\Sigma \doteq k_{0\,\text{Analyse}} + k_{0\,\text{Synthese}} \tag{5.15-b}$$

und

$$F(e^{j\Omega}) \doteq H(e^{j\Omega})\, G(e^{j\Omega}) \quad (\text{bzw. } F(e^{j\Omega}) = H^2(e^{j\Omega}) \text{ nach (5.11)}). \tag{5.16-a}$$

Der (5.9-b) entsprechende Idealfall heißt, daß sich nun nicht mehr Halbbandfilter, sondern „M-telbandfilter" zu einem konstanten Betrag und einer linearen Phase addieren müssen.

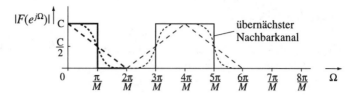

Bild 5.9: Idealisierter Frequenzgang eines „M-telbandfilters"
mit zu $\Omega = \frac{\pi}{M}$ symmetrischen Flanken

Bild 5.9 zeigt einen idealisierten Frequenzgang eines solchen Filters. In anschaulicher Verallgemeinerung der Beobachtung bei der Halbbandfilterung (Abschnitt 5.3.3) sieht man jetzt eine Flankensymmetrie bezüglich $\Omega = \frac{\pi}{M}$. Das führt dazu, daß die zu $F(e^{j\Omega})$ gehörige Folge

$$f(k) = h(k) * g(k) \quad (\text{bzw. } f(k) = h(k) * h(k) \text{ nach (5.11)}) \tag{5.16-b}$$

äquidistante Nullstellen im Abstand M haben muß. Eine solche Nebenbedingung an einen Filterentwurf ist in der Nachrichtentechnik bekannt, wenn interferenzfreie Impulsübertragung gefordert wird und daraus die Notwendigkeit einer symmetrischen „Nyquist-Flanke" des Übertragungskanals hergeleitet wird. Sie ist auch bekannt vom Entwurf von Interpolationsfiltern: Die ursprünglich im Abstand $r = M$ liegenden Werte dürfen bei der Zwischenwertberechnug durch ein Filter selbst nicht verfälscht werden. Genau dieser Hintergrund liegt hier vor, soll doch aus den taktreduzierten Analysefilter-Signalen das ursprüngliche Signal unverfälscht durch Interpolation regeneriert werden.

In Bild 5.9 ist im übrigen bereits berücksichtigt, daß starke Aliasstörungen nach der sendeseitigen Taktreduktion nur unmittelbare Nachbarkanäle betreffen dürfen: Die Filterflanke darf höchstens bis zur Mittenfrequenz $\frac{2\pi}{M}$ des Nachbarkanals reichen, da sich sonst Überlappungen mit dem *übernächsten* Nachbarn bei $\frac{4\pi}{M}$ ergeben würden.

Die genauere Analyse einer perfekten Frequenzgangaddition führt mit $\mu_0 = 0$ gemäß Abschnitt 5.4.3-a) auf die Forderung [Gluth, Heute-92]

$$f(k) = \begin{cases} \frac{1}{M} & \text{für } k = s_0 M - k_\Sigma \\ 0 & \text{für } k = sM - k_\Sigma, \ s \neq s_0, \text{ mit } s, s_0 \in \mathbb{Z} \\ \text{beliebig.} & \text{sonst.} \end{cases} \tag{5.17}$$

In (5.15-a) und (5.17) tritt als Parameter k_Σ gemäß (5.15-b) die Summe der analyse- und syntheseseitigen Phasenverschiebungen der (I)GDFT nach (4.17) auf. Mit der Wahl nach (5.12) entsprechend der erwünschten Aliasunterdrückung ergibt sich dafür

$$k_\Sigma = \frac{M}{2}. \tag{5.18}$$

Aus der Lage der „Mitte" von $f(k)$ gemäß (5.17) und einigen Überlegungen zur Faltung (5.16-b) folgt, daß dann Prototyp-Impulsantworten $h(k)$ und $g(k)$ mit der Länge

$$L = s_0 M - \frac{M}{2} + 1 \qquad (5.19)$$

zu entwerfen sind.

Der Entwurf eines Filters mit dem Frequenzgang $F(e^{j\Omega})$ und der Bedingung (5.17) ist unproblematisch. Man kann z.B. eine Nyquist-Flanke durch Faltung des Frequenzgangs eines realisierbaren, nichtrekursiven Schmalband–Tiefpasses mit einem Rechteck geeigneter Breite $2\Omega_R$ erzielen. Im Zeitbereich heißt das, daß die endlich lange Impulsantwort des Schmalbandfilters mit einer Folge der Form $\frac{\sin \Omega_R k}{\Omega_R k}$ multipliziert wird. Diese Folge ist zwar zunächst unendlich ausgedehnt, wegen endlicher Länge des anderen Faktors stört das jedoch nicht, und die Multiplikation erzwingt äquidistante Nulldurchgänge im Abstand

$$\Delta k = \frac{\pi}{\Omega_R}.$$

Mit $\Omega_R = \frac{\pi}{M}$, geeigneter linearer Phase und passenden Transformationsparametern ist dann (5.17) zu erfüllen ([Wackersreuther-85], [Wackersreuther-86], [Wakkersreuther-87]).

Problematisch ist es aber, aus $f(k)$ nun die Teilfilter $h(k)$ und $g(k)$ zu gewinnen. Abgesehen von den numerischen Problemen einer Faktorisierung des Produkts $F(z) = H(z)G(z)$ in die gesuchten Anteile läßt sich (5.11), also die Annahme *gleicher* Analyse- und Synthesefilter, i.a. nur näherungsweise erreichen, ebenso der Wunsch nach einem linearphasigen Prototypfilter: Die Produktfilter-Übertragungsfunktion $F(z)$ müßte dazu ausschließlich *doppelte* Nullstellen enthalten, was durch den Entwurf keineswegs sichergestellt ist. Der bislang betrachtete Entwurfsgang wird daher sinnvollerweise angewandt, wenn auf gleiche, linearphasige Filter verzichtet wird: Eine Zerlegung von $F(z)$ in eine minimalphasige und in eine maximalphasige Komponente ist mit cepstralen Methoden [Boite, Leich-81] in besserer Näherung und numerisch weniger kritisch zu erhalten. Allerdings sind dann die Bedingungen zur Aliaskompensation zu modifizieren.

Will man sende- und empfangsseitig gleiche, linearphasige Filter verwenden, geht man üblicherweise einen anderen Weg: Man entwirft $h(k) = g(k)$ so, daß ein „*Wurzel-Nyquist*-Filter" entsteht, also ein Wunschfrequenzgang approximiert wird, dessen *Quadrat* die gewünschte Symmetrie aus Bild 5.9 aufweist. Dazu gibt es Vorschläge, welche auf eine minimale Abweichung der resultierenden Folge $f(k)$ nach (5.16-b) von den gewünschten äquidistanten Nullwerten zielen und dazu aufwendige Optimierungsroutinen benötigen [Nguyen-94]; es gibt vereinfachte Strategien, die dasselbe Ziel in oft hinreichender Näherung erreichen [Kliewer-96], und es gibt

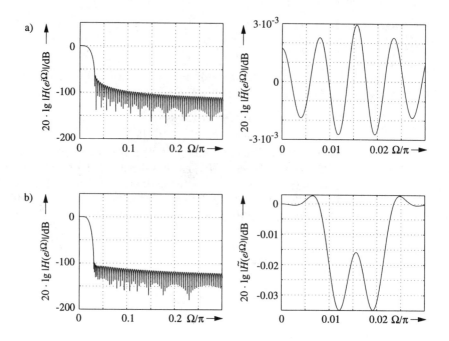

Bild 5.10: Beispiele zum Filterentwurf für GDFT-Systeme mit gleichen, linearphasigen Filtern $H(z) = G(z)$: Prototyp- und gesamter Analyse-Synthese-Frequenzgang in dB für Entwürfe
a) nach [Kliewer-96]
b) mit Kaiser-Fenster nach Abschnitt 4.3.1

heuristische Ansätze: Man entwirft z.B. ein „Wurzel-Nyquist-Filter" durch Fourierreihenentwicklung, verbessert sein Sperrverhalten durch geeignete Koeffizientenfensterung und variiert „von Hand" die Grenzfrequenz so, daß (5.15-a) hinreichend gut einen konstanten Betrag annähert. Bild 5.10 zeigt Frequenzgang-Beispiele.

b) Reellwertige Filterbänke

Alle in Teil a) geschilderten Überlegungen gelten unverändert für die GDCT-PPN-Anordnung: Es gelingt, durch Einhaltung der Bedingungen (5.17) und (5.12–5.13) Analyse-Synthesesysteme mit (nahezu) perfektem Summenfrequenzgang und (weitgehender) Aliasfreiheit zu realisieren. Man spricht von Systemen „fast perfekter Rekonstruktion" des Eingangssignals.

Hier soll nun speziell noch auf reellwertige Filterbänke mit *absolut* „perfekter Rekonstruktion" (PR) eingegangen werden: Der Summenfrequenzgang besitzt die

Eigenschaft

$$|\widetilde{H}(e^{j\Omega})| \equiv 1 \quad \forall \; \Omega,$$

und *alle* Aliasanteile löschen sich aus. Hierfür sind allerdings völlig andere Mechanismen verantwortlich als bei der Kompensation von Nachbarkanalstörungen.

Das ist anschaulich klar bei den einfachsten PR-Anordnungen aus Blocktransformation (z.B. DFT, DCT II) und ihrer Inversion (IDFT, IDCT II): Die äquivalenten Filter sind keineswegs geeignet, Frequenzüberlappungen auf die unmittelbare Nachbarschaft auch nur annähernd zu begrenzen (vgl. Abschnitt 4.2.2, 4.2.6). Die Kompensation muß also *global* funktionieren – Störanteile an allen Punkten der Frequenzachse tragen zur Auslöschung an allen anderen Stellen bei. Im Falle der GDCT-Filterbänke führt die PR-Forderung zu einer Bedingung an die Phasenparametersumme

$$k_\Sigma \stackrel{!}{=} 1 - \lambda M, \quad \lambda \in \mathbb{Z} \tag{5.20}$$

die mit der bisherigen Wahl von k_0 nach (5.12) auf der Sende- und Empfangsseite nicht vereinbar ist. Diese *Wahl* folgt aber lediglich der Forderung, daß die Parameter*differenz* modulo M den Wert $\frac{M}{2}$ haben soll [Gluth, Heute-92]. Das ist auch erfüllbar mit

$$k_{0_{\text{Analyse}}} = \frac{1}{2} + \frac{M}{4}, \tag{5.21-a}$$

$$k_{0_{\text{Synthese}}} = \frac{1}{2} - \frac{M}{4} - M, \tag{5.21-b}$$

wodurch (5.20) ebenfalls erfüllt wird. Eine nähere Betrachtung zeigt, daß mit

$$L = M \tag{5.22-a}$$

tatsächlich ein aus der Literatur bekanntes Verfahren mit PR-Eigenschaft gefunden wird: Die sogenannte TDAC (*Time-Domain Aliasing Cancellation*) nach ([Princen, Johnson, et al.-87], [Johnson, Bradley-87]) entspricht einer GDCT-Anordnung mit diesen Parametern. Spätere Vorschläge haben sich besonders um die Aufhebung der starken Einschränkung (5.22-a) bemüht (z.B. [Malvar-92], [Gluth, Heute-92]) und mit

$$L = \lambda M, \quad \lambda \in \mathbb{N} \tag{5.22-b}$$

eine Verallgemeinerung auf gerade Impulsantwortlängen gefunden. Dieser Schritt ist unbedingt sinnvoll, wie Bild 5.11 zeigt: Entwürfe gemäß (5.22-a) führen auf Filter mit so breiten Durchlaßbereichen, daß spektrale Überlappungen stets mehr als unmittelbare Nachbarkanäle betreffen. Im hier interessierenden Zusammenhang heißt das, daß nur globale, nicht gleichzeitig lokale Aliaskompensationsmechanismen wirksam sein können. Jede Veränderung der Spektralsignale zwischen Analyse

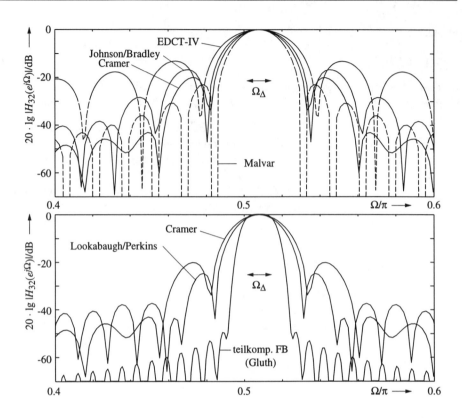

Bild 5.11: Ausschnitte aus normierten Betragsfrequenzgängen des Kanals Nr. $\mu = 32$ einer GDCT-Filterbank mit $M = 128$ gemäß (5.20–5.22-a) nach verschiedenen Vorschlägen aus der Literatur. Mit „EDCT-IV" ist der wirksame Frequenzgang der reinen DCT-Variante mit Rechteckfenster gekennzeichnet, mit „FB/Gluth" zum Vergleich der Frequenzgang eines Filters der Länge $L = 512 = 4M$ eines GDCT-Systems, das nur auf Nachbarkanal-Kompensation abzielt (nach [Gluth-93]).

und Synthese – z.B. durch eine gewünschte Gewichtung oder unvermeidlich durch eine Quantisierung – führt zu globalen, nicht lokal begrenzten Verfälschungen. Wie wichtig dieser (Empfindlichkeits-) Nachteil im Vergleich zur im Idealfall *perfekten* Rekonstruktion ist, hängt von der Anwendung ab.

Kapitel 6

Statistische Analyse

Während wir eingangs für die betrachteten Signale gemäß (3.1) komplexe Werte $x(k) \in \mathbb{C}$ zugelassen haben, wollen wir uns in diesem Abschnitt auf reellwertige Zufallsfolgen $x(k) \in \mathbb{R}$ beschränken: Damit anzugebende Beschreibungen für den Verbund zweier Signale $x_{1,2}(k)$ sind geeignet, Real- und Imaginärteile komplexwertiger Signale zu charakterisieren. Verbundbetrachtungen schon von vornherein komplexer Signale stellen keine prinzipielle Schwierigkeit dar, wenn sie auch u.U. nicht leicht zu handhaben sind.

6.1 Benötigte Begriffe

6.1.1 Verteilung, Verteilungsdichte, Stationarität

Kern allen Umgangs mit Zufallssignalen ist die *Verteilungsdichtefunktion*[1] (VDF). Sie wird bei der Behandlung eines Signals $x(k)$ (streng genommen: bei der Charakterisierung des zugehörigen Prozesses) mit $p_x(u,k)$ bezeichnet und ist als Ableitung der Verteilungsfunktion $P_x(u,k)$ definiert:

$$p_x(u,k) \doteq \frac{\partial P_x(u,k)}{\partial u} \qquad (6.1\text{-a})$$

$$\text{mit } P_x(u,k) \doteq W\{x(k) \leq u\}. \qquad (6.1\text{-b})$$

Die Verteilungsfunktion ist nach (6.1-b) eine Wahrscheinlichkeit und gehorcht daher den dafür gültigen Regeln; hierzu wird auf die Literatur verwiesen (z.B.

---
[1] Bei nichtexistierender Ableitung werden Diracimpulse zuhilfe genommen.

[Hänsler-83], [Hänsler-97], [Papoulis-65]). Werden zwei Signale $x_{1,2}(k)$ im Zusammenhang behandelt, so erweitert man (6.1) auf den zweidimensionalen oder bivariaten Fall und erhält die Verbund-VDF und die Verbund-Verteilungsfunktion:

$$p_{x_1 x_2}(u, v, k_1, k_2) \doteq \frac{\partial^2 P_{x_1 x_2}(u, v, k_1, k_2)}{\partial u \, \partial v} \tag{6.2-a}$$

mit

$$P_{x_1 x_2}(u, v, k_1, k_2) \doteq W\{(x_1(k_1) \leq u) \wedge (x_2(k_2) \leq v)\}. \tag{6.2-b}$$

Von der zweidimensionalen Beschreibung gelangt man zur eindimensionalen relativ einfach mit Hilfe der Rand- oder Marginalverteilung gemäß (z.B. für $x_1(k)$)

$$p_{x_1}(u, k_1) = \int_{v=-\infty}^{\infty} p_{x_1 x_2}(u, v, k_1, k_2) \, dv. \tag{6.3}$$

Umgekehrt läßt sich eine zwei-(und höher-) dimensionale Charakteristik aus gegebener eindimensionaler Verteilung(sdichte) nur in Sonderfällen unmittelbar berechnen (z.B. [Brehm-78]).

Die Abhängigkeiten von k in (6.1) bzw. (k_1, k_2) in (6.2) besagen, daß sich die Prozeßeigenschaften mit der Zeit ändern können. Die dadurch ausgedrückte *Instationarität* ist für Signale wie Sprache sehr wohl angemessen: Gerade in den Variationen der Signalcharakteristika steckt ja – s. Kap. 2! – die Information. Andererseits ändern sich diese Eigenschaften verhältnismäßig langsam, etwa im Vergleich zu den Detailverläufen der auftretenden Zeitverläufe; wie ebenfalls in Kap. 2 erläutert, kann man hier von „Kurzzeitstationaritäten" reden, wenn man etwa typische Sprachsignal*stücke* von einigen zehn Millisekunden Dauer als Prozeßrealisierungen betrachtet. Zum anderen kann man auch für „Sprache insgesamt" (mittlere) Prozeßeigenschaften feststellen, also von *Stationarität* ausgehen. In diesem Fall vereinfacht sich die Schreibweise in (6.1) dadurch, daß die k-Abhängigkeit entfällt; in (6.2) bleibt anstelle der Abhängigkeit von zwei Beobachtungspunkten nur die von deren Abstand

$$\lambda \doteq k_2 - k_1. \tag{6.4}$$

Von Stationarität wird im folgenden meist ausgegangen. Auf Ergänzungen bei Instationarität wird dort, wo es für spätere Überlegungen nützlich ist, eingegangen.

6.1.2 Erwartungswerte, Momente, Korrelationen

Aus der allgemeinen Definition des eindimensionalen Erwartungswertes einer Funktion $f[x(k)]$ der Zufallsvariablen $x(k)$ gemäß

$$\mathrm{E}\{f[x(k)]\} \doteq \int_{-\infty}^{\infty} f(u)\, p_x(u)\, du \qquad (6.5\text{-a})$$

folgt speziell mit

$$f[x(k)] \doteq (x(k) - x_0)^m$$

diejenige des sogenannten „m-ten Moments bezüglich x_0". Interessant sind im weiteren für $x_0 = 0$ und $m = 1$ der *lineare Mittelwert*

$$\mu_x \doteq \mathrm{E}\{x(k)\} \,\hat{=}\, 1.\text{ Moment bezüglich } 0, \qquad (6.5\text{-b})$$

für $x_0 = 0$ und $m = 2$ der *quadratische Mittelwert*

$$\overline{x^2} \doteq \mathrm{E}\{x^2(k)\} \,\hat{=}\, 2.\text{ Moment bezüglich } 0 \qquad (6.5\text{-c})$$

sowie für $x_0 = \mu_x$ und $m = 2$ als 2. Moment bezüglich μ_x die *Varianz*

$$\sigma_x^2 \doteq \mathrm{E}\{(x(k) - \mu_x)^2\} \,\hat{=}\, 2.\text{ zentrales Moment.} \qquad (6.5\text{-d})$$

Aus (6.5 b-d) folgt mit (6.5-a)

$$\overline{x^2} = \mu_x^2 + \sigma_x^2. \qquad (6.5\text{-e})$$

Im Falle eines instationären Prozesses hängen alle diese Prozeßkenngrößen vom Beobachtungspunkt k ab.

Die zweidimensionale Erweiterung von (6.5-a) mit einer Funktion $g[x_1(k), x_2(k+\lambda)]$ zweier Zufallsgrößen lautet

$$\mathrm{E}\{g[x_1(k), x_2(k+\lambda)]\} = \int_{-\infty}^{\infty}\int_{-\infty}^{\infty} g(u,v)\, p_{x_1 x_2}(u,v,\lambda)\, du\, dv. \qquad (6.6\text{-a})$$

Sie liefert ein von λ nach (6.4) abhängiges Resultat. Sie führt insbesondere für

$$g[x_1(k), x_2(k+\lambda)] = x_1(k)\, x_2(k+\lambda)$$

auf den Produkterwartungswert

$$\varphi_{x_1 x_2}(\lambda) \doteq \mathrm{E}\{x_1(k)\, x_2(k+\lambda)\}. \qquad (6.6\text{-b})$$

Er heißt *Kreuzkorrelationsfolge* (KKF) zu $x_1(k)$ und $x_2(k)$ und drückt deren Ähnlichkeit bei relativer Verschiebung um λ aus. Zieht man von den Faktoren $x_1(k)$ und $x_2(k)$ die jeweiligen Mittelwerte μ_{x_1}, μ_{x_2} nach (6.5-b) ab, so gelangt man zu einem modifizierten Produkterwartungswert, der *Kreuzkovarianzfolge* genannt wird, im wesentlichen dasselbe beschreibt wie die KKF, im Falle $\mu_{x_1} = 0$ oder $\mu_{x_2} = 0$ mit ihr identisch ist und sich mit (6.6 a,b) und (6.5-b) wie folgt schreiben läßt:

$$\psi_{x_1 x_2}(\lambda) \doteq E\{[x_1(k) - \mu_{x_1}][x_2(k+\lambda) - \mu_{x_2}]\} \qquad (6.6\text{-c})$$
$$= \varphi_{x_1 x_2}(\lambda) - \mu_{x_1}\mu_{x_2}.$$

Wählt man $x_2(k+\lambda) = x_1(k+\lambda) \doteq x(k+\lambda)$, so vergleicht man offenbar ein Signal „mit sich selbst nach Verschiebung". Aus der KKF nach (6.6-b) wird dann die *Autokorrelationsfolge* (AKF); für sie gilt nach (6.6) allgemein:

$$\varphi_{xx}(\lambda) = E\{x(k)\,x(k+\lambda)\}$$
$$= \int_{-\infty}^{\infty}\int_{-\infty}^{\infty} u\,v\,p_{xx}(u,v,\lambda)\,du\,dv = \psi_{xx}(\lambda) + \mu_x^2, \qquad (6.7\text{-a})$$

worin mit $\psi_{xx}(\lambda)$ die *Autokovarianzfolge* enthalten ist. Im Sonderfall $\lambda = 0$ folgt mit (6.5-c,e))

$$\varphi_{xx}(0) = \psi_{xx}(0) + \mu_x^2 = \overline{x^2} = \sigma_x^2 + \mu_x^2. \qquad (6.7\text{-b})$$

Aus der Definition (6.7-a) läßt sich einfach ablesen, daß die AKF symmetrisch zu $\lambda = 0$ ist:

$$\varphi_{xx}(-\lambda) = \varphi_{xx}(\lambda). \qquad (6.7\text{-c})$$

Der Symmetriepunkt liefert gleichzeitig das Betragsmaximum der AKF: Aus der Betrachtung von $E\left\{[x(k) \pm x(k+\lambda)]^2\right\} \geq 0$ folgt mit (6.7-b):

$$|\varphi_{xx}(\lambda)| \leq \varphi_{xx}(0) = \overline{x^2} = \sigma_x^2 + \mu_x^2. \qquad (6.7\text{-d})$$

Für die Autokovarianz nach (6.6-c) findet man völlig entsprechend

$$\psi_{xx}(-\lambda) = \psi_{xx}(\lambda) \qquad (6.7\text{-e})$$

und

$$|\psi_{xx}(\lambda)| \leq \psi_{xx}(0) = \sigma_x^2. \qquad (6.7\text{-f})$$

Die Gln. (6.7-d, f) lassen sich sehr einfach anschaulich deuten: Die durch die AKF wie die Autokovarianz beschriebene Ähnlichkeit zwischen Signal $x(k)$ und verschobener Version $x(k+\lambda)$ muß für $\lambda = 0$ maximal sein – die verglichenen Signale sind dann ja identisch.

Wie KKF und Kreuzkovarianz beschreiben AKF und Autokovarianz im wesentlichen, bei Mittelwertfreiheit sogar genau dieselben Signaleigenschaften. Im weiteren ist deshalb meist nur noch von der *Korrelation* die Rede.

In einem Sonderfall ist (6.7-d) noch zu ergänzen: Ein Zufallsprozeß kann periodische „Musterfunktionen" (mit im übrigen zufälligen Kenngrößen) liefern. Eine Periode $M \in \mathbb{N}$ des Signals $x(k)$ findet sich aber – aus (6.7-a) abzulesen – in der AKF wieder:

$$x(k + \nu M) = x(k) \to \varphi_{xx}(\lambda + \nu M) = \varphi_{xx}(\lambda), \, \nu \in \mathbb{Z}. \tag{6.8}$$

Das bedeutet, daß in diesem Fall der Maximalwert der AKF nach (6.7-d) nicht nur bei $\lambda = 0$ auftritt, sondern sich im Abstand M periodisch wiederholt.

Die KKF nach (6.6-b) weist keine so einfache Symmetrie auf wie die AKF nach (6.7-c). Für sie gilt lediglich

$$\varphi_{x_1 x_2}(-\lambda) = \varphi_{x_2 x_1}(\lambda). \tag{6.9}$$

Bei Instationarität hängen Korrelationsfolgen von den beiden Betrachtungszeitpunkten k_1, k_2 ab, nicht nur von deren Differenz λ nach (6.4): Anstelle von (6.6-c) gilt

$$\begin{aligned} \varphi_{x_1 x_2}(k_1, k_2) &= \mathrm{E}\{x_1(k_1)\, x_2(k_2)\} \\ &= \psi_{x_1 x_2}(k_1, k_2) + \mu_{x_1}(k_1)\, \mu_{x_2}(k_2), \end{aligned} \tag{6.6-d}$$

anstelle von (6.7-a)

$$\varphi_{xx}(k_1, k_2) = \mathrm{E}\{x(k_1)\, x(k_2)\} = \psi_{xx}(k_1, k_2) + \mu_x(k_1)\, \mu_x(k_2). \tag{6.7-g}$$

Die Symmetrie (6.7-c) gilt in modifizierter Form:

$$\varphi_{xx}(k_1, k_2) = \varphi_{xx}(k_2, k_1). \tag{6.10-a}$$

Die Aussage (6.9) ist ebenfalls zu erweitern:

$$\varphi_{x_1 x_2}(k_2, k_1) = \varphi_{x_2 x_1}(k_1, k_2). \tag{6.10-b}$$

Auch Betragsbegrenzungen entspechend (6.7-d, f) lassen sich in verallgemeinerter Form finden; hierzu wird auf die Literatur verwiesen (z.B. [Hänsler-83] und [Hänsler-97]).

6.1.3 Unkorreliertheit, Orthogonalität, Dekorrelation

Zwei Signale werden als *unkorreliert* beschrieben, wenn ihre Kreuz*kovarianz* (!) zu Null wird. Das Verschwinden der KKF kennzeichnet dagegen ihre *Orthogonalität* (wegen des verschwindenden inneren Produkts (6.6-b) in Anlehnung an das Skalarprodukt zweier orthogonaler Vektoren). Beide Eigenschaften können punktuell für bestimmte λ (oder (k_1, k_2)-Paare) oder global für alle Beobachtungspunkte zutreffen.

Ein Prozeß ist „zu sich selbst orthogonal", wenn seine AKF für $\lambda \neq 0$ zu Null wird, mit sich selbst unkorreliert, wenn für $\lambda \neq 0$ seine Autokovarianz verschwindet. Die Autokovarianzfolge eines (mit sich selbst) global unkorrelierten Signals hat daher die Form

$$\psi_{xx}(\lambda) = \sigma_x^2 \gamma_0(\lambda) \doteq \begin{cases} \sigma_x^2 & \text{für } \lambda = 0, \\ 0 & \text{für } \lambda \neq 0. \end{cases} \qquad (6.11\text{-a})$$

Die zugehörige AKF weist nach (6.7-b) neben dem impulsförmigen Anteil bei $\lambda = 0$ eine additive Komponente μ_x^2 auf:

$$\varphi_{xx}(\lambda) = \sigma_x^2 \gamma_0(\lambda) + \mu_x^2. \qquad (6.11\text{-b})$$

Wir werden noch sehen, daß sich Korrelation und Kovarianz ändern, wenn Signale durch Systeme beeinflußt, insbesondere z.B. linear gefiltert werden (s. Abschnitt 6.1.7). Wenn dabei aus einem ursprünglich korrelierten Signal ein Ausgangssignal $x(k)$ erzeugt wird, das (6.11) gehorcht, so spricht man von einem *dekorrelierenden* System.

6.1.4 Statistische Unabhängigkeit

Die Wahrscheinlichkeit für das Auftreten von Wertepaaren $x_1(k_1)$ und $x_2(k_2)$ hängt i.a. in beliebig komplexer Weise von den beiden Schranken u und v ab, mit denen $x_1(k_1)$ und $x_2(k_2)$ verglichen werden: $P_{x_1 x_2}(u, v, k_1, k_2)$ und damit $p_{x_1 x_2}(u, v, k_1, k_2)$ sind Funktionen *beider* Variablen u und v. Denkbar ist der Sonderfall, daß diese Funktionen in zwei eindimensionale Ausdrücke zu *separieren* sind:

$$P_{x_1 x_2}(u, v, k_1, k_2) = P_{x_1}(u, k_1)\, P_{x_2}(v, k_2), \qquad (6.12\text{-a})$$

$$p_{x_1 x_2}(u, v, k_1, k_2) = p_{x_1}(u, k_1)\, p_{x_2}(v, k_2). \qquad (6.12\text{-b})$$

Das bedeutet, daß man Wahrscheinlichkeitsaussagen über eine der beiden Variablen bis auf einen konstanten Faktor unabhängig von der anderen Größe findet. Man nennt daher $x_1(k_1)$ und $x_2(k_2)$ statistisch unabhängig. Auch diese Eigenschaft kann global für alle (k_1, k_2)-Paare oder auch nur lokal gelten. Im Fall stationärer Prozesse können die dann gültigen Beziehungen

$$P_{x_1 x_2}(u, v, \lambda) = P_{x_1}(u) P_{x_2}(v), \qquad (6.12\text{-c})$$

$$p_{x_1 x_2}(u, v, \lambda) = p_{x_1}(u) p_{x_2}(v) \qquad (6.12\text{-d})$$

ganz entsprechend global für alle Differenzen λ oder auch nur für bestimmte Abstände gelten.

Aus der *punktweise* überall in der (x_1, x_2)-Ebene gültigen Eigenschaft „statistische Unabhängigkeit" folgen Charakteristika des *mittleren* Verhaltens von $x_1(k)$ und $x_2(k + \lambda)$: (6.12-d) in (6.6-a, b) eingesetzt liefert zwei separierbare Integrale und mit (6.5-b) dann bei Stationarität

$$\varphi_{x_1 x_2}(\lambda) = \mu_{x_1} \mu_{x_2}. \qquad (6.13\text{-a})$$

Demnach verschwindet nach (6.6-c) die Kreuzkovarianz:

$$\psi_{x_1 x_2}(\lambda) = 0, \qquad (6.13\text{-b})$$

$x_1(k)$ und $x_2(k + \lambda)$ sind gemäß Abschnitt 6.1.3 unkorreliert (und bei Mittelwertfreiheit orthogonal). Unabhängig können auch die Werte $x(k)$ und $x(k+\lambda)$, $\lambda \neq 0$, *eines* Prozesses sein; für ihn gelten dann (6.11-a, b), d.h. es folgt, daß $x(k)$ unkorreliert ist.

Wie oben angemerkt, haben wir hiermit eine mittlere, d.h. schwächere Eigenschaft aus einer punktweise gegebenen, stärkeren hergeleitet. Es ist plausibel, daß der umgekehrte Weg i.a. nicht richtig ist: Nur in Sonderfällen folgt aus Unkorreliertheit oder Orthogonalität statistische Unabhängigkeit.

6.1.5 Korrelations- und Kovarianzmatrizen

Die Korrelationsmatrix $\mathbf{R}$ ist eine $(n \times n)$-Matrix mit allen Korrelationen der Menge von Zufallsvariablen $\{x_1(k_1), x_2(k_2), \ldots, x_n(k_n)\}$; wegen (6.10-b) ist $\mathbf{R}$ symmetrisch:

$$\mathbf{R} = \left[\varphi_{x_i x_j}(k_i, k_j)\right]_{n \times n} = \left[\varphi_{x_j x_i}(k_j, k_i)\right]_{n \times n} = \mathbf{R}^T. \qquad (6.14)$$

Gemäß (6.6-c, d) ist die Angabe einer entsprechend definierten Kovarianzmatrix gleichwertig.

Im weiteren interessiert ein Sonderfall: Betrachtet wird *ein* Prozeß $x(k) \equiv x_i(k) \,\forall\, i$ zu den speziellen Zeitpunkten $k_i = i$, $i \in \{1, \ldots, n\}$ (mit willkürlich gewähltem Zeitnullpunkt). Aus (6.14) wird dann mit

$$\mathbf{R} = [\varphi_{xx}(i,j)]_{n \times n} = [\varphi_{xx}(j,i)]_{n \times n} \doteq \mathbf{R}_{xx} = \mathbf{R}_{xx}^T \qquad (6.15)$$

eine symmetrische *Auto*korrelationsmatrix.

Interessant sind die Werte auf den Hauptdiagonalen: In (6.14) enthalten sind mit (6.6-d) und (6.5-c, e) gemäß

$$\varphi_{x_i x_i}(k_i, k_i) = \overline{x_i^2}(k_i) = \sigma_{x_i}^2(k_i) + \mu_{x_i}^2(k_i)$$

die zeitabhängigen quadratischen Mittelwerte bzw. Varianzen der Variablen $x_i(k_i)$; im Sonderfall (6.15) finden wir völlig entsprechend mit

$$\varphi_{xx}(i,i) = \overline{x^2}(i) = \sigma_x^2(i) + \mu_x^2(i) \qquad (6.16)$$

die zeitvariablen Kenngrößen des einen interessierenden Prozesses.

Der interessierende Sonderfall nach (6.15) kann u.U. noch weiter spezialisiert werden: Wir nehmen *zusätzlich* Stationarität an. Anstelle von (6.15) gilt dann wegen (6.7-a, c)

$$\varphi_{xx}(i,j) = \varphi_{xx}[(i+\nu),(j+\nu)] := \varphi_{xx}(i-j) = \varphi_{xx}(j-i) \qquad (6.17\text{-a})$$

und speziell anstelle von (6.16)

$$\varphi_{xx}(i,i) := \varphi_{xx}(0) = \overline{x^2} = \sigma_x^2 + \mu_x^2 \quad \forall\, i. \qquad (6.17\text{-b})$$

Die Autokorrelationsmatrix wird hier zur symmetrischen Toeplitz-Matrix, deren Diagonalen parallel zur (und einschließlich der) Hauptdiagonalen jeweils identische Werte tragen. Damit ist $\mathbf{R}_{xx}$ *in diesem* Spezialfall nicht durch $n \cdot \left(\frac{n+1}{2}\right)$ verschiedene Elemente, sondern schon durch n Werte $\varphi_{xx}(\lambda)$, $\lambda \in \{0, 1, \ldots, n-1\}$, vollständig beschrieben.

Symmetrische, reellwertige Autokorrelationsmatrizen in Toeplitz-Form besitzen darüber hinaus einige interessante mathematische Eigenschaften: Sie sind stets regulär, also invertierbar, sind positiv-definit, erfüllen also die Bedingung

$$\mathbf{v}^T \mathbf{R}_{xx} \mathbf{v} > 0 \quad \forall\, \mathbf{v} \neq \mathbf{0}$$

und besitzen n positive Eigenwerte mit zugehörigen n linear unabhängigen Eigenvektoren.

6.1.6 Spektren

Die Fourier- oder z-Transformation eines zeitlich unbegrenzten *Zufalls*signals unmittelbar nach (3.4) bzw. (3.6) läßt sich sicher nicht geschlossen berechnen; sie läßt sich bei stationären Signalen auch nicht anhand konkret vorliegender Abtastwerte $x(k)$ numerisch berechnen, da i.a. keine Konvergenz erzielbar ist. Wenn denn (zufällig!) eine konvergierende Summe vorläge, so wäre damit eine absolut summierbare Folge beschrieben, die für einen stationären Prozeß sicher atypisch wäre und über diesen nichts aussagen könnte. Zu einer sinnvollen Spektralbeschreibung im Sinne einer Darstellung durch Sinus- bzw. Exponentialanteile gelangt man erst nach dem Übergang zu Korrelations- oder Kovarianz-Folgen: Ihre Aussage über die „Signal-Ähnlichkeit bei variierendem Betrachtungspunkt" (vgl. Abschnitt 6.1.2) ersetzt die unmittelbare Beschreibung eines Signalverlaufs über der Zeit; entsprechend sind sie nun in eine Spektraldarstellung zu überführen (wenn sie die sonst auf Signale selbst anzuwendenden Konvergenzkriterien erfüllen).

Im weiteren werden wir i.a. wieder Stationarität voraussetzen. Weiterhin können wir auf die Verwendung der z-Transformation verzichten.

Wir bezeichnen als Kreuz-Leistungs- (Dichte-) Spektrum die Fourier-Transformierte der KKF nach (6.6-b)

$$\Phi_{x_1 x_2}(e^{j\Omega}) \doteq \mathcal{F}\{\varphi_{x_1 x_2}(\lambda)\}. \tag{6.18}$$

Entsprechend ist das (Auto-) Leistungs- (Dichte-) Spektrum (LDS) für *einen* Prozeß anzugeben als Transformierte der AKF nach (6.7-a):

$$\Phi_{xx}(e^{j\Omega}) = \mathcal{F}\{\varphi_{xx}(\lambda)\}. \tag{6.19-a}$$

Aus der Umkehrung folgt mit (3.4-b) insbesondere

$$\varphi_{xx}(0) = \frac{1}{2\pi} \int_{-\pi}^{\pi} \Phi_{xx}(e^{j\Omega}) \, d\Omega. \tag{6.19-b}$$

Autokorrelationsfolgen sind hier stets reelle und nach (6.7-c) gerade Folgen. Aus (3.4-a) folgt, daß damit das (Auto-) LDS ebenfalls stets reell und gerade ist. Aus einer weiteren einfachen Überlegung (z.B. [Schüßler-91]) findet man zusätzlich, daß ein LDS nicht negativ werden kann. So gilt insgesamt

$$\Phi_{xx}(e^{-j\Omega}) = \Phi_{xx}(e^{j\Omega}) \geq 0 \quad \forall \, \Omega. \tag{6.19-c}$$

6.1.7 Lineare Filterung von Zufallssignalen

Bei bekannter statistischer Beschreibung eines stochastischen Signals, das durch ein lineares Filter geformt wird, interessiert man sich für die entsprechende Beschreibung des Ausgangssignals. Unsere weitgehende Beschränkung auf stationäre Prozesse können wir dabei nur dann aufrechterhalten, wenn nicht nur das zu filternde Signal stationär, sondern das System auch zeitinvariant ist.

Problematisch ist i.a. die wünschenswerte Angabe der Ausgangs-VDF bei bekannter Eingangs-VDF: Nur in Sonderfällen kommt man hier zu geschlossenen Ergebnissen. Für unser Themengebiet ist interessant, daß die lineare, zeitinvariante Filterung von Signalen mit voneinander unabhängigen (Abtast-) Werten am Ausgang zumindest in guter Näherung eine Normalverteilung erzeugt und daß a priori gaußverteilte Daten nach einer solchen Filterung normalverteilt bleiben (s. Abschnitt 6.1.8).

Sehr einfach anzugeben ist die Filterwirkung auf einen Signalmittelwert μ_x am Eingang: Wie eine additive Konstante zeigt er sich am Filterausgang als

$$\mu_y = \mu_x\, H(e^{j0}) = \mu_x\, H(1). \tag{6.20}$$

Das gilt ohne jede Voraussetzung an die sonstigen Signaleigenschaften. Die Varianz σ_y^2 folgt damit aus dem quadratischen Mittelwert $\overline{y^2}$ nach (6.5-e), letzterer aus der AKF $\varphi_{yy}(\lambda)$ gemäß (6.7-b). Zur AKF-Bestimmung setzt man den Produkterwartungswert (6.6-a, b) für das Ausgangssignal $y(k)$ an, das sich gemäß (3.13-a) aus Eingangssignal $x(k)$ und Impulsantwort $h_0(k)$ berechnet. Durch Vertauschung von Faltungssumme und Erwartungswertbildung und mit einer einfachen Variablensubstitution findet man

$$\varphi_{yy}(\lambda) = \mathrm{E}\{y(k)y(k+\lambda)\} \tag{6.21-a}$$

$$= \sum_{\kappa=-\infty}^{\infty} \sum_{\nu=-\infty}^{\infty} h_0(\kappa)\, h_0(\nu)\, \mathrm{E}\{x(k-\kappa)\, x(k+\lambda-\nu)\}$$

mit $\nu - \kappa \doteq \mu$:

$$\varphi_{yy}(\lambda) = \sum_{\mu=-\infty}^{\infty} \varphi_{xx}(\lambda - \mu) \sum_{\nu=-\infty}^{\infty} h_0(\nu)\, h_0[-(\mu - \nu)]. \tag{6.21-b}$$

Mit der durch (3.13-a) erklärten Abkürzung

$$h_0(\lambda) * h_0(-\lambda) \doteq \varphi_{hh}(\lambda) \tag{6.22}$$

für die sogenannte AKF der Impulsantwort folgt schließlich

$$\varphi_{yy}(\lambda) = \varphi_{xx}(\lambda) * \varphi_{hh}(\lambda):$$

Die Ausgangssignal-AKF ergibt sich – in schöner Parallelität zu (3.13-a) – durch die Faltung der Eingangs-AKF mit der AKF der Impulsantwort.

Dieselbe Parallelität weist die Bestimmung der KKF $\varphi_{xy}(\lambda)$ zwischen Eingangs- und Ausgangssignal auf, zu der man auf ganz entsprechendem Wege gelangt:

$$\varphi_{xy}(\lambda) = \mathrm{E}\{x(k)\, y(k+\lambda)\]$$
$$= \sum_{\kappa=-\infty}^{\infty} h_0(\kappa)\, \mathrm{E}\{x(k)\, x(k+\lambda-\kappa)\} = h_0(\lambda) * \varphi_{xx}(\lambda). \tag{6.23}$$

Ein wichtiger Unterschied zwischen den beiden Angaben (6.21) und (6.23) wird im Frequenzbereich klar. Mit (3.13-c) folgt als Kreuz-Leistungsdichtespektrum

$$\Phi_{xy}(e^{j\Omega}) = \mathcal{F}\{\varphi_{xy}(\lambda)\} = H(e^{j\Omega})\,\Phi_{xx}(e^{j\Omega}), \tag{6.24}$$

als Ausgangs-Leistungsdichtespektrum dagegen mit (3.13-a), (3.13-c) und (6.22)

$$\mathcal{F}\{\varphi_{hh}(\lambda)\} = H(e^{j\Omega})\,H^{*}(e^{j\Omega}) = \left|H(e^{j\Omega})\right|^{2}, \tag{6.25}$$

$$\Phi_{yy}(e^{j\Omega}) = \left|H(e^{j\Omega})\right|^{2}\Phi_{xx}(e^{j\Omega}): \tag{6.26}$$

Kreuz-Korrelation und Kreuz-LDS enthalten die Information über die Systemphase, Auto-Korrelation und Auto-LDS nur noch die Betragsinformation in Form der Leistungsübertragungsfunktion $|H(e^{j\Omega})|^2$.

6.1.8 Beispiele

Eine sehr einfache, nichtsdestoweniger wichtige VDF ist in Bild 6.1 skizziert: Diese eindimensionale *Gleich- (Verteilungs-) Dichte* ist beschrieben durch

$$p_x(u) = \begin{cases} \dfrac{1}{X_o - X_u} &, u \in [X_u, X_o] \\ 0 &, u \notin [X_u, X_o]. \end{cases} \tag{6.27-a}$$

Nach (6.5-b – 6.5-d) findet man als

$$\text{linearen Mittelwert:} \quad \mu_x = \frac{1}{2}[X_u + X_o], \tag{6.27-b}$$

$$\text{quadratischen Mittelwert:} \quad \overline{x^2} = \frac{1}{3}\left[X_u^2 + X_u X_o + X_o^2\right], \tag{6.27-c}$$

$$\text{Varianz:} \quad \sigma_x^2 = \frac{1}{12}(X_o - X_u)^2. \tag{6.27-d}$$

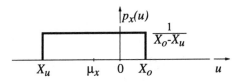

Bild 6.1: Eindimensionale Gleichdichte

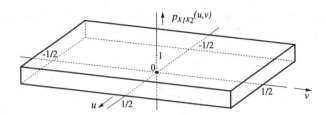

Bild 6.2: Zweidimensionale Gleichdichte bei gegebener Unabhängigkeit der Variablen $x_1(k)$, $x_2(k+\lambda)$

Bild 6.2 zeigt eine zweidimensionale Gleichdichte, allerdings in spezieller Form. Im vorliegenden Fall ist augenscheinlich die VDF separierbar:

$$p_{x_1 x_2}(u,v,\lambda) = \begin{cases} 1, & \left(u \in \left[-\tfrac{1}{2}, \tfrac{1}{2}\right]\right) \wedge \left(v \in \left[-\tfrac{1}{2}, \tfrac{1}{2}\right]\right) \\ 0, & \text{sonst} \end{cases}$$

$$= p_{x_1}(u)\, p_{x_2}(v) \qquad (6.28\text{-a})$$

mit zwei Faktoren, die gerade (6.27-a) entsprechen, wobei gilt:

$$X_o = -X_u = \frac{1}{2}. \qquad (6.28\text{-b})$$

Demgemäß hat jede der beiden Marginalverteilungen nach (6.3) gerade die Form eines Faktors in (6.28-a). Offenbar verschwinden wegen (6.28-b) hier die Mittelwerte nach (6.27-b):

$$\mu_{x_1} = \mu_{x_2} = 0, \qquad (6.28\text{-c})$$

und für die Varianzen findet man nach (6.27-d) und (6.28-b)

$$\sigma_{x_1}^2 = \sigma_{x_2}^2 = \frac{1}{12}. \qquad (6.28\text{-d})$$

Die Separierbarkeit bedeutet gemäß (6.12) Unabhängigkeit; sie bewirkt nach (6.13-b) Unkorreliertheit und mit (6.13-a) und (6.28-c) auch Orthogonalität. Beschreibt $p_{x_1 x_2}(u,v,\lambda)$ Abtastwerte zu ein und demselben Prozeß

$$\begin{aligned} x_1(k) &= x(k), \\ x_2(k+\lambda) &= x(k+\lambda), \end{aligned}$$

so heißt diese Feststellung, daß Autokovarianz und AKF nach (6.11) impulsförmig sind:

$$\varphi_{xx}(\lambda) = \psi_{xx}(\lambda) = \frac{1}{12}\,\gamma_0(\lambda). \qquad (6.28\text{-e})$$

Die zugehörige Korrelationsmatrix $\mathbf{R}_{xx}$ ist nach (6.17) in diesem Fall eine Einheitsmatrix mit einem Vorfaktor $\frac{1}{12}$.

Als LDS erhält man nach (6.19-a) und mit (3.11-a, b)

$$\Phi_{xx}(e^{j\Omega}) \equiv \frac{1}{12} \quad \forall\, \Omega, \tag{6.28-f}$$

also eine Konstante: In Analogie zur Optik nennt man das zugrundeliegende Zufallssignal, dessen Spektrum alle Frequenzen zu gleichen Teilen enthält, „weißes Rauschen" (s. Bild 6.3), hier speziell also „gleichverteiltes weißes Rauschen".

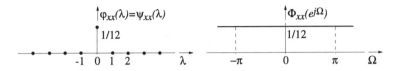

Bild 6.3: a) AKF bzw. Autokovarianz, b) LDS von weißem Rauschen

Eine zweite wichtige eindimensionale VDF wird beschrieben durch die sogenannte Gauß-„Glockenkurve", die in Bild 6.4 skizziert ist:

$$p_x(u) \;=\; \frac{1}{\sqrt{2\pi}\sigma_x}\, e^{-\dfrac{(u-\mu_x)^2}{2\sigma_x^2}}. \tag{6.29-a}$$

Linearer Mittelwert und Varianz sind unmittelbare Parameter der VDF. Der Wert μ_x beschreibt die Lage der „Mitte" der symmetrischen Kurve über u, σ_x die „Breite"; die „Höhe", d.h. der Wert $p_x(\mu_x)$, ist notwendigerweise proportional zu $1/\sigma_x$, so daß die Fläche unter der VDF zu Eins wird.

„Gauß-" oder „normalverteilt" sind *näherungsweise* viele reale Signale; gerade die uns hier interessierenden *Sprach*signale sind es aber nicht.

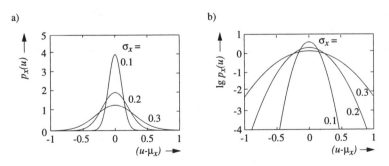

Bild 6.4: Gauß- oder Normal-Dichte in
a) linearer, b) logarithmischer Darstellung

Die zweidimensionale Erweiterung zu (6.29-a) im mittelwertfreien Fall

$$p_{x_1 x_2}(u, v, \lambda) = \frac{1}{2\pi \sigma_{x_1} \sigma_{x_2} \sqrt{1 - \varrho^2(\lambda)}}\, e^{-\left(\dfrac{\dfrac{u^2}{2\sigma_{x_1}^2} + \dfrac{v^2}{2\sigma_{x_2}^2} + 2\varrho(\lambda)\dfrac{u\,v}{2\sigma_{x_1}\sigma_{x_2}}}{1 - \varrho^2(\lambda)}\right)} \qquad (6.29\text{-b})$$

läßt sich offenbar separieren in drei Faktoren. Davon sind zwei von der Form (6.29-a), also eindimensional und nur von u bzw. v abhängig. Der dritte Faktor ist dagegen tatsächlich eine nicht separierbare, zweidimensionale Funktion.

Wegen der hier zur Formelvereinfachung angenommenen Mittelwertfreiheit findet man mit (6.6-b, c) und (6.29-b) für Kreuzkovarianz wie KKF

$$\varphi_{x_1 x_2}(\lambda) = \psi_{x_1 x_2}(\lambda) = -\sigma_{x_1}\sigma_{x_2}\varrho(\lambda). \qquad (6.29\text{-c})$$

Offenbar hängt die Separierbarkeit von $p_{x_1 x_2}(u, v, \lambda)$ in einfacher Weise von der normierten KKF $\varrho(\lambda)$ ab. Daher gilt im vorliegendem *Sonderfall*, daß bei *Unkorreliertheit* mit

$$\psi_{x_1 x_2}(\lambda) = -\sigma_{x_1}\sigma_{x_2}\varrho(\lambda) = 0$$

Separierbarkeit vorliegt gemäß

$$p_{x_1 x_2}(u, v, \lambda) = \frac{1}{\sqrt{2\pi}\sigma_{x_1}}\, e^{-\dfrac{u^2}{2\sigma_{x_1}^2}}\, \frac{1}{\sqrt{2\pi}\sigma_{x_2}}\, e^{-\dfrac{v^2}{2\sigma_{x_2}^2}}, \qquad (6.29\text{-d})$$

nach (6.12) also *Unabhängigkeit* von $x_1(k)$ und $x_2(k + \lambda)$.

Bild 6.5 verdeutlicht diese Zusammenhänge am Beispiel. Insbesondere ist zu sehen, daß die Höhenlinien der VDF (6.29-b) i.a. Ellipsen sind. Ihre Halbachsenverhältnisse hängen von σ_{x_1} und σ_{x_2}, ihre Halbachsenlagen von $\varrho(\lambda)$, also der Kovarianz ab. Für $\sigma_{x_1} = \sigma_{x_2}$ und $\varrho(\lambda) = 0$ werden sie zu Kreisen.

Eine dritte einfache eindimensionale VDF spielt im weiteren eine Rolle:

$$p_x(u) = \frac{1}{\sqrt{2}\sigma_x}\, e^{-\sqrt{2}\,\dfrac{|u - \mu_x|}{\sigma_x}} \qquad (6.30)$$

kennzeichnet die in Bild 6.6 skizzierte Laplace-Dichte. Ihre Momente μ_x und σ_x sind wiederum Bestandteile der Definition und erklären sich anschaulich wieder als „Mitte", „Breite" bzw. Kehrwert der „Höhe" der VDF.

Schließlich soll eine letzte interessante VDF angesprochen werden, die für große u-Werte der Laplace-Dichte ähnelt, aber bei sehr kleinen Werten extrem davon

6.1 Benötigte Begriffe

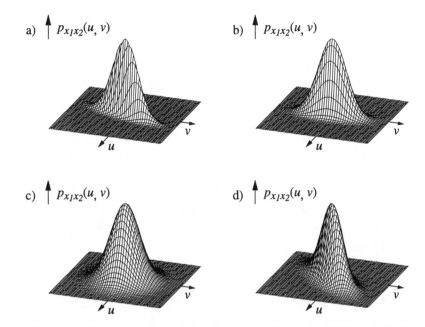

Bild 6.5: Bivariate Normalverteilung: Räumliche Darstellung der VDF nach (6.29-b) für die Fälle
 a) $\sigma_{x_1} = 0.1$, $\sigma_{x_2} = 0.25$, $\varrho(\lambda) = -0.75$
 b) $\sigma_{x_1} = 0.1$, $\sigma_{x_2} = 0.25$, $\varrho(\lambda) = 0$
 c) $\sigma_{x_1} = \sigma_{x_2} = 0.25$, $\varrho(\lambda) = 0$
 d) $\sigma_{x_1} = \sigma_{x_2} = 0.25$, $\varrho(\lambda) = -0.75$

abweicht: Die Gamma-Verteilung wird beschrieben durch die Dichte

$$p_x(u) = \frac{\sqrt[4]{3}}{2\sqrt{2\pi}\,\sigma_x} \frac{1}{\sqrt{|u - \mu_x|}} e^{-\frac{\sqrt{3}}{2} \frac{|u - \mu_x|}{\sigma_x}}, \qquad (6.31)$$

besitzt bei $u = \mu_x$ offenbar eine Singularität und repräsentiert daher anschaulich Signale, die mit größter Wahrscheinlichkeit sehr kleine Abweichungen vom Mit-

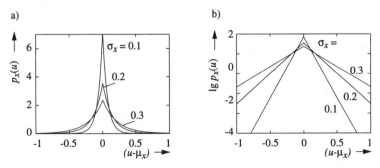

Bild 6.6: Laplace-VDF in a) linearer, b) logarithmischer Darstellung

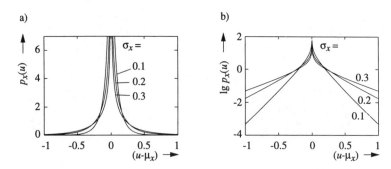

Bild 6.7: Gamma-Dichte in a) linearer, b) logarithmischer Darstellung

telwert enthalten. Mittelwert μ_x und Varianz σ_x sind wiederum als Parameter in (6.31) enthalten und lassen sich anschaulich verstehen wie in den Beispielen zuvor. Bild 6.7 zeigt die VDF.

6.2 Messung statistischer Kenngrößen

6.2.1 Verteilungsdichte, Histogramm

Vor allem ältere Herleitungen führen den Begriff der Wahrscheinlichkeit ein mit Hilfe der „relativen Häufigkeit" von bestimmten Ereignissen in n Zufallsexperimenten, verbunden mit einem Grenzübergang $n \to \infty$. Umgekehrt eröffnet das Weglassen des Grenzübergangs die Möglichkeit zur praktischen, allerdings nur approximativen Messung („Schätzung") einer Wahrscheinlichkeit.

Die primär interessierende VDF ist nun aber nach (6.1),(6.2) keine Wahrscheinlichkeit. Die Größen

$$p_x(u)\,du = dP_x(u), \tag{6.32-a}$$

$$p_{x_1 x_2}(u,v)\,\partial u\,\partial v = \partial^2 P_{x_1 x_2}(u,v) \tag{6.32-b}$$

lassen sich aber wiederum als Wahrscheinlichkeiten für das Auftreten von Werten „nahe u" bzw. „nahe (u,v)" einer infinitesimal kleinen Umgebung interpretieren. Hierauf beruht die meßtechnische Bestimmung einer VDF; sie wird für den eindimensionalen Fall im folgenden erläutert.

Man unterteilt die u-Achse im erwarteten Signal-Aussteuerungsbereich in I in der Regel gleich große Intervalle der Breite

$$\Delta u = \frac{u_{\max} - u_{\min}}{I}. \tag{6.33-a}$$

Dann zählt man die n_i Werte von n verfügbaren Daten, welche in das i-te Intervall fallen. Ist n groß genug, benutzt man für $i \in \{1, 2, \ldots, I\}$ die Näherung

$$\frac{n_i}{n} \approx W\left\{x(k) \in [u_{\min} + (i-1)\Delta u, u_{\min} + i\Delta u]\right\}. \quad (6.33\text{-b})$$

Mit einfachen Überlegungen und (6.1) folgt

$$\frac{n_i}{n} \approx P_x\left(u_{\min} + i\Delta u\right) - P_x\left(u_{\min} + (i-1)\Delta u\right)$$

$$\approx \frac{dP_x\left(u_{\min} + (i - \tfrac{1}{2})\Delta u\right)}{du} \Delta u$$

und mit (6.32-a) schließlich

$$p_x\left(u_{\min} + (i - \frac{1}{2})\Delta u\right) = \frac{dP_x\left(u_{\min} + (i - \tfrac{1}{2})\Delta u\right)}{du} \approx \frac{1}{\Delta u} \frac{n_i}{n}. \quad (6.33\text{-c})$$

Anschaulich ist klar, daß n so groß zu sein hat, daß in *jedes* Intervall eine statistisch relevante Anzahl n_i von Werten fällt. Offenbar steigt der Datenbedarf dann proportional zur Intervallzahl I: Je feiner die Auflösung der Messung nach (6.33-c), desto mehr Signalwerte werden benötigt.

Eine einfache Realisierung dieser Technik benutzt $I = 2^l$ Intervalle, quantisiert ein nicht negatives, normiertes Datum

$$\widetilde{x}(k) \doteq \frac{x(k) - u_{\min}}{u_{\max} - u_{\min}} \in [0, 1] \quad (6.34)$$

mit einer Wortlänge von l Bit und verwendet diesen Wert als Adresse einer von I Speicherzellen, deren Inhalt um 1 erhöht wird. Nach dem Verarbeiten aller n Daten enthalten alle Zellen die Anzahl n_i, nach der abschließenden Umrechnung gemäß (6.33-c) die geschätzte VDF in I Meßpunkten. Bild 6.8 zeigt das Ergebnis einer

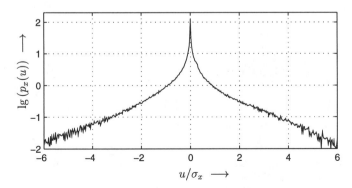

Bild 6.8: Histogramm als Schätzung der VDF von Sprachsignalen
($n = 489872$, $l = 10$, d.h. $I = 2^l = 1024$)

solchen Häufigkeitsmessung, die als Histogramm bezeichnet wird. Die zugrunde gelegten Daten waren Abtastwerte von Sprachsignalen.

Die Erweiterung der Idee wie des Algorithmus auf den zweidimensionalen Fall ist einfach: Sowohl die u- als auch die v-Achse werden in Intervalle geteilt, und benötigt wird ein Speicher-Array von $I_1 I_2 = 2^{l_1} 2^{l_2}$ Zellen, das mit $(l_1 + l_2)$ Bits aus der Quantisierung der Wertepaare $\tilde{x}_1(k)$, $\tilde{x}_2(k + \lambda)$ entsprechend (6.34) adressiert wird. Ebenso naheliegend ist die Folgerung, daß die erforderliche Datenzahl jetzt mit dem Produkt $I_1 I_2$ wächst.

Bild 6.9 zeigt zwei so bestimmte bivariate Histogramme, die für Sprachabtastwerte mit der Definition $x_1(k) \doteq x(k)$, $x_2(k) \doteq x(k + \lambda)$ gemessen wurden. Ähnliche Überlegungen, wie sie im Zusammenhang mit der zweidimensionalen Normalverteilung in Abschnitt 6.1.6 (s. Bild 6.5) durchgeführt wurden, deuten darauf hin, daß hier wegen der Kreisform der Höhenlinien für $\lambda = 6$ Dekorrelation, also $\varrho(\lambda = 6) \approx 0$ vorliegt.

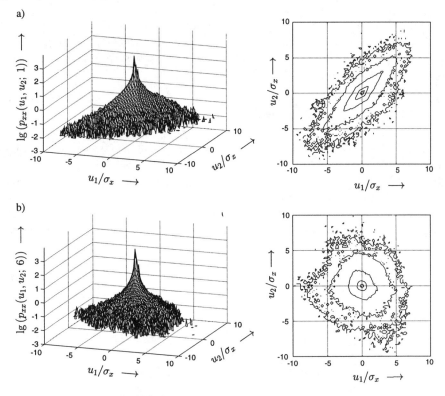

Bild 6.9: Bivariate Histogramme für Sprachsignale $x(k)$, $x(k + \lambda)$ mit
    a) $\lambda = 1$ (hohe Korrelation)
    b) $\lambda = 6$ (Dekorrelation) jeweils dreidimensional und als Höhenliniendarstellung

Die Bilder 6.8 und 6.9 belegen, daß Sprachsignale nicht als normalverteilt angesehen werden können, wie schon in Abschnitt 6.1.8 angemerkt. Offenbar lassen sie sich besser durch die im selben Kapitel angegebenen Laplace- oder (noch besser) Gamma-Verteilungen beschreiben: Beide besitzen einen exponentiellen „Häufigkeits-Abfall" zu großen Amplituden hin (vgl. (6.30)), und insbesondere die Gamma-VDF nach (6.31) modelliert durch ihre Singularität bei $u = 0$ die hohe Pausenhäufigkeit gesprochener Sprache.

6.2.2 Zeitmittelwerte, Ergodizität, Schätzung

In Abhängigkeit von einem (stochastischen oder deterministischen) Zeitsignal $x(k)$ definieren wir als allgemeinen *Kurzzeitmittelwert* die Größe

$$< f[x(\kappa)] >_k^N \doteq \frac{1}{N} \sum_{\kappa=k-N+1}^{k} f[x(\kappa)], \qquad (6.35\text{-a})$$

die sich im Zeitpunkt k aus den letzten N Signalwerten messen läßt. Sie hängt offenbar von k ab. Mißt man über die gesamte Signaldauer, so ergibt sich als Grenzwert die von k unabhängige Konstante

$$< f[x(k)] > \doteq \lim_{\substack{k \to \infty, \\ N \to \infty}} < f[x(\kappa)] >_k^N \qquad (6.36\text{-a})$$

die den *Zeitmittelwert* von $f[x(k)]$ beschreibt. Ist $f[x(k)]$ in unendlichen Grenzen summierbar, so verwenden wir anstelle von (6.35-a) die Definition der (natürlich von k abhängigen) *Kurzzeitsumme*

$$\widehat{\mathrm{E}}\{f[x(\kappa)]\} \doteq \sum_{\kappa=k-N+1}^{k} f[x(\kappa)] = N < f[x(\kappa)] >_k^N \qquad (6.35\text{-b})$$

und anstelle von (6.36-a) die konstante zeitliche (Gesamt-) Summe

$$\check{\mathrm{E}}\{f[x(k)]\} \doteq \lim_{\substack{k \to \infty, \\ N \to \infty}} \widehat{\mathrm{E}}\{f[x(\kappa)]\}. \qquad (6.36\text{-b})$$

Für zwei gemeinsam zu betrachtende Signale $x_1(k+i)$, $x_2(k+j)$ lassen sich völlig analog folgende zeitliche Meßgrößen definieren:

$$\langle g[x_1(\kappa+i), x_2(\kappa+j)]\rangle_k^N \doteq \frac{1}{N} \sum_{\kappa=k-N+1}^{k} g[x_1(\kappa+i), x_2(\kappa+j)], \qquad (6.35\text{-c})$$

$$\widehat{\mathrm{E}}\{g[x_1(\kappa+i), x_2(\kappa+j)]\} = N \langle g[x_1(\kappa+i), x_2(\kappa+j)]\rangle_k^N. \qquad (6.35\text{-d})$$

Beide hängen von den *drei* Zeitvariablen k, i und j ab.

Auch die Grenzwerte entsprechend (6.36 a,b) lassen sich hier angeben:

$$\langle g\left[x_1(\kappa+i), x_2(\kappa+j)\right]\rangle \doteq \lim_{\substack{k\to\infty,\\ N\to\infty}} \langle g\left[x_1(\kappa+i), x_2(\kappa+j)\right]\rangle_k^N, \qquad (6.36\text{-c})$$

$$\check{\mathrm{E}}\left\{g\left[x_1(\kappa+i), x_2(\kappa+j)\right]\right\} = \lim_{\substack{k\to\infty,\\ N\to\infty}} \widehat{\mathrm{E}}\left\{g\left[x_1(\kappa+i), x_2(\kappa+j)\right]\right\}. \qquad (6.36\text{-d})$$

Beide hängen nur noch von i und j ab. Bei der Behandlung der Spektralanalyse waren derartige Mittel- bzw. Summenwerte bereits mehrfach aufgetreten (vgl. Abschnitte 4.1.1, 4.2.2). Die „Funktionen $f[x(k)]$" bestanden dort aus einer Signalfensterung, verbunden mit einer Modulation. Hier interessieren diese Spektralmeßwerte auch (s. Abschnitt 6.2.5); zunächst gehen wir aber auf Messungen ein, bei denen $f[x(k)]$ bzw. $g\left[x_1(k+i), x_2(k+j)\right]$ so definiert sind wie bei der Behandlung der entsprechenden Erwartungswerte in Abschnitt 6.1.2:

$$f[x(k)] \doteq x(k)$$

in (6.35-a): linearer Kurzzeitmittelwert $\quad <x(\kappa)>_k^N \doteq \widehat{\mu}_x(k),$ \hfill (6.37-a)

in (6.36-a): linearer Zeitmittelwert $\quad <x(\kappa)> \doteq \check{\mu}_x;$ \hfill (6.38-a)

$$f[x(k)] \doteq x^2(k)$$

in (6.35-a): quadratischer Kurzzeitmittelwert $\quad <x^2(\kappa)>_k^N$ \hfill (6.37-b)

in (6.36-a): quadratischer Zeitmittelwert $\quad <x^2(\kappa)>$ \hfill (6.38-b)

$$f[x(k)] \doteq [x(k) - \widehat{\mu}_x(k)]^2$$

in (6.35-a): Kurzzeitvarianz $\quad \left\langle [x(\kappa) - \widehat{\mu}_x(k)]^2 \right\rangle_k^N \doteq \widehat{\sigma}_x^2(k)$ \hfill (6.37-c)

$$f[x(k)] \doteq [x(k) - \check{\mu}_x(k)]^2$$

in (6.36-a): zeitliche Varianz $\quad \left\langle [x(k) - \check{\mu}_x]^2 \right\rangle \doteq \check{\sigma}_x^2.$ \hfill (6.38-c)

In der Statistik interessiert die Frage, ob man anhand einer *Zeit*messung nach (6.35-a) bzw. speziell nach (6.38), d.h. durch Auswertung *einer* „Musterfunktion" $x(k)$ des Prozesses, die entsprechenden *Prozeß*kenngrößen im Sinne der Erwartungswerte nach (6.5-a) bestimmen kann.

Man bezeichnet Prozesse, bei denen

$$\langle f[x(k)]\rangle = \mathrm{E}\{f[x(k)]\} \quad \text{oder} \qquad (6.39\text{-a})$$

$$\langle g\left[x_1(k+i), x_2(k+j)\right]\rangle = \mathrm{E}\{g\left[x_1(k+i), x_2(k+j)\right]\} \qquad (6.39\text{-b})$$

gilt, dann als *ergodisch* (bezüglich *dieser* Erwartungswerte). Die Frage schließt sich an, inwiefern ein *Kurzzeit*meßwert nach (6.35-a, c) bereits eine *Näherung* für (6.39) darstellt. Die genauere Untersuchung dieser Frage führt zur Theorie der *Schätzung* statistischer Kenngrößen.

In Problemen und Anwendungen praktischer Sprachsignalverarbeitung spielen diese Dinge aber eher eine Rolle am Rande – etwa bei der Prüfung der theoretischen Grenzen der Leistungsfähigkeit eines Codierverfahrens. Üblich ist es aber sehr wohl, auf statistischer Basis (also mit Erwartungswerten, Momenten usw.) Signale und Systeme zu beschreiben und dann Kurzzeitmeßwerte einzusetzen. Mehr als die Fragen der Ergodizität oder Schätzgüte interessiert dann, ob die eigentlich interessierenden Zusammenhänge damit richtig beschrieben werden. Hierauf werden wir eingehen, ohne, wie sonst oft in der Literatur üblich, „Ergodizität annehmen" oder „Erwartungswerte durch Schätzer" mit bestimmten asymptotischen Eigenschaften ersetzen zu wollen.

6.2.3 Zeitliche Momente, zeitliche Korrelation

Den statistischen Momenten μ_x, $\overline{x^2}$ und σ_x^2 nach (6.5 b-d) entsprechen die eben angegebenen (Kurz-) Zeitmittelwerte nach (6.37) und (6.38). Anstelle von (6.5-e) gilt hierfür

$$\hat{\sigma}_x^2(k) = \langle x^2(\kappa)\rangle_k^N - \hat{\mu}_x^2(k) \quad \text{bzw.} \tag{6.37-d}$$

$$\check{\sigma}_x^2 = \langle x^2(k)\rangle - \check{\mu}_x^2. \tag{6.38-d}$$

Offenbar stellen $\check{\mu}_x$, $\langle x^2(k)\rangle$ und $\check{\sigma}_x^2$ den Gleichanteil sowie die mittlere Leistung mit und ohne den Gleichanteil des Signals dar. Die Größen gemäß (6.35-b) und (6.36-b)

$$\widehat{\mathrm{E}}\left\{x^2(\kappa)\right\} = \sum_{\kappa=k-N+1}^{k} x^2(\kappa) \quad \text{bzw.} \tag{6.39-a}$$

$$\check{\mathrm{E}}\left\{x^2(k)\right\} = \sum_{k=-\infty}^{\infty} x^2(k) \tag{6.39-b}$$

geben die Kurzzeitenergie bzw. die Gesamtenergie an.

Energie und Leistung haben zu tun mit den folgenden Produkt-Mittelwerten, die sich nach (6.35-c), (6.36-c) definieren und in Anlehnung an die passenden Erwartungswerte aus Abschnitt 6.1.2 bezeichnen lassen:

$$g\left[x_1(k+i), x_2(k+j)\right] \doteq x_1(k+i)x_2(k+j) \tag{6.40-a}$$

Kurzzeit-Kreuzkorrelation

$$\widehat{\varphi}_{x_1 x_2}(k, i, j) = \frac{1}{N} \sum_{\kappa = k-N+1}^{k} x_1(\kappa + i)\, x_2(\kappa + j), \qquad (6.40\text{-b})$$

speziell für $x_2(k) = x_1(k) \doteq x(k)$:

$$g\left[x(k+i), x(k+j)\right] \doteq x(k+i) x(k+j) \qquad (6.40\text{-c})$$

Kurzzeit-Autokorrelation

$$\widehat{\varphi}_{xx}(k, i, j) = \frac{1}{N} \sum_{\kappa = k-N+1}^{k} x(\kappa + i)\, x(\kappa + j). \qquad (6.40\text{-d})$$

Mit den Grenzübergängen ($k \to \infty$, $N \to \infty$) werden daraus die nur von i und j abhängigen zeitlichen Korrelationen bzw. Kovarianzen $\breve{\varphi}_{x_1 x_2}(i,j)$ und $\breve{\varphi}_{xx}(i,j)$.

Die Deutung dieser Meßgrößen als „Ähnlichkeitsmaß" verschobener Signale gilt wie im Fall der Erwartungswerte in Abschnitt 6.1.2. Auch einige wichtige Eigenschaften gelten weiter: Mit (6.40-d) und (6.37-b) gilt

$$\widehat{\varphi}_{xx}(k, 0, 0) \;=\; \frac{1}{N} \sum_{\kappa = k-N+1}^{k} x^2(\kappa) \;=\; \langle x^2(\kappa)\rangle_k^N \;=\; \widehat{\sigma}_x^2(k) + \widehat{\mu}_x^2(k), \qquad (6.41\text{-a})$$

d.h.: Die Kurzzeit-Autokorrelation bei $i = j = 0$ ist gleich der mittleren Kurzzeit-Leistung des betrachteten Signalstückes.

Dieser Zusammenhang gilt auch im Grenzübergang:

$$\breve{\varphi}_{xx}(0,0) \;=\; \langle x^2(k) \rangle \;=\; \breve{\sigma}_x^2 + \breve{\mu}_x^2. \qquad (6.41\text{-b})$$

Insgesamt ist (6.41) als Äquivalent zu (6.7-b) zu sehen. Die in (6.7 c-f) festgehaltenen weiteren wichtigen Eigenschaften der Prozeß-Korrelation lassen sich auf die Zeitmittelwerte nur eingeschränkt übertragen.

Mit (6.40-b) erhält man im Grenzübergang mit den Substitutionen $\kappa + i \doteq \nu$, $j - i \doteq \lambda$

$$\begin{aligned}
\breve{\varphi}_{xx}(i,j) &= \lim_{\substack{k \to \infty \\ N \to \infty}} \left\{ \frac{1}{N} \sum_{\nu = k-N+1+i}^{k+i} x(\nu) x(\nu + \lambda) \right\} \\
&= \lim_{\substack{k \to \infty \\ N \to \infty}} \left\{ \widehat{\varphi}_{xx}(k+i, 0, \lambda) \right\} \\
&= \breve{\varphi}_{xx}(0, \lambda) \;:=\; \breve{\varphi}_{xx}(\lambda) \qquad \forall\ i.
\end{aligned} \qquad (6.42)$$

6.2 Messung statistischer Kenngrössen

In *diesem* Fall können wir zu der vom Erwartungswert im stationären Fall gewohnten Schreibweise einer nur von der Differenz $\lambda = i-j$ abhängigen Korrelationsfolge übergehen.

Für diese Folge gelten nun auch wieder die Symmetrie- und Maximalwertaussagen entsprechend (6.7).

Ohne Grenzübergang gelten solche Aussagen *i.a. nicht*. Bild 6.10 verdeutlicht das – und zeigt andererseits einen *Sonderfall*, in dem dann *doch* analog zu (6.42) gilt

$$\widehat{\varphi}_{xx}(k,i,j) \;=\; \widehat{\varphi}_{xx}(k,0,\lambda), \tag{6.43-a}$$

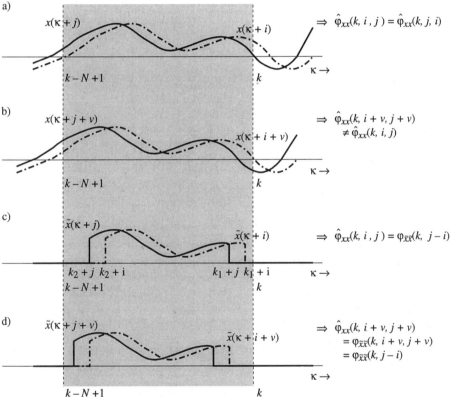

Bild 6.10: Verschobene Signale (k kennzeichnet den Meßzeitpunkt)
  a) $x(\kappa+i)$, $x(\kappa+j)$ und
  b) $x(\kappa+i+\nu)$, $x(\kappa+j+\nu)$ für $j > i$, $\nu > 0$ und resultierende Messungen der Kurzzeit-Autokorrelation; vorab „gefensterte" Signale
  c) $\widetilde{x}(\kappa+i)$, $\widetilde{x}(\kappa+j)$
  d) $\widetilde{x}(\kappa+i+\nu)$, $\widetilde{x}(\kappa+i+\nu)$ und resultierende Messungen in diesem Fall

mit wiederum eingeschlossener Gültigkeit von Aussagen äquivalent zu (6.7-c) – (6.7-f): Gezeigt ist zunächst in Bild 6.10-a, daß $x(\kappa + i)$ und $x(\kappa + j)$ natürlich in ihrer Reihenfolge vertauscht werden können, ohne daß sich das Meßergebnis ändert. Danach gilt stets

$$\widehat{\varphi}_{xx}(k,i,j) = \widehat{\varphi}_{xx}(k,j,i). \tag{6.43-b}$$

Zusammen mit Bild 6.10-b zeigt diese Skizze aber, daß eine gemeinsame Verschiebung, d.h. der Übergang zu $(i + \nu)$ und $(j + \nu)$, *andere* Signalteile im Summationsfenster erscheinen läßt. Damit sind Autokorrelation und Autokovarianz nicht nur vom Abstand $\lambda = j - i$ abhängig.

In Bild 6.10-c, d sind dieselben Messungen veranschaulicht für ein Signal $\tilde{x}(\kappa)$, das a priori *nach* dem Zeitpunkt $k - N + 1$ beginnt und *vor* dem Meßzeitpunkt k endet. Wenn die Begrenzungen k_1 und k_2 dieses endlich langen Signals so liegen, daß bei allen interessierenden Verschiebungen i, j stets alle überlappenden Signalanteile innerhalb des Meßfensters $\{k - N + 1, \ldots, k\}$ bleiben, dann ist der endliche Summationsbereich einem unendlich großen gleichwertig. Wie im Falle des Grenzübergangs $(k \to \infty, N \to \infty)$ gilt dann neben (6.41-b)

$$\widehat{\varphi}_{xx}(k,i+\nu,j+\nu) = \widehat{\varphi}_{xx}(k,i,j) := \widehat{\varphi}_{\tilde{x}\tilde{x}}(\lambda) \quad \text{mit } \lambda = j - i. \tag{6.43-c}$$

Insbesondere gilt so in Erweiterung von (6.41-a)

$$\begin{aligned}\widehat{\varphi}_{xx}(k,i,i) &= \left\langle x^2(\kappa)\right\rangle_{k+i}^{N} = \left\langle x^2(\kappa)\right\rangle_{k}^{N} \\ &= \widehat{\varphi}_{xx}(k,0,0) := \widehat{\varphi}_{\tilde{x}\tilde{x}}(0).\end{aligned} \tag{6.43-d}$$

Für die Praxis bedeutet diese Betrachtung, daß man Kurzzeit-Korrelationen und Kurzzeit-Kovarianzen mit den Eigenschaften der entsprechenden Erwartungswerte nach (6.7) messen kann, wenn man sich *vor* der Messung auf ein begrenztes Signalstück beschränkt. Wie in Abschnitt 4.2.2 würde man dann von einer „Signalfensterung" sprechen. In Bild 6.10-c, d sind Rechteckfenster angenommen; allgemeinere Gewichtsfunktionen nach (4.13) sind aber möglich (und üblich).

Einige Anmerkungen zur Praxis und zu literaturüblichen Bezeichnungsweisen sind angebracht:

- Die Meßwerte nach Bild 6.10-a, b sind für $i > 0$ oder $j > 0$ erst erhältlich, wenn $x(k + \max(i,j))$ auch *vorliegt* – also $\max(i,j)$ Takte nach dem „Beobachtungspunkt" $\kappa = k$. Diese Art der Messung bedingt eine Verzögerung der Meßauswertung um den größten interessierenden Wert von i oder j.

- Die Resultate gemäß Bild 6.10-c, d werden unabhängig von den Absolutwerten i und j; als Parameter bleibt nur die Verschiebung λ. Damit erhält man Meßwerte, die formal den Erwartungswerten $\varphi_{xx}(\lambda)$ eines *stationären* Prozesses entsprechen.

Messungen nach Bild 6.10-a, b dagegen führen stets auf von i und j abhängige Ergebnisse, wie man sie bei Erwartungswertbildung im *instationären* Fall kennt.
Man bezeichnet die beiden Meßtechniken daher gelegentlich (eigentlich etwas irreführend) als „stationäres" und „instationäres Verfahren". Darüber hinaus findet man für den „instationären" Fall der AKF- (oder Auto-Kovarianz-) Messung die Kennzeichnung als „KKF- (bzw. Kreuz-Kovarianz-) Technik". Der Grund liegt im Verlust der λ-Symmetrie (vgl. (6.9)!) durch die Behandlung zweier *unterschiedlicher* Signalausschnitte im Meßfenster.

- Nicht schlüssig, aber in der Literatur üblich ist die Unterscheidung in eine „Korrelations-" und eine „Kovarianzmethode" für die Messung mit bzw. ohne Vorabfensterung. Gelegentlich werden wir auch diese Bezeichnung übernehmen.

- In die Messungen nach Bild 6.10-a, b gehen jeweils N Produkte ein. Dagegen sinkt die Anzahl beteiligter Werte in Bild 6.10-c, d mit wachsender Differenz $|\lambda| = |j - i|$. Um „vernünftige" Einzelwerte $\widehat{\varphi}_{\tilde{x}\tilde{x}}(\lambda)$ zu erhalten, muß man daher die Ausschnittlänge $(k_1 - k_2) a$ priori groß genug gegenüber der maximal interessierenden Verschiebungsdifferenz wählen.
  Zudem sollte man in diesem Fall die ungünstigen Auswirkungen einer Vorabbegrenzung durch die Multiplikation des Signalstückes $\tilde{x}(\kappa)$ mit einer Fensterfunktion nach (4.13) mildern.

- Im Falle vorab zeitbegrenzter Signale entsprechend Bild 6.10-c, d enthält der Meßwert $\widehat{\varphi}_{\tilde{x}\tilde{x}}(\lambda)$ in (6.43-c) stets endlich viele Summanden. Man kann daher die sonst durchgeführte und im Grenzübergang (6.42) nötige Division durch N weglassen und als AKF des Signals $\tilde{x}(k)$ (mit seiner begrenzten Gesamtenergie) mit gleichem Formelzeichen definieren entsprechend (6.36-d)

$$\widehat{\varphi}_{\tilde{x}\tilde{x}}(\lambda) = \widehat{\mathrm{E}}\{\tilde{x}(k)\,\tilde{x}(k+\lambda)\}. \tag{6.43-e}$$

Diese Definition läßt sich auch generell für Signale beschränkter Energie verwenden („Energiesignale", [Lüke-75]).

6.2.4 Zeitliche Korrelations- und Kovarianzmatrizen

Wie aus den entsprechenden Erwartungswerten lassen sich aus zeitlich bestimmten Korrelationswerten Matrizen der Art (6.14) aufbauen. Hier interessiert besonders der Fall der Autokorrelationsmatrix entsprechend (6.15). Als Kurzzeit-Autokorrelationsmatrix bezeichnen wir

$$\widehat{\mathbf{R}}_{xx} \doteq [\widehat{\varphi}_{xx}(k,i,j)]_{n \times n} = \widehat{\mathbf{R}}_{xx}^T. \tag{6.44}$$

Die Matrizensymmetrie folgt aus (6.43-b). Auf der Hauptdiagonalen stehen zunächst von k *und* i abhängige Kurzzeitleistungen. Der Vergleich mit (6.15) sowie

(6.16) zeigt, daß damit Eigenschaften vorliegen wie bei den entsprechenden Erwartungswertmatrizen im *instationären* Fall.

Durch die Verwendung vorab geeignet begrenzter Signalsegmente $\tilde{x}(k)$ kommen die eben diskutierten Eigenschaften hinzu, die auch bei zeitlich unbegrenzter Messung beobachtet werden: Die Hauptdiagonalelemente hängen nicht mehr von i ab, und wegen (6.42) sowie (6.43-c) entstehen wie bei Verwendung der Erwartungswerte im *stationären* Fall symmetrische (und positiv definite) Toeplitz-Matrizen:

$$[\widehat{\varphi}_{xx}(k, i-1, j-1)]_{n \times n} := [\widehat{\varphi}_{\tilde{x}\tilde{x}}(|i-j|)]_{n \times n} \doteq \mathbf{R}_{\tilde{x}\tilde{x}} = \mathbf{R}_{\tilde{x}\tilde{x}}^T \qquad (6.45)$$

(vgl. (6.17)).

6.2.5 Kurzzeitspektren

Wie die entsprechenden Erwartungswerte kann man nun auch die zeitlichen Korrelationen und Kovarianzen einer Spektraltransformation unterwerfen und so Leistungsdichtespektren bestimmen (vgl. Abschnitt 6.1.6). Dazu dürfen die zu transformierenden Folgen nur von *einer* Differenzverschiebung λ entsprechend (6.4) bzw. $\lambda = j - i$ in (6.45) abhängen, wie das im stationären Fall der Erwartungswertbildung auch gilt.

Damit sind zeitliche LDS-Angaben nur ausgehend von unendlich lang gemittelten Korrelationen und Kovarianzen möglich – oder ausgehend von Kurzzeitmessungen auf der Basis der oben erwähnten „stationären Meßmethode" (vgl. Bild 6.10-c, d).

Als Transformationen kommen prinzipiell wieder z-, Fourier- und Diskrete Fourier-Transformation in Frage. Hier interessiert nun natürlich besonders die Spektraldarstellung einer praktisch gemessenen, punktweise vorliegenden Folge. Auch (und gerade) bei („unendlich") großer Meßzeit pro λ-Wert wird man stets die Zahl der Verschiebungen (*lags*) begrenzen müssen; die zu transformierende Größe ist also stets „gefenstert", u.U. auch explizit mit einer Fensterfolge $h(\lambda)$ (*lag window*) ganz entsprechend (4.13) multipliziert. Demnach bietet sich für die praktische LDS-Messung die DFT, für deren Ausführung die FFT an.

Es liegt andererseits bei der Kurzzeitmessung nahe, ein zeitbegrenztes Signalstück $\{x_k(\kappa), \kappa \in \{0, 1, \ldots, M-1\}\}$ nach (4.10) unmittelbar einer DFT zu unterziehen und das LDS durch Betragsquadrieren der Resultate zu „schätzen". Man bezeichnet das „Kurzzeit-Auto-LDS"

$$|X_\mu(k)|^2 \doteq \mathrm{DFT}\{x_k(\kappa)\} \, \mathrm{DFT}^*\{x_k(\kappa)\} \qquad (6.46)$$
$$= \mathrm{DFT}\{x_k(\kappa)\} \, \mathrm{DFT}\{x_k(M-\kappa)\}, \quad \mu = \{0, 1 \ldots, M-1\},$$

oft als Periodogramm. Ein Kurzzeit-Kreuz-LDS läßt sich entsprechend durch Produktbildung schätzen:

$$X_{1\mu}^*(k) \, X_{2\mu}(k) = \mathrm{DFT}^*\{x_{1k}(\kappa)\} \, \mathrm{DFT}\{x_{2k}(\kappa)\}. \qquad (6.47)$$

Interessant ist die Interpretation dieser Spektren im Sinne der hier ja eigentlich interessierenden Transformationen von Korrelationen. Dazu verhilft die Rücktransformation in den Zeitbereich.

Die inverse DFT des Periodogramms (6.46) liefert gemäß (3.8 a,b)

$$\frac{1}{M} \sum_{\mu=0}^{M-1} |X_\mu(k)|^2 \, w_M^{-\mu\lambda} = \frac{1}{M} \sum_{\mu=0}^{M-1} \sum_{\kappa=0}^{M-1} \sum_{\nu=0}^{M-1} x_k(\nu) \, x_k(\kappa) \, w_M^{\mu(\nu-\kappa-\lambda)}.$$

Wegen der Summenorthogonalität von $w_M^{\mu i} = e^{-j\mu i \frac{2\pi}{M}}$ gemäß (3.11-f) folgt

$$\text{IDFT}\{|X_\mu(k)|^2\} = \sum_{\kappa=0}^{M-1} x_k(\kappa) \, x_k(\kappa+\lambda)_{\bmod M} \doteq \varrho(k,\lambda), \qquad (6.48\text{-a})$$

für $\lambda \in \{0, 1, \ldots, M-1\}$ und wegen der impliziten Periodizität der IDFT

$$\varrho(k,\lambda) = \varrho(k, \lambda + rM), \quad r \in \mathbb{Z}. \qquad (6.48\text{-b})$$

Bis auf die Periodizität (und einen Vorfaktor $\frac{1}{M}$) scheint $\varrho(k, \lambda)$ mit der Kurzzeit-AKF $\widehat{\varphi}_{\tilde{x}\tilde{x}}(\lambda)$ übereinzustimmen. Der genaue Vergleich von (6.36-c), (6.40-d) mit (6.48-a) zeigt aber, daß sich *schon bei der Berechnung* von $\varrho(k, \lambda)$ die DFT-Periodizität auswirkt: Das verschobene Signalstück $x_k(\kappa + \lambda)$ geht nach (3.14) *zyklisch* in (6.48-a) ein!

Eine solche „zyklische Korrelationsrechnung" liefert *näherungsweise* dieselben Ergebnisse wie die „lineare Korrelation", wenn $x_k(\kappa)$ „schnell genug abfällt" – oder exakt, wenn das *Signal*fenster $h(k)$ in (4.10) so gewählt ist, daß durch

$$h(k) = \begin{cases} \text{beliebig} & \text{für} \quad k \in \{0, 1, \ldots, \frac{M}{2} - 1\}, \\ 0 & \text{für} \quad k \in \{\frac{M}{2}, \ldots, M - 1\} \end{cases}$$

$x_k(\kappa)$ auf $\frac{M}{2}$ Werte begrenzt und durch $\frac{M}{2}$ Nullen zur DFT-Länge M ergänzt wird („*zero padding*"). Dann gilt

$$\varrho(k,\lambda) = M \, \widehat{\varphi}_{\tilde{x}\tilde{x}}(\lambda) \, |_{k_1 = k - \frac{M}{2} + 1, k_2 = k, N = M} \, . \qquad (6.49)$$

Völlig analog findet man zu (6.47) die „zyklische Kreuzkorrelierte"

$$\varrho_{12}(k,\lambda) = \varrho_{12}(k, \lambda + rM) \doteq \sum_{\kappa=0}^{M-1} x_{1k}(\kappa) \, x_{2k}\big([\kappa+\lambda]_{\bmod M}\big), \qquad (6.49\text{-a})$$

die bei geeigneter Signalbegrenzung und *zero padding* vor der DFT-Berechnung bis auf einen Faktor $\frac{1}{M}$ mit der Kurzzeit-KKF der „stationären Methode" gemäß (6.36-c), (6.40-b) übereinstimmt:

$$\varrho_{12}(k,\lambda) = M \, \widehat{\varphi}_{\tilde{x}_1 \tilde{x}_2}(\lambda). \qquad (6.49\text{-b})$$

Bild 6.11 zeigt die Ergebnisse von LDS- und AKF-Messungen mit Hilfe von

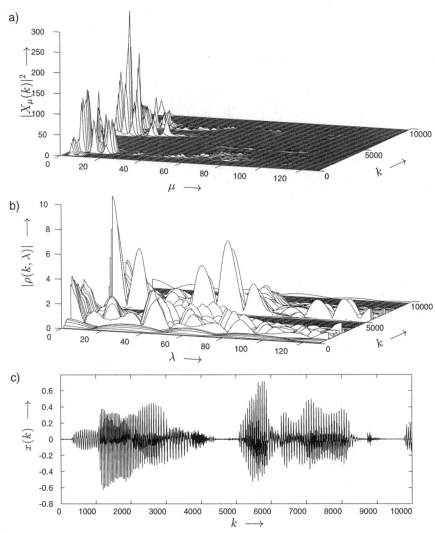

Bild 6.11: a) Periodogramme und
  b) daraus ermittelte AKF-Verläufe in Abhängigkeit vom Meßzeitpunkt k
  c) zugehöriges Sprachsignal $x(\kappa)$

Periodogrammen in einer jeweils dreidimensionalen Darstellung, nämlich zum einen $|X_\mu(k)|^2$ über der (μ, k)-Ebene, zum anderen $|\varrho(k, \lambda)|$ über der (k, λ)-Ebene. Das zugrundeliegende Sprachsignal ist ebenfalls wiedergegeben.

Kapitel 7

Lineare Prädiktion

7.1 Zugrundeliegendes Modell und Kurzzeitprädiktion

Ausgangspunkt für die folgenden Überlegungen ist das in Abschnitt 2.2 entwickelte zeitdiskrete Modell zur Erzeugung von Sprachsignalen nach Bild 7.1.

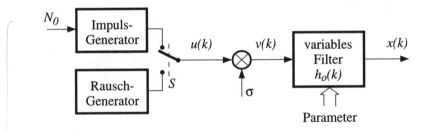

Bild 7.1: Zeitdiskretes Modell der Spracherzeugung

Das an sich zeitvariable Sprechtraktfilter wird zunächst als zeitinvariant behandelt. Es besitzt die Impulsantwort $h_0(k)$ und wird mit dem Signal

$$v(k) = \sigma u(k) \tag{7.1}$$

angeregt, wobei der Verstärkungsfaktor σ die Amplitude bzw. die Leistung des Anregungssignals $v(k)$ bestimmt.

Zur Synthese _stimmhafter_ Abschnitte wird eine periodische Impulsfolge

$$u(k) = \sum_{i=-\infty}^{+\infty} \gamma_0(k - iN_0) \tag{7.2}$$

mit der Periode N_0 und zur Synthese _stimmloser_ Abschnitte ein weißes Rauschsignal $u(k)$ mit der Varianz

$$\sigma_u^2 = 1 \tag{7.3}$$

verwendet.

Im allgemeinen Fall ist der Zusammenhang zwischen dem Anregungssignal $v(k)$ und dem Ausgangssignal $x(k)$ im Zeitbereich durch die Differenzengleichung

$$x(k) = \sum_{i=0}^{m} b_i\, v(k-i) - \sum_{i=1}^{m} c_i\, x(k-i) \tag{7.4}$$

gegeben. Das Ausgangssignal $x(k)$ entsteht durch Linearkombination des momentanen Anregungswertes $v(k)$ und seiner m Vorläufer $v(k-i)$ $(i=1,2,\ldots m)$ sowie rekursiv aus m früheren Ausgangswerten. Dem entspricht im Frequenzbereich die Übertragungsfunktion

$$H(z) = \frac{B(z)}{C(z)} = \frac{\sum_{i=0}^{m} b_{m-i}\, z^i}{\sum_{i=0}^{m} c_{m-i}\, z^i} \tag{7.5}$$

Sie hat mit $\alpha_\nu := b_{m-\nu}$, $\beta_\nu := c_{m-\nu}$ und damit $c_0 = 1$ die in (4.33) eingeführte Form eines allgemeinen rekursiven Digitalfilters.

Je nach Wahl dieser Koeffizienten sind folgende Signalmodelle zu unterscheiden:

a) **Pol-Nullstellen-Modell**

Der allgemeine Fall wird durch die Gleichungen (7.4) und (7.5) erfaßt. Er wird Pol-Nullstellen-Modell oder auf Englisch _autoregressive moving-average model_ (ARMA-Modell) genannt.

b) Nullstellen-Modell

Für $c_i \equiv 0$ $(i = 1, 2, \ldots m)$ wird das Filter rein nichtrekursiv, d.h. es gilt im Zeitbereich

$$x(k) = \sum_{i=0}^{m} b_i \, v(k-i) \qquad (7.6\text{-a})$$

bzw. im Frequenzbereich

$$H(z) = \frac{B(z)}{z^m} . \qquad (7.6\text{-b})$$

Die Übertragungsfunktion wird ausschließlich durch ihre Nullstellen bestimmt. In der englischsprachigen Literatur wird dieses Modell als *all-zero-model* oder als *moving-average model* (MA-Modell) bezeichnet.

c) Polstellen-Modell

Mit $b_i \equiv 0$ $(i = 1, 2, \ldots m)$ entsteht ein rekursives Filter gemäß

$$x(k) = b_0 \, v(k) - \sum_{i=1}^{m} c_i \, x(k-i) \qquad (7.7\text{-a})$$

bzw.

$$H(z) = b_0 \, \frac{z^m}{C(z)} . \qquad (7.7\text{-b})$$

Das Filter besitzt, abgesehen von der m-fachen Nullstelle bei $z = 0$, nur Pole. Es wird daher auch als *Allpol-Modell* bezeichnet. In der Signaltheorie wird wegen (7.7-a) der Begriff *Autoregressiver Prozeß* bzw. *AR-Prozeß* verwendet. Dieser Prozeß entspricht dem Modell der Spracherzeugung nach Abschnitt 2.2, wobei der Nasal-Trakt, das Glottis- und das Lippen-Filter nicht berücksichtigt werden. Zwar wäre unter Berücksichtigung des Nasal-Traktes strenggenommen ein Pol-Nullstellen-Modell zu verwenden, dennoch wird das Allpol-Modell im Zusammenhang mit der Synthese und Codierung von Sprachsignalen mit großem Erfolg genutzt.

Dies ist durch nachfolgende Überlegungen (z.B. [Deller, Proakis, et al.-93]) zu begründen.

Betrachtet wird zunächst das allgemeine Pol-Nullstellen-Filter nach (7.5), von dem angenommen wird, daß es kausal und stabil sei. In der z-Ebene liegen damit die

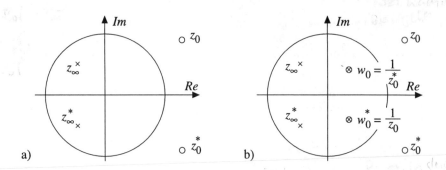

Bild 7.2: Pol-Nullstellen Diagramm
a) Ursprüngliches Filter
b) Aufspaltung in minimalphasiges Filter und Allpaß

Polstellen innerhalb des Einheitskreises, während Nullstellen auch außerhalb des Einheitskreises liegen können. Eine solche Situation ist in Bild 7.2-a für zwei Pol-Nullstellen-Paare dargestellt.

Die Übertragungsfunktion $H(z)$ läßt sich in diesem Fall in einen minimalphasigen Anteil $H_{\min}(z)$ und eine Allpaß-Übertragungsfunktion $H_{\mathrm{Ap}}(z)$ gemäß

$$H(z) = H_{\min}(z)\, H_{\mathrm{Ap}}(z) \tag{7.8}$$

aufspalten. Dazu werden zunächst die außerhalb des Einheitskreises liegenden Nullstellen z_0 und z_0^* nach innen gespiegelt und, wie in Bild 7.2-b dargestellt, durch Polstellen in gleicher Lage kompensiert. Bei $z = w_0$ und $z = w_0^*$ liegen jeweils sowohl eine Nullstelle als auch eine Polstelle. Dem minimalphasigen Anteil werden die beiden Nullstellen

$$w_0 = \frac{1}{z_0^*} \quad \text{und} \quad w_0^* = \frac{1}{z_0} \tag{7.9}$$

zugeordnet gemäß

$$H_{\min}(z) = \frac{(z - w_0)(z - w_0^*)}{(z - z_\infty)(z - z_\infty^*)}. \tag{7.10}$$

Die beiden außerhalb des Einheitskreises liegenden Nullstellen sowie die beiden Polstellen bei w_0 und w_0^* werden in der Übertragungsfunktion des Allpasses

$$H_{\mathrm{Ap}}(z) = \frac{(z - z_0)(z - z_0^*)}{(z - w_0)(z - w_0^*)} \tag{7.11}$$

zusammengefaßt, wobei gilt

$$\left| H_{\mathrm{Ap}}(z = e^{j\Omega}) \right| = \text{konst.} \tag{7.12}$$

Für die Sprachsynthese genügt es, lediglich den minimalphasigen Anteil zu realisieren, da das Ohr gegenüber der durch den Allpaß hervorgerufenen Veränderung der Phase weitgehend unempfindlich ist (s. Abschnitt 2.3).

Damit ist zunächst gezeigt, daß für das Modell der Sprachsynthese nach Bild 7.1 ein minimalphasiges Pol-Nullstellen-Filter verwendet werden kann. Daraus ergeben sich zwei wichtige Konsequenzen:

1. Da die Pole und Nullstellen innerhalb des Einheitskreises liegen, existiert ein stabiles inverses Filter mit

$$H_{\min}^{-1}(z) = \frac{1}{H_{\min}(z)}. \tag{7.13}$$

Die durch den Sprechtrakt hervorgerufene Filterung läßt sich demnach prinzipiell durch inverse Filterung des Sprachsignals rückgängig machen, so daß sich das Anregungssignal des Sprechtraktes zurückgewinnen läßt.

2. Jedes minimalphasige Pol-Nullstellen-Filter kann exakt durch ein Allpol-Filter mit unendlich hohem Grad dargestellt werden und durch ein Filter m-ten Grades approximiert werden (z.B. [Marple-87]). Dadurch ist die Verwendung eines Allpol-Filters für die Sprachsynthese zu begründen.

Diese beiden Feststellungen sind für die Synthese und Codierung von Sprachsignalen von praktischer Bedeutung.

Im Einklang mit den Überlegungen aus Abschnitt 2.2 wird demzufolge ein Allpol-Filter dem Modell der Spracherzeugung zugrunde gelegt. Die Koeffizienten dieses Filters lassen sich, wie nachfolgend gezeigt wird, mit der Technik der linearen Prädiktion im Sinne einer Systemidentifikation bestimmen. Diese Prädiktion impliziert die angesprochene inverse Filterung des Sprachsignals $x(k)$, so daß neben den Filterparametern ein dem Modell nach Bild 7.1 entsprechendes Anregungssignal $v(k)$ zum Zwecke der Synthese oder Codierung gewonnen werden kann.

Die Modellvorstellung, die durch die Differenzengleichung (7.7-a) formuliert wird, zeigt, daß aufeinanderfolgende Abtastwerte $x(k)$ aufgrund der Filterung eine statistische Abhängigkeit aufweisen. Nach (7.7-a) wird der Abtastwert $x(k)$ bei gegebenen Koeffizienten c_i bis auf die sog. *Innovation* $v(k)$ durch die vorhergehenden Abtastwerte $x(k-1)$, $x(k-2)$, ... $x(k-m)$ bestimmt. Es muß daher möglich sein, den aktuellen Abtastwert $x(k)$ aus zurückliegenden Abtastwerten durch gewichtete Linearkombination zu schätzen bzw. weitgehend vorherzusagen.

Da die „wahren" Modellkoeffizienten c_i nicht bekannt sind, wird unter Berücksichtigung von (7.7-a) folgende Schätzung mit noch zu bestimmenden Koeffizienten a_i ($i = 1, 2, \ldots n$) angesetzt:

$$\hat{x}(k) = \sum_{i=1}^{n} a_i \, x(k-i) \,. \tag{7.14}$$

Diese Form der Schätzung wird auch als lineare Prädiktion und die Differenz

$$d(k) \doteq x(k) - \hat{x}(k) \quad (7.15)$$

als Prädiktionsfehlersignal bezeichnet.

Die Prädiktionsaufgabe und die Bildung des Fehlersignals lassen sich, wie in Bild 7.3 dargestellt, durch nichtrekursive Filterung des Signals $x(k)$ beschreiben.

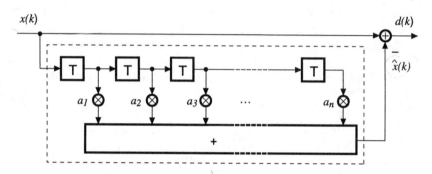

Bild 7.3: Lineare Prädiktion mit einem nichtrekursiven Filter vom Grad n

Unter Berücksichtigung von (7.7-a) gilt für $n = m$ und $b_0 = 1$

$$\begin{align}
d(k) &= x(k) - \hat{x}(k) & (7.16\text{-a}) \\
&= v(k) - \sum_{i=1}^{m} c_i\, x(k-i) - \sum_{i=1}^{m} a_i\, x(k-i) & (7.16\text{-b}) \\
&= v(k) - \sum_{i=1}^{m} \left(c_i + a_i\right) x(k-i) \,. & (7.16\text{-c})
\end{align}$$

Falls es gelingt, die Prädiktorkoeffizienten a_i derart einzustellen, daß gilt

$$a_i = -c_i, \quad (7.17\text{-a})$$

so folgt

$$d(k) = v(k). \quad (7.17\text{-b})$$

In diesem Fall bewirkt die Prädiktion eine zum Sprechtraktfilter (s. Bild 7.1) inverse Filterung. Geeignete Ansätze zur Berechnung der Prädiktorkoeffizienten werden nachfolgend behandelt.

7.2 Optimale Prädiktorkoeffizienten bei Stationarität

Die Prädiktorkoeffizienten a_i ($i = 1, 2, \ldots n$) sollen im Sinne des minimalen mittleren quadratischen Prädiktionsfehlers optimiert werden:

$$E\{d^2(k)\} \stackrel{!}{=} \min . \tag{7.18}$$

Vereinfachend wird zunächst vorausgesetzt, daß die unbekannten Koeffizienten c_i des Modellfilters bzw. die Impulsantwort $h_0(k)$ zeitinvariant sind und daß der Grad $m = n$ bekannt ist. Weiterhin wird ein reelles, stationäres, unkorreliertes und mittelwertfreies Anregungssignal $v(k)$ (weißes Rauschen) angenommen.

Im Zusammenhang mit der Minimierung der Leistung des Prädiktionsfehlers sind die Autokorrelationsfunktionen der Folgen $v(k)$ und $x(k)$ sowie deren Kreuzkorrelierte von Interesse. Es gilt nach Abschnitt 6.1.2 und 6.1.3:

$$\varphi_{vv}(\lambda) = E\{v(k)\,v(k\pm\lambda)\} = \begin{cases} \sigma_v^2 & \text{für } \lambda = 0 \\ 0 & \text{für } \lambda = \pm 1, \pm 2, \ldots \end{cases} \tag{7.19}$$

$$\varphi_{xx}(\lambda) = E\{x(k)\,x(k\pm\lambda)\} = \sigma_v^2 \sum_{i=0}^{\infty} h_0(i)\,h_0(i\pm\lambda) \tag{7.20}$$

$$\varphi_{vx}(\lambda) = E\{v(k)\,x(k+\lambda)\} = E\left\{\sum_{i=0}^{\infty} h_0(i)\,v(k+\lambda-i)\,v(k)\right\} \tag{7.21-a}$$

$$= \sum_{i=0}^{\infty} h_0(i)\,\varphi_{vv}(\lambda-i) = h_0(\lambda)\,\sigma_v^2 . \tag{7.21-b}$$

Die partielle Ableitung des Ausdrucks gemäß (7.18) nach dem Koeffizienten a_λ ($\lambda = $ fest) liefert mit (7.14) und (7.15)

$$\frac{\partial E\{d^2(k)\}}{\partial a_\lambda} = E\left\{2\,d(k)\,\frac{\partial d(k)}{\partial a_\lambda}\right\} \quad ; \lambda = 1, 2, \ldots n \tag{7.22-a}$$

$$= E\{-2\,d(k)\,x(k-\lambda)\} \stackrel{!}{=} 0 . \tag{7.22-b}$$

Diese Optimalitätsbedingung wird für

$$a_i = -c_i \tag{7.23}$$

erfüllt, da in diesem Fall mit (7.17-b), (7.22-b) und (7.21-b) wegen der vorausgesetzten Kausalität $(h_0(-\lambda) = 0; \; \lambda = 1, 2, \ldots n)$ gilt

$$E\{-2\,d(k)\,x(k-\lambda)\} = -2\,E\{v(k)\,x(k-\lambda)\} \qquad (7.24\text{-a})$$
$$= -2\,\varphi_{vx}(-\lambda) = 0\,. \qquad (7.24\text{-b})$$

Da die Gleichung (7.22-b) nur eine Lösung besitzt, ist sie eindeutig, d.h. es gibt keine anderen Koeffizienten a_i $(i = 1, 2, \ldots n)$, die diese Bedingung erfüllen. Bei Einstellung der Koeffizienten a_i gemäß (7.22-b) gilt für das Prädiktionsfehlersignal $d(k) = v(k)$. Durch den Prädiktionsvorgang wird die Wirkung des Modellfilters, wie mit (7.17-b) bereits gezeigt, aufgehoben. Das Gesamtfilter nach Bild 7.3 mit dem Eingangssignal $x(k)$ und dem Ausgangssignal $d(k)$ ist daher als das zum Modellfilter inverse Filter bzw. auch als sog. *Weißmacher-Filter* zu interpretieren.

Unter den genannten Voraussetzungen bewirkt die Minimierung der Leistung des Prädiktionsfehlers gemäß (7.18) gleichzeitig eine Systemidentifikation, da die Koeffizienten des optimalen nichtrekursiven Prädiktors mit den Koeffizienten des rekursiven Modellfilters übereinstimmen.

Aus (7.22-b) kann unmittelbar eine explizite Berechnungsvorschrift für die Prädiktorkoeffizienten a_i entwickelt werden. Dazu wird in den Ausdruck (7.22-b) $d(k)$ bzw. $\hat{x}(k)$ nach (7.15) bzw. (7.14) eingesetzt:

$$-2\,E\{d(k)\,x(k-\lambda)\} = -2\,E\left\{\left(x(k) - \sum_{i=1}^{n} a_i\,x(k-i)\right) x(k-\lambda)\right\} \qquad (7.25\text{-a})$$
$$= -2\,\varphi_{xx}(\lambda) + 2\sum_{i=1}^{n} a_i\,\varphi_{xx}(\lambda - i) \stackrel{!}{=} 0 \qquad (7.25\text{-b})$$

Für $\lambda = 1, 2, \ldots n$ ergeben sich die sog. *Normalgleichungen* in Vektor- und Matrixschreibweise

$$\begin{pmatrix} \varphi_{xx}(1) \\ \varphi_{xx}(2) \\ \vdots \\ \varphi_{xx}(n) \end{pmatrix} = \begin{pmatrix} \varphi_{xx}(0) & \varphi_{xx}(-1) & \ldots & \varphi_{xx}(1-n) \\ \varphi_{xx}(1) & \varphi_{xx}(0) & \ldots & \varphi_{xx}(2-n) \\ \vdots & \vdots & \ldots & \vdots \\ \varphi_{xx}(n-1) & \varphi_{xx}(n-2) & \ldots & \varphi_{xx}(0) \end{pmatrix} \cdot \begin{pmatrix} a_1 \\ a_2 \\ \vdots \\ a_n \end{pmatrix} \qquad (7.25\text{-c})$$

bzw.

$$\varphi_{xx} = \mathbf{R}_{xx}\,\mathbf{a}\,. \qquad (7.25\text{-d})$$

Dabei bezeichnen φ_{xx} den Korrelationsvektor und $\mathbf{R}_{xx}$ die Korrelationsmatrix. Gemäß Abschnitt 6.1.5 ist $\mathbf{R}_{xx}$ eine symmetrische, reelwertige und damit positiv-definite Toeplitz-Matrix.

7.2 Optimale Prädiktorkoeffizienten bei Stationarität

Als Lösung der Normalgleichungen erhält man den optimalen Koeffizientenvektor

$$\mathbf{a}_{opt} = \mathbf{R}_{xx}^{-1} \boldsymbol{\varphi}_{xx} \,. \tag{7.26}$$

Die bei optimaler Einstellung der Prädiktorkoeffizienten resultierende Fehlerleistung kann geschlossen berechnet werden. Es gilt

$$\sigma_d^2 = \mathrm{E}\{(x(k) - \hat{x}(k))^2\} \tag{7.27-a}$$

$$= \mathrm{E}\{x^2(k) - 2\,x(k)\,\hat{x}(k) + \hat{x}^2(k)\} \,. \tag{7.27-b}$$

Aus der Vektorschreibweise für (7.14), (7.15) gemäß

$$\hat{x}(k) = \mathbf{a}^T \mathbf{x}(k-1)$$

mit $\mathbf{a} \doteq (a_1, a_2, \ldots a_n)^T$ und $\mathbf{x}(k-1) \doteq (x(k-1), x(k-2), \ldots x(k-n))^T$ folgt

$$\sigma_d^2 = \sigma_x^2 - 2\,\mathbf{a}^T \boldsymbol{\varphi}_{xx} + \mathbf{a}^T \mathbf{R}_{xx}\,\mathbf{a} \,. \tag{7.27-c}$$

Unter Berücksichtigung von (7.25-d) erhält man

$$\sigma_d^2 = \sigma_x^2 - \mathbf{a}^T \boldsymbol{\varphi}_{xx} \tag{7.27-d}$$

$$= \sigma_x^2 - \boldsymbol{\varphi}_{xx}^T \mathbf{R}_{xx}^{-1} \boldsymbol{\varphi}_{xx} \tag{7.27-e}$$

$$= \sigma_x^2 - \sum_{\lambda=1}^{n} a_\lambda \,\varphi_{xx}(\lambda) \,. \tag{7.27-f}$$

Das Verhältnis

$$G_p = \frac{\sigma_x^2}{\sigma_d^2} \tag{7.28}$$

wird als Prädiktionsgewinn bezeichnet. Der Prädiktionsgewinn ist ein Maß für die mittels prädiktiver Codiertechnik erzielbare Bitratenreduktion (s. Abschnitt 10.2.2). Bild 7.4 zeigt den Prädiktionsgewinn für zwei Sprachsignale mit einer Dauer von jeweils 30 Sekunden als Funktion des Prädiktorgrades n. Dabei wurde für jeden Prädiktorgrad $n = 1, 2, \ldots 30$ ein für das jeweilige gesamte Signal optimaler Koeffizientensatz nach (7.26) berechnet.

Es zeigt sich, daß der Prädiktionsgewinn ab einem Prädiktionsgrad von $n = 3 - 4$ nur noch langsam ansteigt. Der erzielbare Prädiktionsgewinn ist in gewissen Grenzen vom Sprecher abhängig.

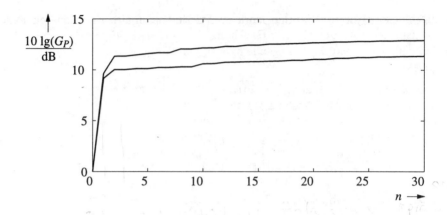

Bild 7.4: Logarithmierter Prädiktionsgewinn $10\lg\left(\sigma_x^2/\sigma_d^2\right)$ eines zeitinvarianten Prädiktionsfilters für zwei unterschiedliche Sprecher (Signaldauer 30 s, $f_A = 8\,\text{kHz}$)

7.3 Adaptive Einstellung des linearen Prädiktors

Sprachsignale sind nur über relativ kurze Zeitabschnitte mit einer Dauer von 20...400 ms als quasi-stationär zu betrachten, so daß sich die Koeffizienten des Modellfilters entsprechend schnell ändern.

Im Hinblick auf die noch zu diskutierenden Anwendungen der Prädiktionstechnik und der damit verbundenen Systemidentifikation zum Zweck der

- Spektralanalyse
- Sprachcodierung
- Spracherkennung
- Verbesserung gestörter Signale

empfiehlt es sich, die Prädiktorkoeffizienten jeweils für kurze Signalabschnitte neu zu optimieren. Dabei ist zwischen den blockorientierten und den sequentiellen Verfahren zu unterscheiden.

7.3.1 Blockorientierte Adaption

Die Optimierung der Koeffizienten a_i erfolgt jeweils für kurze Signalsegmente (auch als Blöcke oder Rahmen bezeichnet) bestehend aus N Abtastwerten. Unter Berücksichtigung der Variationsgeschwindigkeit des Sprechtraktes wird die zeitliche Blocklänge üblicherweise zu $T_B = 10...30$ ms gewählt. Bei einer Abtastfrequenz von $f_A = 8$ kHz erhält man damit $N = 80...240$ Abtastwerte pro Block.

7.3 Adaptive Einstellung des linearen Prädiktors

Für die blockorientierte Adaption kann im Prinzip der für den stationären Fall bereits diskutierte Ansatz, der zur Gleichung (7.26) führte, übernommen werden. Für den zum Zeitpunkt k_0 vorliegenden Block von Abtastwerten wird der Koeffizientenvektor

$$\mathbf{a} = (a_1, a_2, \ldots a_n)^T \doteq \mathbf{a}(k_0)$$

bestimmt. Es ergibt sich eine Differenzierung, je nachdem, ob der Zeitabschnitt, für den jeweils die Optimierung durchgeführt werden soll, auf das Eingangssignal $x(k)$ oder auf das Prädiktionsfehlersignal $d(k)$ bezogen wird. Diese Fallunterscheidung entspricht den in der Literatur vielfach verwendeten Bezeichnungen *Autokorrelationsmethode* und *Kovarianzmethode*. Etwas zutreffender wären die Bezeichnungen *Stationäre Lösung* und *Nichtstationäre Lösung* oder *Auto-* und *Kreuzkorrelationsmethode* (s.a. Abschnitt 6.2.3).

Die Unterscheidung dieser beiden Fälle wird mit Bild 7.5 veranschaulicht. Bei der sog. *Autokorrelationsmethode* (Bild 7.5-a) wird in der Grundversion aus der Folge $x(k)$ mit Hilfe eines Rechteckfensters $h(k)$ der Länge N (s. (4.13-a), (4.13-d)) ein endlicher Signalabschnitt $\tilde{x}(k)$ ausgeblendet, der die letzten N Abtastwerte bis zum Zeitpunkt k_0 enthält, gemäß

$$\tilde{x}(k) = x(k)\, h(k_0 - k). \tag{7.29}$$

Demgegenüber wird bei der sog. *Kovarianzmethode* (Bild 7.5-b) der begrenzte Abschnitt aus dem Prädiktionsfehlersignal ausgeblendet, entsprechend

$$\tilde{d}(k) = d(k)\, h(k_0 - k). \tag{7.30}$$

Diese beiden unterschiedlichen Festlegungen des zeitlich begrenzten Abschnitts führen auf die beiden angesprochenen Lösungsvarianten.

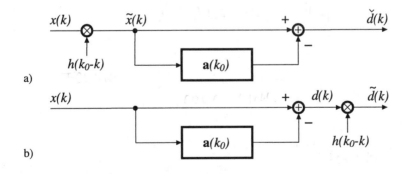

Bild 7.5: Blockadaption
    a) „Autokorrelationsmethode"
    b) „Kovarianzmethode"

7.3.1.1 Stationäre Lösung (Autokorrelationsmethode)

Das Signal $\tilde{x}(k)$ ist bezüglich der Koeffizientenoptimierung für alle Zeitpunkte k definiert. Es nimmt nur innerhalb des Fensterbereiches, d.h. für

$$k_1 = k_0 - N + 1 \leq k \leq k_0 \qquad (7.31)$$

von Null verschiedene Werte an und besitzt daher eine endliche Energie. Wegen der zeitlichen Beschränkung des Signals $\tilde{x}$ ist unter Berücksichtigung des endlichen Grades n des nichtrekursiven Prädiktors das Prädiktionsfehlersignal $\breve{d}$ auf das endliche Intervall

$$k_1 = k_0 - N + 1 \leq k \leq k_0 + n = k_2 \qquad (7.32)$$

begrenzt und besitzt ebenfalls eine endliche Energie. Demzufolge kann in Abwandlung von (7.18) zur Optimierung die Energie des Signals $\breve{d}(k)$ entsprechend (6.39-a,d) anstelle der Leistung minimiert werden:

$$\hat{\mathrm{E}}\{\breve{d}^2(k)\} = \sum_{k=k_1}^{k_2} \breve{d}^2(k) \stackrel{!}{=} \min \qquad (7.33)$$

In Analogie zur Ableitung der optimalen Lösung bei Stationarität in (7.18)-(7.26) können die für das gesamte Signal $\tilde{x}(k)$ optimalen Prädiktorkoeffizienten unmittelbar nach (7.26) berechnet werden, dabei ist lediglich der Erwartungswert

$$\varphi_{xx}(\lambda) = \mathrm{E}\{x(k)\,x(k+\lambda)\}$$

durch die für Energiesignale nach (6.43-c) definierte Kurzzeit-Autokorrelation

$$\hat{\varphi}_{\tilde{x}\tilde{x}}(\lambda) = \hat{\mathrm{E}}\{\tilde{x}(k)\,\tilde{x}(k+\lambda)\} \qquad (7.34\text{-a})$$

$$= \sum_{k=k_1}^{k_2} \tilde{x}(k)\,\tilde{x}(k+\lambda) \qquad (7.34\text{-b})$$

$$= \sum_{k=k_1+\lambda}^{k_0} x(k)\,x(k+\lambda) \qquad (7.34\text{-c})$$

zu ersetzen.

Aus Symmetriegründen gilt dabei

$$\hat{\varphi}_{\tilde{x}\tilde{x}}(+\lambda) = \hat{\varphi}_{\tilde{x}\tilde{x}}(-\lambda) \,. \qquad (7.35)$$

Mit der vereinfachenden Schreibweise

$$r_\lambda \doteq \hat{\varphi}_{\tilde{x}\tilde{x}}(\lambda)$$

und der Symmetrieeigenschaft nach (7.35) folgt für das Normalgleichungssystem nach (7.25-c)

$$\begin{pmatrix} r_1 \\ r_2 \\ r_3 \\ r_4 \\ \vdots \\ r_n \end{pmatrix} = \begin{pmatrix} r_0 & r_1 & r_2 & r_3 & \cdots & r_{n-1} \\ r_1 & r_0 & r_1 & r_2 & \cdots & r_{n-2} \\ r_2 & r_1 & r_0 & r_1 & \cdots & r_{n-3} \\ r_3 & r_2 & r_1 & r_0 & \cdots & r_{n-4} \\ \vdots & \vdots & \vdots & \vdots & \ddots & \vdots \\ r_{n-1} & r_{n-2} & r_{n-3} & r_{n-4} & \cdots & r_0 \end{pmatrix} \cdot \begin{pmatrix} a_1 \\ a_2 \\ a_3 \\ a_4 \\ \vdots \\ a_n \end{pmatrix} \qquad (7.36\text{-a})$$

bzw. nach (7.25-d)

$$\mathbf{r} = \mathbf{R}_{\tilde{x}\tilde{x}}\, \mathbf{a}\,, \qquad (7.36\text{-b})$$

wobei φ_{xx} durch $\mathbf{r}$ und $\mathbf{R}_{xx}$ durch $\mathbf{R}_{\tilde{x}\tilde{x}}$ ersetzt wird. Die Kurzzeit-Korrelationsmatrix $\mathbf{R}_{\tilde{x}\tilde{x}}$ besitzt wie die Korrelationsmatrix $\mathbf{R}_{xx}$ symmetrische Toeplitz-Form. Dies ermöglicht sehr effiziente Algorithmen zur Lösung des Gleichungssystems, wie z.B. den Levinson-Durbin-Algorithmus (s. Abschnitt 7.3.1.3).

Wegen der formalen Übereinstimmung mit der für stationäre Signale gefundenen Lösung nach (7.26) wird die Bezeichnung *stationäre Lösung* verwendet.

7.3.1.2 Instationäre Lösung (Kovarianzmethode)

Bei der sog. Kovarianzmethode wird die Energie des Fehlersignals $\tilde{d}(k)$ nach Bild 7.5 über das begrenzte Intervall der Länge N minimiert gemäß

$$\hat{\mathrm{E}}\{\tilde{d}^2(k)\} = \sum_{k=k_1}^{k_0} \tilde{d}^2(k) = \sum_{k=k_1}^{k_0} d^2(k) \stackrel{!}{=} \min. \qquad (7.37)$$

Gegenüber (7.33) ändert sich formal die obere Summationsgrenze, darüber hinaus ist zu beachten, daß jetzt das zeitlich nicht begrenzte Signal $x(k)$ am Eingang des Filters anliegt.

Unter Berücksichtigung des Zusammenhangs nach (7.14) und (7.15)

$$d(k) = x(k) - \sum_{i=1}^{n} a_i\, x(k-i) \qquad (7.38)$$

liefert die partielle Ableitung des Ausdrucks (7.37) nach einem bestimmten Koeffizienten a_λ mit Gleichung (7.38)

$$\frac{\partial \hat{\mathrm{E}}\{\tilde{d}^2(k)\}}{\partial a_\lambda} = \hat{\mathrm{E}}\left\{2\, \tilde{d}(k)\, \frac{\partial \tilde{d}(k)}{\partial a_\lambda}\right\} \quad ; \lambda = 1, 2, \ldots n \qquad (7.39\text{-a})$$

$$= \hat{\mathrm{E}}\left\{-2\,\tilde{d}(k)\,x(k-\lambda)\right\} \quad (7.39\text{-b})$$

$$= -2\sum_{k=k_1}^{k_0}\left(x(k)-\sum_{i=1}^{n}a_i\,x(k-i)\right)x(k-\lambda)\stackrel{!}{=}0\,. \quad (7.39\text{-c})$$

Daraus folgt für $\lambda = 1, 2, \ldots n$

$$\sum_{k=k_1}^{k_0} x(k)\,x(k-\lambda) \;=\; \sum_{i=1}^{n} a_i \sum_{k=k_1}^{k_0} x(k-i)\,x(k-\lambda)\,. \quad (7.40)$$

Dieses Gleichungssystem enthält bis auf einen gemeinsamen Vorfaktor $1/N$ auf beiden Seiten Kurzzeit-AKF-Meßwerte $\hat{\varphi}_{xx}(k,-i,-\lambda)$ nach (6.40-b) mit $i \in \{0, 1, \ldots n\}$ und $\lambda \in \{1, 2, \ldots n\}$ entsprechend der in Abschnitt 6.2.3 geschilderten „instationären" Meßmethode. Mit der Abkürzung

$$\hat{r}_{i,\lambda} \;\doteq\; N\,\hat{\varphi}_{xx}(k,-i,-\lambda) \;=\; \sum_{k=k_1}^{k_0} x(k-i)\,x(k-\lambda) \quad (7.41)$$

ergibt sich unter Berücksichtigung der Symmetrie

$$\hat{r}_{i,\lambda} \;=\; \hat{r}_{\lambda,i} \quad (7.42)$$

das Gleichungssystem

$$\begin{pmatrix}\hat{r}_{0,1}\\ \hat{r}_{0,2}\\ \hat{r}_{0,3}\\ \vdots\\ \hat{r}_{0,n}\end{pmatrix} = \begin{pmatrix}\hat{r}_{1,1} & \hat{r}_{1,2} & \hat{r}_{1,3} & \cdots & \hat{r}_{1,n}\\ \hat{r}_{1,2} & \hat{r}_{2,2} & \hat{r}_{2,3} & \cdots & \hat{r}_{2,n}\\ \hat{r}_{1,3} & \hat{r}_{2,3} & \hat{r}_{3,3} & \cdots & \hat{r}_{3,n}\\ \vdots & \vdots & \vdots & \ddots & \vdots\\ \hat{r}_{1,n} & \hat{r}_{2,n} & \hat{r}_{3,n} & \cdots & \hat{r}_{n,n}\end{pmatrix} \cdot \begin{pmatrix}a_1\\ a_2\\ a_3\\ \vdots\\ a_n\end{pmatrix} \quad (7.43\text{-a})$$

bzw. in kompakter Form wie in (7.36-a,b)

$$\hat{\mathbf{r}}_0 = \hat{\mathbf{R}}_{xx}\,\mathbf{a}\,. \quad (7.43\text{-b})$$

Im Gegensatz zur stationären Lösung nach (7.36-a) ist die Berechnung der Kurzzeit-Korrelationswerte $\hat{r}_{i,\lambda}$ nicht verschiebungsinvariant gemäß

$$\hat{r}_{i,\lambda} \;\neq\; \hat{r}_{i+i_0,\lambda+i_0} \quad (7.44)$$

(vgl. Abschnitt 6.2.3). Deshalb wird für diese Form der Berechnung der Prädiktorkoeffizienten auch die Bezeichnung *instationäre Lösung* verwendet.

Während bei der sog. Autokorrelationsmethode mit wachsendem λ die Anzahl der Produktterme $x(i)\,x(i+\lambda)$, die in die Berechnung nach (7.34-c) eingehen, sinkt, beruht die Berechnung von $\hat{r}_{\lambda,i}$ stets auf N Produkttermen. Für diese Lösung werden daher zusätzlich zu den N Abtastwerten n vorausgehende Werte $x(k)$ benötigt. Es ergibt sich eine symmetrische Matrix $\hat{\mathbf{R}}$. Die Toeplitz-Form von $\mathbf{R}$ geht allerdings verloren. Dementsprechend sind andere, in der Regel aufwendigere Verfahren zur Lösung des Gleichungssystems zu verwenden, wie z.B. die Cholesky-Diagonalisierung.

Für die Autokorrelationsmethode wie auch für die Kovarianzmethode stehen verschiedene Rekursions-Algorithmen zur Lösung des Gleichungssystems zur Verfügung. Stellvertretend soll hier der Levinson-Durbin-Algorithmus für die Autokorrelationsmethode entwickelt werden. Vergleichbare Resultate liefern sehr ähnliche Algorithmen wie z.B. die von Schur, Burg, Le Roux und Gueguen ([Kay-88], [Marple-87]).

7.3.1.3 Levinson-Durbin-Algorithmus

Hergeleitet wird ein Verfahren, das aus einer bekannten Lösung $\mathbf{a}^{(p-1)}$ des Gleichungssystems (7.36-a) für den Grad $(p-1)$ die Lösung $\mathbf{a}^{(p)}$ für den Grad p findet. Durch fortgesetzte Rekursion kann man, beginnend mit der (trivialen) Lösung für $p = 0$, diejenige für den tatsächlich gewünschten Prädiktorgrad n mit geringem Rechenaufwand finden.

Wir betrachten den Schritt von $p-1 = 2$ zu $p = 3$ als Beispiel. Zur Vereinfachung der Schreibweise ersetzen wir die jeweiligen Prädiktorkoeffizienten durch

$$\alpha_i^{(p)} \doteq -a_i^{(p)} \; ; \quad i \in \{1, 2, \ldots p\} \tag{7.45-a}$$

bzw.

$$\alpha_i^{(p-1)} \doteq -a_i^{(p-1)} \; ; \quad i \in \{1, 2, \ldots p-1\}. \tag{7.45-b}$$

Damit gilt nach (7.36-a)

$$\begin{pmatrix} r_1 \\ r_2 \\ r_3 \end{pmatrix} + \begin{pmatrix} r_0 & r_1 & r_2 \\ r_1 & r_0 & r_1 \\ r_2 & r_1 & r_0 \end{pmatrix} \cdot \begin{pmatrix} \alpha_1^{(3)} \\ \alpha_2^{(3)} \\ \alpha_3^{(3)} \end{pmatrix} = \begin{pmatrix} 0 \\ 0 \\ 0 \end{pmatrix} \tag{7.46-a}$$

mit der äquivalenten Schreibweise

$$\begin{pmatrix} r_1 & r_0 & r_1 & r_2 \\ r_2 & r_1 & r_0 & r_1 \\ r_3 & r_2 & r_1 & r_0 \end{pmatrix} \cdot \begin{pmatrix} 1 \\ \alpha_1^{(3)} \\ \alpha_2^{(3)} \\ \alpha_3^{(3)} \end{pmatrix} = \begin{pmatrix} 0 \\ 0 \\ 0 \end{pmatrix}. \tag{7.46-b}$$

In Analogie zu (7.27-f) gilt für die Kurzzeit-Energie des Prädiktionsfehlers

$$\hat{E}\{\breve{d}^2(k)\} = r_0 + \sum_{i=1}^{3} \alpha_i^{(3)} r_i := \hat{E}^{(3)}.$$ (7.47)

Damit kann (7.46-b) wie folgt erweitert werden

$$\begin{pmatrix} r_0 & r_1 & r_2 & r_3 \\ r_1 & r_0 & r_1 & r_2 \\ r_2 & r_1 & r_0 & r_1 \\ r_3 & r_2 & r_1 & r_0 \end{pmatrix} \cdot \begin{pmatrix} 1 \\ \alpha_1^{(3)} \\ \alpha_2^{(3)} \\ \alpha_3^{(3)} \end{pmatrix} = \begin{pmatrix} \hat{E}^{(3)} \\ 0 \\ 0 \\ 0 \end{pmatrix}$$ (7.48)

Aufgrund der Symmetrie der Korrelationsmatrix gelten die beiden folgenden Darstellungen:

$$\begin{pmatrix} r_0 & r_1 & r_2 \\ r_1 & r_0 & r_1 \\ r_2 & r_1 & r_0 \end{pmatrix} \cdot \begin{pmatrix} 1 \\ \alpha_1^{(2)} \\ \alpha_2^{(2)} \end{pmatrix} \doteq \mathbf{R}^{(3)}\,\boldsymbol{\alpha}^{(2)} = \begin{pmatrix} \hat{E}^{(2)} \\ 0 \\ 0 \end{pmatrix} \doteq \mathbf{e}^{(2)}$$ (7.49-a)

sowie

$$\begin{pmatrix} r_0 & r_1 & r_2 \\ r_1 & r_0 & r_1 \\ r_2 & r_1 & r_0 \end{pmatrix} \cdot \begin{pmatrix} \alpha_2^{(2)} \\ \alpha_1^{(2)} \\ 1 \end{pmatrix} \doteq \mathbf{R}^{(3)}\,\tilde{\boldsymbol{\alpha}}^{(2)} = \begin{pmatrix} 0 \\ 0 \\ \hat{E}^{(2)} \end{pmatrix} \doteq \tilde{\mathbf{e}}^{(2)}.$$ (7.49-b)

Gesucht wird die Lösung für $p = 3$, die die Struktur der Gleichung (7.48) besitzt. Hierzu wird der Ansatz

$$\boldsymbol{\alpha}^{(3)} \doteq \begin{pmatrix} 1 \\ \alpha_1^{(3)} \\ \alpha_2^{(3)} \\ \alpha_3^{(3)} \end{pmatrix} = \begin{pmatrix} 1 \\ \alpha_1^{(2)} \\ \alpha_2^{(2)} \\ 0 \end{pmatrix} + k_3 \begin{pmatrix} 0 \\ \alpha_2^{(2)} \\ \alpha_1^{(2)} \\ 1 \end{pmatrix}$$ (7.50)

mit der noch zu bestimmenden Konstanten k_3 gemacht. Es folgt aus der Erweiterung von Beziehung (7.49-a)

$$\mathbf{R}^{(4)}\,\boldsymbol{\alpha}^{(3)} = \mathbf{e}^{(3)}$$ (7.51-a)

und mit (7.50)

$$\begin{pmatrix} r_0 & r_1 & r_2 & r_3 \\ r_1 & r_0 & r_1 & r_2 \\ r_2 & r_1 & r_0 & r_1 \\ r_3 & r_2 & r_1 & r_0 \end{pmatrix} \cdot \left\{ \begin{pmatrix} 1 \\ \alpha_1^{(2)} \\ \alpha_2^{(2)} \\ 0 \end{pmatrix} + k_3 \begin{pmatrix} 0 \\ \alpha_2^{(2)} \\ \alpha_1^{(2)} \\ 1 \end{pmatrix} \right\}$$ (7.51-b)

$$= \begin{pmatrix} \hat{E}^{(2)} \\ 0 \\ 0 \\ q \end{pmatrix} + k_3 \begin{pmatrix} q \\ 0 \\ 0 \\ \hat{E}^{(2)} \end{pmatrix} \stackrel{!}{=} \begin{pmatrix} \hat{E}^{(3)} \\ 0 \\ 0 \\ 0 \end{pmatrix}$$ (7.51-c)

mit

$$q = r_3 + r_2\,\alpha_1^{(2)} + r_1\,\alpha_2^{(2)}\ . \tag{7.52}$$

Zur Bestimmung von k_3 und $\hat{E}^{(3)}$ erhält man aus (7.51-c) die Bedingungen

$$\hat{E}^{(2)} + k_3\,q = \hat{E}^{(3)}$$
$$q + k_3\,\hat{E}^{(2)} = 0$$

bzw.

$$k_3 = -\frac{q}{\hat{E}^{(2)}} \tag{7.53-a}$$

$$\hat{E}^{(3)} = \hat{E}^{(2)}\left(1 + k_3\,\frac{q}{\hat{E}^{(2)}}\right)$$
$$= \hat{E}^{(2)}\left(1 - k_3^{\,2}\right)\ . \tag{7.53-b}$$

Mit k_3 nach (7.53-a) wird $\alpha^{(3)}$ nach (7.50) ermittelt. Im nächsten Schritt ist die Lösung für $p = 4$ zu berechnen. Den Koeffizienten k_4 und die Prädiktionsfehlerleistung $\hat{E}^{(4)}$ erhält man in Analogie zu (7.50) bis (7.53-b).

Die Parameter k_p werden auch Reflexionskoeffizienten genannt. Sie stimmen mit den Reflexionskoeffizienten überein, die das in Abschnitt 2.2 entwickelte Röhrenmodell des Sprechtraktes charakterisieren.

Der Gesamtalgorithmus soll nochmals zusammengefaßt werden: Ausgehend von der Lösung für $p = 0$, d.h. keine Prädiktion, wird die Lösung für $p = n$ in n Rekursionen ermittelt.

1. Berechnung von $n+1$ Werten r_i der Kurzzeit-Autokorrelation

2. $p = 0$, d.h. keine Prädiktion bzw.

$$d(k) = x(k)$$
$$\hat{E}^{(0)} = r_0$$
$$\alpha_0^{(0)} \doteq 1$$

3. Für $p \geq 1$ Berechnung von

(a) $$q = \sum_{i=0}^{p-1} \alpha_i^{(p-1)} r_{p-i}$$
$$k_p = -\frac{q}{\hat{E}^{(p-1)}}$$
(b) $\alpha_p^{(p-1)} = 0$
(c) $\alpha_i^{(p)} = \alpha_i^{(p-1)} + k_p \alpha_{p-i}^{(p-1)} \quad \forall \ 0 \leq i \leq p$
(d) $\hat{E}^{(p)} = \hat{E}^{(p-1)} (1 - k_p^2)$
(e) $p = p + 1$

4. Wiederholung von Schritt 3, sofern $p \leq n$

5. $a_i = -\alpha_i^{(n)} \quad \forall \ 1 \leq i \leq n$

Da der Algorithmus sowohl die Prädiktorkoeffizienten als auch die Reflexionskoeffizienten liefert, kann der Prädiktor wahlweise in der direkten Form (Bild 7.6-a) oder in der sog. Lattice-Struktur (Bild 7.6-b) realisiert werden.

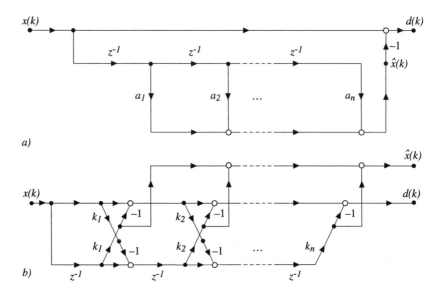

Bild 7.6: SFG-Darstellungen des linearen Prädiktors
    a) Direkte Struktur
    b) Lattice-Struktur

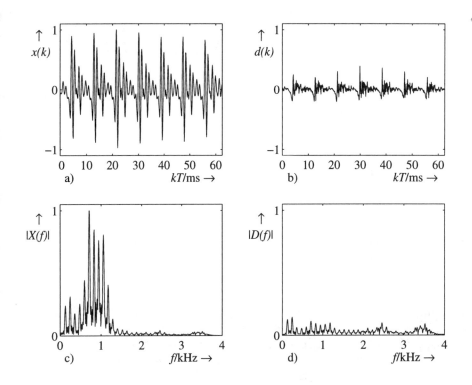

Bild 7.7: Beispiel zur linearen Prädiktion mit Blockadaption
 a) Sprachsignal $x(k)$, (Normierung auf $|x(k)|_{\max}$)
 b) Prädiktionsfehlersignal $d(k)$
 c) Kurzzeitspektralanalyse des Sprachsignals, (Normierung auf $|X(f)|_{\max}$)
 d) Kurzzeitspektralanalyse des Prädiktionsfehlersignals

Die Wirkung der Prädiktionsfilterung wird in Bild 7.7 für ein Signalbeispiel veranschaulicht. Dargestellt sind das Sprachsignal $x(k)$ und das Prädiktionsfehlersignal $d(k)$ im Zeit- und Frequenzbereich. Die $n = 8$ Prädiktorkoeffizienten wurden in diesem Beispiel nach jeweils 20 ms ($N = 160$ Abtastwerte) nach der Autokorrelationsmethode neu berechnet. Deutlich sind die Dynamikreduktion des Zeitsignals und der spektrale *Weißmacher-Effekt* bzw. die Wirkung der inversen Filterung zu erkennen. Unter Bezug auf das zugrundeliegende stark vereinfachende Modell der Spracherzeugung ist das Restsignal $d(k)$ als Glottis-Signal zu interpretieren. Es ergibt sich ein quasi-periodisches Signal, dessen Periode auch als *Pitch-Periode* bezeichnet wird (s. Abschnitt 8.1.1).

Bild 7.8 zeigt für zwei Sprachsignale den bei Blockadaption nach der Autokorrelationsmethode erzielbaren Prädiktionsgewinn als Funktion des Prädiktorgrades n. Gegenüber der Vorhersage mit zeitinvariantem Prädiktor nach Bild 7.4 ergibt sich aufgrund der Blockadaption ein deutlich höherer Prädiktionsgewinn.

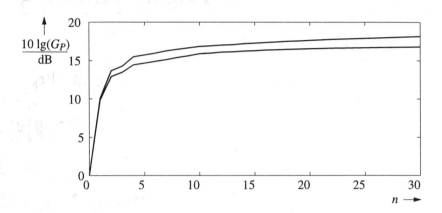

Bild 7.8: Logarithmierter Prädiktionsgewinn $10\lg\left(\sigma_x^2/\sigma_d^2\right)$ bei Blockadaption nach der Autokorrelationsmethode für zwei Sprecher (Signaldauer 30 s, $N = 160$, $f_A = 8$ kHz)

Weiterhin ist festzustellen, daß bei adaptiver Einstellung der Prädiktionsgewinn seine Sättigung erst bei einem Filtergrad von $n = 8\ldots 10$ erreicht. Eine weitere Erhöhung des Prädiktionsgrades bringt keine nennenswerten zusätzlichen Gewinne. Dies bestätigt die in Abschnitt 2.2.2 im Zusammenhang mit der Analyse des Sprechtraktmodells gewonnene Abschätzung.

7.3.2 Sequentielle Adaption

Bei der blockorientierten Adaption werden die Prädiktorkoeffizienten a_i ($i = 1$, $2,\ldots n$) nach jeweils N Abtasttakten neu bestimmt.

Bei einer sequentiellen Adaption werden die Koeffizienten dagegen i.a. nach jedem Abtasttakt geändert. Sie werden daher im folgenden als Funktionen der Zeit k, d.h. durch die Schreibweise $a_i(k)$ gekennzeichnet. Zur Entwicklung einer sequentiellen Adaptionsvorschrift wird der Prädiktor ersten Grades nach Bild 7.9 betrachtet.

Für einen zunächst beliebigen, aber festen Koeffizienten

$$a(k) = a = \text{konst}$$

kann die Leistung des Prädiktionsfehlersignals unter den in Abschnitt 7.2 genannten Voraussetzungen nach (7.27-c) angegeben werden zu

$$\sigma_d^2 = \sigma_x^2 - 2a\,\varphi_{xx}(1) + a^2\,\sigma_x^2\ .$$

Die Leistung des Prädiktionsfehlersignals hängt im Sinne einer quadratischen Form vom Koeffizienten a ab. Der prinzipielle Verlauf ist in Bild 7.10 skizziert.

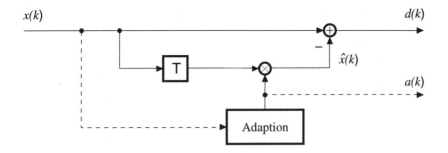

Bild 7.9: Prädiktor ersten Grades mit sequentieller Adaption

Das Minimum wird nach (7.26) im Punkt C für

$$a_{\text{opt}} = \frac{\varphi_{xx}(1)}{\varphi_{xx}(0)} = \frac{\varphi_{xx}(1)}{\sigma_x^2}$$

erreicht.

Ausgehend von den Punkten B oder A kann das Minimum unter Berücksichtigung des Gradienten

$$\nabla = \frac{\partial \sigma_d^2}{\partial a} = -2\,\varphi_{xx}(1) + 2\,a\,\varphi_{xx}(0)$$

iterativ approximiert werden. Nach Einsetzen von a_{opt} in obige Gleichung gilt

$$\nabla = 2\,\varphi_{xx}(0) \cdot (a - a_{\text{opt}}) \,,$$

so daß der Gradient proportional zur Abweichung des aktuellen Koeffizienten a vom optimalen Wert a_{opt} ist. Zur Verkleinerung der Leistung σ_d^2 ist demnach

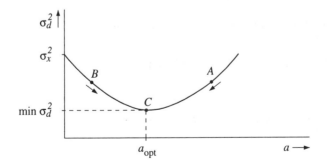

Bild 7.10: Leistung des Prädiktionsfehlersignals als Funktion des Parameters a

der aktuelle Koeffizient $a(k)$ in Richtung des negativen Gradienten zu korrigieren gemäß

$$a(k+1) = a(k) - \vartheta \cdot \nabla .$$ (7.54)

Dabei bezeichnet die Konstante ϑ die Schrittweite.

Diese Vorgehensweise, die in der Literatur als *stochastisches Gradientenverfahren* bekannt ist, läßt sich wie folgt auf die Prädiktion n-ten Grades verallgemeinern. Es wird wieder die vektorielle Schreibweise verwendet. Mit dem Signalvektor

$$\mathbf{x}(k-1) = \Big(x(k-1), x(k-2), \ldots x(k-n)\Big)^T$$ (7.55)

und dem zunächst beliebigen, aber festen Koeffizientenvektor

$$\mathbf{a}(k) = \mathbf{a} = \Big(a_1, a_2, \ldots a_n\Big)^T = \text{konst}$$ (7.56)

folgt für die Leistung des Prädiktionsfehlers

$$\sigma_d{}^2 = \mathrm{E}\left\{\big(x(k) - \mathbf{a}^T\mathbf{x}(k-1)\big)^2\right\}$$ (7.57)

und für den Gradienten bezüglich des Koeffizientenvektors $\mathbf{a}$

$$\nabla = -2\,\mathrm{E}\left\{\big(x(k) - \mathbf{a}^T\mathbf{x}(k-1)\big)\mathbf{x}(k-1)\right\}$$ (7.58-a)

$$= -2\,\varphi_{xx} + 2\,\mathbf{R}_{xx}\,\mathbf{a} .$$ (7.58-b)

Der Gradient gibt die Richtung des steilsten Anstiegs und die Steilheit der Fehlerleistung an. Zur schrittweisen Minimierung dieser Leistung ist daher der aktuelle Koeffizientenvektor $\mathbf{a}(k)$ in Richtung des negativen Gradienten zu korrigieren. In Analogie zu (7.54) folgt

$$\mathbf{a}(k+1) = \mathbf{a}(k) + 2\,\vartheta\Big(\varphi_{xx} - \mathbf{R}_{xx}\,\mathbf{a}(k)\Big) .$$ (7.59)

Das stochastische Gradientenverfahren setzt somit die Kenntnis der Autokorrelationswerte $\varphi_{xx}(\lambda)$ für $\lambda = 0, 1, \ldots n$ voraus.

Als alternative Adaptionsvorschrift soll noch der sog. *LMS-Algorithmus (Least-Mean-Square)* abgeleitet werden, der für die praktische Anwendung von besonderem Interesse ist, da die Autokorrelationswerte nicht benötigt werden.

Ausgangspunkt ist wieder die Leistung des Prädiktionsfehlersignals nach (7.57). Anstelle der mittleren Leistung $\sigma_d{}^2$ wird als Schätzung die *Momentanleistung*

$$\hat{\sigma}_d{}^2(k) = d^2(k)$$ (7.60-a)

$$= \Big(x(k) - \mathbf{a}^T\mathbf{x}(k-1)\Big)^2$$ (7.60-b)

betrachtet. In Analogie zu (7.58-b) ergibt sich der *momentane Gradient* als

$$\hat{\nabla} = -2 \underbrace{\left(x(k) - \mathbf{a}^T \mathbf{x}(k-1)\right)}_{d(k)} \mathbf{x}(k-1) \qquad (7.61\text{-a})$$

$$= -2\, d(k)\, \mathbf{x}(k-1)\,. \qquad (7.61\text{-b})$$

Damit lautet die Adaptionsvorschrift für den Koeffizientenvektor

$$\mathbf{a}(k+1) = \mathbf{a}(k) + 2\, \vartheta\, d(k)\, \mathbf{x}(k-1) \qquad (7.62\text{-a})$$

bzw. für den einzelnen Koeffizienten

$$a_i(k+1) = a_i(k) + 2\, \vartheta\, d(k)\, x(k-i) \qquad \forall\ 1 \le i \le n \qquad (7.62\text{-b})$$

mit dem effektiven Schrittweitenfaktor $2\,\vartheta$.

Aus Stabilitätsgründen ist der Schrittweitenfaktor auf den Bereich

$$0 < \vartheta < \frac{1}{\|\mathbf{x}(k-1)\|^2}$$

zu beschränken (z.B. [Haykin-96]).

Unter der Voraussetzung eines stationären AR-Prozesses $x(k)$ konvergiert der Koeffizientenvektor $\mathbf{a}$ bei genügend kleiner Schrittweite gegen die optimale Lösung nach (7.26)

$$\mathbf{a} \to \mathbf{a}_{\text{opt}} = \mathbf{R}_{xx}^{-1}\, \boldsymbol{\varphi}_{xx}\,.$$

Der LMS-Algorithmus hat wegen seiner geringen Komplexität eine große praktische Bedeutung (s.a. Abschnitt 10.2.3 und Kap. 13). Vielfach wird zur Verbesserung der Konvergenzeigenschaften mit einer variablen Schrittweite gearbeitet.

Aus der Literatur sind zahlreiche weitere Adaptionsalgorithmen bekannt, die sich bezüglich der Konvergenzeigenschaften und der Komplexität unterscheiden. Stellvertretend sei hier der sog. *RLS-Algorithmus* (*Recursive-Least-Square*) genannt. Er läßt sich ebenfalls aus dem stochastischen Gradientenverfahren ableiten. Dabei werden anstelle der Autokorrelationswerte $\varphi_{xx}(\lambda)$ Schätzwerte $\hat{\varphi}_{xx}(\lambda)$ verwendet, die durch rekursive Berechnung mit exponentiell gewichteter Zeitfensterung bestimmt werden. Dieses Verfahren zeichnet sich durch eine hohe Konvergenzgeschwindigkeit aus. Allerdings wächst die pro Iterationsschritt erforderliche Anzahl an Rechenoperationen mit dem Quadrat des Filtergrades n. Demgegenüber steigt beim LMS-Algorithmus die Komplexität nur linear mit dem Filtergrad an (z.B. [Haykin-96]).

7.4 Langzeitprädiktion

Wie in Bild 7.8 bereits exemplarisch zu erkennen, erreicht der Prädiktionsgewinn bei Variation des Grades n des adaptiven Prädiktors für Sprachsignale mit Telefonbandbreite die Sättigung bei $n = 8 \ldots 10$.

Für die Prädiktion steht ein Signalabschnitt mit n Abtastintervallen zur Verfügung. Bei einer Abtastfrequenz von $f_A = \frac{1}{T} = 8$ kHz beträgt die Dauer dieses Abschnitts

$$8 \cdot 125 \; \mu s = 1 \text{ ms} \leq n \cdot T \leq 10 \cdot 125 \; \mu s = 1.25 \text{ ms}.$$

Im Vergleich zur Dauer $T_0 = 1/F_0$ der Grundperiode (Pitch-Periode) stimmhafter Sprachabschnitte mit Grundfrequenzen F_0 im Bereich

$$50 \text{ Hz} \leq F_0 \leq 250 \text{ Hz} \tag{7.63-a}$$

bzw. mit

$$4 \text{ ms} \leq T_0 \leq 20 \text{ ms} \tag{7.63-b}$$

ist das „Gedächtnis" des Prädiktors als kurz zu bezeichnen. Aus diesem Grunde wird auch vielfach der Begriff *Kurzzeitprädiktion* verwendet.

Für den Grundfrequenzbereich nach (7.63-a) ergeben sich bei einer Abtastfrequenz von $f_A = 8$ kHz Periodenlängen von $N_0 = 32 \ldots 160$ Abtastintervallen. Da der Prädiktor wegen $n = 8 \ldots 10$ keine vollständige Signalperiode „überblicken" kann, erhält man in stimmhaften Abschnitten zwangsläufig ein quasi-periodisches Prädiktionsfehlersignal $d(k)$. Dieses Verhalten ist am Beispiel in Bild 7.7 deutlich erkennbar. Aufeinanderfolgende Signalperioden ($T_0 \approx 10$ ms) weisen große Ähnlichkeit auf, die zur weiteren Dynamikreduktion genutzt werden kann. Dazu wird die aktuelle Signalperiode aus einer vorhergehenden geschätzt. Bei Kenntnis der momentanen Periodenlänge N_0 wird die Differenz im Sinne eines zweiten Prädiktionsfehlersignals

$$d'(k) = d(k) - b \cdot d(k - N_0) \tag{7.64}$$

mit einem noch zu bestimmenden Gewichtsfaktor b berechnet. Diese zweite Prädiktion wird wegen der „längerfristigen" Vorhersage gemäß

$$\hat{d}(k) = b \cdot d(k - N_0) \tag{7.65}$$

auch als *Langzeitprädiktion* (engl. *Long Term Prediction*, LTP) bezeichnet. Das Blockschaltbild des zugehörigen LTP-Analyse-Filters zeigt Bild 7.11-a. Der Frequenzgang des Gesamtfilters läßt sich wie folgt bestimmen

$$\begin{aligned} 1 - P(e^{j\Omega}) &= 1 - b \cdot e^{-jN_0\Omega} & \text{(7.66-a)} \\ &= \sqrt{(1 - b \cdot \cos(N_0\Omega))^2 + b^2 \cdot \sin^2(N_0\Omega)} \cdot e^{-j\varphi_P(\Omega)} & \text{(7.66-b)} \end{aligned}$$

7.4 Langzeitprädiktion

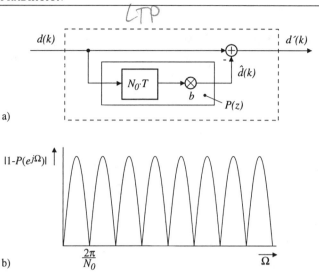

Bild 7.11: Zum Prinzip der Langzeitprädiktion (LTP)
a) Blockschaltbild des LTP-Analyse-Filters
b) Betragsfrequenzgang $|1 - P(e^{j\Omega})|$ für $b = 1$

mit

$$\varphi_P = \arctan\left(\frac{b \cdot \sin(N_0\Omega)}{1 - b \cdot \cos(N_0\Omega)}\right) . \tag{7.66-c}$$

Von besonderem Interesse ist der Betragsfrequenzgang. Im Sonderfall $b = 1$ ergibt sich mit

$$|1 - P(e^{j\Omega})| = 2 \cdot \left|\sin\left(\frac{N_0\Omega}{2}\right)\right| \tag{7.66-d}$$

der in Bild 7.11-b skizzierte Verlauf mit äquidistanten Nullstellen

$$\Omega_i = \frac{2\pi}{N_0} i, \quad i \in \mathbb{Z}. \tag{7.67}$$

Es handelt sich demnach um ein Kamm-Filter mit Dämpfungsmaxima jeweils in der Umgebung der Grundfrequenz und der zugehörigen Harmonischen, sofern der Zusammenhang

$$N_0 \cdot T \approx \frac{1}{F_0} \tag{7.68}$$

gilt. In der Regel ist die Länge der momentanen Pitch-Periode $T_0 = 1/F_0$ nicht exakt ein ganzzahliges Vielfaches des Abtastintervalls T.

Die beiden Parameter N_0 und b werden derart gewählt, daß die Energie des Fehlersignals

$$\hat{E}\{d'^2(k)\} = \sum_k (d(k) - b \cdot d(k - N_0))^2 \qquad (7.69)$$

über ein begrenztes Zeitintervall minimiert wird.

In Analogie zur Kurzzeitprädiktion können die Summationsgrenzen in (7.69) in unterschiedlicher Weise, d.h. im Sinne der Autokorrelationsmethode oder der Kovarianzmethode gewählt werden (s. Abschnitt 7.3.1).

Im folgenden wird die Kovarianzmethode verwendet. Die Energie des Fehlersignals $d'(k)$ wird über ein Intervall der Länge L minimiert. Die übliche Intervallänge beträgt $L \cdot T = 5$ ms bzw. $L = 40$ für $f_A = 8$ kHz.

Für jeden festen, aber beliebigen Wert N_0 läßt sich der optimale Koeffizient b durch partielle Ableitung wie folgt bestimmen:

$$\frac{\partial \hat{E}\{d'^2(k)\}}{\partial b} = - \sum_{k=k_0-L+1}^{k_0} 2 \cdot d(k - N_0)(d(k) - b \cdot d(k - N_0)) \stackrel{!}{=} 0 \qquad (7.70\text{-a})$$

Mit der Abkürzung $k_1 = k_0 - L + 1$ erhält man schließlich

$$b = \frac{\sum_{k=k_1}^{k_0} d(k)\, d(k - N_0)}{\sum_{k=k_1}^{k_0} d^2(k - N_0)} = \frac{\mathrm{R}(N_0)}{\mathrm{S}(N_0)} \;. \qquad (7.70\text{-b})$$

$\mathrm{R}(N_0)$ entspricht einer „instationär" gemessenen Kurzzeit-AKF bei $\lambda = N_0$, $\mathrm{S}(N_0)$ der Energie des Restsignalblocks (s. Abschnitt 6.2.3).

Durch Einsetzen des optimalen Koeffizienten b in (7.69) läßt sich die resultierende Fehlerenergie als Funktion des Parameters N_0 berechnen zu

$$\hat{E}\{d'^2(k)\} = \mathrm{S}(0) - \frac{\mathrm{R}^2(N_0)}{\mathrm{S}(N_0)} \;. \qquad (7.71)$$

Dieser Ausdruck kann zur Ermittlung des besten Verzögerungswertes N_0 genutzt werden. Da in (7.71) nur der zweite Term von N_0 abhängt, wird zunächst dieser Term durch Variation von N_0 im interessierenden Bereich von z.B. $32 \leq N_0 < 160$ maximiert. Bei dieser Wahl des Variationsbereiches kann N_0 maximal $2^7 = 128$ unterschiedliche Werte annehmen, so daß eine Codierung mit nur 7 Bit möglich ist. Für den so gefundenen Verzögerungswert N_0 kann dann der Gewichtungskoeffizient b nach (7.70-b) bestimmt werden. Dieser Koeffizient kann relativ grob quantisiert werden (s.a. Anhang: Codec-Standards).

7.4 LANGZEITPRÄDIKTION

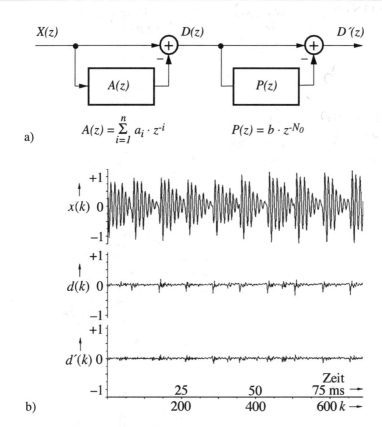

Bild 7.12: Beispiel zur Kurzzeit- und Langzeitprädiktion
a) Blockschaltbild
b) Zeitsignale

Ein Signalbeispiel wird in Bild 7.12 dargestellt. Es zeigt das Eingangssignal $x(k)$, das erste Restsignal $d(k)$ nach Kurzzeitprädiktion und das zweite Restsignal $d'(k)$ nach Langzeitprädiktion. Durch die zweite Prädiktion wird eine weitere deutliche Reduktion der Dynamik erzielt. In Kapitel 10 wird aufgezeigt werden, in welcher Weise dieser zusätzliche Prädiktionsgewinn zur Bitratenreduktion im Sinne einer modellgestützten und psychoakustisch motivierten Quellencodierung genutzt werden kann. Die Wirkung der zweistufigen Prädiktion wird nochmals anhand von Bild 7.13 im Frequenzbereich veranschaulicht.

Durch blockadaptive Kurzzeitprädiktion bzw. durch Filterung mit der Übertragungsfunktion $1 - A(z)$ wird ein flaches Spektrum erzeugt, dessen harmonische Struktur noch erkennbar ist. Die anschließende Verarbeitung mit dem LTP-Analyse-Filter mit der Übertragungsfunktion $1 - P(z)$ bewirkt eine weitere Dyna-

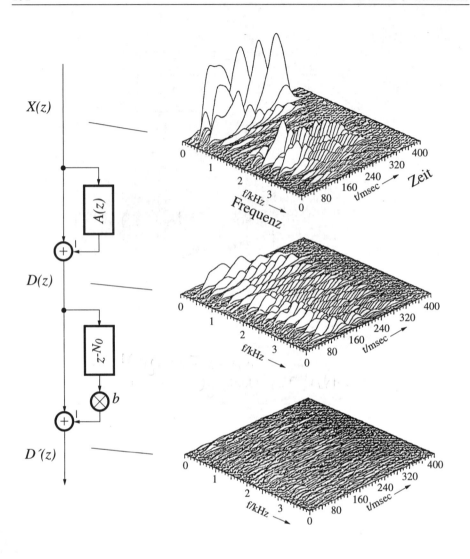

Bild 7.13: Zur spektralen Auswirkung von Kurzzeit- und Langzeitprädiktion am Beispiel der Silbe „De", Zeitdauer 400 ms, Spektralanalyse mit Polyphasen-Filterbank mit $M = 256$ Kanälen

mikreduktion und eine weitgehende Beseitigung der harmonischen Struktur. Das Spektrum des zweiten Restsignals hat näherungsweise den Charakter eines spektral flachen Rauschens. In diesem Beispiel wurde der Kurzzeitprädiktor vom Grad $n = 8$ alle 20 ms ($N = 160$ Abtastwerte) neu eingestellt, während die Parameter des Langzeitprädiktors alle 5 ms ($L = 40$ Abtastwerte) adaptiert wurden.

7.4 LANGZEITPRÄDIKTION

Zum Verzögerungswert N_0 ist anzumerken, daß es sich im Prinzip um die sog. Pitch-Periode handelt, die in ganzzahligen Vielfachen des Abtastintervalls angenähert wird. Aus diesem Grunde erscheinen zunächst allgemeine Verfahren zur Pitch-Bestimmung (s. Kap. 8, [Hess-83]) zur Ermittlung von N_0 geeignet.

Tatsächlich liegt jedoch der Minimierung nach (7.71) ein Kriterium zugrunde, das nicht auf die Approximation der wahren Pitch-Periode, sondern auf die Minimierung der Energie des Prädiktionsfehlers zielt.

Dabei wird u.U. die kleinste Fehlerenergie mit einem Verzögerungswert N_0 erreicht, der nicht der wahren, sondern z.B. der halben Länge der tatsächlichen Pitch-Periode (bzw. der doppelten Grundfrequenz) entspricht.

Der Prädiktionsgewinn kann, wie bei der Kurzzeitprädiktion, durch Erhöhung des Filtergrades verbessert werden. Vielfach wird ein Langzeitprädiktor mit 3 Koeffizienten gemäß

$$P(z) = b_{-1} \cdot z^{-(N_0-1)} + b_0 \cdot z^{-N_0} + b_{+1} \cdot z^{-(N_0+1)} \tag{7.72}$$

verwendet. Dieser Prädiktor liefert durch seine interpolierende Wirkung im allgemeinen eine bessere Vorhersage, da die Grundperiode meist kein ganzzahliges Vielfaches des Abtastintervalls bzw. die Grundfrequenz F_0 kein ganzzahliger Bruchteil der Abtastfrequenz ist. Allerdings sind in diesem Fall drei Koeffizienten zu übertragen; dies erfordert eine entsprechend höhere Bitrate.

Eine ähnliche Verbesserung des Prädiktionsgewinns kann auch mit einem Prädiktor mit einem Koeffizienten nach Bild 7.11 erzielt werden, wenn die Abtastfrequenz des ersten Restsignals $d(k)$ durch konventionelle Interpolation zuvor erhöht wurde. Dadurch wird die Zeitauflösung entsprechend verbessert. In der Literatur wird diese Technik als *hochauflösende LTP-Analyse* bezeichnet. Bei der Interpolation um den Faktor 4 erhöht sich die Wortlänge zur Darstellung des Parameters N_0 um nur 2 Bit. Die hochauflösende LTP-Analyse ist daher hinsichtlich der Bitrate der mehrstufigen Langzeitprädiktion gemäß (7.72) vorzuziehen.

Die Langzeitprädiktion läßt sich in Analogie zu den in Abschnitt 10.2 noch zu diskutierenden Kurzzeit-Prädiktor-Strukturen wahlweise als Vorwärtsprädiktor (*open-loop*) oder als Rückwärtsprädiktor (*closed-loop*) realisieren. Diese beiden Alternativen unterscheiden sich bei Quantisierung des Differenzsignals bezüglich der empfangsseitigen Auswirkung des Quantisierungsfehlers (s. Abschnitt 10.2.2).

Kapitel 8

Grundperiode, Grundfrequenz, Anregungsart

Die Analyse der sog. Sprachanregung gliedert sich in die zwei Teilaufgaben

1) Bestimmung der Anregungsart und
2) Grundfrequenzbestimmung.

Im Gegensatz zur Untersuchung der Parameter des Vokaltraktes sind bei der Untersuchung der Sprachanregung die Parameter von vornherein festgelegt. Es sind dies die beiden Merkmale (1) Vorhandensein einer *stimmhaften* Anregung und (2) Vorhandensein einer *stimmlosen* Anregung sowie – für den Fall der stimmhaften Anregung – die *(Sprach-)Grundfrequenz* F_0 bzw. *Grundperiode* T_0 der Stimmbandschwingung. Die beiden Merkmale, die die Anregungsart betreffen, sind im wesentlichen binär. Die Grundfrequenz ist eine kontinuierlich veränderliche Größe. Die beiden Aufgaben sind dem Wesen nach getrennt, obwohl sie in den meisten Sprachverarbeitungssystemen gemeinsam bearbeitet werden.

In diesem Kapitel wird zunächst die Grundfrequenzbestimmung (GFB) behandelt (Abschnitte 8.1-8.5); Verfahren zur Ermittlung der Anregungsart werden in Abschnitt 8.6 diskutiert, und Abschnitt 8.7 beschäftigt sich mit dem Problem der Robustheit und der Evaluation dieser Algorithmen. Es ist weniger Ziel dieses Kapitels, einen besonders robusten Algorithmus zur GFB oder Ermittlung der Anregungsart z.B. für Codierung in geräuschbehafteter Umgebung zu entwickeln – hierfür existieren viele praktisch gleichwertige Lösungen –, sondern einen Überblick über die wesentlichen Verfahren und Ansätze sowie ihre Vor- und Nachteile zu bieten.

8.1 Grundfrequenzbestimmung: Übersicht

Die Grundfrequenz nimmt eine Schlüsselstellung unter den Sprachsignalparametern ein. Die prosodische Information, insbesondere die einer sprachlichen Äußerung unterliegende *Intonation* wird vornehmlich mit Hilfe dieses Parameters übertragen. Das menschliche Ohr ist gegenüber Änderungen der Grundfrequenz um eine Größenordnung empfindlicher als gegenüber Änderungen anderer Sprachsignalparameter [Flanagan, Saslow-58]. Bei der Übertragung von Sprachsignalen mit Hilfe von Vocodern sowie bei zahlreichen Sprachcodierverfahren wie RELP (Abschnitt 10.4.2), CELP (Abschnitt 10.4.3) oder harmonischer Codierung (Abschnitt 11.4) hängt die Qualität wesentlich davon ab, wie gut und fehlerfrei die Messung der Grundfrequenz erfolgt [Gold-77], [Arévalo-91].

Aus einer Reihe von Gründen zählt die Grundfrequenzbestimmung jedoch zu den schwierigsten Aufgaben der Sprachsignalverarbeitung:

- Sprache ist ein nichtstationärer Prozeß; die augenblickliche Artikulationsstellung des Vokaltraktes kann sich jederzeit sehr rasch ändern. Dies führt zu drastischen Änderungen in der zeitlichen Struktur des Signals.

- Infolge der Vielfalt der Artikulationsstellungen des Vokaltraktes und infolge der Vielfalt menschlicher Stimmen existiert eine große Anzahl möglicher Zeitstrukturen im Sprachsignal. Schmalbandige Formanten bei der zweiten oder dritten Teilschwingung bilden eine zusätzliche Fehlerquelle.

- Bei einem beliebigen Sprachsignal von einem unbekannten Sprecher kann die Grundfrequenz über 4 Oktaven und mehr variieren (50-800 Hz). Besonders für weibliche Stimmen fällt sie oft mit dem Formanten $F1$ zusammen; hieraus ergeben sich bei einigen sonst gut funktionierenden GFB-Algorithmen zusätzliche Probleme.

- Die Stimmbandschwingung selbst ist nicht immer regelmäßig. Schon unter normalen Bedingungen existieren gelegentliche Unregelmäßigkeiten [Lieberman-63]. Zusätzlich wechselt die Stimme zeitweise in das Strohbaßregister (*vocal fry*) [Hollien-74]; hierbei erfolgt die Anregung mit einer sehr niedrigen Frequenz (bis hinunter zu 25 Hz) und unregelmäßigen Zeitabständen zwischen den einzelnen Anregungsimpulsen (siehe hierzu Bild 8.1).

- Zusätzliche Probleme entstehen durch den Übertragungskanal, der das Signal oft verzerrt oder bandbegrenzt (z.B. bei Telefonübertragung), oder durch Umgebungsbedingungen bei der Aufzeichnung des Signals, die sich als additive Hintergrundstörungen äußern. Besonders schädlich sind konkurrierende Sprachsignale anderer Sprecher, die dazu führen können, daß sich der GFB-Algorithmus kurzzeitig auf einen „Störsprecher" umorientiert.

8.1 Grundfrequenzbestimmung: Übersicht

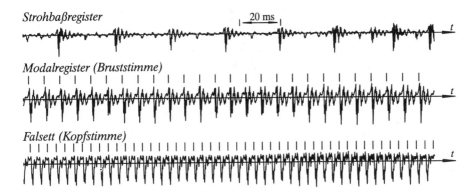

Bild 8.1: Sprachanregung mit verschiedenen Stimmregistern: Strohbaß (engl.: *vocal fry*), normale Anregung im Modalregister („Bruststimme"), Anregung im Falsettregister („Kopfstimme"). In allen drei Fällen wurde der Vokal [ɛ] gesprochen.

Buchstäblich Hunderte von Verfahren zur GFB wurden bisher entwickelt. Keines davon funktioniert für alle Aufgabenstellungen einwandfrei. Die Auswahl eines bestimmten Verfahrens hängt somit wesentlich von der jeweiligen Anwendung wie auch der Beschaffenheit der zu verarbeitenden Sprachsignale ab.

8.1.1 Definitionen des Parameters Sprachgrundfrequenz

Die Grundfrequenz kann auf mancherlei Art gemessen werden. Ist das Sprachsignal völlig stationär und periodisch, so führen diese Methoden – vorausgesetzt, sie arbeiten korrekt – zu identischen Ergebnissen. Da das Sprachsignal in der Regel jedoch nichtstationär und zeitveränderlich ist, beeinflussen methodische Aspekte eines einzelnen GFB-Algorithmus wie Zeitpunkt des Beginns der Messung, Fensterlänge, Art der Mittelung (falls überhaupt durchgeführt) oder der Bereich (Zeit-, Frequenz-, Cepstrum-Bereich usw.) das Ergebnis und können zu voneinander abweichenden Schätzwerten führen, selbst wenn alle diese Resultate im Sinne des Algorithmus „korrekt" sind. Bevor wir einzelne Methoden vorstellen, müssen wir uns deshalb die verschiedenen Definitionen des Parameters *Grundfrequenz* bzw. *Grundperiode* ansehen und uns darüber klar werden, was im Einzelfall gemessen wird bzw. gemessen werden soll.

Zunächst ein Wort zur Terminologie. Wir können ein Problem der Sprachsignalverarbeitung grundsätzlich von drei Standpunkten aus betrachten [Zwicker, Hess, et al.-67]: dem Standpunkt der *Generierung* (Produktion), der *Wahrnehmung* sowie der *Übertragung*. Für die GFB ist Produktionsstelle die Phonation; Ausgangspunkt ist damit eine Zeitbereichsdarstellung als Folge laryngaler Impulse. Arbeitet ein

GFB-Algorithmus in dieser Weise, dann mißt er einzelne *laryngale Anregungszyklen*; wird dabei eine Mittelung vorgenommen, so ergibt dies die mittlere *Vibrationsfrequenz der Stimmbänder*. Vom Standpunkt der Übertragung aus werden wir uns an der Tatsache orientieren, daß das Signal annähernd periodisch ist. Aufgabe ist dann, die Periodizität festzustellen, wobei wir uns auf die Merkmale verlassen, an denen wir sie am leichtesten abgreifen können. Die zugehörigen Termini sind einfach *Grundperiode*[1] oder *Grundfrequenz*, je nachdem, ob die Messung im Zeit- oder im Frequenzbereich vorgenommen wird. Falls individuelle Zyklen bestimmt werden, sprechen wir (etwas inkonsistent) von einzelnen *Grundperioden*. Mit dem Aspekt der Sprachwahrnehmung gelangen wir in den Frequenzbereich, da die Wahrnehmung des Parameters auf eine Frequenz führt [Plomp-76], [Terhardt-79]; der zugehörige Terminus ist die (Empfindung der) *Tonhöhe*.

Wenn wir nun die verschiedenen Definitionen des Parameters *Grundfrequenz* betrachten, so ist es zweckmäßig, bei der Phonation zu beginnen. Die Grunddefinitionen lauten damit wie folgt [Hess-83], [Hess, Indefrey-87]:

T_0 ist definiert als das Zeitintervall zwischen zwei aufeinanderfolgenden glottalen Impulsen. Die Messung beginnt an einem genau definierten Punkt innerhalb eines laryngalen Zyklus, vorzugsweise zum Zeitpunkt des Schließens der Glottis oder – wenn sich die Glottis nicht vollständig schließt – zu dem Zeitpunkt, zu dem die Querschnittsfläche der Glottis ihr Minimum erreicht. (1)

GFB-Algorithmen, die nach dieser Definition arbeiten, können die genauen Grenzen der einzelnen Anregungszyklen bestimmen. Diese Aufgabe geht über das Problem der GFB im allgemeinen Sinn hinaus (vgl. Abschnitt 8.5.2).

T_0 ist definiert als das Zeitintervall zwischen zwei aufeinanderfolgenden glottalen Impulsen. Die Messung beginnt an einem festgelegten Punkt innerhalb eines laryngalen Zyklus. Welcher dies ist, hängt von der verwendeten Methode ab; für einen bestimmten Algorithmus ist dieser Punkt innerhalb des laryngalen Zyklus jedoch immer der gleiche. (2)

GFB-Algorithmen, die im Zeitbereich arbeiten (siehe Abschnitt 8.3), verwenden in der Regel diese Definition. Bezugspunkt kann sein: ein signifikantes Maximum oder Minimum oder ein spezieller Nulldurchgang im Signal. In der Regel ist dies nicht der Zeitpunkt des Glottisverschlusses; ist das Signal unverzerrt, so kann jedoch der Glottisverschlußzeitpunkt grundsätzlich auch aus dieser Messung hergeleitet werden.

---

[1] In der englischsprachigen Literatur hat sich als *terminus technicus* für Grundfrequenz und Grundperiode gleichermaßen der Begriff *pitch* (neben *fundamental frequency*) durchgesetzt. Die Verwendung dieses Begriffs für F_0 und T_0 im Englischen ist aber nicht unumstritten [Kohler-82]. In einem Großteil deutschsprachiger Literatur zur Sprachcodierung – auch in den Kapiteln dieses Buches, die sich mit Codierung befassen – wird der Terminus *Pitch* wörtlich ins Deutsche übernommen, so daß für F_0 von *Pitchfrequenz* bzw. für T_0 von *Pitchperiode* die Rede ist. Im vorliegenden Kapitel soll diese Bezeichnung allerdings nicht verwendet werden.

8.1 Grundfrequenzbestimmung: Übersicht

T_0 ist definiert als das Zeitintervall zwischen zwei aufeinanderfolgenden glottalen Zyklen. Die Messung beginnt an einem beliebigen Punkt, der aufgrund externer Bedingungen festgelegt wird, und endet, wenn ein kompletter Zyklus durchlaufen ist. (3)

Diese Definition ist *inkrementell*. T_0 wird zwar nach wie vor als die Dauer einer einzelnen Grundperiode verstanden, aber nicht mehr vom Standpunkt der Phonation aus. Ist ein Bezugspunkt einmal etabliert, so wird er so lange beibehalten, wie die Messung korrekt und das Signal stimmhaft ist. Ist die Stimmhaftigkeit unterbrochen, oder tritt ein Meßfehler auf, so muß sich der Algorithmus neu synchronisieren und verliert jede Information über den früher gewählten Bezugspunkt (und damit auch die Phasenbeziehungen zum Sprachsignal). Diese drei Definitionen sind in Bild 8.2 illustriert.

T_0 ist definiert als die mittlere Dauer mehrerer aufeinanderfolgender Grundperioden. Auf welche Weise die Mittelung erfolgt und wieviele Perioden in die Messung involviert sind, bleibt dem einzelnen Algorithmus überlassen. (4a)

Dies ist die Standarddefinition für jeden GFB-Algorithmus, der ein Kurzzeitanalyseverfahren anwendet, einschließlich der Algorithmen, die im Frequenzbereich arbeiten. Auf den Frequenzbereich übertragen lautet die Darstellung:

F_0 ist definiert als die Grundfrequenz einer (annähernd) harmonischen Struktur im Kurzzeitspektrum eines Sprachsignals. Es hängt vom Algorithmus ab, ob F_0 berechnet wird als die Frequenz einer einzelnen Teilschwingung dividiert durch ihre Ordnungszahl m (einschließlich $m = 1$), als die Differenzfrequenz zwischen benachbarten spektralen Maxima oder als der größte gemeinschaftliche Teiler der Frequenzen der Teilschwingungen. (4b)

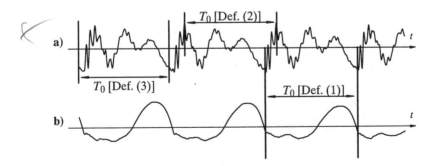

Bild 8.2: Definitionen von T_0 im Zeitbereich
  a) Sprachsignal (einige Perioden)
  b) Stimmbandschwingung (rekonstruiert)
  Definitionen und Synchronisationspunkte wie im Text: (1) produktionsorientiert, Glottisverschlußzeitpunkt; (2) signalorientiert, größtes Maximum in der Periode, (3) inkrementell, Beginn des Fensters

Die Wahrnehmung des Parameters Grundfrequenz als *Tonhöhe* erfolgt im Frequenzbereich:

F_0 ist definiert als die Frequenz des Tones, die die gleiche Tonhöhenempfindung hervorruft wie das Sprachsignal. (5)

Dies ist eigentlich eine *Langzeit*definition [Terhardt, Stoll, et al.-82]. Die Theorien zur Tonhöhenwahrnehmung wurden für stationäre Töne entwickelt und nicht auf Signale mit variabler Grundfrequenz übertragen. Wie einige Untersuchungen gezeigt haben, geht die differentielle Wahrnehmungsschwelle für Grundfrequenzänderungen um eine Größenordnung nach oben, wenn zeitveränderliche Stimuli involviert sind ['t Hart-81]. Nichtsdestoweniger ist die Frage der *Kurzzeit*wahrnehmung der Grundfrequenz erst teilweise beantwortet, und wir wissen noch nicht genau, wie die Kurzzeitanalyse aussieht, die das Gehör durchführt [Reetz-96]. In der praktischen Realisierung verwenden selbst solche Algorithmen, die das Prädikat *wahrnehmungsorientiert* für sich in Anspruch nehmen (z.B. [Duifhuis, Willems, et al.-82], [Hermes-88]), eine Standardform der Spektralanalyse (z.B. die DFT mit vorangehender Gewichtung des Signals), um in den Frequenzbereich zu gelangen.

Somit können die Ergebnisse der GF-Bestimmung bei gleichen Signalen je nach Algorithmus verschieden sein. Nachdem die Messung im Zeitbereich, im Frequenzbereich oder in einem dem Zeitbereich äquivalenten Bereich (z.B. Cepstrum) durchgeführt werden kann, erhält die Beziehung, über die F_0 und T_0 miteinander verbunden sind,

$$F_0 = \frac{1}{T_0} \qquad (8.1)$$

den Charakter einer Definition, die das Meßergebnis, das in einem der Bereiche (Zeit oder Frequenz) gewonnen wird, in den jeweils anderen Bereich überträgt.

8.1.2 Grobunterteilung der GFB-Algorithmen

Jeder GFB-Algorithmus läßt sich in drei Verarbeitungsstufen einteilen: a) die Vorverarbeitungsstufe, b) die Extraktionsstufe und c) die Nachverarbeitungsstufe [Hess-83]. Die Extraktionsstufe führt die eigentliche Messung durch: sie verwandelt das Eingangssignal in eine Folge von Schätzwerten für Grundperiodendauer bzw. Grundfrequenz. Die Aufgabe der Vorverarbeitungsstufe besteht in einer Datenreduktion, damit die Aufgabe der Extraktionsstufe erleichtert wird. Die Nachverarbeitungsstufe arbeitet mehr anwendungsorientiert: zu ihren Aufgaben gehören Fehlerkorrektur, Glättung des Grundfrequenzverlaufs oder graphische Ausgabe.

Die GFB-Algorithmen lassen sich in zwei große Kategorien einteilen, wenn man das Eingangssignal der Extraktionsstufe als Unterscheidungskriterium heranzieht. Besitzt dieses Signal die gleiche Zeitbasis wie das ursprüngliche Signal, so arbeitet der Algorithmus im Zeitbereich. In allen anderen Fällen ist der Zeitbereich irgendwo in der Vorverarbeitungsstufe mit Hilfe einer Kurzzeittransformation verlassen worden. Dementsprechend ergeben sich die beiden Kategorien: a) Algorithmen, die im Zeitbereich arbeiten, und b) Algorithmen, die sich des Prinzips der Kurzzeitanalyse bedienen (und damit in der Regel block- bzw. *frame*orientiert arbeiten). Algorithmen im Zeitbereich folgen einer der Definitionen (1) bis (3); die Definitionen (4) und (5) sind für die Kurzzeitanalyse-Algorithmen vorbehalten, wobei in Ausnahmefällen auch einmal die Definition (3) zutreffen kann.

8.2 GFB nach dem Prinzip der Kurzzeitanalyse

8.2.1 Überblick

Bei jedem GFB-Algorithmus, der sich des Prinzips der Kurzzeitanalyse bedient, wird in der Vorverarbeitungsstufe eine Kurzzeittransformation durchgeführt (vgl. Abschnitt 4.2.2). Zu diesem Zweck wird das Sprachsignal zunächst in eine Folge von Parametermeßpunkten unterteilt. Das jedem Parametermeßpunkt zugeordnete Meßintervall (*frame*) erhält man, indem man eine beschränkte Anzahl aufeinanderfolgender Abtastwerte zur Messung heranzieht. Die Länge M dieses Meßintervalls wird so klein wie möglich, aber so groß gewählt, daß der Parameter mit einer gewissen Genauigkeit meßbar ist. Für die meisten Kurzzeitanalysealgorithmen beinhaltet ein Meßintervall deswegen mindestens 2 oder 3 vollständige Grundperioden. In ungünstigen Fällen, wenn sich die Grundfrequenz rasch verändert oder wenn die Anregung des Signals unregelmäßig ist, kann sich der Widerspruch dieser beiden Bedingungen als eine Fehlerquelle erweisen.

Die anschließende (Spektral-)Transformation soll sich sozusagen wie ein Hohlspiegel verhalten, der alle Information über die Periodizität des Sprachsignals, die über das gesamte Parametermeßintervall auf die einzelnen Grundperioden verstreut ist, im Bildbereich in einen einzelnen Spitzenwert (Maximum oder Minimum) abbilden; dieser wird dann mit Hilfe eines Spitzenwertdetektors ermittelt (siehe Beispiel in Bild 8.3). Bei der Transformation gehen die Phasenbeziehungen zwischen der Spektralfunktion und dem ursprünglichen Signal verloren. Gleichzeitig jedoch verliert der Algorithmus auch einen großen Teil seiner Empfindlichkeit gegen Phasenverzerrungen und Qualitätsminderung des Signals; er wird insbesondere unempfindlich gegen Bandbegrenzungen des Signals im Bereich niedriger Frequenzen, wie sie im Telefonkanal vorkommen; d.h. das Ergebnis wird auch dann noch richtig, wenn die 1. Teilschwingung im Signal nicht mehr vorhanden ist.

Nicht jede Transformation bildet die Information über die Periodizität wie gewünscht in einen einzelnen Spitzenwert im Spektralbereich ab. Alle Transformationen jedoch, die diese Bedingung erfüllen, stehen irgendwie in Beziehung zum

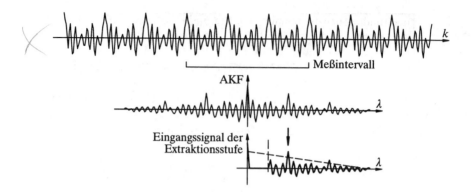

Bild 8.3: Typische Extraktionsstufe eines GFB-Algorithmus nach dem Prinzip der Kurzzeitanalyse (Beispiel: Autokorrelation). (λ) Verzögerung

Leistungsspektrum: Korrelation, GFB im Frequenzbereich, aktive Modellierung (s.u.) sowie die Methode des kleinsten Fehlerquadrats (siehe Bild 8.4). Im Bereich der Korrelationsfunktionen wird vornehmlich die Autokorrelationsfunktion eingesetzt; diese wurde für die GFB wichtig, als man eine nichtlineare Vorverarbeitungsstufe mit Mittenbegrenzung (*center clipping*) des Signals vorschaltete [Sondhi-68], [Rabiner-77]. Hierbei werden Signalabschnitte mit kleinen Amplituden zu Null gesetzt, so daß nur die kräftigen Spitzen zu Beginn jeder Grundperiode übrigbleiben. Dieses Verfahren verringert die Empfindlichkeit gegen Verwechslungen von T_0 mit der Periode der Schwingung des 1. Formanten.

Als Gegenstück zur Autokorrelationsfunktion, sozusagen als „Antikorrelation", genauer gesagt, als *Distanzfunktion*, läßt sich das Verfahren der Betragsdifferenzfunktion (*average magnitude difference function*, AMDF) bezeichnen,

$$\text{AMDF}(\lambda) := \sum_k |s(k) - s(k+\lambda)|. \tag{8.2}$$

Wenn die Verzögerung λ der Grundperiodendauer T_0 entspricht, ergibt sich bei der Betragsdifferenzfunktion ein deutliches Minimum. Die Betragsdifferenzfunktion läßt sich bereits unter Verwendung sehr kurzer Meßintervalle bestimmen und kann somit – neben einer speziellen Implementation der Autokorrelationsfunktion ([Hirose, Fujisaki, et al.-92], [Talkin-95], vgl. Abschnitt 8.2.3) – als einziger Algorithmus dieser Klasse mit der inkrementellen Definition (3) von T_0 arbeiten. Berechnet wird sie in der Regel direkt aus dem Sprachsignal ohne vorherige Gewichtung [Ross, Shaffer, et al.-74].

Die Verfahren im Frequenzbereich lassen sich ebenfalls in zwei Gruppen aufteilen. Die direkte Bestimmung der Grundfrequenz F_0 aus dem ersten Maximum des Leistungsspektrums ist unzuverlässig. Vorzugsweise wird deswegen die harmonische

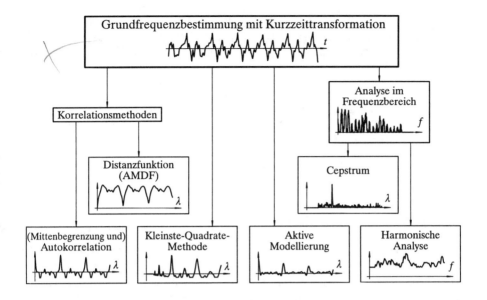

Bild 8.4: Übersicht über die einzelnen GFB-Algorithmen nach dem Prinzip der Kurzzeitanalyse. (λ) Verzögerung, (f) Frequenz. Man beachte: Die Frequenzmaßstäbe in den beiden Teilbildern mit einer Frequenzskala sind verschieden.

Struktur des Signals bzw. des Spektrums untersucht. Dies erfolgt beispielsweise mit Hilfe der spektralen Kompression; hierbei wird die Grundfrequenz als der größte gemeinsame Teiler der Frequenzen aller Harmonischen berechnet. Das Leistungsspektrum wird entlang der Frequenzachse im Verhältnis 1:2, 1:3 usw. affin gepreßt und anschließend auf das ursprüngliche Spektrum aufaddiert. Durch den kohärenten Beitrag aller Harmonischen ergibt sich hierbei ein signifikantes Maximum bei der Frequenz F_0 [Schroeder-68]. Bei der zweiten Gruppe dieser Algorithmen wird das Spektrum in den Zeitbereich rücktransformiert, jedoch nicht das Leistungsspektrum (dies würde zur Autokorrelationsfunktion führen), sondern das logarithmierte Leistungsspektrum. Hieraus ergibt sich das Cepstrum, aus dem sich T_0 durch ein signifikantes Maximum ableiten läßt [Noll-67]. Beim Verfahren der aktiven Modellierung, das auf einen unveröffentlichten Vorschlag von Atal (siehe [Rabiner, Cheng, et al.-76]) zurückgeht, wird das Signal durch ein Prädiktionsfilter hohen Grades modelliert, und T_0 wird aus den Filterkoeffizienten abgeleitet. Das Verfahren wird im Zusammenhang mit dem Algorithmus von Arévalo in Abschnitt 8.2.3 vorgestellt.

Als letzte Methode ist die des kleinsten Fehlerquadrats (*Kleinste-Quadrate-Methode*) zu erwähnen. Ursprünglich ein mathematisches Verfahren, das auf einem *Maximum-Likelihood-Ansatz* basiert [Noll-70] und für einen begrenzten Zeitabschnitt ein (streng) periodisches Signal unbekannter Periode T_0 von gaußverteiltem Rauschen optimal separiert, kann dieser Algorithmus mit entsprechenden Modifikationen in der GFB eingesetzt werden [Wise, Caprio, et al.-76]. Zusammenfassend läßt sich sagen:

- Algorithmen nach dem Prinzip der Kurzzeitanalyse liefern eine Folge von Schätzwerten für die mittlere Periodendauer bzw. die Grundfrequenz im gegebenen Parametermeßintervall.

- Sie sind in der Regel gegen Phasenverzerrungen, Rauschen sowie Bandbegrenzung bei tiefen Frequenzen verhältnismäßig unempfindlich.

Die vorgenannten sechs Prinzipien waren bereits Mitte der 70er Jahre durch Publikationen mindestens eines Verfahrens belegt. Spätere Publikationen brachten vor allem Verbesserungen der Effizienz der Implementation sowie der Robustheit des Algorithmus, griffen aber immer wieder auf diese Prinzipien zurück. Einige Beispiele hierzu sind in den beiden folgenden Abschnitten diskutiert. Für weitere Lösungen wird auf die Literatur verwiesen, z.B. [Martin-87], [Hermes-88] (spektrales Kammfilter und harmonische Kompression), [Ney-82], [Ying, Jamieson, et al.-96] (AMDF), [Qian, Kumaresan-96] (Kleinste-Quadrate-Methode), [Fujisaki, Hirose, et al.-86] (AKF) oder [Lahat, Niederjohn, et al.-87] (AKF im Frequenzbereich auf der Basis des Leistungsspektrums).

8.2.2 Beispiel: GFB mit Hilfe doppelter Spektraltransformation und nichtlinearer Verzerrung im Frequenzbereich

Ein wesentliches Problem der GFB ist die Empfindlichkeit gegenüber einem stark ausgeprägten Formanten $F1$, wenn dieser mit der 2. oder 3. Teilschwingung zusammenfällt. Hier kann man am ehesten durch das Verfahren der *spektralen Einebnung* entgegenwirken. Eine Möglichkeit hierzu ist die Mittenbegrenzung, wie sie z.B. bei der GFB mit Hilfe der Autokorrelationsfunktion (AKF) verwendet wird [Rabiner-77]. Erfolgt jedoch eine Verarbeitung im Frequenzbereich, oder wird dieser irgendwann im Lauf der Verarbeitung berührt, so ist es zweckmäßig, die spektrale Einebnung dort vorzunehmen. In diesem Fall ist sie als Sonderfall der nichtlinearen Verzerrung im Frequenzbereich zu betrachten.

Bild 8.5 zeigt das Blockschaltbild dieses Algorithmus, der in drei Schritten wie folgt abläuft: (1) Fouriertransformation des Signals $s(k)$ in den Frequenzbereich; (2) nichtlineare Verzerrung im Frequenzbereich; (3) Rücktransformation des verzerrten Spektrums in einen dem Zeitbereich äquivalenten Bereich; dessen unab-

8.2 GFB nach dem Prinzip der Kurzzeitanalyse

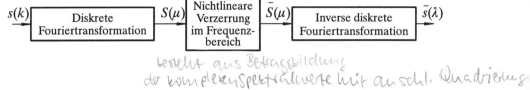

Bild 8.5: GFB mit doppelter Spektraltransformation und nichtlinearer Verzerrung im Spektralbereich: Blockschaltbild der Vorverarbeitungsstufe

besteht aus Betragsbildung der komplexspektralwerte mit anschl. Quadrierung

hängige Variable sei im folgenden zur Vermeidung von Verwechslungen wieder als Verzögerung λ bezeichnet.

Bereits angesprochen wurden zwei GFB-Algorithmen, die sich dieser Methode bedienen: GFB mit Hilfe der AKF sowie das Cepstrum-Verfahren. Die AKF berechnet sich bekanntlich (vgl. Abschnitte 6.1, 6.1.6) als inverse Fouriertransformierte des Leistungsspektrums des Eingangssignals. Unter dem Gesichtspunkt der doppelten Spektraltransformation betrachtet, besteht die nichtlineare Verzerrung im Spektralbereich hier aus der Bildung des Betrags der komplexen Spektralwerte mit anschließender Quadrierung. Beim Cepstrum-Verfahren besteht sie wiederum aus der Betragsbildung, nun aber mit anschließender Logarithmierung. Die beiden Verfahren unterscheiden sich demnach nur durch die Kennlinie der Amplitudenverzerrung der Spektralwerte nach erfolgter Betragsbildung.

Das Cepstrum-Verfahren ist gegenüber dominanten Formanten relativ unempfindlich, weist jedoch eine gewisse Empfindlichkeit gegenüber verrauschten Signalen auf. Die AKF wiederum ist bei der GFB gegen Rauschen sehr unempfindlich, gegenüber dominanten Formanten jedoch recht empfindlich. Betrachtet man die Krümmung der Kennlinie der nichtlinearen Verzerrung des Spektrums, so wird der Dynamikbereich bei Verwendung der quadratischen Kennlinie expandiert; bei Verwendung der logarithmischen Kennlinie erfolgt eine Kompression der Amplitude und damit eine spektrale Einebnung. Diese ist offensichtlich wichtiger für die GFB als die Tatsache, daß Anregungsspektrum und Sprechtrakt-Frequenzgang (siehe Abschnitt 2.2) durch die Logarithmierung additiv und nicht mehr multiplikativ verknüpft sind (vgl. auch Abschnitt 3.4). Es liegt daher nahe, anstelle des Logarithmus auch solche Kennlinien zu verwenden, die weniger gekrümmt sind und daher das Spektrum weniger bzw. nicht einebnen. In der Literatur bestehen hierzu u.a. folgende Vorschläge (vgl. [Hess-83], [Hess-92]):

$$\tilde{S}(\mu) = \sqrt{|S(\mu)|} = \sqrt[4]{|S(\mu)|^2} \quad \text{(4. Wurzel aus Leistungsspektrum)}; \quad \text{(8.3-a)}$$

$$\tilde{S}(\mu) = |S(\mu)| \quad \text{(Amplitudenspektrum)}. \quad \text{(8.3-b)}$$

Von diesen Kennlinien wird eine verbesserte Robustheit des Algorithmus bei verrauschten Signalen erwartet, wobei die Störanfälligkeit bei dominanten Formanten nicht merklich steigen soll. Bild 8.6 zeigt ein Beispiel.

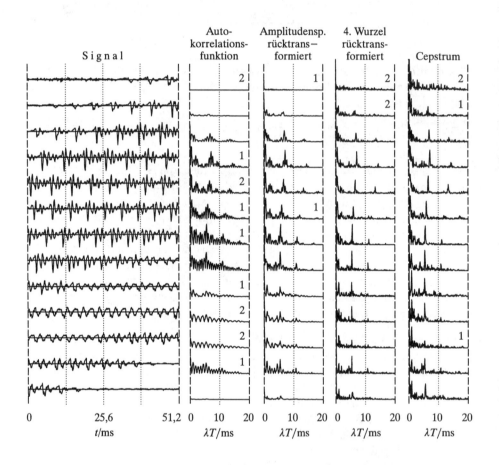

Bild 8.6: GFB mit doppelter Spektraltransformation und nichtlinearer Verzerrung: einige Beispiele zur Wirkungsweise. Signal: Ausschnitt aus „Digitale Verarbeitung ..."; die Zeit läuft in Schritten von 25.6 ms von oben nach unten (50% Überlappung zwischen benachbarten *frames*). Gezeigt werden vier Arten der nichtlinearen spektralen Verzerrung. Die inverse Transformation des Leistungsspektrums führt zur AKF, die des logarithmierten Spektrums zum Cepstrum. Die anderen Verzerrungen im Spektralbereich sind: 4. Wurzel aus dem Leistungsspektrum und Amplitudenspektrum (Betragsbildung). Von den inversen Transformierten ist jeweils der Betrag abgebildet. Die Zahlen auf der rechten Seite eines Teiles der inversen Transformierten geben an, wieviele parasitäre Maxima (mehr als 70% der Amplitude des Maximums bei T_0) innerhalb des Meßbereiches (1-20 ms) entdeckt wurden.

8.2.3 GFB mit aktiver Modellierung; weitere Entwicklungen

Die Modellierung von Sprachsignalen mit linearer Prädiktion (Kap. 7) liefert je nach Filtergrad sehr verschiedene Ergebnisse. Wird der Filtergrad so hoch gewählt, daß für jede Teilschwingung eines stimmhaften Signals ein eigenes Polpaar zur Verfügung steht (dies ist für einen Filtergrad $n > T_0/T$ der Fall), und ist das Analysefenster lang genug, daß mindestens zwei komplette Grundperioden enthalten sind, so tendiert das Prädiktorfilter dazu, die Teilschwingungen einzeln mit je einem Polpaar zu modellieren; die Nullstellen des Prädiktorpolynoms sind also äquidistant in unmittelbarer Nähe des Einheitskreises angeordnet (siehe Bild 8.7).

Da die wesentliche Information zur GF im Frequenzband unter 1 kHz enthalten ist, wird in Atals Vorschlag zunächst die Abtastfrequenz des Signals auf 2 kHz erniedrigt. Bei einer minimalen GF von 50 Hz muß der Filtergrad n mindestens 41 betragen, damit sicher ein Polpaar für jede Teilschwingung zur Verfügung steht. Mit diesem Filtergrad wird das Signal analysiert und die Nullstellen des Prädiktorpolynoms werden bestimmt (Bild 8.7-b). Die genaueste Schätzung von T_0 erhält man, indem man die Beiträge aller Polpaare in einer modifizierten Impulsantwort kohärent mit Nullphase aufaddiert; damit erhält diese Impulsantwort annähernd die Form einer Impulsfolge mit Periode $\lambda T = T_0$ (Bild 8.7-c). Diese Impulsantwort kann zudem mit beliebiger Abtastfrequenz errechnet werden, so daß Quantisierungseffekte durch die Erniedrigung der Signalabtastfrequenz auf 2 kHz sich nicht auf das Meßergebnis auswirken.

[Arévalo-91] griff dieses Verfahren auf und entwickelte es zu einem robusten GFB-Algorithmus, der auch bei gestörten Signalen mit einem Signal-Rausch-Abstand

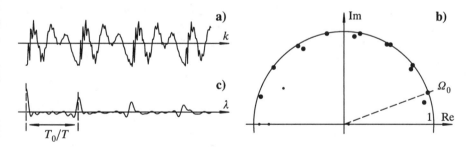

Bild 8.7: GFB mit aktiver Modellierung: ursprünglicher Vorschlag von Atal [Rabiner, Cheng, et al.-76]
    a) Signalbeispiel (32 ms, Vokal [ε], männliche Stimme)
    b) Nullstellen des Prädiktorpolynoms mit Grad $n = 41$ in der z-Ebene
       (obere Halbebene; reduzierte Signalabtastfrequenz 2 kHz)
    c) hieraus rekonstruierte Impulsantwort mit Nullphase und gleicher Amplitude aller Teilschwingungen

von 0 dB noch funktioniert (siehe Abschnitt 8.7). Zunächst werden bei der Berechnung der modifizierten Impulsantwort nur die Polpaare berücksichtigt, die in unmittelbarer Nähe des Einheitskreises der z-Ebene liegen und damit erkennen lassen, daß sie wohl einer Teilschwingung zuzuordnen sind (in Bild 8.7-b dick eingezeichnet). Die wesentliche Neuerung aber besteht darin, daß der Filtergrad n abhängig von dem zu erwartenden Wert für T_0 und damit abhängig von der Zahl der Teilschwingungen im Signal eingestellt werden kann. Ist nämlich n zu klein, so versagt der Algorithmus, weil die Grundbedingung – ein Polpaar pro Teilschwingung – nicht mehr eingehalten ist; ist andererseits n zu hoch, so bleiben nach Modellierung aller Teilschwingungen Polpaare übrig, die keiner Teilschwingung zugeordnet werden und den Algorithmus störanfällig machen. Der Algorithmus legt den Filtergrad adaptiv fest, indem er zunächst ein bezüglich des Filtergrades rekursives Berechnungsschema entsprechend dem Levinson-Durbin-Algorithmus (Abschnitt 7.3.1.3) ansetzt und bei jeder Rekursion nachprüft, ob hinreichend viele Nullstellen des Prädiktorpolynoms in unmittelbarer Nähe des Einheitskreises liegen. Mit Hilfe eines speziellen Stabilitätstests (Bistritz-Test [Bistritz-84]) gelingt dies, ohne daß die Nullstellen explizit berechnet werden müssen. Je nach aktuellem Wert von T_0 variiert (bei einer Abtastfrequenz von 2 kHz) damit der Filtergrad zwischen 10 (für hohe Stimmen) und 41 (für $F_0 = 50$ Hz).

[Fujisaki, Hirose, et al.-86] beschäftigten sich mit der Frage der optimalen Länge des Analysefensters und zeigten, daß ein GFB-Algorithmus dann die besten Ergebnisse liefert, wenn die effektive Fensterlänge ungefähr drei Grundperioden beträgt. Ein – auf T_0 bezogen – zu langes oder zu kurzes Analysefenster verschlechtert die Meßergebnisse. Ein GFB-Algorithmus mit fester Fensterlänge und einem Meßbereich von 4 Oktaven arbeitet also meistens außerhalb des optimalen Bereichs. Auf dieser Untersuchung aufbauend schlugen [Hirose, Fujisaki, et al.-92] ein variables Fenster vor, das es ähnlich wie bei der AMDF auch bei Verwendung der robusteren AKF ermöglicht, mit der inkrementellen Definition (3) von T_0 zu arbeiten. Verwendet wird eine instationäre Form der Kurzzeit-AKF, bei der jeder Abtastwert von $\hat{\varphi}(\lambda, k)$ einer eigenen Normierung unterzogen wird:

$$\hat{\varphi}(\lambda,\,k) = \frac{\sum_{\kappa=k-K+1}^{k} s(\kappa)\,s(\kappa+\lambda)}{\sqrt{E(k)\,E(k+\kappa)}} \quad \text{mit} \quad E(\nu) = \sum_{\mu=\nu-K+1}^{\nu} s^2(\mu)\,. \qquad (8.4)$$

Da für jeden Wert von $\hat{\varphi}(\lambda, k)$ andere Abtastwerte des Signals $s(k)$ beteiligt sind, ist die Normierung notwendig, damit Änderungen der Gesamtenergie der jeweils beteiligten Abtastwerte keinen Eingang in $\hat{\varphi}(\lambda, k)$ finden. Die Länge K des verwendeten Fensters wird auf den zu erwartenden Wert von T_0 eingestellt. Dieses Verfahren wird auch in dem in das Programmpaket ESPS eingebauten GFB-Algorithmus eingesetzt [Talkin-95] und hat auch in die Sprachcodierung Eingang gefunden [Laflamme, Salami, et al.-96]. In [Geoffrois-96] werden drei Analysefenster verschiedener Länge simultan eingesetzt und die Meßergebnisse aufaddiert.

Der GFB-Algorithmus von [Moreno, Fonollosa-92] basiert auf einer Kumulante 3. Grades [Mendel-91],

$$\hat{c}(\nu, 0, k) = \sum_{\kappa=k}^{k+L-\nu-1} s(\kappa)\, s(\kappa)\, s(\kappa+\nu)\,, \qquad \nu = -L+1,\, ...,\, L-1\,, \qquad (8.5)$$

über die dann die AKF berechnet wird; hieraus wird der Schätzwert für T_0 abgeleitet. Da diese Kumulante die Tendenz hat, Rauschsignale zu unterdrücken und stimmhafte Signale besonders hoch zu bewerten, wird von dem Algorithmus ein besonders robustes Verhalten erwartet.

8.3 Grundperiodenbestimmung im Zeitbereich

Diese Klasse von Algorithmen bietet ein weniger homogenes Bild als die Algorithmen nach dem Prinzip der Kurzzeitanalyse. Eine Unterteilungsmöglichkeit läßt sich davon ableiten, wie die Aufgabe der Datenreduktion auf Vorverarbeitungsstufe und Extraktionsstufe verteilt ist. In diesem Fall rangieren die meisten Algorithmen zwischen zwei Extremen (Bild 8.8).

1. Die gesamte Datenreduktion erfolgt in der Vorverarbeitungsstufe. Im Extremfall gelangt nur die erste Teilschwingung an die Extraktionsstufe, die dann entsprechend einfach ausgelegt werden kann.

2. Die Datenreduktion erfolgt nur in der Extraktionsstufe. Diese hat dann mit der gesamten Vielfalt der möglichen zeitlichen Strukturen des Signals fertig zu werden. Im Extremfall kann die Vorverarbeitungsstufe völlig entfallen.

Im Prinzip ist der Algorithmus im Zeitbereich fähig, das Signal Periode für Periode zu analysieren. Am Ausgang der Extraktionsstufe ergibt sich dann eine Folge von Periodengrenzen („Markierer"). Nachdem die Information von jeder Periode einzeln abgeleitet wird, sind GFB-Algorithmen im Zeitbereich üblicherweise empfindlicher gegenüber lokalen Störungen und demzufolge weniger zuverlässig als die Mehrzahl der Algorithmen nach dem Prinzip der Kurzzeitanalyse. Andererseits können sie zumindest prinzipiell auch dann noch richtige Ergebnisse liefern, wenn die Anregungsimpulse der Stimmbandschwingung nicht mehr periodisch sind.

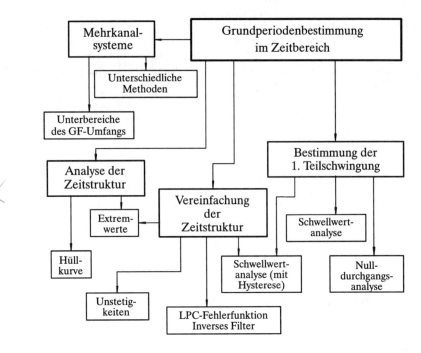

Bild 8.8: Unterteilung der GFB-Algorithmen im Zeitbereich

8.3.1 Analyse der Zeitstruktur

Die Impulsantwort des Vokaltrakts (als lineares passives System) besteht näherungsweise aus einer Summe exponentiell gedämpfter Schwingungen. Geht man davon aus, daß der Vokaltrakt hauptsächlich zum Zeitpunkt des Glottisverschlusses angeregt wird (vgl. Abschnitt 2.2.1), und geht man außerdem von einer Allpol-Übertragungsfunktion aus, so ist zu erwarten, daß die signifikanten Maxima und Minima unmittelbar nach dem Glottisverschlußzeitpunkt größere Amplituden besitzen als im weiteren Verlauf einer Grundperiode (Bild 8.9). Die Untersuchung der Spitzenwerte im Signal (Maxima und/oder Minima) wird daher über die Periodizität des Signals Aufschluß geben. Hierbei ergeben sich jedoch einige Probleme. Die Frequenzen der wesentlichen gedämpften Schwingungen sind durch die Momentanwerte der Formanten bestimmt, die sich sehr rasch ändern können. Desweiteren ist gerade der Formant $F1$ bei tiefen Frequenzen oft nur schwach gedämpft; die Signaleinhüllende ändert sich im Vergleich hierzu oft rascher. Ist das Signal zudem noch phasenverzerrt, so kann sich dies derart auswirken, als ob verschiedene Formanten zu verschiedenen Zeitpunkten angeregt würden. Diese Probleme sind nicht unüberwindlich, aber sie führen zu verhältnismäßig komplizierten algorithmischen Lösungen, bei denen eine große Vielfalt zeitlicher Strukturen berücksichtigt und untersucht werden muß. Üblicherweise wird die Analyse wie folgt ausgeführt:

8.3 GRUNDPERIODENBESTIMMUNG IM ZEITBEREICH

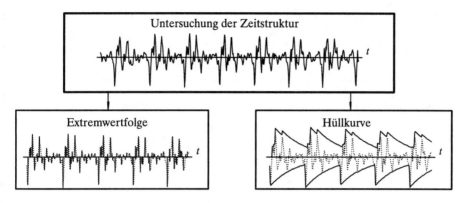

Bild 8.9: GFB-Algorithmen im Zeitbereich:
Untersuchung der Zeitstruktur des Signals

1. Der Einfluß der höheren Formanten wird durch ein Tiefpaßfilter beseitigt.
2. Der Algorithmus bestimmt alle Maxima und Minima im Signal (ggf. auch irgendwelche andere ausgezeichnete Werte, z.B. Nulldurchgänge).
3. Sobald ein Extremwert einmal als insignifikant festgestellt ist, wird er entfernt; dies erfolgt solange, bis nur noch ein signifikanter Extremwert pro Periode übrigbleibt.
4. Offensichtlich fehlerhafte Punkte werden nachkorrigiert.

Für genau spezifizierte, begrenzte Anwendungsfälle können solche Algorithmen sehr einfach ausfallen. Allgemein zeichnen sich die Algorithmen in diesem Bereich durch eine heuristische Vorgehensweise aus, die eine Vielzahl individueller Lösungen hervorgebracht hat. Aus Platzgründen müssen sie unerwähnt bleiben.

8.3.2 Bestimmung der ersten Teilschwingung

T_0 läßt sich im Signal aus der ersten Teilschwingung bestimmen, wenn diese vorher durch entsprechende Tiefpaßfilterung in der Vorverarbeitungsstufe isoliert wird. Die Extraktionsstufe kann dann sehr einfach ausgelegt werden. Bild 8.10 zeigt das Prinzip dreier solcher Extraktionsstufen: die Nulldurchgangsextraktionsstufe als den einfachsten Fall, die Schwellwertextraktionsstufe und schließlich die Schwellwertextraktionsstufe mit Hysterese. Die Nulldurchgangsextraktionsstufe setzt einen Markierer, wenn das Signal die Nullinie in vorgegebener Richtung überschreitet. Das Signal darf hier also zwei und nur zwei Nulldurchgänge je Periode aufweisen. Die Schwellwertextraktionsstufe setzt einen Markierer, wenn ein bestimmter Schwellwert überschritten wird, der jedoch von Null abweicht.

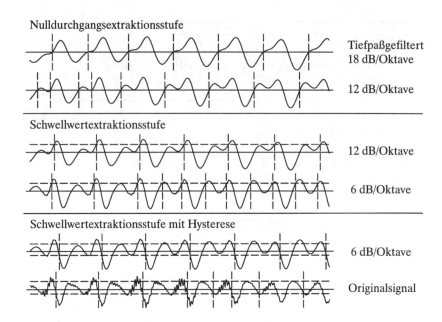

Bild 8.10: Beispiel für die Wirkungsweise einfacher Extraktionsstufen im Zeitbereich. Die Angaben zur Steilheit des Tiefpaßfilters beziehen sich auf den Meßbereich für T_0.

Die Schwellwertextraktionsstufe mit Hysterese verfährt zunächst wie die einfache Schwellwertextraktionsstufe; nur wird hier der Markierer erst dann gesetzt, wenn eine zweite (niedrigere) Schwelle in entgegengesetzter Richtung passiert wird. Diese Extraktionsstufen verlangen eine Tiefpaßfilterung mit geringerer Steilheit.

Die Forderung nach der Tiefpaßfilterung innerhalb des Meßbereichs ist einer von zwei empfindlichen Nachteilen dieses ansonsten schnellen und wenig aufwendigen Prinzips. Für die Nulldurchgangsextraktionsstufe benötigt man eine Dämpfung der höheren Frequenzen von 18 dB/Oktave [McKinney-65]. Dementsprechend verändert sich die Amplitude des Eingangssignals der Extraktionsstufe um mehr als 50 dB schon allein durch die Änderungen der Grundfrequenz. Diese Dynamik, zu der noch die inhärente Dynamik des Signals hinzukommt (in der Regel weitere 30 dB), ist für den Algorithmus zu viel. Will man daher nach diesem Prinzip eine Nulldurchgangsextraktionsstufe anwenden, so muß der Meßbereich für die Grundfrequenz begrenzt und eine Bereichsumschaltung oder eine Voreinstellmöglichkeit vorgesehen werden. Für die Schwellwertanalyse ist das Problem nicht so erheblich, aber die Tatsache, daß der Schwellwert an die Amplitude des Signals angeglichen werden muß, kompliziert den Entwurf dieses Algorithmus bereits wieder. In [Dologlou, Carayannis-89] ist das Problem dadurch umgangen, daß dasselbe Tiefpaßfilter (hier realisiert als nichtrekursives Digitalfilter) in Verbindung mit einer Nulldurchgangsextraktionsstufe mehrmals hintereinander angewendet wird, bis das Ausgangssignal die Sinusform möglichst gut erreicht.

Als zweiter Nachteil ist zu verzeichnen, daß dieses Prinzip a priori auf Anwendungsfälle begrenzt bleibt, bei denen die erste Teilschwingung im Signal vorhanden ist. Bandbegrenzung bei niedrigen Frequenzen, wie sie beispielsweise im Telefonkanal vorkommt, führt zum Versagen dieser Algorithmen. Darüber hinaus wird implizit vorausgesetzt, daß die erste Teilschwingung auch die *niedrigste* im Signal auftretende Schwingung ist [Doloğlou, Carayannis-89]. Additive Störsignale mit tieffrequenten Anteilen (z.B. konkurrierende Sprachsignale) können daher ebenfalls zu fehlerhaften Meßergebnissen führen.

Die ausführliche Darstellung von Algorithmen zur *adaptiven Vereinfachung der Signalstruktur* geht über den Rahmen dieses Buches hinaus. Allerdings kann der in Abschnitt 8.5.2 vorgestellte Algorithmus zur Bestimmung des Glottisverschlußzeitpunktes, der in diese Kategorie fällt, als ein Beispiel hierfür betrachtet werden.

8.3.3 Mehrkanalalgorithmen

Mit Ausnahme der algorithmischen Untersuchung der Zeitstruktur sind die meisten einfachen Algorithmen im Zeitbereich hinsichtlich des Meßbereichs der Grundfrequenz oder des Signaltyps beschränkt. Der Meßbereich oder die Zuverlässigkeit dieser Algorithmen läßt sich steigern, indem mehrere von ihnen parallel implementiert werden und dann eine Entscheidung darüber herbeigeführt wird, in welchem Kanal das „richtige" Ausgangssignal zu finden ist. Hierbei können die Teilalgorithmen identisch sein, und jeder von ihnen kann einen Unterbereich des Gesamtmeßbereichs der Grundfrequenz verarbeiten. Andererseits lassen sich verschiedene Prinzipien parallel anwenden; jeder Teilalgorithmus muß dann den gesamten Meßbereich untersuchen können. Die Selektionskriterien für den richtigen Kanal ergeben sich in diesen Fällen aus einer vorher festgelegten Hierarchie, durch eine Kontrolle auf Regelmäßigkeit [Hess-83] oder durch syntaktische Regeln [De Mori, Laface, et al.-77]. Die Selektion wird ständig überprüft, so daß der Algorithmus den Kanal seiner Wahl jederzeit ändern kann. Auf die Darstellung im einzelnen wird wieder verzichtet.

Zusammenfassend gesagt, sind Algorithmen im Zeitbereich meistens einfacher aufgebaut als Algorithmen nach dem Prinzip der Kurzzeitanalyse. Die meisten sind in der Lage, das Signal Periode für Periode zu analysieren. Andererseits sind sie jedoch weniger zuverlässig. Die Untersuchung der Zeitstruktur ist empfindlich gegen Phasenverzerrungen und akustische Hintergrundstörungen. Einige der einfacheren Algorithmen können nur einen Unterbereich des Meßbereichs der Grundfrequenz verarbeiten. Oftmals wird die Präsenz der ersten Teilschwingung benötigt. Ein Ausweg ist gegeben durch Mehrkanalalgorithmen, bei denen die Vorteile verschiedener Prinzipien kombiniert werden können.

8.4 Korrektur und Glättung von GF-Verläufen

Eine der Hauptaufgaben der Nachverarbeitungsstufe in GFB-Algorithmen ist die Beseitigung von Meßfehlern. Hierbei wird unterschieden zwischen (Listen-)*Korrektur* und *Glättung*. Die Korrektur richtet sich gegen Grobfehler (zur Klassifikation der Meßfehler siehe Abschnitt 8.7); die Glättung kann auch zur Reduktion von Meßungenauigkeiten angewendet werden [Rabiner, Cheng, et al.-76].

Während die Extraktionsstufe jede einzelne Grundperiode bzw. jedes Meßintervall isoliert betrachtet, erfolgt die Betrachtung des Signals in der Nachverarbeitungsstufe mehr unter globalen Gesichtspunkten, d.h. es wird der gesamte Verlauf der Grundperiodendauer bzw. der Grundfrequenz innerhalb eines stimmhaften Abschnitts der Prüfung unterzogen. Markierer bzw. Schätzwerte der Extraktionsstufe befinden sich in einer Liste, und ein unmittelbarer Bezug zum Signal muß nicht mehr unbedingt bestehen. Die Verwendung eines derartigen Korrekturverfahrens bedingt naturgemäß eine zeitliche Verzögerung bei der Verarbeitung; es ist daher nicht für alle Anwendungen einsetzbar.

Ein Vorzug des Listenkorrekturverfahrens besteht darin, daß es nicht notwendigerweise sequentiell arbeitet, sondern dort beginnen kann, wo am ehesten ein korrektes Meßergebnis zu erwarten ist (beispielsweise in der Mitte eines Vokals). Eine solche „Insel" ist durch hohe Signalamplitude und einen regelmäßigen Verlauf der Grundfrequenz gekennzeichnet. Von hier aus erfolgt die Weiterverarbeitung in Zeitrichtung ebenso wie gegen Zeitrichtung bis an die Grenzen des jeweiligen stimmhaften Abschnitts. Für jede Grundperiode wird dabei ein Periodendauer-Erwartungswert gebildet, der sich aus den Meßwerten der unmittelbaren Umgebung berechnet. Des weiteren wird die (relative) Abweichung zwischen der Dauer der aktuellen Periode und diesem Erwartungswert bestimmt. Überschreitet die Abweichung einen vorgegebenen Schwellwert, so wird der gerade untersuchte Markierer als fehlerhaft angenommen. Je nach Vorzeichen und Betrag der Abweichung werden dann die entsprechenden Korrekturmaßnahmen eingeleitet. Sind beispielsweise zwei aufeinanderfolgende Perioden um den Faktor 2 zu klein, so deutet dies auf einen überzähligen Markierer hin, der entfernt wird. Der umgekehrte Fall liegt vor, wenn eine Periode doppelt so lang ist wie ihre Umgebung. Sprünge werden durch entsprechende Verschiebungen einzelner Markierer korrigiert. Wo sich ein Fehler als unkorrigierbar erweist, wird der betreffende Markierer als unregelmäßig gekennzeichnet. Ein Listenkorrekturalgorithmus dieser Art wurde erstmals in [Reddy-67] angegeben. Die Zahl der Grobfehler kann mit Hilfe einer solchen Korrekturstufe um eine Zehnerpotenz gesenkt werden [Specker-84].

Im Algorithmus von [Talkin-95] gibt die Extraktionsstufe je nach Beschaffenheit des Signals mehrere Schätzwerte mit unterschiedlicher Gewichtung ab. In der Nachverarbeitungsstufe wird der endgültige Verlauf von T_0 mit Hilfe eines Verfahrens der Kostenminimierung als optimaler Pfad durch diese Schätzwerte ermittelt. Ein derartiges Verfahren wurde – in Verbindung mit der AMDF – bereits in [Ney-82] vorgeschlagen und ist u.a. auch in [Geoffrois-96] realisiert.

Ein weiteres Verfahren zur Reduktion von GFB-Fehlern ist die *Glättung* des Grundfrequenzverlaufs. Im wesentlichen werden zwei Glättungsverfahren angewendet: a) Glättung mit einem linearen Tiefpaß, sowie b) Medianglättung, ein nichtlineares Glättungsverfahren.

Die Glättung mit einem *linearen Tiefpaßfilter* ist geeignet zur Reduktion von Meßungenauigkeiten, jedoch ungeeignet zur Beseitigung von Grobfehlern, da sie deren Wirkung nicht vollständig beseitigt. So wird beispielsweise ein Oktavfehler (richtig: T_0; gemessen: $T_0/2$) in einen nichtharmonischen Grobfehler (z.B. $0.8\,T_0$) verwandelt, der subjektiv möglicherweise als unangenehmer empfunden wird als der ursprüngliche Fehler. Aus diesem Grunde wurde in [Rabiner, Sambur, et al.-75] die Anwendung der *Medianglättung* für Grundfrequenzverläufe vorgeschlagen. Zur Bildung eines Medianwertes sei eine ungerade Zahl $2n+1$ aufeinanderfolgender Meßwerte gegeben. Diese werden ihrer Größe nach geordnet, und der Medianwert ist dann der mittlere Wert der geordneten Folge. Bei der Glättung wird jeder Meßwert durch den entsprechenden Medianwert ersetzt. Rabiner et al. schlagen die Verwendung eines Drei- bzw. eines Fünf-Punkte-Verfahrens vor. Mit dem Drei-Punkte-Verfahren lassen sich Ausreißer korrigieren, die auf eine Stützstelle beschränkt sind; der Fünf-Punkte-Median erlaubt die Korrektur von Ausreißern, die zwei aufeinanderfolgende Stützstellen verfälschen. Sind die übrigen an der Berechnung des Medians beteiligten Meßwerte fehlerfrei, so weisen die korrigierten Werte keine groben Meßfehler mehr auf. Eine Kombination von Medianglättung und linearer Glättung durch Tiefpaßfilter, wobei die Medianglättung zuerst erfolgt, kann sowohl Grobfehler als auch Meßungenauigkeiten reduzieren. Gegenüber der Listenkorrektur hält die Medianglättung die verarbeitungsbedingte Verzögerung in Grenzen, da das verwendete Fenster stets nur wenige Stützstellen umfaßt.

8.5 Stimmbandschwingung, Glottisverschlußzeitpunkt

Zwei Aufgaben zur Analyse der Stimmbandschwingung gehen über die GFB im engeren Sinn hinaus: (1) Rekonstruktion der Stimmbandschwingung und (2) Bestimmung des Zeitpunkts des Glottisverschlusses. Diese Aufgaben sollen im folgenden an zwei Beispielen skizziert werden. Sinnvoll definiert sind sie nur, wenn die zu analysierenden Signale frei von Hintergrundstörungen und auch frei von Phasenverzerrungen sind, die die Kurvenform des Signals ändern würden.

8.5.1 Rekonstruktion der Stimmbandschwingung

Das lineare Modell der Spracherzeugung (vgl. Abschnitt 2.2.4) in der zeitinvarianten Formulierung von Gl. (2.40) besteht für stimmhafte Sprachsignale anregungsseitig aus dem Impulsgenerator $U_H(z)$ und dem Filter zur Modellierung der Klangfarbe der Stimme $K_H(z)$. Grundfrequenzbestimmung bedeutet Ermittlung von $U_H(z)$. Soll die Stimmbandschwingung rekonstruiert werden, so ist es erforderlich, auch $K_H(z)$ zumindest näherungsweise zu bestimmen. Die Aufgabe wird *glottale inverse Filterung* genannt,

$$U_H(z) \cdot K_H(z) = \frac{S(z)}{V(z)\, R(z)\, \sigma_H}, \tag{8.6}$$

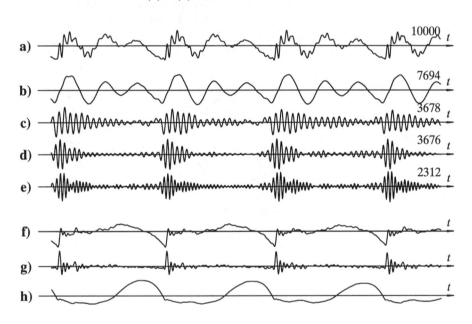

Bild 8.11: Rekonstruktion der Stimmbandschwingung mit glottaler inverser Filterung. Alle Signale wurden vor der graphischen Darstellung auf gleiche Amplitude gebracht; in den Teilbildern a)-e) sind die tatsächlichen Amplituden (mit Bezugswert 10000) rechts bei den Signalen angegeben.
    a)   Signal: Vokal [e], 32 ms je Zeile, Abtastfrequenz 8 kHz
    b-e) Zeitsignale der Formanten $F1$-$F4$
    f)   gefiltertes Signal nach Entfernung der Formanten $F1$-$F4$
    g)   Signal von f) differenziert, hieraus sind die Glottisverschlußzeitpunkte, also die Zeitpunkte maximaler Anregung des Vokaltrakts, gut zu erkennen
    h)   rekonstruierte Stimmbandschwingung

wobei $V(z)$ die Übertragungsfunktion des Vokaltrakts und $R(z)$ die der Abstrahlung bezeichnen; $S(z)$ ist die z-Transformierte des Sprachsignals; σ_H repräsentiert den nicht von der Frequenz abhängigen Faktor Amplitude. Grundsätzlich ist das inverse Filter so aufgebaut, daß (im Rahmen der Bandbreite) jeder Formant genau (d.h. nach Frequenz und Bandbreite) bestimmt und aus dem Signal herausgefiltert werden muß [Lindqvist-65]. Darüber hinaus muß auch die Abstrahlung kompensiert werden. Bild 8.11 zeigt hierzu eine grundsätzliche Lösung.

Da die Aufgabe eine sehr präzise Bestimmung der Formanten erfordert, existieren sinnvolle automatische Lösungen bisher nur für ausgehaltene Vokale. Auf die Darstellung im einzelnen wird verzichtet und auf die Literatur verwiesen (z.B. [Wong, Markel, et al.-79], [Alku-92]).

8.5.2 Bestimmung des Glottisverschlußzeitpunktes

Verglichen mit der Rekonstruktion der Stimmbandschwingung ist die Bestimmung des Glottisverschlußzeitpunktes weniger anspruchsvoll. Es geht um Grundperiodenbestimmung unter strikter Zugrundelegung der Definition (1) aus Abschnitt 8.1.1. Nachdem sich im Sprachsignal selbst kein Merkmal definieren läßt, aus dem sich der Zeitpunkt des Glottisverschlusses direkt ermitteln ließe, ist eine spezielle Vorverarbeitung notwendig.

Ein Beispiel hierzu ist der Algorithmus von [Cheng, O'Shaughnessy-89], der in der erweiterten Version von [Hess-94] vorgestellt wird (Bild 8.12) und ein modifiziertes Korrelationsverfahren einsetzt. Grundidee ist, daß zum Zeitpunkt des Glottisverschlusses der Vokaltrakt punktuell maximal angeregt wird; die auf diesen Zeitpunkt folgenden Signalwerte entsprechen also am ehesten der Impulsantwort des Vokaltrakts $v_0(\lambda)$. Korreliert man das Sprachsignal $s(k)$ mit dieser Impulsantwort,

$$c(k) = \sum_\lambda s(k+\lambda)\, v_0(\lambda), \qquad (8.7)$$

so wird die entstehende Funktion $c(k)$ zum Zeitpunkt des Glottisverschlusses ein Maximum annehmen; $v_0(\lambda)$ wird mit Hilfe linearer Prädiktion geschätzt.

Die signifikanten Maxima von $c(k)$ stimmen gut mit den Glottisverschlußzeitpunkten überein. Jedoch dringen auch starke Formanten durch, so daß die Auswertung von $c(k)$ allein nicht zuverlässig genug ist. Deshalb schlagen Cheng und O'Shaughnessy vor, die Einhüllende von $c(k)$ zu berechnen und durch ein Hochpaßfilter zu schicken, um die hohen Amplituden zu Beginn der Grundperioden zu betonen (Bild 8.12-d), mit der Korrelationsfunktion $c(k)$ zu multiplizieren und negative Werte auf Null zu setzen (Bild 8.12-e). Die Berechnung der Einhüllenden

$$e(k) = \sqrt{[c(k)]^2 + [c_H(k)]^2} \qquad (8.8)$$

benötigt eine Hilberttransformation zur Ermittlung des Signals $c_H(k)$.

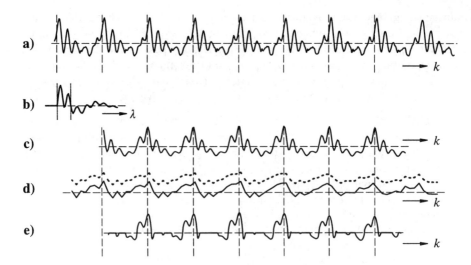

Bild 8.12: Bestimmung des Glottisverschlußzeitpunktes durch ein modifiziertes Korrelationsverfahren [Cheng, O'Shaughnessy-89], [Hess-94]
a) Signalabschnitt $s(k)$ (45 ms, Vokal [a], männliche Stimme)
b) Impulsantwort $v_0(\lambda)$ des Vokaltrakts, geschätzt mit Hilfe der linearen Prädiktion
c) Korrelationsfunktion $c(k)$
d) Einhüllende $e(k)$ nach (8.8) [punktiert] und hochpaßgefilterte Einhüllende [durchgezogen]
e) Produkt aus $c(n)$ und der hochpaßgefilterten Einhüllenden

Das Verfahren in der soeben beschriebenen Form hat einen Schwachpunkt, der die Ergebnisse unbrauchbar machen kann; dieses Problem besteht im übrigen bei allen Verfahren, die die Einhüllende des Signals untersuchen. Ist $s(k)$ (fast) rein sinusförmig – und dies kommt immer dann vor, wenn der Formant $F1$ mit der Grundfrequenz F_0 zusammenfällt –, so ist die Einhüllende eine Konstante,

$$e(k) = A \sqrt{\cos^2(2\pi \frac{k}{k_0}) + \sin^2(2\pi \frac{k}{k_0})} = A = \text{konst}, \qquad (8.9)$$

aus der sich die Information über die Grundperioden insbesondere nach der vorgesehenen Hochpaßfilterung nicht mehr ableiten läßt. Dieser Fall wird hier dadurch abgefangen, daß die Hochpaßfilterung von $e(k)$ die Frequenz Null nicht vollständig unterdrückt. In [Hess-94] sorgt zudem ein vorgeschalteter GFB-Algorithmus nach dem Prinzip der Kurzzeitanalyse (vgl. Abschnitt 8.2.2) dafür, daß zuverlässige Schätzwerte für die Grundperiodendauer vorhanden sind, mit deren Hilfe sich der Meßbereich des Algorithmus zur Bestimmung des Glottisverschlußzeitpunktes derart einschränken läßt, daß eine zuverlässige Arbeitsweise ermöglicht wird.

Haupteinsatzgebiet dieser Algorithmen ist neben der Untersuchung der Stimmqualität die Sprachsynthese (siehe Abschnitt 14.3.2), wo die Manipulation von GF und Dauer ohne Veränderung der spektralen Eigenschaften eine grundperiodensynchrone Verarbeitung zwingend erfordert und neben hohen Anforderungen an die Genauigkeit der GFB verlangt, daß ein fester zeitlicher Bezug der gemessenen Periodengrenzen zu den Zeitpunkten des Glottisverschlusses existiert.

Auch die Algorithmen zur Bestimmung des Glottisverschlußzeitpunktes waren ursprünglich für stationäre Vokale ausgelegt [Cheng, O'Shaughnessy-89]. Die Anwendung in der Sprachsynthese hat es aber wohl mit sich gebracht, daß diese Algorithmen auch für beliebige Sprachsignale populär geworden sind. In [Howard, Walliker-89] beispielsweise wird ein (schwach trainiertes) künstliches neuronales Netz zur Bestimmung der Glottisverschlußzeitpunkte vorgeschlagen, das sein Eingangssignal aus vier Teilbandfiltern erhält, die einen Frequenzbereich von 50-800 Hz abdecken. [Kadambe, Boudreaux-Bartels-90] setzen eine Wavelet-Transformation ein. In [Mousset, Ainsworth, et al.-96] werden verschiedene Algorithmen erläutert und evaluiert. Für Einzelheiten sei der Leser auf die genannte Literatur verwiesen.

8.6 Bestimmung der Anregungsart

Die Bestimmung der Anregungsart läßt sich in zwei Aufgaben unterteilen: (1) Entscheidung darüber, ob eine *stimmhafte* Anregung vorhanden ist oder nicht, sowie (2) Entscheidung darüber, ob eine *stimmlose* Anregung vorhanden ist oder nicht. Ist keine der beiden Anregungsarten festzustellen, so sprechen wir von einem *Pausensegment*; sind beide Anregungsarten gleichzeitig aktiv, so liegt ein *gemischt angeregtes Segment* vor. In gemischt angeregten Segmenten spielt auch das Verhältnis der Amplitude (oder Energie) der beiden Quellen eine Rolle; man spricht dann vom *Grad der Stimmhaftigkeit*. Hiervon wird jedoch in Sprachverarbeitungssystemen nur äußerst selten Gebrauch gemacht. Die meisten Algorithmen zur Bestimmung der Anregungsart (ABA) sind daher *Entscheidungs*algorithmen. Häufig werden dabei folgende Realisierungsschemata angetroffen:

- Zweistufige Realisierung: Im ersten Schritt wird nachgeprüft, ob Sprache vorhanden ist (*Trennung Sprache-Pause*); im folgenden Schritt werden die als Sprache klassifizierten Segmente weiter untersucht.
- Vereinfachte einstufige Realisierung: Unterschieden wird zwischen den drei Klassen „Pause", „stimmhaft" und „stimmlos" oder (besonders in der Sprachcodierung) sogar nur zwischen den beiden Klassen „stimmhaft" und „nicht stimmhaft". Die gemischte Anregung bleibt unberücksichtigt; gemischt angeregte Segmente werden den stimmhaften Segmenten zugeschlagen.

Von der Arbeitsweise her lassen sich die Algorithmen zur Bestimmung der Anregungsart in drei wesentliche Kategorien unterteilen: (1) einfache Schwellwertanalysatoren, zumeist mit nur wenigen Parametern; (2) Algorithmen mit Klassifikatoren nach dem Prinzip der Mustererkennung; sowie (3) Systeme zur simultanen Bestimmung von Anregungsart und Grundfrequenz.

Eine grundsätzliche Bemerkung zur simultanen Bestimmung von Anregungsart und Grundfrequenz sei hier angebracht. Es ist richtig (und klingt fast trivial), daß eine Grundfrequenz nur dort existieren kann, wo stimmhafte Anregung vorliegt. In diesem Sinne ist die Bestimmung der Stimmhaftigkeit eine notwendige Voraussetzung für die Grundfrequenzbestimmung (obwohl die Stimmhaftigkeit in realen Systemen der Sprachanalyse auch nach der Grundfrequenz ermittelt werden kann). Dieser Zusammenhang läßt sich jedoch nicht ohne weiteres umkehren, d.h. man darf nicht behaupten, ein Segment sei nicht stimmhaft, weil sich dort eine Grundfrequenz nicht messen läßt. Gerade dies geschieht aber sehr häufig in GFB-Algorithmen und führt bei unregelmäßiger stimmhafter Anregung zu systematischen Fehlern. Gerechtfertigt ist eine solche Entscheidung lediglich dann, wenn bereits aufgrund anderer Messungen die Stimmhaftigkeit des Signals an einer bestimmten Stützstelle in Zweifel gezogen werden muß.

Enthält ein ABA eine Stufe zur Trennung Sprache-Pause, so muß stets eine Annahme über die Art des Hintergrundgeräusches getroffen werden. Ist die Energie bzw. Amplitude des Signals einer der Entscheidungsparameter, so liegt dies auf der Hand. Werden jedoch noch andere Parameter hinzugezogen, so kann es notwendig werden, Messungen auch während der Pausen durchzuführen, insbesondere wenn Methoden der Mustererkennung herangezogen werden [Atal, Rabiner-76].

Zur Bestimmung der Anregungsart eignen sich (wenn auch unterschiedlich gut) fast alle Sprachsignalparameter, die unabhängig von der Art des Signals stets gemessen werden können, z.B. Energie, Amplitude, Kurzzeit-AKF oder einzelne Koeffizienten hiervon, 1. und 2. Reflexionskoeffizient der linearen Prädiktion, relative Nulldurchgangs- und Extremwerthäufigkeit, Verhältnis der Signalamplituden in verschiedenen Frequenzbändern oder nach verschiedenartiger Filterung, oder auch die Qualität der Grundfrequenzbestimmung. Im folgenden sollen einige Algorithmen kurz vorgestellt werden.

8.6.1 Schwellwertanalyse mit wenigen Parametern

Die einfachste Methode zur Bestimmung der Anregungsart ist die Schwellwertanalyse mit fest vorgegebenen Schwellen. Ein solcher Algorithmus wurde bereits sehr früh in einem Spracherkennungssystem eingesetzt [Reddy-66]. Er arbeitet in zwei Stufen. Zunächst wird mit Hilfe der Signalamplitude die Trennung Sprache-Pause durchgeführt. Da die zu untersuchende Äußerung vor der Verarbeitung auf die Maximalamplitude normiert wurde, genügt hierfür eine feste Schwelle etwa 20 dB unterhalb der Maximalamplitude. In der zweiten Stufe werden stimmhafte und stimmlose Abschnitte ermittelt; gemischte Anregung bleibt unberücksichtigt. Als

Parameter dient die relative Nulldurchgangshäufigkeit H_N. Zwei Schwellen S_1 und S_2 sind vorgegeben ($S_1 < S_2$). Jede Stützstelle q, für die H_N kleiner als S_1 ist, gilt als stimmhaft. Als sicher stimmlos gilt ein Segment k dann, wenn $H_N(k) > S_2$ ist. In diesem Fall gelten alle angrenzenden Stützstellen dann auch als stimmlos, wenn H_N dort die niedrigere Schwelle S_1 überschreitet.

Dieser Algorithmus wurde in [Hess-76] weiterentwickelt, was die Trennung Sprache-Pause anbelangt (Bild 8.13). Der Pegel (Betragsmittelwert) des Signals sowie der des (mit einem Filter 1. Grades) differenzierten Signals werden als Parameter herangezogen, und der Algorithmus geht davon aus, daß das Hintergrundgeräusch von unbekannter, aber langsam veränderlicher und niedriger Amplitude ist (dies trifft bei guter Qualität des Signals in den meisten Fällen zu und gilt im Prinzip auch für Telefonsprache, nicht jedoch im Mobilfunk und auch nicht bei Freisprechen). Im Gegensatz dazu schwankt der Pegel bei Vorliegen eines Sprachsignals sehr viel schneller und in wesentlich weiteren Grenzen. Die Häufigkeitsverteilung des Pegels weist dann beim Hintergrundgeräusch ein signifikantes Maximum auf; dieses wird zur Trennung Sprache-Pause herangezogen, indem die Schwelle einige dB höher festgelegt wird. Die Häufigkeitsverteilung wird ständig auf den neuesten Stand gebracht; hierbei wird das ganze Histogramm von Zeit zu Zeit (wenn eine spezifische Schwelle S_V erreicht wird) um einen bestimmten Wert dekrementiert, so daß weiter zurückliegende Stützstellen allmählich in Vergessenheit geraten. Da

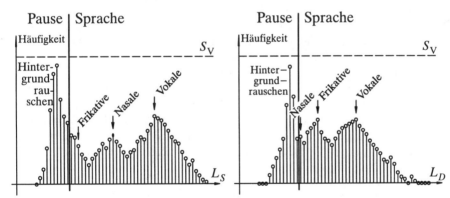

Bild 8.13: Algorithmus von Hess [Hess-76] zur Trennung Sprache-Pause: Histogramm (schematische, nicht maßstäbliche Darstellung) der Amplitudenparameter L_S (Kurzzeitbetragsmittelwert des Signals) und L_D (Kurzzeitbetragsmittelwert des differenzierten Signals). Die Trennschwelle Sprache-Pause wird für beide Parameter aus dem ersten signifikanten Maximum abgeleitet; der Algorithmus erkennt nur dann auf Pause, wenn die Schwellwerte für beide Parameter unterschritten werden. Im Algorithmus ist die Fensterlänge auf 25.6 ms eingestellt, kann grundsätzlich aber auch kürzere Werte annehmen. (S_V) Schwelle zum „Vergessen": wird sie an irgendeiner Stelle überschritten, so wird das Histogramm um einen konstanten Wert erniedrigt.

schwache Frikative oftmals eine geringere Amplitude besitzen als niederfrequente Störgeräusche, erkennt der Algorithmus nur dann auf Pause, wenn die zugehörige Schwelle sowohl für den Pegel des Sprachsignals selbst als auch für den Pegel des differenzierten Signals unterschritten wird.

Daß diese Algorithmen trotz ihrer Einfachheit recht robust sein können, zeigt [Arévalo-91]. Die dort verwendeten Parameter sind: normierte Kurzzeitenergie im Basisband (0-700 Hz), deren über alle Meßpunkte gemittelter Variationskoeffizient sowie das auf $\varphi_{xx}(0)$ normierte Maximum der AKF im Suchbereich von T_0. Ein Meßpunkt gilt als stimmhaft, wenn die normierte Energie eine vorgegebene Schwelle überschreitet und das Maximum der AKF oberhalb einer weiteren vorgegebenen Schwelle liegt. Durch die Hinzunahme der Energie wird vermieden, daß während der Pausen schwache niederfrequente Störsignale mit periodischen Anteilen Stimmhaft-Fehler verursachen können (siehe Abschnitt 8.7). Die Schwellen wurden empirisch festgelegt.

8.6.2 Simultane Bestimmung von Anregungsart und Grundfrequenz

Eine Reihe von GFB-Algorithmen, zumeist solche nach dem Prinzip der Kurzzeitanalyse, ermöglichen es, abzuschätzen, ob ein Grundfrequenz-Schätzwert einigermaßen sicher ist. Dies geht immer dann, wenn die Amplitude des signifikanten Extremwerts im Bildbereich bei T_0 oder F_0 mit einem Bezugswert verglichen werden kann. Ein Beispiel hierfür ist die GFB mit Hilfe der AKF; hier ist das Verhältnis $\varphi_{xx}(T_0/T)/\varphi_{xx}(0)$ der Autokorrelationskoeffizienten bei $\lambda T = T_0$ und $\lambda = 0$ direkt ein Maß für die Güte der Grundfrequenzbestimmung. Allein verwendet ist dieses Verfahren jedoch zu unsicher; schnelle Amplitudenschwankungen oder Grundfrequenzänderungen innerhalb des Fensters können die „Güte" der Grundfrequenzbestimmung ebenfalls verringern und sind eine Fehlerquelle für die Bestimmung der Anregungsart. Es ist daher sinnvoll, auch Zeitbedingungen abzufragen und einen Meßpunkt nach seinem Verhalten gegenüber der Nachbarschaft zu überprüfen.

Eine solche Routine ist beispielsweise in dem Cepstrum-GFB-Algorithmus [Noll-67] eingebaut und in vergleichbarer Form in zahlreichen Algorithmen zu finden. Die Amplitude des signifikanten Maximums bei $\lambda T = T_0$ wird mit einer vorgegebenen Schwelle S verglichen. Um den Meßpunkt κ zum Zeitpunkt k zu beurteilen, wird die Entscheidung beim vorhergehenden Meßpunkt κ-1 sowie das Verhalten des Maximums an den Stellen κ und κ+1 betrachtet. Die Funktionsweise läßt sich in Form eines Schaltwerks darstellen; sie ist in Tabelle 8.1 aufgelistet.

Es sei noch einmal gesagt, daß diese Algorithmen keine eigentliche Stimmhaft-Stimmlos-Trennung vornehmen; sie überprüfen vielmehr eine hinreichende (aber nicht notwendige) Bedingung für Stimmhaftigkeit. Solche Algorithmen werden daher selten ein stimmloses Segment als stimmhaft klassifizieren; in der umgekehrten

8.6 Bestimmung der Anregungsart

Tabelle 8.1: Bestimmung der Anregungsart im Cepstrum-GFB-Algorithmus [Noll-67]
$[v(\kappa)]$ Stimmhaftigkeit an der Stelle κ (1-stimmhaft; 0-stimmlos)
$[u(\kappa)]$ Verhalten des signifikanten Maximums an der Stelle κ
(eine 1 bedeutet, daß die vorgegebene Schwelle S überschritten wird)

$v(\kappa-1)$	$u(\kappa)$	$u(\kappa+1)$	$v(\kappa)$	Bemerkung
0	0	0	0	fortgesetzt stimmloser Abschnitt
0	0	1	0	vor Beginn eines stimmhaften Abschnitts (?)
0	1	0	0	als GFB-Meßfehler angenommen und korrigiert
0	1	1	1	Beginn eines stimmhaften Abschnitts
1	0	0	0	Ende eines stimmhaften Abschnitts
1	0	1	1	als GFB-Meßfehler angenommen und korrigiert
1	1	0	1	vor Ende eines stimmhaften Abschnitts (?)
1	1	1	1	fortgesetzt stimmhafter Abschnitt

Richtung sind dagegen Fehler sehr viel wahrscheinlicher. Dies trifft insbesondere auch dann zu, wenn Störsignale in Form additiven Rauschens vorliegen.

Der Algorithmus von [Lobanov-70] vermeidet dieses Problem, obwohl er auf einem ähnlichen Prinzip basiert. Stimmlose Signale sind Geräusche und im wesentlichen von stochastischer Natur. Anders das stimmhafte Signal: es wird hauptsächlich zum Glottisverschlußzeitpunkt angeregt (vgl. Bild 8.11-g); ist die Glottis geschlossen, so ist das supraglottale System von der Anregung abgekoppelt. Dieser Unterschied zwischen stimmhaften und stimmlosen Signalen bleibt auch dann erhalten, wenn die Anregung des stimmhaften Signals nicht regelmäßig erfolgt.

Zur Konstruktion eines ABA läßt sich dies wie folgt ausnutzen. Bildet man aus dem (reellen) Sprachsignal das (komplexe) analytische Signal und trägt man dessen Betrag und (Momentan-)Phase in einer Ebene, der sog. Phasenebene, auf, so entsteht bei stimmhaften Signalen durch die periodische (wenn auch nicht unbedingt regelmäßige) Anregung eine geschlossene Kurve, die immer wieder die gleichen Punkte tangiert; beim stimmlosen Signal werden durch die stochastische Natur des Signals bereits nach kurzer Zeit die meisten Punkte der Phasenebene durchlaufen.

Bild 8.14 zeigt ein Beispiel zur Wirkungsweise dieses Algorithmus. Zunächst wird das Signal amplitudennormiert. Den fehlenden Imaginärteil des analytischen Signals liefert eine Hilberttransformation; anschließend werden Realteil $x(k)$ und Imaginärteil $y(k)$ getrennt quantisiert; hieraus wird die Adresse des selektierten Punktes in der Phasenebene abgeleitet. Dieser besteht aus einer 1-bit-Speicherzelle, die vor Beginn der Messung gelöscht und bei Selektion gesetzt wird. Bei stimmhaften Sprachsignalen wird die Zahl der selektierten Speicherzellen relativ gering sein, da eine geschlossene Kurve durchlaufen wird; bei stimmlosen Sprachsignalen ist eine hohe Zahl von Elementen selektiert (siehe Bild 8.14-c). Die Unterscheidung stimmhaft-stimmlos wird durch eine Schwellwertanalyse aufgrund der Zahl der am Ende der Messung selektierten Speicherzellen getroffen.

Der ursprüngliche Aufbau dieses ABA erfolgte in analoger Technik. Bei Verwendung eines digitalen Aufbaus ist auf eine hinreichend hohe Abtastfrequenz zu achten, da sonst durch die Abtastung die Phasenebene nur punktweise ausgefüllt würde; dadurch würde das Verfahren unbrauchbar. Die Lückenhaftigkeit der abgetasteten Kurven in der x-y-Ebene ist in Bild 8.14 trotz Verwendung einer Abtastfrequenz von 40 kHz deutlich zu sehen. Im Zweifelsfall ist daher eine Interpolation von Werten unerläßlich, die aber problemlos zu realisieren ist.

Ein vergleichbarer Ansatz wird in der Literatur zur Sprachcodierung im Rahmen der Harmonischen Codierung in Abschnitt 11.4 aufgegriffen: die Zerlegung des Sprachsignals in einen deterministischen und einen stochastischen Anteil (z.B.

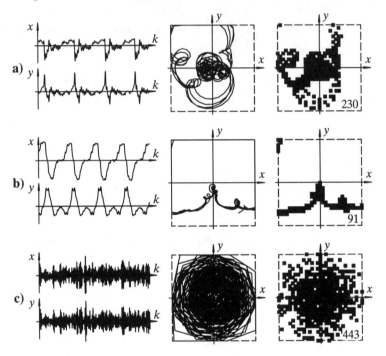

Bild 8.14: ABA von Lobanov [Lobanov-70]: Beispiele zur Wirkungsweise
a) Vokal [ɛ] b) Nasal [m], c) Frikativ [s]
(Links) Eingangssignal (x) und Hilberttransformierte (y), gezeigt: 25.6 ms; (Mitte) x-y-Ebene („Phasenebene" mit dem Verlauf des Signals in unquantisierter Darstellung; (rechts) x-y-Ebene nach Quantisierung und Abtastung (32 Quantisierungsstufen für jedes Signal). Die Zahlen in den Bildern rechts unten geben an, wieviel Elemente selektiert wurden. Abtastfrequenz: 40 kHz (siehe Bemerkung im Text). Das Signal wurde so normiert, daß in allen Fällen die x-y-Ebene um etwa 50% übersteuert wurde; dies ist notwendig, damit bei einem stochastischen Signal der entfernteste Punkt der x-y-Ebene innerhalb einer gegebenen Zeit erreicht werden kann.

[D'Alessandro, Yegnanarayana, et al.-95], [Stylianou-96]). Entsprechend dem Ansatz mit harmonischen Funktionen wird – genau genommen – für den deterministischen Teil Periodizität gefordert. Wird die Energie beider Komponenten betrachtet, so läßt sich daraus eine Stimmhaftigkeitsfunktion ableiten, mit der die Stimmhaft/Nicht-Stimmhaft-Entscheidung getroffen werden kann.

8.6.3 ABA mit Hilfe der Mustererkennung

Da die Bestimmung der Anregungsart im wesentlichen eine Entscheidung zwischen wenigen binären Kategorien ist, bieten sich hier Methoden der Mustererkennung an.

Kernstück eines Algorithmus zur Mustererkennung ist der *Klassifikator*, der jedes am Eingang vorliegende *Muster* einer bestimmten *Klasse* zuordnet. Alle Muster zusammen bilden den *Merkmalsraum*. Die für die Entscheidung notwendigen Kriterien werden dem Klassifikator in einer *Lernphase* vorgegeben; der eigentliche Betrieb wird als *Erkennungs-* oder *Betriebsphase* bezeichnet. In der Lernphase werden für die jeweilige Klasse typische *Referenzmuster* entweder vorgegeben oder aus vorliegenden Eingangsmustern gebildet; das richtige Ergebnis der Klassifikation muß mit angegeben werden, damit der Klassifikator den Zusammenhang zwischen dem Muster, das in Form eines *Merkmalsvektors* im Merkmalsraum vorliegt, und der Klassenzugehörigkeit herstellen kann (*"beaufsichtigtes"* Lernen). Diese kurze Einführung in die Terminologie der Mustererkennung soll hier genügen; im übrigen wird auf die Literatur verwiesen (z.B. [Ruske-93]).

Das Problem der Bestimmung der Anregungsart ist für die Klassifikation mit einer beaufsichtigten Lernphase gut geeignet. Die Zahl der Klassen ist gering (je nach Aufgabe 2 bis 4), die Zahl der beteiligten Parameter begrenzt, (so daß Merkmalsvektoren einfach gebildet werden können,) und es ist möglich, eine große Zahl von Mustern für die Lernphase von Hand zu klassifizieren. Die einzige größere Schwierigkeit besteht darin, daß auch das Hintergrundsignal „erkannt" werden muß, da ja für die Klasse „Pause" ebenso Referenzmuster gebildet werden wie für die anderen Klassen. Ändern sich also die Umgebungsbedingungen, ohne daß der Klassifikator erneut trainiert wird, dann kann dies zu systematischen Fehlern führen. Für einen ABA dieser Art [Atal, Rabiner-76], der einen statistischen Klassifikator auf der Basis von fünf Sprachsignalparametern verwendet, zeigte sich [Rabiner, Cheng, et al.-76], daß die Fehlerrate des Algorithmus so lange gering blieb, wie die Bedingungen der Lernphase bezüglich der Signalqualität (Telefonkanal oder nicht, Art und Amplitude des Hintergrundrauschens) im Verlauf der Erkennungsphase einigermaßen eingehalten wurden. Wurde aber beispielsweise der Klassifikator anhand nicht bandbegrenzter Sprachsignale trainiert und dann in einem Telefonkanal eingesetzt, so häuften sich die Zahl systematischer Fehler. In Weiterentwicklungen dieses Prinzips wurde daher versucht, diesen Mangel an Robustheit zu reduzieren. Dies gelang einmal durch Verwendung besser geeigneter Parameter, zum anderen durch einen Neuentwurf des Klassifikators derart, daß mehr A-Priori-Wissen über das Sprachsignal eingebaut wurde [Rabiner, Sambur-77].

Neben der Frage der Langzeitveränderung der statistischen Parameter spielen auch die statistischen Eigenschaften der Muster selbst innerhalb der einzelnen Klassen eine Rolle. Der optimale statistische Klassifikator funktioniert um so besser, je besser die Verteilung der Muster im Merkmalsraum einer Normalverteilung entspricht. Bei wenigen Klassen, die weit streuen, ist dies nicht der Fall. Ein grundsätzlich anderes Verfahren der Mustererkennung ergibt sich, wenn man nicht nach möglichst typischen Vertretern der einzelnen Klassen fragt, sondern nach dem Verlauf der Grenz-(Hyper-)Flächen zwischen den Klassen im Merkmalsraum. Über die Verteilungen innerhalb der Klassen muß man somit keine Kenntnisse voraussetzen. Ein solches Verfahren ist allerdings nur dann anwendbar, wenn die Zahl der Klassen gering ist, da bei größerer Klassenzahl der Aufwand exponentiell wächst. Ein solcher Algorithmus wurde in [Siegel, Bessey-82] für die drei Anregungsarten „stimmhaft", „nicht stimmhaft" und „gemischt angeregt" vorgeschlagen. Die Lernphase erfolgt interaktiv mit verhältnismäßig wenigen Mustern, die vorzugsweise aus Übergängen „stimmhaft–nicht stimmhaft" stammen und daher für die beiden Klassen selbst nicht typisch sein müssen; es ist lediglich verlangt, daß sie eindeutig einer der beiden Klassen angehören. Die Lernstrategie ist dabei die folgende:

1. Zunächst werden die Grenzflächen zwischen den Klassen mit wenigen Parametern und wenigen Mustern von einem Sprecher grob definiert.

2. In dieser Form wird der Algorithmus getestet, und zwar mit mehreren Sprechern und verschiedenen äußeren Bedingungen.

3. Macht der Algorithmus bei einem Sprecher gehäuft Fehler, so ist für diesen Sprecher die Grenzfläche nicht ausreichend definiert; der Algorithmus wird mit einschlägigen Mustern dieses Sprechers nachtrainiert.

4. Macht der Algorithmus bei bestimmten Situationen oder allgemein für alle Sprecher noch zu viele Fehler, obwohl mit genügend einschlägigen Mustern gelernt wurde, so wird versucht, das Verhalten dadurch zu verbessern, daß ein weiterer Parameter in die Entscheidung einbezogen wird.

Die Folge dieser Schritte wird so lange wiederholt, bis der Algorithmus zufriedenstellend arbeitet.

Der ABA von [Campbell, Tremain-86], für einen LPC-Vocoder entwickelt, arbeitet mit linearer Diskriminanzanalyse [Lachenbruch-75] und mit einer nachgeschalteten Medianglättung. Für das Zweiklassenproblem *stimmhaft/nicht stimmhaft* mit N Parametern und L Einstellungen lautet die Diskriminanzfunktion

$$\sum_{\nu=1}^{N} w_{\nu,\ell}\, P_\nu + c_\ell > 0 \qquad \text{mit } \ell \in \{0, ..., L-1\}\,; \qquad (8.10)$$

ein Meßpunkt wird als stimmhaft klassifiziert, wenn die Bedingung in (8.10) erfüllt ist. Die Gewichte w und c werden mit Hilfe einer handsegmentierten Stichprobe in der Lernphase trainiert; die durch den Parameter ℓ möglichen Voreinstellungen richten sich nach dem Störabstand des Signals und werden während des Betriebs adaptiv angeglichen. Als Parameter werden verwendet:

- (Kurzzeit-)Signalenergie im Basisband bis 800 Hz;
- Nulldurchgangshäufigkeit;
- Reflexionskoeffizient k_1 (Abschnitt 7.3.1.3) – dieser Koeffizient ist ein Maß für die Korrelation zwischen benachbarten Abtastwerten, die für stimmhafte Signale hoch ist und für stimmlose Signale nahe Null liegt;
- Quotient aus der Energie des differenzierten Signals und der Energie des Signals [Hess-76];
- Reflexionskoeffizient k_2 für lineare Prädiktion über das Basisband bei einer Abtastfrequenz von 2 kHz – dieser Koeffizient liegt nahe -1, wenn ein schmalbandiger Formant in das Basisband fällt;
- Prädiktionsgewinn des Langzeitprädiktors (vgl. Abschnitt 7.4) in und gegen Zeitrichtung – diese beiden Parameter wurden bei der Festlegung der genauen Grenzen eines stimmhaften Abschnitts als nützlich empfunden.

8.7 Evaluierung und Robustheit

Wie bereits zu Beginn dieses Kapitels vermerkt, arbeitet kein GFB-Algorithmus und kein ABA fehlerfrei. Die Qualität zahlreicher Sprachübertragungs- und Sprachcodierverfahren hängt jedoch wesentlich von der Qualität der dort verwendeten Verfahren zur Bestimmung von Grundfrequenz und Anregungsart ab. Die Frage einer – möglichst automatischen – Evaluierung dieser Algorithmen ist darum für die praktische Anwendung von Bedeutung. In der Literatur sind leider die Publikationen, die sich diesem Thema widmen, sehr viel weniger zahlreich als die, in denen ein neuer ABA oder ein neues GFB-Verfahren vorgestellt wird.

Grundsätzlich treten bei der GFB und der Bestimmung der Anregungsart folgende Fehler auf [Rabiner, Cheng, et al.-76]:

- Fehler bei der Bestimmung der Anregungsart: wird die Aufgabe reduziert auf den binären Parameter *stimmhaft* (einschließlich gemischter Anregung) versus *nicht stimmhaft* (dies umfaßt stimmlos angeregte Sprachsignale sowie Pausen), so gliedern sich die Fehler in *Stimmlos-Fehler* (*voiced-to-unvoiced errors*), d.h. Fehlklassifizierungen stimmhaft angeregter Segmente als stimmlos, und *Stimmhaft-Fehler* (*unvoiced-to-voiced errors*) auf.

- *Grobfehler* bei der GFB: Meßwerte, die erheblich vom Sollwert abweichen. Die Definition ist in der Literatur nicht einheitlich gehandhabt; ein relativer Fehler von 20% oder eine Abweichung (bezüglich T_0) von mehr als 2 ms wird jedoch durchweg als Grobfehler angesehen. Typische Grobfehler sind: Oktavfehler (d.h. Messung von $T_0/2$ oder $2T_0$ anstelle von T_0) oder die Messung von $F1$ anstatt von F_0. Ursachen für Grobfehler sind: Abwesenheit des für den Algorithmus notwendigen Schlüsselmerkmals im Signal, Unverträglichkeit zwischen den Parametereinstellungen des Algorithmus und dem Signal (z.B. ein zu langes Fenster bei zu raschen Änderungen von T_0), andererseits aber auch aperiodisch angeregte stimmhafte Sprachsignale (*vocal fry*, vgl. Bild 8.1).

- *Meßungenauigkeiten* bei der GFB: geringfügige Abweichungen vom Sollwert, die insgesamt betrachtet dazu führen, daß eine gemessene GF-Kontur etwas verrauscht ist. Hierzu tragen bei: Hintergrundsignale wie additives Rauschen, Nichtlinearitäten in der Vorverarbeitung, aber auch die Quantisierung des Meßergebnisses (z.B. T_0 als ganzzahliges Vielfaches des Abtastintervalls T).

Hierbei kann ein Meßpunkt nur *einen* Fehlertyp produzieren. Meßpunkte, die bereits als fehlerhaft bei der Bestimmung der Anregungsart eingestuft wurden, tragen nicht zu den Grobfehlern bei, und grob fehlerhafte Meßpunkte bleiben bei der Errechnung der Meßungenauigkeiten unberücksichtigt. Stimmhaft- und Stimmlos-Fehler sowie Grobfehler werden gezählt und zur Gesamtzahl stimmhafter bzw. nicht stimmhafter Meßpunkte in Bezug gesetzt; Meßungenauigkeiten werden insgesamt in Form von Mittelwert und Standardabweichung angegeben.

Im Unterschied zur Sprachcodierung, wo Systeme als Ganzes vorwiegend – in der Sprachsynthese fast ausschließlich – auditiv bewertet werden (vgl. Kap. 15), erfolgt die Bewertung hier vorwiegend apparativ. Benötigt wird hierzu ein Referenzverlauf von Anregungsart und Grundfrequenz. Dieser kann wie folgt gewonnen werden:

- Eine Sprachsignal-Stichprobe wird mit Hilfe eines hochwertigen Algorithmus analysiert; durch manuelle Nachkorrektur werden die Meßdaten von Fehlern bereinigt [Rabiner, Cheng, et al.-76], [Arévalo-91].
- Mit Hilfe eines geeigneten Meßinstruments, z.B. eines Laryngographen, wird ein dem Phonationssignal entsprechendes Signal direkt am Kehlkopf abgegriffen und als Referenzsignal zur Ermittlung des GF-Verlaufs verwendet [Hess, Indefrey-87]. Eine manuelle Nachkorrektur ist auch hier notwendig.

Liegt der Referenzverlauf einmal vor, so kann die Evaluierung automatisch erfolgen. Soweit notwendig, werden die zu untersuchenden Sprachsignale nachträglich verzerrt, bandbegrenzt oder durch additives Rauschen etc. gestört.

Die erste größere Studie dieser Art [Rabiner, Cheng, et al.-76], [McGonegal, Rabiner, et al.-77] erfaßte sieben kombinierte Algorithmen zur Bestimmung von Anregungsart und Grundfrequenz und wurde sowohl apparativ als auch auditiv (durch

Präferenztest mit Paarvergleich, vgl. Abschnitt 15.2.1) durchgeführt. Die wesentlichen Ergebnisse lauten:

- Kein Algorithmus arbeitete einwandfrei; jeder hatte seine individuellen Fehler. Auch unter besten Bedingungen sank die Grobfehlerrate selten unter 1%.
- Die Algorithmen nach dem Prinzip der Kurzzeitanalyse (Abschnitt 8.2) erwiesen sich durchweg als zuverlässiger und robuster als die Algorithmen im Zeitbereich (Abschnitt 8.3).
- Eine geringe Fehlerrate bedeutet nicht gleichzeitig eine gute auditive Akzeptanz. Es ergaben sich signifikante Abweichungen zwischen der Rangordnung der Algorithmen nach auditiver Präferenz und der Ordnung nach steigender Fehlerrate. Auch zwischen einzelnen Fehlerkategorien und der auditiven Reihung war eine eindeutige Zuordnung nicht möglich. Fehler ist offensichtlich nicht gleich Fehler; es kommt nicht nur darauf an, welche Fehler gemacht werden, sondern auch darauf, an welchen Stellen im Signal sie auftreten.

Diese Thematik wurde in [Viswanathan, Russell-84] mit dem Ziel wieder aufgegriffen, apparative Fehlermaße zu entwickeln, die einen möglichst engen Bezug zum Höreindruck aufweisen. Wie sich zeigte, werden Fehler bei geringem oder fallendem Signalpegel weniger störend wahrgenommen als solche bei steigendem oder hohem Pegel; mehrere unmittelbar aufeinanderfolgende fehlerhafte Meßpunkte stören stärker als Einzelfehler; Grobfehler stören bei flachem Verlauf der GF mehr als bei starken GF-Änderungen; Fehler des ABA stören am Beginn eines stimmhaften oder stimmlosen Abschnitts mehr als an dessen Ende; besonders störend sind Stimmlos-Fehler in stimmhaften Signalen hoher Intensität.

In den meisten Fällen finden diagnostische Evaluierungen im Zusammenhang mit neu entwickelten Algorithmen statt, um deren Grenzen zu testen. Hierbei werden neben ungestörten Sprachsignalen und Sprache in Telefonqualität auch gestörte Signale z.B. mit additivem gaußverteiltem Rauschen verwendet. Zwei Untersuchungen sollen hier kurz diskutiert werden.

In [Indefrey, Hess, et al.-85] wurden die vier untersuchten Extraktionsstufen des GFB-Algorithmus mit doppelter Spektraltransformation (siehe Abschnitt 8.2.2) mit drei unterschiedlichen Vorverarbeitungsstufen (keine Vorverarbeitung, Mittenbegrenzung, inverse LPC-Filterung mit Untersuchung des Restsignals) kombiniert und mit einem Korpus von vier verschiedenen Signalqualitäten (ungestört und unverzerrt, bandbegrenzt auf Telefonband, additives weißes Rauschen mit SNR = 0 dB, bandbegrenzt und verrauscht) auf GFB-Grobfehler untersucht. Das Korpus umfaßte je zwei längere Sätze von 16 Sprecherinnen und Sprechern, die so ausgesucht waren, daß der gesamte Meßbereich (50-800 Hz) möglichst gut abgedeckt wurde. Bild 8.15-a zeigt das Ergebnis, das wie folgt zusammengefaßt werden kann:

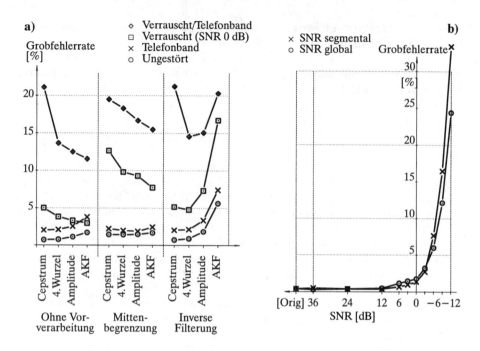

Bild 8.15: Robustheit von GFB-Algorithmen mit doppelter Spektraltransformation (Abschnitt 8.2.2) [Indefrey, Hess, et al.-85]
a) Grobfehlerraten für vier Extraktionsstufen, vier Signalqualitäten und drei Arten der Vorverarbeitung
b) Grobfehlerrate eines Algorithmus (4. Wurzel) für einen Teil der Datenbasis bei verschiedenen Werten des Signal-Rausch-Verhältnisses

- Bei ungestörten Signalen zeigten fast alle Teilalgorithmen gute Ergebnisse, d.h. unter 3% Grobfehler. Lediglich die Kombinationen „AKF/ohne Vorverarbeitung" sowie „AKF/inverse Filterung" waren schlechter. Dies ist bei fehlender Vorverarbeitung auf die bekannte Anfälligkeit des AKF-Algorithmus bei dominanten Formanten zurückzuführen; bei inverser Filterung ist bei sehr hohen Stimmen der Grad des inversen LP-Filters zu hoch, so daß die Information über das Anregungssignal in die Filterkoeffizienten abgebildet wird und nicht im Restsignal verbleibt.

- Auffällig ist, daß die Bandbegrenzung auf den Telefonkanal, obwohl alle Algorithmen tolerant gegen diese Art Verzerrungen sind, die Fehlerraten durchweg, bei verrauschten Signalen oft bis zur Unbrauchbarkeit vergrößerte.

- Die Mittenbegrenzung verbesserte das Verhalten aller Algorithmen, besonders das des AKF-Algorithmus, bei Telefonsprache ohne additive Störungen. Andererseits vergrößerte die Mittenbegrenzung signifikant die Empfindlichkeit gegen additives Rauschen.

- Auch die inverse Filterung als Vorverarbeitung bot bei bandbegrenzten und gestörten Signalen keine Vorteile.

Das im Mittel beste Verhalten zeigten die beiden Kombinationen „4. Wurzel rücktransformiert" sowie „Amplitudenspektrum rücktransformiert", jeweils ohne Vorverarbeitung. Der erstere dieser Algorithmen wurde einem zusätzlichen Test unterzogen (Bild 8.15-b), um festzustellen, welche Amplitude additives weißes Rauschen annehmen muß, damit der Algorithmus zusammenbricht. Um Artefakte bei der Pegelmessung des Rauschens zu vermeiden, wurde der Signal-Rausch-Abstand SNR sowohl global über eine Äußerung als auch segmental (d.h. von Meßpunkt zu Meßpunkt) eingestellt; die Ergebnisse unterschieden sich nur unwesentlich. Bis zu einem Wert von SNR $= -6\,\text{dB}$ blieb die Grobfehlerrate unter 5%; bei größeren Amplituden des Rauschens stieg sie dann sehr schnell an.

[Moreno, Fonollosa-92] (Abschnitt 8.2.3) zeigen, daß die Verwendung von Kumulanten höheren Grades als Vorverarbeitung die Robustheit erheblich steigern kann. Im Vergleich zur AKF ohne Vorverarbeitung sank die Zahl der Grobfehler bei SNR $= 0\,\text{dB}$ um rund 80%; bei Störgeräuschen anderer Art (Umgebungslärm im Straßenverkehr) war ein ähnlich günstiges Verhalten zu vermerken.

Arévalo (vgl. Abschnitt 8.2.3) evaluierte seinen Algorithmus sowie den SIFT-Algorithmus[2] aus [Markel-72] als Referenz. Untersucht wurden ungestörte sowie durch (nachträglich beigemischte) additive Signale gestörte Äußerungen. Die Störungen waren: a) weißes Rauschen, b) das Geräusch eines laufenden Benzinmotors, c) das Geräusch einer stark befahrenen Autobahn. Der verwendete ABA (siehe Abschnitt 8.6.1) wies bei weißem Rauschen folgende Fehlerraten auf (Stimmhaft- und Stimmlos-Fehler zusammen bezogen auf alle Meßpunkte): ohne Störung 4.8%, bei SNR $= 0\,\text{dB}$ 7.9%; dieser Algorithmus ist also sehr robust. Die Grobfehlerraten betrugen, wiederum bei weißem Rauschen, für den SIFT-Algorithmus 3.4% (ohne Störung) und 14.6% (SNR $= 0\,\text{dB}$) sowie für den Algorithmus von Arévalo 0.8% (ohne Störung) und 5.8% (SNR $= 0\,\text{dB}$). Die Störung durch den Benzinmotor, die eine periodische Komponente aufweist, führte zu einem insgesamt schlechteren Verhalten des ABA und damit des Gesamtalgorithmus.

Welcher Algorithmus ist nun für Anwendungen zu bevorzugen, die Robustheit erfordern? Dies hängt zunächst einmal davon ab, ob einzelne Grund*perioden* bestimmt werden müssen, oder ob es genügt, die globale GF-Kontur zu bestimmen. In letzterem Fall sollte die Wahl auf einen GFB-Algorithmus nach dem Prinzip der Kurzzeitanalyse fallen, wobei fast jedes der hier vorgestellten Verfahren (Abschnitte 8.2) so robust ist, daß es bei gestörten Signalen bis zu einem Signal-Rausch-Abstand von $0\,\text{dB}$ noch funktioniert. Ist eine gewisse Zeitverzögerung bei

---

[2]SIFT steht für *Simplified Inverse Filter Tracking*. Der zugehörige Algorithmus, aus Platzgründen hier nicht ausführlicher diskutiert, führt zunächst eine Bandbegrenzung des Signals auf 1 kHz durch; das Signal wird dann mit einem inversen LP-Filter 5. Grades gefiltert; T_0 errechnet sich aus der AKF des Restsignals am Ausgang des inversen Filters.

der Ausgabe der Meßwerte tolerabel, so ist es vorteilhaft, zusätzlich eine Nachverarbeitung in Form einer Medianglättung oder nach dem Verfahren von [Talkin-95] vorzunehmen. Müssen Perioden einzeln bestimmt werden, und ist der Sprecher nicht a priori dem System bekannt, so ist es vorteilhaft, dem dann notwendigen Algorithmus im Zeitbereich, der entsprechend der Anwendung ausgesucht werden muß, einen Algorithmus nach dem Prinzip der Kurzzeitanalyse vorzuschalten. Mit dessen Schätzwert läßt sich dann, wie in dem Beispiel in Abschnitt 8.6.2 gezeigt, der Meßbereich des GFB-Algorithmus im Zeitbereich so einengen, daß die Fehleranfälligkeit auf ein akzeptables Maß sinkt. Was den ABA betrifft, so bietet sich eine hybride Lösung an, wie in [Arévalo-91] vorgeschlagen. In einer ersten Stufe wird *vor* der GFB eine Grobklassifizierung der Segmente derart vorgenommen, daß die als sicher *nicht stimmhaft* zu klassifizierenden Segmente von der weiteren GFB ausgeschlossen werden. Die nicht als sicher *stimmhaft* klassifizierten Segmente werden im Anschluß an die GFB und unter Ausnutzung von deren Ergebnissen nachverarbeitet. Für die Grobklassifizierung erreichen heuristische Algorithmen mit festen Schwellen und weinigen Parametern oft einen erstaunlichen Grad an Robustheit [Rabiner, Sambur-77], [Arévalo-91]. Sind genügend etikettierte Daten vorhanden, so können Verfahren der Mustererkennung (herkömmliche Klassifikatoren, aber auch künstliche neuronale Netze) vorteilhaft eingesetzt werden.

Zur Manipulation der Dauer und der GF von Sprachsignalen in Sprachsynthesesystemen (Abschnitt 14.3.2) stehen Genauigkeit und Fehlerfreiheit bei guter Signalqualität an der Spitze der Anforderungen an den GFB-Algorithmus, da die Sprachsignale hier meist ungestört und unverzerrt sind. Zu bevorzugen sind Algorithmen, die den Glottisverschlußzeitpunkt bestimmen (Abschnitt 8.5.2); ersatzweise können auch Algorithmen, die ein signifikantes Maximum oder Minimum im Signal als Schlüsselmerkmal verwenden (Abschnitt 8.3.1), herangezogen werden.

Kapitel 9

Quantisierung und Codierung

9.1 Klassifikation und Kriterien

Bei der Entwicklung von Algorithmen zur Quellencodierung von Sprachsignalen oder Musiksignalen bestehen unterschiedliche Randbedingungen und Zielsetzungen. Offensichtlich ist zunächst die bei Sprachsignalen im Vergleich zu Audiosignalen geringere Frequenzbandbreite. In Telefonanwendungen werden Sprachsignale in der Regel auf eine Bandbreite von $f_g = 0.3\ldots 3.4$ kHz begrenzt und mit einer Abtastfrequenz von $f_A = 8$ kHz digitalisiert. Im Zusammenhang mit dem digitalen Fernsprechnetz ISDN besteht darüber hinaus bei einer Bitrate von $B = 64$ kbit/s die Option der sog. *Breitbandsprache* mit einer Bandbreite von $f_g = 7$ kHz und einer Abtastfrequenz von $f_A = 16$ kHz. Demgegenüber liegen Audio- bzw. Musiksignale i.a. mit einer Bandbreite von $f_g = 16$ kHz vor und werden mit $f_A = 32\ldots 48$ kHz abgetastet.

Die wesentlichen Unterschiede der Codier-Algorithmen für diese beiden Signalklassen beziehen sich jedoch nicht auf die Signalbandbreiten bzw. Abtastfrequenzen, sondern auf die zugrundeliegenden Modellannahmen.

Die Mehrzahl der Algorithmen zur Sprachcodierung stützt sich explizit auf ein Modell der Spracherzeugung. Darüber hinaus werden im Bereich der niedrigen und mittleren Bitraten (typisch $\overline{w} = 0.5\ldots 2$ Bit pro Abtastwert, bzw. $B = \overline{w} f_A = 4\ldots 16$ kbit/s) in begrenztem Umfang auch Eigenschaften des Gehörs genutzt.

Demgegenüber berücksichtigen die Algorithmen zur Codierung von Musiksignalen in hohem Maße Modelle des Gehörs, insbesondere den Maskierungseffekt, da geeignete allgemeingültige Quellenmodelle nicht zur Verfügung stehen. Die geforderte hohe Audio-Qualität kann mit effektiv $\overline{w} = 2\ldots 4$ Bit pro Abtastwert, bzw. $B = \overline{w} f_A = 64\ldots 192$ kbit/s erreicht werden.

Grundsätzlich sind die Algorithmen zur Codierung von Musiksignalen auch für Sprachsignale geeignet, sie erzielen allerdings eine geringere Reduktion der Datenrate als speziell an Sprache angepaßte Verfahren.

Die nachfolgend zu diskutierenden Algorithmen zur Codierung von Sprachsignalen sind bezüglich der folgenden Forderungen zu optimieren:

- hohe Sprachqualität
- niedrige Bitrate
- geringe Komplexität
- begrenzte Signalverzögerung.

Diese Kriterien, die teilweise zueinander im Widerspruch stehen, sind je nach Anwendung unterschiedlich zu gewichten. Zwischen ihnen bestehen enge Wechselbeziehungen: In gewissen Grenzen kann z.B. bei gleichbleibender Sprachqualität die Datenrate unter Erhöhung der Komplexität und/oder Vergrößerung der Signalverzögerung gesenkt werden.

9.1.1 Klassifikation der Algorithmen zur Sprachcodierung

Die verschiedenen Algorithmen zur Sprachcodierung lassen sich, wie in Bild 9.1 dargestellt, in die drei Klassen

- Signalform-Codierung
- Vocoder
- Hybrid-Codierung

einteilen.

Bei der sog. *Signalform-Codierung* erfolgt sendeseitig eine Dynamikreduktion, im einfachsten Fall durch eine komprimierende (feste oder adaptive) Quantisierung. Mehr erreicht man, wenn entweder eine an die Korrelationseigenschaften des Signals angepaßte (feste oder adaptive) prädiktive Filterung oder eine Kurzzeitspektralanalyse mit nachfolgender Normierung auf die spektrale Einhüllende durchgeführt wird. Diese Dynamikreduktion, die durch den Prädiktionsgewinn (oder Transformationsgewinn der Spektraltransformation, s. Abschnitt 11.1) quantifiziert wird, kann unter gewissen Voraussetzungen zur Reduktion der Datenrate genutzt werden, indem das nach Filterung vorliegende Restsignal (oder das entsprechende normierte Kurzzeitspektrum) quantisiert wird. Bei den Zeitbereichsverfahren (s. Abschnitt 10.2.3) werden die Quantisierung und die prädiktive Filterung in der Regel adaptiv ausgeführt. Empfangsseitig wird das Signal durch eine dazu inverse Synthesefilterung rekonstruiert. Sowohl das Synthesefilter als auch der inverse Quantisierer können rückwärtsadaptiv eingestellt werden, so daß keine

9.1 KLASSIFIKATION UND KRITERIEN

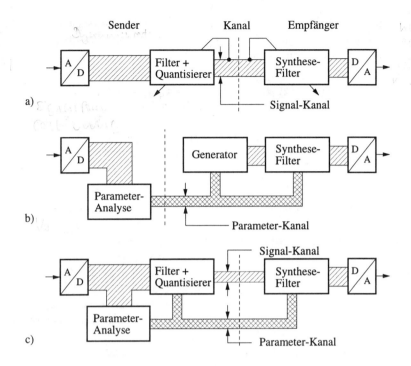

Bild 9.1: Klassifikation der Codierungsalgorithmen für Sprachsignale
   a) Signalform-Codierung
   b) Vocoder
   c) Hybrid-Codierung

Nebeninformation über den Quantisierer und das Synthesefilter, sondern nur das quantisierte Restsignal über den *Signalkanal* übertragen werden muß (Bild 9.1-a). Den im synthetisierten Sprachsignal wirksamen Quantisierungsfehler kann man in gewissen Grenzen spektral formen, um die subjektive Sprachqualität unter Ausnutzung des psychoakustischen Verdeckungseffektes zu maximieren (s.a. Abschnitt 10.2.2).

Bei einer für Sprachsignale typischen Bitrate von $B = 32$ kbit/s wird z.B. mit der sog. *Adaptiven Differenz-Puls-Code-Modulation* (ADPCM) eine gute Rekonstruktion der Signalform mit einem relativ hohen Signal-Störabstand von z.B. SNR $= 30\ldots 35$ dB erreicht. Eine vergleichbare Qualität ist bei gleicher Bitrate mit der Teilband-Codierung und der adaptiven Transformationscodierung (ATC) zu erzielen. Von praktischer Bedeutung für Übertragung und Speicherung von Sprachsignalen ist insbesondere das ADPCM-Verfahren (s.a. Abschnitt 10.2.3).

Bei den *Vocoder-Verfahren* (Bild 9.1-b) wird im Gegensatz dazu nicht die Signalform codiert, sondern der Parametersatz eines Modells zur Sprachsynthese. Es handelt sich um eine unmittelbare Umsetzung des in Abschnitt 7.1 diskutierten

Modells zur Spracherzeugung. Das empfangsseitige zeitvariable Synthesefilter ist als Modell des Sprechtraktes zu interpretieren, dessen Anregungssignal (Glottis-Signal) mit einem einstellbaren Signalgenerator nachgebildet wird. Die Parameter dieses Modells werden sendeseitig durch geeignete Analyse-Prozeduren aus den Abtastwerten des Sprachsignals gewonnen und in quantisierter Form übertragen (Parameterkanal in Bild 9.1). Bei einer typischen Bitrate von $B = 2.4$ kbit/s wird eine zwar klar verständliche, jedoch synthetisch klingende Sprache erzeugt. Diese Verfahren basieren heute vorwiegend auf dem Prinzip der *Linear-Prädiktiven-Codierung* (LPC). Klassische Vertreter sind der Formant- oder der Kanal-Vocoder (s.a. Abschnitt 10.3).

Eine interessante Zwischenstellung nimmt die sog. *Hybrid-Codierung* (Bild 9.1-c) ein. Die Parameter eines zeitvariablen Synthesefilters werden wie bei den Vocoder-Verfahren als sog. Nebeninformation (Parameterkanal in Bild 9.1-c) übertragen, während das Anregungssignal in ähnlicher Weise wie bei der Signalform-Codierung durch Quantisierung des Prädiktionsfehlersignals gewonnen wird. Unter Berücksichtigung von Eigenschaften des Gehörs kann das Restsignal sendeseitig u.U. relativ grob bezüglich der Amplituden- und der Zeitauflösung quantisiert werden. Die in diesem Fall großen Quantisierungsfehler lassen jedoch i.a. eine empfangsseitige Bestimmung der Koeffizienten des Synthesefilters aus dem quantisierten Restsignal nicht zu. Aus demselben Grund ist ein direkter Vergleich des Originalsignals mit dem rekonstruierten Sprachsignal im Sinne eines Signal-Störabstandes nicht mehr sinnvoll. Bei einer Codierung mit z.B. effektiv $0.75\ldots1.5$ Bit pro Abtastwert, d.h. mit $B = 6\ldots12$ kbit/s, kann bei einem meßbaren Signal-Störabstand von nur ca. 10 dB nahezu Telefonqualität erzielt werden. Diese Verfahren werden wegen der relativ hohen Qualität und der relativ niedrigen Bitrate z.B. in digitalen Mobilfunksystemen eingesetzt (s.a. Abschnitt 10.4).

In der Literatur findet man vielfach eine alternative Einteilung der Codierungsalgorithmen in Zeitbereichsverfahren (Kapitel 10), die mit linearer Prädiktion arbeiten, und Frequenzbereichsverfahren (Kapitel 11), die auf der Kurzzeitspektralanalyse basieren. Zwischen beiden Ansätzen gibt es die bereits angedeuteten Parallelen, die sich mit der Klassifikation nach Bild 9.1 erfassen lassen. Generell ist hierzu festzustellen, daß die prädiktiven Zeitbereichsverfahren wegen des zugrundeliegenden Modells der Spracherzeugung bei den niedrigen Datenraten mit weniger als 2 Bit pro Abtastwert insbesondere für die Codierung von Sprachsignalen geeignet sind. Demgegenüber sind die Frequenzbereichsverfahren mit mindestens 2 Bit pro Abtastwert besonders für die Codierung von Musiksignalen geeignet, wobei Gehörmodelle besser berücksichtigt werden können.

9.1.2 Kriterien zur Beurteilung

Die vier wesentlichen Beurteilungskriterien *Sprachqualität, Bitrate, Komplexität* und *Signalverzögerung* wurden bereits genannt.

Ein grundsätzliches Problem bei der Beurteilung der Sprachqualität verschiedener Codecs besteht darin, daß bisher keine allgemeingültigen „objektiven" instrumentell meßbaren Maße existieren (z.B. [Quackenbush, Barnwell, et al.-88], s. Kap. 15). Es wurde bereits erwähnt, daß bei den hybriden Codierungsalgorithmen der meßbare Signal-Störabstand zur vergleichenden Beurteilung nur bedingt geeignet ist. Die bisher standardisierten Algorithmen zur Sprachcodierung wurden daher auf der Grundlage aufwendiger Hörtests ausgewählt (s. Abschnitt 15.2.1). Wegen der bei der Zulassung von Geräten erforderlichen apparativen Qualitätsprüfung wurden die Algorithmen in der Regel bitgenau spezifiziert. Dies ermöglicht den instrumentellen Codec-Test mit vorgegebenen Testsequenzen, d.h. mit Folgen von Abtastwerten und zugehörigen codierten Bitfolgen, die im Rahmen der Standardisierung festgelegt wurden. Da derartige Sprachcodecs vorwiegend mit programmierbaren Signalprozessoren realisiert werden, ist die benötigte Rechenleistung in gewissen Grenzen davon abhängig, wie gut die Architektur und der Befehlssatz des Prozessors den Anforderungen der bitgenauen Spezifikation des Algorithmus genügen.

Die Komplexität wird üblicherweise in Form der erforderlichen Rechenleistung und des Speicherbedarfs angegeben. Die Rechenleistung beschreibt man häufig durch die Anzahl der arithmetischen Operationen pro Zeiteinheit (MOPS: Mega-Operationen pro Sekunde), die zur Echtzeit-Realisierung erforderlich sind. Für eine Codec-Realisierung mit programmierbaren Signalprozessoren ist diese Zahl aber wegen der strukturellen Unterschiede der Prozessoren nur ein indirektes Maß für die tatsächliche Prozessorauslastung.

In diesem Zusammenhang erweist sich eine bitgenaue Festlegung der Codec-Algorithmen als problematisch, da der Prozessor sämtliche arithmetischen und logischen Operationen bit-exakt ausführen muß. Es ist z.B. nicht zulässig, mit höherer Rechengenauigkeit zu arbeiten. Operationen, die im Befehlssatz des verwendeten Signalprozessors nicht in der bitgenau vorgeschriebenen Form enthalten sind, müssen in mehreren Prozessorzyklen nachgebildet werden. Die Realisierung des Algorithmus kann auf verschiedenen Signalprozessoren auch bei gleicher Ausführungszeit pro Befehl zu stark unterschiedlichen Auslastungen führen.

Die Auslastung eines Prozessors wird durch die tatsächlich benötigte Anzahl der Befehle pro Zeiteinheit (MIPS, Mega-Instruktionen pro Sekunde) beschrieben. Diese Zahl weicht je nach Architektur und Befehlssatz von der Anzahl der arithmetischen Operationen (MOPS) ab. Sie kann u.U. deutlich darüber liegen, da neben dem Mehraufwand für bitgenaue Operationen zusätzliche Zyklen für Adreßrechnungen und Datentransfers benötigt werden, obwohl einzelne Instruktionen des Signalprozessors auch mehrere Operationen enthalten können.

Als letztes Kriterium ist die Signalverzögerung zu diskutieren, die in erster Linie durch eine sendeseitige Blockverarbeitung hervorgerufen wird. Eine Verzögerung um 2...3 Blocklängen von z.B. je 20 ms ist in den meisten leitungsgebundenen

Anwendungen zulässig, während dies in funkgestützten Systemen problematisch ist: Die zulässige Gesamtverzögerung sollte hier möglichst weitgehend für das Fehlerkorrektur-Verfahren verfügbar bleiben, insbesondere um Bündelfehler durch zeitliche Bitverschachtelung (Interleaving) aufzubrechen. Die Berücksichtigung aller vier Kriterien erfolgt in der Regel so, daß
   a) die Bitrate minimiert oder
   b) die Qualität maximiert wird
und die drei jeweils übrigen Charakteristika durch Grenzwerte vorgegeben werden.

9.1.3 Quantisierung und Codierung

Bisher wurde davon ausgegangen, daß die Abtastwerte der Signale und die Parameter der Signalmodelle wie z.B. die Filterkoeffizienten beliebige Werte annehmen können. In realen Systemen ist dagegen der Zahlenbereich auf ein endliches Intervall begrenzt, und innerhalb dieses Bereichs sind nur <u>endlich viele Quantisierungsniveaus</u> darstellbar. Bei der Signalverarbeitung kann der <u>Einfluß dieser Quantisierung durch eine großzügige Dimensionierung des Dynamikbereichs und durch</u> eine genügend feine Stufung der Quantisierungsniveaus vernachlässigbar klein gehalten werden. Demgegenüber besteht das <u>Ziel der eigentlichen Quellencodierung (Datenkompression)</u> jedoch darin, die erforderlichen Wortlängen zur Darstellung von Signalwerten und Parametern und damit die <u>Stufenanzahl der Quantisierer</u> im Sinne der Bitratenreduktion <u>möglichst klein</u> zu halten. Dabei ist jeweils ein Kompromiß zwischen der erforderlichen Bitrate und dem tolerierbaren Quantisierungsfehler zu schließen. Die bei Einhaltung einer gewissen Sprachqualität erzielbare Bitratenreduktion wird maßgeblich durch die Dimensionierung der entsprechenden Quantisierer bestimmt.

Die einführenden Überlegungen dieses Kapitels zur Klassifikation der Codierungsverfahren haben gezeigt, daß je nach Verfahren Signalinformation und Modellparameter zu übertragen sind, die, wie sich herausstellen wird, in unterschiedlicher Weise zu quantisieren sind.

Es stehen verschiedene Quantisierungstechniken zur Verfügung, deren Grundprinzipien nachfolgend behandelt werden. Dabei wird zur Vereinfachung der Darstellung nicht zwischen Signalwerten und Parametern unterschieden. Es wird davon ausgegangen, daß Zahlenwerte $x(k)$ ($k = 0, 1, \ldots$) in unquantisierter Form bzw. mit einer für die Signalverarbeitung ausreichenden Auflösung vorliegen und daß eine Quantisierung im Sinne einer Bitratenreduktion unter Berücksichtigung des zulässigen Quantisierungsfehlers vorzunehmen ist. Die quantisierten Werte $\hat{x}(k)$ nehmen nur L unterschiedliche Werte an gemäß

$$\hat{x} \in \{\hat{x}_0, \hat{x}_1, \ldots \hat{x}_{L-1}\} \tag{9.1}$$

mit

$$L = 2^w . \tag{9.2}$$

Ein Zahlenwert x repräsentiert z.B. einen Prädiktorkoeffizienten, der beispielsweise in einer 32-Bit-Gleitkomma-Arithmetik berechnet wurde und der zum Zwecke der Übertragung mit z.B. nur $w = 5$ Bit dargestellt werden soll, oder es handelt sich um einen Abtastwert, der vom Analog-Digital-Umsetzer mit gleichmäßiger 13-Bit-Auflösung geliefert wird und der mit einer Wortlänge von z.B. $w = 8$ Bit in ungleichmäßiger Auflösung darzustellen ist.

9.2 Gleichmäßige Quantisierung

Der begrenzte Amplitudenbereich des Quantisierers wird mit

$$-\hat{x}_{\max} \leq \hat{x} \leq +\hat{x}_{\max} \tag{9.3}$$

ohne Beschränkung der Allgemeinheit symmetrisch angesetzt, d.h. es wird davon ausgegangen, daß die Folge $x(k)$ mittelwertfrei ist.

Dieser Bereich werde in $L = 2^w$ äquidistante Intervalle der Stufenhöhe

$$\Delta x = \frac{2\,\hat{x}_{\max}}{L} = \frac{\hat{x}_{\max}}{2^{w-1}} \tag{9.4}$$

eingeteilt. Die Quantisierungsoperation ist, wie in Bild 9.2 dargestellt, durch eine nichtlineare Kennlinie

$$\hat{x} = f(x) \tag{9.5}$$

zu beschreiben. Dadurch weicht $\hat{x}$ von x um den Quantisierungsfehler

$$e = \hat{x} - x = f(x) - x \tag{9.6}$$

ab. Alternativ kann man zur Beschreibung durch eine Kennlinie ein Fehlersignal $e(k)$ angeben, das man zu $x(k)$ addiert (s. Bild 9.2-b). In Bild 9.2-c sind $x(k)$, $\hat{x}(k)$ und $e(k)$ für das Beispiel eines Sinussignals skizziert. Der zulässige Aussteuerungsbereich wird durch die untere Grenze $x_{\min}$ und die obere Grenze $x_{\max}$ gemäß

$$x_{\min} \leq x \leq x_{\max} \tag{9.7}$$

beschränkt.

Drei mögliche Kennlinien werden in Bild 9.3 für das Beispiel $w = 4$ bzw. $L = 16$ dargestellt.

Bei den Kennlinien a) und b) erfolgt die Quantisierung durch eine Rundungsoperation, während die Kennlinie c) das Abschneiden (Abrunden) der Betragswerte beschreibt.

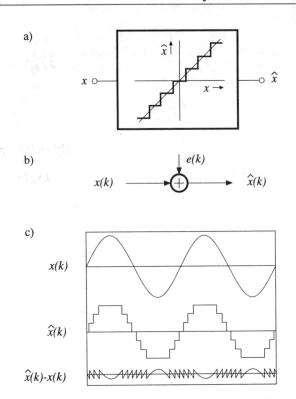

Bild 9.2: Zur Beschreibung der Quantisierungsoperation
  a) Kennlinie
  b) Additiver Quantisierungsfehler
  c) Signalbeispiel

Die charakteristischen Kenngrößen dieser Quantisierungsoperationen wurden in Bild 9.3 zusammengestellt.

Mit der bezüglich der Endpunkte unsymmetrischen Kennlinie a) kann der Wert $\hat{x} = 0$ exakt dargestellt werden, während für die in beiden Achsenrichtungen um $\frac{\Delta x}{2}$ verschobene Kennlinie b) der betragsmäßig kleinste Wert durch $\min|\hat{x}| = \frac{\Delta x}{2} \neq 0$ repräsentiert wird. Bei den beiden Kennlinien a) und b) ist der Quantisierungsfehler auf

$$|e| \leq \frac{\Delta x}{2} \tag{9.8}$$

begrenzt. Demgegenüber liegt bei der Kennlinie c) (Betragsabschneiden) der maximale Quantisierungsfehler beim doppelten Wert, d.h. bei $\max|e| = \Delta x$.

9.2 Gleichmässige Quantisierung

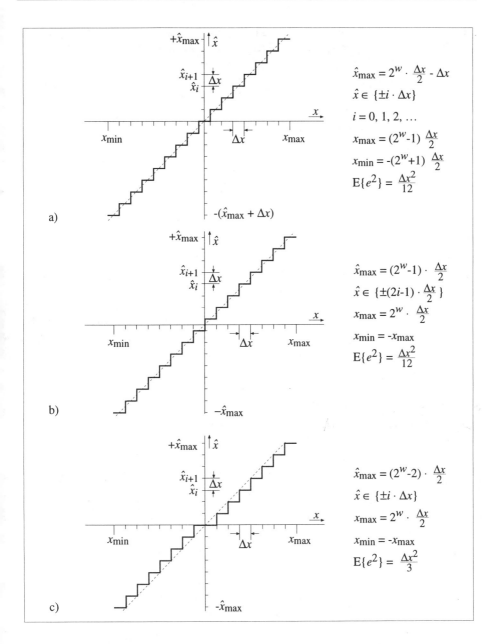

Bild 9.3: Kennlinien für gleichmäßige Quantisierung mit $w = 4$
  a) Rundungskennlinie vom Typ „*midtread*": $\hat{x}_i = i\,\Delta x$; $i = 0, \pm 1, \pm 2, \ldots$
  b) Rundungskennlinie vom Typ „*midrise*": $\hat{x}_i = (2i-1)\frac{\Delta x}{2}$; $i = 0, \pm 1, \pm 2, \ldots$
  c) Betragsabschneiden

Die in Bild 9.3 skizzierten Quantisierungskennlinien lassen sich im jeweiligen Gültigkeitsbereich $x_{\min} \leq x \leq x_{\max}$ analytisch wie folgt beschreiben:

$$\hat{x} = f_a(x) = \text{sign}(x) \cdot \Delta x \cdot \text{int}\left(\frac{|x|}{\Delta x} + 0.5\right) \tag{9.9-a}$$

$$\hat{x} = f_b(x) = \text{sign}(x) \cdot \Delta x \cdot \left[\text{int}\left(\frac{|x|}{\Delta x}\right) + 0.5\right] \tag{9.9-b}$$

$$\hat{x} = f_c(x) = \text{sign}(x) \cdot \Delta x \cdot \text{int}\left(\frac{|x|}{\Delta x}\right). \tag{9.9-c}$$

Aufgrund der Kennlinien besteht ein eindeutiger Zusammenhang zwischen dem Wert x und dem resultierenden Quantisierungsfehler e.

Da die Signal- bzw. Parameterwerte $x(k)$ sich im hier interessierenden Umfeld der Sprachsignalverarbeitung einer deterministischen Betrachtung entziehen, kann man den Quantisierungsfehler nur mit Hilfe statistischer Methoden behandeln. Es wird angenommen, daß zu $x(k)$ Verteilungsdichten, Momente u.ä. bekannt oder meßbar sind (s. Kap. 6). Gesucht werden die entsprechenden Kenngrößen für den stochastischen Quantisierungsfehler $e(k)$. In erster Linie interessiert die Leistung N des Fehlersignals bzw. der Signal-Störabstand nach der Quantisierung.

Mit der Verteilungsdichte $p_x(u)$ der Folge $x(k)$ gilt für die Signalleistung

$$S = \text{E}\{x^2\} = \int_{-\infty}^{+\infty} u^2 \, p_x(u) \, du \tag{9.10}$$

und für die Störleistung N unter Berücksichtigung der Quantisierungskennlinie $\hat{x} = f(x)$

$$N = \text{E}\{e^2(x)\} = \int_{-\infty}^{+\infty} \Big(f(u) - u\Big)^2 p_x(u) \, du. \tag{9.11}$$

Zur Vereinfachung der Darstellung wird nachfolgend eine symmetrische Quantisierungskennlinie angenommen, wie sie beispielsweise in Bild 9.3-b gegeben ist. Die Aussteuerungsgrenze dieses Kennlinientyps liegt bei

$$\pm x_{\max} = \pm \left(\hat{x}_{\max} + \frac{\Delta x}{2}\right). \tag{9.12}$$

Weiterhin wird von einer symmetrischen Verteilungsdichte

$$p_x(u) = p_x(-u); \quad -\infty \leq u \leq +\infty \tag{9.13}$$

9.2 GLEICHMÄSSIGE QUANTISIERUNG

ausgegangen. Damit gilt für die Störleistung unter Ausnutzung der Symmetrie

$$N = 2 \int_0^{x_{\max}} \left(f(u) - u\right)^2 p_x(u)\, du \; + \; 2 \int_{x_{\max}}^{\infty} \left(\hat{x}_{\max} - u\right)^2 p_x(u)\, du \quad (9.14\text{-a})$$

$$= N_Q + N_B\, . \quad (9.14\text{-b})$$

Da die Folge $x(k)$ nicht notwendigerweise auf den Aussteuerungsbereich $\pm x_{\max}$ begrenzt ist, läßt sich die Störleistung in zwei Komponenten N_Q und N_B aufspalten, die durch Quantisierung (Q) bzw. durch Begrenzung (B) hervorgerufen werden. Im weiteren wird vorausgesetzt, daß der Quantisierer nicht übersteuert wird bzw. daß dieser Effekt zu vernachlässigen ist, d.h. es gilt $N_B = 0$.

Im positiven Wertebereich verfügt der betrachtete Quantisierer über $\frac{L}{2} = 2^{w-1}$ Quantisierungsniveaus

$$\hat{x}_i = f(x) = i\, \Delta x - \frac{\Delta x}{2}, \quad i = 1, 2, \ldots \frac{L}{2}, \quad (9.15)$$

die dem i-ten Intervall

$$(i-1)\, \Delta x \;\leq\; x \;<\; i\, \Delta x \quad (9.16\text{-a})$$

bzw.

$$\hat{x}_i - \frac{\Delta x}{2} \;\leq\; x \;<\; \hat{x}_i + \frac{\Delta x}{2} \quad (9.16\text{-b})$$

zugeordnet sind. Die Teilbeiträge der einzelnen Quantisierungsintervalle zur Störleistung ergeben sich durch Integration über das jeweilige Intervall. Für die gesamte Störleistung N_Q nach (9.14-a) folgt

$$N_Q = 2 \sum_{i=1}^{\frac{L}{2}} \int_{(i-1)\, \Delta x}^{i\, \Delta x} \left(\hat{x}_i - u\right)^2 p_x(u)\, du\, . \quad (9.17)$$

Mit der Substitution $z = u - \hat{x}_i$ läßt sich dieser Ausdruck vereinfachen zu

$$N_Q = 2 \sum_{i=1}^{\frac{L}{2}} \int_{-\frac{\Delta x}{2}}^{+\frac{\Delta x}{2}} z^2\, p_x(z + \hat{x}_i)\, dz\, . \quad (9.18)$$

Die Störleistung hängt von der Verteilungsdichte $p_x(u)$ der Folge $x(k)$ ab. Für den Sonderfall der Gleichverteilung läßt sie sich geschlossen berechnen: Mit

$$\max |x| = x_{\max} \tag{9.19}$$

$$p_x(u) = \frac{1}{2\,x_{\max}}, \quad -x_{\max} \leq u \leq +x_{\max} \tag{9.20}$$

$$\Delta x = \frac{2\,x_{\max}}{L} \tag{9.21}$$

ergibt sich die Störleistung zu

$$N_Q = 2 \sum_{i=1}^{\frac{L}{2}} 2 \int_0^{+\frac{\Delta x}{2}} z^2 \, \frac{1}{2\,x_{\max}} \, dz \tag{9.22-a}$$

$$= L \, \frac{1}{x_{\max}} \, \frac{1}{3} \, z^3 \Big|_0^{\frac{\Delta x}{2}} \tag{9.22-b}$$

$$= \frac{\Delta x^2}{12} \tag{9.22-c}$$

und die Signalleistung zu

$$S = \frac{1}{3}\,x_{\max}^2 \,. \tag{9.22-d}$$

Mit $L = 2^w$ und (9.21) folgt für den Signal-Störabstand

$$\frac{\text{SNR}}{\text{dB}} = 10 \lg\left(\frac{S}{N}\right) \tag{9.23-a}$$

$$= w\,20\lg(2) \tag{9.23-b}$$

$$\approx 6\,w\,. \tag{9.23-c}$$

Dies ist die sog. *6-dB-pro-Bit-Regel*, die aber nur in diesem Sonderfall exakt gilt.

Für den allgemeinen Fall kann eine Näherung angegeben werden. Unter der Voraussetzung, daß in (9.18) bei genügend feiner Quantisierung ($\Delta x \ll x_{\max}$) die Verteilungsdichte innerhalb eines Quantisierungsintervalls bei hinreichend glattem Verlauf jeweils durch den Wert in der Mitte des Intervalls gemäß

$$p_x(z + \hat{x}_i) \approx p_x(\hat{x}_i) \quad \text{für} \quad -\frac{\Delta x}{2} \leq z < +\frac{\Delta x}{2} \tag{9.24}$$

approximiert werden kann, gilt näherungsweise nach ähnlicher Rechnung wie oben ebenfalls

$$N_Q \approx \frac{\Delta x^2}{12} \tag{9.25}$$

unabhängig von der Verteilungsdichte $p_x(u)$. Dieser Näherung entspricht die Annahme, daß das Signal innerhalb der angesprochenen Quantisierungsintervalle jeweils gleichverteilt ist. So entsteht ein Quantisierungsfehler $e(k)$ mit Gleichverteilung $p_e(u)$ im Bereich

$$-\frac{\Delta x}{2} < e \leq +\frac{\Delta x}{2}, \qquad (9.26)$$

dessen quadratischer Erwartungswert

$$N_Q = \mathrm{E}\{e^2\} = \int_{-\infty}^{+\infty} u^2 \, p_e(u) \, du \qquad (9.27)$$

auf (9.25) führt. Die dieser Näherung zugrundeliegende Annahme ist bei genügend feiner Quantisierung bzw. genügend großer Wortlänge w in der Regel mit guter Näherung erfüllt.

Wird weiterhin die Signalleistung S mit dem Form- bzw. Aussteuerungsfaktor K auf die Aussteuerungsgrenze $x_{\max}$ bezogen entsprechend

$$S = K \, x_{\max}^2, \qquad (9.28)$$

so ergibt sich als Näherung für den Störabstand im allgemeinen Fall

$$\frac{\mathrm{SNR}}{\mathrm{dB}} = 10 \lg \left(\frac{S}{N_Q} \right) \approx w \, 20 \lg(2) + 10 \lg(3K) \qquad (9.29)$$

$$= w \, 6.02 + 10 \lg 3 + 10 \lg K \, . \qquad (9.30)$$

In den Faktor K gehen sowohl die unterschiedliche Form der Verteilungsdichte als auch die relative Aussteuerung des Quantisierers ein.

Bild 9.4 zeigt den prinzipiellen Verlauf des Signal-Störabstandes als Funktion der auf $x_{\max}^2$ normierten Signalleistung. Der SNR-Wert ist innerhalb des Aussteuerungsbereichs eine lineare Funktion des Signalpegels, d.h. der logarithmischen Signalleistung

$$10 \lg \left(\frac{S}{x_{\max}^2} \right) = 10 \lg(K). \qquad (9.31)$$

Bei Übersteuerung fällt der Störabstand, wie in Bild 9.4 angedeutet, mit zunehmender Signalleistung rapide ab. Durch Skalierung der Folge $x(k)$ bzw. der Aussteuerungsgrenzen $\pm x_{\max}$ des Quantisierers ist dafür zu sorgen, daß dieser Fall nicht (oder nur sehr selten) auftritt. Prinzipiell ist auch eine Kompromißdimensionierung des Quantisierers derart möglich, daß die durch Quantisierung und Übersteuerung verursachten Beiträge in (9.14-a) sich die Waage halten entsprechend

$$N_Q = N_B. \qquad (9.32)$$

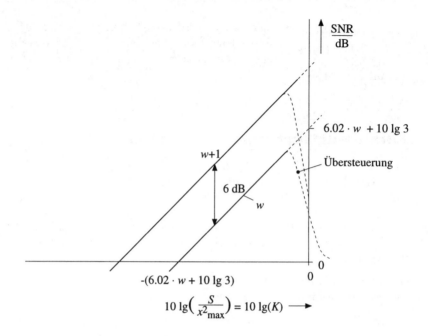

Bild 9.4: Signal-Störabstand bei gleichmäßiger Quantisierung als Funktion der normierten Leistung K

Dieser Fall (s. z.B. [Jayant, Noll-84]) soll hier nicht näher betrachtet werden. Es wird davon ausgegangen, daß alle Zahlenwerte $x(k)$ im Bereich $-x_{\min} \leq x \leq +x_{\max}$ liegen, bzw. zuvor auf diesen Bereich abgebildet wurden.

Den Einfluß des Formfaktors K zeigt Tabelle 9.1 für verschiedene Signale mit Vollaussteuerung sowie für Telefonsprache mit unterschiedlicher Aussteuerung.

Tabelle 9.1: Einfluß des Form- und Aussteuerungsfaktors K auf den Signal-Störabstand bei gleichmäßiger Quantisierung (s.a. (9.29)),
*) Übersteuerung des Quantisierers mit $P = 1$ Promille

Signal	K	$10 \lg(3K)$
Gleichverteilung	1/3	0
Sinus	1/2	+1.76
dreieckförmige Verteilungsdichte	1/6	−3.01
Laplace-Verteilungsdichte	$\approx 1/24$	≈ -9 *)
Sprache (Messung)	$1/300 \ldots 1/20$	$-20 \ldots -8$ *)

9.3 Quantisierung mit Kompandierung

Bei gleichmäßiger Quantisierung ist der Störabstand nach (9.29) proportional zum Signalpegel. Er sinkt also mit abnehmender Signalleistung. Speziell in Sprachsignalen sind entsprechend der besonderen Form der Verteilungsdichte (s. Abschnitt 6.1.8, 6.2.1) betragsmäßig kleine Werte besonders häufig. Dem Effekt schlechter Störabstände gerade für häufig auftretende Situationen kann durch eine ungleichmäßige Amplitudenauflösung des Quantisierers entgegengewirkt werden, indem im Bereich kleiner Signalwerte die Breite der Quantisierungsintervalle verkleinert wird. Ein geeigneter Lösungsansatz wird in Bild 9.5 dargestellt.

Die Werte $x(k)$ werden vor der eigentlichen Quantisierung mit einer Kompressorkennlinie

$$y = g(x) \tag{9.33}$$

derart nichtlinear verzerrt, daß bei unverändertem Aussteuerungsbereich ($y_{\max} = x_{\max}$) kleine Signalwerte stärker angehoben werden als große. Daran anschließend wird eine gleichförmige Quantisierung mit $L = 2^w$ äquidistanten Quantisierungsniveaus $\hat{y}_i$, $i = 1, 2, \ldots L$ wie in Abschnitt 9.2 durchgeführt, die durch additive Überlagerung eines gleichverteilten, spektral weißen Fehlersignals $e(k)$ mit der

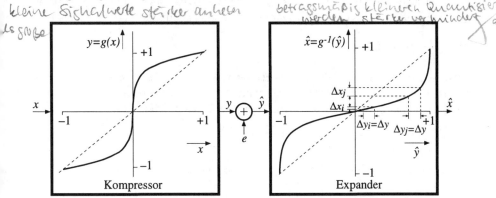

Bild 9.5: Zum Prinzip der Quantisierung mit Kompandierung ($x_{\max} = y_{\max} = 1$)

Leistung

$$\tilde{N}_Q = \frac{\Delta y^2}{12} \; ; \quad \Delta y = \frac{2\, y_{\max}}{L} \tag{9.34}$$

modelliert wird. Ohne Beschränkung der Allgemeinheit wird im weiteren von einer normierten Zahlendarstellung mit

$$x_{\max} = y_{\max} = 1 \tag{9.35}$$

ausgegangen.

Wegen der nichtlinearen Verzerrung müssen die quantisierten Werte $\hat{y}(k)$ vor einer weiteren (empfangsseitigen) Verarbeitung mit der zum Kompressor inversen Expanderkennlinie

$$\hat{x} = g^{-1}(\hat{y}) \tag{9.36}$$

entzerrt werden. Dabei wird, wie aus Bild 9.5 ersichtlich, die von der momentanen Amplitude abhängige Verstärkung rückgängig gemacht. Die betragsmäßig kleineren Quantisierungsniveaus $\hat{y}_i$ werden stärker vermindert als die großen. Dadurch wird eine ungleichmäßige Amplitudenauflösung der Werte $\hat{x}(k)$ erzielt, wobei die effektiven Quantisierungsniveaus durch

$$\hat{x}_i = g^{-1}(\hat{y}_i) \tag{9.37}$$

gegeben sind.

Die Kombination von Kompressor und Expander wird in der Literatur allgemein als *Kompander* bezeichnet. Die Zusammenhänge zwischen den verschiedenen Signalen werden in Bild 9.6 dargestellt, wobei für die gleichmäßige Quantisierung der Werte $y(k)$ eine symmetrische Quantisierungskennlinie

$$\hat{y} = f(y) \tag{9.38}$$

entsprechend Bild 9.3-b für die Wortlängen $w = 5$ und $w = 8$ verwendet wurde. Deutlich zu erkennen sind die relativ feine Amplitudenauflösung in der Umgebung des Ursprungs und die gröbere Auflösung bei betragsmäßig großen Signalwerten.

Für die quantisierten Werte $\hat{y}$ und $\hat{x}$ gilt

$$\hat{y} = \hat{y}_i \quad \forall \quad \hat{y}_i - \frac{\Delta y}{2} \leq y < \hat{y}_i + \frac{\Delta y}{2} \tag{9.39-a}$$

bzw.

$$\hat{x} = g^{-1}(\hat{y}_i) = \hat{x}_i \quad \forall \quad x \in \left[g^{-1}(\hat{y}_i - \frac{\Delta y}{2}),\; g^{-1}(\hat{y}_i + \frac{\Delta y}{2}) \right]. \tag{9.39-b}$$

9.3 QUANTISIERUNG MIT KOMPANDIERUNG

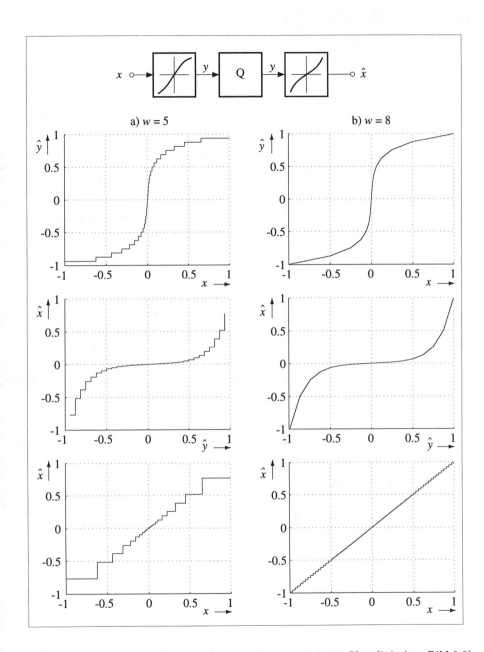

Bild 9.6: Quantisierung mit Kompandierung mit approximierter Kennlinie (s.a. Bild 9.9)

Die Breiten Δx_i der wirksamen Quantisierungsintervalle sind nun von x abhängig. Aufgrund einfacher geometrischer Überlegungen läßt sich zeigen, daß die unterschiedlichen Intervallbreiten Δx_i durch die Steigung der inversen Kennlinie $g^{-1}(\hat{y})$ bzw. durch den Kehrwert der Steigung g' und die konstante Intervallbreite Δy bestimmt werden gemäß

$$\Delta x_i \approx \frac{\Delta y}{g'(\hat{x}_i)}. \qquad (9.40)$$

Ein geeignetes Kriterium zur Entwicklung einer derartigen Kennlinie ist die Forderung nach einem möglichst konstanten relativen Quantisierungsfehler: Im Rahmen der Auflösung des Quantisierers sollte das Quantisierungsintervall proportional zum Signalwert sein gemäß

$$\Delta x(x) \sim x. \qquad (9.41)$$

Aus dieser Forderung resultiert der Ansatz

$$\frac{1}{g'(x)} \stackrel{!}{=} c\,x \quad ; \quad c = \text{konst.} \qquad (9.42\text{-a})$$

bzw.

$$g(x) = \int \frac{1}{c\,x}\,dx = c_1 + c_2 \ln(x) \qquad (9.42\text{-b})$$

mit noch zu bestimmenden Konstanten c_1 und c_2.

Die Kompressorkennlinie $g(x)$ hat damit prinzipiell einen logarithmischen, die Expanderkennlinie damit einen exponentiellen Verlauf.

Die Funktion $\ln(x)$ ist nur für positive Werte definiert, geht nicht durch den Ursprung und divergiert für sehr kleine Werte von x. Für die Quantisierung bedeutet insbesondere die letzte Beobachtung, daß nach (9.41) nahe $x = 0$ unendlich viele, beliebig kleine Stufen liegen müßten. Daher ist eine Modifikation der durch (9.42-b) definierten Charakteristik erforderlich.

Für die leitungsgebundene Übertragung im digitalisierten Fernsprechnetz wurde für Europa die sog. A-Kennlinie definiert. Hierbei wird die Kennlinie im Bereich

$$-\frac{1}{A} \leq x \leq +\frac{1}{A} \qquad (9.43)$$

durch eine Gerade gebildet, die bei $x = +\frac{1}{A}$ tangential in den logarithmischen Verlauf im Bereich $\frac{1}{A} \leq x \leq 1$ einmündet. Im negativen Bereich wird die Kennlinie spiegelsymmetrisch fortgesetzt.

9.3 Quantisierung mit Kompandierung

Die A-Kennlinie ist wie folgt definiert:

$$y(x) = \begin{cases} \text{sign}(x) \cdot \dfrac{1 + \ln(A|x|)}{1 + \ln(A)} & \dfrac{1}{A} \leq |x| \leq +1 \\[2ex] \dfrac{Ax}{1 + \ln(A)} & -\dfrac{1}{A} \leq x \leq +\dfrac{1}{A}. \end{cases} \quad (9.44)$$

Der Parameter A wurde zu $A = 87.56$ gewählt. Damit ergibt sich im Ursprung eine Steigung von $y'(0) = 16$. Nach (9.40) werden damit in der Umgebung des Ursprungs die wirksamen Quantisierungsintervalle um den Faktor 2^{-4} verkleinert. Dies entspricht in diesem Bereich einer Erhöhung des Signal-Störabstandes um $\Delta \text{SNR} = 20 \lg(2^4) = 24.082$ dB bzw. einer Vergrößerung der effektiven Wortlänge um $\Delta w = 4$.

In den digitalen Telefonsystemen in Nordamerika und Japan verwendet man die sog. μ-Kennlinie, um den durch (9.42-b) definierten Verlauf auf andere Weise zu approximieren. Diese Kompressorkennlinie, die durch den Ausdruck

$$y(x) = \text{sign}(x) \frac{\ln(1 + \mu|x|)}{\ln(1 + \mu)} \quad \text{mit } \mu = 255 \quad (9.45)$$

beschrieben wird, besitzt im Ursprung die Steigung

$$y'(x = 0) = \frac{\mu}{\ln(1 + \mu)} = 45.99. \quad (9.46)$$

Daraus resultiert für die betragsmäßig kleinen Signalwerte eine Erhöhung des effektiven Signal-Störabstandes um $\Delta \text{SNR} = 20 \lg(45.99) = 33.25$ dB.

Die Verläufe der A-Kennlinie und der μ-Kennlinie sind sehr ähnlich, sie werden in Bild 9.7 gegenübergestellt.

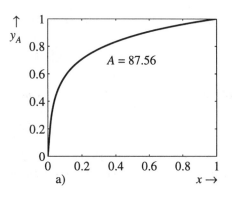
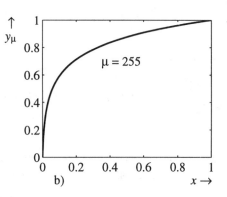

Bild 9.7: Vergleichende Gegenüberstellung von A- und μ-Kennlinie

Aufgrund der logarithmischen Kompandierung ergibt sich ein Signal-Störabstand, der in weiten Grenzen unabhängig von der Aussteuerung des Quantisierers bzw. von der Leistung der Folge $x(k)$ ist.

Der prinzipiell erzielbare Störabstand soll näherungsweise bestimmt werden. Unter der Annahme einer symmetrischen Verteilungsdichte $p_x(u)$ wird wieder der positive Wertebereich $x \geq 0$ betrachtet. Der Beitrag des i-ten Quantisierungsintervalls zur Gesamtleistung ist näherungsweise gegeben durch

$$N_{Qi} \approx \frac{\Delta x_i^2}{12} \int_{\hat{x}_i - \frac{\Delta x_i}{2}}^{\hat{x}_i + \frac{\Delta x_i}{2}} p_x(u)\, du \;=\; \frac{\Delta x_i^2}{12}\, P_i, \qquad (9.47)$$

wobei die Folge $x(k)$ mit der Wahrscheinlichkeit P_i einen Wert im i-ten Quantisierungsintervall annimmt. Unter Berücksichtigung der Gleichungen (9.40) und (9.42-a) ergibt sich die gesamte Störleistung zu

$$N_Q \approx 2 \sum_{i=1}^{\frac{L}{2}} N_{Qi} \qquad (9.48\text{-a})$$

$$\approx 2 \sum_{i=1}^{\frac{L}{2}} \frac{\Delta y^2}{12}\, c^2\, \hat{x}_i^2\, P_i \qquad (9.48\text{-b})$$

$$\approx \frac{\Delta y^2}{12}\, c^2\, S. \qquad (9.48\text{-c})$$

Die Störleistung ist damit proportional zur Signalleistung, und der Signal-Störabstand wird mit

$$\Delta y \;=\; \frac{2\, y_{\max}}{2^w} \;=\; 2^{-(w-1)} \qquad (\text{wobei } y_{\max} = 1) \qquad (9.49)$$

unabhängig von der Signalleistung: Das Ergebnis

$$\frac{\mathrm{SNR}}{\mathrm{dB}} = 10\, \lg\!\left(\frac{S}{N_Q}\right) \;\approx\; w\, 20\, \lg(2) \;+\; 10\, \lg(3) \;-\; 20\, \lg(c) \qquad (9.50)$$

$$= w\, 6.02 + 10\, \lg 3 - 20\, \lg c \qquad (9.51)$$

enthält anstelle des Aussteuerungsfaktors K in (9.29) jetzt die Konstante c. Der Proportionalitätsfaktor c nimmt nach (9.42-a) für die A-Kennlinie im Bereich $\frac{1}{A} \leq |x| \leq 1$ den Wert

$$c_A \;=\; (1 + \ln(A)) \;\approx\; 5.47 \qquad (9.52)$$

9.3 QUANTISIERUNG MIT KOMPANDIERUNG

und für die μ-Kennlinie für $\mu x \gg 1$ den Wert

$$c_\mu = \ln(1 + \mu) \approx 5.55 \qquad (9.53)$$

an. Mit den beiden Kennlinien wird demzufolge nach (9.50) ein vergleichbarer Signal-Störabstand erreicht:

$$\text{SNR}_A \approx 6 \cdot w - 9.99 \text{ dB}, \qquad (9.54\text{-a})$$

$$\text{SNR}_\mu \approx 6 \cdot w - 10.11 \text{ dB}. \qquad (9.54\text{-b})$$

Der Signal-Störabstand genügt wieder einer *6-dB-pro-Bit-Regel*. Die Unabhängigkeit von der Aussteuerung „kostet" gegenüber der gleichmäßigen Quantisierung nach (9.23-c), d.h. bei Vollaussteuerung und Gleichverteilung, einen Abschlag von ca. 10 dB. Sprache ist aber bekanntlich nicht gleichverteilt. Darüber hinaus ist zu beachten, daß bei gleichmäßiger Quantisierung eine Abhängigkeit des erzielten Störabstandes von der Aussteuerung besteht. Da eine Vollaussteuerung in der Praxis nur in Sonderfällen möglich ist, ist auch bei gleichmäßiger Quantisierung mit u.U. erheblichen Abschlägen zu rechnen, die nach (9.29) durch den Form- bzw. Skalierungsfaktor K erfaßt werden. Bei gleicher Auslegung der Aussteuerungsgrenzen erweist sich der logarithmische Kompander daher tatsächlich in weiten Amplitudenbereichen als dem gleichmäßigen Quantisierer überlegen (s. Bild 9.8).

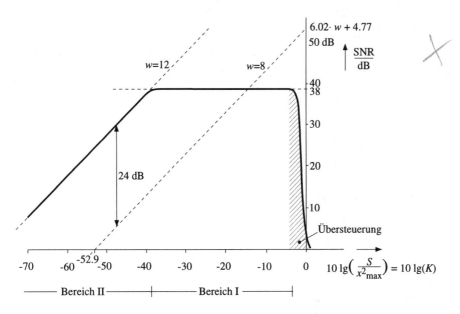

Bild 9.8: Prinzipieller Verlauf des Signal-Störabstandes bei Kompandierung mit der A-Kennlinie mit $A = 87.56$ und einer Wortlänge von $w = 8$.

Die Näherungen der Gleichung (9.54-a,b) gelten nicht für betragsmäßig sehr kleine Werte $|x|$. In der unmittelbaren Umgebung des Ursprungs stellt sich das von der Signalleistung abhängige Verhalten der gleichmäßigen Quantisierung ein, aber mit einer effektiven Quantisierungsstufe von

$$\Delta x = \frac{\Delta y}{g'(x=0)} \tag{9.55}$$

und mit den in (9.54-a,b) angegebenen Steigungen. Für die A-Kennlinie zeigt Bild 9.8 den prinzipiellen Verlauf des Signal-Störabstandes als Funktion der Signalleistung S für die im digitalisierten Fernsprechnetz übliche Wortlänge von $w = 8$. Im Bereich I beträgt der Störabstand ca. 38 dB. In dem als Bereich II gekennzeichneten Abschnitt mit $|x| \leq \frac{1}{A} \approx 0.011$, d.h. bei einer Aussteuerung von etwa 1% der erlaubten Amplitude gilt in Analogie zu (9.29) unter Berücksichtigung von (9.50)

$$10 \lg(\frac{S}{N_Q}) \approx w \, 20 \lg(2) + 10 \lg(3K) + 24 \text{ dB}. \tag{9.56}$$

Der Störabstand ist in diesem Bereich mit dem eines gleichmäßigen Quantisierers vergleichbar, der allerdings eine Wortlänge von $w = 12$ besitzt. Die entsprechende Verbesserung um 24 dB wird auch als Kompandergewinn bezeichnet.

In der praktischen Realisierung werden sowohl die A- als auch die μ-Kennlinie jeweils durch eine stückweise lineare Segmentkennlinie realisiert, die für den Fall der A-Kennlinie in Bild 9.9 dargestellt ist.

Der Bereich $-1 \leq y \leq +1$ wird in 16 gleich breite Abschnitte unterteilt, in denen die A-Kennlinie durch Geraden approximiert wird. Es ergibt sich eine 13-Segment-Kennlinie, da die vier Abschnitte in der Umgebung des Nullpunktes zusammengefaßt werden. Die Steigungen benachbarter Segmente unterscheiden sich um den Faktor 2.

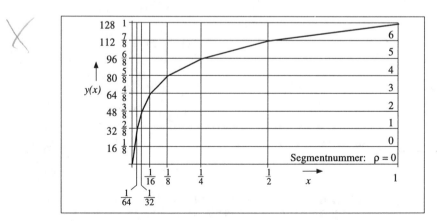

Bild 9.9: 13-Segment-Kennlinie

9.3 Quantisierung mit Kompandierung

Bei einer Quantisierung mit $w = 8$ Bit werden mit dem ersten Bit das Vorzeichen, mit drei weiteren Bits der jeweilige Abschnitt und mit den vier letzten Bits die Quantisierungsstufe innerhalb des Abschnitts codiert.

Die effektive Quantisierungsstufe beträgt im untersten Segment

$$\Delta x_{\min} = 2^{-11} \qquad (9.57)$$

und im obersten Segment

$$\Delta x_{\max} = 2^{-5} \; . \qquad (9.58)$$

Die daraus resultierende ungleichmäßige Quantisierungskennlinie wurde schon mit Bild 9.6-b angegeben.

Eine der 13-Segment-Kennlinie entsprechende Quantisierung kann auch durch eine gleichmäßige Vorquantisierung mit $w' \geq w+4$ und einer nachfolgenden Umcodierung auf die Wortlänge w erzielt werden. Dieses Codierungsgesetz wird in Tabelle 9.2 für $w' = 12$ und $w = 8$ zusammengefaßt. Diese Form der Signalquantisierung, die dem internationalen Standard ITU G.711 entspricht, bildet die Grundlage der digitalen Sprachübertragung im digitalisierten Fernsprechnetz mit einer Bitrate von $B = w \cdot f_A = 64$ kbit/s.

Tabelle 9.2: Codierungsgesetz der 13-Segment-Kennlinie
    a) Zahl der führenden Nullen hinter dem Vorzeichenbit
    b) $7 - a$ dual codiert
    c) die letzten 4 Stellen, falls $a = 7$
       die ersten 4 Stellen hinter der führenden 1, falls $a < 7$
    d) vernachlässigte Stellen

Segmentnummer ρ	Bereich	$\hat{x}$ (Dualzahl, $w'=12$)	Code ($w=8$)
0	$0 \leq \|x\| < 2^{-7}$	., 0000000....	., 000....
0	$2^{-7} \leq \|x\| < 2^{-6}$	., 0000001....	., 001....
1	$2^{-6} \leq \|x\| < 2^{-5}$	., 000001....-	., 010....
2	$2^{-5} \leq \|x\| < 2^{-4}$	., 00001....--	., 011....
3	$2^{-4} \leq \|x\| < 2^{-3}$	., 0001....---	., 100....
4	$2^{-3} \leq \|x\| < 2^{-2}$	., 001....----	., 101....
5	$2^{-2} \leq \|x\| < 2^{-1}$	., 01....-----	., 110....
6	$2^{-1} \leq \|x\| < 2^{0}$	., 1....------	., 111....

9.4 Optimalquantisierung

Die bislang behandelten Quantisierer arbeiten mit einer konstanten bzw. einer signalproportionalen Stufengröße Δx und einer Anordnung der quantisierten Werte $\hat{x}_i$ in der Mitte oder am Rand der Stufen (vgl. Bild 9.3). An sich sind jedoch die Intervallgrenzen x_i und die Intervall-Repräsentanten $\hat{x}_i$ für $i \in \{1, 2, \ldots 2^w\}$ frei wählbar. Insbesondere kann man sie so bestimmen, daß man für eine gegebene Signal-VDF das maximale SNR erhält. Gleichwertig ist die Aussage, daß der hiermit definierte (skalare) Optimalquantisierer die Leistung N_Q des Quantisierungsfehlers minimiert.

Bei nicht gleichverteilten Signalen wird man eine ungleichmäßige Amplitudenauflösung erwarten, bei Signalen wie Sprache mit ihren häufig sehr kleinen und selten sehr großen Werten eine feinere Quantisierung kleiner und eine gröbere Quantisierung großer Amplituden. Die Kennlinie sollte also durchaus Ähnlichkeiten mit der einer logarithmischen Kompandierung aufweisen – im Detail ist sie jedoch unterschiedlich, da sie anhand einer (signalbestimmten!) Minimierungsforderung entsteht und nicht auf ein möglichst signalunabhängiges SNR zielt. Das zugrundeliegende Optimierungsproblem wurde von Lloyd (1957) und Max (1960) gelöst. Deshalb wird diese Lösung in der Literatur als Lloyd-Max-Quantisierer bezeichnet.

Für die Fehlerleistung gilt in Analogie zu (9.17)

$$N = \sum_{i=1}^{2^w} \int_{x_{i-1}}^{x_i} (\hat{x}_i - u)^2 \, p_x(u) \, du. \tag{9.59}$$

Notwendige Bedingungen zur Bestimmung der Intervallgrenzen x_i und der Repräsentanten $\hat{x}_i$ liefern die partiellen Ableitungen: Erstens folgt für $k = 1, 2, \ldots 2^w - 1$ aus

$$\frac{\partial N}{\partial x_k} = (\hat{x}_k - x_k)^2 \, p_x(x_k) - (\hat{x}_{k+1} - x_k)^2 \, p_x(x_k) \stackrel{!}{=} 0, \tag{9.60-a}$$

$$x_k = \frac{\hat{x}_k + \hat{x}_{k+1}}{2} \tag{9.60-b}$$

und zweitens für $k = 1, 2, \ldots 2^w$ aus

$$\frac{\partial N}{\partial \hat{x}_k} = 2 \int_{x_{k-1}}^{x_k} (\hat{x}_k - u) \, p_x(u) \, du = 0, \tag{9.60-c}$$

$$\hat{x}_k = \frac{\int_{x_{k-1}}^{x_k} u \, p_x(u) \, du}{\int_{x_{k-1}}^{x_k} p_x(u) \, du}. \tag{9.60-d}$$

Damit entsprechen die optimalen Quantisierungsniveaus $\hat{x}_i$ den „Schwerpunkten" der Quantisierungsintervalle, und die optimalen Intervallgrenzen x_k liegen auf der Mitte zwischen zwei benachbarten Quantisierungsniveaus. Ausgenommen sind die beiden äußeren Intervallgrenzen x_0 und x_L. Sie sind durch die beiden Ränder der VDF vorgegeben, z.B. also als $x_0 = -\infty$ und $x_L = +\infty$. Hiermit lassen sich die Gleichungen (9.60-b) und (9.60-d) für beliebige Verteilungsdichten $p_x(u)$ numerisch lösen. Die gegenüber einer ungleichmäßigen Quantisierung erzielbare Verbesserung des Signal-Störabstandes (s. auch Beispiele der Tabelle 9.4) hängt von der Form der Verteilungsdichte $p_x(u)$ ab (z.B. [Jayant, Noll-84]). Klar ist, daß Signalveränderungen, insbesondere Aussteuerungsvariationen wieder zu SNR-Abschlägen führen.

9.5 Adaptive Quantisierung

Die Abhängigkeit des Störabstands von der Aussteuerung kann auch durch Anpassung der Intervallbreite Δx eines gleichmäßigen Quantisierers an die momentane Aussteuerung reduziert werden.

Es bestehen zwei grundsätzliche Möglichkeiten, die in Bild 9.10 als Quantisierung mit Vorwärtsadaption (AQF: *adaptive quantization forward*) oder Rückwärtsadaption (AQB: *adaptive quantization backward*; z.B. [Jayant, Noll-84]) bezeichnet werden.

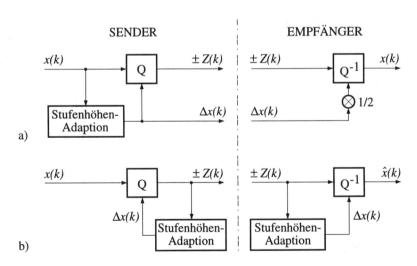

Bild 9.10: Zur adaptiven Quantisierung
    a) Quantisierung mit Vorwärtsadaption (AQF)
    b) Quantisierung mit Rückwärtsadaption (AQB)

In beiden Fällen gilt für die quantisierten Werte

$$\hat{x}(k) = \text{sign}(x(k)) \, Z(k) \, \frac{\Delta x(k)}{2}, \qquad K \in \{1, 3, 5, \ldots\}, \tag{9.61}$$

wenn eine symmetrische Quantisierungskennlinie nach Bild (9.3-b) vorausgesetzt wird.

Beim AQF-Verfahren wird die Stufenhöhe $\Delta x(k)$ blockweise eingestellt und als Nebeninformation übertragen (bzw. gespeichert). Wegen der hierfür zusätzlich erforderlichen Bitrate wird eine relativ große Blocklänge von z.B. $N = 128$ gewählt. Die Nebeninformation entfällt beim AQB-Verfahren, da die Stufenhöhe anhand des Wertes $Z(k-1)$ nachgestellt wird, der bei ungestörter Übertragung auch auf der Empfangsseite verfügbar ist.

Bei beiden Verfahren wird die momentane Varianz von $x(k)$ bzw. $\hat{x}(k)$ geschätzt und die Stufenhöhe proportional zum Schätzwert $\hat{\sigma}_x(k)$ eingestellt:

$$\Delta x(k) = c \, \hat{\sigma}_x(k), \qquad c = \text{konst.} \tag{9.62}$$

Die Schätzung erfolgt beim AQF-Verfahren blockweise, d.h. nach jeweils N Werten, gemäß

$$\hat{\sigma}_x(k) = \sqrt{\frac{1}{N} \sum_{i=0}^{N-1} x^2(k_0 + i)} \quad \forall \; k = k_0, k_0 + 1, \ldots k_0 + N - 1. \tag{9.63}$$

Beim AQB-Verfahren wird die Schätzung anhand des bereits verfügbaren quantisierten Wertes $\hat{x}(k-1)$ iterativ durchgeführt entsprechend

$$\hat{\sigma}_x^2(k) = \alpha \, \hat{\sigma}_x^2(k-1) + (1-\alpha) \, \hat{x}^2(k-1), \qquad 0 < \alpha < 1. \tag{9.64}$$

Dadurch kann die Stufenhöhe Δx im Vergleich zur AQF-Methode schneller an den Verlauf der Folge $x(k)$ angepaßt werden. Diese Eigenschaft wird anhand eines Signalbeispiels in Bild 9.11 deutlich.

Für das AQB-Verfahren wurde in [Jayant-73] ein Algorithmus vorgeschlagen, der sich besonders effizient realisieren läßt.

Aufgrund von (9.62) gilt

$$\frac{\Delta x(k)}{\Delta x(k-1)} = \frac{\hat{\sigma}_x(k)}{\hat{\sigma}_x(k-1)} \doteq M(k-1), \tag{9.65}$$

wobei $M(k-1)$ im weiteren als Stufenhöhen-Multiplikator bezeichnet wird. Aus Gleichung (9.65) folgt schließlich mit (9.64), (9.62) und (9.61)

$$\frac{\hat{\sigma}_x^2(k)}{\hat{\sigma}_x^2(k-1)} = M^2(k-1) \tag{9.66-a}$$

$$= \alpha + (1-\alpha) \, Z^2(k-1) \, \frac{c^2}{4} \tag{9.66-b}$$

9.5 Adaptive Quantisierung

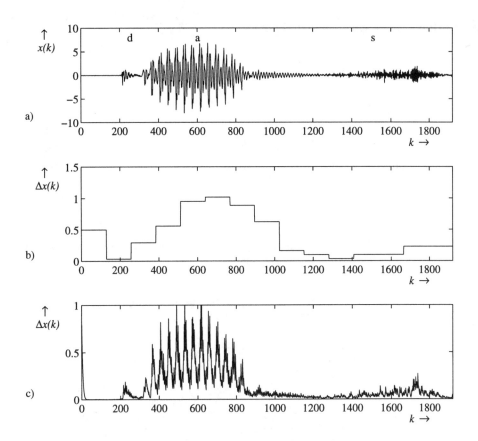

Bild 9.11: Beispiel zur Adaption der Stufenhöhe $\Delta x(k)$
   a) Zeitsignal „das"
   b) Stufenhöhe bei Vorwärtsadaption (AQF)
   c) Stufenhöhe bei Rückwärtsadaption (AQB)

bzw.

$$M(k-1) = \sqrt{\alpha + (1-\alpha) Z^2(k-1) \frac{c^2}{4}}. \qquad (9.66\text{-c})$$

Der Stufenhöhen-Multiplikator ist damit nur von Z abhängig. Da Z nur 2^{w-1} verschiedene Werte annimmt, können die Werte nach (9.66-c) vorab berechnet und in einer Tabelle abgelegt werden, so daß bei einer Echtzeit-Realisierung eine Radizierung nicht erforderlich ist.

Die zum Zeitpunkt k auf der Sende- und der Empfangsseite erforderlichen Berechnungsschritte sollen nochmals zusammengefaßt werden:

1. Berechnung der neuen Stufenhöhe

$$\Delta x(k) = M(k-1) \cdot \Delta x(k-1) \quad (9.67\text{-a})$$

2. Quantisierung von x bzw. Bestimmung von Z gemäß

$$\hat{x}(k) = \text{sign}(x(k)) \cdot Z(k) \cdot \frac{\Delta x(k)}{2}, \quad Z \in \{1, 3, 5, ...\} \quad (9.67\text{-b})$$

3. Bestimmung des Stufenhöhen-Multiplikators für $k+1$ durch Auslesen des entsprechenden Wertes

$$M(k) = f(Z(k)) \quad (9.67\text{-c})$$

aus einer Tabelle. Zur adaptiven Quantisierung von Sprachsignalen optimierte Stufenhöhen-Multiplikatoren sind in Tabelle 9.3 [Jayant-73] aufgelistet.

Tabelle 9.3: Stufenhöhen-Multiplikatoren für die adaptive Quantisierung von Sprachsignalen [Jayant-73]

	Z	1	2	3	4	5	6	7	8
	$w=2$	0.60	2.20						
$M = f(Z)$	$w=3$	0.85	1.00	1.00	1.50				
	$w=4$	0.80	0.80	0.80	0.80	1.20	1.60	2.00	2.40

Abschließend sollen die verschiedenen Quantisierungsmethoden anhand eines kurzen Sprachsignals vergleichend gegenübergestellt werden. Tabelle 9.4 zeigt die erzielten mittleren und segmentellen SNR-Werte für das Beispiel aus Bild 9.12.

Tabelle 9.4: Signal-Störabstände bei Quantisierung mit $w = 4$; vergleichendes Beispiel nach Bild 9.12

Quantisierung	SNR	SNRseg
gleichmäßig	7.44	-5.30
A-Kennlinie	13.71	9.71
μ-Kennlinie	13.43	10.67
Optimalquantisierer	16.53	6.94
AQF	16.73	12.30
AQB	19.88	17.83

9.5 Adaptive Quantisierung

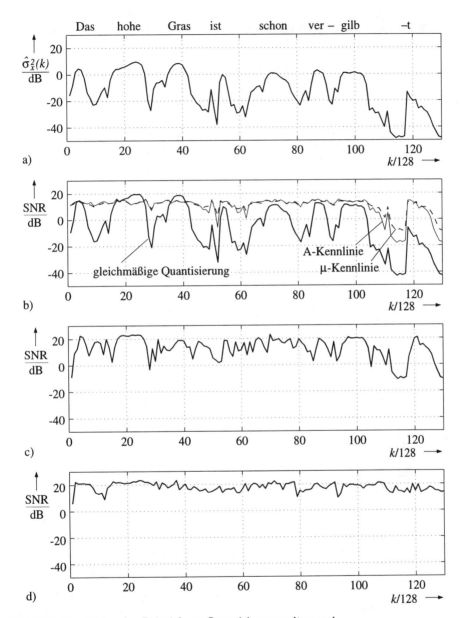

Bild 9.12: Vergleichendes Beispiel zur Quantisierung mit $w = 4$
  a) Kurzzeitleistung des Signals (Glg. (9.63), $N = 128$, $|x(k)|_{\max} = 8$)
  b) Blockweise berechnetes SNR bei gleichmäßiger Quantisierung, sowie bei Kompandierung mit der A- oder μ-Kennlinie
  c) Blockweise berechnetes SNR bei Vorwärtsadaption (AQF)
  d) Blockweise berechnetes SNR bei Rückwärtsadaption (AQB)

Der Form- und Aussteuerungsfaktor nach (9.28) nimmt in diesem Fall den Wert $K = 0.0145$ an (s.a. Tabelle 9.1).

Die Quantisierer mit Kompandierung nach A- oder μ-Kennlinie liefern mit SNR-Werten von 13.7 dB bzw. 13.4 dB vergleichbare, jedoch gegenüber der gleichmäßigen Quantisierung deutlich bessere Ergebnisse. Der feste, an die Verteilungsdichte dieses Signalabschnitts angepaßte Optimalquantisierer erzielt im Vergleich zur Quantisierung mit Kompandierung einen nochmals um etwa 3 dB höheren mittleren Störabstand. Das beste Ergebnis liefert die rückwärtsadaptive Quantisierung (AQB) mit einem SNR-Wert von ca. 20 dB.

9.6 Vektorquantisierung

9.6.1 Prinzip

Bei allen bisher besprochenen Quantisierungen wurden einzelne Signal- oder auch Parameter-Werte x in jeweils ein passendes Intervall eingeordnet und demgemäß durch Repräsentanten $\hat{x}$ ersetzt. Man kann dieses Vorgehen verallgemeinern: Es werden m (z.B. aufeinanderfolgende) Werte zu einem m-dimensionalen *Vektor*

$$\mathbf{x} = (x_1, x_2, \ldots x_m)^T \qquad (9.68)$$

zusammengefaßt, einer von L möglichen m-dimensionalen „Quantisierungs-Zellen" zugeordnet und durch einen zugehörigen Repräsentanten-*Vektor*

$$\hat{\mathbf{x}} = (\hat{x}_1, \hat{x}_2, \ldots \hat{x}_m)^T \qquad (9.69)$$

ersetzt. Man spricht dann von Vektorquantisierung (VQ) [Gersho, Gray-92]. Die Einzelwertquantisierung der bisherigen Kapitel nennt man anschaulicherweise Skalarquantisierung; sie ist mit $m = 1$ als Sonderfall in allen VQ-Überlegungen eingeschlossen. Die Zuordnung von $\mathbf{x}$ zu einer (nach geeigneten Kriterien, s.u.) passenden Zelle wird durch einen Index i codiert. Den zugehörigen Repräsentanten findet man unter der Nummer i im sog. *Codebuch* der L *Codevektoren* $\hat{\mathbf{x}}_i$.

In Analogie zum skalaren Fall läßt sich die Vektorquantisierung im m-dimensionalen Vektorraum sowohl mit gleichmäßiger als auch mit ungleichmäßiger Auflösung realisieren. An die Stelle des eindimensionalen Quantisierungsintervalls tritt die sog. m-dimensionale *Voronoi-Zelle* V_i.

Für den zweidimensionalen Fall werden in Bild 9.13 zwei Vektorquantisierer mit gleichmäßiger und ungleichmäßiger Auflösung und $L = 25$ dargestellt.

Bei gegebenem Codebuch besteht die Aufgabe der Vektorquantisierung darin, einen Eingangsvektor $\mathbf{x}$ durch den *ähnlichsten* Vektor $\hat{\mathbf{x}} = \hat{\mathbf{x}}_{i_{opt}}$ zu ersetzen. Die

9.6 VEKTORQUANTISIERUNG

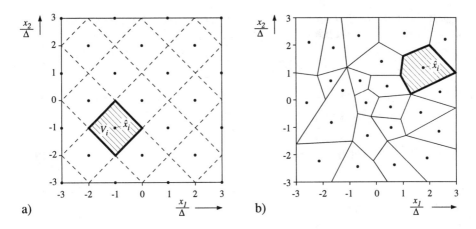

Bild 9.13: Vektorquantisierung mit $L = 25$ Codevektoren der Dimension $m = 2$
 a) gleichmäßige Auflösung (D_2-Lattice)
 b) ungleichmäßige Auflösung

Auswahl erfolgt auf der Grundlage eines Abstands- bzw. Fehlermaßes $d(\mathbf{x}, \hat{\mathbf{x}})$ derart, daß die Bedingung

$$d(\mathbf{x}, \hat{\mathbf{x}}_{i_{\mathrm{opt}}}) = \min_i d(\mathbf{x}, \hat{\mathbf{x}}_i) \tag{9.70}$$

erfüllt wird. Die Voronoi-Zellen werden hiermit implizit festgelegt.

Da das Codebuch dem Empfänger bekannt ist, wird nicht der quantisierte Vektor $\hat{\mathbf{x}}_{i_{\mathrm{opt}}}$, sondern lediglich die Adresse i_{opt} übertragen. Die prinzipielle Vorgehensweise wird mit Bild 9.14 veranschaulicht.

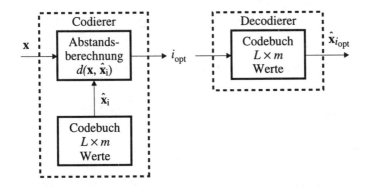

Bild 9.14: Zum Prinzip der Vektorquantisierung

Enthält das Codebuch $L = 2^w$ Vektoren $\hat{\mathbf{x}}_i$ der Dimension m, so kann die ausgewählte Adresse i_{opt} und damit indirekt der ausgewählte Vektor mit

$$w = \operatorname{ld}(L) \tag{9.71}$$

Bits codiert werden. Bezogen auf das einzelne Element x_λ des Vektors $\mathbf{x}$ ergibt sich eine effektive Wortlänge von

$$\overline{w} = \frac{\operatorname{ld}(L)}{m} \quad [\text{Bit pro Wert } x_\lambda]. \tag{9.72}$$

Bei einer für die Codierung von Prädiktionsfehlersignalen (s. Abschnitt 10.4.3) typischen Dimensionierung von $L = 2^{10} = 1024$ und $m = 40$ sind effektiv nur 1/4 Bit pro Wert x_λ zu übertragen.

Bezüglich der Wahl des Abstandsmaßes $d(\mathbf{x}, \hat{\mathbf{x}}_i)$ bestehen verschiedene Möglichkeiten. Es gilt generell, daß sich der vektorielle Fehler

$$\mathbf{e} = \hat{\mathbf{x}} - \mathbf{x} \tag{9.73}$$

bei der Quantisierung von Signalvektoren und Koeffizientenvektoren in unterschiedlicher Weise auf die subjektive Sprachqualität auswirkt, so daß es naheliegt, unterschiedliche Distanzmaße zu verwenden, die möglichst der psychoakustischen Wahrnehmung entsprechen sollten. Darüber hinaus sollten diese Distanzmaße möglichst einfach zu berechnen sein.

Zur Quantisierung von *Signal*vektoren wird häufig der mittlere quadratische Fehler

$$\begin{aligned} d(\mathbf{x}, \hat{\mathbf{x}}_i) &= \frac{1}{m}(\mathbf{x} - \hat{\mathbf{x}}_i)^T(\mathbf{x} - \hat{\mathbf{x}}_i) & &\text{(9.74-a)} \\ &= \frac{1}{m}\sum_{\mu=1}^{m}(x_\mu - \hat{x}_{i\mu})^2 & i = 1, 2, \ldots L & \text{(9.74-b)} \end{aligned}$$

minimiert. Dies entspricht der Auswahl des zu $\mathbf{x}$ nächsten Nachbarn $\hat{\mathbf{x}}_i$ im m-dimensionalen Vektorraum.

Alternativ wird der gewichtete minimale quadratische Fehler

$$d(\mathbf{x}, \hat{\mathbf{x}}_i) = \frac{1}{m}(\mathbf{x} - \hat{\mathbf{x}}_i)^T \mathbf{W} (\mathbf{x} - \hat{\mathbf{x}}_i) \tag{9.75}$$

verwendet, wobei $\mathbf{W}$ eine symmetrische, positiv definite Matrix der Dimension $m \times m$ darstellt. So können z.B. durch eine Diagonalmatrix $\mathbf{W}$ die Fehler der einzelnen Vektorkomponenten unterschiedlich bewertet werden.

Für die Quantisierung von Koeffizientensätzen linearer Prädiktoren werden meist andere Abstandsmaße benutzt, wie z.B. die Itakura-Saito-Distanz [Itakura, Saito-68], die wie folgt definiert ist:

$$d(\mathbf{x}, \hat{\mathbf{x}}_i) = \frac{(\mathbf{x} - \hat{\mathbf{x}}_i)^T \mathbf{R}^{(n+1)} (\mathbf{x} - \hat{\mathbf{x}}_i)}{\mathbf{x}^T \mathbf{R}^{(n+1)} \mathbf{x}}. \tag{9.76}$$

Dabei enthält der Vektor $\mathbf{x}$ der Dimension $m = n + 1$ die n nicht quantisierten Prädiktorkoeffizienten a_λ mit $\lambda = 1, 2, \ldots n$ und der Vektor $\hat{\mathbf{x}}_i$ die quantisierten Repräsentanten $\hat{a}_{i\lambda}$ entsprechend

$$\mathbf{x} = (1, -a_1, -a_2, \ldots - a_n)^T \tag{9.77-a}$$

$$\hat{\mathbf{x}}_i = (1, -\hat{a}_{i1}, -\hat{a}_{i2}, \ldots - \hat{a}_{in})^T, \tag{9.77-b}$$

und $\mathbf{R}^{(n+1)}$ bezeichnet die quadratische AKF-Matrix der Dimension $(n+1) \times (n+1)$ des Signalsegments, für das die optimalen Prädiktorkoeffizienten a_λ berechnet wurden.

9.6.2 Das Komplexitätsproblem

Die Vektorquantisierung ist u.U. sehr rechenintensiv, insbesondere dann, wenn der Eingangsvektor $\mathbf{x}$ mit sämtlichen L Codevektoren $\hat{\mathbf{x}}_i$ im Sinne eines Abstandsmaßes nach (9.70) verglichen werden muß; man spricht dann von einer *vollständigen Suche*.

Der erforderliche Rechenaufwand soll für das quadratische Distanzmaß abgeschätzt werden. Bei der Suche des zum Eingangsvektor $\mathbf{x}$ nächsten Nachbarn $\hat{\mathbf{x}}_i$ kann in (9.74-a) auf die Division durch m verzichtet werden. Pro Distanzberechnung sind dann m Differenzen, m Quadrate und $(m-1)$ Additionen zu berechnen. Dies ergibt $3m - 1$ Operationen pro Vektor $\hat{\mathbf{x}}_i$, d.h. insgesamt

$$\text{Op} = (3m - 1) L \tag{9.78-a}$$

$$= (3m - 1) 2^{m\overline{w}}. \tag{9.78-b}$$

Der Rechenaufwand steigt exponentiell mit der effektiven Wortlänge $\overline{w}$. Bei Echtzeitverarbeitung sind im Fall der vektoriellen Quantisierung einer Folge $x(k)$, mit Abtastrate $f_A = \frac{1}{T}$, diese Operationen in der Zeit

$$\tau = mT = \frac{m}{f_A} \tag{9.79}$$

auszuführen. Daraus ergibt sich die erforderliche Rechenleistung zu

$$\text{RL} = \frac{\text{Op}}{\tau} = \frac{3m - 1}{m} L f_A \tag{9.80-a}$$

$$\approx 3 L f_A. \tag{9.80-b}$$

Für die typische Dimensionierung mit $L = 1024$ und $f_A = 8$ kHz ergeben sich RL $\approx 24.6 \cdot 10^6$ Operationen pro Sekunde.

Unter Berücksichtigung der Rechenleistung der heute verfügbaren Signalprozessoren liegt dieser Wert bereits an der Obergrenze des für die Teilaufgabe der Vektorquantisierung bei Echtzeitverarbeitung zulässigen Wertes. Dies schränkt die Vektorquantisierung mit voller Suche auf etwa den Bereich

$$\overline{w}\, m = \mathrm{ld}\,(L) \leq 10 \qquad (9.81)$$

ein. Für z.B. $L = 1024$ und $m = 40$ (d.h. $\tau = 5$ ms bei $f_A = 8$ kHz) ergibt sich $\overline{w} = 0.25$ Bit pro Wert $x(k)$. Der mit derart niedrigen Raten erzielbare Signal-Störabstand hängt, wie weiter unten gezeigt wird, von den statistischen Eigenschaften der Folge $x(k)$ ab.

Zur Realisierung höherer Vektordimensionen ist eine Reduzierung des Rechenaufwands erforderlich. Hierzu wurden schnelle Suchalgorithmen, z.B. mit Baumstruktur, strukturierte Codebücher oder kaskadierte Vektorquantisierer vorgeschlagen (z.B. [Gray-84], [Makhoul, Roucos, et al.-85]), die jedoch aufgrund einschränkender Nebenbedingungen in der Regel suboptimale Ergebnisse liefern.

9.6.3 Lattice-Quantisierung

Unter dem Gesichtspunkt der Komplexität sind die sog. Lattice-Quantisierer von besonderem Interesse. Es handelt sich um Vektorquantisierer, deren Codevektoren durch regelmäßige Gitterpunkte im m-dimensionalen Raum gegeben sind. Das einfache Beispiel eines sog. D_2-Lattices wurde bereits in Bild 9.13-a dargestellt. Die Lage der Codevektoren läßt sich analytisch formulieren, so daß das Codebuch nicht abgespeichert werden muß. Außerdem lassen sich schnelle Algorithmen entwickeln, die eine vollständige Suche überflüssig machen. Exemplarisch soll hier das D_m-Lattice behandelt werden. Die Punkte dieses Lattice-Typs erfüllen die beiden Bedingungen (s. auch Bild 9.13-a), daß sämtliche Vektorkomponenten ganzzahlige Vielfache einer kleinsten Einheit Δ sind und daß außerdem die Komponentensumme gerade ist:

$$\hat{x}_\mu = i\Delta \qquad ; \quad i \in \mathbb{Z} \qquad (9.82\text{-a})$$

$$\sum_{\mu=1}^{m} \hat{x}_\mu = 2K\Delta \qquad ; \quad K \in \mathbb{Z}. \qquad (9.82\text{-b})$$

Aufgrund dieser Bedingungen kann die Vektorquantisierung auf einfache Rundungsoperationen zurückgeführt werden, die komponentenweise ausgeführt werden den.

Zunächst werden sämtliche Komponenten des Signalvektors **x** auf ganzzahlige Vielfache von Δ im mathematischen Sinne gerundet. Falls die resultierende Komponentensumme gerade ist, so ist der quantisierte Vektor $\hat{\mathbf{x}}$ bereits gefunden. Ist die Komponentensumme ungerade, so wird diejenige Komponente, die den größten Rundungsfehler aufweist, in die „falsche Richtung" gerundet. Damit ist dann die Bedingung der geraden Komponentensumme erfüllt.

Dem Vorteil der einfachen Realisierung steht allerdings der Nachteil gegenüber, daß Lattice-Quantisierer nur für gleichverteilte Vektoren **x** optimal sind.

Eine ausführliche Darstellung ist in [Conway, Sloane-88] zu finden.

9.6.4 Entwurf von optimalen Vektor-Codebüchern

Die vektorielle Optimalquantisierung ist die m-dimensionale Verallgemeinerung des in Abschnitt 9.4 behandelten Lloyd-Max-Quantisierers.

An die Stelle der skalaren Folge $x(k)$ tritt die Vektorfolge $\mathbf{x}(k)$, die durch die m-dimensionale Verbundverteilungsdichte $p_\mathbf{x}(\mathbf{u}) = p_\mathbf{x}(u_1, u_2, \ldots u_m)$ beschrieben wird. In Analogie zu (9.59) sind die L Codevektoren $\hat{\mathbf{x}}_i$ so zu wählen, daß der Erwartungswert des Fehlers

$$E\{d(\mathbf{x}, \hat{\mathbf{x}}_i)\} = \sum_{i=1}^{L} \int_{V_i} d(\mathbf{u}, \hat{\mathbf{x}}_i)\, p_\mathbf{x}(\mathbf{u})\, d\mathbf{u} \qquad (9.83)$$

minimal wird, wobei in Verallgemeinerung von (9.59) die Integration über die i-te m-dimensionale Voronoi-Zelle erfolgt.

Die partielle Ableitung nach dem Repräsentanten $\hat{\mathbf{x}}_k$ lieferte analog zu Abschnitt 9.4 eine notwendige Bedingung. Bei Wahl des quadratischen Abstandsmaßes nach (9.74-a) folgt, daß die optimalen Repräsentanten $\hat{\mathbf{x}}_k$ den Schwerpunkten der Voronoi-Zellen entsprechen.

Ein formelmäßiger Zusammenhang zwischen den L Codevektoren $\hat{\mathbf{x}}_i$ und der m-dimensionalen Verteilungsdichte läßt sich i.a. nicht geschlossen auswerten.

Zum Entwurf wird vorwiegend der sog. Linde-Buzo-Gray-Algorithmus (LBG) [Linde, Buzo, et al.-80] angewendet, der von einem zufälligen Start-Codebuch ausgeht und dieses mit Hilfe von *Trainingsvektoren* **x** iterativ verbessert, bis die Veränderung des Gesamtfehlers eine gewisse Schranke unterschreitet. Der Algorithmus besteht aus folgenden Schritten:

Schritt 0:   Wahl eines Start-Codebuchs, bestehend aus L Zufallsvektoren $\hat{\mathbf{x}}_i$ der Dimension m

Schritt 1: a) Quantisierung einer Trainingssequenz $\mathbf{x}(k)$, $k = 1, 2, \ldots K$ mit $K \gg L$ und Berechnung des mittleren Abstandes

$$D = \frac{1}{K} \sum_{k=1}^{K} d(\mathbf{x}(k), \hat{\mathbf{x}}_{i_{\text{opt}}}) \qquad (9.84)$$

b) Abbruch der Iteration, falls die Veränderung von D gegenüber vorhergehender Iteration genügend klein

Schritt 2: a) Ersetzen der alten Codevektoren $\hat{\mathbf{x}}_i$ durch jeweils die „Schwerpunkte" derjenigen Trainingsvektoren $\mathbf{x}(k)$, die den alten Vektoren $\hat{\mathbf{x}}_i$ zugeordnet wurden (in Verallgemeinerung von (9.60-d))

b) Wiederholung von Schritt 1

Zwei Beispiele zur Codebuch-Optimierung mit dem LBG-Algorithmus werden in Bild 9.15 dargestellt. Für eine Vektorlänge von $m = 2$ wurden Codebücher mit jeweils $L = 256$ Vektoren bzw. Voronoi-Zellen entworfen. Im ersten Fall (Bild 9.15-a) lag eine unkorrelierte Folge $x(k)$ mit Gaußverteilung vor, im zweiten Fall handelte es sich um eine Gauß-Markoff-Quelle erster Ordnung, d.h. um einen AR-Prozeß (s.a. Abschnitt 7.1) mit einem rekursiven Filter ersten Grades. Der Rückführungskoeffizient war $a = 0.9$. Die Codebücher wurden mit jeweils 100 000 Vektoren trainiert, wobei als Abbruchkriterium ein Wert von 10^{-6} für die Änderung von D von einer zur nächsten Iteration gemäß Schritt 1 b) gewählt wurde.

Es ist deutlich zu erkennen, daß im Fall a) die Zellgrößen der Verteilungsdichte

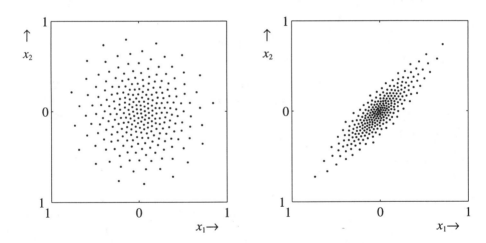

Bild 9.15: Beispiele zum Codebuch-Entwurf mit dem LBG-Algorithmus
($m = 2$, $L = 256$ bzw. $\overline{w} = 4$)
a) Gauß-Quelle
b) Gauß-Markoff-Quelle erster Ordnung ($a = 0.9$)

angepaßt sind, und daß im Fall b) die Korrelation durch eine höhere Zelldichte in der Umgebung der Diagonalen der (x_1, x_2)-Ebene genutzt wird. Dies kommt auch im Signal-Störabstand zum Ausdruck, der sich bei der Gauß-Quelle zu 20.87 dB und bei der korrelierten Gauß-Markoff-Quelle zu 24.05 dB ergibt.

Der Vektorquantisierer ist offensichtlich in der Lage, die Korrelation zur Verbesserung des SNR zu nutzen. In diesem Fall betrug die Coderate

$$\overline{w} = \frac{\mathrm{ld}\,(L)}{m} = 4 \text{ Bit pro Wert } x(k) \,. \tag{9.85}$$

Im Abschnitt 9.6.2 wurde im Zusammenhang mit dem Komplexitätsproblem auf die aus praktischen Gründen notwendige Beschränkung

$$m\,\overline{w} \leq 10 \tag{9.86}$$

hingewiesen. Für den Grenzfall $m\,\overline{w} = 10$ zeigt Tabelle 9.5 die mit LBG-Codebüchern erzielten Signal-Störabstände, wobei die effektive Wortlänge im Bereich

$$0.25 \leq \overline{w} \leq 5 \tag{9.87}$$

variiert wurde. Es werden wieder die unkorrelierte Gauß-Quelle und die korrelierte Gauß-Markoff-Quelle erster Ordnung $(a = 0.9)$ gegenübergestellt.

Tabelle 9.5: Signal-Störabstände bei Vektorquantisierung mit LBG-Codebüchern, unkorrelierte und korrelierte Gauß-Quelle erster Ordnung $(a = 0.9)$, 100 000 Trainingsvektoren, $w = m \cdot \overline{w} = 10$

Vektor-Dimension m	2	5	10	20	40
Effektive Wortlänge $\overline{w}$	5	2	1	0.5	0.25
Gaußquelle	25.93 dB	10.18 dB	4.94 dB	2.41 dB	1.17 dB
Gauß-Markoff-Quelle	29.56 dB	15.99 dB	11.54 dB	8.68 dB	6.34 dB

Es ist erkennbar, daß der Vektorquantisierer die Korrelation zur Verbesserung des SNR nutzt. Insgesamt werden aber bei der gegebenen Dimensionierung relativ niedrige SNR-Werte erzielt.

Vektorquantisierer werden deshalb i.a. nicht zur unmittelbaren Signalquantisierung eingesetzt. Sie werden vielmehr innerhalb modellgestützter Codec-Algorithmen eingesetzt, um Prädiktionsfehlersignale (s. Abschnitt 10.4.1), normierte Kurzzeitspektren oder Parametersätze zu quantisieren.

9.6.5 Gain-Shape-Vektorquantisierung

In der bisher behandelten Form der Vektorquantisierung wurde davon ausgegangen, daß das Codebuch die notwendigen repräsentativen Signalformen (bzw. Parametersätze) enthält. Bei der Signalquantisierung ist damit zu rechnen, daß gleiche Signalformen mit unterschiedlicher Amplitude auftreten können, wenn z.B. die Lautstärke des Sprachsignals verändert wird. Demzufolge wären im Codebuch Vektoren $\hat{\mathbf{x}}_i$ mit gleicher Form (engl. *Shape*) und unterschiedlicher Verstärkung (engl. *Gain*) abzulegen. Dies würde u.U. zu einer erheblichen Erhöhung des Codebuch-Umfangs und damit der Komplexität führen.

Eine Lösungsmöglichkeit besteht darin, jeden Eingangsvektor mit Hilfe eines aus **x** abgeleiteten Skalierungsfaktors zu normieren (z.B. auf die betragsmäßig größte Vektorkomponente x_μ). Pro Eingangsvektor ist zusätzlich ein Skalierungsfaktor zu übertragen.

Bessere Ergebnisse lassen sich erzielen, wenn jeder Codebuchvektor $\hat{\mathbf{x}}_i$ mit einem individuell optimierten, aus **x** und $\hat{\mathbf{x}}_i$ abgeleiteten *Verstärkungsfaktor* g_i an den jeweiligen Eingangsvektor **x** angepaßt wird. In der englischsprachigen Literatur wird diese Methode als *Gain-Shape*-Vektorquantisierung bezeichnet.

Bei Verwendung des quadratischen Abstandsmaßes läßt sich der Faktor g_i für jeden beliebigen, aber festen Vektor $\hat{\mathbf{x}}_i$ wie folgt berechnen:

Aus der Forderung

$$N_i = \|\mathbf{x} - g_i\,\hat{\mathbf{x}}_i\|^2 = \sum_{\mu=1}^{m}(x_\mu - g_i\,\hat{x}_{i\mu})^2 \stackrel{!}{=} \min, \qquad i = 1, 2, ... L \qquad (9.88\text{-a})$$

folgt nach partieller Ableitung

$$\frac{\partial N_i}{\partial g_i} = -2\sum_{\mu=1}^{m}(x_\mu - g_i\,\hat{x}_{i\mu})\,\hat{x}_{i\mu} \stackrel{!}{=} 0 \qquad (9.88\text{-b})$$

die Lösung

$$g_i = \frac{\sum_{\mu=1}^{m} x_\mu\,\hat{x}_{i\mu}}{\sum_{\mu=1}^{m} \hat{x}_{i\mu}^2}. \qquad (9.88\text{-c})$$

Der Verstärkungsfaktor ist in quantisierter Form zu übertragen.

Diese Form der Vektorquantisierung wird bei den noch zu diskutierenden Codec-Standards (s. Kap. 10 sowie Anhang) vorzugsweise eingesetzt.

Kapitel 10

Codierung im Zeitbereich

10.1 Modellgestützte prädiktive Codierung

Zur Sprachcodierung mit mittleren und niedrigen Bitraten, d.h. mit effektiven Wortlängen von

$$\overline{w} = \frac{B}{f_A} \leq 2 \text{ bit pro Abtastwert},$$

haben sich die modellgestützten Zeitbereichsverfahren durchgesetzt [Atal-82]. Die internationalen Codec-Standards für Telekommunikationsanwendungen basieren nahezu ausschließlich auf dem in Abschnitt 2.2 abgeleiteten stark vereinfachenden Modell der Spracherzeugung. Dabei werden z.T. auch Eigenschaften des Gehörs ausgenutzt, insbesondere die spektrale Maskierung von Quantisierungsfehlern (s. Abschnitt 2.3).

Eine erste Klassifikation der Algorithmen wurde bereits in Abschnitt 9.1 mit der Einteilung in die drei Klassen *Signalform-Codierung*, *Vocoder* und *Hybrid-Codierung* gegeben. Die gemeinsame Grundlage bilden die Prädiktion und das Modell der Spracherzeugung.

Diese Vorstellung wird mit Bild 10.1 veranschaulicht.

Dem Sender stehen Abtastwerte $x(k)$ des Sprachsignals zur Verfügung, das als autoregressiver Prozeß (AR-Prozeß) modelliert wird. Es wird angenommen, daß diese Abtastwerte durch rein rekursive zeitvariable Filterung (Sprechtraktfilter) aus einer Anregungsfolge $d_0(k)$ erzeugt wurden.

Im Kapitel 7 wurde bereits gezeigt, daß eine lineare und im Sinne des minimalen mittleren quadratischen Prädiktionsfehlers optimale Kurzzeitprädiktion unter

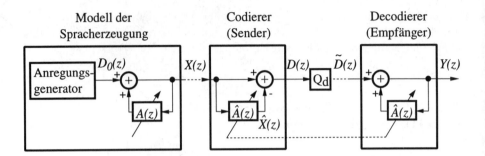

Bild 10.1: Zum Grundprinzip der modellgestützten prädiktiven Codierung

gewissen Voraussetzungen implizit eine Systemidentifikation des Sprechtraktfilters zur Folge hat. In diesem Sinne gilt nach Bild 10.1 für die z-Transformierte $D(z)$ des Prädiktionsfehlersignals $d(k)$

$$D(z) = \frac{1 - \hat{A}(z)}{1 - A(z)} D_0(z) \,. \tag{10.1}$$

Bei perfekter Systemidentifikation, d.h. für $\hat{A}(z) = A(z)$, stimmt folglich das Prädiktionsfehlersignal $d(k)$ mit dem Anregungssignal $d_0(k)$ des Modellfilters überein. Das sendeseitige Analysefilter mit der Übertragungsfunktion

$$H(z) = 1 - \hat{A}(z) \tag{10.2}$$

ist das zum Sprechtrakt inverse Filter.

Das Restsignal $d(k)$ wird in quantisierter Form zum Empfänger übertragen und dem sog. Synthesefilter zugeführt, das die Übertragungsfunktion

$$G(z) = \frac{1}{1 - \hat{A}(z)} \tag{10.3}$$

besitzt. Dieses Filter entspricht dem Sprechtraktfilter des Modells, so daß die empfangsseitige Verarbeitung (Decodierung) als Resynthese des Sprachsignals auf der Grundlage des Modells verstanden werden kann.

Es ist allerdings davon auszugehen, daß

1. das verwendete Modell der Spracherzeugung nur näherungsweise zutrifft
2. die Filterparameter nicht exakt geschätzt werden ($\hat{A}(z) \approx A(z)$).

Dennoch kann mit diesem Ansatz die Datenrate sehr effizient reduziert werden. Zunächst ist festzustellen, daß auch bei ungenauer Schätzung der Filterparameter die Frequenzgänge von Sende- und Empfangsfilter zueinander invers sind:

$$H(z) \cdot G(z) = 1 \ . \tag{10.4}$$

Wird das Differenzsignal nicht quantisiert, so gilt auch in diesem Fall, daß das rekonstruierte Ausgangssignal exakt mit dem Eingangssignal übereinstimmt:

$$y(k) = x(k) \ . \tag{10.5}$$

Der Schlüssel zur eigentlichen Datenreduktion liegt im wesentlichen darin, daß das Restsignal, das je nach Ausführung des Analyse-Filters mehr oder weniger gut mit dem „wahren" Anregungssignal $d_0(k)$ übereinstimmt, relativ grob quantisiert werden kann. Dabei spielt der Prädiktionsgewinn bzw. der sog. „Weißmacher-Effekt" des Analyse-Filters eine wesentliche Rolle (s.a. Abschnitt 10.2.2).

Es wird sich zeigen, daß diese Vorstellung sämtliche prädiktiven Zeitbereichsverfahren zur Sprachcodierung abdeckt. Es bestehen allerdings zwischen den eingangs angesprochenen drei Codec-Klassen erhebliche Unterschiede hinsichtlich der Quantisierung des Restsignals (skalar, vektoriell, Fehlerkriterium) und der Form der Prädiktion (sequentielle Adaption, Blockadaption, mit oder ohne Langzeitprädiktion).

10.2 Differentielle Signalform-Codierung

10.2.1 Grundstrukturen

Die *adaptive Differenz-Puls-Code-Modulation* (ADPCM) ist nach der in Abschnitt 9.1 (Bild 9.1) gegebenen Klassifikation der Signalform-Codierung zuzurechnen.

Die einfachste Variante wird in der Form eines DPCM-Systems mit einem Prädiktor erster Ordnung in Bild 10.2 dargestellt. Der aktuelle Abtastwert $x(k)$ wird durch Gewichtung des vorangegangenen Abtastwertes vorhergesagt

$$\hat{x}(k) = a \cdot x(k-1) \ . \tag{10.6}$$

Das eigentliche Ziel der Prädiktion ist eine Reduktion der Bitrate. Das Signal $x_a(t)$ werde mit der Abtastfrequenz f_A und einer genügend großen Wortlänge $w \geq 12$ digitalisiert, so daß die Ausgangs-Bitrate zu $B = w \cdot f_A$ anzusetzen ist. Durch die Prädiktion soll ein Restsignal $d(k)$ mit reduzierter Dynamik erzeugt werden, um es anschließend durch nachträgliche Quantisierung mit kürzerer Wortlänge $w' < w$ bzw. entsprechend reduzierter Bitrate $B' = w' \cdot f_A$ darstellen zu können.

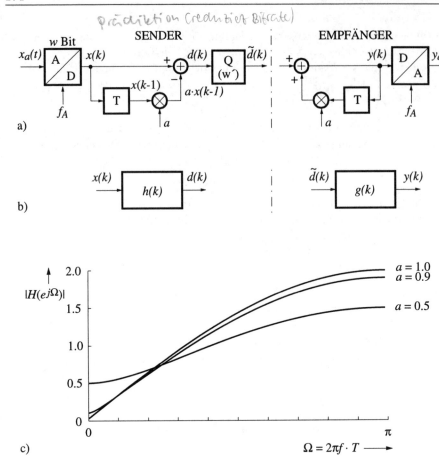

Bild 10.2: Differentielle Puls-Code Modulation erster Ordnung
  a) Blockschaltbild
  b) Ersatzfilter
  c) Betragsfrequenzgang des Sendefilters ($f_A = 1/T$)

Der im allgemeinen zeitvariable Prädiktorkoeffizient a kann, wie in Kapitel 7 beschrieben, blockadaptiv (Abschnitt 7.3.1) oder sequentiell, z.B. mit dem LMS-Algorithmus (Abschnitt 7.3.2) eingestellt werden. Hier wird zunächst die blockadaptive Lösung betrachtet, die in der Literatur auch allgemein als *Adaptive Prädiktive Codierung* (APC) bezeichnet wird. Unter dieser Voraussetzung gilt für den im Sinne des minimalen mittleren quadratischen Prädiktionsfehlers optimalen Koeffizienten nach (7.26)

$$a_{\text{opt}} = \frac{\varphi_{xx}(1)}{\varphi_{xx}(0)} \ . \tag{10.7}$$

10.2 Differentielle Signalform-Codierung

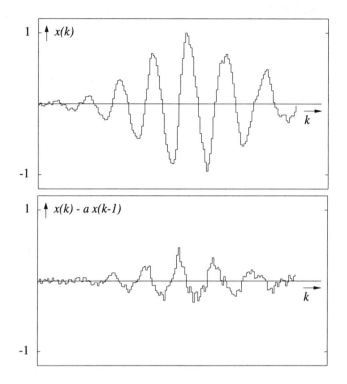

Bild 10.3: Zum Prinzip der blockadaptiven DPCM
($N = 160$, $f_A = 8$ kHz, $a = 0.9545$)

Die enthaltenen AKF-Werte sind dabei im Betrieb durch Kurzzeitmeßwerte nach (7.34) oder (7.41) zu ersetzen. Die Wirkung dieses Prädiktors zeigt Bild 10.3 am Beispiel eines stimmhaften Signalabschnitts der Blocklänge $N = 160$ ($N \cdot T = 20$ ms). Im Vergleich zum Eingangssignal $x(k)$ wird der Dynamikbereich des Restsignals $d(k)$ deutlich reduziert. Inwieweit der entsprechende Prädiktionsgewinn (s. auch Abschnitt 7.2)

$$G_p = \frac{\varphi_{xx}(0)}{\varphi_{dd}(0)} = \frac{\varphi_{xx}^2(0)}{\varphi_{xx}^2(0) - \varphi_{xx}^2(1)} \geq 1 \qquad G_p = \frac{\sigma_x^2}{\sigma_d^2} \tag{10.8}$$

zur Wortlängenverkürzung auf $w' < w$ genutzt werden kann, wird in Abschnitt 10.2.2 gezeigt.

Zunächst soll das Systemverhalten ohne Berücksichtigung der Wortlängenverkürzung im Frequenzbereich analysiert werden.

Für einen konstanten Koeffizienten a (konstant für die Dauer des Signalblocks) können Impulsantworten sowie Übertragungsfunktionen für den Sender und den Empfänger, wie in Bild 10.2-b angedeutet, angegeben werden.

Es gilt

$$h(k) = \begin{cases} 1 & ; \quad k = 0 \\ -a & ; \quad k = 1 \\ 0 & ; \quad \text{sonst} \end{cases} \qquad (10.9\text{-a})$$

$$g(k) = \begin{cases} a^k & ; \quad k \geq 0 \\ 0 & ; \quad k < 0 \end{cases} \qquad (10.9\text{-b})$$

Durch z-Transformation dieser Impulsantworten erhält man die Frequenzgänge zu

$$H(e^{j\Omega}) = 1 - a \cdot e^{-j\Omega} \qquad (10.10\text{-a})$$

bzw.

$$|H(e^{j\Omega})| = \sqrt{1 + a^2 - 2\,a\,\cos\Omega} \qquad (10.10\text{-b})$$

sowie

$$G(e^{j\Omega}) = \sum_{k=0}^{\infty} a^k \cdot e^{-jk\Omega} \qquad (10.11\text{-a})$$

$$= \frac{1}{1 - a \cdot e^{-j\Omega}} = \frac{1}{H(e^{j\Omega})} \quad . \qquad (10.11\text{-b})$$

Da das Empfangsfilter invers zum Sendefilter ist, stimmen auch das rekonstruierte Ausgangssignal $y(k)$ und Eingangssignal $x(k)$ überein, sofern $d(k)$ nicht zusätzlich quantisiert wird (d.h. $\tilde{d}(k) = d(k)$).

Von speziellem Interesse ist der Betragsfrequenzgang des Sendefilters für den Koeffizientenwert $a = 1$:

$$|H(e^{j\Omega})| = \sqrt{2 \cdot (1 - \cos\Omega)} \qquad (10.12\text{-a})$$

$$= 2 \cdot \left|\sin\left(\frac{\Omega}{2}\right)\right| \quad . \qquad (10.12\text{-b})$$

Der in Bild 10.2-c für $a = 1$ skizzierte Frequenzgang besitzt im Bereich niedriger Frequenzen einen näherungsweise linearen Verlauf, so daß der Frequenzgang des Sendefilters auch als eine Approximation an den Frequenzgang des idealen Differenzierers zu interpretieren ist. Bild 10.2-c zeigt zusätzlich die Verläufe für zwei weitere Werte des Koeffizienten a. Das Minimum des Betragsfrequenzgangs beträgt $\min\{|H|\} = 1 - |a|$, das Maximum $\max\{|H|\} = 1 + |a|$.

Der logarithmische Prädiktionsgewinn ergibt sich im Beispiel nach Bild 10.3 zu

$$10\lg(G_p) = -10\lg(1 - a_{\text{opt}}^2) \approx 10.5 \text{ dB}.$$

10.2 Differentielle Signalform-Codierung

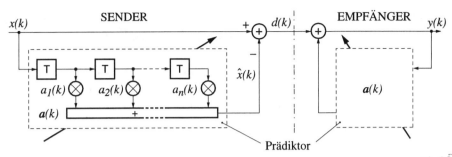

Bild 10.4: DPCM-System mit adaptivem Vorwärtsprädiktor n-ter Ordnung (*open-loop prediction*)

Er läßt sich steigern, indem der Grad des Prädiktors, wie in Bild 10.4 dargestellt, erhöht wird.

Unter der noch zu klärenden Annahme, daß die durch Quantisierung des Restsignals $d(k)$ zu erzielende Bitratenreduktion mit wachsendem Prädiktionsgewinn zunimmt, kann mit diesem System eine gegenüber der PCM-Darstellung reduzierte Bitrate erzielt werden: Entsprechend der 6 dB-pro-Bit-Regel kann man in dem Beispiel nach Bild 10.3 ca. 1.5 Bit pro Abtastwert einsparen. Es ist allerdings zu berücksichtigen, daß dem Empfänger die zeitvariablen Koeffizienten des Senders bekannt sein müssen. Die Übertragung der Prädiktionskoeffizienten als sog. *Nebeninformation* würde dabei einen nicht unerheblichen Anteil der durch Quantisierung von $d(k)$ eingesparten Bitrate beanspruchen.

Dieser Nachteil läßt sich vermeiden, wenn auf die Übertragung der Prädiktorkoeffizienten verzichtet wird und diese auf der Grundlage von Informationen berechnet werden, die sowohl im Sender als auch im Empfänger vorliegen. Dies gelingt mit der modifizierten Prädiktoranordnung nach Bild 10.5 (s. Abschnitt 10.2.3), sofern das Restsignal $d(k)$ hinreichend fein quantisiert wird. Die Veränderung gegenüber Bild 10.4 besteht darin, daß das Schätzsignal $\hat{x}(k)$ sendeseitig in der gleichen Weise wie im Empfänger gebildet wird. Diese Form wird als *Rückwärtsprädiktion* oder im Englischen auch als *closed-loop prediction* bezeichnet, da der Quantisierer sich jetzt

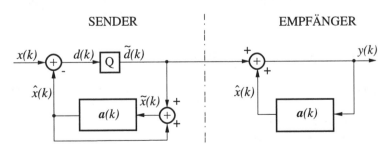

Bild 10.5: DPCM-System mit Rückwärtsprädiktion (*closed-loop prediction*)

innerhalb der Prädiktionsschleife befindet. Die Struktur der Abbildung 10.4 wird dementsprechend durch die Begriffe *Vorwärtsprädiktion* bzw. *open-loop prediction* charakterisiert.

Wird das Restsignal $d(k)$ nicht quantisiert, dann stimmen die sendeseitigen Schätzsignale des Vorwärts- und Rückwärtsprädiktors überein, wie folgende Überlegung zeigt. Es gilt in diesem Fall mit den Bezeichnungen aus Bild 10.5

$$\tilde{d}(k) = d(k) = x(k) - \hat{x}(k) \qquad (10.13\text{-a})$$

sowie

$$\tilde{x}(k) = \tilde{d}(k) + \hat{x}(k) = x(k) \ . \qquad (10.13\text{-b})$$

Damit folgt schließlich für die Rückwärtsprädiktion mit

$$\hat{x}(k) = \sum_{i=1}^{n} a_i(k) \cdot \tilde{x}(k-i) = \sum_{i=1}^{n} a_i(k) \cdot x(k-i) \qquad (10.13\text{-c})$$

und für die Vorwärtsprädiktion nach Bild 10.4 mit

$$\hat{x}(k) = \sum_{i=1}^{n} a_i(k) \cdot x(k-i) \ , \qquad (10.13\text{-d})$$

daß sendeseitig in beiden Fällen das gleiche Schätzsignal $\hat{x}(k)$ vorliegt.

Wird dagegen das Restsignal quantisiert, so werden sich die sendeseitigen Schätzsignale $\hat{x}(k)$ der Anordnungen nach Bild 10.4 und Bild 10.5 voneinander unterscheiden. Dadurch wirken sich schließlich die Quantisierungsfehler in unterschiedlicher Weise auf die jeweiligen Ausgangssignale $y(k)$ aus (s. Abschnitt 10.2.2).

10.2.2 Quantisierung des Restsignals

In diesem Abschnitt soll zunächst gezeigt werden, wie sich die Quantisierung des Restsignals bei Vorwärtsprädiktion und Rückwärtsprädiktion auf das Ausgangssignal $y(k)$ auswirkt bzw. in welcher Weise der Prädiktionsgewinn zu nutzen ist.

a) Quantisierung bei Vorwärtsprädiktion

Die Quantisierung des Restsignals $d(k)$ werde durch Addition des Quantisierungsfehlers $\Delta(k)$ beschrieben. Es wird eine gleichmäßige Quantisierung mit Rundung angenommen, so daß der Quantisierungsfehler nach Abschnitt 9.2 als gleichverteiltes Rauschen mit dem Wertebereich

$$-\frac{\Delta d}{2} < \Delta(k) \leq +\frac{\Delta d}{2} \ , \qquad (10.14\text{-a})$$

der Leistung

$$\sigma_\Delta^2 = \frac{(\Delta d)^2}{12} \tag{10.14-b}$$

und dem konstanten Rauschleistungsdichtespektrum

$$\Phi_{\Delta\Delta}(e^{j\Omega}) = \frac{(\Delta d)^2}{12} \tag{10.14-c}$$

beschrieben werden kann. Dabei bezeichnet Δd die Stufenhöhe des Quantisierers.

Nach Bild 10.6-a setzt sich das quantisierte Restsignal $\tilde{d}(k)$ aus den beiden Komponenten $d(k)$ und $\Delta(k)$ zusammen. Aufgrund der Linearität des Empfangsfilters besteht das Ausgangssignal $y(k)$ daher aus der Summe der gefilterten Versionen dieser beiden Komponenten. Da das Sende- und das Empfangsfilter zueinander invers sind, entstehen dabei das Originalsignal $x(k)$ und eine gefilterte Version $r(k)$ des spektral weißen Rauschens $\Delta(k)$ gemäß

$$y(k) = x(k) + r(k) . \tag{10.15}$$

Der wirksame Quantisierungsfehler ist somit eine spektral geformte Version des weißen Quantisierungsrauschens. Die Optimierung des Sendefilters bewirkt, wie in Abschnitt 7.1 gezeigt wurde, implizit eine Systemidentifikation des Sprechtraktes. Bei adaptiver Einstellung des Prädiktors approximiert daher der Frequenzgang des Empfangsfilters den momentanen Frequenzgang des Sprechtraktfilters. Deshalb

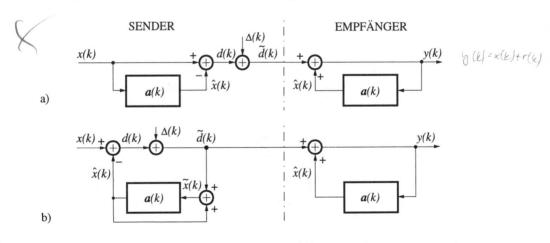

Bild 10.6: DPCM mit Quantisierung des Restsignals
    a) Vorwärtsprädiktion (*open-loop prediction*)
    b) Rückwärtsprädiktion (*closed-loop prediction*)

wird das Spektrum des wirksamen Quantisierungsfehlers an die spektrale Einhüllende des Sprachsignals angepaßt. Dies ist auditiv vorteilhaft, da der Quantisierungsfehler aufgrund des psychoakustischen Maskierungseffektes bei hinreichend feiner Quantisierung zum großen Teil verdeckt wird.

Von besonderem Interesse ist in diesem Zusammenhang die Bedeutung des Prädiktionsgewinns für den erzielbaren Signal-Störabstand. Zur Klärung dieser Frage soll das System im Frequenzbereich betrachtet werden. Es wird vorausgesetzt, daß die Prädiktion in der Weise ideal sei, daß ein spektral flaches Restsignal mit konstanter spektraler Leistungsdichte

$$\Phi_{dd}(e^{j\Omega}) = \text{konst} = \varphi_{dd}(0) \tag{10.16}$$

entsteht. Diese Annahme trifft, wie in Abschnitt 7.1 gezeigt wurde, für das zugrundeliegende Modell der Spracherzeugung für stimmlose Abschnitte zu. Bei Betrachtung der spektralen Einhüllenden und insbesondere bei Einsatz eines Langzeitprädiktors (s. Abschnitt 7.4, Bild 7.13) kann diese Annahme auch auf stimmhafte Abschnitte übertragen werden.

Weiterhin ist der Zusammenhang zwischen der spektralen Leistungsdichte des Restsignals und der spektralen Leistungsdichte des Eingangssignals gegeben durch

$$\Phi_{dd}(e^{j\Omega}) = \Phi_{xx}(e^{j\Omega}) \cdot |1 - A(e^{j\Omega})|^2, \tag{10.17-a}$$

und es folgt mit (10.16)

$$\frac{\varphi_{dd}(0)}{|1 - A(e^{j\Omega})|^2} = \Phi_{xx}(e^{j\Omega}) . \tag{10.17-b}$$

Die Integration bzw. Mittelung über das Frequenzintervall $-\pi \leq \Omega \leq +\pi$ ergibt mit

$$\varphi_{dd}(0) \frac{1}{2\pi} \int_{-\pi}^{\pi} \frac{1}{|1 - A(e^{j\Omega})|^2} \, d\Omega = \frac{1}{2\pi} \int_{-\pi}^{\pi} \Phi_{xx}(e^{j\Omega}) \, d\Omega = \varphi_{xx}(0) \tag{10.17-c}$$

die Leistung $\varphi_{xx}(0)$ des Signals $x(k)$. Nach Division durch $\varphi_{dd}(0)$ erhält man schließlich mit (7.28) den Prädiktionsgewinn:

$$\frac{\varphi_{xx}(0)}{\varphi_{dd}(0)} = \frac{1}{2\pi} \int_{-\pi}^{\pi} \frac{1}{|1 - A(e^{j\Omega})|^2} \, d\Omega = G_p . \tag{10.18}$$

Weiterhin stimmt der Ausdruck unter dem Integral mit dem Betragsquadrat des Frequenzgangs des Empfangsfilters überein:

$$|G(e^{j\Omega})|^2 = \frac{1}{|1 - A(e^{j\Omega})|^2} . \tag{10.19}$$

10.2 DIFFERENTIELLE SIGNALFORM-CODIERUNG

Mit diesen Zusammenhängen läßt sich jetzt der am Empfängerausgang erzielbare Signal-Störabstand bestimmen.

Das durch gleichmäßige Quantisierung des Differenzsignals $d(k)$ erzielte Signal-Störverhältnis werde mit

$$\left(\frac{S}{N}\right)_0 = \frac{\varphi_{dd}(0)}{\frac{(\Delta d)^2}{12}} \qquad (10.20)$$

bezeichnet.

Die Störleistung $\varphi_{rr}(0)$ am Ausgang des Empfangsfilters ergibt sich durch Integration über die entsprechende Rauschleistungsdichte unter Berücksichtigung von (10.14-c), (10.18) und (10.19) zu

$$\varphi_{rr}(0) = \frac{1}{2\pi}\int_{-\pi}^{\pi} \Phi_{\Delta\Delta}(e^{j\Omega}) \cdot |G(e^{j\Omega})|^2 \, d\Omega = \frac{(\Delta d)^2}{12} \cdot G_p \,. \qquad (10.21)$$

Damit folgt für den Signal-Störabstand $\left(\frac{S}{N}\right)_y$ des Ausgangssignals mit (10.18) und (10.20)

$$\left(\frac{S}{N}\right)_y = \frac{\varphi_{xx}(0)}{\varphi_{rr}(0)} \qquad (10.22\text{-a})$$

$$= \frac{\varphi_{xx}(0)}{\frac{(\Delta d)^2}{12} \cdot G_p} = \frac{G_p \cdot \varphi_{dd}(0)}{\frac{(\Delta d)^2}{12} \cdot G_p} \qquad (10.22\text{-b})$$

$$= \frac{\varphi_{dd}(0)}{\frac{(\Delta d)^2}{12}} = \left(\frac{S}{N}\right)_0 . \qquad (10.22\text{-c})$$

Der Störabstand wird durch die empfangsseitige Filterung nicht verändert. Das bedeutet, daß der Prädiktionsgewinn *nicht* zur Verbesserung des *objektiven* Störabstandes genutzt werden kann.

Subjektiv wird jedoch durch die spektrale Formung des Fehlers aufgrund des Maskierungseffektes des Ohres eine in der Regel deutliche Verbesserung erzielt.

b) Quantisierung bei Rückwärtsprädiktion

Die Analyse der Anordnung nach Bild 10.6-b erfolgt im Zeitbereich. Zunächst ist festzustellen, daß bei störungsfreier Übertragung das Ausgangssignal $y(k)$ des Empfängers auch im Sender vorliegt. Aufgrund der gleichartigen Strukturen gilt

$$\tilde{x}(k) = y(k) \,. \qquad (10.23)$$

Deshalb genügt es, den Signal-Störabstand für das Prädiktoreingangssignal $\tilde{x}(k)$ zu bestimmen.

Es folgt mit

$$d(k) = x(k) - \hat{x}(k) \tag{10.24}$$

und

$$\begin{aligned}\tilde{x}(k) &= \tilde{d}(k) + \hat{x}(k) & (10.25\text{-a})\\ &= d(k) + \Delta(k) + \hat{x}(k) & (10.25\text{-b})\\ &= x(k) + \Delta(k) & (10.25\text{-c})\end{aligned}$$

bzw. wegen (10.23)

$$y(k) = x(k) + \Delta(k) \ . \tag{10.26}$$

Im Gegensatz zur Vorwärtsprädiktion macht sich das Quantisierungsrauschen am Ausgang des Empfangsfilters als spektral weiße Störung bemerkbar.

Im Hinblick auf die auditive Wirkung ist dieser Umstand zunächst negativ zu bewerten. Allerdings kann, wie die folgende Überlegung zeigt, in diesem Fall der Prädiktionsgewinn genutzt werden, um den Signal-Störabstand zu verbessern. Es gilt

$$\begin{aligned}\left(\frac{S}{N}\right)_y &= \frac{\varphi_{xx}(0)}{\varphi_{\Delta\Delta}(0)} & (10.27\text{-a})\\ &= \frac{\varphi_{xx}(0)}{\varphi_{dd}(0)} \cdot \frac{\varphi_{dd}(0)}{\varphi_{\Delta\Delta}(0)} & (10.27\text{-b})\\ &= G_p \cdot \left(\frac{S}{N}\right)_0 \ . & (10.27\text{-c})\end{aligned}$$

Der Signal-Störabstand des Ausgangssignals wächst entsprechend dem Prädiktionsgewinn G_p (s. (10.18)) gegenüber dem Signal-Störabstand des Restsignals:

$$\text{SNR}_y = 10\lg\left(\frac{S}{N}\right)_y = 10\lg\left(\frac{S}{N}\right)_0 + 10\lg(G_p) \ . \tag{10.27-d}$$

Diese Tatsache kann man zur Qualitätssteigerung, aber auch zur Bitratenreduktion nutzen: Zum Einhalten eines gewünschten Störabstandes SNR_y am Decoderausgang genügt es, den Quantisierer für das übertragene (Rest-) Signal mit einem auf seine äquivalente Rauschleistung bezogenen Störabstand SNR_0 zu dimensionieren, der im Vergleich zur Vorwärtsprädiktion um $\Delta\text{SNR} = 10\lg G_p$ kleiner gewählt werden kann. Nach (10.20), (9.4) und (9.23) bedeutet das eine Wortlängenverringerung um

$$\Delta w_p = \frac{\Delta \text{SNR}}{20 \lg 2} = \frac{10 \lg G_p}{20 \lg 2} = \frac{1}{2} \operatorname{ld} G_p. \qquad (10.27\text{-e})$$

Zwei Sichtweisen des Wortlängengewinns sind gleichwertig. Erstens: Der Quantisierer wird auf die verkleinerte *Restsignal*-Aussteuerung ($\sim \sigma_d < \sigma_x$) ausgelegt mit einer Wortlänge gemäß SNR_y. Wegen (10.27-e) darf jedoch mit einer um den Faktor $2^{\Delta w_p}$ gröberen Quantisierung gearbeitet werden, so daß Δw_p („hintere") Binärstellen entfallen. Zweitens: Ein Quantisierer, der auf die *Eingangssignal*-Aussteuerung ($\sim \sigma_x$) entsprechend SNR_y ausgelegt ist, wird durch das Restsignal nicht voll ausgesteuert. Man kann Δw_p „führende Nullbits" bei der Übertragung weglassen, die erst nach der Empfängerfilterung wieder ausgesteuert werden. Dieser Verstärkungseffekt im Empfänger wirkt auch auf das Quantisierungsgeräusch – die Rückwärtsprädiktion sorgt sendeseitig für die entsprechende frequenzabhängige Absenkung des Quantisierungsfehlers (s.a. (10.28-a)), so daß der Störabstand SNR_y erreicht wird.

c) Spektrale Formung des Quantisierungsfehlers

Nach psychoakustischen Gesichtspunkten stellen die Vorwärts- und die Rückwärtsprädiktion bei Quantisierung des Restsignals zwei extreme Fälle dar. Im ersten Fall folgt das Störspektrum der spektralen Einhüllenden des Nutzsignals, während der Störabstand nicht verbessert wird. Im logarithmischen Maßstab ergibt sich ein von der Frequenz unabhängiger Abstand zwischen den Leistungs*dichten* von Nutzsignal und Quantisierungsstörung. Im zweiten Fall verbleibt eine weiße Rauschstörung, jedoch wird der Stör*leistungs*abstand um den Prädiktionsgewinn erhöht. Unter Berücksichtigung des psychoakustischen Maskierungseffektes wäre eine Kompromißlösung zwischen diesen beiden Extremen anzustreben: Der Signal-Störabstand sollte in einem gewissen Umfang verbessert werden. Gleichzeitig sollte das Störspektrum derart an das Spektrum des Nutzsignals angepaßt werden, daß sich im Vergleich zur Vorwärtsprädiktion im Bereich der Formantfrequenzen ein vergrößerter Abstand ergibt, während in den „spektralen Tälern" ein kleinerer Abstand zugelassen werden kann. Dieses Ziel wird mit der Technik der Rauschfärbung (engl. *Noise-Shaping*) [Schroeder, Atal, et al.-79] erreicht.

Den Ausgangspunkt zur Ableitung der entsprechenden Struktur bildet das Blockschaltbild der DPCM mit Rückwärtsprädiktion nach Bild 10.7-a. Da die abzuleitenden Zusammenhänge sowohl für Signale mit endlicher Energie (z.B. zeitlich begrenzte Signalabschnitte) als auch für Signale mit endlicher Leistung zutreffen, wird zur Vereinfachung der Schreibweise nachfolgend nicht mit spektralen Leistungsdichten und Leistungsübertragungsfunktionen, sondern mit z-Transformierten und Übertragungsfunktionen operiert. In diesem Sinne wird hier die z-Transformierte eines endlich langen Abschnitts des Quantisierungsfehlers $\Delta(k)$ mit $\Delta(z)$ bezeichnet.

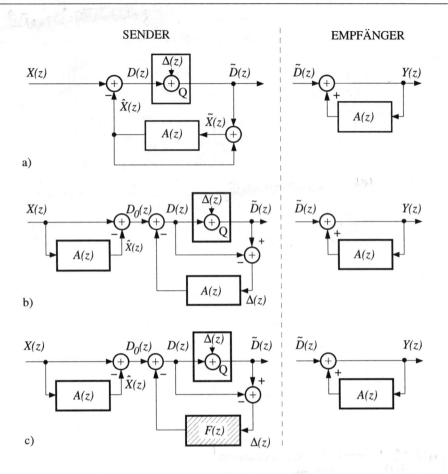

Bild 10.7: Spektrale Formung des Quantisierungsfehlers
  a) DPCM mit Rückwärtsprädiktion und Quantisierung in der Schleife
  b) Ersatzbild zu a)
  c) Verallgemeinerung von b)

Es läßt sich leicht zeigen, daß für die z-Transformierte $\tilde{D}(z)$ nach Bild 10.7-a der Zusammenhang

$$\tilde{D}(z) = X(z)\bigl(1 - A(z)\bigr) + \Delta(z)\bigl(1 - A(z)\bigr) \tag{10.28-a}$$

gilt. Es entsteht der gleiche Signalanteil wie bei der Vorwärtsprädiktion. Diesem ist wie dort ein additiver Störterm überlagert, der jedoch genauso gefiltert wird wie das Signal $x(k)$. Eine alternative, aber äquivalente Struktur, die auch durch (10.28-a) beschrieben wird, zeigt Bild 10.7-b.

Auf den Signalanteil

$$D_0(z) = X(z)\bigl(1 - A(z)\bigr)$$

wird der in die beiden Anteile $\Delta(z)$ und $-\Delta(z) \cdot A(z)$ aufgespaltene Störterm in zwei Schritten aufaddiert.

Der erste Anteil entsteht durch Quantisierung von $d(k)$, während der zweite Anteil durch Differenzbildung, Filterung und Rückführung gewonnen wird. Das Verhalten des Systems mit Rückwärtsprädiktion (Bild 10.7-a) kann demnach durch Vorwärtsprädiktion und Rückführung des gefilterten Quantisierungsfehlers (Bild 10.7-b) nachgebildet werden. Diese alternative Struktur bietet allerdings den Vorteil, daß der wirksame Quantisierungsfehler in gewissen Grenzen explizit beeinflußt werden kann. Dazu wird, wie aus Bild 10.7-c ersichtlich, eine Filterfunktion $F(z)$ für die Fehlerrückführung eingesetzt. Damit gilt

$$\tilde{D}(z) = X(z)\bigl(1 - A(z)\bigr) + \Delta(z)\bigl(1 - F(z)\bigr) . \tag{10.28-b}$$

Eine einschränkende Bedingung für die Wahl von $F(z)$ ist, daß sich keine verzögerungsfreie Schleife ergeben darf.

Für den Ausgang des Empfängers folgt schließlich

$$Y(z) = X(z) + \Delta(z)\, \frac{1 - F(z)}{1 - A(z)} . \tag{10.29}$$

Die Funktion $F(z)$ wird zweckmäßigerweise aus $A(z)$ abgeleitet; entsprechend [Schroeder, Atal, et al.-79] wählt man

$$F(z) = A(z/\gamma) \quad \text{mit} \quad 0 \leq \gamma \leq 1 . \tag{10.30}$$

Mit dem Parameter γ kann die Anpassung des Störspektrums an das Nutzspektrum im Sinne der angestrebten Kompromißlösung eingestellt werden. Die Wirkung dieser Parameterwahl läßt sich anhand der Nullstellen z_{0i} der Übertragungsfunktion des Analysefilters erklären. Aus der Produktform

$$1 - A(z) = \frac{1}{z^n} \prod_{i=1}^{n} (z - z_{0i}) \tag{10.31-a}$$

folgt

$$1 - A(z/\gamma) = \frac{1}{z^n} \prod_{i=1}^{n} (z - \gamma \cdot z_{0i}) . \tag{10.31-b}$$

Wird ein positiver Faktor $\gamma < 1$ gewählt, so werden die Beträge $|z_{0i}|$ der Nullstellen verkleinert und die Winkel φ_{0i} beibehalten entsprechend

$$\tilde{z}_{0i} = \gamma \cdot z_{0i} = \gamma \cdot |z_{0i}| \cdot e^{j\varphi_{0i}} . \tag{10.32}$$

Die Extrema des resultierenden Frequenzgangs sind weniger stark ausgeprägt, da die Nullstellen in Richtung des Ursprungs des Einheitskreises der z-Ebene verschoben werden. Der Beziehung (10.31-b) ist zu entnehmen, daß der Sonderfall

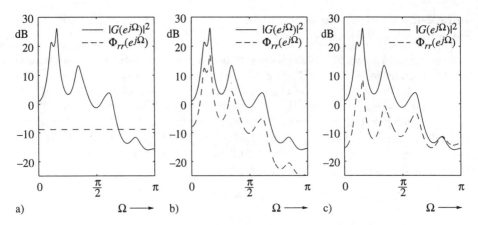

Bild 10.8: Zur spektralen Formung des Quantisierers am Beispiel des Vokals „o"
a) Rückwärtsprädiktion, $\gamma = 1$
b) Vorwärtsprädiktion, $\gamma = 0$
c) Rauschfärbung, $\gamma = 0.7$

der Rückwärtsprädiktion durch die Wahl von $\gamma = 1$ bzw. $F(z) = A(z)$ und der Extremfall der Vorwärtsprädiktion durch $\gamma = 0$ bzw. $F(z) = 0$ abgedeckt werden.

Die wirksame spektrale Färbung des Quantisierungsfehlers wird mit einem Beispiel in Bild 10.8 veranschaulicht. Im logarithmischen Maßstab sind dargestellt das für einen endlichen Signalabschnitt gültige Betragsquadrat des Frequenzgangs des Synthesefilters

$$|G(e^{j\Omega})|^2 = \frac{1}{|1 - A(e^{j\Omega})|^2} \qquad (10.33)$$

sowie der Verlauf des Leistungsdichtespektrums des wirksamen Quantisierungsfehlers

$$\Phi_{rr}(e^{j\Omega}) = \Phi_{\Delta\Delta}(e^{j\Omega}) \cdot \left| \frac{1 - A\left(\frac{1}{\gamma} e^{j\Omega}\right)}{1 - A(e^{j\Omega})} \right|^2 \qquad (10.34)$$

für drei Werte von γ. Dabei wurde gemäß (10.14-c) mit

$$\Phi_{\Delta\Delta}(e^{j\Omega}) = \frac{(\Delta d)^2}{12} \qquad (10.35)$$

ein konstantes Rauschleistungsdichtespektrum entsprechend einer gleichmäßigen Quantisierung angenommen und zur Veranschaulichung exemplarisch

$$10 \lg (\text{SNR}_0) = 10 \lg \left(\frac{\varphi_{dd}(0)}{\frac{(\Delta d)^2}{12}} \right) = 9 \text{ dB} \quad \text{und} \quad \varphi_{dd}(0) = 1 \qquad (10.36)$$

10.2 DIFFERENTIELLE SIGNALFORM-CODIERUNG

gesetzt.

Für $\gamma = 0$ (Vorwärtsprädiktion, Bild 10.8-b) folgt das Störspektrum dem Betragsfrequenzgang mit dem durch die gleichmäßige Quantisierung gegebenen konstanten Abstand (hier 9 dB).

Bei Wahl von $\gamma = 1$ (Rückwärtsprädiktion, Bild 10.8-a) und unveränderter Stufenhöhe Δd des Quantisierers ergibt sich ein konstantes bzw. weißes Störspektrum. Der Signal-Störabstand ist im Vergleich zur Vorwärtsprädiktion um den logarithmischen Prädiktionsgewinn von $10 \lg G_p = 12$ dB (s. auch (10.18)) höher.

Die Kompromißlösung mit Fehlerfärbung (Bild 10.8-c) zeigt, daß im Bereich der unteren Formantfrequenzen der spektrale Störabstand im Vergleich zur Vorwärtsprädiktion deutlich vergrößert wird. Aufgrund des psychoakustischen Maskierungs-

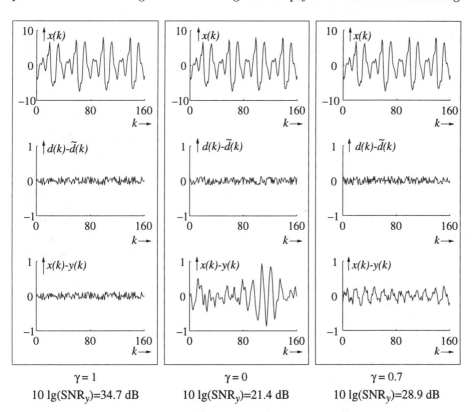

Bild 10.9: Signalbeispiel zur differentiellen Codierung nach Bild 10.7-c
(Prädiktor: $n = 8$, Quantisierer: $w' = 5$, Vokal: „o")
a) Rückwärtsprädiktion, $\gamma = 1$
b) Vorwärtsprädiktion, $\gamma = 0$
c) Rauschfärbung, $\gamma = 0.7$

effektes liefert die Fehlerfärbung im Vergleich zu den beiden anderen Einstellungen den besten auditiven Eindruck. Gegenüber der Rückwärtsprädiktion verschlechtert sich der objektiv gemessene Signal-Störabstand jedoch um 4.6 dB.

Die Auswirkung auf das Zeitsignal wird exemplarisch für einen Signalabschnitt in Bild 10.9 dargestellt. Es wurde ein fester Prädiktor vom Grad $n = 8$ in der Struktur nach Bild 10.7-c eingesetzt. Die Wortlänge des an den reduzierten Dynamikbereich des Restsignals $d(k)$ angepaßten Quantisierers betrug $w' = 5$.

Den Signalverläufen aus Bild 10.9 ist zu entnehmen, daß die beste objektive Übereinstimmung zwischen Original $x(k)$ und Rekonstruktion $y(k)$ im Fall der Rückwärtsprädiktion ($\gamma = 1$) erzielt wird. Der Fehler $x(k) - y(k)$ stimmt mit dem Quantisierungsfehler $d(k) - \tilde{d}(k)$ überein (s. auch (10.26)). Die größte Fehlerenergie $\sum_k \left((x(k) - y(k))\right)^2$ ergibt sich im Fall der Vorwärtsprädiktion. Den besten auditiven Eindruck liefert die Quantisierung mit Rauschfärbung. Die Energie des wirksamen Fehlers ist größer als bei der Rückwärtsprädiktion, aber kleiner als bei der Vorwärtsprädiktion. Der die Rauschfärbung maßgeblich bestimmende Faktor γ wird meist im Bereich $0.6 \leq \gamma \leq 0.9$ gewählt.

10.2.3 ADPCM: Adaptive Differenz-Puls-Code-Modulation

Bisher wurden der Prädiktor und der Quantisierer als zeitlich konstant angenommen. Bessere Ergebnisse im Sinne einer Reduktion der Bitrate unter Beibehaltung einer gewissen Sprachqualität sind durch adaptive Prädiktion und adaptive Quantisierung zu erzielen. Bei Verwendung des *Least-Mean-Square*-Algorithmus (LMS, s. Abschnitt 7.3.2) und eines rückwärtsadaptiven Quantisierers (AQB, s. Abschnitt 9.5) kann die Adaption der Parameter der beiden Funktionsblöcke in jedem Abtasttakt rekursiv durchgeführt werden. Besonders hervorzuheben ist, daß neben dem quantisierten Restsignal $\tilde{d}(k)$ keine zusätzliche Information vom Sender zum Empfänger übertragen werden muß. Dieses Konzept wird allgemein als *Adaptive Differenz-Puls-Code-Modulation* bezeichnet. Die Stufenhöhenmultiplikatoren des AQB-Quantisierers sind dabei an die statistischen Eigenschaften des Restsignals $d(k)$ anzupassen und unterscheiden sich deshalb von den in Tab. 9.4 gegebenen Werten (s.a. [Jayant, Noll-84]).

Es wird die ADPCM-Struktur nach Bild 10.10 mit Rückwärtsprädiktion (*closed-loop*) und Quantisierung in der Schleife betrachtet.

Zur Ableitung des LMS-Adaptionsalgorithmus wird zunächst davon ausgegangen, daß $d(k)$ nicht quantisiert werde: Es gilt

$$\tilde{d}(k) = d(k) \,. \tag{10.37}$$

10.2 Differentielle Signalform-Codierung

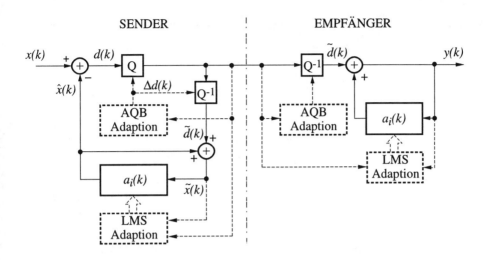

Bild 10.10: ADPCM mit sequentieller Adaption

In Analogie zu Abschnitt 7.3.2, (7.60-b), (7.61-b) wird der Gradient $\hat{\mathbf{v}}$ der Momentanleistung

$$\hat{\sigma}_d^2(k) = d^2(k) \tag{10.38-a}$$
$$= \left(x(k) - \mathbf{a}^T(k)\,\tilde{\mathbf{x}}(k-1)\right)^2 \tag{10.38-b}$$

mit

$$\tilde{\mathbf{x}}(k-1) = (\tilde{x}(k-1), \tilde{x}(k-2), \ldots \tilde{x}(k-n))^T \tag{10.39}$$
$$\mathbf{a}(k) = (a_1(k), a_2(k), \ldots a_n(k))^T \tag{10.40}$$

bezüglich des Koeffizientenvektors $\mathbf{a}(k)$ gebildet gemäß

$$\hat{\mathbf{v}} = -2\underbrace{\left(x(k) - \mathbf{a}^T(k)\,\tilde{\mathbf{x}}(k-1)\right)}_{d(k)}\tilde{\mathbf{x}}(k-1) \tag{10.41-a}$$
$$= -2\,d(k)\,\tilde{\mathbf{x}}(k-1). \tag{10.41-b}$$

Die Adaptionsvorschrift für den Koeffizientenvektor lautet somit

$$\mathbf{a}(k+1) = \mathbf{a}(k) + 2\,\vartheta\,d(k)\,\tilde{\mathbf{x}}(k-1) \tag{10.42-a}$$

bzw. für den einzelnen Koeffizienten mit Index i

$$a_i(k+1) = a_i(k) + 2\,\vartheta\,d(k)\,\tilde{x}(k-i)\,. \tag{10.42-b}$$

Dabei wird die wirksame Schrittweite durch den positiven Faktor $\vartheta \leq 1$ bestimmt.

Die zur Adaption erforderliche Information steht bei ungestörter Übertragung auch dem Empfänger zur Verfügung. Wegen der strukturellen Übereinstimmung gilt auch bei Quantisierung des Restsignals $d(k)$

$$\tilde{x}(k) = y(k) \,. \tag{10.43}$$

Der empfangsseitige Prädiktor kann damit synchron zum Sendefilter eingestellt werden, wenn in (10.42-a) $d(k)$ durch $\tilde{d}(k)$ ersetzt wird.

Bei adaptiver Quantisierung von $d(k)$ mit einer Wortlänge von $w = 4$ wird mit diesem Konzept bei einer Bitrate von $B = w \cdot f_A = 32$ kbit/s nahezu die gleiche Sprachqualität erzielt wie mit skalarer logarithmischer Quantisierung mit 8 Bit pro Abtastwert bzw. mit 64 kbit/s.

Die Struktur nach Bild 10.10 liegt dem Sprachcodec zugrunde, der in den digitalen schnurlosen Telefonen nach dem sog. DECT-Standard eingesetzt wird (s. Anhang Codec-Standards, ITU-T/G.726, A.1). Es wird allerdings ein Prädiktionsfilter mit Polen und Nullstellen verwendet. Die Adaption des Filters erfolgt nach dem sog. Vorzeichen-LMS-Algorithmus, der sich durch einen geringen Rechenaufwand auszeichnet. Die Koeffizienten werden mit einer festen Schrittweite in Richtung des negativen Gradienten eingestellt. Die Adaptionsvorschrift (10.42-b) nimmt in dieser Version des LMS-Algorithmus folgende Form an:

$$a_i(k+1) = a_i(k) + 2\,\vartheta\, \text{sign}\{d(k)\}\, \text{sign}\{\tilde{x}(k-i)\} \,. \tag{10.44}$$

Die Adaption erfordert somit keine echte Multiplikation. Dies ist bei einer Realisierung in der Form eines anwendungsspezifischen integrierten Schaltkreises von Vorteil.

10.3 Parametrische Codierung

10.3.1 Vocoder-Strukturen

Die rein parametrischen Verfahren zur Sprachcodierung werden i.a. als *Vocoder* (*Voice Coder*) bezeichnet. Mit Vocodern lassen sich sehr niedrige Datenraten mit effektiv 0.1...0.5 Bit pro Abtastwert erzielen. Es wird trotz u.U. stark eingeschränkter Natürlichkeit der Sprache eine ausreichende Sprachverständlichkeit erreicht. „Sprechertransparenz" ist nur bedingt gegeben. Im Gegensatz zur Signalform-Codierung wird nicht die exakte Signal-Reproduktion angestrebt; insbesondere wird die Signalphase nicht berücksichtigt. Die Qualität des synthetisierten Sprachsignals läßt sich deshalb auch grundsätzlich nicht durch Messung von Signal-Störabständen quantifizieren (vgl. auch Kap. 15).

10.3 Parametrische Codierung

Ein gemeinsames Merkmal der verschiedenen Zeitbereichs-Vocoder-Varianten besteht darin, daß auf der Grundlage des Modells der Spracherzeugung aus dem Sprachsignal separat Informationen über den momentanen Frequenzgang des Sprechtraktes und über das jeweilige Anregungssignal extrahiert werden. In allen Fällen wird das Anregungssignal abschnittsweise durch ein Rauschsignal oder eine periodische Impulsfolge ersetzt, je nachdem ob der zu codierende Sprachabschnitt als stimmlos oder stimmhaft eingestuft wurde. Die wesentlichen Unterschiede der Vocoder-Varianten liegen in der Struktur des Synthesefilters und in der Analyse der Filterparameter. Eine allgemeingültige Beschreibung des Syntheseteils eines Vocoders bzw. des empfangsseitigen Decodierers zeigt Bild 10.11.

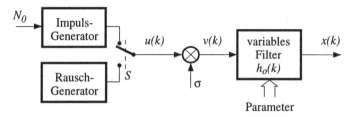

Bild 10.11: Syntheseteil eines Vocoders

Die grundsätzliche Struktur entspricht dem zeitdiskreten Modell der Spracherzeugung nach Abschnitt 7.1. Ein zeitvariables Synthesefilter wird mit einem Signal $v(k)$ angeregt, das entweder eine rauschartige oder eine periodische „Struktur" aufweist.

Die Ausprägung der unterschiedlichen Vocoder-Varianten ist in der zeitlichen Entwicklung eng mit der jeweils verfügbaren Realisierungstechnologie verknüpft. Nachfolgend sollen zunächst zwei frühe Formen der Vocoder-Ansätze kurz diskutiert werden. Ausführlichere Darstellungen findet man z.B. in [Rabiner, Schafer-78].

Die älteste Form des Vocoders ist der sog. *Kanal-Vocoder*, der ursprünglich in Analogtechnik realisiert wurde [Dudley-39], um Sprachsignale in analoger Form mit stark verminderter Bandbreite zu übertragen. Das Grundprinzip wird in zeitdiskreter Form in Bild 10.12 dargestellt.

Das Synthesefilter besteht aus einer parallelen Anordnung von Bandpässen (Bild 10.12-b), deren Ausgangssignale addiert werden. Sämtliche Bandpässe werden mit dem gleichen Signal $u(k)$ angeregt, das jedoch individuell mit zeitvariablen Faktoren b_i $(i = 1, \ldots n)$ skaliert wird. Die Skalierungsfaktoren b_i werden sendeseitig durch Messung der momentanen Energie bzw. der zeitlichen Hüllkurve in den jeweiligen Frequenzbändern bestimmt (Bild 10.12-a). Dabei werden sendeseitig die gleichen Bandpässe wie im Empfänger verwendet. Aufgrund der relativ langsamen Änderungen der Hüllkurven werden die Skalierungsfaktoren mit stark reduzierter

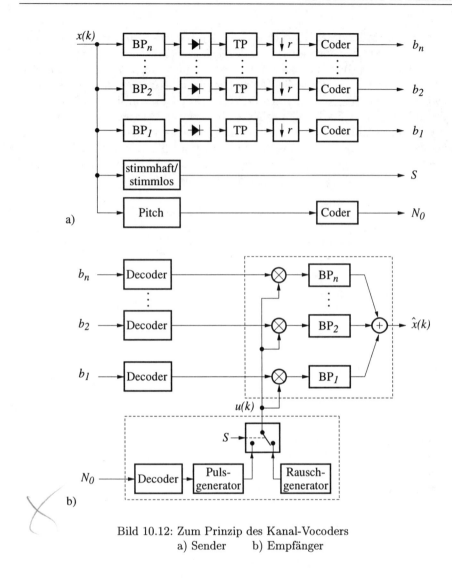

Bild 10.12: Zum Prinzip des Kanal-Vocoders
a) Sender   b) Empfänger

Abtastrate (Unterabtastung um den Faktor r) übertragen. Rechnet man empfangsseitig die Skalierungsfaktoren b_i den Bandpässen zu, so läßt sich das gesamte Empfangsfilter als eine Approximation des Sprechtraktfilters interpretieren: Der gewünschte Frequenzgang wird durch Parallelschaltung von n Bandpässen mit festen Mittenfrequenzen und Bandbreiten, aber unterschiedlichen und variablen Verstärkungsfaktoren angenähert.

Eine weitere Vocoder-Variante ist der sog. *Formant-Vocoder* (z.B. [Rosenberg, Schafer, et al.-71], [Rabiner, Schafer-78]), der sich vom Kanal-Vocoder dadurch

10.3 Parametrische Codierung

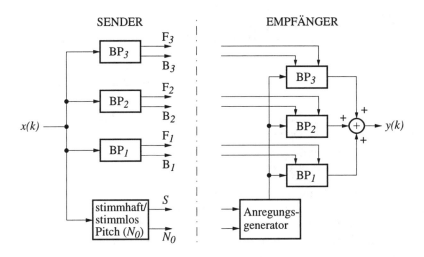

Bild 10.13: Zum Prinzip des Formant-Vocoders

unterscheidet, daß die spektrale Einhüllende nicht durch Messung der Energie in festen Frequenzbändern, sondern durch explizite Bestimmung von Formantfrequenzen F_i und Formantbandbreiten B_i bestimmt wird. Das Synthesefilter kann als Kaskade oder, wie in Bild 10.13 dargestellt, als Parallelschaltung von Filtern zweiten Grades realisiert werden (vgl. Abschnitt 4.3.1).

Mit diesem Konzept lassen sich Datenraten $B < 1$ kbit/s erreichen. Die Natürlichkeit der Sprache ist jedoch stark eingeschränkt. Bei korrekter Analyse der Formantfrequenzen erhält man eine bessere Sprachqualität als mit dem Kanal-Vocoder. Die Formantanalyse ist insbesondere dann problematisch, wenn zwei Formanten dicht beieinander liegen. Zur Formantbestimmung eignet sich die lineare prädiktive oder die cepstrale Analyse.

Neben diesen Zeitbereichs-Vocodern gibt es verwandte Ansätze, die den Frequenzbereichsverfahren zuzuordnen sind, wie der *Phasen-Vocoder* [Flanagan, Golden-66] und der *Cepstrum-Vocoder* (z.B. [O'Shaughnessy-87], [Rabiner, Schafer-78]), die hier nicht behandelt werden.

Praktische Bedeutung hat heute in erster Linie der linear-prädiktive Vocoder, der meist als *LPC-Vocoder* bezeichnet wird.

10.3.2 LPC-Vocoder

Die *Lineare Prädiktive Codierung* beruht auf dem Allpol-Modell der Spracherzeugung. Die einfachste Form ist der sog. LPC-Vocoder, der dem in Abschnitt 2.2.4

abgeleiteten und in Abschnitt 7.1 (Bild 7.1) vereinfachten Modell der Spracherzeugung entspricht. Die wesentlichen Merkmale dieses Modells sind:

- Der Sprechtrakt wird unter Vernachlässigung des Nasal-Traktes durch verlustlose Röhrensegmente bzw. durch ein minimalphasiges Allpol-Filter approximiert,

- auf der Grundlage einer stimmhaft/stimmlos Klassifikation kurzer Signalabschnitte mit einer Dauer von 20...30 ms wird das Anregungs- bzw. Glottis-Signal durch eine periodische Impulsfolge oder ein Rauschsignal nachgebildet.

Die Codierungsstrategie ist im Gegensatz zur Signalform-Codierung nach Abschnitt 10.2 von der momentanen Signalart abhängig. Vielfach wird in stimmlosen Abschnitten ein Prädiktor bzw. Synthesefilter mit reduziertem Filtergrad verwendet, wodurch die mittlere Datenrate gesenkt werden kann. Die Grundstruktur des LPC-Vocoders wird in Bild 10.14 dargestellt.

Eine typische Dimensionierung soll anhand des sog. *LPC-10 Algorithmus* nach [Campbell, Welch, et al.-89] bzw. [Tremain-82] erklärt werden.

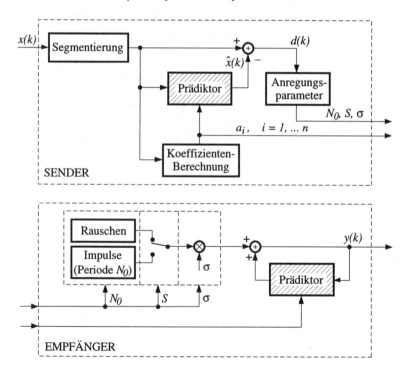

Bild 10.14: Zum Prinzip des LPC-Vocoders

Das Sprachsignal wird mit einer Abtastrate von $f_A = 8$ kHz abgetastet und in Blöcke mit einer Dauer von 22.5 ms ($N = 180$ Abtastwerte) segmentiert. Mit Hilfe der Kovarianzmethode (s. Abschnitt 7.3) werden 10 Reflexionskoeffizienten für stimmhafte Signalabschnitte und 4 Reflexionskoeffizienten für stimmlose Abschnitte berechnet.

Die Koeffizienten werden in der Form der sog. Log.-Area-Ratios (s. Abschnitt 10.3.3) quantisiert, wobei die beiden ersten Koeffizienten mit jeweils 5 Bits ungleichmäßig quantisiert werden, während die übrigen Koeffizienten mit Wortlängen von $w = 5\ldots 2$ mit gleichmäßiger Auflösung dargestellt werden. Der vollständige Koeffizientensatz wird im stimmhaften Fall mit 41 Bits und im stimmlosen Fall mit 20 Bits codiert. Für die Grundperiode und die Fallunterscheidung stimmhaft/stimmlos werden 7 Bits, für die logarithmische Quantisierung des Verstärkungsfaktors 5 Bits und für die Synchronisation 1 Bit verwendet. Damit ergeben sich die Bitraten für die beiden Fälle zu

$$\frac{54 \text{ Bits}}{22.5 \text{ ms}} = 2.4 \text{ kbit/s (stimmhaft) bzw. } \frac{33 \text{ Bits}}{22.5 \text{ ms}} = 1.47 \text{ kbit/s (stimmlos)}.$$

Die Grundverzögerung dieses Codecs beträgt ca. 90 ms. Bei eingeschränkter Natürlichkeit der resynthetisierten Sprache wird eine relativ hohe Verständlichkeit erzielt. Der LPC-10-Algorithmus wurde primär zur verschlüsselten Übertragung in nicht-öffentlichen Netzen entwickelt.

10.3.3 Quantisierung der Prädiktorkoeffizienten

Die mit LPC-Vocodern erzielbare Sprachqualität hängt wesentlich von der Genauigkeit ab, mit der der Betragsfrequenzgang des Synthesefilters die spektrale Einhüllende des Sprachsignals vor allem im Bereich der lokalen Maxima nachbildet. Diese Genauigkeit wird durch drei Faktoren bestimmt, durch den Algorithmus zur Analyse der Prädiktorkoeffizienten (s. Kap. 7), durch den Filtergrad und schließlich durch die Quantisierung der Koeffizienten. Die Filterkoeffizienten werden in der Regel mit einer relativ hohen Genauigkeit berechnet, z.B. in Festkomma-Arithmetik mit einer Wortlänge von $w = 16$. Würde man die als 16-Bit-Zahlen vorliegenden Koeffizienten direkt übertragen, so wäre bei einem Filtergrad von $n = 10$ und einer Blocklänge von 20 ms hierfür bereits eine Bitrate von 160 bit/20 ms = 8 kbit/s bereitzustellen. Diese hohe Genauigkeit ist nicht erforderlich. Die Prädiktorkoeffizienten können relativ grob quantisiert werden. Die Auswirkung der Quantisierungsfehler auf den Frequenzgang und gegebenenfalls auf die Stabilität des Synthesefilters hängt stark von der verwendeten Filterstruktur ab. Zur Verfügung stehen unterschiedliche äquivalente Formen wie z.B. die direkte Struktur, die Lattice-Struktur oder die Kaskade aus Teilfiltern zweiten Grades. Zur Quantisierung der Filterkoeffizienten kommen grundsätzlich die in Kapitel 9 behandelten skalaren und vektoriellen Verfahren in Frage. Für die Bitrateneinsparung durch Quantisierung findet man in der Literatur eine Vielfalt von speziellen Lösungen, die in unterschiedlicher Weise die statistischen Eigenschaften der Koeffizienten der zugrundeliegenden Filterstruktur berücksichtigen und sich im Realisierungsaufwand unterscheiden.

Eine detaillierte Übersicht, der die nachfolgenden Zahlenbeispiele zur erforderlichen Bitanzahl für eine mittlere spektrale Verzerrung von 1 dB entnommen sind, findet sich in [Kleijn, Paliwal-95, Kapitel 12].

Die zu diskutierenden Quantisierungsmethoden sind nicht nur für die LPC-Vocoder, sondern insbesondere auch für die hybriden Codierverfahren in Abschnitt 10.4 von Interesse.

Zur Beurteilung der Güte der Quantisierung wird ein Fehler- bzw. Abstandsmaß benötigt, das möglichst von der gewählten Filterstruktur unabhängig ist. Ein geeignetes Maß ist die mittlere spektrale Verzerrung des logarithmierten Frequenzgangs des Synthesefilters. Werden die Frequenzgänge des Synthesefilters für unquantisierte und für quantisierte Koeffizienten mit $H_s(e^{j\Omega})$ und $\hat{H}_s(e^{j\Omega})$ bezeichnet, so läßt sich für jeden einzelnen Sprachrahmen ein spektrales Abstandsmaß D wie folgt bestimmen

$$D = \sqrt{\frac{1}{2\pi} \int_{-\pi}^{\pi} \left[10 \lg \left| H_s(e^{j\Omega}) \right|^2 - 10 \lg \left| \hat{H}_s(e^{j\Omega}) \right|^2 \right]^2 d\Omega} \,. \tag{10.45}$$

Spektrale Transparenz ist für $10 \lg(D) \leq 1$ dB gegeben (z.B. [Sugamura, Farvardin-88], [Atal, Cox, et al.-89]).

a) Skalare Quantisierung der LPC-Koeffizienten

Die Koeffizienten a_i des Prädiktors in der direkten Form nach (10.13-d) müssen sehr genau dargestellt werden, um die Stabilität des Synthesefilters zu gewährleisten. Darüber hinaus hat der Quantisierungsfehler jedes einzelnen Koeffizienten im Prinzip einen gleichartigen Einfluß auf den Frequenzgang. Unter Verwendung von individuellen skalaren Optimalquantisierern (s. Abschnitt 9.4) mit jeweils 6 Bits pro Koeffizient a_i bzw. 60 Bits pro Rahmen entsprechend einer Bitrate von $B = 3$ kbit/s wurde in [Kleijn, Paliwal-95] für eine repräsentative Sprachdatenbasis eine mittlere spektrale Verzerrung nach (10.45) von 1.83 dB ermittelt. In etwa 25 % der Rahmen ergab sich ein nicht stabiles Synthesefilter. Diese Form der Quantisierung wird daher in der Praxis nicht eingesetzt.

b) Skalare Quantisierung der Reflexionskoeffizienten

Die Reflexionskoeffizienten k_i des akustischen Röhrenmodells der Spracherzeugung bzw. des entsprechenden digitalen Lattice-Filters ergeben sich bei der Lösung des

Normalgleichungssystems (7.36-a) z.B. mit Hilfe des Levinson-Durbin-Algorithmus nach Abschnitt 7.3.1.3. Eine vorteilhafte Eigenschaft dieser Koeffizienten ist, daß die Stabilität des Synthesefilters gewährleistet ist, sofern die quantisierten Parameter $\hat{k}_i$ die Bedingung

$$-1 < \hat{k}_i < 1$$

erfüllen. Weiterhin müssen nicht sämtliche Koeffizienten mit der gleichen Genauigkeit dargestellt werden. Es kann eine ungleichmäßige Bitzuteilung vorgenommen werden, wobei z.B. der erste Reflexionskoeffizient k_1 mit 6 Bits und der letzte Koeffizient k_{10} mit nur 2 Bits quantisiert werden. Entwirft man für diese Koeffizienten individuelle Optimalquantisierer, die an die Verteilungsdichte des jeweiligen Reflexionskoeffizienten angepaßt sind, so trägt jedes einzelne Quantisierungsintervall den gleichen Anteil zum mittleren quadratischen Quantisierungsfehler dieses Koeffizienten bei. Die Auswirkungen der Quantisierungsfehler auf die spektrale Verzerrung nach (10.45) hängt jedoch stark vom Wert des Reflexionskoeffizienten ab. Dieser Effekt läßt sich durch eine spektrale Empfindlichkeitskurve beschreiben, die einen U-förmigen Verlauf besitzt und ihre größten Werte bei $k_i = \pm 1$ annimmt (z.B. [Makhoul, Viswanathan-75]). Deshalb sollten die Reflexionskoeffizienten im Bereich der betragsmäßig großen Werte genauer quantisiert werden. Dieses Ziel wird durch eine nichtlineare Transformation eines jeden Koeffizienten erreicht.

Zwei geeignete Transformationen sind der inverse Sinus

$$S_i = \frac{2}{\pi} \arcsin(k_i) \qquad (10.46)$$

sowie der inverse Tangens Hyperbolicus

$$L_i = \operatorname{artanh}(k_i) \qquad (10.47\text{-a})$$
$$= \frac{1}{2} \ln\left(\frac{1+k_i}{1-k_i}\right); \quad |k_i| < 1 \,. \qquad (10.47\text{-b})$$

Die beiden Transformationskennlinien werden in Bild 10.15 dargestellt.

Nach Abschnitt 2.2 besteht ein direkter Zusammenhang zwischen dem Reflexionskoeffizient k_i und den Querschnittsflächen A_i und A_{i+1} zweier aufeinanderfolgender Röhrensegmente:

$$k_i = \frac{A_{i+1} - A_i}{A_{i+1} + A_i} \,. \qquad (10.47\text{-c})$$

Durch Einsetzen dieser Beziehung in (10.47-b) folgt

$$L_i = \frac{1}{2} \ln\left(\frac{A_{i+1}}{A_i}\right). \qquad (10.47\text{-d})$$

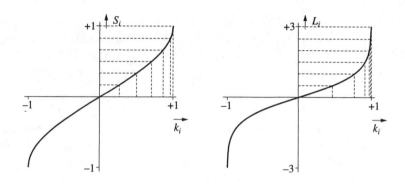

Bild 10.15: Kennlinien zur nichtlinearen Transformation der Reflexionskoeffizienten
 a) $S_i = \frac{2}{\pi} \arcsin(k_i)$
 b) $L_i = \frac{1}{2} \ln\left(\frac{1+k_i}{1-k_i}\right)$

Der transformierte Koeffizient L_i ist proportional zum Logarithmus des Quotienten der Querschnittsflächen. Er wird deshalb in der Literatur auch als *Log.-Area-Ratio* bezeichnet.

Führt man eine gleichmäßige Quantisierung der transformierten Werte S_i oder L_i durch, so ergibt sich die gewünschte höhere Auflösung für betragsmäßig große Werte von k_i.

Bei Verwendung der Transformationen nach (10.46) und (10.47) wird bereits mit gleichmäßiger Quantisierung eine erhebliche Verbesserung erzielt, so daß vielfach wegen des geringeren Aufwandes auf eine Optimalquantisierung verzichtet wird. Die zweite Lösung findet sich z.B. in dem sog. Vollraten-Codec des pan-europäischen Mobilfunksystems nach dem GSM-Standard. Dabei wird der Logarithmus durch eine Kennlinie aus Geradensegmenten approximiert und die $n = 8$ Koeffizienten L_i werden mit unterschiedlichen Wortlängen von $w = 3\ldots 6$ gleichmäßig quantisiert (z.B. [Vary, Hellwig, et al.-88]). Insgesamt wird der Koeffizientensatz mit 36 Bits codiert (s.a. Anhang Codec-Standards).

Tabelle 10.1 zeigt die erforderliche Bitanzahl, mit der man bei Optimalquantisierung von $n = 10$ Reflexionskoeffizienten bzw. transformierten Koeffizienten eine mittlere spektrale Verzerrung von $20\lg(D) \approx 1$ dB erzielt. In [Heute-81/1] wird zusätzlich vorgeschlagen, eine maximale Verzerrung fest vorzugeben und die einzelnen Reflexionskoeffizienten (mit oder ohne nichtlinearer Abbildung) je nach *Empfindlichkeit im momentanen Sprach-Rahmen* adaptiv mit variierenden Wortlängen zu quantisieren. Der Mittelwert der dann zeitvarianten Bitrate sinkt bei unveränderter Qualität um 10% bis 15%, allerdings steigt der Rechenaufwand erheblich.

Tabelle 10.1: Zur Quantisierung der Reflexionskoeffizienten
(nach [Kleijn, Paliwal-95, Kapitel 12])

Koeffizient	spektrale Verzerrung in dB $20\lg(D)$	Bits pro Rahmen (10 Koeffizienten)
k_i	1.02	34
S_i	1.04	32
L_i	1.04	32

c) Skalare Quantisierung der LSF-Koeffizienten

Die sog. *Line Spectrum Frequencies* ([Itakura-75/1], [Soong, Juang-84], [Sugamura, Itakura-86]) stellen eine weitere Möglichkeit dar, die Stabilität des Synthesefilters bei Quantisierung zu garantieren. Weiterhin lassen sich diese Koeffizienten vorteilhaft quantisieren, da sie monoton ansteigende Werte annehmen.

Grundlage für diese alternative Darstellung ist ein Stabilitätstheorem für rekursive digitale Filter und die Zerlegung der Funktion

$$A_n(z) = 1 - \sum_{i=1}^{n} a_i\, z^{-i} \qquad (10.48)$$

$$= \sum_{i=0}^{n} \alpha_i\, z^{-i} \qquad (10.49)$$

mit

$$\alpha_0 = 1, \qquad (10.50)$$
$$\alpha_i = -a_i\,; \qquad i = 1, 2, \ldots n \qquad (10.51)$$

in ein Spiegelpolynom

$$P(z) = A_n(z) + z^{-(n+1)}\, A_n(z^{-1}) \qquad (10.52\text{-a})$$

und ein Antispiegelpolynom

$$Q(z) = A_n(z) - z^{-(n+1)}\, A_n(z^{-1})\,. \qquad (10.52\text{-b})$$

Die Spiegeleigenschaft ist gekennzeichnet durch

$$P(z) = z^{-(n+1)}\, P(z^{-1}), \qquad (10.53)$$
$$Q(z) = -z^{-(n+1)}\, Q(z^{-1})\,. \qquad (10.54)$$

Das Polynom $A_n(z)$ kann wie folgt rekonstruiert werden

$$A_n(z) = \frac{1}{2}[P(z) + Q(z)] , \qquad (10.55)$$

so daß $A(z)$ auch durch die Nullstellen von $P(z)$ und $Q(z)$ zu beschreiben ist. Es läßt sich zeigen, daß die Minimalphasigkeit von $A_n(z)$ und damit die Stabilität des Synthesefilters

$$H_s(z) = \frac{1}{A_n(z)} \qquad (10.56)$$

gegeben ist ([Itakura-75/1], [Schüßler-94]), wenn

- die Nullstellen der Polynome $P(z)$ und $Q(z)$ auf dem Einheitskreis der z-Ebene liegen

$$zp_i = e^{j\omega p_i} \quad zq_i = e^{j\omega q_i} ; \quad i \in \{0, 1, \ldots n\}$$

- die Nullstellenlagen ωp_i und ωq_i von $P(z)$ und $Q(z)$ ineinandergeschachtelt alternieren (s. (10.58), Bild 10.16).

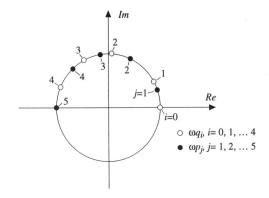

Bild 10.16: LSF-Parameter eines Prädiktors vom Grad $n = 8$

Aufgrund dieser beiden Eigenschaften, die wegen des zugrundeliegenden Allpol-Modells (s. Kap. 7) erfüllt sind, lassen sich die Nullstellenlagen bzw. die LSF-Parameter ωp_i und ωq_i ($i \in \{0, 1, \ldots n\}$) mit einer relativ niedrigen Bitrate darstellen.

Unter der Annahme eines geraden Filtergrades n und Berücksichtigung der Tatsache, daß $P(z)$ eine Nullstelle bei $z = e^{j\pi} = -1$ und $Q(z)$ eine Nullstelle bei $z = e^{j0} = +1$ aufweisen, wird mit $\omega q_0 = 0$ und $\omega p_{\frac{n}{2}+1} = \pi$ für die sonst in $\frac{n}{2}$

konjugiert komplexen Paaren auftretenden Nullstellenlagen folgende Indizierung eingeführt

$$P(z) : \quad 0 < \omega p_1 < \omega p_2 < \ldots < \omega p_{\frac{n}{2}} < \omega p_{\frac{n}{2}+1} = \pi \qquad (10.57\text{-a})$$

$$Q(z) : \quad 0 = \omega q_0 < \omega q_1 < \ldots < \omega q_{\frac{n}{2}} < \pi \,. \qquad (10.57\text{-b})$$

Bezüglich der relativen Lagen gilt

$$0 = \omega q_0 < \omega p_1 < \omega q_1 < \omega p_2 < \omega q_2 < \ldots < \omega q_{\frac{n}{2}} < \omega p_{\frac{n}{2}+1} = \pi \qquad (10.58)$$

bzw.

$$0 = \omega_0 < \omega_1 < \omega_2 < \ldots < \omega_n < \omega_{n+1} = \pi \,. \qquad (10.59)$$

Da der erste Wert $\omega q_0 = \omega_0 = 0$ und der letzte Wert $\omega p_{\frac{n}{2}+1} = \omega_{n+1} = \pi$ festliegen, sind insgesamt n LSF-Parameter $\omega_1, \ldots \omega_n$ zu quantisieren. Dabei kann der monotone Anstieg der Werte sehr vorteilhaft im Sinne einer differentiellen Quantisierung genutzt werden.

Am Beispiel eines Prädiktors vom Grad $n = 8$ wird die Lage der Nullstellen der beiden Polynome $P(z)$ und $Q(z)$ in Bild 10.16 dargestellt.

In [Xie, Adoul-95] wurde z.B. ein Quantisierungsschema für $n = 10$ vorgeschlagen, daß mit insgesamt nur 28 Bits pro Parametersatz eine spektrale Verzerrung von nur 1.04 dB erzielt. Dabei werden zwei LSF-Parameter ω_3 und ω_7 skalar mit 6 Bit quantisiert und zusammen mit $\omega_0 = 0$ und $\omega_{n+1} = \pi$ als Stützstellen benutzt. Die Differenzen zu den dazwischenliegenden Werten mit einem Lattice-Quantisierer vektoriell quantisiert.

Eine weitere Reduktion der für die Übertragung der LSF-Koeffizienten erforderlichen Bitrate läßt sich durch Ausnutzung der Korrelation zeitlich aufeinanderfolgender Koeffizientensätze erzielen. In [Kataoka, Moriya, et al.-95] werden mit diesem Ansatz bei einer spektralen Verzerrung von ca. 1.2 dB nur 18 Bit pro Koeffizientensatz aufgewendet.

10.4 Hybrid-Codierung

10.4.1 Gemeinsame Grundlage der Codec-Konzepte

Hauptanwendungsbereiche für Quellencodierung von Sprachsignalen mit Datenraten unter den 32 kbit/s der Standard-ADPCM sind der digitale Mobilfunk, die Sprachspeicherung und die „Leitungsvervielfachung" (Kanalteilung durch Datenkompression). Von besonderem Interesse sind hybride Codierer mit $0.5 \ldots 1.5$ Bit pro Abtastwert, bei Sprache mit Telefonbandbreite also mit $B = 4 \ldots 12$ kbit/s.

In diesem Bereich werden nahezu ausschließlich Sprachcodecs eingesetzt, die auf dem Konzept der *Hybrid-Codierung* beruhen. Diese Codecs nehmen, wie bereits im Abschnitt 9.1.1 mit Bild 9.1 gezeigt, eine Stellung zwischen der Signalform-Codierung und den Vocodern ein. Gemeinsames Merkmal ist, daß die Koeffizienten eines Synthesefilters als *Nebeninformation* (Parameterkanal in Bild 9.1) übertragen werden und das Prädiktionsfehlersignal bzw. Restsignal mit relativ grober Amplituden- und/oder Zeitauflösung quantisiert oder abschnittsweise durch synthetische Ersatzfolgen vektoriell approximiert wird. In der Literatur findet man eine Reihe unterschiedlicher Codec-Konzepte und eine sehr große Vielfalt unterschiedlicher Codec-Ausführungen.

In diesem Abschnitt wird eine einheitliche Darstellung der Grundlage der Konzepte entwickelt. Typische Ausführungen werden in den nachfolgenden Abschnitten behandelt, während einige ausgewählte Codec-Standards im Anhang skizziert werden.

Ein erstes gemeinsames Merkmal der Hybrid-Codecs für den genannten Bitratenbereich ist, daß sowohl Kurzzeit- als auch Langzeitprädiktion genutzt werden. Daraus ergibt sich die in Bild 10.17 skizzierte Struktur des Decoders.

Der Decoder besteht aus einer Kaskade aus LTP-Synthesefilter und LPC-Synthesefilter, die mit dem quantisierten Restsignal angeregt wird. Die Prädiktoren $A(z)$ und $P(z)$ sind zeitvariant und werden, wie in Kapitel 7 beschrieben, blockweise eingestellt. Da die Filter in der Regel für die Dauer eines Signalblocks bzw. Sub-Blocks konstant gehalten werden, soll die Zeitvarianz hier zunächst nicht explizit betrachtet werden.

Die prinzipielle Funktionsweise des Decoders soll noch anhand eines Beispiels veranschaulicht werden.

Bild 10.18 zeigt als Momentaufnahme das Betragsspektrum eines stimmhaften Signalabschnitts (20 ms), die Frequenzgänge des LTP-Synthesefilters, des LPC-Synthesefilters und des Gesamtfilters. Die erste Filterstufe, die alle 5 ms adaptiert wird, hat in stimmhaften Abschnitten eine ausgeprägte Kammfilter-Charakteristik. Ausgehend von einem flachen Spektrum des Anregungssignals werden alle Spektralkomponenten bei Vielfachen der geschätzten momentanen Grundfrequenz,

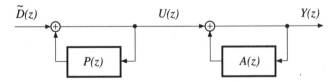

Bild 10.17: Struktur des hybriden Decoders
$A(z)$: Kurzzeitprädiktor (LPC)
$P(z)$: Langzeitprädiktor (LTP)

10.4 Hybrid-Codierung

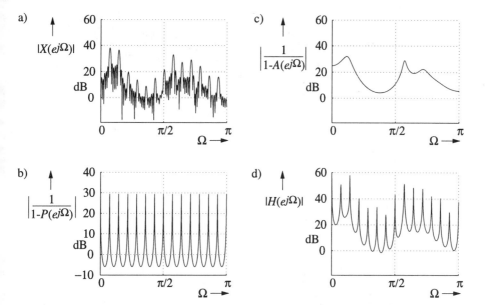

Bild 10.18: Beispiel zur Funktionsweise des hybriden Decoders
  a) Betragsspektrum $|X(e^{j\Omega})|$ eines stimmhaften Abschnitts (20 ms)
  b) LTP-Synthesefilter $|1/(1 - P(e^{j\Omega}))|$
  c) LPC-Synthesefilter $|1/(1 - A(e^{j\Omega}))|$
  d) Kaskadenschaltung beider Filter
     $|H(e^{j\Omega})| = |1/(1 - P(e^{j\Omega}))| \cdot |1/(1 - A(e^{j\Omega}))|$

d.h. bei

$$\Omega_i = \frac{2\pi}{N_0} i \; ; \quad i = 0, 1, 2, \ldots \tag{10.60}$$

verstärkt und die dazwischenliegenden Komponenten abgeschwächt. Es entsteht näherungsweise ein flaches Spektrum mit einer diskreten harmonischen Struktur. Diesem Spektrum wird schließlich durch das LPC-Synthesefilter die spektrale Einhüllende des momentanen Signalabschnittes aufgeprägt.

Die zu diskutierenden unterschiedlichen Codec-Konzepte unterscheiden sich im wesentlichen in der sendeseitigen Anordnung der Prädiktoren und in der Behandlung des Restsignals, das skalar oder vektoriell quantisiert wird.

1. Skalare Quantisierung des Restsignals

Die Grundformen mit skalarer Quantisierung zeigt Bild 10.19. Die Wirkung des Quantisierers (Block Q) werde im Zeitbereich durch additive Überlagerung des Quantisierungsfehlers $\Delta(k)$ gemäß

$$\tilde{d}(k) = d'(k) + \Delta(k) \tag{10.61}$$

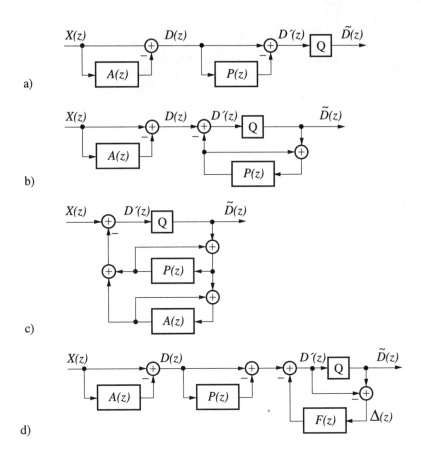

Bild 10.19: Hybrid-Codierung mit skalarer Quantisierung des Restsignals
    a) Kurzeit- und Langzeitprädiktion vorwärts
    b) Kurzeitprädiktion vorwärts und Langzeitprädiktion rückwärts
    c) Kurzeit- und Langzeitprädiktion rückwärts
    d) Kurzeit- und Langzeitprädiktion mit Rauschfärbung

beschrieben.

Die skalare Quantisierung des Restsignals $d'(k)$ (bzw. $D'(z)$) erfolgt entweder nach der zweistufigen Prädiktion (Teilbild 10.19-a) oder innerhalb einer Filterschleife (Teilbilder 10.19-b bis 10.19-d). Das quantisierte Restsignal wird in allen Fällen als $\tilde{d}(k)$ (bzw. $\tilde{D}(z)$) bezeichnet. Für sämtliche Strukturen wird der Decoder nach Bild 10.17 verwendet.

Wird das Restsignal nicht quantisiert, d.h. $\tilde{d}(k) = d'(k)$, so läßt sich zeigen, daß die vier Anordnungen nach Bild 10.19 das gleiche Restsignal liefern. Die Wirkung einer derartigen zweistufigen Prädiktion wurde bereits in Abschnitt 7.4 mit

Bild 7.12 veranschaulicht. Da die Filteroperationen in Bild 10.19-a und Bild 10.17 zueinander invers sind, gilt für beliebige, aber sende- und empfangsseitig übereinstimmende Einstellungen der Prädiktoren $A(z)$ und $P(z)$, daß das Ausgangssignal $y(k)$ bei unquantisiertem Restsignal $d'(k)$ mit dem ursprünglichen Signal $x(k)$ übereinstimmt.

Bei Quantisierung des Restsignals $d'(k)$ ergeben sich dagegen aufgrund der unterschiedlichen Positionen des Quantisierers deutliche Unterschiede in bezug auf die ausgangsseitige Wirkung des Quantisierungsfehlers, wie die nachfolgende Analyse zeigt.

Da die Prädiktoren gemäß Abschnitt 7.3.1.1 jeweils auf endlich lange Signalabschnitte adaptiert werden, kann die nachfolgende Untersuchung für zeitlich begrenzte Signalblöcke durchgeführt werden, für die die z-Transformierten existieren. In diesem Sinne bezeichnet $X(z)$ vereinfachend die z-Transformierte des momentan anliegenden Signalabschnitts, der im Intervall $k_1 \leq k \leq k_0$ mit $x(k)$ übereinstimmt und außerhalb dieses Intervalls verschwindet.

Ohne Festlegung auf eine bestimmte Form des Quantisierers kann somit der Quantisierungsfehler $\Delta(k)$ im z-Bereich durch

$$\Delta(z) = \tilde{D}(z) - D'(z) \tag{10.62}$$

beschrieben werden.

In Analogie zu dem in Abschnitt 10.2.2 abgeleiteten Konzept der spektralen Färbung des Quantisierungsfehlers läßt sich zeigen, daß sich die Anordnung nach Bild 10.19-a bis 10.19-c exakt durch die Struktur nach Bild 10.19-d und entsprechende Wahl des *Noise-Shaping* Filters $F(z)$ beschreiben lassen. Dabei interessiert insbesondere der nach Decodierung gemäß Bild 10.17 im Ausgangssignal $y(k)$ wirksame Anteil des Quantisierungsfehlers:

a) **Kurzzeit- und Langzeitprädiktion vorwärts**

$$F(z) = 0$$
$$\tilde{D}(z) = X(z)\left(1 - A(z)\right)\left(1 - P(z)\right) + \Delta(z)$$
$$Y(z) = X(z) + \frac{\Delta(z)}{\left(1 - P(z)\right)\left(1 - A(z)\right)}$$

Das Spektrum des Quantisierungsfehlers wird mit dem Frequenzgang des zweistufigen Synthesefilters gewichtet. Diese spektrale Formung ist nach psychoakustischen Kriterien als vorteilhaft zu bezeichnen, insbesondere wenn das Spektrum des Quantisierungsfehlers flach bzw. betragsmäßig konstant ist. Allerdings kann der Prädiktionsgewinn nicht zur Verbesserung des Signal-Störabstandes genutzt werden, da beide Prädiktoren als Vorwärtsprädiktoren arbeiten (s. Abschnitt 10.2.2 b)).

b) Kurzzeitprädiktion vorwärts und Langzeitprädiktion rückwärts

$$F(z) = P(z)$$
$$\tilde{D}(z) = X(z)\left(1 - A(z)\right)\left(1 - P(z)\right) + \Delta(z)\left(1 - P(z)\right)$$
$$Y(z) = X(z) + \frac{\Delta(z)}{\left(1 - A(z)\right)}$$

Das Fehlerspektrum wird in diesem Fall mit der spektralen Einhüllenden des decodierten Signalabschnitts gewichtet. Da nur der Langzeitprädiktor rückwärts arbeitet, kann auch nur der korrespondierende Anteil des Prädiktionsgewinns zur Verbesserung des Störabstandes genutzt werden.

c) Kurzzeit- und Langzeitprädiktion rückwärts

$$F(z) = A(z) + P(z) - A(z)\,P(z)$$
$$\tilde{D}(z) = X(z)\left(1 - A(z)\right)\left(1 - P(z)\right)$$
$$\quad + \Delta(z)\left(1 - A(z) - P(z) + A(z)\,P(z)\right)$$
$$= X(z)\left(1 - A(z)\right)\left(1 - P(z)\right) + \Delta(z)\left(1 - A(z)\right)\left(1 - P(z)\right)$$
$$Y(z) = X(z) + \Delta(z)$$

Der Quantisierungsfehler erscheint am Ausgang in unveränderter Form. Aufgrund der zweistufigen Rückwärtsprädiktion kann der Gesamt-Prädiktionsgewinn in voller Höhe zur Verbesserung des Signal-Störabstandes genutzt werden. Dieses Verhalten ist nach psychoakustischen Kriterien jedoch nachteilig, da der Quantisierungsfehler in der Regel ein spektral flaches Spektrum besitzt.

d) Kurzzeit- und Langzeitprädiktion mit Rauschfärbung

$$\tilde{D}(z) = X(z)\left(1 - A(z)\right)\left(1 - P(z)\right) + \Delta(z)\left(1 - F(z)\right)$$
$$Y(z) = X(z) + \Delta(z)\,\frac{1 - F(z)}{\left(1 - P(z)\right)\left(1 - A(z)\right)}$$

Dies ist der allgemeinste Fall. Im Sinne der spektralen Rauschfärbung nach Abschnitt 10.2.2 c) kann unter Teilverzicht auf den zur objektiven Verbesserung

Tabelle 10.2: Einstellungen des Fehlergewichtungsfilters $F(z)$; $0 \leq (\gamma_1, \gamma_2) \leq 1$

$F(z)$	wirksamer Quantisierungsfehler
$A(z/\gamma_1)$	$\Delta(z) \dfrac{1}{1-P(z)} \dfrac{1-A(z/\gamma_1)}{1-A(z)}$
$P(z/\gamma_2)$	$\Delta(z) \dfrac{1-P(z/\gamma_2)}{1-P(z)} \dfrac{1}{1-A(z)}$
$A(z/\gamma_1) + P(z/\gamma_2) - A(z/\gamma_1)\, P(z/\gamma_2)$	$\Delta(z) \dfrac{1-P(z/\gamma_2)}{1-P(z)} \dfrac{1-A(z/\gamma_1)}{1-A(z)}$

nutzbaren Prädiktionsgewinn eine auditive Verbesserung durch Ausnutzung des Maskierungseffektes des Gehörs (s. Abschnitt 2.3) erreicht werden.

Verschiedene Möglichkeiten für die Wahl von $F(z)$ und die jeweils resultierende spektrale Charakteristik des wirksamen Quantisierungsfehlers zeigt Tabelle 10.2.

Eine psychoakustisch vorteilhafte Einstellung ergibt z.B. die Wahl von $\gamma_2 = 1$ und $\gamma_1 < 1$. In diesem Fall entspricht die spektrale Gewichtung der konventionellen Rauschfärbung (s. Abschnitt 10.2.2 c)), während zusätzlich der Prädiktionsgewinn der LTP-Schleife zur objektiven Verbesserung des Störabstandes genutzt wird.

2. Vektorielle Quantisierung des Restsignals

Der angestrebte Bitratenbereich mit effektiv nur 0.5...1.5 Bit pro Abtastwert legt es nahe, das Restsignal vektoriell zu quantisieren. Dabei ist zu berücksichtigen, daß das Restsignal aufgrund der Prädiktionsfilterung weitgehend dekorreliert ist. Aus praktischen Gründen kommt wegen der hohen Komplexität nur die sogenannte *Gain-Shape*-Vektorquantisierung nach Abschnitt 9.6.5 in Frage, so daß im Prinzip Codebücher für normierte Restsignalvektoren zu entwerfen sind. Die statistische Analyse des aus Sprachsignalen gewonnenen Trainingsmaterials für diese Codebücher zeigt, daß die auf ihr jeweiliges Maximum normierten Vektoren mit guter Näherung und sprecherunabhängig einer Gaußverteilung genügen. Wegen der nicht gleichmäßigen Verteilung kann daher mittels Vektorquantisierung trotz Dekorreliertheit ein besseres Ergebnis als mit skalarer Quantisierung erzielt werden, wie in Abschnitt 9.6.4 gezeigt wurde. Bei den verfügbaren niedrigen Coderaten sind allerdings nur relativ niedrige Signal-Störabstände zu erzielen. Deshalb spielt das Fehlerkriterium bzw. das wirksame Distanzmaß eine große Rolle.

Bei der skalaren Quantisierung konnte nach psychoakustischen Kriterien eine deutliche Qualitätsverbesserung durch spektrale Formung des Quantisierungsfehlers erreicht werden. Dabei wird implizit der Verdeckungseffekt des Gehörs genutzt. Dieser Ansatz läßt sich auch auf die vektorielle Quantisierung übertragen. Daraus resultiert ein Konzept, das in der Literatur als *Analyse-durch-Synthese*-Codierung bezeichnet wird. Es bildet die Grundlage der meisten Codec-Standards (s.a. Anhang). Nachfolgend wird es aus der skalaren Quantisierung mit Rauschfärbung nach Bild 10.19-d abgeleitet.

Zur Vereinfachung der Darstellung wird zunächst auf die Langzeitprädiktion verzichtet. Den Ausgangspunkt der Überlegungen bildet Bild 10.20-a. Es zeigt als Ausschnitt aus Bild 10.19-d den Zusammenhang zwischen dem unquantisierten skalaren Restsignalwert $d'(k)$, dem quantisierten Wert $\tilde{d}(k)$ und dem resultierenden Fehlerwert

$$\Delta(k) = \tilde{d}(k) - d'(k) \ . \tag{10.63}$$

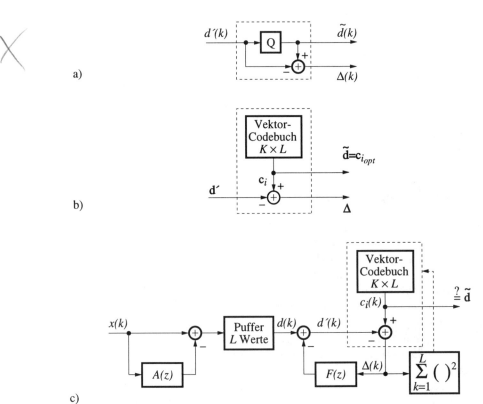

Bild 10.20: Zur spektralen Rauschfärbung bei vektorieller Quantisierung
    a) Skalare Quantisierung der Werte $d'(k)$
    b) Vektorielle Quantisierung des Vektors $\mathbf{d}'$
    c) Vektorielle Quantisierung mit Rauschfärbung
       (Anm.: Zur Vereinfachung ohne Langzeitprädiktion)

Für die vektorielle Betrachtungsweise werden L Werte von $d'(k)$ zu einem Vektor $\mathbf{d}'$ zusammengefaßt. Dieser kann prinzipiell, wie in Bild 10.20-b dargestellt, vektoriell quantisiert werden. Das Codebuch enthalte K Vektoren $\mathbf{c_i}$ ($i = 1, 2, \ldots K$) der Dimension L. Der im Sinne des kleinsten mittleren quadratischen Fehlers jeweils beste Vektor werde mit

$$\tilde{\mathbf{d}} = \mathbf{c}_{i_{\text{opt}}} \tag{10.64}$$

bezeichnet. Für jeden Codebuchvektor $\mathbf{c_i}$ ergibt sich somit ein Fehlervektor

$$\boldsymbol{\Delta} = \mathbf{c}_i - \mathbf{d}'. \tag{10.65}$$

Bei der vektoriellen Quantisierung ist nun zu berücksichtigen, daß der Vektor $\mathbf{d}'$ nicht vorab und vollständig zur Verfügung steht, da sich der Quantisierer gemäß Bild 10.20-c in einer Filterschleife befindet. In der zeitlichen Reihenfolge hängt jedes Element $d'(k)$ des Vektors $\mathbf{d}'$ von zeitlich vorausgehenden Elementen

$$\Delta(k - \kappa) = c_i(k - \kappa) - d'(k - \kappa), \quad \kappa = 1, 2, \ldots \tag{10.66}$$

des Fehlervektors $\boldsymbol{\Delta}$ ab. Deshalb entsteht der Vektor $\mathbf{d}'$ erst schrittweise im Zuge der Vektorquantisierung.

Für jeden Codebuchvektor $\mathbf{c}_i$ ergibt sich unter Umständen ein anderer Vektor $\mathbf{d}'$. Aus diesem Grund sind die L Eingangswerte $d(k)$ zwischenzuspeichern, so daß die Filterschleife für jeden Codebuchvektor neu abgearbeitet werden kann, wobei die Zustandswerte des Filters $F(z)$ jeweils auf den ursprünglichen Anfangswert zu setzen sind. Auf diese Weise läßt sich der Vektor $\mathbf{c}_{i_{\text{opt}}}$ mit dem kleinsten quadratischen Summenfehler ermitteln. Es ist offensichtlich, daß dabei der gleiche Mechanismus zur spektralen Färbung des Quantisierungsfehlers $\Delta(k)$ wirksam wird wie bei skalarer Quantisierung.

In der praktischen Umsetzung dieses Prinzips wird von einer anderen Struktur ausgegangen, die sich mit folgenden Überlegungen aus der Anordnung nach Bild 10.20-c ableiten läßt.

In vereinfachter Notation wird von Folgen $x(k)$, $d(k)$, $c_i(k)$ und $\Delta(k)$ ausgegangen, die für $k = 0, 1, 2, \ldots L - 1$ mit den jeweiligen Vektorelementen übereinstimmen und außerhalb dieses Intervalls nur Nullwerte annehmen. Aufgrund der Linearität der gesamten Filteranordnung kann durch Segmentierung der Eingangsfolge $x(k)$, separate Filterung dieser Abschnitte und Superposition der Teilreaktionen das Verhalten dieser Anordnung korrekt beschrieben werden. Die Superposition ergibt sich automatisch, wenn zu Beginn eines neuen Segmentes die am Ende des vorhergehenden Segmentes erreichten Filterzustände berücksichtigt werden.

In diesem Sinne genügt es, nur ein Segment zu betrachten. Nach Bild 10.20-c gilt mit den z-Transformierten der jeweiligen Folgen:

$$\Delta(z) = -X(z)\frac{1-A(z)}{1-F(z)} + C_i(z)\frac{1}{1-F(z)} \quad (10.67\text{-a})$$

$$= -X(z)\frac{1-A(z)}{1-F(z)} + C_i(z)\frac{1}{1-A(z)}\frac{1-A(z)}{1-F(z)} \quad (10.67\text{-b})$$

$$= \bigl(Y(z) - X(z)\bigr)\frac{1-A(z)}{1-F(z)} \quad (10.67\text{-c})$$

mit

$$Y(z) = C_i(z)\frac{1}{1-A(z)}. \quad (10.68)$$

Das Ergebnis der Gleichung (10.67-c) wird in Bild 10.21 dargestellt.

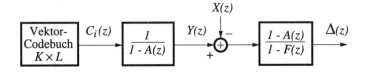

Bild 10.21: Grundstruktur eines CELP-Codecs nach dem Prinzip der Analyse-durch-Synthese (CELP = *Code Excited Linear Prediction*)

Diese zu Bild 10.20 völlig äquivalente Vorgehensweise wird in der Literatur mit dem Oberbegriff Codierung mittels *Analyse-durch-Synthese* umschrieben und in der speziellen Form als CELP-Codierung (*Code Excited Linear Prediction*, s.a. Abschnitt 10.4.3) bezeichnet [Schroeder, Atal-85].

Für jeden Codebuchvektor $\mathbf{c}_i$ ($i = 1, 2, \ldots K$) der Länge L wird versuchsweise ein Signalabschnitt $y(k)$ der gleichen Länge synthetisiert. Anschließend wird der Rekonstruktionsfehler $y(k) - x(k)$ durch Filterung spektral gewichtet. Es wird schließlich derjenige Codevektor ausgewählt, der die kleinste Fehlerenergie liefert. Die z-Transformierte des Gewichtungsfilters stimmt mit der Inversen des entsprechenden *Noise-Shaping* Filters überein.

Dieser Codieransatz ist sehr rechenintensiv, da pro Segment des Eingangssignals $x(k)$ K Segmente des Signals $y(k)$ zu synthetisieren sind. Um das Restsignal mit effektiv 0.5 Bit pro Abtastwert zu codieren, entsprechend einer anteiligen Bitrate von $B' = 0.5$ Bit $\cdot$ 8 kHz = 4 kbit/s, wird ein Codebuch mit

$$\frac{\operatorname{ld}(K)}{L} = 0.5 \quad (10.69)$$

benötigt. Für z.B. $L = 20$ ($\hat{=}$ 2.5 ms) ergibt sich bereits ein Codebuchumfang von $K = 2^{10} = 1024$.

Aufbauend auf den in diesem Abschnitt vorgestellten Grundlagen der skalaren und vektoriellen Quantisierung des Restsignals werden in den folgenden Abschnitten die wichtigsten Codec-Strukturen vorgestellt, die sich bei vergleichbarer Sprachqualität bezüglich der erzielbaren Bitrate und der erforderlichen Komplexität deutlich voneinander unterscheiden. Die konkreten Ausführungen der wichtigsten Codec-Standards werden im Anhang tabellarisch gegenübergestellt.

10.4.2 Restsignal-Codierung: RELP

Das erste zu behandelnde Konzept schließt sich unmittelbar an die APC mit Blockadaption des Abschnitts 10.2.1 an. Es handelt sich um einen Ansatz mit skalarer Quantisierung des Restsignals $d'(k)$ nach Kurzzeit- und Langzeitprädiktion (s. Varianten in Bild 10.19). Das Kernproblem dieses Ansatzes wird aus folgender Überlegung deutlich. Wird beispielsweise eine Gesamtrate von $B = 15$ kbit/s angestrebt, so steht zur Codierung des Restsignals nur eine Rate von ca. 12 kbit/s zur Verfügung, da die Quantisierung der LPC- und LTP-Filterparameter eine anteilige Bitrate von ca. 3 kbit/s erfordert (s. Abschnitt 10.3.3 und 7.4). Bei einer Abtastrate von $f_A = 8$ kHz stehen somit nur 1.5 Bit pro Wert $d'(k)$ zur Verfügung. Man könnte z.B. die geradzahlig indizierten Werte mit 2 Bit und die ungeradzahlig indizierten mit nur 1 Bit codieren. Der resultierende Quantisierungsfehler $\Delta(k)$ hätte eine derart hohe Leistung, daß auch mittels Rauschfärbung keine akzeptable Sprachqualität zu erzielen wäre.

Der Vergleich mit dem LPC-Vocoder (s. Abschnitt 10.3.2) macht offensichtlich, daß es nicht erforderlich ist, die Signalform des Restsignals exakt nachzubilden: das Gehör reagiert relativ unempfindlich auf bestimmte Veränderungen dieses Signals. Drei für die Sprachverständlichkeit und die Sprachqualität wesentliche Eigenschaften des Anregungssignals des empfangsseitigen Synthesefilters sind

– korrekte zeitliche Lautstärkekontour,

– richtige (Quasi-) Periodizität in stimmhaften Abschnitten,

– rauschartiger Charakter in stimmlosen Abschnitten.

Aufgrund des Weißmacher-Effektes der Prädiktionsfilterung können die angesprochenen Eigenschaften weitgehend aus einer mit einem Tiefpaß gefilterten Version des Restsignals rekonstruiert werden, wenn das Tiefpaßsignal (in quantisierter Form) zum Empfänger übertragen und die fehlenden höherfrequenten Spektralanteile des Restsignals durch spektral verschobene Versionen des sogenannten *Basisbandes* ersetzt werden. Die grundsätzliche Vorgehensweise zeigt Bild 10.22. Vereinfachend wird dabei zunächst wieder auf den Langzeitprädiktor verzichtet.

Die Prädiktionskoeffizienten $a_i(k)$ ($i = 1, 2, \ldots n$) sind abhängig vom Zeitindex k und werden blockadaptiv alle N Abtasttakte neu berechnet (z.B. $N = 160$ ($\hat{=}$ 20

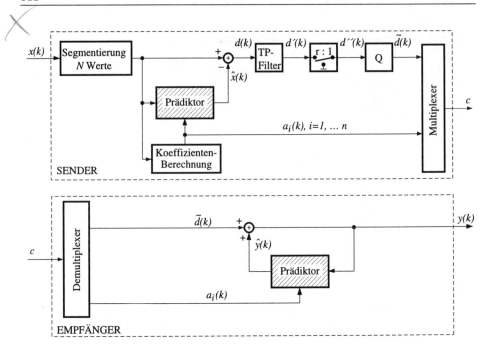

Bild 10.22: Zum Prinzip des Basisband-RELP-Codecs
(RELP: *Residual Excited Linear Prediction*)

ms); s. Abschnitt 7.3.1). Die Block-Segmentierung dient dazu, die zur Koeffizientenberechnung benötigten Abtastwerte aufzunehmen und für die nachfolgende Filterung zwischenzuspeichern. Dadurch besitzt der Codec eine *algorithmische Grundverzögerung* von mindestens N Takten. Hinzu kommt ein Verzögerungsbeitrag durch die Berechnung der Koeffizienten, die Filteroperationen sowie die Signalverzögerung infolge der Tiefpaß-Filterung. In der praktischen Ausführung bewirkt ein derartiger Codec je nach Organisation der Rechenabläufe eine Gesamtverzögerung von $1.25\,N$ bis $2\,N$ Takten (hier 25 – 40 ms). Zur Vereinfachung der Darstellung wird angenommen, daß die Koeffizienten $a_i(k)$ bereits in quantisierter Form vorliegen (s. Abschnitt 10.3.3), d.h. die realisierungstechnischen Maßnahmen der sendeseitigen Zuordnung der quantisierten Werte zu den zu übertragenden Bitmustern und der empfangsseitigen Decodierung dieser Bitmuster werden nicht explizit dargestellt.

Das wesentliche Merkmal des sogenannten *Basisband-RELP-Codecs* (RELP: *Residual Excited Linear Prediction*) ist die Tiefpaß-Filterung des Prädiktionsfehlersignals $d(k)$ mit anschließender Taktreduktion um den Faktor r. Der Tiefpaß besitzt eine Grenzfrequenz von $\Omega_g = \pi/r$. Damit kann die Abtastrate ausgangsseitig um den Faktor r reduziert werden, ohne daß spektrale Rückfaltungen auftreten. Der Faktor r wird üblicherweise zu $r = 3$ oder $r = 4$ gewählt. Das Basisbandsignal

10.4 Hybrid-Codierung

$d'(k)$ hat dann bei $f_A = 8$ kHz eine Bandbreite von $4/3$ kHz bzw. 1 kHz und eine Abtastrate von $f'_A = 8/3$ kHz bzw. $f'_A = 2$ kHz. Steht zur Codierung des Restsignals beispielsweise eine Rate von 12 kbit/s zur Verfügung, so kann der einzelne Wert $d'(k)$ jetzt relativ genau mit $12/8 \cdot 3 = 4.5$ Bit bzw. $12/2 = 6$ Bit codiert werden. Insgesamt kann die Tiefpaß-Filterung mit Unterabtastung und nachfolgender skalarer Quantisierung als eine zeitliche *und* wertemäßige Quantisierung verstanden werden.

Empfangsseitig wird die Abtastrate durch Einfügen von Nullzwischenwerten wieder auf das ursprüngliche Maß erhöht. Dadurch wird das Basisband $(r-1)$-mal gespiegelt und überlagert. Ohne Berücksichtigung der Quantisierungsoperation (d.h. für $\tilde{d}(k) = d''(k)$) läßt sich dieser Vorgang mit Hilfe der Abtastfolge nach (4.5-a) wie folgt beschreiben:

$$\tilde{d}(k) = d''(k) = d'(k) \cdot p(k) = \begin{cases} d'(k) & ; k = \lambda \cdot r \\ 0 & ; k \neq \lambda \cdot r \end{cases} \quad \lambda \in \mathbb{N}_0 \qquad (10.70)$$

mit gemäß (4.5-b)

$$p(k) = \frac{1}{r} \sum_{i=0}^{r-1} e^{+j\frac{2\pi}{r}ik} = \begin{cases} 1 & ; k = \lambda \cdot r \\ 0 & ; k \neq \lambda \cdot r. \end{cases} \qquad (10.71)$$

Die infolge der Abtastung nach Gleichung (10.70) enthaltenen Nullwerte werden natürlich nicht übertragen. Aufgrund der Summenorthogonalität der komplexen Exponentialfunktion läßt sich $p(k)$ als Überlagerung von r komplexen Trägersignalen mit den Frequenzen $\Omega_i = \frac{2\pi}{r}i$ $(i = 0, 1, \ldots r-1)$ verstehen. Nach dem Modulationssatz erhält man somit das Spektrum der Folge $d''(k)$ als eine Überlagerung spektral verschobener Versionen des Basisbandspektrums $D'(e^{j\Omega})$ gemäß

$$D''(e^{j\Omega}) = \frac{1}{r} \sum_{i=0}^{r-1} D'(e^{j(\Omega - \frac{2\pi}{r}i)}) . \qquad (10.72)$$

Die spektralen Zusammenhänge werden schematisch in Bild 10.23 dargestellt.

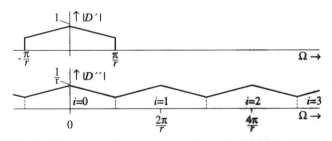

Bild 10.23: Zur Erzeugung des Anregungssignals im Basisband-RELP-Codec

Es entsteht ein breitbandiges Anregungssignal $\tilde{d}(k)$, dem durch das Synthesefilter die spektrale Einhüllende des ursprünglichen Sprachsignals aufgeprägt wird. Diese Form des Anregungssignals besitzt im wesentlichen die eingangs geforderten Eigenschaften. Für stimmlose Laute entsteht ein breitbandiges rauschartiges Signal, für periodische Abschnitte besitzt $\tilde{d}(k)$ ein Linienspektrum. Darüber hinaus bietet der Codec im Basisband, d.h. für

$$0 \leq \Omega \leq \frac{\pi}{r}, \tag{10.73}$$

abgesehen vom Quantisierungsfehler $\Delta(k) = \tilde{d}(k) - d''(k)$ eine transparente Übertragung.

Es ergibt sich eine wesentlich bessere Sprachqualität als beim LPC-Vocoder, da die für die Natürlichkeit des Sprachsignals wesentlichen Merkmale zumindest im Basisband korrekt übertragen werden und z.B. auch Übergangsphasen mit gemischter Stimmhaft/Stimmlos-Anregung möglich sind. Allerdings macht sich insbesondere bei hohen Frauen- und Kinderstimmen in stimmhaften Abschnitten ein störender metallischer bzw. vocoderhafter Klang bemerkbar. Die Ursache liegt, wie Bild 10.24 zeigt, darin, daß durch die spektrale Spiegelung in stimmhaften Abschnitten zwar im Prinzip Linienspektren erzeugt werden, daß aber die Spektralkomponenten außerhalb des Basisbandes in der Regel nicht bei Vielfachen der Grundfrequenz Ω_0 liegen. Dieser Effekt macht sich bei Männerstimmen weniger störend bemerkbar, da meist relativ viele Harmonische der Grundfrequenz, die den größten Teil

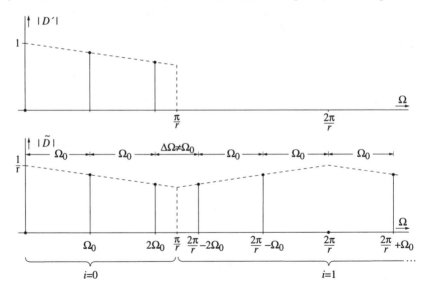

Bild 10.24: Zur spektralen Spiegelung beim RELP-Konzept

10.4 Hybrid-Codierung

der Energie tragen, in das Basisband fallen. Für Modem- und Musiksignale ist dieses Codec-Prinzip nicht geeignet.

Die Sprachqualität läßt sich jedoch durch Zusatzmaßnahmen deutlich verbessern. Durch die sendeseitige Hinzunahme eines Langzeitprädiktors wird erreicht, daß bei der Signalsynthese (s. Bild 10.17) die Kammfilter-Charakteristik des LTP-Synthesefilters in stimmhaften Abschnitten Spektralanteile bei Vielfachen der Grundfrequenz verstärkt und Komponenten dazwischen abschwächt. Außerdem kann die Erzeugung der höherfrequenten Spektralkomponenten durch Zusatzmaßnahmen verbessert werden.

Das RELP-Konzept hat große Bedeutung für den digitalen Mobilfunk gewonnen. Der sogenannte *Vollraten-Codec* des europäischen GSM-Standards (*Global System for Mobile Communication*) beruht auf diesem Prinzip.

Bild 10.25 zeigt ein vereinfachtes Blockschaltbild. Die Grundstruktur entspricht der Anordnung nach Bild 10.19-c. Die Kurzzeitprädiktion wird mit Filtergrad $n = 8$ vorwärts, die Langzeitprädiktion wird rückwärts ausgeführt. Das Basis-

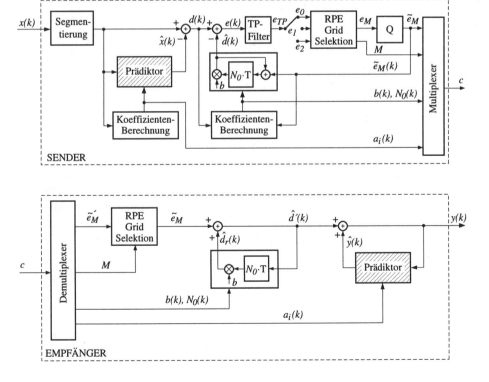

Bild 10.25: Blockschaltbild des GSM-Vollraten-Codecs

band-Tiefpaßfilter, der Abtaster und der skalare Quantisierer befinden sich in der LTP-Schleife (vgl. auch Bild 10.19-b).

Der Prädiktionsgewinn der Langzeitprädiktion trägt somit zur Verminderung des wirksamen Quantisierungsfehlers bei. Weiterhin sind folgende Besonderheiten zu beachten:

Das hier mit $e(k)$ bezeichnete zweite Restsignal wird blockweise verarbeitet. Das Tiefpaß-Filter ist ein linearphasiges FIR-Filter mit $m = 11$ Koeffizienten. Die Filterung wird im Sinne einer *Blockfilterung* ausgeführt, indem jeweils $L = 40$ Werte $e(k)$ um $m - 1$ Nullwerte ergänzt und die gefilterte Version $e_\text{TP}(k)$, bestehend aus $L + m - 1 = 50$ Werten, berechnet wird. Diese Folge wird einer adaptiven Taktreduktion um den Faktor $r = 3$ unterworfen, die im Blockschaltbild als *RPE-Grid-Selektion* bezeichnet wird. Dabei steht die Abkürzung RPE für *Regular Pulse Excitation*. Die Taktreduktion erfolgt, wie in Bild 10.26 dargestellt, insofern adaptiv, als bei $r = 3$ grundsätzlich 3 Möglichkeiten bestehen, die sich darin unterscheiden, ob der erste Wert bei $k = 0$, $k = 1$ oder $k = 2$ liegt. Die Folge $e_\text{TP}(k)$ wird in drei Teilfolgen $e_i(k)$ zerlegt gemäß

$$e_i(k) = \begin{cases} e_\text{TP}(k) & ; \ k = i + \lambda \cdot 3 \\ 0 & ; \ k \neq i + \lambda \cdot 3 \end{cases} \ ; \ i = 0, 1, 2 \ ; \ \lambda = 0, 1, 2, \ldots 12 \, . \quad (10.74)$$

Aus den $L = 40$ zentralen Werten der Folge $e_\text{TP}(k)$ werden 13 Werte im Sinne der besten Teilfolge e_i nach dem Energiekriterium

$$E_M = \max_i \sum_{\lambda=0}^{12} e_\text{TP}^2(i + \lambda \cdot 3) \quad (10.75)$$

ausgewählt[1].

Außer der Teilfolge $e_M = e_{i_\text{opt}}$ wird auch alle 5 ms die Rasterposition M neu bestimmt. Diese quasi-zufällige Variation trägt dazu bei, den tonalen-metallischen Effekt des Basisband-RELP-Prinzips zu vermeiden. Allerdings wird dadurch insbesondere bei hohen Stimmen eine leichte Rauhigkeit des rekonstruierten Sprachsignals erzeugt [Sluyter, Vary, et al.-88].

---

[1] Anmerkungen:
1. Diese spezielle Ausprägung der RELP-Struktur mit Blockfilterung und variabler Unterabtastung ergibt sich als Spezialfall des sogenannten RPE-Verfahrens [Kroon, Deprettere, et al.-86]. Es handelt sich um eine Analyse-durch-Synthese-Codierung, bei der pulsförmige Anregungsfolgen mit regelmäßigem Raster optimiert werden (s. Abschnitt 10.4.4).
2. Gleichung (10.74) definiert drei Teilfolgen zu je 13 Werten. Tatsächlich gibt es wegen der Blocklänge $L = 40$ vier Teilfolgen e_i ($i = 0, 1, 2, 3$), wobei die Folgen $e_0(k)$ und $e_3(k)$ sich nur im ersten und letzten Wert unterscheiden. In e_0 ist der erste Wert der 40 Werte e_TP und in e_3 der letzte Wert enthalten. Auf diese Weise erhält man immer genau 13 Werte und somit bei skalarer Quantisierung eine konstante Bitrate.

10.4 HYBRID-CODIERUNG

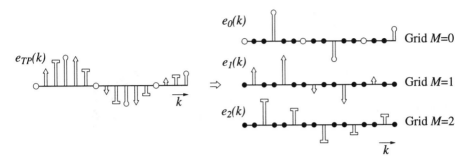

Bild 10.26: Zur adaptiven Taktreduktion nach dem RPE-Prinzip

Die 13 ausgewählten Werte werden nach einem AQF-Verfahren quantisiert (s. Abschnitt 9.5), indem sie auf ihr Maximum normiert und mit 8 Stufen (3 Bit) gleichmäßig quantisiert werden. Das Blockmaximum wird logarithmisch mit 2^6 Stufen codiert, während die Rasterposition mit 2 Bit dargestellt wird (s.a. Anhang). Dies ergibt für das Restsignal eine anteilige Bitrate von

$$B' = (13 \cdot 3 + 6 + 2) \text{ Bit/5ms} \tag{10.76}$$

$$= 9.4 \text{ kbit/s.} \tag{10.77}$$

Die LPC-Koeffizienten werden als Log.-Area-Ratios mit $36 \text{ Bit}/20\text{ ms} = 1.8 \text{ kbit/s}$ (s. Abschnitt 10.3.3) und die LTP-Parameter N_0 und b mit $(7+2) \text{ Bit}/5 \text{ ms} = 1.8$ kbit/s codiert. Dies ergibt eine Gesamtbitrate von $B = 13.0$ kbit/s.

Einen Einblick in die Wirkungsweise des Codecs bietet das Signalbeispiel aus Bild 10.27 für die Silbe „De" (Frauenstimme). Für verschiedene Zwischensignale des Blockschaltbildes 10.25 wurde eine Kurzzeitspektralanalyse durchgeführt. Es wurde eine Polyphasen-Filterbank mit einer 3 dB-Kanalbandbreite von $4 \text{ kHz}/128 = 31.25 \text{ Hz}$ (40 dB-Bandbreite 62.5 Hz) verwendet. Für alle Betragsspektren wurde der gleiche lineare Maßstab gewählt.

Ausgehend vom Spektrum des Eingangssignals x ist im Teilbild 10.27-b deutlich die spektrale Einebnung durch das LPC-Analyse-Filter zu erkennen. Beim Spektrum des LTP-Restsignals e (Teilbild 10.27-c) ist zu beachten, daß es sich um eine Rückwärtsprädiktion handelt, die in der Schleife einen Tiefpaß mit einer 3 dB-Grenzfrequenz von $4/3$ kHz enthält. So ist nur im Bereich bis ca. 1.33 kHz ein Prädiktionsgewinn im Sinne einer weiteren Dynamikreduktion festzustellen. Das LTP-Anregungssignal $\tilde{e}_M$ enthält im wesentlichen das Basisband des Restsignals e, das zum Empfänger übertragen und durch zeitvariable Spiegelung verbreitert wird (Teilbild 10.27-d).

Durch das LTP-Synthese-Filter wird dem Spektrum des Anregungssignals $\tilde{e}_M$ wieder die harmonische Struktur aufgeprägt (Teilbild 10.27-e), und durch die LPC-Synthese-Filterung wird die spektrale Einhüllende wiedergewonnen (Teilbild 10.27-f).

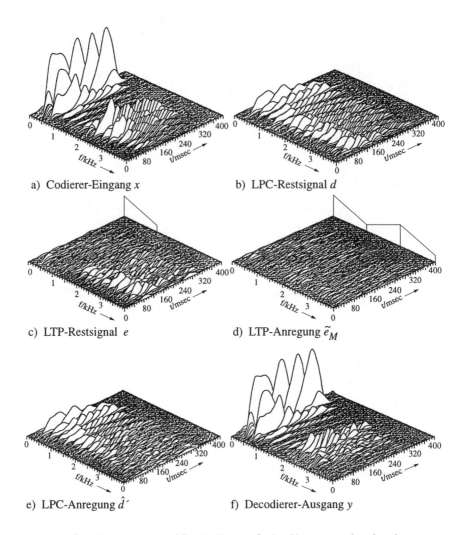

Bild 10.27: Signalbeispiel zum GSM-Vollraten-Codec Kurzzeitspektralanalyse für die Silbe „De"; (Frauenstimme, nach [Vary, Hofmann-88])

Der Vergleich von Teilbild 10.27-a und Teilbild 10.27-f läßt erkennen, daß im Bereich bis ca. 1.33 kHz eine transparente Übertragung stattfindet, während die spektrale Amplitudencharakteristik der höherfrequenten Komponenten nur näherungsweise nachgebildet wird. Unter Berücksichtigung der harmonischen Struktur stimmhafter Abschnitte und unter Ausnutzung der Eigenschaften des Gehörs läßt sich auf diese Weise eine relativ hohe Sprachqualität erzielen.

Für Modem- und Musiksignale ist dieser Codec nicht geeignet.

Im Vergleich zu den CELP-Verfahren ist der Realisierungsaufwand relativ gering (s. Abschnitt 10.4.3).

10.4.3 Analyse-durch-Synthese: CELP

a) Prinzip

Das Prinzip der Analyse-durch-Synthese-Codierung wurde in Abschnitt 10.4.1 aus dem Konzept der prädiktiven Codierung mit Rauschfärbung abgeleitet, indem die skalare Quantisierung des Restsignals $\tilde{d}(k)$ durch eine vektorielle Quantisierung ersetzt wurde.

Aus diesen Überlegungen ergab sich die in Bild 10.21 skizzierte Struktur, die nochmals in etwas ausführlicherer Form in Bild 10.28-a dargestellt wird. Dabei wurden im Vergleich zu Bild 10.21 in Anlehnung an die in der Literatur übliche Notation die Vorzeichen bei der Bildung des Fehlersignals $e(\lambda)$ umgekehrt. Dies hat jedoch wegen der Energie-Minimierung keinen Einfluß auf das Ergebnis. Zur Vereinfachung wird zunächst wieder auf die Berücksichtigung der Langzeitprädiktion verzichtet.

Analyse-durch-Synthese-Codierung wird in dieser Ausprägung in der Literatur als CELP-Codierung (*Code Excited Linear Prediction*) bezeichnet [Schroeder, Atal-85]. Dieser Ansatz ist sehr rechenintensiv, da für jeden der K Codebuchvektoren $\mathbf{c}_i$ der Dimension L entsprechend

$$\mathbf{c}_i = \bigl(c_i(0), c_i(1), \ldots c_i(L-1)\bigr)^T; \quad i = 1, 2, \ldots K \qquad (10.78)$$

L Werte $y_i(\lambda)$, $\lambda = 0, 1, \ldots L-1$ versuchsweise synthetisiert werden. Der sendeseitige Codierer enthält einen vollständigen Decoder (Empfänger). Der Rekonstruktionsfehler

$$e(\lambda) = x'(\lambda) - y_i(\lambda); \quad \lambda = 0, 1, \ldots L-1 \qquad (10.79)$$

wird durch Filterung spektral gewichtet, wodurch indirekt das psychoakustische Kriterium der Maskierung näherungsweise die Auswahl des besten Vektors $\mathbf{c}_{i_{opt}}$ bestimmt (s.a. Abschnitt 10.4.1).

b) Aufwandsreduktion

Mit den nachfolgenden Ausführungen wird gezeigt, wie sich der Rechenaufwand zur Ermittlung des besten Anregungsvektors $\mathbf{c}_i$ und des jeweils besten Verstärkungsfaktors g durch Modifikation der Anordnung aus Bild 10.28-a deutlich reduzieren läßt.

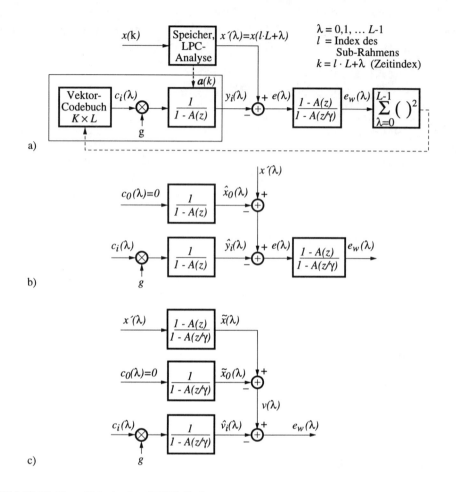

Bild 10.28: Zum Prinzip des CELP-Codecs
    a) Grundstruktur des CELP-Konzeptes
    b) Blockweise Verarbeitung ($\lambda = 0, 1, \ldots L - 1$) unter Berücksichtigung des Ausschwinganteils des vorhergehenden Blocks
    c) Äquivalente Struktur zu Teilbild b) mit reduziertem Rechenaufwand

Die Verarbeitung erfolgt in Blöcken der Länge L. Am Ausgang des (zeitvariablen) rekursiven Synthesefilters mit der Übertragungsfunktion

$$H(z) = \frac{1}{1 - A(z)} \tag{10.80}$$

liefert der jeweils ausgewählte optimale Anregungsvektor $\mathbf{c}_{i_{opt}}$ einen Beitrag zum rekonstruierten Signal y_i, der wegen des Ausschwinganteils des Synthesefilters nicht auf das Zeitintervall der Länge L begrenzt ist. Deshalb muß bei der Verarbeitung des l-ten Signalabschnitts

$$x'(\lambda) = x(l \cdot L + \lambda), \quad \lambda = 0, 1, \ldots L - 1 \tag{10.81}$$

der Ausschwinganteil des vorausgegangenen Signalabschnitts berücksichtigt werden. Dieser Anteil wird in Bild 10.28-b mit $\hat{x}_0(\lambda)$ bezeichnet. Er wird mit Hilfe eines zweiten Synthesefilters erzeugt, das mit einer Nullfolge $c_0(\lambda)$ angeregt wird und dessen Zustandswerte zu Beginn des l-ten Blocks auf die Werte gesetzt werden, die das Synthesefilter am Ende des $(l-1)$-ten Blocks für den besten Anregungsvektor erreichte. Für den Verarbeitungszyklus des l-ten Intervalls kann der Ausschwinganteil $\hat{x}_0(\lambda)$ vorab berechnet werden, so daß bei der Auswahl des neuen Anregungsvektors $\mathbf{c}_i$ die modifizierte Folge $x'(\lambda) - \hat{x}_0(\lambda)$ zu approximieren ist.

Der wesentliche Rechenaufwand besteht also darin, jeden der K Anregungsvektoren $\mathbf{c}_i$ der Länge L nach Skalierung mit dem Faktor g mit dem Synthesefilter zu filtern und die resultierende Fehlerfolge $e(\lambda)$ der Gewichtungsfilterung zu unterziehen. Aufgrund der Linearität der Filteroperationen kann der Beitrag der jeweiligen Anregungsfolge $c_i(\lambda)$ zur gewichteten Fehlerfolge $e_w(\lambda)$ durch Filterung mit der Kaskade der beiden Filter beschrieben werden. Dabei ergibt sich die wirksame Übertragungsfunktion zu

$$\tilde{H}(z) = \frac{1}{1-A(z)} \cdot \frac{1-A(z)}{1-A(z/\gamma)} \tag{10.82-a}$$

$$= \frac{1}{1-A(z/\gamma)} = \frac{1}{1-F(z)}. \tag{10.82-b}$$

Dies bedeutet eine deutliche Aufwandsreduktion, da jeder Anregungsvektor jetzt nur einmal zu filtern ist.

Mit dem gleichen Linearitäts-Argument lassen sich die in $e_w(\lambda)$ enthaltenen Beiträge des Ausschwinganteils $\hat{x}_0$ und des Signalanteils x' ermitteln.

Das Ergebnis ist in Bild 10.28-c dargestellt. Im Prinzip wird das Gewichtungsfilter über die beiden Summationspunkte in die drei Signalzweige verschoben.

Das neue Zielsignal $v(\lambda)$, das für jedes Intervall nur einmal berechnet wird, ist durch die Folge $\hat{v}_i(\lambda)$ ($\lambda = 0, 1, \ldots L - 1$) im Sinne des minimalen mittleren Fehlerquadrates durch Auswahl des besten Anregungsvektors $\mathbf{c}_i$ und des optimalen Skalierungsfaktors g zu approximieren.

Ein Teil des Problems läßt sich geschlossen lösen. Wird die Impulsantwort des modifizierten Synthesefilters nach (10.82-b) mit $\tilde{h}(k)$ bezeichnet, so gilt

$$\hat{v}_i(\lambda) = \sum_{\kappa=0}^{L-1} \tilde{h}(\lambda - \kappa) \cdot g \cdot c_i(\kappa); \quad \lambda = 0, 1, \ldots L - 1. \tag{10.83}$$

Zur Vereinfachung wird die folgende Vektor-/Matrix-Schreibweise eingeführt:

$$\hat{\mathbf{v}}_i = (\hat{v}_i(0), \hat{v}_i(1), \ldots \hat{v}_i(L-1))^T, \tag{10.84-a}$$

$$\mathbf{v} = (v(0), v(1), \ldots v(L-1))^T, \tag{10.84-b}$$

$$\mathbf{H} = \begin{pmatrix} \tilde{h}(0) & 0 & 0 & \ldots & 0 \\ \tilde{h}(1) & \tilde{h}(0) & 0 & \ldots & 0 \\ \tilde{h}(2) & \tilde{h}(1) & \tilde{h}(0) & \ldots & 0 \\ \vdots & \vdots & \vdots & \ddots & \vdots \\ \tilde{h}(L-1) & \tilde{h}(L-2) & \tilde{h}(L-3) & \ldots & \tilde{h}(0) \end{pmatrix}. \tag{10.84-c}$$

Damit läßt sich das Optimierungskriterium wie folgt als quadratische Norm des Differenzvektors formulieren:

$$\min_{i=1,\ldots K} \sum_{\lambda=0}^{L-1} \bigl(v(\lambda) - \hat{v}_i(\lambda)\bigr)^2 = \min_{i=1,\ldots K} \|\mathbf{v} - \hat{\mathbf{v}}_i\|^2. \tag{10.85-a}$$

Es gilt also, den Ausdruck

$$E_i = \|\mathbf{v} - \hat{\mathbf{v}}_i\|^2 \tag{10.85-b}$$

$$= \|\mathbf{v} - g\mathbf{H}\mathbf{c}_i\|^2 \tag{10.85-c}$$

zu minimieren.

Durch partielle Ableitung von E_i nach g und Nullsetzen des Ergebnisses findet man zunächst den für jeden Anregungsvektor $\mathbf{c}_i$ optimalen individuellen Verstärkungsfaktor

$$g = \frac{\mathbf{v}^T \mathbf{H} \mathbf{c}_i}{\|\mathbf{H}\mathbf{c}_i\|^2}, \tag{10.86}$$

und durch Einsetzen dieses optimalen Verstärkungsfaktors in (10.85-c) erhält man einen geschlossenen Ausdruck für die mit jedem festen, aber beliebigen Anregungsvektor $\mathbf{c}_i$ zu erzielende minimale Fehlerenergie

$$E_i = \|\mathbf{v}\|^2 - \frac{(\mathbf{v}^T \mathbf{H} \mathbf{c}_i)^2}{\|\mathbf{H}\mathbf{c}_i\|^2}. \tag{10.87}$$

Da der Ausdruck $\|\mathbf{v}\|^2$ bezüglich der Optimierung als konstant zu betrachten ist, genügt es, den zweiten Term zu maximieren, so daß das Optimierungskriterium letztlich die Form

$$\frac{(\mathbf{v}^T \mathbf{H} \mathbf{c}_i)^2}{\|\mathbf{H}\mathbf{c}_i\|^2} \stackrel{!}{=} \max \tag{10.88}$$

10.4 HYBRID-CODIERUNG

annimmt. Bei Verwendung des Ausdrucks (10.88) wird durch Variation von i ($i = 1, 2, \ldots K$) zunächst der beste Anregungsvektor $c_{i_{opt}}$ gefunden und erst dann der zugehörige optimale Verstärkungsfaktor g nach (10.86) explizit berechnet.

Die rechentechnische Komplexität dieser Vorgehensweise läßt sich leicht abschätzen, wenn im Hinblick auf eine Realisierung mit programmierbaren Signalprozessoren eine Multiplikation mit nachfolgender Addition als eine Operation angesetzt wird. Der Aufwand für die i.a. iterativ ausgeführte Division wird mit einem Äquivalent von 16 Operationen abgeschätzt.

Es ergibt sich die in Tabelle 10.3 angegebene Komplexität.

Tabelle 10.3: Anzahl der arithmetischen Operationen zur CELP-Codierung nach (10.88) und (10.86)

a)	Zähler (10.88)	$L^2 + K(1 + L)$
b)	Nenner (10.88)	$K \cdot L^2$
c)	Division (10.88)	$K \cdot 16$
d)	Division (10.86)	$K \cdot 16$
	(Rest in a) und c) enthalten)	
	Summe:	$S = K(33 + L + L^2) + L^2$

Bei dieser Abschätzung wurde angenommen, daß der Term $\mathbf{v}^T\mathbf{H}$ nur einmal mit L^2 Operationen berechnet wird und daß der Zähler- und der Nennerterm der (10.86), die bei der Auswertung der Beziehung (10.88) als Zwischenergebnisse anfallen, nicht erneut berechnet werden.

Die unter diesen Voraussetzungen erforderliche mittlere Rechenleistung ergibt sich unter Berücksichtigung der Vektorlänge L und der Abtastrate f_A zu

$$\text{RL} = \frac{S}{L} f_A . \qquad (10.89)$$

Bei einer typischen Dimensionierung mit $f_A = 8$ kHz, $K = 256$ und $L = 40$ wird demnach die sehr hohe Rechenleistung von ca. $86 \cdot 10^6$ Operationen pro Sekunde benötigt.

In der Literatur findet man zahlreiche Vorschläge, diesen Rechenaufwand durch spezielle Maßnahmen zu reduzieren. Dies gelingt insbesondere durch spezielle Wahl des Vektor-Codebuchs. Da der L-dimensionale Vektorraum durch die K Codebuchvektoren nur sehr dünn besetzt wird, hat die Wahl der Vektoren kaum Einfluß auf die Sprachqualität, sofern der relevante Teil des Vektorraums abgedeckt wird.

Erzeugt man beispielsweise die Codebuchvektoren aus einer Rauschsequenz durch Multiplikation mit einem gleitenden Rechteckfenster der Länge L derart, daß die

Vektoren $\mathbf{c}_i$ und $\mathbf{c}_{i+1}$ $(L-1)$ gemeinsame Elemente besitzen, so lassen sich die Vektorkomponenten des Produktes $\mathbf{Hc}_{i+1}$ mit insgesamt nur $2L$ Korrekturoperationen aus dem Produkt $\mathbf{Hc}_i$ gewinnen.

Dadurch wächst der in Tabelle 10.3 quadratisch ansteigende Term b) nur noch linear mit L.

Ein zweiter Ansatz zur Reduktion des Rechenaufwandes besteht darin, Vektoren $\mathbf{c}_i$ zu verwenden, die nur wenige von Null verschiedene Komponenten aufweisen. Enthält beispielsweise jeder Vektor nur vier von Null verschiedene Komponenten, so reduziert sich der Anteil b) in Tabelle 10.3 von $K \cdot L^2$ auf $K \cdot 4 \cdot L$. Für $L = 40$ wird somit der dominierende Anteil des Rechenaufwandes um den Faktor 10 reduziert (z.B. [Adoul, Mabilleau, et al.-87]).

Konkrete Beispiele zur rechentechnisch vorteilhaften Wahl der Codevektoren sind den Kurzbeschreibungen der Codec-Standards im Anhang zu entnehmen (s. insbesondere A.3, A.7).

c) Langzeitprädiktion, adaptives Codebuch

Bisher wurde das Prinzip der CELP-Codierung ohne Berücksichtigung der Langzeitprädiktion diskutiert. Bild 10.29-a zeigt die um ein LTP-Synthesefilter erweiterte Grundstruktur des CELP-Codecs aus Bild 10.28-a. Für die Anregungsfolge des LPC-Synthesefilters gilt

$$u'(\lambda) = g \cdot c_i(\lambda) + b \cdot u'(\lambda - N_0). \qquad (10.90\text{-a})$$

Faßt man, wie in Bild 10.30 dargestellt, L aufeinanderfolgende Werte der Folge $u(k)$ gemäß

$$u'(\lambda - j) = u(l \cdot L + \lambda - j) \doteq u_j(\lambda); \quad j = \text{konst}, \; \lambda = 0, 1, \ldots L-1 \qquad (10.90\text{-b})$$

zu einem Vektor

$$\mathbf{u}_j = (u_j(0), u_j(1), \ldots u_j(L-1))^T \qquad (10.90\text{-c})$$

zusammen, so folgt aus (10.90-a)

$$\mathbf{u}_0 = g \, \mathbf{c}_i + b \, \mathbf{u}_{N_0}. \qquad (10.90\text{-d})$$

Diese vektorielle Überlagerung wird in Bild 10.29-b veranschaulicht. Dabei wird zunächst eine noch zu begründende Verallgemeinerung vorgenommen, indem der Pitch-Parameter N_0 durch einen Index j $(j = 1, 2, \ldots K_a)$ ersetzt wird. Es wird ein Pseudo-Codebuch eingeführt, das die Vektoren $\mathbf{u}_j$ der Länge L enthält, deren Komponenten $u_j(\lambda)$ aus dem jeweils um j Takte verzögerten Anregungssignal herausgeschnitten wurden. Zur Unterscheidung der beiden Teilbeiträge $g \, \mathbf{c}_i$ und

10.4 Hybrid-Codierung

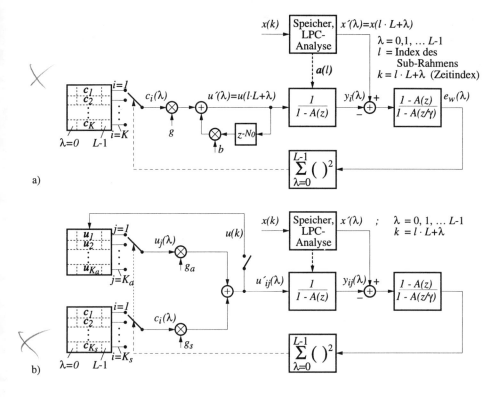

Bild 10.29: CELP-Codec mit Kurzzeit- und Langzeitprädiktion
a) Konventionelle Realisierung des LTP-Synthesefilters
b) Realisierung der LTP-Schleife mit Hilfe eines adaptiven Codebuchs

b $\mathbf{u}_j$ nach (10.90-d) wird eine Doppelindizierung eingeführt. Darüber hinaus werden die Gewichtungsfaktoren durch $g_a = b$ und $g_s = g$ ersetzt. Mit den Vektorkomponenten $u_0(\lambda)$, $c_i(\lambda)$ und $u_j(\lambda)$ aus (10.90-d) werden die Werte $u'_{ij}(\lambda)$ des Anregungssignals nach Bild 10.29 wie folgt gebildet

$$u'_{ij}(\lambda) \equiv u_0(\lambda) = g\, c_i(\lambda) + b\, u_j(\lambda) \qquad (10.90\text{-e})$$

$$= g_s\, c_i(\lambda) + g_a\, u_j(\lambda) \qquad (10.90\text{-f})$$

mit

$$\lambda = 0, 1, \ldots L - 1\,. \qquad (10.90\text{-g})$$

Für $j = N_0$ stimmen die Beziehungen (10.90-a) und (10.90-e) offensichtlich überein. Der Vorteil der so modifizierten und zunächst zu Bild 10.29-a noch äquivalenten Struktur besteht darin, daß der Beitrag der LTP-Schleife in gleicher Weise

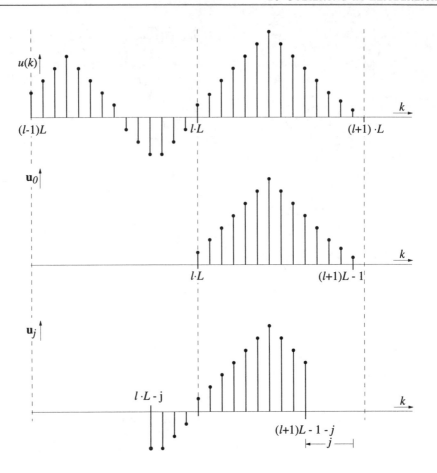

Bild 10.30: Zur Definition der Vektoren $\mathbf{u}_j$ des adaptiven Codebuchs (hier $L = 14$, $j = 0$ und $j = 4$)

behandelt werden kann wie der des ursprünglichen Vektor-Codebuchs. Insbesondere können die LTP-Parameter b und N_0 bzw. g_a und j_{opt} in einer Analyse-durch-Synthese-Prozedur genauso wie die Anregungsparameter $g_s = g$ und i_{opt} bestimmt werden. In der englischsprachigen Literatur wird diese Vorgehensweise als *closed-loop-LTP* bezeichnet. Da sich der Inhalt des zweiten Codebuchs signalabhängig ändert, spricht man von einem *adaptiven Codebuch*, während sich für das ursprüngliche Codebuch die Bezeichnungen *stochastisches Codebuch* oder *festes Codebuch* durchgesetzt haben. In der Grundform enthält es Vektoren, die aus einer stochastischen Folge mit Gauß-Verteilung gewonnen wurden. Aufgrund der „closed-loop"-Bestimmung der LTP-Parameter bzw. des durch die Analyse-durch-Synthese-Prozedur gegenüber Abschnitt 7.4 veränderten Fehlerkriteriums werden eine deutlich bessere Sprachqualität und ein um $2\ldots 5$ dB höheres SNR des synthetisierten Sprachsignals $y(k)$ erzielt [Singhal, Atal-84].

Auf folgende Besonderheiten ist noch hinzuweisen:

- Um das bestmögliche Ergebnis zu erzielen, muß man strenggenommen sämtliche Kombinationen der Teilanregungsvektoren $\mathbf{u}_j$ und $\mathbf{c}_i$ mit den jeweils besten Gewichtungsfaktoren g_a und g_s im Sinne einer vollständigen Suche betrachten. Da diese Vorgehensweise bei den üblichen Codebuch-Dimensionen einen extrem hohen Rechenaufwand erfordert, wird eine suboptimale Lösung gewählt, indem zunächst der beste Beitrag aus dem adaptiven Codebuch im Sinne des Fehlerkriteriums analog zu den Beziehungen (10.88) und (10.86) gesucht wird. Dabei kann die Tatsache, daß zwei aufeinanderfolgende Vektoren $\mathbf{u}_j$ und $\mathbf{u}_{j+1}$, abgesehen vom ersten Element aus $\mathbf{u}_{j+1}$ und dem letzten Element aus $\mathbf{u}_j$, sich aus den gleichen Komponenten zusammensetzen, vorteilhaft zur Reduktion des Rechenaufwandes genutzt werden.
Der zweite Schritt der suboptimalen Lösung besteht schließlich darin, den Beitrag aus dem festen Codebuch zu ermitteln (s. (10.88) und (10.86)).

- Während der Suche des für den aktuellen Subrahmen der Länge L besten Beitrags $\mathbf{u}_j$ wird das adaptive Codebuch nicht verändert. Erst nach Abschluß der Suche nach dem besten Vektor $\mathbf{c}_i$ aus dem festen Codebuch wird das adaptive Codebuch aktualisiert. Die Übernahme der endgültigen Anregungsfolge

$$u(k = l \cdot L + \lambda) = u'_{ij}(\lambda); \quad \lambda = 0, 1, \ldots L - 1 \qquad (10.91)$$

wird in Bild 10.29-b mit einem Schalter angedeutet.

- Die Äquivalenz zwischen den Teilbildern 10.29-a und 10.29-b gilt strenggenommen nur für $j_{\text{opt}} = N_0 \geq L$. Aufgrund der Blockverarbeitung mit der Subrahmenlänge L und der sequentiellen Suche im adaptiven und im festen Codebuch stehen bei der Suche im adaptiven Codebuch für $N_0 < L$ je nach Konstellation von j und λ noch keine endgültigen Werte $u(k)$ zur Verfügung, da der Anteil aus dem festen Codebuch noch nicht feststeht. Die fehlenden Einträge des adaptiven Codebuchs werden in diesem Fall z.B. aus der periodischen Wiederholung der letzten N_0 Werte der Anregungsfolge $u(k)$ des vorhergehenden Rahmens (Subrahmen-Index $l-1$) erzeugt.

10.4.4 Analyse-durch-Synthese: MPE, RPE

In diesem Abschnitt werden zwei besondere Ausführungsformen der Analyse-durch-Synthese-Codierung vorgestellt, die eine Verwandtschaft zur CELP-Codierung aufweisen und in der historischen Entwicklung der prädiktiven Codierverfahren als Zwischenschritte zu interpretieren sind. Es handelt sich um die sog. *Multipuls-Codierung* [Atal, Remde-82], die nur eingeschränkt praktische Bedeutung erlangt hat, sowie die daraus abgeleitete allgemeine Form der sog. RPE-Codierung (*Regular Pulse Excitation*, [Kroon, Deprettere, et al.-86]), die in stark vereinfachter Form die Grundlage des GSM-Vollraten-Codecs bildet (s.a. Abschnitt 10.4.2).

a) MPE

Zur Beschreibung dieses Verfahrens wird auf das Blockschaltbild 10.28 zurückgegriffen, wobei zur vereinfachten Darstellung der prinzipiellen Zusammenhänge wieder auf die Berücksichtigung der LTP-Filterung verzichtet wird.

Beim MPE-Verfahren steht im Gegensatz zum CELP-Ansatz für die Anregung des Synthesefilters (Bild 10.28-a) kein vorgegebenes Vektor-Codebuch zur Verfügung. Anstelle der in einem CELP-Codec verfügbaren Anregungsvektoren $g\,\mathbf{c}_i$, $i = 1, 2, \ldots K$, $K \gg L$ gibt es in einem MPE-Codec nur einen einzigen Anregungsvektor $\mathbf{c}$, der für jeden Subrahmen der Länge L neu konstruiert wird. Dieser Anregungsvektor enthält nur an $K < L$ Positionen λ_i, $i = 1, 2, \ldots K$ von Null verschiedene Elemente. Diese Struktur läßt sich durch gewichtete Überlagerung von K Elementarvektoren $\mathbf{c}_i$ beschreiben, die jeweils nur eine von Null verschiedene Einheitskomponente aufweisen. Es gilt für den Gesamtvektor

$$\mathbf{c} = \sum_{i=1}^{K} g_i\,\mathbf{c}_i \qquad (10.92)$$

mit

$$c_i(\lambda) = \begin{cases} 1 & ;\ \lambda = \lambda_i \\ 0 & ;\ \lambda \neq \lambda_i \end{cases} \quad \lambda = 0, 1, \ldots L - 1\,. \qquad (10.93)$$

Die Optimierungsaufgabe besteht darin, im Sinne der kleinsten Energie des spektral gewichteten Fehlersignals $e_w(\lambda)$ ($\lambda = 0, 1, \ldots L-1$), die bestmöglichen K Pulspositionen λ_i und die optimalen vorzeichenbehafteten Gewichtungsfaktoren (Pulsamplituden) g_i zu bestimmen. Das Problem ist geschlossen nicht zu lösen, und eine vollständige Analyse der bei Quantisierung der Amplitudenwerte g_i abzählbar endlich vielen Möglichkeiten scheidet aufgrund des Rechenaufwandes aus. Deshalb wird eine suboptimale iterative Lösung gewählt, die in K Schritten die Beiträge der K Teilvektoren bzw. die K Pulsfolgen λ_i und die K Amplituden g_i bestimmt.

Im ersten Schritt wird

$$\mathbf{c} = g_1\,\mathbf{c}_1 \qquad (10.94)$$

gesetzt, wobei g_1 und λ_1 noch unbestimmt sind. Damit kann in Analogie zur Vorgehensweise beim CELP-Codec (Gleichungen (10.84-c) bis (10.88)) der optimale Faktor g_1 in allgemeiner Form gemäß

$$g_1 = \frac{\mathbf{v}^T \mathbf{H}\mathbf{c}_1}{\|\mathbf{H}\mathbf{c}_1\|^2} \qquad (10.95)$$

(s.a. Bild 10.28) angegeben werden.

Für diesen Wert läßt sich in Abhängigkeit der L möglichen Pulspositionen λ_1 die Fehlerenergie geschlossen bestimmen (vgl. (10.87)) und ein Ausdruck ableiten (vgl. (10.88)), den es durch Variation von λ_1 zu maximieren gilt:

$$\frac{(\mathbf{v}^T\mathbf{H}\mathbf{c}_1)^2}{\|\mathbf{H}\mathbf{c}_1\|^2} \stackrel{!}{=} \max. \tag{10.96}$$

Der rechentechnische Aufwand ist dabei relativ gering, da der Spaltenvektor $\mathbf{c}_1$ nur eine Komponente aus dem Zeilenvektor $\mathbf{v}^T\mathbf{H}$ und nur eine Zeile aus der $L \times L$ Matrix $\mathbf{H}$ ausblendet.

In der praktischen Ausführung wird – wie beim CELP-Ansatz – zuerst der Vektor $\mathbf{c}_1$ bzw. die Pulsposition λ_1 bestimmt, die der Beziehung (10.96) genügt, und dann der Faktor (Pulsamplitude) g_1 nach (10.95) berechnet.

Der zweite Iterationsschritt beginnt damit, daß von dem ursprünglichen Zielvektor $\mathbf{v}$ (s. Bild 10.28-c) der durch den Anregungsvektor $g_1\mathbf{c}_1$ hervorgerufene Beitrag $\hat{\mathbf{v}}_1 = g_1\mathbf{H}\mathbf{c}_1$ subtrahiert wird, um den neuen Zielvektor

$$\mathbf{v}_2 = \mathbf{v} - \hat{\mathbf{v}}_1 \tag{10.97}$$

für die Optimierung des zweiten Beitrags $g_2\mathbf{c}_2$ zu generieren. Die Pulspositionen λ_2 und die Pulsamplitude g_2 werden dann mit verändertem Zielvektor analog zu λ_1 und g_1 bestimmt.

Entsprechend wird mit den restlichen Parametern λ_i und g_i verfahren, so daß nach K Iterationsschritten der Gesamtvektor nach (10.92) vorliegt.

Je nach Anforderung an die Sprachqualität werden $4-8$ Pulse pro 4 ms ($L = 32$) benötigt. Bei logarithmischer Quantisierung der Amplituden g_i mit (nur) jeweils 5 Bit und Codierung der Pulspositionen λ_i mit je 5 Bit ergibt sich eine Datenrate von 8 bis 16 kbit/s. Hinzuzurechnen ist die Datenrate für das LPC- und gegebenenfalls das LTP-Synthesefilter. Damit liegt die Mindestdatenrate bei ca. 10 kbit/s.

b) RPE

Ein grundsätzlicher Nachteil des MPE-Verfahrens besteht darin, daß ein relativ hoher Anteil der zur Verfügung stehenden Datenrate zur Codierung der Pulspositionen aufgewendet wird, wodurch die Anzahl K der Pulse stark begrenzt wird. Ausgehend von dieser Feststellung wurde in [Kroon, Deprettere, et al.-86] vorgeschlagen, nur wenige, regelmäßig angeordnete Pulspositionen und dafür deutlich mehr Pulse zuzulassen. Für die Pulspositionen werden K regelmäßige Raster (engl. *grids*) vorgegeben, wodurch, wie in Bild 10.31 angedeutet, K unterschiedliche Anregungsvektoren $\mathbf{c}_i$ ($i = 1, 2, \ldots K$) zu optimieren sind, die jeweils nur im Abstand K von Null verschiedene Werte aufweisen.

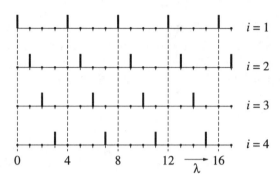

Bild 10.31: Zur Definition der RPE-Rasterpositionen (*grids*, $K = 4$)

Nur der im Sinne des Optimierungskriteriums (Energie der spektral gewichteten Fehlerfolge $e_w(\lambda)$) beste Anregungsvektor $\mathbf{c}_{i_{\text{opt}}}$ wird in codierter Form übertragen. Bei einer typischen Dimensionierung mit $K = 4$ werden nur zwei Bit zur Codierung der Rasterpositionen benötigt, so daß die für die Anregungsinformation zur Verfügung stehende Bitrate weitgehend zur skalaren oder vektoriellen Codierung bzw. Quantisierung des besten Vektors $\mathbf{c}_{i_{\text{opt}}}$ aufgewendet werden kann.

Für den letztendlich ausgewählten Anregungsvektor $\mathbf{c}$ gilt in Abänderung von (10.92)

$$\mathbf{c} \in \{\mathbf{c}_1, \mathbf{c}_2, \ldots \mathbf{c}_K\}, \tag{10.98}$$

wobei die Komponenten der separat zu optimierenden Vektoren $\mathbf{c}_i$ der strukturellen Bedingung (s. Bild 10.31)

$$c_i(\lambda) = \begin{cases} g_i(\lambda) & ; \; \lambda = \rho \cdot K + i - 1 \\ 0 & ; \; \lambda \neq \rho \cdot K + i - 1 \end{cases} \quad i = 1, 2, \ldots K, \; \rho \in \mathbb{Z} \tag{10.99}$$

genügen.

Im Gegensatz zum MPE-Verfahren kann die Optimierung hier prinzipiell in geschlossener Form durchgeführt werden.

Dazu werden die $m = L/K$ von Null verschiedenen Elemente $g_i(\lambda)$ der Vektoren $\mathbf{c}_i$ zu Vektoren $\mathbf{g}_i$ zusammengefaßt und die strukturelle Bedingung (10.99) durch eine Matrix $\mathbf{B}_i$ beschrieben, welche m Spalten und L Zeilen besitzt und deren Elemente nur die Werte 0 oder 1 annehmen. Damit gilt

$$\mathbf{c}_i = \mathbf{B}_i \cdot \mathbf{g}_i \, . \tag{10.100}$$

Für die durch den Vektor $\mathbf{c}_i$ verursachte Fehlerenergie E_i folgt analog zu (10.85-c) und Bild 10.28

$$\begin{align} E_i &= \|\mathbf{v} - \mathbf{H}\mathbf{c}_i\|^2 \tag{10.101-a} \\ &= \|\mathbf{v} - \mathbf{H}\mathbf{B}_i\mathbf{g}_i\|^2 \, . \tag{10.101-b} \end{align}$$

Die partielle Ableitung nach dem unbekannten Vektor $\mathbf{g}_i$ liefert die Bedingung

$$\frac{\partial E_i}{\partial \mathbf{g}_i} = -2\,(\mathbf{HB}_i)^T \left(\mathbf{v} - \mathbf{HB}_i\mathbf{g}_i\right) \stackrel{!}{=} \mathbf{0} \qquad (10.102)$$

bzw. die allgemeine Lösung

$$\mathbf{g}_i = \left(\mathbf{B}_i^T \mathbf{H}^T \mathbf{HB}_i\right)^{-1} (\mathbf{HB}_i)^T \mathbf{v}\ . \qquad (10.103)$$

Durch Einsetzen von (10.103) in (10.101-b) erhält man einen Ausdruck zur Bestimmung des Energieterms in Abhängigkeit von den Rasterpositionen $i = 1, 2, \ldots K$.

In der praktischen Anwendung wird daher zuerst über die Berechnung der Energie die beste Rasterposition i ermittelt und schließlich mit (10.103) und (10.100) der optimale Anregungsvektor bestimmt.

Da die Komponenten $g_i(\lambda)$ in nicht-quantisierter Form berechnet werden, geht die anschließend durchgeführte Amplitudenquantisierung und damit der Quantisierungsfehler nicht in die Optimierung ein.

Die Struktur des GSM-Vollraten-Codecs läßt sich als Spezialfall aus diesem Ansatz ableiten.

10.5 Codec-Verbesserung durch adaptive Nachfilterung

Die diskutierten Konzepte zur prädiktiven Sprachcodierung liefern mit effektiven Raten von nur $0.5 \ldots 2$ Bit pro Abtastwert eine relativ hohe Sprachqualität. Das ist in hohem Maße auf die Technik der Rauschfärbung bzw. der spektralen Fehlergewichtung zurückzuführen. Dabei wird ein durch den psychoakustischen Effekt der Maskierung motiviertes Fehlerkriterium verwendet. Die resultierende Fehlerleistung ist in der Regel größer als bei der Optimierung nach dem Kriterium des ungewichteten minimalen mittleren quadratischen Fehlers, das auf spektral flache bzw. weiße Fehlerspektren zielt (s.a. Abschnitt 10.2.2 c)). Trotz einer insgesamt größeren Fehlerleistung ergibt sich eine auditiv bessere Spachqualität, indem in Bereichen mit hoher spektraler Intensität des Nutzsignals eine relativ hohe Störleistung zugelassen wird. Bei Verwendung des in Abschnitt 10.4.1 diskutierten Gewichtungsfilters, das aus dem LPC-Synthesefilter abgeleitet wird (s. Tabelle 10.2), nimmt der über der Frequenz aufgetragene Signal-Störabstand seine größten Werte in den Bereichen mit der größten Signalintensität an. In Bereichen mit geringer Signalintensität, insbesondere in den „spektralen Tälern" ergeben sich deutlich schlechtere Störabstandswerte (s.a. Bild 10.8). Sie sind z.T. so gering, daß die Gesamtstörung bei den hier interessierenden Datenraten nicht vollständig maskiert werden kann.

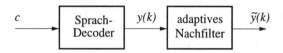

Bild 10.32: Adaptive Nachfilterung des decodierten Sprachsignals

In gewissen Grenzen ist, wie in Bild 10.32 angedeutet, eine Reduktion nicht maskierter Anteile des Fehlerspektrums durch adaptive Nachfilterung des rekonstruierten Sprachsignals möglich. Die psychoakustische Begründung dieser Maßnahme besteht darin, daß Formanten und lokale spektrale Maxima besonders wichtig für die auditive Wahrnehmung sind, während das Gehör relativ unempfindlich auf Veränderungen der spektralen Täler reagiert.

In der Literatur wurden unterschiedliche Nachfilter vorgeschlagen, die diesen Effekt ausnutzen. Eine vereinheitlichende Darstellung, der auch die weiteren Ausführungen weitgehend folgen, findet man in [Chen, Gersho-95]. Unterschiedliche Varianten dieses allgemeinen Ansatzes sind in verschiedenen Codec-Standards enthalten (s. Anhang Codec-Standards).

Die „Wunschcharakteristik" des momentanen Frequenzganges eines adaptiven Nachfilters zeigt Bild 10.33 am Beispiel eines stimmhaften Signalabschnitts.

Der Frequenzgang des Nachfilters folgt sowohl der spektralen Einhüllenden als auch der spektralen Feinstruktur derart, daß die Formanten und die lokalen spektralen Maxima möglichst nicht verändert werden, während Anteile in den spektralen Tälern (zwischen den Formanten und zwischen den einzelnen Spektrallinien) abgesenkt werden. Die zur Einstellung dieses Filters notwendigen Informationen lassen sich in der Regel aus den Koeffizienten des LTP- und LPC-Synthesefilters des Sprachdecoders ableiten oder aus dem Signal $y(k)$ bestimmen.

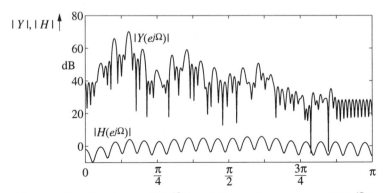

Bild 10.33: Signalspektrum $|Y(e^{j\Omega})|$ und Betragsfrequenzgang $|H(e^{j\Omega})|$ eines adaptiven Nachfilters (nach [Chen, Gersho-95])

Die gewünschte Charakteristik läßt sich durch Kaskadierung zweier Filter mit den Übertragungsfunktionen $H_A(z)$ und $H_P(z)$ herstellen gemäß

$$H(z) = H_A(z) \cdot H_P(z) \,. \tag{10.104}$$

$H(z)$ setzt sich aus einem Kurzzeit- und einem Langzeitanteil zusammen, die aus den beiden Prädiktoren $A(z)$ und $P(z)$ abgeleitet werden (s. Abschnitt 10.4). Ausgangspunkt der Konstruktion von $H_A(z)$ ist die Übertragungsfunktion des modifizierten LPC-Synthesefilters

$$\tilde{H}_{\text{LPC}}(z) = \frac{1}{1 - A(z/\alpha)} \,; \quad 0 \leq \alpha \leq 1, \tag{10.105}$$

dessen Polradien mit dem Faktor α skaliert werden. Die Auswirkung auf den Betragsfrequenzgang zeigt Bild 10.34.

Mit abnehmendem α nimmt auch die Ausprägung der Resonanzen ab. Die Betragsfrequenzgänge weisen einen Abfall zu höheren Frequenzen hin auf, der für die vorliegende Aufgabenstellung unerwünscht ist.

Dieser Abfall läßt sich mit der folgenden Übertragungsfunktion weitgehend vermeiden

$$H_A(z) = g_A \cdot \frac{1 - A(z/\beta)}{1 - A(z/\alpha)} \cdot (1 - \gamma \cdot z^{-1}); \quad 0 \leq \alpha, \beta, \gamma \leq 1. \tag{10.106}$$

Dabei besitzt g_A die Bedeutung eines (zeitvariablen) Skalierungsfaktors, der sicherstellen soll, daß die Leistung des Signals durch die Filterung möglichst nicht verändert wird.

Das Verhältnis der Terme $(1 - A(z/\beta))$ zu $(1 - A(z/\alpha))$ stellt sich im logarithmischen Maßstab als Differenz zweier Kurven aus Bild 10.34 dar. Dadurch wird der

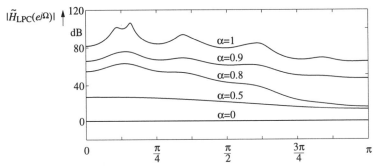

Bild 10.34: Beispielfrequenzgänge des modifizierten LPC-Synthesefilters für verschiedene Werte von α; (Anhebung benachbarter Kurven um jeweils 20 dB)

spektrale Abfall bereits zum Teil kompensiert. Der letzte Produktterm $(1-\gamma\cdot z^{-1})$ hat mit einem festen (oder adaptiv einzustellenden) Koeffizienten γ eine zusätzliche Anhebung der höherfrequenten Anteile zur Folge (Präemphase-Filter) und bewirkt den weiteren Ausgleich des spektralen Abfalls.

Bild 10.35-a,b zeigt exemplarisch das Betragsspektrum des Signalabschnitts sowie den resultierenden Teilfrequenzgang $|H_A(e^{j\Omega})|$.

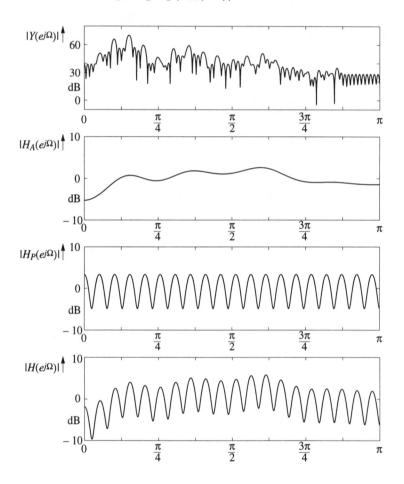

Bild 10.35: Zum Frequenzgang des adaptiven Nachfilters
    a) Spektrum des Signalabschnitts
    b) Teilfrequenzgang $|H_A(e^{j\Omega})|$; nach (10.106)
    c) Teilfrequenzgang $|H_P(e^{j\Omega})|$; nach (10.107)
    d) Gesamtfrequenzgang $|H(e^{j\Omega})| = |H_A(e^{j\Omega})| \cdot |H_P(e^{j\Omega})|$
       ($\alpha = 0.8$, $\beta = 0.5$, $\gamma = 0.5$, $\varepsilon = 0.4$, $\eta = 0.05$)

Der zweite Term $H_P(z)$ der Gleichung (10.104) wird entweder aus dem Langzeitprädiktor $P(z)$ abgeleitet oder mittels erneuter LTP-Analyse des decodierten Signals $y(k)$ gewonnen. Letztere Vorgehensweise ist angebracht, wenn die LTP-Parameter (Verstärkungsfaktor b bzw. g_a und Verzögerung N_0) sendeseitig mit einer Analyse-durch-Synthese Prozedur gewonnen wurden. In diesem Fall stimmt der Verzögerungsparameter aufgrund des Fehlerkriteriums nicht notwendigerweise mit der momentanen Grundperiode des Signals überein.

Die in Bild 10.33 erkennbare periodische Feinstruktur läßt sich mit folgendem Ansatz verwirklichen:

$$H_P(z) = g_P \cdot \frac{1 + \varepsilon \cdot z^{-N_0}}{1 - \eta \cdot z^{-N_0}} \; ; \quad 0 \leq \varepsilon, \eta \leq 1, \tag{10.107}$$

wobei g_P einen noch zu bestimmenden Skalierungsfaktor bezeichnet. Die Übertragungsfunktion $H_P(z)$ besitzt die Polstellen

$$z_{\infty i} = \rho \cdot e^{j\Omega_{\infty i}} \tag{10.108}$$

mit

$$\rho = \frac{1}{\sqrt[N_0]{\eta}} \tag{10.109}$$

und

$$\Omega_{\infty_i} = \frac{2\pi}{N_0} i \; ; \quad i = 0, 1 \ldots N_0 - 1 \tag{10.110}$$

sowie den Nullstellen

$$z_{0i} = \zeta \cdot e^{j\Omega_{0i}} \tag{10.111}$$

mit

$$\zeta = \frac{1}{\sqrt[N_0]{\varepsilon}} \tag{10.112}$$

und

$$\Omega_{0_i} = \frac{\pi}{N_0} (2i + 1) \; ; \quad i = 0, 1 \ldots N_0 - 1 \; . \tag{10.113}$$

In [Chen, Gersho-95] wird vorgeschlagen, die Koeffizienten ε und η in Abhängigkeit des LTP-Parameters b (s. z.B. (7.66-a)) wie folgt einzustellen

$$\varepsilon = c_1 \cdot f(b) \; , \; \eta = c_2 \cdot f(b) \; ; \; 0 \leq c_1, c_2 < 1 \; ; \; c_1 + c_2 = 0.5 \tag{10.114}$$

mit

$$f(b) = \begin{cases} 0 & ; \ b < c_3 \\ b & ; \ c_3 \leq b \leq 1 \\ 1 & ; \ 1 < b \end{cases} \quad 0 < c_3 < 1 \ . \tag{10.115}$$

Damit wird sichergestellt, daß in stimmlosen Abschnitten, in denen b sehr kleine Werte annimmt, die Wirkung der Übertragungsfunktion $H_P(z)$ aufgehoben wird. Die Dimensionierung der Parameter $\alpha, \beta, \gamma, \varepsilon, \eta, c_1, c_2$ und c_3 ist auf den jeweiligen Codec experimentell abzustimmen. In der Regel wird c_2 sehr klein oder gar zu Null gewählt, wodurch der rekursive Anteil in (10.107) entfällt. Eine typische Dimensionierung ergibt sich durch folgende Wahl: $\alpha = 0.8$, $\beta = 0.5$, $c_1 = 0.5$, $c_2 = 0.0$ und $c_3 = 0.6$.

Der Skalierungsfaktor g_P in (10.107) wird derart eingestellt, daß die Kurzzeitleistung des Signals $y(k)$, durch die Filterung mit $H_P(z)$ näherungsweise nicht verändert wird. Der Faktor g_P wird in relativ kurzen Zeitabständen z.B. entprechend [Chen, Gersho-95]

$$g_P = \frac{1 - \eta/b}{1 + \varepsilon/b} \tag{10.116}$$

bestimmt. Der zweite Skalierungsfaktor g_A (s.a. Bild 10.36) sorgt dafür, daß die Leistungen von $y(k)$ und $\tilde{y}(k)$ mit einer Zeitauflösung, die in der Größenordnung der Silbendauer liegt, übereinstimmen.

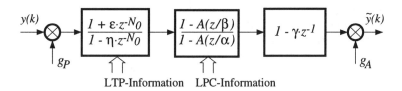

Bild 10.36: Struktur des adaptiven Nachfilters

Insgesamt kann mit diesem Konzept der adaptiven Nachfilterung eine weitere u.U. deutliche Reduktion der hörbaren Quantisierungsverzerrungen erreicht werden. Diese Nachbearbeitung kann allerdings merkliche Signalverzerrungen hervorrufen, wenn das Signal mehrere Codec-Strecken durchläuft (Tandem-Betrieb). In diesem Fall ist es günstiger, auf die Nachfilterung zu verzichten.

Kapitel 11

Codierung im Frequenzbereich

11.1 Hintergrund

Als Frequenzbereichscodierung (FBC) bezeichnet man Verfahren, die vor Quantisierung und Übertragung eine *Spektralanalyse* enthalten. Nach der Übertragung ist demnach eine *Spektralsynthese* vonnöten: Ein Analyse-Synthese-System mit zwischengeschalteter Manipulation der Spektraldaten ist der Codec-Kern (vgl. Kap. 4, 5).

Als Motivation für FBC-Ansätze treten vor allem zwei Gedanken auf: Zum einen die Parallelität zur Frequenzgruppen-Analyse, also zu einer Filterbank als erste Auswertungsstufe im Innenohr (vgl. Abschnitt 2.3.3), zum anderen die Möglichkeit, vorgenommene Manipulationen in ihren Auswirkungen auf die einzelnen Bänder zu beschränken und sie dort günstig im Sinne der Psychoakustik zu beeinflussen (vgl. Abschnitt 2.3.4).

Ziel einer Signalverarbeitung vor der Quantisierung ist selbstverständlich wie bei den prädiktiven Verfahren das Einsparen von Bitrate. Bei der Prädiktion gelingt das, weil Sprache korreliert ist: Deshalb ist das Residualsignal d_k „im Mittel kleiner" als das Sprachsignal x_k, deshalb gilt für den in (7.28) definierten Prädiktionsgewinn

$$G_p = \frac{\sigma_x^2}{\sigma_d^2} > 1,$$

und deshalb kann man bei der Codierung und Übertragung

$$\Delta w_p = \frac{1}{2} \operatorname{ld} G_p \qquad (11.1)$$

„führende Nullbits" pro Abtastwert weglassen (vgl. Nutzung und Deutung des Prädiktionsgewinns in Abschnitt 10.2.2-b).

Äquivalente Einsparungen im Frequenzbereich sind möglich, weil einer nicht-impulsförmigen AKF $\varphi_{xx}(\lambda)$ ein nicht-konstantes LDS $\Phi_{xx}(e^{j\Omega})$ entspricht: Sprache ist nicht „weiß" oder „spektral flach"; das läßt sich ausdrücken durch das Maß für die „Flachheit" ihres Spektrums [Jayant, Noll-84] gemäß

$$\gamma_x^2 \;=\; \frac{\exp\left\{\frac{1}{2\pi}\int\limits_{\Omega=-\pi}^{\pi}\ln\Phi_{xx}(e^{j\Omega})d\Omega\right\}}{\frac{1}{2\pi}\int\limits_{\Omega=-\pi}^{\pi}\Phi_{xx}(e^{j\Omega})d\Omega} \qquad (11.2\text{-a})$$

$$=\; \frac{1}{\sigma_x^2}\exp\left\{\frac{1}{2\pi}\int\limits_{\Omega=-\pi}^{\pi}\ln\Phi_{xx}(e^{j\Omega})d\Omega\right\}. \qquad (11.2\text{-b})$$

Dieses Maß enthält im Zähler eine verallgemeinerte geometrische, im Nenner eine arithmetische Mittelung über das LDS; dieser Quotient ist nie negativ und höchstens gleich 1, und für Sprache gilt (im Mittel)

$$\gamma_x^2 \;<\; 1. \qquad (11.2\text{-c})$$

Hieraus sowie anschaulich aus Bild 11.1 folgt, daß Spektralanteile

– bei höheren Frequenzen,

– in den „Tälern" zwischen den Formantbereichen,

– in den Einschnitten zwischen den Vielfachen der Sprachgrundfrequenz

„im Mittel kleiner" sind als etwa Anteile, die bei einer Pitch-Harmonischen im Maximum des ersten Formanten gefunden werden: Wieder können führende Nullbits ohne Informationsverlust weggelassen werden, und zwar im Grenzfall mit (11.2-b) im Mittel pro Spektralwert

$$\Delta w_F \;=\; -\frac{1}{2}\operatorname{ld}\gamma_x^2$$

$$=\; -\frac{1}{2}\frac{1}{2\pi}\int\limits_{\Omega=-\pi}^{\pi}\operatorname{ld}\left[\frac{\Phi_{xx}(e^{j\Omega})}{\sigma_x^2}\right]d\Omega. \qquad (11.3)$$

Wie das Prinzip ist auch der erzielbare Gewinn letztlich bei prädiktiven wie spektralen Ansätzen gleich: Man kann zeigen, daß ein Prädiktor unendlich hoher Ordnung n genau dieselbe Verbesserung erzielt:

$$\lim_{n\to\infty} G_p \;=\; \frac{1}{\gamma_x^2} \;\mathrel{\widehat{=}}\; \lim_{n\to\infty}\Delta w_P \;=\; \Delta w_F. \qquad (11.4)$$

11.1 Hintergrund

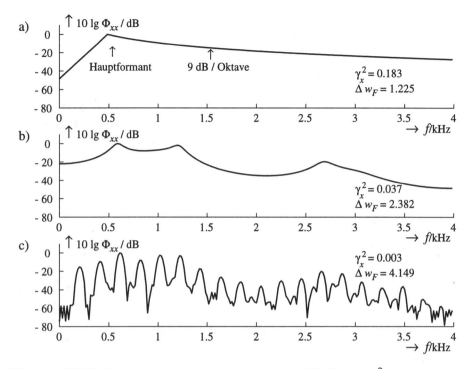

Bild 11.1: LDS-Verläufe und daraus berechnete spektrale Flachheiten γ_x^2 und Wortlängenreduktion Δw_F
a) für ein Langzeit-Modellspektrum von Sprache
b) für die Einhüllende eines Vokalspektrums
c) für das vollständige Vokalspektrum mit Formanten und Pitchstruktur

Hier sind a priori Verbesserungen im statistischen Mittel angesprochen, beschrieben durch Erwartungs– oder Langzeit–Mittelwerte. Bei der Behandlung der prädiktiven Ansätze haben wir gesehen, daß attraktive Gewinne erst beim Übergang zu kurzeitig angepaßten Kenngrößen, insbesondere Kurzzeitkorrelationen zu realisieren sind. Es ist also zu erwarten, daß auch die attraktiven FBC-Verfahren auf Kurzzeitspektren aufbauen und damit adaptiv arbeiten. Bild 11.1 bestätigt diese Vermutung.

Im Abschnitt 4 wurde gezeigt, daß man Spektralwerte immer als taktreduzierte Ausgangssignale einer Analyse*filterbank* interpretieren kann, unabhängig davon, ob man von Einzelfiltern, Polyphasensystemen (einschließlich der reinen Transformationen) oder QMF-Baumstrukturen ausgegangen ist. Vorausgesetzt ist hierbei, daß die Erzeugung von M Spektralanteilen nicht etwa die Zahl zu übertragender Werte vervielfacht: Ohne eine kritische Taktreduktion nach (4.4) stiege die Datenrate an.

Obwohl man also die Abkürzung FBC stets auch als **Filterbankco**dierung interpretieren darf, soll im weiteren die historisch gewachsene Einteilung der FBC-Verfahren in Ansätze der Teilbandcodierung (*sub-band coding*, SBC) und der Transformationscodierung (TC) verwendet werden. Für beide werden Grundvarianten, mögliche Verfeinerungen und exemplarische Realisierungen geschildert.

Anschließend wird – weniger ausführlich – auf Verfahren eingegangen, die nach einer geeigneten, beliebigen Spektralanalyse die Synthese unmittelbar gemäß dem Prinzipbild 5.1 durchführen: Von Generatoren werden Sinussignale mit i.a. zeitvariablen Amplituden, Frequenzen und Phasen geliefert, die linear überlagert das Ausgangssignal erzeugen. Je nach Wahl der verwendbaren Frequenzpunkte spricht man von Sinusmodellierung (SM) oder Harmonischer Codierung (HC).

11.2 Transformationscodierung (TC)

11.2.1 Prinzip

Bild 11.2 gibt den grundsätzlichen Aufbau eines TC-Systems in der üblichen Form als Blockdiagramm wieder.

Ein Rahmen von M Signalwerten $x_k(\kappa) = x(k - M + 1 + \kappa)$, $\kappa = \{0, 1 \ldots, M - 1\}$ wird gemäß (4.10) durch (zunächst: Rechteck-) Fensterung aus dem Datenstrom entnommen, ähnlich wie in (7.55) als Datenvektor

$$\mathbf{x}_k = \bigl(x_k(0), x_k(1), \ldots, x_k(M-1)\bigr)^T$$

aufgefaßt und linear transformiert in einen „Spektralvektor", der je nach Transformation reelle oder komplexe Elemente $X_\mu(k)$ enthält:

$$\mathbf{X}(k) = \mathbf{A}\,\mathbf{x}_k = \bigl(X_0(k), X_1(k), \ldots, X_{M-1}(k)\bigr)^T. \tag{11.5}$$

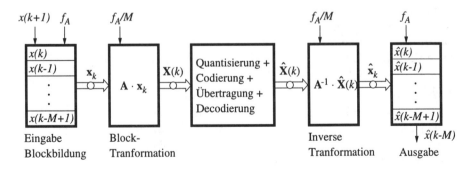

Bild 11.2: Allgemeines Blockschaltbild einer TC. Durch die Takte f_A und $\frac{f_A}{M}$ ist angedeutet, daß die Transformationen nur alle M Eingangstakte als nicht-überlappende Blocktransformationen gerechnet werden.

11.2 TRANSFORMATIONSCODIERUNG (TC)

Nach Quantisierung und Übertragung wird $\mathbf{X}(k)$ durch einen Vektor

$$\widehat{\mathbf{X}}(k) = \left(\widehat{X}_0(k), \widehat{X}_1(k), \ldots, \widehat{X}_{M-1}(k)\right)^T \qquad (11.6)$$

mit durch Quantisierung verfälschten Elementen $\widehat{X}_\mu(k)$ ersetzt, der in einen Signalblock

$$\widehat{\mathbf{x}}_k = \mathbf{A}^{-1}\widehat{\mathbf{X}}(k) = \left(\widehat{x}_k(0), \widehat{x}_k(1), \ldots, \widehat{x}_k(M-1)\right)^T \qquad (11.7)$$

zurücktransformiert wird: Er enthält durch die Quantisierung von $x_k(\kappa)$ abweichende Werte $\widehat{x}_k(\kappa)$, die als Block des kontinuierlichen Ausgangssignals $\widehat{x}(k-M)$ ausgegeben werden. Hierin tritt immer eine Verzögerung um eine Blocklänge M auf, da die genannten Schritte erst nach Vorliegen eines kompletten Datenvektors vollständig bearbeitet werden können.

11.2.2 Fehlervarianz

Die Qualität der Übertragung läßt sich zunächst wie üblich mit Hilfe der mittleren Störleistung, d.h. der Varianz der Signaldifferenz beschreiben:

$$N_x = \mathrm{E}\left\{(\widehat{x}(k) - x(k))^2\right\}. \qquad (11.8)$$

Bei Stationarität ändert eine zusätzliche Mittelung über den Datenblock daran nichts; auch können wir ohne weiteres die Fehlerquadrate durch Betragsquadrate ersetzen:

$$N_x = \mathrm{E}\left\{\frac{1}{M}\sum_{\kappa=0}^{M-1}|\widehat{x}(k-\kappa) - x(k-\kappa)|^2\right\}$$

$$= \frac{1}{M}\mathrm{E}\left\{[\widehat{\mathbf{x}}_k - \mathbf{x}_k]^H [\widehat{\mathbf{x}}_k - \mathbf{x}_k]\right\}.$$

Das hochgestellte „H" kennzeichnet den „Hermite'schen", also konjungiert-komplexen und transponierten Vektor, der wegen $x(k) \in \mathbb{R}$ hier mit dem transponierten Vektor übereinstimmt. Mit (11.5, 11.7) erhält man die Störleistung N_x ausgedrückt durch die Verfälschungen im Spektralbereich:

$$N_x = \frac{1}{M}\mathrm{E}\left\{\left[\widehat{\mathbf{X}}(k) - \mathbf{X}(k)\right]^H \left(\mathbf{A}^{-1}\right)^H \mathbf{A}^{-1} \left[\widehat{\mathbf{X}}(k) - \mathbf{X}(k)\right]\right\}. \qquad (11.9)$$

Hier ist die Kennzeichnung komplexer Werte nun notwendig, da i.a. $X_\mu(k) \in \mathbb{C}$ sein kann. Sinnvollerweise wählt man eine *unitäre* Transformation: Für sie gilt

$$\mathbf{A}^{-1} = \mathbf{A}^H, \qquad (11.10)$$

daher $(\mathbf{A}^{-1})^H \mathbf{A}^{-1} = \mathbf{A}\, \mathbf{A}^{-1} = \mathbf{E}$ und damit schließlich unabhängig von der Transformation nach (11.9)

$$N_x = \frac{1}{M}\, \mathrm{E}\left\{[\widehat{\mathbf{X}}(k) - \mathbf{X}(k)]^H\, [\widehat{\mathbf{X}}(k) - \mathbf{X}(k)]\right\} \doteq N_T : \qquad (11.11)$$

Die mittlere Signalstörleistung ist gleich der mittleren (Quantisierungs-) Störleistung N_T im „Transformations-", d.h. Spektralbereich. Es genügt also, die Quantisierung der Spektralwerte zu betrachten.

11.2.3 Mögliche Transformationen

Es liegt nahe, die DFT als klassische Spektraltransformation zu verwenden:

$$\mathbf{X}(k) = \mathbf{A}_{\mathrm{DFT}}\, \mathbf{x}_k$$

mit

$$\mathbf{A}_{\mathrm{DFT}} = \begin{bmatrix} 1 & 1 & 1 & 1 & \cdots & 1 \\ 1 & w_M & w_M^2 & w_M^3 & \cdots & w_M^{M-1} \\ 1 & w_M^2 & w_M^4 & w_M^6 & \cdots & w_M^{2(M-1)} \\ 1 & w_M^3 & w_M^6 & w_M^9 & \cdots & w_M^{3(M-1)} \\ \vdots & \vdots & \vdots & \vdots & & \vdots \\ 1 & w_M^{M-1} & w_M^{2(M-1)} & w_M^{3(M-1)} & \cdots & w_M^{(M-1)^2} \end{bmatrix}, \qquad (11.12\text{-a})$$

und $w_M = e^{-j\frac{2\pi}{M}}$.

Es gilt offenbar die Symmetrieaussage

$$\mathbf{A}_{\mathrm{DFT}}^T = \mathbf{A}_{\mathrm{DFT}}, \qquad (11.12\text{-b})$$

und man weist mit der Summenorthogonalität nach (3.11-f) leicht nach, daß

$$\mathbf{A}_{\mathrm{DFT}}\, \mathbf{A}_{\mathrm{DFT}}^* = M\, \mathbf{E} \qquad (11.12\text{-c})$$

gültig ist: Nach (11.12-b) und (11.10) ist die DFT also bis auf einen konstanten Faktor M unitär; sie wäre unitär, wenn man den in (3.8-b) stehenden Faktor $\frac{1}{M}$ gleichmäßig jeweils mit $\frac{1}{\sqrt{M}}$ auf die Transformation und die inverse Transformation nach (3.8) aufteilte.

Nahe liegt auch die Verwendung einer DCT wie der DCT II gemäß (4.19). Die nach dieser Definition aufzustellende Matrix $\mathbf{A}_{\mathrm{DCTII}}$ erweist sich aber als nicht unitär – auch nicht bis auf einen einfachen Faktor. Man muß die Sonderbehandlung des

11.2 TRANSFORMATIONSCODIERUNG (TC)

Blockmittelwertes X_0^{DCTII} in (4.19-b) auf Transformation und Inverse verteilen, um mit einer modifizierten DCT-Definition zum Ziel zu kommen:

$$X_\mu^{\mathrm{DCT}} \doteq \sqrt{\frac{2}{M}} \sum_{k=0}^{M-1} x(k) \cos\left(\frac{\pi}{M}\mu(k+\frac{1}{2})\right),$$

$$\text{mit } \mu \in \{1, 2, \ldots, M-1\}, \quad k \in \{1, 2, \ldots, M-1\},$$

$$X_0^{\mathrm{DCT}} \doteq \frac{1}{\sqrt{M}} \sum_{k=0}^{M-1} x(k)$$

$$x(k) = \frac{1}{\sqrt{M}} X_0^{\mathrm{DCT}} + \sqrt{\frac{2}{M}} \sum_{\mu=1}^{M-1} X_\mu^{\mathrm{DCT}} \cos\left(\frac{\pi}{M}\mu(k+\frac{1}{2})\right).$$

Hierzu findet man als unitäre Transformationsmatrix

$$\mathbf{A}_{\mathrm{DCT}} = \sqrt{\frac{2}{M}} \begin{bmatrix} \frac{1}{\sqrt{2}} & \frac{1}{\sqrt{2}} & \cdots & \frac{1}{\sqrt{2}} \\ \cos\frac{\pi}{2M} & \cos\frac{3\pi}{2M} & \cdots & \cos\frac{(2M-1)\pi}{2M} \\ \cos 2\frac{\pi}{2M} & \cos 2\frac{3\pi}{2M} & \cdots & \cos 2\frac{(2M-1)\pi}{2M} \\ \vdots & \vdots & & \vdots \\ \cos(M-1)\frac{\pi}{2M} & \cos(M-1)\frac{3\pi}{2M} & \cdots & \cos(M-1)\frac{(2M-1)\pi}{2M} \end{bmatrix}$$

$$= (\mathbf{A}_{\mathrm{DCT}}^T)^{-1} = (\mathbf{A}_{\mathrm{DCT}}^{-1})^T. \tag{11.13}$$

Die so definierte Transformation ist wegen ihrer Reellwertigkeit auch orthogonal.

Entsprechend lassen sich modifizierte Varianten von GDFT und GDCT nach (4.17) und (4.18-a) finden, die für eine TC in Frage kommen, und schließlich kann man die in Abschnitt 4.2.7 erläuterte KLT heranziehen; auch sie ist – reelle Signale vorausgesetzt – eine Orthogonaltransformation.

Im weiteren wird „Unitarität bis auf einen konstanten Faktor" allgemein wie Unitarität betrachtet: Ein Faktor bei der Störleistung ändert nichts an deren Behandlung, z.B. ihrer Minimierung, und da er die Nutzsignalleistung genauso betrifft, ändert er den Störabstand ebenfalls nicht.

11.2.4 Optimale Bitzuteilung

Im Abschnitt 11.1 wurde bereits festgehalten, wie eine Frequenzbereichscodierung Wortlängenreduktionen erzielen kann: Die Beträge der Spektralwerte $X_\mu(k)$ sind i.a. unterschiedlich groß; demnach können bei konstanter Quantisierungsstufe wegen z.T. geringerer Aussteuerung führende Nullbits weggelassen werden – und zwar *unterschiedlich viele* je nach Index μ der Spektralwerte. Zu überlegen ist also, welche Wortlänge w_μ dem μ-ten Spektralanteil zuzuordnen ist.

Die *Zeit*signalwerte werden (üblicherweise) mit einer *konstanten* Wortlänge w_x pro Abtastwert quantisiert. Wir gehen zunächst von einer linearen Quantisierungskennlinie aus. Die Wortlänge wird bestimmt aus der erlaubten Quantisierungsfehler-Leistung N_Q, gemäß (9.27) wegen

$$N_Q \approx \frac{\Delta x^2}{12}$$

also aus der nötigen Stufengröße Δx und damit aus dem abzudeckenden Aussteuerungsbereich:

$$\Delta x = \frac{2\, x_{\max}}{2^{w_x}}.$$

Für Sprach- wie die im Anschluß zu behandelnden Spektralsignale sind keine strengen Grenzen $\pm x_{\max}$ anzugeben. Man kann nur in Umkehrung von (9.31) einen Bezug zur Signalleistung herstellen. Damit findet man für das Zeitsignal

$$w_x = \operatorname{ld}(\frac{\sigma_x}{\sigma_Q}) - \frac{1}{2}\operatorname{ld}(3K). \tag{11.14}$$

Hierin gehen mit $\sigma_x^2 = S$, $\sigma_Q^2 = N_Q$ die Signal- und die Fehlerleistung, mit K der in (9.30) definierte und mit Hilfe von Tabelle 9.2 erläuterte Form- und Aussteuerungsfaktor

$$K = \frac{S}{x_{\max}^2} = \frac{\sigma_x^2}{x_{\max}^2}$$

ein. Er ergibt sich bei bekannter VDF $p_x(u)$ durch Vorgabe einer zulässigen Übersteuerungswahrscheinlichkeit. Anstelle von (9.27) kann man demnach auch schreiben:

$$N_Q = \frac{1}{3K}\,\sigma_x^2\, 2^{-2w_x}. \tag{11.15}$$

Für die zu übertragenden *Spektral*werte gelten nun individuelle Varianzen σ_μ^2. Wir verwenden zur Festlegung der unterschiedlichen Aussteuergrenzen der Teilbandquantisierer denselben Faktor K wie oben. Die resultierenden Unterschiede der Übersteuerungswahrscheinlichkeiten werden vernachlässigt.

11.2 Transformationscodierung (TC)

Ausgangspunkt der folgenden Bitzuteilungsrechnung ist die Annahme, daß die für M Signalwerte verfügbaren $M \cdot w_x$ Bits auch für die Spektralwertübermittlung zur Verfügung stehen, also

$$\sum_{\mu=0}^{M-1} w_\mu = M w_x = M w_T \tag{11.16}$$

gelten soll; w_T ist der Mittelwert der Wortlängen w_μ.

Unter Voraussetzung einer unitären Transformation findet man für die resultierenden Ausgangssignal-Fehler nach (11.11) die Varianz

$$N_T = \frac{1}{M} \operatorname{E}\left\{\sum_{\kappa=0}^{M-1} |\widehat{x}_k(\kappa) - x_k(\kappa)|^2\right\} = \frac{1}{M} \sum_{\mu=0}^{M-1} \operatorname{E}\left\{|\widehat{X}_\mu(k) - X_\mu(k)|^2\right\}.$$

Mit ähnlichen Annahmen, wie sie in Abschnitt 9.2 für die Signalquantisierung eingeführt wurden, kann man in schöner Parallelität zu (11.15) dafür schreiben

$$N_T = \frac{1}{M} \frac{1}{3K} \sum_{\mu=0}^{M-1} \sigma_\mu^2 \, 2^{-2w_\mu}. \tag{11.17}$$

Das gilt zunächst unmittelbar für reellwertige Transformationen wie die DCT. Für komplexwertige Transformationen wie die DFT gilt (11.17) bei etwas modifizierter Interpretation: Zu codieren sind (vgl. Abschnitt 4.2.5) nur (rund) *halb* so viele Spektralwerte, die aber (fast) alle aus Paaren von Real- und Imaginärteilen bestehen. Insgesamt hat man es wieder mit M Größen zu tun; in (11.17) sind lediglich die Varianzen und Wortlängen dann paarweise gleich.

Es liegt nun nahe, die verfügbaren Bits zunächst einmal so zu verteilen, daß N_T minimal, d.h. der Störabstand $\frac{S}{N_T}$ maximal wird. Dazu ist die Randbedingung (11.16) durch die Festlegung einer beliebigen Wortlänge w_μ, z.B. w_0 mit

$$w_0 = M w_T - \sum_{\lambda=1}^{M-1} w_\lambda \tag{11.18-a}$$

zu berücksichtigen und dann N_T gemäß (11.17) nach den noch freien Größen w_μ, $\mu \in \{1, 2, \ldots, M-1\}$ abzuleiten. Nullsetzen der Ableitung führt auf

$$w_\mu = w_0 + \operatorname{ld}\frac{\sigma_\mu}{\sigma_0}, \tag{11.18-b}$$

Einsetzen von (11.18-b) in (11.18-a) schließlich auf

$$w_\mu = w_T - \frac{1}{M} \operatorname{ld}\left(\prod_{\lambda=1}^{M-1} \frac{\sigma_\lambda}{\sigma_0}\right) + \operatorname{ld}\frac{\sigma_\mu}{\sigma_0} = w_T + \operatorname{ld}\frac{\sigma_\mu}{\sqrt[M]{\prod_{\lambda=0}^{M-1} \sigma_\lambda}}, \tag{11.19}$$

$\mu \in \{0, 1, \ldots, M-1\}$.

Dieses Resultat läßt sich einfach interpretieren: Ausgehend von der mittleren Wortlänge w_T erhält der Spektralkoeffizient $X_\mu(k)$ mehr oder weniger Bits zugeteilt – je nach dem, ob sein Aussteuerungsbereich größer oder kleiner als der geometrische Mittelwert ist. Eine Verdopplung von σ_μ führt zur Zuteilung einer zusätzlichen Binärstelle.

Die praktische Umsetzung der Gleichung ist weniger simpel. Hierauf wird in Abschnitt 11.2.8 eingegangen.

11.2.5 Minimale Fehlerleistung, Störspektrum

Mit (11.19) läßt sich die kleinstmögliche Fehlerleistung N_T nun aus (11.17) bestimmen. Für die M Summanden, d.h. die Störleistungen in den einzelnen „Spektral-Bändern" der Transformation, findet man

$$N_\mu = \frac{1}{M}\frac{1}{3K}\sigma_\mu^2\, 2^{-2w_T}\frac{\sqrt[M]{\prod_{\lambda=0}^{M-1}\sigma_\lambda^2}}{\sigma_\mu^2} = \frac{1}{3KM}2^{-2w_T}\sqrt[M]{\prod_{\lambda=0}^{M-1}\sigma_\lambda^2} \qquad (11.20)$$

$\forall\ \mu \in \{0, 1, \ldots, M-1\}$:

Sie sind alle gleich – was dem Ansatz konstanter Quantisierungsstufen, aber unterschiedlicher Wortlängen zur Abdeckung unterschiedlicher Aussteuergrenzen entspricht. Interessant ist aber die Interpretation: Das resultierende Ausgangssignal $\hat{x}(k)$ der TC ist durch *weißes Quantisierungsgeräusch* gestört wie nach einer unmittelbaren Signalquantisierung auch. Die Gesamtstörleistung

$$N_T = \sum_{\mu=0}^{M-1} N_\mu = \frac{1}{3K}2^{-2w_T}\sqrt[M]{\prod_{\lambda=0}^{M-1}\sigma_\lambda^2} \qquad (11.21)$$

hängt aber im Gegensatz zu N_Q nach (11.15) von der Spektral*form* ab, beschrieben durch den *geometrischen* Mittelwert der Varianzen der Transformationswerte $X_\mu(k)$.

11.2.6 Transformationsgewinn, Wortlängenreduktion

Zum Vergleich von direkter Signal- und Spektral-Quantisierung setzt man nun N_Q nach (11.15) und N_T nach (11.21) ins Verhältnis. In N_Q geht

$$\sigma_x^2 = \frac{1}{M}\,\mathrm{E}\{\mathbf{X}^H(k)\,\mathbf{X}(k)\} = \frac{1}{M}\sum_{\mu=0}^{M-1}\sigma_\mu^2$$

11.2 TRANSFORMATIONSCODIERUNG (TC)

als Nutzsignalleistung ein (was bei der DFT der bekannten Parseval'schen Gleichung entspricht). Damit findet man im Quotienten

$$G_T \doteq \frac{N_Q}{N_T} = \frac{\frac{1}{M}\sum_{\mu=0}^{M-1}\sigma_\mu^2}{\sqrt[M]{\prod_{\mu=0}^{M-1}\sigma_\mu^2}} \cdot 2^{2(w_T - w_x)} \tag{11.22}$$

im Kern das Verhältnis zwischen arithmetischem und geometrischem Mittelwert der Spektralwert-Varianzen. Diese Größe G_T wollen wir nun näher betrachten.

- Das geometrische Mittel von M nichtnegativen Zahlen ist höchstens so groß wie ihr arithmetisches Mittel, und Gleichheit tritt nur auf, wenn alle Zahlen identisch sind. Es gilt also

$$\begin{aligned} G_T &\geq 1, \\ G_T &= 1 \text{ für } \sigma_\mu^2 \equiv \sigma_x^2 \quad \forall \ \mu \in \{0, 1, \ldots, M-1\}. \end{aligned} \tag{11.23}$$

Das bedeutet, daß für $w_T = w_x$ nach (11.16) $N_T \leq N_Q$ gilt: Der Störabstand SNR_T der TC ist gleich dem Störabstand SNR_x der direkten Signalcodierung, wenn ein Signal mit gleichen Spektralvarianzen bei allen Frequenzen, also ein *weißes Signal* codiert wird, und sonst ist der SNR-Wert *höher*:

$$\text{SNR}_T = \text{SNR}_x + 10 \lg G_T \geq \text{SNR}_x. \tag{11.24}$$

- Man kann andererseits den Störabstand konstant halten und dafür mit einer kleineren Wortlänge arbeiten. In (11.16) wird also

$$w_T \doteq w_x - \Delta w_T \leq w_x \tag{11.25-a}$$

eingesetzt, ebenso in (11.19), (11.20) und (11.21). Damit wächst die Störleistung N_T um einen Faktor $2^{2\Delta w_T}$, und mit (11.22) führt die Forderung

$$\frac{N_Q}{N_T \, 2^{2\Delta w_T}} = G_T \, 2^{-2\Delta w_T} \stackrel{!}{=} 1$$

auf die nutzbare Wortlängenreduktion

$$\Delta w_T = \frac{1}{2} \operatorname{ld} G_T. \tag{11.25-b}$$

- In Analogie zum *Prädiktionsgewinn* G_P der prädiktiven Codierung (vgl. Abschnitt 7.2) nennt man G_T *Transformationsgewinn*. Wie dort läßt sich ein Gewinn $G_T = 4$ alternativ in eine SNR-Verbesserung von 6 dB nach (11.24) oder eine Wortlängenkürzung von $\Delta w_T = 1$ nach (11.25-b) umsetzen. Nebenbei ist damit gezeigt, daß die Regel „6 dB pro Bit" auch hier weiter gilt – differentiell, wie stets im allgemeinen Fall (vgl. Abschnitt 9.2).

- Wenn man einmal „gewöhnliche" Spektraltransformationen wie die DFT oder die DCT voraussetzt, dann kann man die Varianzen σ_μ^2 deuten als Abtastwerte eines LDS $\Phi_{xx}(e^{j\Omega})$ in den Analysefrequenzen der Transformation. Dann entspricht eine Summation näherungsweise einer Integration, und es gilt

$$\frac{1}{M}\sum_{\mu=0}^{M-1} \sigma_\mu^2 \approx \frac{1}{2\pi}\int_{-\pi}^{\pi} \Phi_{xx}(e^{j\Omega})\, d\Omega,$$

$$\sqrt[M]{\prod_{\mu=0}^{M-1} \sigma_\mu^2} \;=\; \exp\left\{\frac{1}{M}\sum_{\mu=0}^{M-1} \ln \sigma_\mu^2\right\} \;\approx\; \exp\left\{\frac{1}{2\pi}\int_{-\pi}^{\pi} \ln \Phi_{xx}(e^{j\Omega})\, d\Omega\right\}.$$

Diese Näherung wird umso besser, je größer die Transformationslänge M ist. Der Vergleich mit (11.1) bis (11.4) zeigt dann, daß eine TC mit $w_T = w_x$ wegen

$$\lim_{M\to\infty} G_T \;=\; \frac{1}{\gamma_x^2} \;=\; \lim_{n\to\infty} G_P,$$

$$\lim_{M\to\infty} \Delta w_T \;=\; -\frac{1}{2}\,\mathrm{ld}\,\gamma_x^2 \;=\; \Delta w_F \;=\; \lim_{n\to\infty} \Delta w_P$$

im Grenzverhalten dasselbe erreichen kann wie eine prädiktive Codierung: Der Gewinn ist durch den Kehrwert der spektralen Flachheit begrenzt, wie in Abschnitt 11.1 bereits allgemein angegeben.

11.2.7 Optimale und praktikable Transformationen

Nach (11.22) kann man den Transformationsgewinn bei festen Wortlängen und vorgegebener mittlerer Signalleistung σ_x^2 maximieren, wenn man das geometrische Mittel der Spektralvarianzen minimiert. Diese Varianzen σ_μ^2 der Transformationsergebnisse $X_\mu(k)$ hängen sicher vom Signal, aber eben auch von der gewählten Transformation ab. Bei gegebenem Signal ist also nach der bestmöglichen Transformation zu fragen.

Betrachtet sei zunächst die Korrelationsmatrix $\mathbf{R}_{XX}$ zum Vektor $\mathbf{X}(k)$ nach (11.5) und entsprechend (6.15). Von ihren Elementen $\varphi_{X_i X_j}(k,k)$ sind die Hauptdiagonalwerte bei Stationarität und Mittelwertfreiheit gegeben durch

$$\varphi_{X_\mu X_\mu}(k,k) \;=\; \mathrm{E}\left\{|X_\mu(k)|^2\right\} \;=\; \sigma_\mu^2, \quad \mu \in \{0,1,\ldots,M-1\},$$

also durch die in (11.22) interessierenden Varianzen. Nun gilt generell für die De-

11.2 Transformationscodierung (TC)

terminante einerseits

$$|\mathbf{R}_{XX}| \leq \prod_{\mu=0}^{M-1} \varphi_{X_\mu X_\mu}(k,k),$$

bei Unitarität der Transformation andererseits

$$|\mathbf{R}_{XX}| = |\mathbf{R}_{xx}|.$$

Die *Signalvektor*-Korrelationsmatrix $\mathbf{R}_{xx}$ ist bei Stationarität gemäß

$$\mathbf{R}_{xx} = [\varphi_{xx}(|i-j|)]_{M \times M}$$

eine reelle, symmetrische Toeplitz-Matrix. Für sie gilt nun

$$|\mathbf{R}_{xx}| = \prod_{\mu=0}^{M-1} \lambda_\mu$$

mit den in (4.29) eingeführten Eigenwerten λ_μ von $\mathbf{R}_{xx}$.

Zusammengefaßt heißt das:

$$\prod_{\mu=0}^{M-1} \sigma_\mu^2 \geq \prod_{\mu=0}^{M-1} \lambda_\mu.$$

Das zu minimierende Varianzprodukt hat demnach eine Unterschranke. Sie wird erreicht, wenn $\sigma_\mu^2 = \lambda_\mu$ gilt, also auf der Hauptdiagonalen von $\mathbf{R}_{XX}$ gerade die Eigenwerte von $\mathbf{R}_{xx}$ stehen.

Man kann $\mathbf{R}_{xx}$ und $\mathbf{R}_{XX}$ durch die jeweiligen dyadischen Produkte $\mathbf{x}_k \mathbf{x}_k^T$ und $\mathbf{X}^*(k) \mathbf{X}^T(k)$ ausdrücken. Berücksichtigt man dabei die allgemeine Transformationsbeziehung (11.5) und die Unitarität nach (11.10), so ergibt sich

$$\mathbf{R}_{XX} = E\{\mathbf{X}^*(k) \mathbf{X}^T(k)\} = \mathbf{A}^* E\{\mathbf{x}_k \mathbf{x}_k^T\} \mathbf{A}^T = (\mathbf{A}^T)^{-1} \mathbf{R}_{xx} \mathbf{A}^T :$$

$\mathbf{R}_{XX}$ enthält offenbar genau dann die Eigenwerte λ_μ von $\mathbf{R}_{xx}$ auf der Hauptdiagonalen, wenn diese Beziehung die *Diagonalisierung* von $\mathbf{R}_{xx}$ beschreibt, wenn also

$$\mathbf{A}^T = [\mathbf{a}_\mu]^T, \quad \mu \in \{0, 1, \ldots, M-1\}$$

die Eigenvektoren $\mathbf{a}_\mu$ zu den Eigenwerten λ_μ der Korrelationsmatrix enthält. Die Transformationsmatrix weist diese Vektoren demnach in ihren Zeilen auf und beschreibt die in Abschnitt 4.2.7 angeführte Karhunen-Loève-Transformation nach (4.25):

$$\mathbf{A}_{\text{KLT}} = [\mathbf{a}_\mu^T], \quad \mu \in \{0, 1, \ldots, M-1\}. \tag{11.26}$$

Wegen der Reellwertigkeit und Symmetrie von $\mathbf{R}_{xx}$ sind die Eigenvektoren orthogonal, $\mathbf{A}_{\mathrm{KLT}}$ ist – nach geeigneter Normierung – unitär wie vorausgesetzt.

Die Verwendung dieser optimalen, weil den Gewinn maximierenden Transformation wirft mehrere Probleme auf, die sie für die Sprachcodierung schließlich als unbrauchbar erscheinen lassen.

Benötigt wird *die* Korrelationsmatrix *„von Sprache"*. Man kann an eine Mittelung über viele Sprecher und viele (Landes-) Sprachen denken, die nur ein sehr globales Verhalten repräsentieren wird – mit entsprechend kleinem Gewinn. Man kann an unterschiedliche Matrizen je nach Sprache oder sogar Sprecher denken – was praktische Anwendungen ausschließt, da zur Codierung und Decodierung identische Eigenvektoren verwendet werden müssen.

In keinem Fall werden die Eigenvektoren Symmetrien wie die Cosinus- und Sinusterme der DFT oder DCT aufweisen, die man zur Entwicklung hocheffizienter Algorithmen (vgl. Abschnitt 4.2.1) nutzen könnte. Das gilt selbst dann noch, wenn man mit einer „globalen" Korrelationsmatrix auf der Grundlage eines extrem vereinfachten Sprachmodells arbeitet.

Die dann beobachteten Ähnlichkeiten der Eigenvektoren mit Cosinusfolgen (z.B. [Jayant, Noll-84]) führt schließlich zu der Folgerung, daß man statt der KLT auch gleich die DFT oder DCT verwenden sollte: Viel geringer sind die erzielbaren Gewinne bei genügend großer Transformationslänge dann auch nicht (vgl. Bild 11.3), und man kann die FFT zur Realisierung einsetzen. Eine gängige Blocklänge ist $M = 128$.

In der Basisversion der TC [Noll, Zelinski-77] wird die DCT II nach Abschnitt 4.2.6 verwendet.

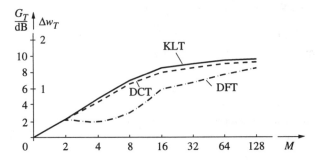

Bild 11.3: Transformationsgewinne verschiedener Transformationen in Abhängigkeit von der Blocklänge M bei Verwendung eines AR-Modellsignals (Filtergrad $n = 10$)

11.2.8 Adaptive Transformationscodierung (ATC)

Prädiktive Codierungen erwiesen sich in Abschnitt 7.3 erst dann als leistungsfähig, wenn die Prädiktoren block- oder sogar taktweise adaptiert wurden: Die „Sprachkorrelation im Mittel" erlaubt mit einem festen Filter nur eine geringe Datenreduktion. Dasselbe gilt hier: Dem berechneten Transformationsgewinn liegt ein mittlerer Spektralverlauf zugrunde; *deutliche* Wortlängeneinsparungen erlaubt aber erst das Heranziehen des *momentan* gültigen Blockspektrums zur *adaptiven Bitzuteilung* (vgl. Bild 11.1).

In der Literatur findet man, daß die Varianzen σ_μ^2 in (11.22) und (11.19) durch Schätzwerte zu ersetzen seien. Das ist nur richtig, wenn man damit Meßwerte für ein endlich langes Datenfenster kennzeichnen will. Es führt etwas in die Irre, wenn man meint, nun nach „guten Schätzern" (im Sinne von Erwartungstreue oder Konsistenz) suchen zu müssen. Benötigt wird vielmehr eine Information über die momentan benötigte Aussteuerung des μ-ten Spektralwertquantisierers: $X_\mu(k)$ steuert von den z.B. 16 verfügbaren Bits im Rechenergebnis $w_\mu(k)$ Bits aus, davor sind „Nullbits".

Diese Information beinhaltet natürlich noch nicht den Wert $X_\mu(k)$: Er ist eben mit $w_\mu(k)$ Binärstellen zu quantisieren. Dennoch fällt hier eine erhebliche Datenmenge an und damit ein Problem: Die Wortlängen $w_\mu(k)$ müssen dem Empfänger zur Decodierung von $X_\mu(k)$ bekannt sein und daher neben den Spektralwerten übertragen werden.

Diese „Neben-" oder „Seiteninformation" wird gelegentlich „Schätzspektrum" genannt. Eine gute Schätzung ist nun tatsächlich gesucht – aber im Sinne einer kompakten Codierung der Aussteuerinformation: Die Festlegung von M verschiedenen Wortlängen soll mit möglichst wenigen, gegenüber Quantisierung unempfindlichen Kennwerten dargestellt werden, so daß die Seiteninformation die Datenrate nicht zu sehr erhöht. Drei Möglichkeiten seien erläutert.

Der mehr oder weniger glatte Einhüllendenabfall im Kurzzeitspektrum (s. Bild 11.4-a) legt es nahe, Gruppen von Spektralkoeffizienten mit gleicher Wortlänge zu quantisieren. Etwa 10 Gruppen sind bei den gängigen Transformationslängen sinnvoll; pro Gruppe braucht man dann nur eine Hilfsgröße. Anstatt mit ihr die ganze Gruppe einheitlich zu beschreiben, kann man als Verfeinerung auch an eine einfache (z.B. lineare) Interpolation zwischen den Stützwerten denken (s. Bild 11.4-b). Die Bestimmung der Stützwerte kann durch Mittelung (z.B. über $|X_\mu(k)|$ oder $\mathrm{ld}\,|X_\mu(k)|$) oder auch durch Maximalwertabfrage geschehen.

Eine zweite Beschreibung der Einhüllenden gelingt bei einer Abtastfrequenz von 8 kHz mit Hilfe von ca. 10 Prädiktorkoeffizienten (s. Abschnitt 10.4). Man berechnet sie nach den üblichen Verfahren aus kurzzeitig gemessenen Korrelationsmatrizen (s. Bild 11.4-c). Eine dritte Lösung fußt auf der Tatsache, daß die ersten z.B. 10

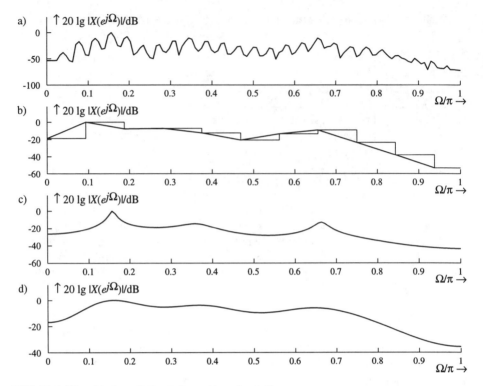

Bild 11.4: Verschiedene Seiteninformationsdarstellungen
    a) Kurzzeit-Betragsspektrum eines Vokals von $M = 128$ Takten Dauer
    b) stückweise konstanter oder linearer Verlauf der Aussteuerung über der Frequenz
    c) LPC-Einhüllende
    d) Einhüllende berechnet aus den ersten 10 Cepstralwerten

Koeffizienten eines (ggfs.: DCT-) Cepstrums eine geglättete Version des logarithmischen Spektrums, damit also auch seine Einhüllende beschreiben (s. Bild 11.4-d).

Alle drei Lösungen lassen sich ergänzen durch eine Information über die Feinstruktur unter der Einhüllenden: Mit dem Ergebnis eines Pitchdetektionsalgorithmus kann man die tiefen Spektralabsenkungen zwischen den Harmonischen der Sprachgrundfrequenz zu weiteren Wortlängeneinsparungen zu nutzen versuchen (s. Bild 11.4-a). Im Fall der Einhüllendenbeschreibung mit Hilfe des Cepstrums liegt es nahe, diese Information ebenfalls unmittelbar der Cepstralberechnung zu entnehmen (s. Abschnitt 8.2.2).

Ausführliche Untersuchungen zu Vor- und Nachteilen zahlreicher Varianten ([Heute, Gündel-85], [Heute, Gluth, et al.-86/2]) haben gezeigt, daß

11.2 TRANSFORMATIONSCODIERUNG (TC)

- die Einhüllendenbestimmungen durch LPC- oder Cepstralkoeffizienten keine Verbesserungen gegenüber einer Einhüllendenfestlegung durch Mittelung bringen (s. Tabelle 11.1),

- die Mittelungen am besten über Betragsquadrate, fast gleich gut (und in Festkommarechnung numerisch weniger kritisch) über Betragswerte der Spektralkoeffizienten, die Interpolationen dazwischen besser im $\log |X_\mu|$-Bereich ausgeführt werden, aber nahezu gleichwertig durch Treppenkurven zu ersetzen sind,

- eine Berücksichtigung der Grundfrequenz-Linienstruktur gerade soviel Bitrate kostet, wie sie Verbesserungen bringt, „netto" also ineffizient ist.

Die Qualitäts*empfindung* variiert noch weniger als die in Tabelle 11.1 angeführten Segmentstörabstände. Alle Varianten klingen vergleichbar und zwar etwas „klarer", dafür aber „dumpfer" als das geläufige GSM-Mobiltelefonverfahren (s. Anhang). Insgesamt werden sie subjektiv etwas „schlechter" eingestuft als prädiktive Codierverfahren mit vergleichbarer Bitrate, auch wenn deren Störabstände geringer sind (s. auch Kap. 10, 15).

Tabelle 11.1: Erreichbare Segmentstörabstände bei einigen Seiteninformations-Varianten mit verschieden hoher Datenrate bei konstanter Gesamt-Bitrate von 16 kbit/s

Seiteninformations-Typ	Koeffizientenanzahl	Seiteninfo-Datenrate/($\frac{\text{kbit}}{\text{s}}$)	Gesamt-Bitrate/($\frac{\text{kbit}}{\text{s}}$)	Störabstand SNR_{seg}/dB
Betragsmittelwerte/ Treppenkurve	14	2.0	16.0	22.5
LPC	10	3.0	16.0	22.4
LPC + Pitch	10	3.0	16.0	21.3
Cepstrum	10	3.0	16.0	21.3
Cepstrum + Pitch	10	3.0	16.0	21.6

11.2.9 Realisierung

In allen Fällen geht man bei einer Realisierung so vor, daß man die zu quantisierenden Spektralwerte durch das „Schätzspektrum" dividiert, die normierten Größen damit adaptiv quantisiert (vgl. Abschnitt 9.5) und dafür Quantisierertabellen mit unterschiedlichen Wortlängen zur Verfügung stellt. Deren Einträge entstammen sinnvollerweise einem Optimalquantisiererentwurf (vgl. Abschnitt 9.4), der je nach Wortlänge, u.U. aber auch je nach Spektralbereich unterschiedlich ausfallen kann. Die Tabellenauswahl folgt der momentanen Bitzuteilung nach (11.19). Auch die Seiteninformation selbst wird nach demselben Schema codiert: Adaptiv zumindest durch eine Maximalwert-Normierung, mit ungleichen (aber festen) Wortlängen für die Parameter je nach deren (mittlerer) Aussteuerung sowie nichtlinear, z.B. logarithmisch oder ebenfalls mit eigens entworfenen Optimalquantisierern.

Probleme entstehen zunächst bei der Umsetzung der Bitzuteilungsformel (11.19): Erstens können natürlich nur ganzzahlige Wortlängen vergeben werden – unmittelbar zur skalaren Quantisierung oder gruppenweise bei eventueller Vektorquantisierung. Zweitens kann man die mit (11.19) gefundenen Werte nicht einfach alle *auf*runden, da bei vorgegebener fester Bitrate die Gesamtzahl $M \cdot w_T$ festgelegt ist.

Einen Ausweg bietet das sogenannte „Knappsack-Verfahren": Der betragsgrößte Schätzspektralwert wird der Seiteninformation entnommen, dem (oder den) betroffenen Hauptinformationswert(en) $X_\mu(k)$ wird ein Bit zugeteilt, der verwendete Schätzwert wird halbiert. Die Wiederholung dieses Schrittes vergibt sukzessive Bits an die Spektralkoeffizienten proportional zum Logarithmus von deren Aussteuerung, wie nach (11.19) vorgesehen. Das Verfahren endet, wenn $M \cdot w_T$ Binärstellen verteilt sind. Die Differenz zwischen den verteilten ganzzahligen Wortlängen und den nach (11.19) optimalen äußert sich darin, daß zum Schluß eventuell „fast gleich große nächste Kandidaten" keine Bits mehr zugeteilt bekommen. Welche Spektralwerte das sind, hängt von deren zufälliger Verteilung ab.

Eine Variante vermeidet diesen Zufall und verteilt einzelne Bits an allen Punkten, in denen das Schätzspektrum über einer immer weiter halbierten Schwelle liegt. Begonnen wird mit dem halben Maximalwert. Durch die Vorgabe einer Zuteilung mit wachsendem oder fallendem Frequenzindex kann man erreichen, daß tiefere oder höhere Spektralbereiche bevorzugt werden (s. Bild 11.5).

Bei einer ATC-Realisierung für eine Realzeit-Massenanwendung muß man neben den besprochenen Gesichtspunkten bedenken, daß aus Kosten- und Verlustleistungsgründen Festkomma-Rechenwerke verwendet werden sollten. Es zeigt sich,

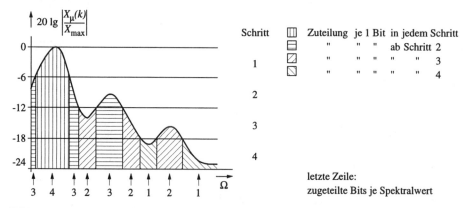

Bild 11.5: Bitzuteilung nach dem sog. „Schwellenverfahren", das dem in [Heute-81/1] verwendeten „Knappsack-Verfahren" entspricht

11.3 Teilbandcodierung (SBC)

Tabelle 11.2: Typische Daten einer ATC-Realisierung
(Realzeit-Prototyp für GSM-Test, [Heute, Gluth, et al.-86/1])

Datenrate/(kbit/s):	16.0 = Hauptinf. 12.25 + Seiteninf. 2.25 + Fehlerschutz 1.5
Blocklänge:	128 $\hat{=}$ 16 ms bei $f_A = 8$ kHz
Transformation:	DCT (via Blockfloating – FFT)
Quantisierung:	Optimalquantisierer $w = 1 \ldots 7$ für DCT-Werte, logarithmische Quantisierer $w = 2 \ldots 3$ für Seiteninformation
Seiteninformation:	Betragsmittelwerte von 8 Gruppen à 8 und 3 Gruppen à 16 Spektralwerten, keine Interpolation
Aufwand:	Rechenleistung = 8.25 MIPS (TMS 32010); Speicherumfang = 1.4 kbit RAM, 16 kbit ROM
Verzögerung:	1 Blocklänge = 16 ms

daß die behandelten Algorithmen hier weitgehend unempfindlich sind. Lediglich die Transformation – sinnvollerweise nach obigen Überlegungen eine DCT, die mit Hilfe einer FFT berechnet wird – benötigt eine Genauigkeitserhöhung; sie kann mit einer Block-Gleitkomma-Rechnung leicht erzielt werden.

Insgesamt erweist sich die ATC als relativ wenig aufwendig. Tabelle 11.2 enthält Angaben zu einer Echtzeit-Realisierung ([Heute, Gluth, et al.-86/2], [Gluth, Heute-88], [Heute, Gluth, et al.-88]). Wegen der im vorangegangenen Abschnitt festgehaltenen Qualitätsnachteile hat sich die ATC jedoch im Datenratenbereich des Mobilfunks, also für $B \leq 13$ kbit/s, bislang nicht durchgesetzt. Vorteile weist sie erst bei höheren Raten auf – etwa bei $B > 16$ kbit/s und damit bei effektiven Wortlängen $\bar{w} > 2$ bit pro Abtastwert. Derart feine Quantisierungen sind aber weniger für Sprache als für Audio-Anwendungen (mit dann auch höherer Abtastfrequenz) von Interesse (s. etwa [MPEG-92], [ATSC-95]).

11.3 Teilbandcodierung (SBC)

11.3.1 Prinzip

Teil- oder Sub-Band-Codecs (SBC) bestehen aus einer Analyse-Synthese-Filterbank und nutzen die in den Analysebändern unterschiedliche Aussteuerung zur Senkung der Gesamtdatenrate (s. Bild 11.6).

Transformationen wie die DCT u.a. sind spezielle Filterbänke (vgl. Kap. 4, 5), TC und SBC folgen also demselben Prinzip. *Klassische* SBC-Systeme für Sprache

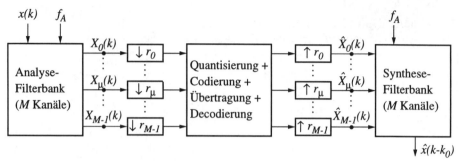

Bild 11.6: Prinzipieller Aufbau eines SBC-Systems

(z.B. [Crochiere, Webber, et al.-76]) unterscheiden sich von der oben besprochenen (A)TC im wesentlichen in der Kanalzahl: Den typischen TC-Blocklängen um $M = 128$ mit gleich vielen Frequenzanteilen stehen vier- bis achtkanalige SBC-Anordnungen gegenüber; zudem sind hier die Bandbreiten nicht konstant, sondern wachsen – begründet mit dem Hinweis auf die nichtäquidistante Innenohrfilterung – zu höheren Frequenzen hin an. Daraus folgt, daß insbesondere die Kanäle mit höherer Mittenfrequenz weit weniger im Takt zu reduzieren sind als die TC-Ausgangssignale. Das wiederum hat zu der Unterscheidung „SBC = kontinuierlich arbeitende / TC = blockorientierte Codierungen" geführt. Diese Trennung ist irreführend: Unterschiedlich sind nur die *Blockgrößen* oder, gleichwertig, die *Taktreduktionsfaktoren*. Die SBC enthält implizit entsprechend der Impulsantwortlänge eine Blocküberlappung; sie ist bei der TC ebenfalls zu finden, sobald man zu überlappenden Fenstern oder zur Polyphasen-Struktur (s. Abschnitt 4.3.3) übergeht.

Wirklich wichtig ist demnach nur die – anders als bei der TC – prinzipiell beliebige Anordnung von Analysebändern, auch wenn *effiziente* Realisierungen die Beliebigkeit wieder einschränken (vgl. Baumstrukturen in Abschnitt 5.3, PPN-Transformationssysteme in Abschnitt 5.4 usw.). Dieser Freiheitsgrad zieht (s.o.) unterschiedliche Taktreduktionsfaktoren r_μ sowie veränderte spektrale Leistungsbeiträge σ_μ^2 in den Einzelbändern, damit wiederum neue Überlegungen zur Einzelsignal-Quantisierung nach sich. Anhand eines simplen, frühen SBC-Systems wird das im folgenden verdeutlicht, bevor Verbesserungsansätze und neuere Realisierungen angesprochen werden.

11.3.2 Bandbreiten und Bitzuteilung

Im Bild 11.7 sind die Bandaufteilungen der SBC nach [Crochiere, Webber, et al.-76] skizziert für zwei unterschiedlich hohe Bitraten. Während im ersten Fall die reine Filterbank eine (fast) „perfekte Rekonstruktion" (s. Abschnitt 5.2) durch geeignet entworfene Filter (zumindest im Telefonband) erlauben würde, wird im zweiten Fall offensichtlich von vornherein darauf verzichtet: Die spektralen Lücken,

11.3 Teilbandcodierung (SBC)

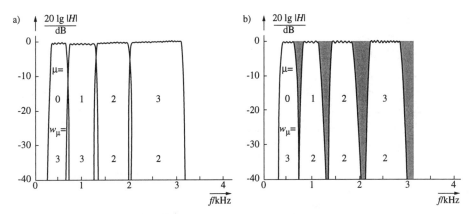

Bild 11.7: Bandaufteilungen und Bitzuteilung zweier SBC-Systeme
  a) mit zusammenhängenden Teilbändern zwischen 200 und 3200 Hz, Datenrate 16 kbit/s
  b) mit nichtzusammenhängenden Teilbändern (Lücken schraffiert), Datenrate 9.6 kbit/s nach [Crochiere, Webber, et al.-76]

die eine stärkere Takt- und damit Daten-Reduktion erlauben, bleiben nach der Synthese zwangsläufig erhalten.

In beiden Fällen sind die Bandbreiten so gewählt, daß sie lt. [Crochiere, Webber, et al.-76] „gleich viel zum Artikulationsindex beitragen". Auf dieses Maß für die Qualität codierter Sprache wird an anderer Stelle eingegangen (s. Kap. 15); hier genügt der Hinweis, daß damit eine Annäherung der Mittenfrequenzen und Bandbreiten an die nichtlineare Stufung der *critical bands* nach [Beranek-47] bzw. der „Frequenzgruppen" nach [Zwicker-82] erreicht wird (s. Abschnitt 2.3.3).

Damit kommt man wie in Bild 11.7 mit wachsender Mittenfrequenz zu wachsender Bandbreite. Die Teilbandvarianzen σ_μ^2 nehmen aber mit steigender Frequenz (d.h. steigendem Index μ) dennoch weiterhin ab, da ein mittleres Sprachspektrum mit ca. 9 dB/Oktave abfällt. Bei einer Bitzuteilung wie in (11.19) sinken die Wortlängen w_μ in den oberen Bändern bei konstantem Störabstand also auch hier (s. Bild 11.7). Eine Modellrechnung ergibt bei einer Terzfilterbank (etwa einer „Frequenzgruppenauflösung" entsprechend) einen Abfall um ein drittel Bit, bei einer Oktavfilterbank um ein Bit von Band zu Band. Die Ausgangssignal-Qualität dieses einfachen Systems ist selbst bei der höheren Rate bescheiden.

11.3.3 Adaption

Selbstverständlich sind die Teilbandsignale adaptiv zu quantisieren, wenn man die Qualität steigern will. Hierfür kommen die Verfahren in Betracht, die im Abschnitt 9.5 für das Sprachsignal selbst oder für das Restsignal der (A)DPCM behandelt wurden: Bei so kleinen Kanalzahlen wie bislang angenommen ist keine „spektrale Einhüllende" effizient als Nebeninformation zu codieren, die wie bei der ATC zur Pegelanpassung zu verwenden wäre.

Dieselbe Aussage gilt auch für die Anpassung der Kanalwortlängen w_μ an die momentanen Aussteuerungen. Demgemäß wurde in [Grauel-80] vorgeschlagen, hierfür eine Blockbildung in *Zeitrichtung* heranzuziehen: In allen (z.B. vier) Bändern wird durch Mittelung über die Dauer T_B (z.B. 16 ms) eine Kurzzeitenergie $\widehat{E}\{X_\mu^2(k)\}$ entsprechend (6.39-a) bestimmt. Sie legt für diese Blockdauer die Wortlänge w_μ fest und dient zur Normierung der Werte $X_\mu(k)$ vor der Quantisierung. Die nötige Seiteninformation hängt von der Kanalzahl und dem Wert T_B ab. Mit einer Rückwärtsadaption kann sie u.U. ganz vermieden werden (s. Abschnitt 9.5).

11.3.4 Teilband-Differenzcodierung

Nach der Übernahme der Idee einer adaptiven Quantisierung für die Teilbandsignale liegt die Frage nahe, ob man sie nicht noch effizienter mit einer ADPCM oder APC nach Abschnitt 10.2.3 codieren könnte. Tatsächlich weisen die Teilspektren gerade bei grober Aufteilung in wenige Bänder durchaus noch keine flachen Verläufe auf. Flachheitsmaßen $\gamma_x^2 < 1$ (vgl. Abschnitt 11.1) entsprechen aber bekanntlich Signalkorrelationen, die als Prädiktionsgewinn zu nutzen sind.

Vorschläge in dieser Richtung sind mehrfach gemacht und untersucht worden. Standardisiert wurde ein System mit nur *zwei* Teilbändern, die dann jeweils mit einer rückwärtsadaptiven ADPCM weiterverarbeitet werden. Hierbei handelt es sich allerdings um „Breitband-Sprachsignale", deren Bandbreite von 7 kHz in die Teile unter und über 4 kHz aufgetrennt werden: Insbesondere das tieffrequente Band enthält die volle Redundanz der normalen Telefonsprache. Mit insgesamt 64 kbit/s läßt sich damit eine sehr gute Sprachqualität erzielen ([ITU-88], s. Anhang A.4).

Umgekehrt kann man sich auch vorstellen, eine SBC auf das Restsignal eines Prädiktionsfilters anzuwenden: Bei zu geringem Prädiktorgrad oder zu seltener Adaption der Koeffizienten a_μ verbleibt ein nicht flaches Spektrum, das von einer FBC genutzt werden kann.

Gegen beide Kombinationen spricht eine *theoretische* Grundüberlegung: Nach Abschnitt 11.1 nutzen Prädiktions- wie Frequenzbereichsansätze *dieselben* Signaleigenschaften, nämlich Korrelation bzw. ein nicht flaches Spektrum. Von einer *Mischung* beider Techniken wäre daher *nicht* mehr zu erwarten als von einem *konsequent* alles ausnützenden Vorgehen im Zeit- *oder* im Frequenzbereich. Wieweit diese Theorie unter praktischen Randbedingungen (Prädiktorgrad und Kanalzahl begrenzt, beschränkte Signalverzögerung, psychoakustische Effekte) trägt, ist fraglich.

11.3.5 Vielkanal-SBC

Eine konsequentere Nutzung der SBC-Grundidee bedingt u.a. die Erhöhung der Kanalzahl: Zwar folgt die Bandaufteilung in Bild 11.7 ungefähr der verzerrten Frequenzachse einer Bark-Skala; vier Teilbändern stehen jedoch (mindestens) 24 Frequenzgruppen insgesamt, davon 18 bis etwa 4 kHz und 14 im üblichen Telefonband gegenüber. Zumindest etwa soviele nicht-äquidistante Bandpaßkanäle sind also sinnvoll, wenn man wirklich Gehöreigenschaften nachbilden will. Sowohl die Anzahl als auch die Form derart „frequenzgruppen-richtiger" Filter verursacht jedoch Probleme (s. Bild 11.8).

Zum einen erfordern die stark unterschiedlichen Frequenzgänge und irregulären Mittenfrequenzen an sich eine unmittelbare Einzelfilter-Realisierung. Sie ist bei höheren Kanalzahlen zu aufwendig.

Zum zweiten fallen die Betragsverläufe insbesondere zu tiefen Frequenzen hin nur langsam ab: Die üblicherweise zitierte „1-Bark-Bandbreite" bezieht sich auf Überschneidungspunkte benachbarter Frequenzgänge in den 3-*dB-Punkten* der Dämpfung; definiert man als Grenzfrequenzen solche Werte, bei denen *merkliche* Dämpfungen von z.B. 20 dB erreicht sind, so überlappen sich die Bänder erheblich. Das führt dazu, daß ein Filter mit der Mittenfrequenz 1 kHz ($\approx$ 9 Bark) eine Frequenzkomponente, die bei 500 Hz und damit ca. 3...4 Bark tiefer liegt, zwar

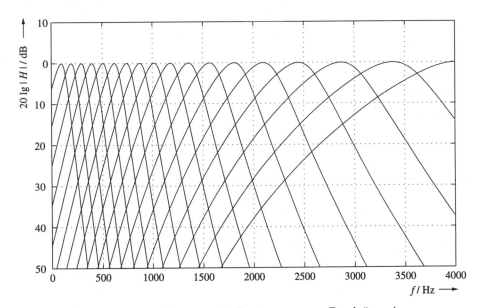

Bild 11.8: Dämpfungsgänge der *ersten* 18 Frequenzgruppen-Bandpässe einer „gehörrichtigen" Filterbank über einer linearen Frequenzskala

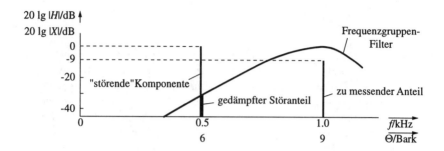

Bild 11.9: Beeinflussung des Bandpaß-Ausgangssignals durch eine „interessierende" Spektralkomponente bei 1 kHz und eine gedämpfte, stärkere „Störkomponente" bei 0.5 kHz

um etwa 30...40 dB gedämpft durchläßt; sein Ausgangssignal wird jedoch trotzdem oft stark davon beeinflußt, weil diese Komponente im Mittel 9 dB stärker ist (s. Bild 11.1, 11.9).

Das hat zur Folge, daß die einzelnen Varianzen σ_μ^2 der Teilbänder mit wachsender Mittenfrequenz weniger sinken als das Spektrum. Damit fallen die Wortlängengewinne Δw_μ zu gering aus.

Im Sinne des Codierungsgewinnes wäre es daher besser, Filter in Anlehnung an die Frequenzgruppen, jedoch mit steileren Frequenzgangflanken so wie in Bild 11.7 zu verwenden. Die prinzipiell nötige Einzelkanal-Realisierung wird dann aber erst recht aufwendig.

Die Lösung für diese Problematik besteht darin, die Barkskalen-Anpassung nur näherungsweise, dafür aber mit effizienteren Filterstrukturen zu realisieren. Ein naheliegender Ansatz ist die Verwendung einer QMF-Baumstruktur (vgl. Abschnitt 4.3.2, Bilder 4.14, 4.17; Abschnitt 5.3, Bild 5.3).

Die Güte der Approximation einer Frequenzgruppen-Filterbank steigt hier mit der Zahl der Baumverzweigungen, d.h. (natürlich wiederum) mit dem Aufwand. Tabelle 11.3 enthält zu den ersten 18 Frequenzgruppen nach [Zwicker-82] die unteren und oberen Grenzfrequenzen f_{u_μ} bzw. f_{o_μ}, wobei mit dem Index μ die Nummer der Gruppe und damit auch ihre obere Bandgrenze θ_{o_μ} in Bark angegeben wird, sowie Bandgrenzen f'_{u_μ} bzw. f'_{o_μ} einer Filterbank mit 16 Kanälen, die näherungsweise entsprechende Bänder im Frequenzbereich von 0 bis 4 kHz abdeckt. Die Realisierung gelingt in einer Halbbandfilter-Baumstruktur mit fünf Verzweigungsstufen, die zu einer kleinsten Bandbreite von $4\,\text{kHz}/2^5 = 125$ Hz führt (vgl. Bild 4.17-a); die breiteren oberen Bänder erhält man durch „Beschneiden" des Baumes in den Stufen 3-5 [Leickel-88]. Anwendbar sind die in Abschnitt 4.3.2 und 5.3 ausführlich diskutierten nichtrekursiven QMF-Bänke; in [Leickel-88] wurden allerdings Brücken-Wellendigitalfilter eingesetzt (vgl. Bild 4.11-d).

Tabelle 11.3: Frequenzgruppen (FG) Nr. 1-18 mit ihren unteren und oberen Grenzfrequenzen sowie 16-Kanal-Filterbank in Baumstruktur zur approximativen Nachbildung

FG-Nr. = $\frac{\theta_o}{\text{Bark}}$	f_u/Hz	f_o/Hz	FB-Kanal-Nr.	f'_u/Hz	f'_o/Hz
1	0	100	1	0	125
2	100	200	2	125	250
3	200	300	3	250	375
4	300	400			
5	400	510	4	375	500
6	510	630	5	500	625
7	630	770	6	625	750
8	770	920	7	750	875
9	920	1080	8	875	1000
10	1080	1265	9	1000	1250
11	1265	1480	10	1250	1500
12	1480	1715	11	1500	1750
13	1715	1990	12	1750	2000
14	1990	2310	13	2000	2500
15	2310	2690			
16	2690	3125	14	2500	3000
17	3125	3675	15	3000	3500
18	3675	4350	16	3500	4000

11.3.6 „Gehörrichtige" Quantisierung

Ein weiterer Schritt zur konsequenten Nutzung der Spektralzerlegung besteht darin, die im Frequenzbereich unmittelbar beschreibbaren Verdeckungseigenschaften des Gehörs zu nutzen: Ein Signal bei einer tiefen Frequenz – z.B. 500 Hz – regt die Basilarmembran nicht nur an der hierfür „zuständigen" Stelle – im Beispiel: um 6 Bark, also ca. 9 mm vom Helicotrema entfernt, vgl. Abschnitt 2.3.3 – zu Schwingungen an, sondern auch davor. Bild 11.9 zeigt, daß dann z.B. bei 9 Bark, d.h. 4.5 mm näher am ovalen Fenster, die Anregung nur um ca. 30 dB abgeschwächt zu spüren ist. Die nichtlineare Weiterverarbeitung in den Haarzellen (und im weiteren Hörsystem) sorgt dafür, daß eine genügend kleinere Anregung durch einen 1 kHz-Ton – also bei 9 Bark – gar nicht mehr wahrgenommen wird. Im folgenden wird eine gängige *Näherungs*darstellung dieses Effektes wiedergegeben, wie sie in der Codierung genutzt werden kann.

Die *Verdeckung* wird beschrieben durch die *gespiegelte* Frequenzgangkurve aus Bild 11.9: Sie gibt an, wie stark ein Ton der Mittenfrequenz f_m die Empfindung bei anderen Frequenzen beeinflußt. Wegen der unterschiedlichen Gruppenbreiten ist für jede Frequenz eine unterschiedliche Kurve wirksam. Über der *Bark-Skala*

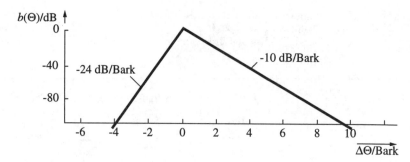

Bild 11.10: Beeinflussung $b(\theta)$ der Basilarmembran an Orten neben dem für eine Frequenz $f_m \mathrel{\widehat{=}} \Delta\theta = 0$ zuständigen Punkt durch eine Anregung bei $f \neq f_m \mathrel{\widehat{=}} \Delta\theta \neq 0$

jedoch gilt ein *einheitlicher* Verlauf, der in Bild 11.10 (linearisiert) skizziert ist.

Verdeckt werden Signale, deren Pegel 2-5 dB unter dieser „Beeinflussungs-Kurve" liegen. Mit einer derartigen Beschreibung der Innenohreigenschaften kann man zu einem gegebenen (Nutz-) Signalspektrum nach vereinfachenden Ansätzen eine Gesamt-*Verdeckungskurve* konstruieren, wie das z.B. in Bild 11.11 skizziert ist.

Ausgegangen wird von den Signalamplituden in den erfaßten Frequenzgruppen, in Abwandlung von (3.20-d) über der Bark-Skala als Signalpegel $e(\theta)/$dB angegeben. Hierzu werden mit einer (z.B. festen 3 dB-) Absenkung die Einzel-Beeinflussungskurven $b(\theta)$ aus Bild 11.10 eingezeichnet. Der obere Rand der Gesamtkurve gibt an, welche Anteile dieser Erregung als noch hörbar deklariert werden.

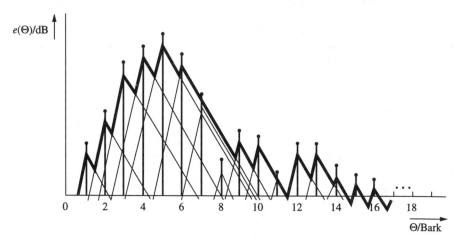

Bild 11.11: Mögliche Konstruktion einer „Gesamt-Verdeckungskurve" aus den Erregungsgrößen $e(\theta)$ in den Frequenzgruppen $\theta = 1 \ldots 16$

11.3 TEILBANDCODIERUNG (SBC)

Die so gewonnene Information läßt sich für die Codierung wie folgt nutzen: Wir bestimmen zunächst am Ausgang eines jeden Frequenzgruppenfilters die Zahl $w_{\max,\theta}$ der Binärstellen, die innerhalb eines Zeitfensters der Dauer T_B ausgesteuert werden; gleichzeitig wird die Erregung $e(\theta)$ gemessen. Diese Meßwerte dienen in Sender und Empfänger als Steuerinformation. Sodann wird geprüft, wie stark das Quantisierungsgeräusch in jedem Band sein darf. Nimmt man im ungünstigsten Fall das Erregungsmaximum am oberen Frequenzgruppen-Rand an, so werden ohne Beachtung von Nachbargruppen-Einflüssen zu tiefen Frequenzen hin alle Störungen mit einer Absenkung von $3\,\mathrm{dB} + 1\,\mathrm{Bark}\cdot(24\,\frac{\mathrm{dB}}{\mathrm{Bark}}) = 27\,\mathrm{dB}$ sicher unterdrückt. Nach (9.25) würden dann von den $w_{\max,\theta}$ Bits die oberen $w_\theta = 5$ genügen, um bei Verwendung einer Rundungskennlinie ein nicht hörbares Quantisierungsgeräusch zu erzeugen. Diese Zahl kann noch kleiner werden, wenn die Verdeckung aufgrund der Nachbar-Erregungen berücksichtigt wird. Eine Komponente $e(\theta)$ kann sogar vollständig von Nachbaranteilen verdeckt werden, wie das im Beispiel für $\theta = 8$ der Fall ist; sie braucht dann auch nicht codiert zu werden ($w_8 = 0$).

Auf die explizite Messung von $e(\theta)$, damit ihre Übertragung oder die Übermittlung der daraus ermittelten Wortlängen w_θ als Seiteninformation kann man verzichten [Sauvagerd-89], wenn man die sowieso nur angenäherte Verdeckungsberechnung durch Verwendung von $w_{\max,\theta}$ zur „Schätzung" von $e(\theta)$ noch weiter vereinfacht. Mit 16 Frequenzgruppen, einer Wortlängenbeschränkung auf $w_{\max,\theta} \leq 16\ \forall\ \theta$ und $T_B = 16$ ms sind dann 4 kbit/s für die Steuerinformation erforderlich. Diese Rate liegt offenbar über derjenigen, die eine typische ATC nach Tabelle 11.2 benötigt. Daneben ist festzuhalten, daß die Gesamt-Bitrate wegen zeitlich variierender Einzelwortlängen w_θ nicht konstant ist. Zahlreiche Varianten der geschilderten Codierweise sind aus der Literatur bekannt. Sie unterscheiden sich vor allem in der eingesetzten psychoakustischen Modellierung. Prominente Beispiele – allerdings nicht für Sprache, sondern für hochwertige Audiosignale entwickelt – sind die Codecs für den digitalen Rundfunk [Brandenburg, Stoll-94], die Kompaktkassette [Hoogedorn-94] bzw. [Wirtz-91] und die sog. Mini-Disk [Tsutsui, Suzuki, et al.-91] bzw. [Yoshida-94].

11.3.7 Codierung mit Polyphasen-Filterbänken

Die Verwendung einer *Viel*bandfilterung wurde oben bereits als sinnvoll herausgestellt. Insbesondere für den Fall wirklich *großer* Kanalzahlen (wie $M \geq 64$) ist das Polyphasen-System aus Abschnitt 4.3.3 und 4.3.4 sowie Abschnitt 5.4 als äußerst effiziente Realisierung bekannt, wenn man mit gleichmäßiger Bandaufteilung zufrieden ist. Aufwendiger, aber durchaus noch effizient sind die zugehörigen Allpaß-Varianten mit nicht äquidistanten Kanälen nach Abschnitt 4.3.5.

Untersuchungen zur Sprachcodierung mit einer gleichmäßig auflösenden PPN-DFT/FFT wurden in [Gündel-87] vorgestellt. Danach ist eine Kanalzahl von

$M = 128$ eine gute Wahl bezüglich Qualität und Rechenaufwand. Filterlängen $L = 4 \ldots 8 \cdot M$ sind sinnvoll, wobei verhältnismäßig einfache Filterentwürfe (z.B. über Kaiser-Fenster) genügen; perfekte Rekonstruktion (s. Abschnitt 5.4) ist nicht erforderlich. Nur bei den genannten großen Kanalzahlen lohnt es sich, eine Kompensation dominanter Aliasanteile vorzunehmen; bei kleineren Werten wäre es besser, die Taktreduktion r zu verringern. Die restlichen Überfaltungsfehler stören bei den interessierenden Datenraten nicht, wenn Filter mit Sperrdämpfungen ≥ 50 dB entworfen werden. Zur Bitzuteilung und Quantisierung eignen sich – wegen der engen Verwandschaft nicht überraschend – dieselben Strategien wie bei der ATC nach Abschnitt 11.2. (Gauß-) Optimalquantisierer für die Spektralwerte sind vorteilhaft.

Diese Untersuchungen sind weitergeführt in ([Gluth, Heute-92], [Gluth-93]) durch Einbeziehen einer PPN-GDCT-Codierung. Die obigen Feststellungen bestätigen sich dort. Es wird gezeigt, daß es GDCT-Filterbänke gibt, die sowohl perfekte Rekonstruktion als auch Aliaskompensation für Nachbarkanäle erlauben, daß die letztgenannte Fähigkeit die wichtigere ist und insbesondere wie bei den reinen reellwertigen Transformationen auch nach Quantisierung der Spektralwerte noch besser erhalten bleibt als bei komplexwertigen Filterbänken: Eine geeignete GDCT mit Polyphasen-Netzwerk erweist sich als die beste Lösung für die Frequenzbereichscodierung in äquidistanten Spektralkanälen.

Auch mit gleichmäßig auflösenden Polyphasen-Filterbänken, damit also auch mit einer TC, kann man im übrigen eine gehörrichtige Quantisierung analog zu Abschnitt 11.3.6 durchführen; man muß dazu nur Gruppen von Kanälen entsprechend den wachsenden Frequenzgruppenbreiten zusammenfassen. Mit einer allpaßtransformierten Polyphasenfilterbank kann man das Vorgehen aus Abschnitt 11.3.6 unmittelbar übernehmen.

11.3.8 Realisierungen

Details zu einer Echtzeitrealisierung eines Systems auf der Grundlage einer GDCT-Polyphasenfilterbank mit äquidistanten Kanälen sind in [Gluth, Heute, et al.-92], [Gluth, Cramer-90] zu finden. Dabei schneidet die an die ATC nach Abschnitt 11.2.9 angelehnte Quantisierungsstrategie besser ab als eine „gehörrichtige Quantisierung" nach Abschnitt 11.3.6, da bei den interessierenden effektiven Wortlängen unter $\bar{w} = 2$ bit/Abtastwert alle Quantisierungen zu nicht verdeckbaren Fehlereffekten führen. Die erzielbare Sprachqualität ist – bei etwa 50 % höherem, damit immer noch mäßigem Aufwand – merklich, aber nicht drastisch besser als die der ATC. Für die SBC gilt bislang wie für die ATC, daß ihr bei effektiven Wortlängen $\bar{w} < 2$ bit pro Abtastwert die prädiktiven Ansätze überlegen sind. Das gilt auch für andere SBC-Varianten, wie sie in der GSM-Vorbereitungsphase vorgestellt wurden [Speech Comm-88]. Bei höheren Bitraten ergeben sich aber sehr wohl Einsatzmöglichkeiten (s. etwa [MPEG-92]).

11.4 Sinusmodellierung (SM) und Harmonische Codierung (HC)

Trotz einer Signalerzeugung im „Zeitbereich" – nämlich prinzipiell durch Sinusgeneratoren – zählt man die im folgenden besprochenen Codierverfahren zu den Frequenzbereichsansätzen: Sie benötigen eine – wenn auch spezielle – Spektralanalyse, und die Sinusüberlagerung auf der Empfangsseite kann man gemäß Bild 5.1 als allgemeine Spektralsynthese ansehen.

Im Unterschied zu den behandelten klassischen FBC-Methoden zielt man hier allerdings auf niedrigere Raten $B \leq 10$ kbit/s.

Die Grundidee der SM wurde schon seit 1981 diskutiert ([Almeida, Tribolet-81], [Almeida, Tribolet-83]). Aus den zunächst sehr theoretischen Überlegungen entstanden praktikable Ansätze drei bis vier Jahre danach ([McAulay, Quatieri-85], [Trancoso, Almeida, et al.-88], [Marques, Almeida-89], [Carl, Kolpatzik-91], [Carl-94]). Im folgenden wird zunächst auf das SM-Prinzip in seiner realisierbaren Form, danach auf das HC-Verfahren als die zugehörige, für die Codierung unmittelbar interessante Variante eingegangen. Literatur zu zahlreichen weiteren Einzelheiten findet sich insbesondere in [Carl-94].

11.4.1 Prinzip der Sinusmodellierung

Angestrebt wird die Darstellung des Sprachsignals $x(k)$ durch eine Überlagerung von M Sinussignalen zeitvarianter Amplituden und Phasen gemäß

$$x(k) \approx \widehat{x}(k) = \sum_{\mu=0}^{M-1} |X_\mu(k)| \cos[\varphi_\mu(k)], \tag{11.27}$$

wobei in $\varphi_\mu(k)$ Informationen über die Momentanfrequenzen $\Omega_\mu(k)$ *und* zusätzliche Phasenverschiebungen $\alpha_\mu(k)$ enthalten sind.

Mit Hilfe einer geeigneten Spektralanalyse werden M *dominierende* Komponenten nach Frequenzen $\Omega_\mu(k)$, Beträgen $|X_\mu(k)|$ und Phasen $\varphi_\mu(k)$ bestimmt. Das kann für eine „optimale" Signalnachbildung in jedem Takt geschehen, wird aber aus praktischen Gründen – z.B. wegen der anfallenden, gegebenenfalls zu übertragenden Datenmenge, zumindest aber wegen des Rechenaufwandes – üblicherweise nur alle r Takte durchgeführt.

Im einfachsten Fall hält man die gefundenen Spektralinformationen über die Länge r der so gebildeten Signalrahmen konstant. Aufwendiger, aber auch erheblich besser ist es, zwischen den Anfangswerten zweier Rahmen zu interpolieren.

Zur Erzeugung kontinuierlicher Verläufe der Spektralgrößen eignen sich besonders lineare Betrags- und kubische Phasenfunktionen gemäß

$$|X_\mu(\kappa)| \doteq D_{\mu 1}\,\kappa + D_{\mu 0} \qquad (11.28)$$

$$\varphi_\mu(\kappa) \doteq \varphi_{\mu 3}\,\kappa^3 + \varphi_{\mu 2}\,\kappa^2 + \varphi_{\mu 1}\,\kappa + \varphi_{\mu 0}, \qquad (11.29)$$

jeweils für $\mu \in \{0,1\ldots,M-1\}$ und gültig für $k = (\lambda - 1)\,r + \kappa$, $\kappa \in \{0,1,\ldots,r-1\}$, $\lambda \in \mathbb{Z}$.

Die momentane Frequenz des μ-ten Anteils ergibt sich durch Differentiation aus (11.29) zu

$$\Omega_\mu(\kappa) = 3\,\varphi_{\mu 3}\,\kappa^2 + 2\,\varphi_{\mu 2}\,\kappa + \varphi_{\mu 1}, \qquad (11.30)$$

also als eine quadratische Parabel.

Geeignet sind diese Darstellungen deshalb, weil sich ihre sechs Parameter $D_{\mu 0,1}$ und $\varphi_{\mu 0\ldots 3}$ eindeutig aus den sechs an zwei Rahmenanfängen $k = (\lambda - 1)\,r$, $k = \lambda\,r$ gemessenen Frequenzen, Beträgen und Phasen berechnen lassen und weil sich hiermit die real beobachtbaren zeitvarianten Spektralinformationen hinreichend genau modellieren lassen [Carl-94].

Mit der Festlegung $D_{\mu 1} \doteq 0$, $\varphi_{\mu i} \doteq 0$ für $i \neq 0,1$ ist der Fall konstantgehaltener Spektralwerte hierin enthalten. Man spricht dann gelegentlich von einer „SM nullter Ordnung". Mit einem Verzicht auf die Suche nach dominierenden Anteilen und einer Festlegung $\Omega_\mu \doteq \mu \frac{2\pi}{M}$ wird daraus eine Transformations- oder eine Filterbank-Darstellung, wie sie in den Abschnitten 11.2 und 11.3 behandelt wurden.

Im allgemeinen Fall sind M dominante Komponenten zu suchen – z.B. durch das Bestimmen lokaler Maxima in blockweise, i.a. etwas überlappend gerechneten DFT-Betragsspektren.

Je Rahmen der Länge r (z.B. $r = 160$) sind für die Berechnungen nach (11.28), (11.29) und (11.30) $3M$ Daten zu übertragen, mit deren Hilfe im Empfänger mit M Generatoren Sinussignale variierender Frequenzen, Amplituden und Phasen erzeugt und zum Ausgangssignal nach (11.27) überlagert werden.

Ein Problem entsteht durch die völlige Freigabe der Frequenzwerte $\Omega_\mu(\kappa)$: Es ist ja keineswegs sicher, daß eine Maximumssuche (oder eine Optimierung) in aufeinanderfolgenden Rahmen *gleich viele* dominante Komponenten findet. Damit ist die Zuordnung von Anfangs- und Endpunkten bei der Interpolation nach (11.28), (11.29), (11.30) nicht eindeutig.

Der Ausweg besteht in einer Zuordnung nach einem Kriterium für „genügend enge Nachbarschaft" gefundener Frequenzen und dem Einführen von „sterbenden" und „geborenen" Anteilen bei der Konstruktion von „Parameterspuren" (s. Bild 11.12).

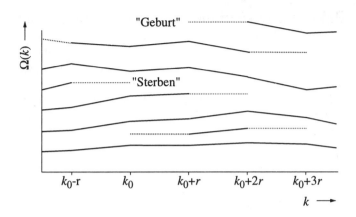

Bild 11.12: „Frequenzspuren" in schematischer Darstellung
mit linearen Frequenzverläufen nach [Carl-94]

Der unvermeidliche *Aufwand* für diese Modellierung liegt zum einen (und zum geringeren Teil) bei der Suche nach spektralen Maxima, zum anderen (und zum größeren Teil) bei der Erzeugung von M völlig allgemeinen Cosinus-Funktionen mit variierenden Kenngrößen.

Der Analyseaufwand wächst, wenn man die Maximumsauswertung ersetzt durch eine „optimale" Betrags- und Phasenbestimmung so, daß der Synthesefehler (gegebenenfalls auch nach psychoakustischer Gewichtung) z.B. im Kleinste-Quadrate-Sinn minimiert wird (Analyse-durch-Synthese-Version).

Bei allen Aufwandsüberlegungen zu Analyse, Codierung/Übertragung und Synthese ist von Werten $M = 20\ldots 40$ auszugehen: Spektrale Maxima werden sich bei den energiereichen, daher a priori „wichtigen" stimmhaften Sprachabschnitten etwa im Abstand der Sprachgrundfrequenz finden, was zu entsprechend vielen „Linien" im Telefonband führt (vgl. Abschnitt 8.1).

Für stimmlose Abschnitte ist die Annahme dominanter Spektralanteile zudem sehr willkürlich. Ein Ausweg besteht darin, in als „stimmlos" klassifizierten Rahmen äquidistante Spektralwerte zu benutzen. Auch hier erweisen sich aber sehr viele (z.B. $M = 50\ldots 80$) Datenpaare als notwendig.

Diese große Zahl ist insbesondere in stimmhaften Abschnitten problematisch: Bei einer Rahmenlänge von 160 Abtastwerten oder 20 ms sowie einer Datenrate von höchstens 10 kbit/s stehen pro Datum im Mittel weniger als zwei Bit zur Verfügung. Das ist für die größeren Amplituden wie für die Phasen sehr knapp, und zur Codierung der frei bestimmbaren Frequenzen $\Omega_\mu(k)$ reicht es bei weitem nicht für ein hinreichend feines Raster aus.

11.4.2 Prinzip der Harmonischen Codierung

Daß eine an sich wünschenswerte Flexibilität durch frei zu wählende Abtast*zeit*punkte zu Problemen bezüglich Rechenaufwand und Codierung führen kann, ist schon bei der Behandlung der MPE-LPC (s. Abschnitt 10.4.4) klar geworden. Die Lösung dort bestand in der Rasterbildung der RPE, deren eingeschränkte Flexibilität durch verbesserte Darstellung der übrigen Information mehr als ausgeglichen wurde.

Eine entsprechende Rasterung im *Frequenz*bereich gelingt beim SM-Ansatz, wenn man annimmt, daß die vielen dominierenden Spektralwerte in den (wichtigen energiereichen) stimmhaften Sprachrahmen tatsächlich *streng harmonischen* Komponenten zuzuordnen sind. Nach der Definition

$$\Omega_\mu(k) \doteq \mu\, \Omega_1(k) \tag{11.31}$$

bleibt dann „nur" noch die Aufgabe, die normierte Sprachgrundfrequenz

$$\Omega_1(k) = 2\pi\, \frac{F_0(k)}{f_A} \tag{11.32}$$

zu finden (s. Abschnitt 8.1), bevor bei Vielfachen davon die Amplituden- und Phasenwerte (kontinuierlich mit k, im Rahmenabstand r oder rahmenweise mit anschließender Interpolation gemäß (11.28), (11.29) wie vorn) bestimmt werden. Zur Berechnung der Kennwerte eignen sich u.a. wiederum DFT- oder Filterbankspektren oder auch Optimierungsansätze, welche nach dem Analyse-durch-Synthese-Prinzip den Synthesefehler minimieren.

11.4.3 Probleme und Lösungsansätze

a) Signalklassifizierung und Grundfrequenzanalyse

Aufgrund des Prinzips einer Sinusdarstellung eignen sich SM wie besonders HC unmittelbar für stimmhafte, offenbar aber weniger für stimmlose Signale. Letztere müssen gesondert behandelt werden (s. Absatz c). Hierfür ist eine sichere Stimmhaft-Stimmlos-Klassifikation erforderlich. Dazu gibt es zahlreiche publizierte Vorschläge, die allerdings bei genügend hoher Sicherheit auch aufwendig sein können (z.B. [Atal, Rabiner-76], [Paulus-97], s. Abschnitt 8.6).

In stimmhaften Abschnitten schließt sich im HC-Fall eine möglichst störsichere Pitchanalyse an. Wie sich weiter unten zeigen wird, muß sie ebenfalls sehr genau und daher aufwendig sein. Geeignet ist z.B. eine verbesserte Variante [Carl-92] des bekannten „Harmonischen Siebes" nach ([Sluyter, Kotmans, et al.-80], [Sluyter, Kotmans, et al.-82]). Hierbei kann die Stimmhaft-Stimmlos-Klassifizierung u.U. als Nebenresultat mit anfallen. Alternativen finden sich in Abschnitt 8.1.

b) Bestimmung dominanter Komponenten stimmhafter Segmente

SM bedeutet die Bestimmung der M größten Komponenten. Problematisch ist die Auswahl der *relevanten* Maxima etwa aus dem DFT-Betragsspektrum: Zum einen sind lokale Extremwerte gesucht, zum anderen sollten sie nicht „zu lokal", d.h. in unmittelbarer Nachbarschaft liegen, sondern etwa im Abstand der Sprachgrundfrequenz F_0. Desweiteren variiert ihre Anzahl eben mit dem Wert F_0.

Grundsätzlich einfacher scheint die Auswahl der Frequenzen $\Omega_\mu(\kappa)$ bei HC zu werden: Man muß dem Spektrum nur Beträge und Phasen bei Vielfachen der Grundfrequenz entnehmen. Auch hier finden sich aber erhebliche Probleme.

Zum ersten bleibt die schwankende Anzahl der Maxima. Zum zweiten fallen ganzzahlige Vielfache von F_0 i.a. nicht mit den Frequenzpunkten des DFT-Rasters nach (3.10) zusammen. Selbst wenn sie das täten, bleiben drittens Ungenauigkeiten der Grundfrequenzmessung. Zum vierten sind auch ausgeprägte stimmhafte Laute i.a. nicht streng periodisch; das zugehörige Spektrum weist also keine absolut harmonische Struktur auf. Auch in Abschnitten, die ihrer gemessenen Spektralform nach dem Sinusmodell sehr gut entsprechen, sind daher – insbesondere im oberen Frequenzbereich – sehr unzureichende Modellierungen möglich, wenn z.B. ein DFT-Spektrum einfach abgetastet wird (vgl. Bild 11.13). Lösungen bedeuten stets erhöhten Aufwand.

Verallgemeinernd kann man Amplituden und Phasen für Komponenten bei $\Omega_\mu(\kappa)$ *optimal* in dem Sinne *berechnen*, daß in einer Analyse-durch-Synthese-Schleife der Fehler im rekonstruierten Signal (u.U. „gehörrichtig" bewertet) minimiert wird. Wenn man diesen Ansatz auf rahmenweise konstante Signalbeschreibungen (*stationary least-squares*, SLS) und vorab bekannte (Raster-) Frequenzpunkte beschränkt, so wächst der Aufwand zwar wegen der Optimierung erheblich, es er-

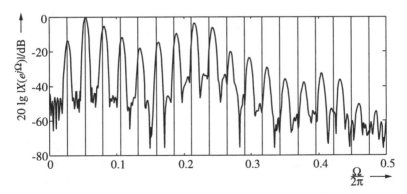

Bild 11.13: DFT-Betragsspektrum eines Beispiel-Sprachsegments und ungünstige Abtastung bei Vielfachen der experimentell (etwas zu klein) bestimmten Sprachgrundfrequenz [Carl-94]

gibt sich aber mit einem technisch noch realisierbaren System die bestmögliche
Synthesequalität.

c) Darstellung stimmloser Signalrahmen

Mehrere Möglichkeiten sind sowohl einfach als auch naheliegend: Man kann bei
einer Spektralabtastung in Rasterfrequenzen bleiben und in stimmlosen Segmenten ein festes, enges Gitter mit z.B. 50...80 äquidistanten Punkten wählen. Das
ist dann aber eng verwand mit einer Transformations- oder Filterbank-Codierung
nach Abschnitt 11.2, 11.3. Daraus folgt die Idee, nach dem Klassifikationsresultat „Stimmlos" auf eine ATC oder FBC umzuschalten. Wegen der bekannt guten
Eigenschaft prädiktiver Coder kann man dann auch auf den Gedanken kommen,
die Vorteile des Sinusmodells in stimmhaften Rahmen zu nutzen, sonst aber völlig
anders, nämlich mit LPC-Ansätzen zu codieren. Ein hartes Umsteuern zwischen
unterschiedlichen Verfahren ist jedoch deutlich hörbar. Von den einfachen Möglichkeiten bleibt nur die erstgenannte. Potentiell bessere Lösungen sind wiederum
auch aufwendiger.

Der Aufgabe „Darstellung stimmloser, d.h. rauschartiger Signale durch spektral
verteilte Anteile" angemessen ist der Vorschlag, die Sinusanteile in (11.27) durch
moduliertes Schmalband-Rauschen zu ersetzen [Marques, Almeida-88]:

$$\widehat{x}(k) = \sum_{\mu=0}^{M-1} |X_\mu(k)|\, \Psi_\mu(k)\, \cos[\varphi_\mu(k)]. \tag{11.33}$$

Die Terme $\Psi_\mu(k)$ beschreiben Schmalband-Tiefpaßgeräusche (s. [Carl, Kolpatzik-91]). Für Bandbreiten und Frequenzlagen kommen – wie bei den SBC/FBC-Verfahren nach Abschnitt 11.3 auch – gleichmäßige wie ungleichmäßige (z.B. „Frequenzgruppen"-) Raster in Betracht. Als Amplitudeninformationen $|X_\mu(k)|$ dienen
die in entsprechenden Bändern gemessenen Kurzzeit-Effektivwerte.

d) Phasenverläufe

Messen lassen sich stets nur Phasenwerte zwischen $-\pi$ und $+\pi$. Eine Interpolation, die sich nur auf diesen *Hauptwert*-Bereich beschränkt, führt zu bezüglich
der Rekonstruktion unnatürlichen Verläufen $\varphi_\mu(k)$. Nötig ist daher ein sinnvolles
Weiterführen der Phase über die Hauptwerte hinaus, in der Literatur als *phase unwrapping* bekannt, hier aber unter veränderten Bedingungen durchzuführen: Nicht
die „richtige" Phase eines physikalisch realisierbaren Systems ist gesucht, sondern
ein Verlauf mit günstigen Eigenschaften bei der Signalsynthese [Carl-94].

e) Quantisierung

Eine Codierung mit den angestrebten Datenraten $B \leq 10$ kbit/s bei Verwendung des SM-Ansatzes wurde wegen der vielen darzustellenden Frequenzen $\Omega_\mu(\kappa)$ bereits in Abschnitt 11.4.1 als aussichtslos erkannt. Auch beim Übergang auf HC bleibt sie zunächst problematisch: Es stehen weniger als 200 bit pro 20-ms-Rahmen für die Sprachgrundfrequenz und je $M(\stackrel{\approx}{>} 40)$ Betrags- und Phasenwerte zur Verfügung.

Hilfreich sind hier die Ideen, die bei der Betrachtung der ATC- und FBC-Seiteninformation zum Tragen kamen (vgl. Abschnitt 11.2.8): Man benötigt die Einhüllende, wie sie als „Schätzspektrum" zur Bitzuteilung und Quantisierungssteuerung benutzt wurde. Sie kann man z.B. bekanntlich mit $n \approx 10$ relativ grob mit insgesamt $24\ldots 40$ bit quantisierten LPC-Koeffizienten beschreiben. Es zeigt sich allerdings, daß man damit (und selbst nach Verfeinerungen [Carl-94]) die Qualität einer aus Gründen der Bitrate problematischen Einzelamplituden-Übertragung nicht erreichen kann.

Das entsprechende Problem findet sich bei der Phasendarstellung. Es läßt sich trivial lösen, indem man auf eine Phasenübertragung verzichtet. Interpoliert man die Frequenzen $\Omega_\mu(k)$ zwischen den Segmentanfängen linear, so impliziert das eine quadratische Phaseninterpolation zwischen sich zwangsläufig ergebenden Werten. Neu einsetzende Frequenzspuren (z.B. auch *alle* nach einem stimmlosen Abschnitt!) benötigen aber eine sinnvoll definierte Startphase. Für stimmlose Segmente sind hier Zufallsphasen ausreichend, für stimmhafte Abschnitte ist erheblich mehr Aufwand erforderlich (s. etwa [McAulay, Quatieri-91], [Carl-94]).

Die oben für die Amplitudencodierung angewandte „Stützspektrum"-Idee läßt sich auf die Phasendarstellung übertragen [Carl-94]. Im Hinblick auf Datenrate, Modell-Hintergrund wie Qualität attraktiv ist die *gemeinsame Betrags- und Phasenrepräsentation* durch ein rekursives Modellfilter, das im Gegensatz zum LPC-(AR-) Filter auch ein *Zähler*polynom und damit Freiheitsgrade bezüglich der nicht mehr notwendigen Minimalphasen-Eigenschaften hat. Dieser Ansatz erfordert allerdings die Lösung nichtlinearer Gleichungen.

f) Sinus-Synthese

Die scheinbar so einfache Erzeugung von M Sinussignalen gemäß (11.27) ist insbesondere bei einer Phase, die durch ein Polynom dritten Grades nach (11.29) beschrieben wird, sehr aufwendig. Hilfreich sind hier Ideen zur rekursiven Erzeugung entweder von Polynomen oder unmittelbar von Exponentialfolgen mit Polynomen im Exponenten ([Marques, Almeida-91], [Carl-94]).

11.4.4 Realisierung, Aufwand, Qualität

Mit dem Ziel einer Sprachcodierung hoher Qualität bei mittleren bis niedrigen Datenraten wurde im Rahmen eines europäischen Projektes auch der SM-/HC-Ansatz untersucht [Carl, Marques, et al.-91]. Zur Untersuchung von Parametereinflüssen wurde eine Echtzeit-Realisierung der harmonischen *Modellierung* (also ohne eigentliche Codierung, d.h. Quantisierung) erstellt. Sie ist im Bild 11.14 skizziert, in Tabelle 11.4 erläutert. Die in Bild 11.14 dargestellte Aufteilung in 5 Teilaufgaben deutet an, welche Berechnungsschritte ungefähr zu gleichen Teilen an dem Realisierungsaufwand beteiligt sind.

Das synthetisierte Signal am Ausgang des oben geschilderten Systems klingt „befriedigend" [Carl-94]. Die Qualität ließe sich erst bei Hinzunahme gemessener Phasenwerte in stimmhaften Abschnitten und die Verwendung rauschförmiger Anregungen in stimmlosen deutlich steigern. Andererseits sinkt sie nicht ins Bodenlose, wenn man weitere Vereinfachungen und eine grobe Quantisierung so vornimmt, daß eine Datenrate von 1.25 kbit/s ausreicht.

Die geschilderten Probleme und der mit ihrer Lösung verbundene Realisierungsaufwand haben bislang den praktischen Einsatz der Sinusmodellierung verhindert. Wegen ihrer theoretischen Attraktivität wird aber weiter an effizienten Versionen für unterschiedliche Einsatzfelder gearbeitet. Insbesondere die Codierung bei sehr niedrigen Raten ist von Interesse (z.B. [Ahmadi, Spanias-97], [Nishiguchi, Iijima, et al.-97]).

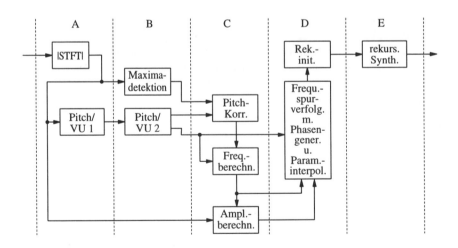

Bild 11.14: Blockdiagramm eines *Harmonic-Modelling*-Systems [Carl-94]

Tabelle 11.4: Erläuterungen der Kürzel im Blockdiagramm einer harmonischen Modellierung nach Bild 11.14

Abkürzung	Erläuterung
|STFT|	*Short-Time Fourier Transform* $\mathrel{\widehat{=}}$ Kurzzeit-Betragsspektrum, berechnet alle 20 ms über Sprachsegmente mit 255 Abtastwerten ($\widehat{\approx}$ 32 ms Dauer) nach Hannfensterung und *Zero-Padding* ($M = 512$) mit Hilfe einer FFT für reellwertige Daten
Pitch/VU1, 2	Zweistufige Sprachgrundfrequenz-Bestimmung und Stimmhaft/Stimmlos-Klassifikation mit Hilfe des „Harmonischen Siebes"
Maxima-Detektion Pitch-Korr.	Suche lokaler Maxima im Betragsspektrum, damit: Korrektur der Sprachgrundfrequenz-Schätzung
Freq.-berechn.	Festlegung der Synthesefrequenz: Sprachgrundfrequenz-Vielfache in stimmhaften, feste Rasterfrequenz in stimmlosen Sprachrahmen
Ampl.-berechn.	Auswertung des interpolierten FFT-Betragsspektrums in den Frequenzpunkten zur Amplitudenbestimmung
Frequ. spurverfolg. m. Phasengener. u. Param. interpol.	Vereinfachte Frequenzspurverfolgung, lineare Frequenzinterpolation, dadurch implizit quadratische Phasenverläufe ohne Phasenübertragung (Zufallsphasen im stimmlosen Rahmen); lineare Amplitudeninterpolation
Rek.init.	Initialisierung der rekursiven Sinuserzeugung
rekurs.Synth.	rekursive Synthese der zu überlagernden Sinusanteile

11.4.5 Multiband-Codierung (MBE)

Als erstes Problem der SM- und HC-Anwendung wurde in Abschnitt 11.4.3 die Unterscheidung stimmloser und stimmhafter Segmente genannt. Die Klassifikation *kann* u.U. gar nicht gelingen – zumindest in Übergangslauten ist das Signal nicht eindeutig zuzuordnen. Selbst innerhalb vokalischer Teile zeigt sich eine Periodizität oft nicht so ausgeprägt als Linienstruktur im Spektrum wie in Bild 11.13.

Als Weiterentwicklungen zu SM und HC sind daher auch sogenannte Hybrid-Coder (in speziellerem Sinn als in Abschnitt 9.1.1) vorgeschlagen worden, die Sinus- und Rauschanregungen mit geeigneter Gewichtung überlagern (z.B. [Abrantes, Marques-92]). Schon früher – kurz nach den ersten SM-Vorstellungen – wurden Hybrid-Ideen anderer Art publiziert [Griffin, Lim-86]: Man kann das Klassifikationsproblem (und die Auswirkungen dabei auftretender Fehler) entschärfen, wenn man die Unterscheidung getrennt in mehreren Frequenzbändern trifft. Entsprechend ist dann die Signalsynthese in den Einzelbändern getrennt durchzuführen. Man spricht von „Multiband-Erregung" (MBE).

Erste Grundvarianten der letztgenannten Technik liefern keine zufriedenstellende Sprachqualität. Spätere Versionen [Griffin, Lim-88] sind besser. Die Struktur eines MBE-Systems für eine 8 kbit/s-Übertragung ([Hardwick, Lim-88]) wird daher im folgenden geschildert, die 4 kbit/s-Variante, die als „improved MBE" (IMBE) für die INMARSAT-Satelitenübertragung eingeführt wurde [DVS-91], findet sich im Anhang.

Ein 8 kbit/s-MBE-Codec bearbeitet nacheinander folgende Schritte:

- Signalsegmentierung (überlappend im Abstand von 20 ms), (Hamming-) Fensterung, Kurzzeit-Spektralanalyse durch FFT.

- Aufstellen mehrerer „Grundfrequenz-Kandidaten" $F_0^{(i)}$ (z.B. durch einfaches Gitter ganzzahliger Werte).

- Konstruktion eines „modifizierten Linienspektrums" (z.B.) durch Anordnen von um $\nu \cdot F_0^{(i)}$, $\nu \in \mathbb{N}$ verschobenen Fourier-Transformierten des verwendeten Fensters.

- Berechnung *komplexer* Amplituden $A_\nu^{(i)}$ bei $\nu \cdot F_0^{(i)}$ so, daß die damit gewichteten „modifizierten Linien" in Bändern jeweils der Breite $F_0^{(i)}$ das Kurzzeitspektrum des Signalsegments insgesamt im Kleinste-Quadrate-Sinn approximieren; Bestimmung des damit erreichten kleinsten quadratischen Fehlers $\varepsilon^{(i)}$ durch Summation der Einzelfehleranteile $\varepsilon_\nu^{(i)}$.

- Variation von $F_0^{(i)}$, Wahl *der* Pitchfrequenz $F_0 \doteq F_0^{(i)}$, für die $\varepsilon^{(i)} = \varepsilon_{\min}$ am kleinsten wird.

- Iterative Verfeinerung des Grundfrequenzrasters, verbesserte Pitchfrequenz F_0.

- Vergleich der zu $\varepsilon_{\min}$ gehörigen Einzelfehler-Anteile ε_ν mit Schwellwert ε_s: Für $\varepsilon_\nu \leq \varepsilon_s$ Klassifikation des Anteils um $\nu \cdot F_0$ als „stimmhaft/periodisch", Festhalten der Amplituden- und Phaseninformation A_ν. Für $\varepsilon_\nu > \varepsilon_s$ Klassifikation des Anteils um $\nu \cdot F_0$ als stimmlos/rauschförmig.

- Berechnung *reellwertiger* Gewichte A_ν für stimmlose Komponenten als Effektivwerte der betroffenen Bänder (entsprechend Kleinste-Quadrate-Approximation durch bandbegrenzt-weiße Rauschanteile).

- Codierung der Kenngrößen mit insgesamt 160 bit/20 ms ($= 8$ kbit/s): Pitchfrequenz F_0 mit 9 bit; Stimmlos/Stimmhaft-Aussagen mit 12 bit (für mehr als 12 Komponenten möglich z.B. durch Lauflängen-Codierung oder Gruppieren von Bändern);

Amplituden und Phasen (wo nötig) mit insgesamt 139 bit; dabei Differenz-Darstellung in Frequenzrichtung; Bitzuteilung je nach F_0-Werten, d.h. Anzahl nötiger Bänder.

- Erzeugung von Sinussignalen mit jeweils in Zeitrichtung interpolierten Frequenzen $\nu \cdot F_0$, Beträgen $|A_\nu|$ und Phasen $\arg\{A_\nu\}$ für die als „stimmhaft" deklarierten Bänder, Summation dieser Anteile.

- Erzeugung von Schmalband-Rauschsignalen durch inverse FFT in den als „stimmlos" deklarierten Bändern, Multiplikation mit A_ν, Summation dieser Anteile.

- Überlagerung der Sinus- und Rauschsignale zum Codec-Ausgangssignal.

In dieser Liste der erforderlichen Schritte nicht enthalten sind notwendige Gewichtungen und Normierungen bei der Fehlerberechnung, Besonderheiten der Pitchanalyse, Details z.B. zur Festlegung des Grenzwertes ε_s sowie Untersuchungen zu naheliegenden Alternativen.

Die enge Verwandtschaft mit dem HC-Verfahren wird ebenso klar wie die im MBE-Codec enthaltenen Ansätze zum Überwinden der vorn diskutierten SM- und HC-Probleme.

Die in [Hardwick, Lim-88] enthaltenen Aussagen zur Qualität des decodierten Signals sind wenig aussagekräftig: Sie betreffen einen informellen Vergleich mit einer einfacheren („*Single-band*"-) Version. Zur 4 kbit/s-Version gibt es dagegen veröffentlichte Ergebnisse eines formalen Qualitätstests (s. hierzu Kap. 15): Es wird eine Güte reklamiert, die nur wenig unter der des gängigen GSM-Standards liegt [Wong-91].

Kapitel 12

Geräuschreduktion

12.1 Begriffsklärung und Motivation

Bei der Übertragung von Sprachsignalen werden die Sprachqualität und/oder die Sprachverständlichkeit vielfach durch Störungen beeinträchtigt. In digitalen Übertragungssystemen ist grundsätzlich mit folgenden Störungsarten zu rechnen:

- akustische Hintergrundstörungen
- Lautsprechersignale, insbesondere bei Telefonen mit Freisprecheinrichtung
- Störungen infolge der Digitalisierung (Quantisierung und Codierung)
- Störungen durch Übertragungsfehler (Bitfehler).

Es ist offensichtlich, daß sich diese Störungsarten in charakteristischer Weise voneinander unterscheiden. Zur Verbesserung gestörter Sprachsignale sind daher spezifische Verfahren zu entwickeln.

In diesem Kapitel werden Maßnahmen zur Reduktion akustischer Hintergrundstörungen behandelt, die auch mit dem Begriff *Geräuschreduktion* umschrieben werden.

Die Verminderung des störenden Einflusses von Lautsprechersignalen wird ausführlich in Kapitel 13 mit dem Ansatz der sog. *Echokompensation* diskutiert, während Maßnahmen gegen Störungen infolge Codierung und Quantisierung bereits in Abschnitt 10.5 in der Form des *adaptiven Nachfilters* behandelt wurden.

Die vierte Störungsart tritt vorwiegend in funkgestützten Übertragungssystemen auf. Eine klassische, übertragungstechnische Gegenmaßnahme ist die Kanalcodierung mit dem Ziel der Fehlerkorrektur. Ein weiterer oft sehr wirkungsvoller Ansatz besteht darin, unter Ausnutzung der Restredundanz des codierten Sprachsignals die störende subjektive Wirkung von Übertragungsfehlern durch geeignete Signalverarbeitungsmaßnahmen zu beseitigen. Man spricht in diesem Zusammenhang von *Fehlerverdeckung*. Bezüglich dieser, hier nicht behandelten, Aufgabenstellung wird auf die Literatur verwiesen (z.B. [Gerlach-93], [Gerlach-96], [Fingscheidt, Vary-96], [Görtz-97]).

Das entscheidende Kriterium zur Beurteilung von Maßnahmen zur Geräuschreduktion ist generell die bestmögliche *Qualität*. Die *gehörte Qualität* ist nun nicht so einfach zu definieren. Mit dieser Problematik befaßt sich das Kap. 15. Hier werden wir jedoch zunächst auf quadratische Maße für Störungen zurückgreifen, die u.U. mit heuristischen Überlegungen modifiziert werden.

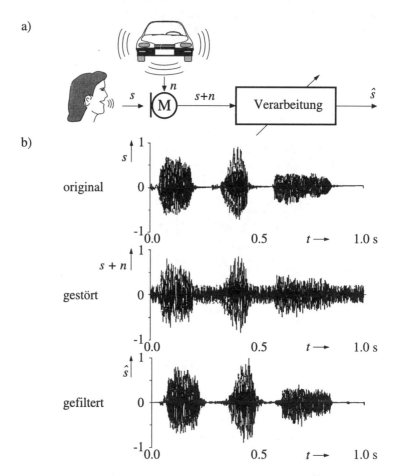

Bild 12.1: Zur Sprachübertragung mit Geräuschreduktion
   a) Aufgabenstellung
   b) Signalbeispiel

Im Zusammenhang mit der automatischen Erkennung gesprochener Texte, etwa zur Funktionssteuerung eines Autotelefons, ist ein anderes Kriterium heranzuziehen: „Qualität" läßt sich in diesem Fall als „hohe Erkennungssicherheit" definieren. Eine Optimierung mit dieser Zielsetzung führt allerdings in der Regel nicht zur bestmöglichen Qualität der nach „Entstörung" akustisch auszugebenden Sprachsignale.

Ziel der hier behandelten Verfahren zur Sprachsignalverbesserung, im Englischen auch *Noise Reduction* oder *Speech Enhancement* genannt, ist es, die Störung durch i.a. adaptive Signalverarbeitung zu reduzieren, ohne das Nutzsignal zu verfälschen – oder realistischer: Eine möglichst weitgehende Geräuschunterdrückung bei möglichst geringer Signalverzerrung ist anzustreben.

Diese Aufgabenstellung wird mit Bild 12.1 veranschaulicht.

12.2 Ansätze

Wir unterscheiden je nach der Zahl verwendeter Mikrofone *Ein-, Zwei-* oder *Mehrkanal*-Ansätze.

Mit *einem* Mikrofon steht nur das gestört aufgenommene Sprachsignal $x(k) = s(k) + n(k)$ zur Verfügung. Da jedes Verfahren zur Geräuschreduktion auf einer Unterscheidung von Nutz- und Störanteilen beruht, kann sich das Unterscheidungskriterium in diesem Fall nur auf unterschiedliche statistische oder spektrale Eigenschaften beziehen. Sieht man von dem (trivialen) Sonderfall ab, daß sich das Nutzsignal $s(k)$ und das Störsignal $n(k)$ spektral oder zeitlich nicht überlappen, so lassen sich einkanalige Ansätze unter der Voraussetzung stationärer oder periodischer Störungen entwickeln, indem in den Sprachpausen des nicht-stationären Nutzsignals die Störung analysiert und die so gewonnene Information nachfolgend zur Störreduktion genutzt wird. Dieser Ansatz führt auf die klassischen Techniken der *Optimalfilterung* und der *Spektralen Subtraktion* sowie daraus abgeleiteten Varianten.

Zwei Mikrofone können dagegen in unterschiedlicher Weise genutzt werden: Zum einen kann man versuchen, mit dem zweiten Mikrofon ein Referenz-Störsignal $x_2(k) = n_2(k)$ aufzunehmen und damit die Störung im primären Mikrofonsignal $x_1(k) = s(k) + n_1(k)$ nach geeigneter Filterung zu kompensieren. In diesem Fall wird eine akustische Entkopplung der Mikrofone bezüglich des Nutzsignals $s(k)$ vorausgesetzt. Zum anderen kann man u.U. aus zwei gleichartig, aber eben nicht identisch gestörten Signalen $x_1(k) = s_1(k) + n_1(k)$ und $x_2(k) = s_2(k) + n_2(k)$ verbesserte Adaptionsalgorithmen für die oben genannten Einkanaltechniken ableiten. Das Unterscheidungskriterium beruht bei dieser Anordnung auf der Annahme, daß sich der Sprecher innerhalb des Hallradius der Mikrofone befindet. Innerhalb des Hallradius überwiegt der vom Sprecher stammende Direktschall, außerhalb des Hallradius der durch Reflexionen an den Raumbegrenzungen erzeugte diffuse Schall (z.B. [Kuttruff-90]). Deshalb sind die Nutzsignal-Anteile $s_1(k)$ und $s_2(k)$ stark miteinander korreliert, während die Störanteile $n_1(k)$ und $n_2(k)$ nur schwach korreliert sind, da ein näherungsweise diffuses Stör-Schallfeld vorausgesetzt wird.

Bei Anordnungen mit mindestens zwei Mikrofonen lassen sich adaptive Richtwirkungen erzielen (*Beamforming*). Um eine hochselektive Richtwirkung zu erreichen, benötigt man jedoch mehr als zwei Sensoren. Voraussetzung für diesen Ansatz ist die in der Regel gegebene räumliche Trennung von Nutzsignal-Quelle und Stör-Quellen. Die genannten Einkanalansätze lassen sich auch hiermit kombinieren.

Aus diesen Vorüberlegungen wird deutlich, daß die Wirksamkeit der zu diskutierenden Verfahren zur Geräuschreduktion nicht nur eine Frage des zulässigen Aufwandes ist (Anzahl der Mikrofone, Komplexität der Verarbeitungsalgorithmen), sondern auch in hohem Maße von den akustischen Gegebenheiten und den statistischen Eigenschaften der Störung abhängen wird.

In den Abschnitten 12.3-12.6 diskutieren wir Einkanalmethoden, in den Abschnitten 12.7 und 12.8 Verfahren, die mit zwei Mikrofonen arbeiten, und in den Abschnitten 12.9 sowie 12.10 Mehrkanalansätze mit Richtwirkung.

12.3 Einkanaliges Optimalfilter (Wienerfilter)

12.3.1 Ansatz und Zeitbereichslösung

Ausgangspunkt ist Bild 12.2: Dem Nutzsignal $s(k)$ ist additiv die Störung $n(k)$ überlagert. Es wird zunächst angenommen, daß es sich um stationäre mittelwertfreie Prozesse handelt. Das Summensignal wird mit einem System gefiltert, dessen Impulsantwort $h(k)$ bzw. Übertragungsfunktion $H(z)$ so zu wählen ist, daß $\hat{s}(k)$ das Nutzsignal möglichst gut approximiert.

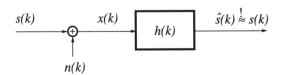

Bild 12.2: Filterung eines gestörten Signals zur Störreduktion

Als Approximationskriterium wird der mittlere quadratische Fehler verwendet:

$$\overline{e^2} = \mathrm{E}\{e^2(k)\} = \mathrm{E}\left\{\left(\hat{s}(k) - s(k)\right)^2\right\} \stackrel{!}{=} \min. \tag{12.1}$$

12.3 Einkanaliges Optimalfilter (Wienerfilter)

Er ist mit Hilfe einer Erwartungswertbildung definiert gemäß

$$\overline{e^2} = \mathrm{E}\left\{\left(\sum_{\kappa=-\infty}^{\infty} h(\kappa)\, x(k-\kappa) - s(k)\right)^2\right\}. \tag{12.2}$$

Zur Minimierung ist $\overline{e^2}$ nach den Größen $h(i)$ abzuleiten, die Ableitungen sind zu Null zu setzen. Es entsteht ein lineares Gleichungssytem mit Zeilen der Form

$$\sum_{\kappa=-\infty}^{\infty} h(\kappa)\, \varphi_{xx}(i-\kappa) = \varphi_{xs}(i)\,. \tag{12.3}$$

Hierzu werden die in (12.2) enthaltenen Produkterwartungswerte entsprechend Abschnitt 6.1.2 als Autokorrelation $\varphi_{xx}(\lambda)$ des gestörten Signals und als Kreuzkorrelation $\varphi_{xs}(\lambda)$ zwischen gestörtem Signal und Nutzsignal bezeichnet. Üblicherweise nimmt man Unkorreliertheit von Nutzsignal und Störung an. Nach Abschnitt 6.1.3 reduziert sich das Gleichungssystem dann auf Zeilen der Form

$$\sum_{\kappa=-\infty}^{\infty} h(\kappa)\, \Big(\varphi_{ss}(i-\kappa) + \varphi_{nn}(i-\kappa)\Big) = \varphi_{ss}(i). \tag{12.4}$$

Die an sich unendlich vielen Gleichungen mit unendlich vielen Unbekannten $h(\kappa)$ lassen sich in eine lösbare Form bringen, wenn man ein nichtrekursives Filter mit $2N+1$ Koeffizienten voraussetzt. Im Unterschied zu (4.38) setzen wir hier aber zunächst ein nicht-kausales System an, indem wir die Impulsantwort und damit den Index i in (12.4) begrenzen auf den Bereich

$$\begin{aligned} i &\in \{-N,\ldots,0,1,\ldots,N\}:\quad h(i) \text{ geeignet zu bestimmen;}\\ i &\notin \{-N,\ldots,N\}:\quad h(i) \equiv 0. \end{aligned} \tag{12.5}$$

Hiermit läßt sich (12.4) in eine Matrix-Vektorschreibweise überführen:

$$(\mathbf{R}_{ss} + \mathbf{R}_{nn})\, \mathbf{h} = \boldsymbol{\varphi}_{ss}\,. \tag{12.6}$$

Die Autokorrelationsmatrizen $\mathbf{R}_{ss}$ und $\mathbf{R}_{nn}$ entsprechen der Definition (6.15) in Abschnitt 6.1.5 für den Fall der Stationarität, sind also beide symmetrische Toeplitz-Matrizen. Wegen der Wahl von i gemäß (12.5) ist auch der Korrelationsvektor $\boldsymbol{\varphi}_{ss} = [\varphi_{ss}(-N),\ldots,\varphi_{ss}(0),\ldots,\varphi_{ss}(N)]^T$ aufgrund der AKF-Symmetrie nach (6.7) symmetrisch. Daraus folgt, daß der Lösungsvektor

$$\mathbf{h} = (\mathbf{R}_{ss} + \mathbf{R}_{nn})^{-1}\, \boldsymbol{\varphi}_{ss} \tag{12.7}$$

selbst symmetrisch wird. Eine Impulsantwort, welche die Bedingung

$$h(-i) = h(i), \qquad i \in \{0,\ldots,N\}, \tag{12.8}$$

erfüllt, gehört aber nach (4.38) zu einem speziellen linearphasigen, nämlich einem „nullphasigen" Filter. Daraus wird ein realisierbares, kausales FIR-Filter, wenn man $h(i)$ um N verschiebt. Dann gelten wieder die üblichen Definitionsgleichungen nach Abschnitt 4.3.1: Die lineare Phase $N \cdot \Omega$ im Frequenzgang beschreibt eine Signal-Verzögerung und das Fehlerkriterium (12.1) ist insofern modifiziert, als $\hat{s}(k)$ nun $s(k - N)$ optimal annähert. Die Realisierung ist, nicht nur wegen der Stationaritätsannahme, dennoch problematisch, da nach (12.7) die Kenntnis der Autokorrelationsfunktionen von Nutzsignal und Störung vorausgesetzt wird. Diese Größen können nur näherungsweise geschätzt werden, worauf später eingegangen wird (s. Abschnitt 12.4).

Es ist auch möglich, von vornherein eine Impulsantwort mit Indizes $i \in \{0, \ldots, 2N\}$ vorzusehen. Der Vektor $\boldsymbol{\varphi}_{ss}$ und dadurch die Lösung $\mathbf{h}$ verlieren dann augenscheinlich ihre Symmetrien: Anstelle des null- (bzw. linear-) phasigen Optimalfilters entsteht eine *minimalphasige* Variante.

12.3.2 Frequenzbereichslösung

Ausgehend von der allgemeinen Beziehung (12.3) gelangt man mit Hilfe der Fouriertransformation zu einer Frequenzbereichslösung: Mit (3.12-b) und (6.19) sowie mit dem Faltungssatz (3.13-c) gilt

$$H(e^{j\Omega}) \cdot \Phi_{xx}(e^{j\Omega}) = \Phi_{xs}(e^{j\Omega}) \,.$$

Optimal ist demnach ein Filter mit dem Frequenzgang

$$H(e^{j\Omega}) = \frac{\Phi_{xs}(e^{j\Omega})}{\Phi_{xx}(e^{j\Omega})} \,. \qquad (12.9\text{-a})$$

Unter der Voraussetzung der Unkorreliertheit von Nutz- und Störsignal folgt ganz entsprechend (12.7)

$$H(e^{j\Omega}) = \frac{\Phi_{ss}(e^{j\Omega})}{\Phi_{ss}(e^{j\Omega}) + \Phi_{nn}(e^{j\Omega})} \,. \qquad (12.9\text{-b})$$

Dieser Frequenzgang ist wegen der Symmetrie der Leistungsdichtespektren (LDS) nach (6.19-c) reell und symmetrisch, also „nullphasig". Nach dem auf [Wiener-49] zurückgehenden Ansatz spricht man auch vom „Wienerfilter".

Die Existenz einer zugehörigen, durch ein Digitalfilter realisierbaren Übertragungsfunktion $H(z)$ ist keineswegs gesichert, ebensowenig die einer (rechtsseitigen) Impulsantwort aus einer Rücktransformation gemäß $h(k) = \mathcal{F}^{-1}\{H(e^{j\Omega})\}$. Eine einfache Näherungslösung findet man jedoch, wenn man äquidistante Abtastwerte

$H(e^{j\mu \frac{2\pi}{M}})$, $\mu = \{0, 1\ldots, M-1\}$, einer inversen DFT unterwirft. Aufgrund der zyklischen Eigenschaften der IDFT (s. Abschnitt 3.2) ist die Folge

$$h'(k) = \text{IDFT}\left\{H(e^{j\mu \frac{2\pi}{M}})\right\}, \qquad k \in \{\ldots -2, -1, 0, 1, 2, \ldots\}, \qquad (12.10)$$

periodisch in k mit der Periodenlänge M; wegen der Frequenzgangeigenschaften nach (12.9) ist sie außerdem reell und gerade (vgl. Abschnitt 4.2.1):

$$h'(M-k) = h'(k) \qquad \text{bzw.} \qquad h'(-k) = h'(k).$$

Durch Rechtsverschiebung um $N \leq \frac{M}{2}$ und „Herausgreifen" (Fensterung) der dann ersten $(2N+1)$ Werte erhält man eine zum Punkt $k = N$ symmetrische Impulsantwort:

$$h(k) = h'(k-N), \qquad k \in \{0, 1, \ldots, 2N\},$$

mit

$$h(N+i) = h(N-i) = h'(i), \qquad i \in \{0, 1, \ldots, N\},$$

also ein linearphasiges, realisierbares FIR-Filter vom Grad $2N$ wie aus dem Zeitbereichsansatz nach (12.7), (12.8).

Identisch sind die Lösungen nach (12.9) und (12.10) jedoch *nicht*, da Näherungen unterschiedlicher Art in die Berechnungen eingegangen sind (zeitliche AKF-Begrenzung aufgrund von (12.5) einerseits, periodische AKF-Wiederholung aufgrund von (12.10) und zeitliche Fensterung von $h'(k)$ andererseits).

Man kann natürlich die Frequenzbereichsformel (12.9) auch unmittelbar zur Realisierung im Sinne der schnellen Faltung heranziehen. Dazu wird das gestörte Signal $x(k) = s(k) + n(k)$ mittels DFT/FFT in den Frequenzbereich überführt und sein Spektrum dann gemäß dem Faltungssatz mit $H\left(e^{j\mu \frac{2\pi}{M}}\right)$ multipliziert (s. Abschnitt 4.3.1). Dieser Gedanke legt eine anschauliche Interpretation des bislang abstrakt hergeleiteten Optimalfilters nahe.

Bild 12.3 enthält stilisierte Leistungsdichtespektren von Nutz- und Störsignal und den nach (12.9) dazugehörigen Frequenzgang $H(e^{j\Omega})$. Offenbar wird das Gesamtspektrum in Bereichen merklicher Nutz- *und* Störanteile abgesenkt, in Bereichen *ohne* Störung *unverändert* gelassen und in Bereichen überwiegender Störung stark reduziert.

Daraus folgt zweierlei. Erstens ist die Forderung erfüllt, daß ungestörte Signale unverzerrt bleiben. Zweitens erhält das Optimalfilter einen Charakter, der vom Signalspektrum geprägt wird: Tiefpaßsignale wie Sprache enthalten bei höheren Frequenzen Anteile mit geringer Energie; hier wird $H(e^{j\Omega})$ bei Vorhandensein

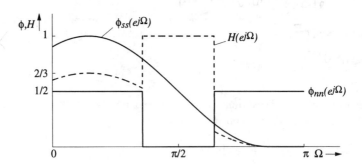

Bild 12.3: Prinzipskizze zur Optimalfilter-Wirkung

von Störungen mit Komponenten im Bereich der höheren Frequenzen zusätzlich dämpfen. Das Filter weist dann also selbst Tiefpaßverhalten auf.

Es ergibt sich, daß mit Breitbandstörungen verfälschte Sprachsignale nach Optimalfilterung u.U. „entstört, aber dumpf" klingen (s. Bild 12.3). Dem kann man durch unterschiedliche Variationen der gefundenen Lösungen begegnen. Hier sei nur ein naheliegender Ansatz genannt: Man kann das Resultat nach (12.9) ersetzen durch

$$H_\eta(e^{j\Omega}) \doteq [H(e^{j\Omega})]^\eta \qquad (12.11)$$

mit einem heuristisch zu bestimmenden Exponenten η. Die Wahl von $\eta = 1$ führt zum vorn gefundenen Optimalfilter, $\eta = 0$ beseitigt die Filterung, $\eta = \frac{1}{2}$ setzt die Wurzeln der LDS-Terme ins Verhältnis (was bei unmittelbar fouriertransformierbaren Signalen den Betragsspektren entspräche), und $\eta > 1$ verstärkt den Effekt der Absenkung von Spektralbereichen mit Störanteilen. Allgemein läßt sich so die Auswirkung von Störanteilen auf die Filterfunktion variieren. Hierauf kommen wir in Abschnitt 12.4.1 zurück.

12.3.3 Realisierung, Adaption

Die Herleitungen in den Abschnitten 12.3.1 und 12.3.2 enthalten Idealisierungen, insbesondere die Annahme der Stationarität von Nutzsignal *und* Störung. Im Zeitbereich wurde deshalb von Erwartungswerten, im Frequenzbereich von Leistungsdichtespektren in allgemeiner Definition ausgegangen. Diese Annahme ist nicht erfüllt und auch nicht sinnvoll. Wie bei der Sprachcodierung müssen wir von *Kurzzeit*-Eigenschaften ausgehen, die unmittelbar meßbar sind, und müssen diese Momentan-Kenngrößen zur *adaptiven* Filterung nutzen.

Für den *Zeitbereichs*ansatz bedeutet das ein Ersetzen der Korrelationen in (12.6) durch Kurzzeit-Korrelationen nach Abschnitt 6.2.3. Bei geeignet gewählter Meßtechnik (s. Bild 6.10) weisen die nun zeitabhängigen Werte $\hat{\varphi}_{\tilde{s}\tilde{s}}(k, \lambda)$ dieselben

Symmetrien auf wie die Erwartungswerte; dann bleiben alle vorn diskutierten Symmetrien des Gleichungssystems (12.6) und der Lösungen (12.7) erhalten. Insbesondere kann dann eine Variante des in Abschnitt 7.3.1.3 behandelten Levinson-Durbin-Algorithmus zur effizienten Filterberechnung herangezogen werden.

Für den *Frequenzbereichs*ansatz sind in (12.9) Kurzzeit-Spektren mit zwangsläufig endlich vielen Frequenzpunkten einzusetzen. Das legt die Verwendung der DFT nahe. Insbesondere sind die Leistungsdichten $\Phi_{ss}(e^{j\Omega})$ und $\Phi_{nn}(e^{j\Omega})$ dann durch (gemittelte) Periodogramme nach (6.46) zu ersetzen. Die Diskrete Fourier Transformierte des Ausgangssignals $\hat{s}(k)$ erhält man dann aus

$$\hat{S}_\mu(k) = \frac{\overline{|S_\mu(k)|^2}}{\overline{|S_\mu(k)|^2} + \overline{|N_\mu(k)|^2}} \left(S_\mu(k) + N_\mu(k) \right) = H_\mu(k) X_\mu(k). \qquad (12.12)$$

Hierin ist mit $N_\mu(k) = \text{DFT}\{n_k(\kappa)\}$ die Transformierte eines M Werte umfassenden Störsignalsegments entsprechend (4.10) gemeint. Selbstverständlich kann man den Faktor $H_\mu(k)$ entsprechend (12.11) durch $[H_\mu(k)]^\eta$ ersetzen.

Der Übergang zu Kurzzeitgrößen löst die Realisierbarkeitsfrage nur zum Teil. In (12.7) werden Kenntnisse über Nutz- und Störsignal-AKF, in (12.9) über Nutz- und Störspektrum vorausgesetzt. Verfügbar ist aber nur das gestörte Signal – also das *Summen*-Periodogramm $|X_\mu(k)|^2 = |S_\mu(k) + N_\nu(k)|^2$ oder unter der Annahme verschwindender Kurzzeit-Kreuzkorrelation die Matrix*summe* $\mathbf{R}_{ss} + \mathbf{R}_{nn}$ in (12.6).

Man muß daher versuchen, Segmente zu finden, in denen *nur Signal* oder *nur Störung* vorhanden ist. Ungestörte Signalsegmente liegen jedoch in der Regel nicht vor. Darüber hinaus würde die Analyse gestörter Segmente aufgrund der Instationarität des Nutzsignals nicht die für das adaptive Wienerfilter notwendige Information liefern. Jede realisierbare Näherungslösung kann deshalb sinnvollerweise nur auf den meßbaren Größen $|X_\mu(k)|^2 = |S_\mu(k) + N_\mu(k)|^2$ und $|N_\mu(k)|^2$ sowie den daraus berechneten Kurzzeitmittelwerten beruhen. Bei Stationarität (oder wenigstens nur langsam veränderlichen Eigenschaften) der Störung gelten die z.B. in den Sprechpausen gewonnenen Kurzzeitmittelwerte $\overline{|N_\mu(k)|^2}$ auch in einer gewissen zeitlichen Umgebung. Wegen der vorausgesetzten Unkorreliertheit von Nutz- und Störsignal können die zur Einstellung des Frequenzgangs benötigten Spektralwerte $\overline{|S_\mu(k)|^2}$ aus $|X_\mu(k)|^2$ und $|N_\mu(k)|^2$ geschätzt werden. Auf geeignete Verfahren wird in Abschnitt 12.4 eingegangen.

Dieser Ansatz setzt also voraus, daß man in *signalfreien* Abschnitten die Störkorrelation oder das Störspektrum mißt und daß hierfür wenn nicht *Stationarität*, so doch zumindest nur *langsame* Veränderlichkeit gegeben ist. Signalfreiheit erreicht man wiederum am einfachsten, wenn man vor dem Beginn des Sprechvorgangs einige Segmente auswertet, die nur Störgeräusche enthalten. Selbst bei langsamer Veränderlichkeit der Störung reicht das natürlich nicht für den Dauerbetrieb; dann sind (störrobuste!) Sprachpausendetektionen und erneute Störmessungen erforderlich. Zur Pausenerkennung eignet sich z.B. der *Voice-Activity-Detector*

(VAD), der im GSM-System zur Sender-Abschaltung in Sprechpausen verwendet wird [ETSI-89]; er ist störresistent und kann durch Modifikation seiner Parameter auch an (langsam) veränderliche Störungen angepaßt werden.

Vereinfacht wird dieses Problem, wenn man die Signalpausen nicht global, sondern in schmalen Frequenzbändern sucht – etwa in den Periodogrammwerten selbst, die in (12.12) eingehen: Viel öfter als global sind lokal nur Störanteile vorhanden, so daß eine zeitlich der Geräuschstruktur besser folgende Störschätzung möglich wird. In [Martin-93] ist ein Algorithmus hierzu beschrieben, der ohne explizite Sprachpausenerkennung das Geräuschspektrum durch Messung und Mittelung der *minimalen* Spektralwerte in einem begrenzten Zeitfenster (von ca. 1 s Dauer) adaptiv schätzt. Bild 12.4 zeigt den zeitlichen Verlauf der Kurzzeitleistung der gestörten Sprache in einem schmalen Frequenzband um 1000 Hz und die nach diesem Algorithmus gewonnene Schätzung einer Störkomponente.

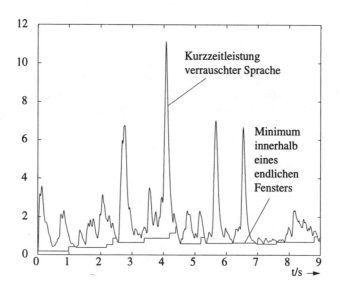

Bild 12.4: Schätzung einer Störkomponente bei $f = 1000$ Hz mit Hilfe der „Minimum-Statistik"-Methode nach [Martin-94]

Die skizzierte Frequenzbereichsrealisierung verursacht nun selbst ein Realisierungsproblem: Die Multiplikation nach (12.12) entspricht einer *zyklischen* Faltung (vgl. Abschnitt 3.3) des Signalblocks mit einer genauso langen Impulsantwort. Es ist also mit zeitlichen Überlappungen, vor allem aber mit störenden Blockgrenzeffekten beim Aneinanderreihen der Ergebnisblöcke zu rechnen. Das kann man mildern durch

– Blocküberlappung und geeignete (z.B. Hann-) Fensterung wie in Bild 5.8;

– Verlängern der Signalblöcke durch Nullwerte (*zero padding*) vor der DFT und überlappende Addition der Ergebnisblöcke (*overlap-add*), dadurch Annäherung an eine *lineare* Faltung (s. Abschnitt 4.3.1).

Blockeffekte gibt es a priori auch bei der Anwendung der Zeitbereichslösung: Die lineare Faltung eines Signalblocks mit $h(k)$ aus (12.7) liefert einen um $2N$ Werte verlängerten Ergebnisblock – auch hier muß überlappend addiert werden.

12.4 Spektrale Subtraktion

12.4.1 Ansatz und Zusammenhang mit dem Optimalfilter

Ausgangspunkte sind wiederum Bild 12.2 sowie die Annahme, daß Nutz- und Störsignale miteinander nicht korreliert sind. Demnach addieren sich ihre Leistungsdichtespektren wie in (12.9) – und umgekehrt: Das Nutzsignal-LDS folgt durch Subtraktion aus den LDS von Störung und gestörtem Signal:

$$\Phi_{ss}(e^{j\Omega}) = \Phi_{xx}(e^{j\Omega}) - \Phi_{nn}(e^{j\Omega}). \qquad (12.13)$$

Die Subtraktion läßt sich multiplikativ ausdrücken gemäß

$$\Phi_{ss}(e^{j\Omega}) = \Phi_{xx}(e^{j\Omega}) \left[1 - \frac{\Phi_{nn}(e^{j\Omega})}{\Phi_{xx}(e^{j\Omega})}\right] \doteq \Phi_{xx}(e^{j\Omega}) \, |\tilde{H}(e^{j\Omega})|^2 \, .$$

Der Faktor in eckigen Klammern ist als Betragsquadrat-Frequenzgang $|\tilde{H}(e^{j\Omega})|^2$ eines Filters zu interpretieren, das auf das gestörte Signal $x(k)$ wirkt. Der Vergleich mit (12.9) zeigt, daß der Betrag

$$|\tilde{H}(e^{j\Omega})| = \sqrt{1 - \frac{\Phi_{nn}(e^{j\Omega})}{\Phi_{xx}(e^{j\Omega})}} = \sqrt{\frac{\Phi_{ss}(e^{j\Omega})}{\Phi_{xx}(e^{j\Omega})}} = \sqrt{H(e^{j\Omega})} \qquad (12.14\text{-a})$$

der Wurzel aus dem Wienerfilter-Frequenzgang entspricht, damit aber dem verallgemeinerten Optimalfilter gemäß (12.11) mit $\eta = \frac{1}{2}$:

$$H_\eta(e^{j\Omega})|_{\eta=\frac{1}{2}} = [H(e^{j\Omega})]^{\frac{1}{2}} = |\tilde{H}(e^{j\Omega})|. \qquad (12.14\text{-b})$$

Gestützt auf psychoakustische Experimente kann man die Subtraktionsregel nach (12.13) heuristisch verallgemeinern: Wir definieren als „bereinigtes" Spektrum

$$\begin{aligned}\hat{\Phi}_{ss}(e^{j\Omega}) &\doteq \Phi_{xx}(e^{j\Omega}) \left[1 - \left(\frac{\Phi_{nn}(e^{j\Omega})}{\Phi_{xx}(e^{j\Omega})}\right)^\beta\right]^\alpha \\ &= \Phi_{xx}(e^{j\Omega}) \cdot |\tilde{H}(e^{j\Omega})|^2.\end{aligned} \qquad (12.15)$$

mit dem verallgemeinerten „Entstörungsfilter" $\tilde{H}(e^{j\Omega})$.

- Mit $\alpha = \beta = 1$ wird aus (12.15) die spektrale (LDS-) Subtraktion nach (12.13) bzw. (12.14):

$$|\tilde{H}(e^{j\Omega})| = \sqrt{1 - \frac{\Phi_{nn}(e^{j\Omega})}{\Phi_{xx}(e^{j\Omega})}} \;. \tag{12.16}$$

In diesem Fall gilt

$$\hat{\Phi}_{ss}(e^{j\Omega}) = \Phi_{xx}(e^{j\Omega}) - \Phi_{nn}(e^{j\Omega}) \;. \tag{12.17}$$

Wegen der Linearität der Fourier-Transformation kann diese Form der spektralen Subtraktion auch im Zeitbereich auf die entsprechenden Autokorrelationsfunktionen angewendet werden

$$\hat{\varphi}_{ss}(\lambda) = \varphi_{xx}(\lambda) - \varphi_{nn}(\lambda) \;.$$

Mit Hilfe der so geschätzten Autokorrelationsfunktion des entstörten Signals kann dann z.B. der Koeffizientenvektor der Zeitbereichslösung des FIR-Wienerfilters nach (12.7) näherungsweise bestimmt werden.

- Mit $\alpha = 2$, $\beta = \frac{1}{2}$ wird aus (12.15)

$$|\tilde{H}(e^{j\Omega})| = 1 - \sqrt{\frac{\Phi_{nn}(e^{j\Omega})}{\Phi_{xx}(e^{j\Omega})}} \;. \tag{12.18}$$

Es findet nach wie vor eine spektrale Subtraktion statt, allerdings im Bereich der „Betragsspektren" entsprechend

$$\sqrt{\hat{\Phi}_{ss}(e^{j\Omega})} = \sqrt{\Phi_{xx}(e^{j\Omega})} - \sqrt{\Phi_{nn}(e^{j\Omega})} \;. \tag{12.19}$$

- Mit $\alpha = 2$, $\beta = 1$ wird aus (12.15)

$$|\tilde{H}(e^{j\Omega})| = 1 - \frac{\Phi_{nn}(e^{j\Omega})}{\Phi_{xx}(e^{j\Omega})} = H_\eta(e^{j\Omega})|_{\eta=1}, \tag{12.20}$$

also die Optimalfilterung nach (12.9), (12.11), die nach (12.15) folgender Spektralsubtraktion entspricht:

$$\sqrt{\hat{\Phi}_{ss}(e^{j\Omega})} = \sqrt{\Phi_{xx}(e^{j\Omega})} - \sqrt{\Phi_{nn}(e^{j\Omega})} \sqrt{\frac{\Phi_{nn}(e^{j\Omega})}{\Phi_{xx}(e^{j\Omega})}} \;. \tag{12.21}$$

12.4 SPEKTRALE SUBTRAKTION

Offenbar wird durch ein Wienerfilter ähnlich wie nach (12.19) eine „Betrags-" Spektralsubtraktion vorgenommen; die abgezogene Störung wird jedoch zuvor gewichtet mit der Wurzel aus

$$Q(\Omega) \doteq \frac{\Phi_{nn}(e^{j\Omega})}{\Phi_{xx}(e^{j\Omega})} \,. \qquad (12.22)$$

$Q(\Omega)$ beschreibt das Verhältnis von Stör- und Gesamtsignalleistungsdichte bei der Frequenz Ω.

Offensichtlich kann man durch die Wahl der Parameter α und β in (12.15) den subtrahierten Spektralanteil gegenüber dem geschätzten Wert $\Phi_{nn}(e^{j\Omega})$ verstärken („überschätzen") oder abschwächen bzw. den durch $\Phi_{nn}(e^{j\Omega})$ bestimmten Frequenzgang $|\tilde{H}(e^{j\Omega})|$ ähnlich variieren wie $H_\eta(e^{j\Omega})$ durch Wahl von η im Falle des modifizierten Optimalfilters nach (12.11). Mit $\beta = 1$ gilt unmittelbar

$$|\tilde{H}(e^{j\Omega})| = \sqrt{H_\eta(e^{j\Omega})}\Big|_{\eta \doteq \alpha} = H^{\frac{\alpha}{2}}(e^{j\Omega}). \qquad (12.23)$$

Bild 12.5 zeigt Varianten von $|\tilde{H}(e^{j\Omega})|$ und damit deutlich die enge Verwandtschaft zwischen Optimalfilter- und Subtraktionsansatz in diesem Fall.

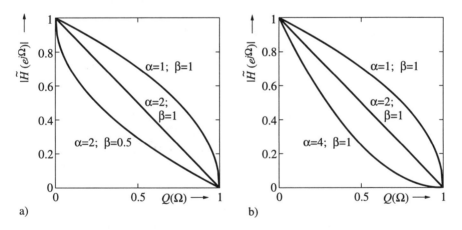

Bild 12.5: Abhängigkeit der äquivalenten Betragsfrequenzgänge $|\tilde{H}(e^{j\Omega})|$ vom lokalen Störverhältnis $Q(\Omega) = \Phi_{nn}(e^{j\Omega})/\Phi_{xx}(e^{j\Omega})$
  a) Spektrale Subtraktion:
    LDS-Subtraktion ($\alpha = \beta = 1$), gewichtete ($\alpha = 2$, $\beta = 1$) und ungewichtete ($\alpha = 2$, $\beta = 0.5$) Betrags-Subtraktion
  b) Optimalfilter-Variationen nach (12.11):
    $\eta = 0.5 \,\widehat{=}\, \sqrt{H(e^{j\Omega})}$ ($\alpha = \beta = 1$)
    $\eta = 1 \,\widehat{=}\,$ Wienerfilter   ($\alpha = 2$, $\beta = 1$)
    $\eta = 2 \,\widehat{=}\, H^2(e^{j\Omega})$ ($\alpha = 4$, $\beta = 1$)

Umgekehrt führt eine feste Wahl von $\alpha = 2$ zur Verallgemeinerung von (12.21):
Gemäß

$$\sqrt{\hat{\Phi}_{ss}(e^{j\Omega})} = \sqrt{\Phi_{xx}(e^{j\Omega})} - \sqrt{\Phi_{nn}(e^{j\Omega})} \, Q^{\frac{\beta}{2}}(\Omega) \qquad (12.24)$$

läßt sich mit β die „Überschätzung" (oder auch Abschwächung) des subtrahierten „Betrags"-Spektrums variieren.

12.4.2 Realisierung, Adaption

Wegen der eben dargelegten engen Beziehung zur Optimalfilterung gelten hier dieselben Überlegungen wie in Abschnitt 12.3.3. Insbesondere sind die Leistungsdichten durch Kurzzeitschätzwerte zu ersetzen, die aus den Betragsquadraten der Kurzzeitspektren gewonnen werden. Auch für die Bestimmung des an sich nicht zugänglichen, zumindest langsam variierenden Störspektrums gelten die Betrachtungen aus Abschnitt 12.3.3.

Den nächstliegenden Zugang zu Spektralmeßwerten bietet natürlich die DFT. Damit läßt sich die spektrale Subtraktion durch das Blockdiagramm in Bild 12.6 darstellen. Es ist dem der Transformationscodierung ähnlich, indem der Teil

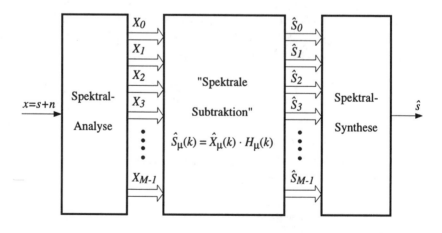

Bild 12.6: Geräuschreduktion mittels „Spektraler Subtraktion" bzw. durch spektrale Gewichtung mit reellwertigen Faktoren $H_\mu(k)$

12.4 SPEKTRALE SUBTRAKTION

„Codierung + Übertragung + Decodierung" durch „Spektrale Subtraktion" ersetzt wird.

Die Modifikation blockweise aneinandergrenzender DFT-Werte mit anschließendem Aneinanderfügen der invers transformierten Blöcke führt auch hier wieder zu störenden Effekten. Zu ihrer Abmilderung bietet es sich an, anstelle von DFT und IDFT ein besser geeignetes *Analyse-Synthese-Filterbanksystem* zu verwenden: Dabei ergeben sich aufgrund der Länge der Prototypfilter automatisch gleitende Blockübergänge. Prototyp-Impulsantworten großer Länge führen allerdings in Verbindung mit den Gewichtungsregeln und der erforderlichen Kurzzeitmittelwertbildung zu künstlichem Hall im störbefreiten Ausgangssignal. Aus diesem Grund sind relativ kurze Analyse-Synthese-Prototyp-Tiefpaßimpulsantworten zu bevorzugen, wobei die Unterabtastrate entsprechend anzupassen ist, um das Ausmaß der spektralen Rückfaltungen gering zu halten (s.a. Abschnitt 5.2).

Auf die Analogie zur Frequenzbereichscodierung der Bilder 11.2 und 11.6 wurde schon hingewiesen. Ein wesentlicher Unterschied zur Codierung im Frequenzbereich ist allerdings zu beachten: Man ist nicht mehr aus Gründen der Datenrate gezwungen, die Taktreduktion r so groß wie möglich zu wählen; „überabgetastete Filterbänke" sind hier durchaus von Interesse. Im übrigen gelten aber ganz entsprechende Anforderungen wie bei der Codierung: Die Filterentwürfe müssen so sein, daß die durch die Analyse-Synthese-Anordnung hervorgerufenen linearen Verzerrungen und Aliaskomponenten die Qualität des Ausgangssignals nicht dominant verschlechtern. Mehr noch als bei der Codierung sollte man hier von großen Kanalzahlen (wie etwa $M \geq 128$) ausgehen, wenn man äquidistante Mittenfrequenzen bevorzugt. Alternativ kann man wie bei der Teilbandcodierung ungleichmäßige Bandaufteilungen wählen. Zur Realisierung stehen wieder die Polyphasen-Filterbänke nach Abschnitt 4.3.3 und 5.4, ihre ungleichmäßig auflösende Allpaß-Variante nach Abschnitt 4.3.5 und Baumstrukturen nach Abschnitt 4.3.2 und 5.3 zur Wahl.

Es wurde schon darauf hingewiesen, daß die verschiedenen Varianten der Optimalfilterung und der spektralen Subtraktion durch die Angabe eines äquivalenten Frequenzgangs

$$\tilde{H}(e^{j\Omega}) = f(Q(\Omega))$$
$$= f\left(\frac{\Phi_{nn}(e^{j\Omega})}{\Phi_{xx}(e^{j\Omega})}\right)$$

zu beschreiben sind (s. (12.15)-(12.22)). Bei der Anwendung auf Kurzzeit-Spektren mit äquidistanter Spektralauflösung wird dieser Frequenzgang für M diskrete

Frequenzpunkte $\Omega_\mu = \frac{2\pi\mu}{M}$, $\mu = 0, 1, \ldots, M-1$, geschätzt gemäß

$$H_\mu(k) \doteq \hat{\tilde{H}}(e^{j\Omega_\mu}) = f\left(Q_\mu(k) = \hat{Q}(\Omega_\mu)\right). \quad (12.25)$$

In diese Schätzung gehen über den relativen zeitabhängigen Störfaktor

$$Q_\mu(k) = \frac{\overline{|N_\mu(k)|^2}}{\overline{|X_\mu(k)|^2}} \quad (12.26)$$

(unterschiedlich) zeitlich gemittelte Werte $\overline{|N_\mu(k)|^2}$ und $\overline{|X_\mu(k)|^2}$ des Störspektrums und des gestörten Spektrums ein.

Die resultierenden zeitabhängigen Gewichtsfaktoren $H_\mu(k)$ sind wie die nullphasigen Frequenzgänge $\tilde{H}(e^{j\Omega})$ nach (12.15)-(12.22) reellwertig, so daß in der praktischen Ausführung die Gewichtung

$$\hat{S}_\mu(k) = X_\mu(k) \cdot H_\mu(k) \quad (12.27)$$

durch Multiplikation des Realteils und des Imaginärteils von $X_\mu(k)$ mit dem reellen Faktor $H_\mu(k)$ auszuführen ist. Die Bestimmung der Phasenwerte des komplexen Spektrums $X_\mu(k)$, $\mu = 0, 1, \ldots, M-1$, ist demnach nicht erforderlich. Dies ermöglicht eine aufwandsgünstige Realisierung. Gleichzeitig ist festzustellen, daß das geschätzte Kurzzeitspektrum $\hat{S}_\mu(k)$ nur dem Betrage nach korrigiert wird und die Phase des gestörten Spektrums beibehalten wird.

Alle vorgestellten Ansätze verändern die Phasenbeziehungen zwischen den Komponenten des gestörten Signals nicht: Die Optimalfilter sind null- bzw. linearphasig, die Spektralsubtraktionen arbeiten mit (u.U. quadrierten) Betragsspektren. Zwei Deutungen dieser Feststellungen sind wichtig:

Erstens sind Stör- oder Nutz-LDS-Schätzungen (in Pausen oder per Minimumstatistik) fehlerbehaftet, *Phasen*-Schätzungen jedoch unmöglich. Eine Phasenkorrektur kann daher nicht versucht werden.

Zweitens sind Phasenfehler weniger kritisch als Betragsverfälschungen (z.B. [Wang, Lim-82]). Einfache Experimente zeigen, daß eine in $[-\frac{\pi}{5}, +\frac{\pi}{5}]$ gleichverteilte Zufallsphase zur gegebenen Signalphase addiert werden darf, ohne daß eine drastische Qualitätseinbuße hörbar wird. Derartige Phasenfehler entsprechen – modellhaft und stark vereinfacht betrachtet – additiven Störungen der Teilbandsignale z.B. durch unkorreliertes Gaußrauschen bei einem Störabstand von ca. 6 dB.

12.4.3 Reststörungen: Musical Tones

Die beschriebenen Subtraktions- bzw. Gewichtungsregeln beruhen auf der Schätzung des relativen Störfaktors

$$Q_\mu = \frac{\overline{|N_\mu(k)|^2}}{\overline{|X_\mu(k)|^2}} = \frac{\hat{E}_1\left\{|N_\mu(k)|^2\right\}}{\hat{E}_2\left\{|X_\mu(k)|^2\right\}} \tag{12.28}$$

bzw. auf dem Quotienten der beiden Kurzzeitmittelwerte $\hat{E}_1\left\{|N_\mu(k)|^2\right\}$ und $\hat{E}_2\left\{|X_\mu(k)|^2\right\}$.

Da bei der Kurzzeitspektralanalyse zeitlich konstante Störspektren nur im Sonderfall spezieller periodischer Störungen gemessen werden, sind für jeden Frequenzindex μ Kurzzeitmittelwerte $\hat{E}_1\{.\}$ und $\hat{E}_2\{.\}$ zu berechnen. Mit den Kurzzeitwerten $\hat{E}_1\left\{|N_\mu(k)|^2\right\}$ sollten möglichst die in $\hat{E}_2\left\{|X_\mu(k)|^2\right\}$ enthaltenen Störanteile geschätzt werden. Dies gelingt nur bedingt, da $\hat{E}_2\left\{|X_\mu(k)|^2\right\}$ fortlaufend z.B. durch gleitende Mittelwertbildung aktualisiert werden muß, um auch den momentanen Beitrag des Nutzsignals zu erfassen, während $\hat{E}_1\left\{|N_\mu(k)|^2\right\}$ im Prinzip nur in Phasen ohne Sprachaktivität oder nach der Methode der *Minimum-Statistik* neu berechnet werden kann. Aufgrund der unterschiedlichen Stationaritätseigenschaften von Nutzsignal und Störung kann und muß bei der Schätzung der Kurzzeit-Mittelwerte $\hat{E}_1$ und $\hat{E}_2$ unterschiedlich stark geglättet werden.

Die daraus resultierende Problematik wird mit Hilfe von Bild 12.7 veranschaulicht. Dargestellt ist in Teilbild a) der zeitliche Verlauf eines Kurzzeitspektralwertes $X_\mu(k) = N_\mu(k)$ eines Motorengeräuschs während einer Sprachpause für einen festen Frequenzindex μ. Teilbild b) zeigt im Vergleich den Kurzzeitmittelwert $\hat{E}_2\{|X_\mu(k)|^2\} = \hat{E}_2\{|N_\mu(k)|^2\}$, der fortlaufend aktualisiert wird, sowie den zuvor gewonnenen und „eingefrorenen" Meßwert $\hat{E}_1\{|N_\mu(k)|^2\}$ = konst. Er entspricht dem Mittelwert des Verlaufs aus Teilbild a).

Der Quotient $Q_\mu = \hat{E}_1/\hat{E}_2$ sollte in diesem Fall idealerweise den Wert Eins und der Gewichtungsfaktor $H_\mu(k)$ wegen $X_\mu(k) = N_\mu(k)$ den Wert Null annehmen (s.a. Bild 12.5, bzw. (12.15), (12.16), (12.18) und (12.20)). Da der Quotient Q_μ nach (12.28) aus den beiden Kurzzeitmittelwerten $\hat{E}_1$ und $\hat{E}_2$ gebildet wird, nimmt er zufällige Werte an, die größer oder kleiner Eins sind, so daß der betreffende Gewichtungsfaktor $H_\mu(k)$ positive und negative Werte annimmt. Der μ-te Filterbankkanal wird somit zufällig geöffnet und nur für $Q_\mu = 1$ geschlossen. Je nach Bandbreite des wirksamen Synthese-Bandpasses liefert dieser Kanal ein zeitlich begrenztes schmalbandiges Ausgangssignal als Beitrag zum Gesamtsignal $\hat{s}(k)$. Die Summe dieser künstlichen Teilsignale, die keine akustische Ähnlichkeit mit dem ursprünglichen Störsignal $n(k)$ hat, wird in der Literatur als *Musical Tones* bezeichnet. Das

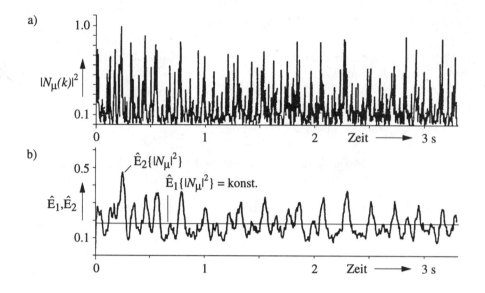

Bild 12.7: Zum Mechanismus der Reststörungen (*Musical Tones*)
a) Teilband-Störung
b) Vergleich der Kurzzeitwerte $\hat{E}_1$ und $\hat{E}_2$ für $X_\mu(k) = N_\mu(k)$

Ausmaß dieser Reststörung stellt eine prinzipbedingte Beschränkung der erzielbaren Geräuschreduktion dar. In [Vary-85] wird für einige einfache Gewichtungsregeln eine statistische Beschreibung und Abschätzung gegeben.

Eine erste Maßnahme zur Verminderung dieser Reststörungen besteht darin zu verhindern, daß in einzelnen Kanälen Werte $H_\mu(k) < 0$ entstehen: Die dann erzeugten „negativen Betragsspektral- oder LDS-Werte" entsprächen einer zu starken Überschätzung des momentanen Störbeitrags. Da $H_\mu(k)$ für $Q_\mu > 1$ negative Werte annimmt, ist der Gewichtungsfaktor z.B. wie folgt einzustellen

$$H_\mu(k) = \begin{cases} f(Q_\mu(k)) \; ; & Q_\mu(k) \leq 1 \\ 0 \; ; & Q_\mu(k) > 1 \end{cases} \tag{12.29}$$

Die Wirkung der spektralen Subtraktion soll noch mit den Beispielen in Bild 12.8 veranschaulicht werden. Das Sprachsignal wurde durch weißes Rauschen sowie durch ein periodisches Signal mit Komponenten unterschiedlicher Amplitude bei $F_0 = 1$ kHz, $2F_0$ und $3F_0$ gestört (Bild 12.8-a). Das Verfahren der spektralen Subtraktion mittels Polyphasen-Filterbank mit $M = 64$ Kanälen und der Gewichtungsregel „Betragssubtraktion" nach (12.18) bzw. (12.19) liefert das in Bild 12.8-b dargestellte Ergebnis.

12.4 Spektrale Subtraktion

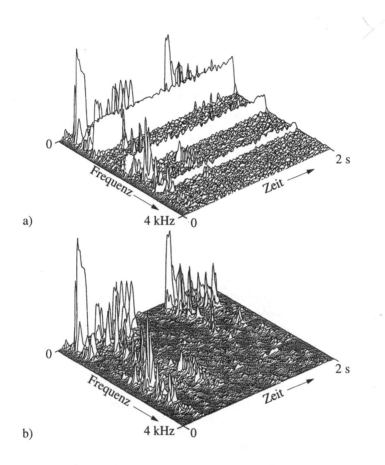

Bild 12.8: Beispiel zur spektralen Subtraktion (Polyphasen-Filterbank mit $M = 64$ und $r = 32$, Gewichtungsregel (12.18), Betragssubtraktion), nach [Vary-85]
a) Kurzzeitspektrum des gestörten Signals
b) Kurzzeitspektrum des gefilterten Signals

Offensichtlich lassen sich die streng periodischen Anteile vollständig eliminieren, während der rauschartige Anteil zwar in seiner Gesamtleistung deutlich reduziert, jedoch durch Reststörungen ersetzt wird, die sich bei dieser Spektralauflösung als künstliches „plätscherndes" Geräusch bemerkbar machen.

12.4.4 Variation der „Subtraktionsregel"

In zahlreichen Publikationen sind Geräuschreduktionsvarianten vorgeschlagen worden, die sich in der Variation der Parameter α, β und η in (12.11) und (12.15), der verwendeten Filter- und Spektralanalysetechnik und der möglichen Zusatz- und Nachverarbeitungen unterscheiden. Zu den frühen Basisarbeiten, die in diese Kategorie einzuordnen sind, zählen insbesondere [Boll-79] und [Berouti, Schwartz, et al.-79].

Einen guten Überblick liefert die Zusammenstellung grundlegender Arbeiten in [Lim-83]. Zum Thema Spektrale Subtraktion existiert inzwischen eine sehr umfangreiche Literatur. Zentrale Themen sind dabei Verfahren zur Schätzung von $\hat{\Phi}_{nn}$ und $\hat{\Phi}_{ss}$, die in Verbindung mit den diskutierten Subtraktionsregeln die Intensität der *Musical Tones* möglichst reduzieren, sowie nichtlineare Maßnahmen zur nachträglichen Verminderung von Reststörungen. Dabei ist ein Kompromiß zwischen der erzielbaren Störreduktion und der Verzerrung des Nutzsignals einzugehen. Als besonders vorteilhaft hat sich in dieser Hinsicht die in [Ephraim, Malah-84], [Ephraim, Malah-85] vorgeschlagene SNR-Schätzung erwiesen, die für spektral weiße und gaußverteilte Störgeräusche bekannter Varianz eine fast ungefärbte natürlich klingende Reststörung liefert. Dieser Ansatz wurde von mehreren Autoren aufgegriffen und modifiziert, wie z.B. durch [Lockwood, Boudy-92] und [Cappé-94].

Ein Beispiel wird in Bild 12.9 anhand der Zeitsignale und der zugehörigen Spektrogramme dargestellt. Die Teilbilder c) und d) lassen erkennen, daß die Störreduktion erst nach einer kurzen Adaptionsphase wirksam wird und daß mit den beiden Subtraktions- bzw. Gewichtungsregeln eine unterschiedlich starke Verminderung der Störung erzielt wird.

Darüber hinaus existiert eine lange Liste zahlreicher Detailvorschläge, die zu ähnlichen, aber nicht signifikant besseren Ergebnissen führen, wie z.B. die nichtlineare Glättung von Spektralschätzwerten (z.B. [Klemm-94], [Brox, Hellwig, et. al.-83]) oder die Verwendung von Filterbänken mit ungleichmäßiger Auflösung (z.B. [Doblinger-91], [Engelsberg, Gülzow-97/1], [Engelsberg, Gülzow-97/2] (auch Wavelet-Filterbänke)).

Zur praktischen Anwendbarkeit der einkanaligen Ansätze (mit nur einem Mikrofon) ist anzumerken, daß in auditiven Tests meist ein angenehmerer Klang und eine verminderte Höranstrengung, aber keine nachweisliche Verbesserung der Verständlichkeit erreicht wurde. Demgegenüber konnte jedoch in Verbindung mit Systemen zur automatischen Spracherkennung eine deutliche Steigerung der Erkennungsrate erzielt werden. Mit zwei- oder mehrkanaligen Systemen läßt sich dagegen nicht nur die auditive Qualität, sondern auch die Verständlichkeit für den Zuhörer verbessern.

12.4 SPEKTRALE SUBTRAKTION

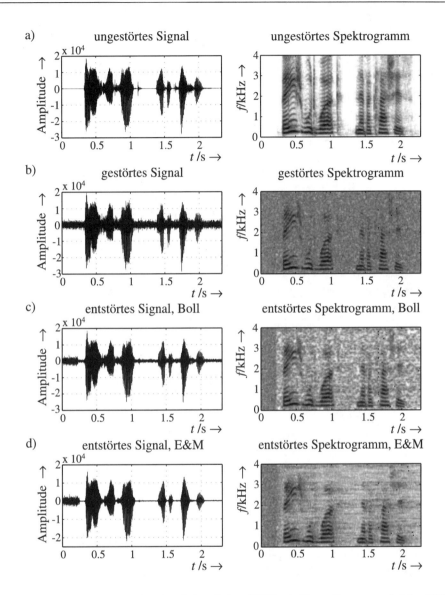

Bild 12.9: Beispiel 2 zur spektralen Subtraktion (FFT mit Hann-Fenster und $M = 256$)
Signale und Spektrogramme:
  a) ohne Störung
  b) mit additiver weißer Rauschstörung (SNR = 10 dB)
  c) nach Entstörung nach [Boll-79]
  d) nach Entstörung nach [Cappé-94] bzw. [Ephraim, Malah-84]

12.5 Verwendung verallgemeinerter Spektraldarstellungen

Die in den Abschnitten 4.2.4 bis 4.2.7 angesprochenen Transformationen sind im Hinblick auf die Störreduktion bislang in der Literatur wenig untersucht worden. Prinzipiell genauso geeignet wie die DFT (mit und ohne Polyphasennetzwerk) wäre sicher die GDFT gemäß (4.17).

Weniger gut geeignet sind dagegen die verschiedenen GDCT-Formen nach (4.18-a). Der Grund ist derselbe, der sie für die *Codierung* u.a. gerade besonders gut anwendbar macht: Die *reellen* Transformationsergebnisse enthalten *Betrags- und Phaseninformation* gleichzeitig. So erhält man z.B. für ein phasenverschobenes Cosinussignal

$$x(k) = \cos\left(\mu_0 \frac{\pi}{M}(k+k_0)\right), \qquad \mu_0, k_0 \in \{0, \ldots, M-1\},$$

(also im „Frequenzraster" ganzzahliger Vielfacher von $\frac{\pi}{M}$) als DCT II-Wert bei $\mu = \mu_0$ gemäß (4.19-a)

$$X_{\mu_o}^{\mathrm{DCTII}} = M \cos\left(\mu_0 \frac{\pi}{M}(k_0 - \frac{1}{2})\right).$$

Das Ergebnis hängt auch in seinem Betrag vom Frequenzindex μ_0 *und vom Verschiebungswert* k_0 ab – im Gegensatz zum Betrag der DFT eines entsprechenden Anteils mit $\mu_0 \frac{2\pi}{M}$ im „DFT-Frequenzraster". Ähnliche Cosinus-Abhängigkeiten lassen sich natürlich für die übrigen DCT-Werte X_μ beim selben Signal finden (vgl. auch (4.23), (4.24)). Aus dieser engen Verbindung von Betrags- und Phaseninformation folgt, daß man beide auch nicht getrennt messen kann. Da über die Störphase nichts Meßbares bekannt ist, erfordert die Bestimmung von Q_μ entsprechend (12.28) erheblich längere Mittelungszeiten. Das ist selbst bei schwach zeitvarianter Störung, erst recht aber für das instationäre Signalspektrum $X_\mu(k)$ nachteilig.

Eine ähnliche Argumentation gilt für die Karhunen-Loève-Transformation (KLT) nach Abschnitt 4.2.7: Auch sie wird zur spektralen Subtraktion nicht unmittelbar herangezogen. Aus ihrer Betrachtung lassen sich aber einige neue erfolgversprechende Ideen gewinnen.

12.6 Eigenwert-/Eigenvektor-orientierte Geräuschreduktion

Die KLT (s. Abschnitt 4.2.7) liefert nach Abschnitt 11.2.7 das Spektrum mit dem kleinstmöglichen geometrischen Mittelwert der Varianzen. Anschaulich folgt dar-

12.6 EIGENWERT-/EIGENVEKTOR-ORIENTIERTE GERÄUSCHREDUKTION

aus, daß die spektrale Einhüllende bei keiner anderen Transformation (im Mittel) schneller abfällt – sie enthält gerade bei der KLT alle Informationen besonders kompakt in wenigen Koeffizienten und besonders viele Koeffizienten sind für Sprachsignale (nahezu) vom Wert Null. Das gilt allerdings nur, wenn ein Signal transformiert wird, das zu den verwendeten Eigenvektoren und der ihnen zugrundeliegenden Korrelationsmatrix paßt. Die Transformation z.B. eines durch (Breitband-) Rauschen gestörten Signals wird dagegen ein breites Spektrum ergeben, das auch dort Werte ungleich Null aufweist, wo im ursprünglichen Spektrum kaum noch merkliche Komponenten vorlagen. Detektion und *Nullsetzen* dieser Werte beseitigt anschaulich Störanteile (s. Bild 12.10).

Die Verwandtschaft mit der vereinfachten Betrachtung eines Wienerfilters als Tiefpaß (s. Abschnitt 12.3.2) fällt ins Auge. Tatsächlich klingt das Ergebnis auch durchaus ähnlich: In den mit der Störung beseitigten kleinen Komponenten des Signals stecken weitgehend auch hier höhere Frequenzanteile, deren Fehlen zur Dumpfheit führt. Dagegen kann man etwas tun, indem man einen „Rauschsockel" beläßt. Andere Reststörungen können reduziert werden, indem man alle KLT-Koeffizienten abhängig von einer Störschätzung (i.a. nichtlinear) gewichtet, wobei die bekannte Palette der Optimalfilter- und Spektralsubtraktionstechniken zur Verfügung steht. Problematisch ist allerdings – wie bei der DCT – die Reellwertigkeit der Spektralwerte.

Bei der KLT besteht die Transformationsmatrix – s. Abschnitt 4.2.7 – aus den Eigenwerten der Korrelationsmatrix $\mathbf{R}_{ss}$ des (ungestörten) Signals. Man muß diese Matrix natürlich in der Praxis durch eine Kurzzeit-Schätzung $\hat{\mathbf{R}}_{ss}$ nach (6.44) ersetzen. Dabei kann man nun bewußt auf eine „möglichst gute Schätzung" durch „möglichst lange Mittelung" verzichten und eine an ein momentan vorliegendes (nun aber: gestörtes !) Signalstück angepaßte Matrix, damit aber eine „adaptive

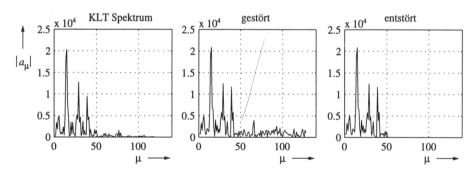

Bild 12.10: KLT-Koeffizienten $|a_\mu|$, $\mu \in \{0, 1, \ldots, 127\}$
  a) eines Vokals
  b) desselben Lautes nach Addition einer Rauschstörung
     (lokales SNR = 10 dB)
  c) des gestörten Lautes nach Nullsetzen der Koeffizienten mit $\mu \geq 50$

KLT" verwenden. Mit der Vektorschreibweise nach (7.55) für ein i.a. mit Fensterkoeffizienten gewichtetes Signalsegment der Länge N entsprechend (4.10), also mit

$$\mathbf{x}(k) \doteq (x_k(N-1-\kappa), \quad \kappa \in \{0, 1, \ldots, N-1\})^T, \tag{12.30}$$

kann man dann die Kurzzeit-Korrelationsmatrix als Produkt einer (i.a. nicht quadratischen) Datenmatrix $\mathbf{X}(k)$ und ihrer Transponierten $\mathbf{X}^T(k)$ ausdrücken. $\mathbf{X}(k)$ enthält dazu in M Spalten jeweils um 1 versetzte Vektoren gemäß

$$\mathbf{X}(k) \doteq \bigl(\mathbf{x}(k), \mathbf{x}(k-1), \ldots, \mathbf{x}(k-M+1)\bigr) \tag{12.31-a}$$

und besitzt Toeplitzform. Die Korrelationsmatrix

$$\hat{\mathbf{R}}_{xx}(k) = \mathbf{X}^T(k)\,\mathbf{X}(k) \tag{12.32-a}$$

weist dann $M \times M$ Elemente auf, die den inneren Produkten verschobener Datenvektoren $\mathbf{x}(k+i)$, $\mathbf{x}(k+j)$, damit aber Kurzzeit-AKF-Werten $\hat{\varphi}_{xx}(k,i,j)$ nach (6.40-d) entsprechen. Aufgrund der Definition von $\mathbf{x}(k)$ und damit $\mathbf{X}(k)$ liefert diese Vorgehensweise Meßwerte gemäß Bild 6.10-a, b, entspricht also der in Abschnitt 6.2 sogenannten „instationären" oder „Kovarianzmethode" und führt zu einer symmetrischen Matrix $\hat{\mathbf{R}}_{xx}$ ohne Toeplitzeigenschaft nach (6.44).

Die KLT fußt andererseits zunächst auf der („Prozeß-") Korrelationsmatrix $\mathbf{R}_{xx}$, die zunächst die Toeplitzsymmetrien nach (6.17) aufweist. Entsprechend Abschnitt 6.2.3 und Bild 6.10-c, d erreicht man entsprechende Kurzzeitergebnisse beim Übergang auf die sog. „stationäre" oder „Korrelationsmethode". Hier heißt das, daß man eine modifizierte Datenmatrix $\widetilde{\mathbf{X}}(k)$ aus Vektoren $\widetilde{\mathbf{x}}_i(k)$ aufbauen muß, welche die „Vorab-Fensterung" des Signals nach (7.29) berücksichtigen:

$$\widetilde{\mathbf{X}}(k) \doteq \bigl(\widetilde{\mathbf{x}}_0(k), \widetilde{\mathbf{x}}_1(k), \ldots, \widetilde{\mathbf{x}}_{M-1}(k)\bigr) \tag{12.31-b}$$

mit Vektoren $\widetilde{\mathbf{x}}_i(k)$, die um i gegeneinander verschoben den Vektor $\mathbf{x}(k)$ nach (12.30) enthalten sowie davor um i, dahinter um $(M-1-i)$ Nullen ergänzt sind:

$$\widetilde{\mathbf{x}}_i(k) \doteq \left(\mathbf{0}_{(i)}^T, \mathbf{x}^T(k), \mathbf{0}_{(M-1-i)}^T\right)^T.$$

Auch $\widetilde{\mathbf{X}}(k)$ hat Toeplitzform.

Die daraus bestimmte Kurzzeit-Korrelationsmatrix hat gemäß (6.45) selbst auch die gewünschte Toeplitzstruktur:

$$\hat{\mathbf{R}}_{\tilde{x}\tilde{x}}(k) = \widetilde{\mathbf{X}}^T(k)\,\widetilde{\mathbf{X}}(k). \tag{12.32-b}$$

Über diese beiden Varianten hinaus gibt es weitere Möglichkeiten, die Korrelationsmatrix zu definieren und auf eine entsprechende Datenmatrix zurückzuführen.

12.6 EIGENWERT-/EIGENVEKTOR-ORIENTIERTE GERÄUSCHREDUKTION

So definiert man z.B. $\hat{\mathbf{R}}_{xx}(k)$ als symmetrische Toeplitz-Matrix $\mathbf{P}(k)$ mit Korrelationsmeßwerten $\varrho(k, \lambda)$, $\lambda \in \{0, \ldots, M-1\}$, die mit Hilfe der IDFT eines Periodogramms der Länge N entsprechend (6.46), (6.48-a) bestimmt wurden. Das entspricht wegen (6.48-a) der Verwendung einer zyklischen Datenmatrix $\mathbf{X}^{(Z)}(k)$:

$$\hat{\mathbf{R}}_{xx}(k) \doteq \mathbf{P}(k) \doteq [\varrho(k, |i-j|)] = \mathbf{X}^{(Z)T}(k)\,\mathbf{X}^{Z}(k). \tag{12.32-c}$$

Die nicht-quadratische Toeplitz-Matrix $\mathbf{X}^{(Z)}(k)$ enthält Vektoren $\mathbf{x}^{(Z)}(k)$ wie in (12.30), (12.31-a), wobei aber von periodisch wiederholten Elementen $x_k^{(Z)}(\kappa)$ auszugehen ist:

$$x_k^{(Z)}(\kappa) \doteq x_k\Big([N-1-\kappa]_{\bmod N}\Big) \quad \forall\, \kappa \in \mathbb{Z}.$$

In allen drei angesprochenen Fällen kann man, ausgehend von den Korrelationsmatrizen nach (12.32), eine „Kurzzeit-KLT mit Rauschreduktion im Spektralbereich" durchführen. Gegenüber der ursprünglichen KLT-Definition nach Abschnitt 4.2.7 ist allerdings zu beachten, daß Matrizen ohne Toeplitzstruktur Eigenvektoren mit veränderten, numerisch eventuell kritischen Eigenschaften besitzen.

Man kann jedoch auch unmittelbar von den jeweiligen Datenmatrizen ausgehen und sie in einer Weise „filtern", die eng mit dem Vorgehen bei der KLT verwandt ist. Eine i.a. nicht-quadratische, reellwertige $(N \times M)$-Matrix $\mathbf{X}$ (hier je nach Definition $\mathbf{X}(k)$, $\tilde{\mathbf{X}}(k)$ oder $\mathbf{X}^{(Z)}(k)$) läßt sich mit Hilfe ihrer *Singulärwerte* s_i und der zugehörigen „linksseitigen Singulärvektoren" $\mathbf{u}_i$ und „rechtsseitigen Singulärvektoren" $\mathbf{v}_i$ ausdrücken (engl. *singular-value decomposition*, SVD):

$$\mathbf{X} = \mathbf{U}\mathbf{S}\mathbf{V}^T. \tag{12.33}$$

Hierin sind $\mathbf{U}$ und $\mathbf{V}$ orthogonale Matrizen gemäß

$$\mathbf{U} = [\mathbf{u}_i]_{N\times M}, \qquad \mathbf{V} = [\mathbf{v}_i]_{M\times M} \tag{12.34}$$

und $\mathbf{S}$ die Diagonalmatrix der Singulärwerte:

$$\mathbf{S} = \mathrm{diag}\{s_i\}_{M\times M}. \tag{12.35}$$

Mit (12.32) und der Orthogonalität von $\mathbf{U}$ (d.h. $\mathbf{U}^T\mathbf{U} = \mathbf{I}$) folgt, daß

$$\mathbf{X}^T\mathbf{X} = \mathbf{V}\mathbf{S}^T\mathbf{U}^T\mathbf{U}\mathbf{S}\mathbf{V}^T = \mathbf{V}\mathbf{S}^2\mathbf{V}^T$$

einer geschätzten Korrelationsmatrix, $\mathbf{S}^2$ daher der Diagonalmatrix ihrer Eigenwerte λ_i und $\mathbf{V}$ der KLT-Matrix aus ihren Eigenvektoren entsprechen müssen (vgl. Abschnitt 4.2.7, 11.2.7). Man erhält also die Singulärwerte zu

$$s_i = \sqrt{\lambda_i} \tag{12.36}$$

und die noch fehlende Matrix $\mathbf{U}$ aus (12.33) zu:

$$\mathbf{U} = \mathbf{XVS}^{-1}. \tag{12.37}$$

Nach der Berechnung von $\mathbf{S}$, $\mathbf{V}$ und $\mathbf{U}$ aus einer gegebenen *gestörten* Signal-Datenmatrix $\mathbf{X}$ kann man nun mit derselben Argumentation wie bei der KLT bestimmte Singulärwerte s_i modifizieren. Im einfachsten Fall setzt man

$$\hat{s}_i \doteq 0 \quad \text{für} \quad i > i_{\max} \quad \text{oder für} \quad |s_i| < s_{\min} \tag{12.38}$$

mit vorab gewählten oder adaptiv bestimmten Werten $i_{\max}$ bzw. $s_{\min}$. Anstelle von 0 kann auch ein (kleiner) Wert $\epsilon > 0$ (als „Rausch-Sockel") verwendet werden. Mit der so „reduzierten" Singulärwert-Diagonalmatrix $\hat{\mathbf{S}}$ konstruiert man eine „stör-" (bzw. für $\epsilon = 0$ „rang"-) reduzierte Signalmatrix

$$\hat{\mathbf{X}} \doteq \mathbf{U}\hat{\mathbf{S}}\mathbf{V}^T. \tag{12.39}$$

Ihr muß man nun den „störreduzierten" Datenvektor $\hat{\mathbf{x}}(k)$ entnehmen.

In [Dendrinos, Bakamidis, et al.-91] wird diese Technik auf der Basis von (12.30), (12.31-a) angewandt, also eine Korrelationsmatrix nach (12.32-a) gemäß der „Kovarianzmethode" zugrunde gelegt. Die nach (12.39) erzeugte Matrix $\hat{\mathbf{X}}$ behält dabei allerdings nicht ihre Toeplitzstruktur, sondern diese wird ihr nachträglich wieder aufgeprägt durch eine Mittelung und das Ersetzen der Diagonalelemente durch ihre Mittelwerte. Diese nachträgliche Glättung wirkt sich als (hörbare) Tiefpaßfilterung aus. Als Vorteil erreicht man aber, daß dem Resultat auch die Randwerte aus $\hat{\mathbf{x}}(k-1),\ldots,\hat{\mathbf{x}}(k-M+1)$, also insgesamt $N+(M-1)$ bereinigte Signalwerte zu entnehmen sind.

[Engelsberg-97] verzichtet hierauf, arbeitet mit der zyklischen Matrix $\mathbf{X}^{(Z)}(k)$ nach (12.30), (12.32-a) und (12.32-c), verfeinert die Singulärwert-Modifikation nach (12.38) und entnimmt $\hat{\mathbf{X}}$ nur die erste Spalte mit N Werten in $\hat{\mathbf{x}}(k)$, so daß keine Mittelung erforderlich ist. Die verfeinerte Singulärwert-Modifikation entspricht einer Verallgemeinerung der Wienerfilterung auf der Basis der schnellen Faltung: Das gesamte Vorgehen wird als Spektraltransformation, multiplikative Gewichtung und Rücktransformation dargestellt gemäß

$$\hat{\mathbf{x}}(k) = [\mathbf{U}\mathbf{D}_v] \cdot \mathbf{D}_h \cdot \underbrace{\left[\mathbf{D}_v^{-1}\mathbf{U}^T\right]\mathbf{x}(k)}_{\doteq \mathbf{y}(k)} \tag{12.40}$$

$$\doteq \hat{\mathbf{y}}(k)$$

(s. Bild 12.11). Hierin ist mit $\mathbf{D}_h$ die Diagonalmatrix spektraler Gewichtsfaktoren h_i bezeichnet, mit $\mathbf{D}_v$ die Diagonalmatrix der Elemente v_{1i} der ersten Zeile von $\mathbf{V}$. Die Wahl von

$$h_i \doteq \begin{cases} 1 & \text{für} \quad i \leq i_{\max} \quad \text{bzw.} \quad |s_i| \geq s_{\min} \\ 0 & \text{sonst} \end{cases}$$

12.6 EIGENWERT-/EIGENVEKTOR-ORIENTIERTE GERÄUSCHREDUKTION

Bild 12.11: Rauschreduktion im Singulärvektor-Spektrum interpretiert als „Schnelle Faltung" (nach [Engelsberg-97])

entspricht der Vorgehensweise nach (12.38), (12.39). Die Alternative

$$h_i \doteq \frac{\sqrt{s_i^2 - \sigma_n^2}}{s_i}$$

führt bei einer weißen Störung der Varianz σ_n^2 zur „verallgemeinerten Wienerfilter-Interpretation der verallgemeinerten spektralen Subtraktion" (vgl. Abschnitt 12.4).
In [Jensen, Hansen-96] werden die oben enthaltenen Tranformationen als Faltungen, das durch (12.40) beschriebene System damit als Analyse-Synthese-Filterbank mit Gewichtungen in der Mitte beschrieben. Das entspricht der Filterbank-Interpretation der KLT in den Abschnitten 4.2.7, 5.2. Auch hier fordert man bis auf die Reihenfolge identische Analyse- und Synthesefilter-Impulsantworten, die durch die Singulärvektoren vorgeschrieben werden. Die Gesamtanordnung wird damit linearphasig und wegen der Eindeutigkeit der Darstellung (12.33) liegt ohne Spektralmodifikationen selbstverständlich eine Anordnung mit „perfekter Rekonstruktion" vor. Die lineare Phase geht verloren, wenn die Singulärwertdarstellung so modifiziert wird, daß nicht-weiße Störungen prinzipiell ebenfalls nach (12.39) behandelt werden können [Jensen, Hansen, et al.-95], [Jensen, Hansen-96].
Die Grundidee zur SVD-Anwendung auf die Geräuschreduktion geht auf [Tufts, Kumaresan-82] zurück. Dort wird die Frequenzbestimmung für $i_{\max}$ Exponentielle bei additiver, weißer Störung behandelt. Ausgewertet werden die Nullstellenwinkel eines LPC-Inversfilters höheren Grades $n > i_{\max}$, das wie in Abschnitt 4.2 aus einer Korrelationsmatrix bestimmt wird. Ohne Störung wäre der Rang der Matrix durch die Schwingungszahl $i_{\max}$ bestimmt. Durch Eigenwertfilterung der zuvor geschilderten Art wird eine „reduzierte" Korrelationsmatrix und daraus eine verbesserte LPC-Polynomdarstellung gewonnen; schließlich wird die Eigenwertmodifikation in eine implizite Daten- und damit Singulärwert-Modifikation überführt. Auch im Sinne dieser ursprünglichen Idee kann man sich ein Vorgehen im hier interessierenden Störreduktionsfall vorstellen: Man kann eine *störreduzierte AKF* der rangreduzierten Korrelationsmatrix entnehmen und so verbesserte Schätzungen von Stör- oder Nutzsignal-LDS für die Optimalfilterung (s. Abschnitt 12.3) oder die spektrale Subtraktion (vgl. Abschnitt 12.4) gewinnnen.
Alle hier vorgestellten Ansätze sind vergleichsweise neu und wenig genau untersucht. Zumindest wurde bislang noch kein signifikanter Vorteil gegenüber den Methoden im „normalen Spektralbereich" gefunden. Ein wichtiger Grund liegt wohl

darin, daß sich durch eine Störung die Transformationskoeffizienten ändern. Das versucht man subtraktiv oder multiplikativ zu korrigieren, und zwar bei klassischen wie bei eigenvektororientierten Zerlegungen. Anders als etwa bei DFT, DCT und Verwandten ändern sich aber i.a. auch die Eigen- bzw. Singulär*vektoren*, also die Komponentenformen, wofür kein Korrekturweg bekannt ist [Engelsberg-98].

12.7 Geräuschkompensation

12.7.1 Ansatz und Zeitbereichslösung

Wir nehmen an, daß uns neben dem gestört aufgenommenen Sprachsignal $x_1(k) = s(k) + n_1(k)$ ein sprachfreies Referenzsignal $x_2(k) = n_2(k)$ zur Verfügung steht, das mit $n_1(k)$ korreliert ist. Die Voraussetzung der Sprachfreiheit ist in der Realität in der Regel nicht erfüllbar, da bezüglich des Sprachsignals $s(k)$ eine akustische Barriere zwischen den beiden Mikrofonen bestehen müßte. In Sonderfällen könnte das Referenzsignal $x_2(k)$ u.U. mit einem Körperschallmikrofon aufgenommen werden oder es könnte möglich sein, das Mikrofon unmittelbar an einer als konzentriert angenommenen (punktförmigen) Geräuschquelle zu plazieren. Zunächst soll diese ideale Situation betrachtet werden, um dann in einem zweiten Schritt ein für reale akustische Randbedingungen geeignetes zweikanaliges Verfahren zu entwickeln. Die zugrundeliegende Modellvorstellung zeigt Bild 12.12.

Es existiere zwischen beiden Mikrofonen ein wirksamer Übertragungspfad mit Impulsantwort $h_1(k)$. Dem Nutzsignal $s(k)$ werde demzufolge das linear gefilterte Störsignal $n_1(k) = n_2(k) * h_1(k)$ überlagert und vom so gestörten Mikrofonsignal $x_1(k)$ werde schließlich ein passend gefiltertes Referenzsignal $\hat{n}_1(k) = n_2(k) * h(k)$ abgezogen. Das Ziel besteht darin, durch Kompensation von $n_1(k)$ ein möglichst

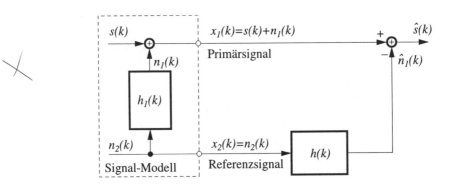

Bild 12.12: Prinzip der Geräuschreduktion mittels Kompensation und Modell zur Beschreibung des Primärsignals $x_1(k)$ und des Referenzsignals $x_2(k)$

störungsfreies Ausgangssignal $\hat{s}(k) \stackrel{!}{\approx} s(k)$ zu erhalten. Da die zwischen den Orten der beiden Mikrofone wirksame Übertragungsfunktion $H_1(z)$ unbekannt ist, kann man die Lösung

$$h(k) \circ\!\!-\!\!\bullet\ H(e^{j\Omega}) \stackrel{!}{=} H_1(e^{j\Omega}) \tag{12.41}$$

nur indirekt erreichen – also durch einen Optimierungsansatz wie in Abschnitt 12.3. Verwendet wird dasselbe Kriterium wie in (12.1):

$$\overline{\Delta e^2} = \mathrm{E}\{(\hat{s}(k) - s(k))^2\} \stackrel{!}{=} \min.$$

Unter Berücksichtigung von (3.13-a) und Bild 12.12 findet man durch Ableitung nach den freien Parametern $h(i)$ und Nullsetzen ganz analog zum Vorgehen in Abschnitt 12.3 die Bedingung

$$\sum_{\kappa=-\infty}^{\infty} h(\kappa)\, \varphi_{x_2 x_2}(i-\kappa) = \varphi_{x_2 x_1}(i). \tag{12.42}$$

Dieses System der sogenannten Wiener-Hopf-Gleichungen hat die gleiche Form wie das Gleichungssystem (12.3) zur Bestimmung des einkanaligen Wienerfilters. Es unterscheidet sich davon aber in einem ganz wesentlichen Punkt: Es enthält Kenngrößen von *zugänglichen* Signalen – $\varphi_{x_2 x_2}(i)$ und $\varphi_{x_2 x_1}(i)$ können mit Hilfe der beiden Mikrofonsignale $x_1(k)$ und $x_2(k)$ gemessen bzw. *geschätzt* werden. In der Praxis wird man dabei nicht nur notgedrungen zur Kurzzeitkorrelation übergehen, sondern die Messung bewußt auf kurze Signalabschnitte beschränken und so durch *Adaption* des Filters $h(k) \circ\!\!-\!\!\bullet\ H(e^{j\Omega})$ den Veränderungen der Störübertragung durch $h_1(k) \circ\!\!-\!\!\bullet\ H_1(e^{j\Omega})$ folgen.

Weiterhin geht man für die Praxis zu einem FIR-Filter über und damit zu endlich vielen Gleichungen vom Typ (12.42) mit $2N+1$ freien Koeffizienten $h(i)$ wie in (12.5). In Matrix-Vektorschreibweise findet man ganz entsprechend zu (12.6)

$$\mathbf{R}_{x_2 x_2}\, \mathbf{h} = \boldsymbol{\varphi}_{x_2 x_1} \tag{12.43}$$

bzw. den entsprechenden Ausdruck für Kurzzeit-Größen. Die AKF-Matrix $\mathbf{R}_{x_2 x_2}$ hat – wie die Kurzzeit-Matrix bei passender Meßtechnik nach Abschnitt 6.2.3 – symmetrische Toeplitz-Form. Im Gegensatz zum Auto-Korrelationsvektor $\boldsymbol{\varphi}_{ss}$ in (12.6) enthält aber $\boldsymbol{\varphi}_{x_2 x_1}$ *Kreuz*-Korrelationswerte entsprechend

$$\boldsymbol{\varphi}_{x_2 x_1} = [\varphi_{x_2 x_1}(-N), \ldots, \varphi_{x_2 x_1}(N)]^T,$$

für die nach (6.9) *nicht* die AKF-Symmetrie gemäß (6.7-c) gilt; $\boldsymbol{\varphi}_{x_2 x_1}$ ist daher nicht symmetrisch. Folglich wird $\mathbf{h}$ nicht symmetrisch: Das gefundene Filter wird im Gegensatz zum einkanaligen Optimalfilter *nicht nullphasig* wie in (12.8) bzw. linearphasig nach einer Verschiebung um N.

Geht man von vornherein davon aus, daß $h(i)$ mit $i \in \{0, \ldots, 2N\}$ rechtsseitig definiert ist, so entsteht auch hier i.a. *kein* besonders ausgezeichnetes Phasenverhalten, im Unterschied zu Abschnitt 12.3 also keine minimalphasige Lösung.

Ein wichtiger Unterschied zum Einkanal-Wienerfilter nach Abschnitt 12.3 ist aber unabhängig von der gefundenen Lösung: $H_1(e^{j\Omega})$ wie $H(e^{j\Omega})$ beeinflussen nur das Störsignal; das Nutzsignal $s(k)$ bleibt frei von linearen Verzerrungen.

12.7.2 Frequenzbereichsüberlegungen

Die Fouriertransformation von (12.42) liefert mit Hilfe des Faltungssatzes (3.13-c) und den Definitionen (6.18) und (6.19-a) die Beziehung

$$H(e^{j\Omega}) \, \Phi_{x_2 x_2}(e^{j\Omega}) = \Phi_{x_2 x_1}(e^{j\Omega}). \tag{12.44}$$

Unter der Annahme der Unkorreliertheit von Nutzsignal $s(k)$ und Störung $n_1(k)$ bzw. von $s(k)$ und $x_2(k)$ gilt

$$\varphi_{x_2 x_1}(i) = \varphi_{x_2 n_1}(i) + \varphi_{x_2 s}(i) = \varphi_{x_2 n_1}(i) \; \circ\!\!-\!\!\bullet \; \Phi_{x_2 x_1}(e^{j\Omega}) = \Phi_{x_2 n_1}(e^{j\Omega}). \tag{12.45}$$

Weiterhin läßt sich mit (6.24) der Zusammenhang

$$\Phi_{x_2 n_1}(e^{j\Omega}) = H_1(e^{j\Omega}) \cdot \Phi_{x_2 x_2}(e^{j\Omega}) \tag{12.46}$$

zeigen. Damit ergibt sich für (12.44) unter Berücksichtigung von (12.45) und (12.46) der Zusammenhang

$$H(e^{j\Omega}) \, \Phi_{x_2 x_2}(e^{j\Omega}) = H_1(e^{j\Omega}) \, \Phi_{x_2 x_2}(e^{j\Omega}), \tag{12.47-a}$$

bzw.

$$H(e^{j\Omega}) = H_1(e^{j\Omega}). \tag{12.47-b}$$

Das optimale Filter entspricht dem Frequenzgang $H_1(e^{j\Omega})$ nach Betrag und Phase. Wichtig ist, daß $H_1(e^{j\Omega})$ nicht explizit bekannt sein muß: Gemäß (12.44) folgt das optimale Kompensationsfilter aus $\Phi_{x_2 x_2}(e^{j\Omega})$ und $\Phi_{x_2 x_1}(e^{j\Omega})$ bzw. im adaptiven Betrieb aus entsprechenden Kurzzeit-Meßwerten.

Dennoch ist dieser Ansatz auch unter den eingangs genannten Idealbedingungen problematisch, da die zu approximierende Übertragungsfunktion $H_1(z)$ je nach Position der Mikrofone nicht notwendigerweise ein kausales und stabiles Filter beschreibt. Befindet sich das Referenzmikrofon am Ort der punktförmigen Störquelle und ist die Länge der Impulsantwort $h(k)$ ausreichend, so kann das gewünschte Verhalten jedoch mit im Prinzip beliebiger Genauigkeit erreicht werden.

Die Qualität des Ergebnisses wird natürlich beeinträchtigt, wenn die hier noch vorausgesetzte Entkopplung der beiden Mikrofone bezüglich des Nutzsignals nicht mehr gegeben ist. Darauf und auf die daraus zu ziehenden Konsequenzen wird in Abschnitt 12.8 eingegangen.

12.7.3 Adaptionsmöglichkeiten

In der praktischen Anwendung ist davon auszugehen, daß die in Bild 12.12 enthaltene Übertragungsfunktion $H_1(z)$ von der Störquelle zum Primärmikrofon zeitlich nicht konstant ist, so daß eine einmalige Einstellung des Filters gemäß (12.43) bzw. (12.44) nicht ausreicht. Veränderungen dieser Übertragungsfunktionen kommen durch Variationen der akustischen Umgebung zustande, z.B. durch Bewegungen des Sprechers oder Änderung der Temperatur.

Deshalb sind in (12.42) bzw. (12.43) Kurzzeitgrößen einzusetzen. Äquivalent kann man in (12.44) Kurzzeit-Spektralschätzungen verwenden, insbesondere z.B. auf der Grundlage der DFT:

$$H_\mu(k) = \frac{X_{2,\mu}^*(k)\, X_{1,\mu}(k)}{|X_{2,\mu}(k)|^2}, \qquad \mu \in \{0, 1, \ldots, M-1\}. \tag{12.48}$$

Hierin werden $X_{1,\mu}(k)$ und $X_{2,\mu}(k)$ durch die DFT von M Werte umfassenden (gefensterten) Segmenten des Primärsignals $x_1(k)$ und des Referenzsignals $x_2(k)$ bestimmt. Der Zählerausdruck entspricht dem in (6.47) definierten Kreuzperiodogramm, der Nenner dem Periodogramm nach (6.46). Die äquidistanten Frequenzgang-Abtastwerte können in einer „schnellen Faltung" unmittelbar zur Filterung herangezogen oder mittels IDFT in die zugehörige Impulsantwort überführt werden. Über die enthaltenen Näherungen und zyklischen Eigenschaften ist dasselbe zu sagen wie in den Abschnitten 12.3.2 und 12.3.3. Die experimentelle Umsetzung gemäß (12.48) zeigt jedoch, daß mit den üblichen FFT-Blocklängen von z.B. $M = 256$ nur eine unzureichende Systemidentifikation zu erreichen ist. Durch zeitliche Mittelung der Kurzzeit-Schätzwerte läßt sich ein besseres Verhalten erzielen.

In den genannten Varianten geht man stets von Datensegmenten aus, für deren Dauer die Koeffizienten $h(k)$ und der zugehörige Frequenzgang $H(e^{j\Omega})$ (bzw. $H_\mu(k)$) konstant bleiben. Da in das Gleichungssystem (12.42) aber (im Gegensatz zu der Bestimmungsgleichung des Einkanal-Wienerfilters, s. Abschnitt 12.3.3) die ohne Pausendetektion zugänglichen Signale $x_1(k)$ und $x_2(k)$ eingehen, kann man hier auch eine andere Adaptionsstrategie verwenden.

Dazu betrachten wir das Kriterium nach (12.1) nochmals. Es ist nach Bild 12.12 und mit (6.5-c), (6.6-b)

$$\begin{aligned}
\overline{\Delta e^2} &= \mathrm{E}\{(\hat{s}(k) - s(k))^2\} \\
&= \mathrm{E}\{(\hat{s}^2(k) - 2\, s(k)\, \hat{s}(k) + s^2(k))\} \\
&= \mathrm{E}\{\hat{s}^2(k)\} + \mathrm{E}\{s^2(k)\} - 2\, \mathrm{E}\{s(k)(s(k) + n_1(k) - \hat{n}_1(k))\} \\
&= \overline{\hat{s}^2} - \overline{s^2} - 2\, \varphi_{sn_1}(0) - 2\, \varphi_{s\hat{n}_1}(0).
\end{aligned}$$

Bei der vorausgesetzten Unkorreliertheit (und Mittelwertfreiheit) von Signal $s(k)$ und Störung $n_2(k)$, und damit auch von $s(k)$ und $n_1(k)$ wie $\hat{n}_1(k)$, folgt

$$\overline{\Delta s^2} \;=\; \overline{\hat{s}^2} - \overline{s^2} \;\stackrel{!}{=}\; \min.$$

Da die Signalleistung $\overline{s^2}$ vorgegeben und von der Minimierung unbeeinflußt ist, entspricht der nach (12.1) gewünschten Optimierung die Forderung

$$\overline{\hat{s}^2} \;=\; \mathrm{E}\{\hat{s}^2(k)\} \;\stackrel{!}{=}\; \min. \tag{12.49}$$

Man kann nun in Analogie zur sequentiellen Adaption eines linearen Prädiktors (s. Abschnitt 7.3.2) versuchen, diese Forderung mit Hilfe eines entsprechend modifizierten Gradientenverfahrens zu erreichen. Die Ausgangssignal-Leistung wird dabei Schritt für Schritt in Richtung ihres Minimums verringert, wenn man zur Zeit k gegebene Koeffizienten $h_i(k)$ in Richtung des negativen Gradienten von $\hat{s}^2(k)$ verändert. Mit

$$\begin{aligned}\frac{\partial \hat{s}^2(k)}{\partial h_i(k)} &= 2\,\hat{s}(k)\,\frac{\partial}{\partial h_i(k)}\left(x_1(k) - \hat{n}_1(k)\right) \\ &= -2\,\hat{s}(k)\,\frac{\partial}{\partial h_i(k)}\left(\hat{n}_1(k)\right) \\ &= -2\,\hat{s}(k)\,x_2(k-i)\end{aligned}$$

findet man, daß die neuen Koeffizienten für den nächsten Takt gemäß

$$h_i(k+1) \;=\; h(k) - \beta\,\frac{\partial \hat{s}^2(k)}{\partial h_i(k)} \;=\; h_i(k) + 2\,\beta\,\hat{s}(k)\,x_2(k-i) \tag{12.50}$$

zu aktualisieren sind. Es handelt sich hierbei um den sog. LMS-Algorithmus (*Least-Mean-Square-Algorithmus*).

In (12.50) ist mit β eine geeignet zu wählende Schrittweite für die Koeffizientenadaption bezeichnet. Ihre Festlegung ist durchaus kritisch: Für stationäre Störungen sollte das obige, iterative Verfahren gegen die optimale Lösung nach (12.43) bzw. (12.44) konvergieren. Wählt man β zu groß, gefährdet man die Konvergenz gegen einen konstanten Koeffizientenvektor. Wählt man β zu klein, so wird die Konvergenz verzögert – und bei veränderlichen Störübertragungsfunktionen folgt die Adaption der Variation nicht mehr. Eine ausführliche Diskussion dieser Problematik folgt in Abschnitt 13 im Zusammenhang mit der Kompensation akustischer Echos, die als ein Sonderfall der Geräuschkompensation mit Referenzstörsignal zu interpretieren ist. Dabei ist die Voraussetzung der Entkopplung der beiden Signale $x_1(k)$ und $x_2(k)$ bezüglich des Nutzsignals aufgrund der apparativen Gegebenheiten erfüllt.

Die Geräuschkompensation mit Referenzstörsignal und adaptivem FIR-Filter wurde für die vorliegende Aufgabenstellung erstmals in [Widrow, Glover, et al.-75] vorgeschlagen. Dieser Ansatz ist jedoch aufgrund folgender Überlegungen nicht praktikabel: In Bild 12.12 und der anschließenden Behandlung des Kompensationsproblems wurde die Verfügbarkeit eines „sprachfreien Störsignals" angesetzt. Diese Voraussetzung ist in der Regel nicht erfüllbar. Die Konsequenzen aus dieser Randbedingung werden in Abschnitt 12.8 behandelt.

Ein weiteres Problem besteht darin, daß in der bisherigen Behandlung angenommen wurde, daß genau *eine* (Punkt-) Störquelle vorhanden ist. In der Realität sind es aber meistens mehrere bzw. „viele" Punktquellen (z.B. diffuser Störschall). An beiden Mikrofonen finden sich dann *unterschiedlich gewichtete Überlagerungen* der Einzelanteile, die durch *ein* Filter $H(e^{j\Omega})$ nicht *gemeinsam* abzugleichen sind – damit verschärft sich aber das zuerst diskutierte Problem des *Nutz*anteils am *Stör*signalaufnehmer. Das Fazit lautet: Für Störungen, die durch Überlagerung aus mehreren (oder vielen) räumlich verteilten Störquellen entstehen, ist der *Kompensations*ansatz nach Abschnitt 12.7.1 grundsätzlich ungeeignet.

12.8 Zweikanal-Geräuschreduktion

12.8.1 Vorüberlegungen

Der im letzten Abschnitt behandelte Ansatz zur Geräuschreduktion ([Widrow, Glover, et al.-75]) soll nochmals aufgegriffen werden, wobei jetzt die Forderung der Entkopplung bzw. der akustischen Barriere für das Nutzsignal fallengelassen wird. Es wird, wie in Bild 12.13-a skizziert, davon ausgegangen, daß zwei Mikrofonsignale

$$x_1(k) = s_1(k) + n_1(k) \tag{12.51-a}$$

und

$$x_2(k) = s_2(k) + n_2(k) \tag{12.51-b}$$

zur Verfügung stehen, die sowohl Nutz- als auch Störanteile enthalten.

Zur Analyse der prinzipiellen Zusammenhänge wird angenommen, daß das (u.U. nicht-kausale) Filter mit der Impulsantwort $h(k)$ im Sinne der Wiener-Lösung für stationäre Signale eingestellt wurde.

Im stationären Fall würde das Filter auch bei Adaption mit dem LMS-Algorithmus gegen diese Lösung konvergieren. Deshalb kann in Analogie zu (12.44) der resultierende Frequenzgang des optimalen Wienerfilters in der Form

$$H(e^{j\Omega}) = \frac{\Phi_{x_2 x_1}(e^{j\Omega})}{\Phi_{x_2 x_2}(e^{j\Omega})} \tag{12.52}$$

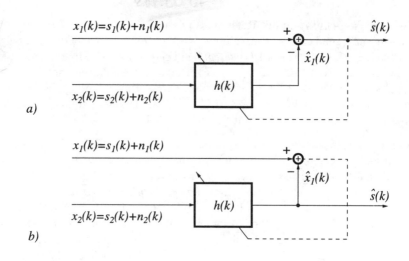

Bild 12.13: Zum Prinzip des zweikanaligen Kompensationsverfahrens
  a) Konventioneller Ansatz
  b) Kompensation des Nutzsignals

angegeben werden.

Da nach Voraussetzung die Nutzsignale $s_1(k)$ und $s_2(k)$ nicht mit den Störungen $n_1(k)$ und $n_2(k)$ korreliert sind, gilt

$$\Phi_{x_2 x_1}(e^{j\Omega}) = \Phi_{s_2 s_1}(e^{j\Omega}) + \Phi_{n_2 n_1}(e^{j\Omega}) \tag{12.53-a}$$

oder auch

$$\Phi_{x_2 x_1}(e^{j\Omega}) = \Phi_{x_2 s_1}(e^{j\Omega}) + \Phi_{x_2 n_1}(e^{j\Omega}), \tag{12.53-b}$$

und der Frequenzgang (12.52) kann in zwei Komponenten aufgespaltet werden:

$$\begin{aligned} H(e^{j\Omega}) &= \frac{\Phi_{x_2 s_1}(e^{j\Omega})}{\Phi_{x_2 x_2}(e^{j\Omega})} + \frac{\Phi_{x_2 n_1}(e^{j\Omega})}{\Phi_{x_2 x_2}(e^{j\Omega})} & (12.54\text{-a}) \\ &= H_s(e^{j\Omega}) + H_n(e^{j\Omega}). & (12.54\text{-b}) \end{aligned}$$

Diese beiden Anteile lassen sich in Analogie zu (12.9-a) als ein Wienerfilter H_s für den Signalanteil und ein zweites Wienerfilter H_n für den Störanteil interpretieren.

Das Ausgangssignal des Filters in Bild 12.13-a setzt sich demnach aus zwei Beiträgen gemäß

$$\hat{x}_1(k) = \hat{s}_1(k) + \hat{n}_1(k) \tag{12.55}$$

zusammen, und für das Ausgangssignal $\hat{s}(k)$ des Gesamtsystems folgt

$$\hat{s}(k) = \Big(s_1(k) - \hat{s}_1(k)\Big) + \Big(n_1(k) - \hat{n}_1(k)\Big). \tag{12.56}$$

Es ergibt sich sowohl eine Störreduktion $(n_1 - \hat{n}_1)$ als auch eine Verzerrung des Nutzsignals $(s_1 - \hat{s}_1)$. Das System ist, wie sich in Abschnitt 12.8.3 herausstellen wird, nicht geeignet, da bei praktikablen Mikrofonanordnungen starke Verzerrungen des Nutzsignals nicht zu vermeiden sind. Es weist aber den Weg zu einer alternativen Lösung, die nur eine minimale Änderung erfordert. Ausgangspunkt hierzu ist die Beziehung (12.54-a). Wenn es gelänge, die beiden Mikrofone derart anzuordnen, daß die Nutzsignale stark korreliert und die Störanteile entsprechend

$$\Phi_{n_2 n_1}(e^{j\Omega}) = \Phi_{x_2 n_1}(e^{j\Omega}) \approx 0 \tag{12.57}$$

nur schwach korreliert wären, dann würde das Wienerfilter nach (12.54-b) wegen $H(e^{j\Omega}) \approx H_s(e^{j\Omega})$ den Signalanteil verstärken und den Störanteil unterdrücken entsprechend

$$\hat{x}_1(k) \approx \hat{s}(k). \tag{12.58}$$

In diesem Fall sollte man, wie in Bild 12.13-b angedeutet, nicht das kompensierte Signal $x_1(k) - \hat{x}_1(k)$, sondern das Ausgangssignal $\hat{x}_1(k)$ des Filters als verbessertes Sprachsignal verwenden ([Zelinski-90]).

Diese Beziehung läßt sich, wie die nachfolgenden Ausführungen zeigen, in der Realität näherungsweise einhalten.

12.8.2 Kohärenzfunktion und Kompensationsgewinn

Zur Beschreibung der frequenzabhängigen Korrelation zweier Signale $x_1(k)$ und $x_2(k)$ eignet sich die komplexwertige Kohärenzfunktion $\gamma_{x_1 x_2}(\Omega)$ bzw. deren Betragsquadrat, die sog. MSC (*magnitude squared coherence*). Die komplexe Kohärenzfunktion ist definiert als das Verhältnis des Kreuzleistungsdichtespektrums $\Phi_{x_1 x_2}(e^{j\Omega})$ zur Wurzel aus dem Produkt der Autoleistungsdichtespektren (z.B. [Bendat, Piersol-66], [Carter-87l]):

$$\gamma_{x_1 x_2}(\Omega) = \frac{\Phi_{x_1 x_2}(e^{j\Omega})}{\sqrt{\Phi_{x_1 x_1}(e^{j\Omega}) \Phi_{x_2 x_2}(e^{j\Omega})}}. \tag{12.59}$$

Die MSC nimmt nur Werte zwischen Null und Eins an, d.h. es gilt

$$0 \leq |\gamma_{x_1 x_2}(\Omega)|^2 \leq 1. \tag{12.60}$$

Für $|\gamma_{x_1 x_2}(\Omega)|^2 = 0$ sind die Signale bei dieser Frequenz Ω nicht korreliert. Lassen sich die beiden Signale durch eine lineare Faltung ineinander überführen, so gilt $|\gamma_{x_1 x_2}(\Omega)|^2 = 1 \; \forall \; \Omega$.

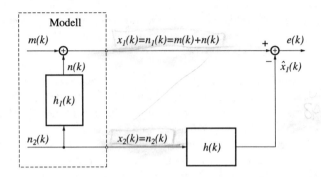

Bild 12.14: Zur Ableitung des Zusammenhangs zwischen Kohärenzfunktion und Kompensationsgewinn. Betrachtung einer Sprachpause: Das Signal $x_1(k)$ enthält einen mit $x_2(k)$ korrelierten Anteil $n(k)$ und einen unkorrelierten Anteil $m(k)$.

Die Kohärenzfunktion, die mit Hilfe der DFT bzw. FFT für beliebige Mikrofonanordnungen zu messen bzw. zu schätzen ist, erlaubt eine Aussage über den prinzipiell erzielbaren Kompensationsgewinn.

Zur Entwicklung dieses Zusammenhangs wird das Modell nach Bild 12.14 analysiert, das die akustische Situation *während einer Sprachpause* beschreibt. Es stehen zwei (Mikrofon-) Signale zur Verfügung, wobei das Signal $x_1(k) = n(k) + m(k)$ außer einem mit $x_2(k) = n_2(k)$ korrelierten Anteil $n(k)$ auch einen zu $x_2(k)$ unkorrelierten Anteil $m(k)$ enthält. Mit $\Phi_{nm}(e^{j\Omega}) = 0$ folgt

$$\begin{aligned}\Phi_{x_1x_1}(e^{j\Omega}) &= \Phi_{mm}(e^{j\Omega}) + \Phi_{nn}(e^{j\Omega}) \\ &= \Phi_{mm}(e^{j\Omega}) + |H_1(e^{j\Omega})|^2 \cdot \Phi_{n_2n_2}(e^{j\Omega}).\end{aligned} \quad (12.61)$$

Das Filter mit der Impulsantwort $h(k)$ werde als Wienerfilter eingestellt entsprechend

$$H(e^{j\Omega}) = \frac{\Phi_{x_2x_1}(e^{j\Omega})}{\Phi_{x_2x_2}(e^{j\Omega})} = H_1(e^{j\Omega}). \quad (12.62)$$

Weiterhin gilt

$$\Phi_{x_2x_1}(e^{j\Omega}) = H_1(e^{j\Omega})\,\Phi_{x_2x_2}(e^{j\Omega}). \quad (12.63)$$

Mit (12.61), (12.62) und (12.63) läßt sich schließlich der Zusammenhang

$$\begin{aligned}1 - |\gamma_{x_1x_2}(\Omega)|^2 &= \frac{\Phi_{x_1x_1}(e^{j\Omega})\,\Phi_{x_2x_2}(e^{j\Omega}) - |\Phi_{x_1x_2}(e^{j\Omega})|^2}{\Phi_{x_1x_1}(e^{j\Omega})\,\Phi_{x_2x_2}(e^{j\Omega})} \\ &= \frac{\Phi_{mm}(e^{j\Omega})}{\Phi_{x_1x_1}(e^{j\Omega})} = \frac{\Phi_{ee}(e^{j\Omega})}{\Phi_{x_1x_1}(e^{j\Omega})}\end{aligned} \quad (12.64)$$

12.8 ZWEIKANAL-GERÄUSCHREDUKTION

zeigen, der die im günstigsten Fall zu erzielende frequenzabhängige relative Störreduktion beschreibt. Der Ausdruck

$$-10 \lg \left(1 - |\gamma_{x_1 x_2}(\Omega)|^2\right) \tag{12.65}$$

gibt somit den Kompensationsgewinn als Funktion der Frequenz an. Als globales, d.h. frequenzunabhängiges Maß eignet sich die folgende Berechnungsvorschrift

$$R = -10 \lg \frac{\int\limits_0^\pi \left(1 - |\gamma_{x_1 x_2}(\Omega)|^2\right) \Phi_{x_1 x_1}(e^{j\Omega}) \, d\Omega}{\int\limits_0^\pi \Phi_{x_1 x_1}(e^{j\Omega}) \, d\Omega} \; . \tag{12.66}$$

Für eine über alle Frequenzen konstante MSC kann (12.66) zu dem in (12.65) angegebenen Ausdruck vereinfacht werden, wobei sich z.B. für $|\gamma_{x_1 x_2}(\Omega)|^2 = 0.9$ (oder 0.5) eine Reduktion um $R = 10\,\mathrm{dB}$ (bzw. 3 dB) ergibt. Damit wird deutlich, daß mit dem Ansatz nach Bild 12.13-a eine signifikante Störreduktion nur für Frequenzen mit relativ großen Werten der MSC der Störkomponenten $n_1(k)$ und $n_2(k)$ erzielt werden kann.

Für das diffuse Schallfeld läßt sich die MSC bei gegebenem Mikrofonabstand d für Mikrofone mit z.B. Kugelcharakteristik geschlossen berechnen (z.B. [Kuttruff-90]). In diesem Fall gilt mit der Schallgeschwindigkeit c und der Abtastfrequenz f_A

$$|\gamma_{x_1 x_2}(\Omega)|^2 = \frac{\sin^2(\Omega \, f_A \, d \, c^{-1})}{(\Omega \, f_A \, d \, c^{-1})^2} \; . \tag{12.67}$$

Bild 12.15 zeigt diesen Verlauf über der natürlichen Frequenz $f = \frac{\Omega \, f_A}{2\,\pi}$ für vier Mikrofonabstände d.

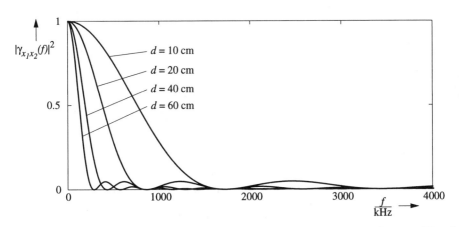

Bild 12.15: MSC zweier Mikrofonsignale im diffusen Schallfeld für Mikrofone mit Kugelcharakteristik und Abständen von $d = 0.1$ m, 0.2 m, 0.4 m und 0.6 m

Es folgt daraus, daß – abhängig vom Mikrofonabstand – nur bei relativ niedrigen Frequenzen eine für eine merkliche Störreduktion erforderliche Kohärenz von z.B. $|\gamma_{x_1 x_2}(\Omega)|^2 > 0.5$ gegeben ist.

Die Messung der Kohärenz in einem Büroraum wird in Bild 12.16 wiedergegeben. Die Störgeräusche wurden im wesentlichen von Computern mit Lüftern und Festplatten hervorgerufen.

Die für den diffusen Schall zutreffenden Verläufe lassen sich insbesondere im Bereich des Hauptmaximums auf die reale akustische Umgebung übertragen. Oberhalb der vom Mikrofonabstand abhängigen ersten Nullstelle der MSC sind die beiden Signale nur schwach korreliert.

Aus diesen Ergebnissen ist zu schließen, daß die Geräuschreduktion mittels Kompensationsfilterung nach Bild 12.13-a (s. auch Abschnitt 12.9) letztlich aus physikalischen Gründen nur bei relativ niedrigen Frequenzen funktionieren kann. Bereits bei einem Mikrofonabstand von $d = 20$ cm liegt diese Frequenzgrenze so niedrig,

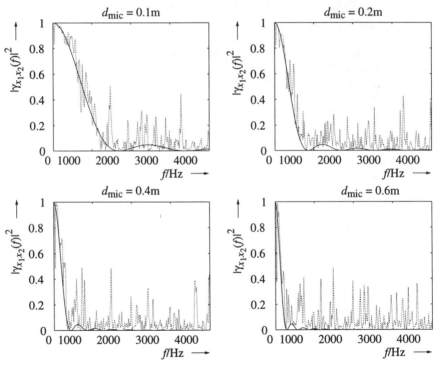

Bild 12.16: Theoretisch berechnete MSC im diffusen Schallfeld und gemessene MSC der Störsignale in einem Büroraum für Mikrofone mit Kugelcharakteristik und Abständen $d = 0.1, 0.2, 0.4$ und 0.6 m, [Martin-95];
———— Theorie ······ Messung

12.8 ZWEIKANAL-GERÄUSCHREDUKTION

daß zumindest für die Telefon-Übertragung alternativ auch ein festes zeitinvariantes Hochpaß-Filter eingesetzt werden könnte, um die kompensierbaren Störkomponenten wirksam zu unterdrücken.

Wird dagegen die Kohärenz für Mikrofonsignale mit hohem Direktschallanteil gemessen (Sprecher befindet sich innerhalb des Hallradius), so ergeben sich, wie Bild 12.17 exemplarisch zeigt, relativ hohe Werte.

Die Folgerung aus diesem Experiment lautet, daß die Anordnung nach Bild 12.13-a mit adaptivem Wienerfilter eine hohe Verzerrung bzw. starke Unterdrückung des Sprachsignals bewirkt. Deshalb sollte das bis auf die Wahl des Ausgangssignals identische System nach Bild 12.13-b verwendet werden. Da die Störkomponenten $n_1(k)$ und $n_2(k)$ nur sehr schwach korreliert sind, bewirkt das Filter tatsächlich eine Verbesserung des gestörten Nutzsignalanteils $s_2(k)$. Bei Adaption des Filters, z.B. mit Hilfe des LMS-Algorithmus, ist die geräuschmindernde Wirkung wegen $\Phi_{n_1 n_2}(\Omega) \approx 0$ oberhalb einer gewissen Grenzfrequenz Ω_g gegeben, die durch den Verlauf der MSC nach (12.67) bestimmt ist. Dieses System ist deshalb nicht in der Lage, tieffrequente Störungen zu unterdrücken, die jedoch mit Hilfe eines Hochpaß-Filters weitgehend eliminiert werden können.

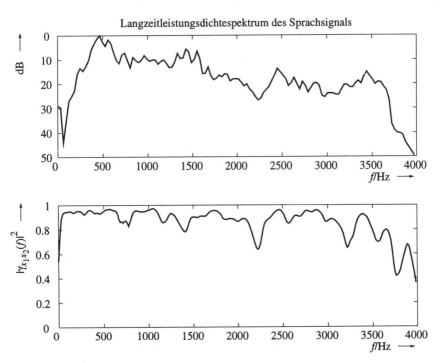

Bild 12.17: Gemessene MSC eines Nutzsignals bei akustischer Anordnung mit hohem Direktschallanteil ($d = 20$ cm, Mikrofon mit Hypernierencharakteristik)

12.8.3 Zweikanalige Geräuschreduktion im Zeitbereich

Die Wirkung der in Bild 12.13-b dargestellten praktikablen Struktur beruht darauf, daß die Nutzanteile der beiden Mikrofonsignale stark korreliert und die Störanteile oberhalb einer relativ niedrigen Grenzfrequenz schwach korreliert sind, sofern sich der Sprecher in der Nähe der Mikrofonanordnung befindet. Die Idee, in Verbindung mit zwei oder mehr Mikrofonen ein adaptives Filter zur Reduktion von inkohärentem Störschall bzw. Raumhall zu nutzen, wurde erstmals in [Allen, Berkley, et al.-77] in Form eines Frequenzbereichsansatzes dargestellt.

Deshalb wird nicht die Störung, sondern das Nutzsignal kompensiert, wobei das adaptive Filter als Wienerfilter für den Nutzanteil $s_2(k)$ des Signals $x_2(k)$ wirkt und somit die Störung $n_2(k)$ in gewissen Grenzen reduziert. Da beide Mikrofonsignale bei dieser Anordnung gleichberechtigt sind, kann man mit einem zweiten Kompensationsfilter auch eine Wienerfilterung für den Nutzanteil $s_1(k)$ des Signals $x_1(k)$ ausführen.

Diese Vorgehensweise, die in Bild 12.18 veranschaulicht wird [Martin-95], liefert zwei verbesserte Signalkomponenten $\hat{x}_1(k)$ und $\hat{x}_2(k)$, die addiert werden, wodurch eine weitere Verstärkung der korrelierten (Nutz-) Anteile und eine zusätzliche Abschwächung der nicht-korrelierten (Stör-) Anteile erfolgt.

Die beiden adaptiven FIR-Filter werden mit Hilfe des LMS-Algorithmus eingestellt. Der Gesamtaufwand ist relativ niedrig, da bereits mit jeweils $2N + 1 = 30\ldots 60$ Koeffizienten eine Störreduktion um ca. 15 dB zu erzielen ist.

Dieses Prinzip läßt sich durch Zusatzmaßnahmen weiter verbessern. Die wesentlichen Maßnahmen zeigt Bild 12.19 ([Martin, Vary-92], [Martin-95]).

Zur Abtrennung der korrelierten tieffrequenten Störanteile werden zwei Hochpaß-Filter verwendet. Da sich der Sprecher nicht notwendigerweise in der Symmetrie-

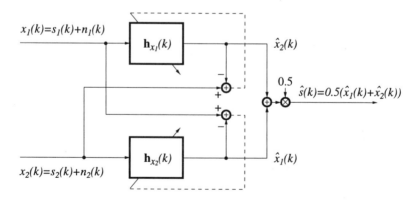

Bild 12.18: Zweikanaliges Zeitbereichsverfahren zur Geräuschreduktion

12.8 ZWEIKANAL-GERÄUSCHREDUKTION

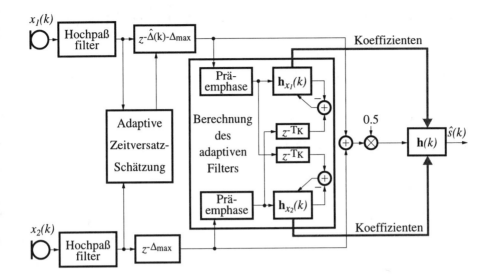

Bild 12.19: Zweikanaliges Störgeräuschreduktionsverfahren mit zwei adaptiven Hintergrundfiltern und einem zeitvariablen Vordergrundfilter. Die Koeffizientenvektoren $\mathbf{h}_{x_1}(k)$ und $\mathbf{h}_{x_2}(k)$ werden mit dem NLMS-Algorithmus adaptiert.

ebene zwischen den beiden Mikrofonen befindet, wird der möglicherweise vorhandene Laufzeitversatz der beiden Nutzanteile geschätzt und ausgeglichen. Es werden zwei linearphasige Filter $\mathbf{h}_{x_1}(k)$ und $\mathbf{h}_{x_2}(k)$ nach dem in Bild 12.18 skizzierten Prinzip adaptiert. Dabei werden zur Verbesserung des Adaptionsverhaltens Präemphase-Filter vorgeschaltet. Die Impulsantworten dieser sog. *Hintergrundfilter* $\mathbf{h}_{x_1}(k)$ und $\mathbf{h}_{x_2}(k)$ werden entsprechend

$$\mathbf{h}(k) = \frac{1}{2}\bigl(\mathbf{h}_{x_1}(k) + \mathbf{h}_{x_2}(k)\bigr) \qquad (12.68)$$

gemittelt, um eine verbesserte Schätzung des Wienerfilters für den Nutzanteil zu erhalten. Schließlich werden die beiden Mikrofonsignale nach Ausgleich des Laufzeitversatzes addiert und mit der Impulsantwort $\mathbf{h}(k)$ gefiltert (*Vordergrundfilter*).

12.8.4 Zweikanalige Geräuschreduktion im Frequenzbereich

Die Verfügbarkeit zweier Mikrofone mit unterschiedlicher Information kann man auch zu einer verbesserten Ansteuerung eines der in Abschnitt 12.4 beschriebenen Einkanal-Verfahren im Frequenzbereich heranziehen. Dabei nutzt man die Tatsache, daß beide Mikrofone gefilterte Sprachsignale und diffusen Störschall aufnehmen (s. Bild 12.20).

Für nicht zu große Abstände zwischen den beiden Mikrofonen gilt die Näherung

$$|H_1(e^{j\Omega})| \approx |H_2(e^{j\Omega})| \doteq |H(e^{j\Omega})|. \qquad (12.69)$$

Aufgrund der Kohärenzeigenschaften des näherungsweise diffusen Störschalls gilt außerdem

$$\Phi_{n_1 n_2}(e^{j\Omega}) \approx 0. \qquad (12.70)$$

Mit (12.69), (12.70) und Bild 12.20 ergibt sich für das Kreuz-LDS der Mikrofonsignale

$$|\Phi_{x_1 x_2}(e^{j\Omega})| = |H(e^{j\Omega})|^2 \, \Phi_{s_0 s_0}(e^{j\Omega}). \qquad (12.71)$$

Aus Bild 12.20 kann ferner abgelesen werden, daß sich die Autoleistungsdichtespektren der Mikrofonsignale gemäß

$$\Phi_{x_1 x_1}(e^{j\Omega}) = |H(e^{j\Omega})|^2 \, \Phi_{s_0 s_0}(e^{j\Omega}) + \Phi_{n_1 n_1}(e^{j\Omega}),$$
$$\Phi_{x_2 x_2}(e^{j\Omega}) = |H(e^{j\Omega})|^2 \, \Phi_{s_0 s_0}(e^{j\Omega}) + \Phi_{n_2 n_2}(e^{j\Omega}).$$

zusammensetzen. Setzt man (12.71) in diese Gleichungen ein, so erhält man für die Stör-Leistungsdichtespektren

$$\Phi_{n_1 n_1}(e^{j\Omega}) = \Phi_{x_1 x_1}(e^{j\Omega}) - |\Phi_{x_1 x_2}(e^{j\Omega})|,$$
$$\Phi_{n_2 n_2}(e^{j\Omega}) = \Phi_{x_2 x_2}(e^{j\Omega}) - |\Phi_{x_1 x_2}(e^{j\Omega})|.$$

Diese Ausdrücke können durch entsprechende Kurzzeitmeßgrößen nach Abschnitt 6.2.3 und 6.2.5, insbesondere gemittelte Periodogramme nach (6.46) und (6.47) ersetzt und dann zur spektralen Subtraktion nach Abschnitt 12.4 eingesetzt werden.

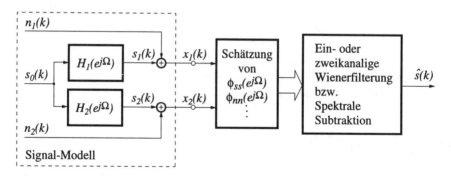

Bild 12.20: Wienerfilterung oder Spektralsubtraktion aufbauend auf einer verbesserten Nutz- oder Stör-LDS-Messung mit Hilfe zweier Mikrofonsignale $x_1(k)$ und $x_2(k)$

Zunächst lassen sich demnach sogar beide Mikrofonsignale völlig getrennt „verbessern". Man kann darauf *teilweise* verzichten, indem man von einer einheitlichen Störschätzung ausgeht (die man z.B. durch arithmetische oder geometrische Mittelung aus den Schätzungen für $\Phi_{n_1n_1}(e^{j\Omega})$ und $\Phi_{n_2n_2}(e^{j\Omega})$ beziehen kann), und man kann *völlig* davon abgehen und *ein* mittleres, verbessertes Ausgangssignal anstreben. Die Zusammenführung kann dabei vor oder nach der Störreduktions-Maßnahme erfolgen. Eine interessante Variante mit einer getrennt nachgeschalteten Zweikanal-Wienerfilterung im Anschluß an eine Zweikanal-Spektralsubtraktion wurde z.B. in [Dörbecker, Ernst-96] vorgeschlagen (s. Bild 12.21). Ziel ist hierbei die Verbesserung *beider* Signale einer *binauralen* Hörhilfe.

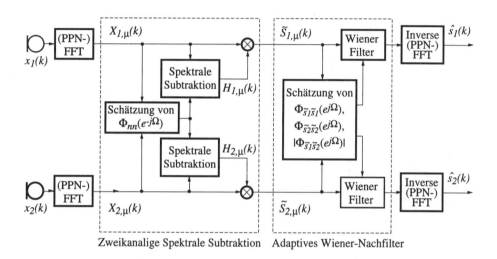

Bild 12.21: Zweikanal-Anordnung zur getrennten Spektralsubtraktion und Wienerfilterung, realisiert jeweils im Frequenzbereich (nach [Dörbecker, Ernst-96])

12.9 Mehrkanal-Geräuschreduktion

Der auf [Allen, Berkley, et al.-77] zurückgehende Vorschlag, die Kohärenzverhältnisse im diffusen Schallfeld für die Enthallung von Sprachsignalen auszunutzen, wurde von Zelinski aufgegriffen, der mehrere Varianten eines vierkanaligen Geräuschreduktionssystems im Zeitbereich ([Zelinski-87], [Zelinski-90], [Zelinski-91]) und Frequenzbereich [Zelinski-88] entwickelte.

Die in Bild 12.22 dargestellte Grundversion des vierkanaligen Zeitbereichsverfahrens läßt sich als Verallgemeinerung des in Abschnitt 12.8.3 (Bild 12.18) behandelten zweikanaligen Ansatzes verstehen. Hier sind die vier Mikrofone auf den Ecken

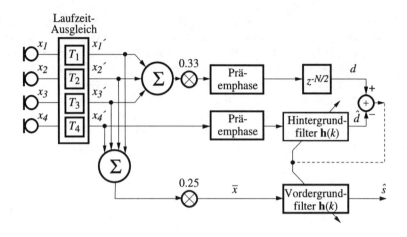

Bild 12.22: Vierkanal-Geräuschreduktion nach [Zelinski-87]

eines Quadrates mit einer Kantenlänge von 60 cm vorgesehen. Die vier Mikrofonsignale $x_i(k), i = 1, \ldots, 4$, werden zunächst derart unterschiedlich um jeweils

$$T_i = K_i \cdot T$$

verzögert, daß die u.U. in den Mikrofonsignalen zeitlich versetzt enthaltenen Nutzsignale gemäß

$$x_i(k) = s(k + K_i) + n_i(k), \qquad i \in \{1, 2, 3, 4\},$$

nach entsprechender Verschiebung in den Signalen $x'_i(k)$ *zeitgleich* auftreten. Durch Addition und Mittelwertbildung wird das Eingangssignal

$$\overline{x}(k) = \frac{1}{4} \sum_{i=1}^{4} x'_i(k) = \frac{1}{4} \sum_{i=1}^{4} \left(s(k + K_i - K_i) + n_i(k - K_i) \right) \qquad (12.72\text{-a})$$

$$= s(k) + \frac{1}{4} \sum_{i=1}^{4} n_i(k) \qquad (12.72\text{-b})$$

für das zeitvariable FIR-Filter mit dem Koeffizientenvektor $\mathbf{h}(k)$ erzeugt. Die Koeffizienten dieses Filters stimmen mit denen des *Hintergrundfilters* überein. Dieses wird mit dem *Normalized Least-Mean-Square*-Algorithmus (NLMS-Algorithmus) adaptiert (s. Abschnitt 12.7.3, sowie Abschnitt 13.3) und approximiert ein (nichtkausales) Wienerfilter, dessen Eingangssignal von einem der vier Mikrofonsignale und dessen Referenzsignal d aus dem Mittelwert der übrigen drei Mikrofonsignale gebildet wird. Die beiden Präemphasefilter bewirken eine Höhenanhebung und

12.9 MEHRKANAL-GERÄUSCHREDUKTION

damit ein verbessertes Verhalten bezüglich der höheren Frequenzanteile. Das adaptive Hintergrundfilter bewirkt wie im zweikanaligen Fall (Bild 12.18) eine Minimierung der mittleren quadratischen Differenz zwischen dem Referenzsignal d und dem gefilterten Signal $\hat{d}$. Aufgrund dieses Kriteriums unterdrückt das Filter unkorrelierte Signalanteile, während die korrelierten Anteile, die aufgrund der Kohärenzeigenschaften der Mikrofonsignale vorwiegend den Nutzanteilen zuzurechnen sind, durchgelassen werden. Aus diesem Grunde bewirkt das parallel betriebene *Vordergrundfilter* eine störreduzierende Verbesserung des gemittelten Signals $\bar{x}(k)$. Es wird eine Geräuschdämpfung um ca. 11-14 dB erzielt. Durch die zuvor durchgeführte Mittelung nach (12.72-b) wird eine Störreduktion um bis zu

$$\Delta \mathrm{SNR} = -10 \lg(1/4) = 6 \text{ dB} \qquad (12.73)$$

erreicht. Die Ordnung des adaptiven Filters beträgt z.B. $N = 32$. Die nichtkausale Approximation wird durch Verzögerung des Referenzsignals um $N/2$ herbeigeführt.

Das Verfahren läßt sich dadurch verbessern, daß der Koeffizientenvektor $\mathbf{h}(k)$ des *Vordergrundfilters* als Mittelwert von vier adaptiven *Hintergrundfiltern* berechnet wird [Zelinski-91]. Jedes der vier Filter wird nach der beschriebenen Methode adaptiert, wobei als Filtereingangssignal jeweils ein anderes der vier Mikrofonsignale dient und das Referenzsignal aus den drei übrigen Signalen gebildet wird. Die Mittelwertbildung der Koeffizienten der vier Filter resultieren in einer verbesserten Schätzung des Wienerfilters und einer verbesserten Sprachqualität, insbesondere wenn diese Filter linearphasig ausgeführt werden [Martin, Vary-92].

Die Grundversion des Frequenzbereichsverfahrens zeigt Bild 12.23. Die eigentliche Filterung erfolgt auch hier im Zeitbereich, während die zur blockadaptiven Ein-

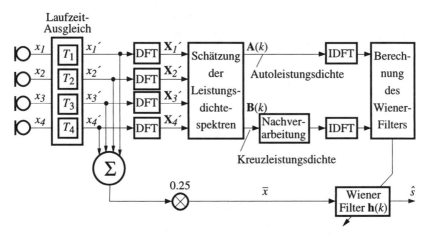

Bild 12.23: Vierkanaliges Frequenzbereichsverfahren zur Reduktion von nicht kohärenten Störgeräuschen [Zelinski-88]

stellung des FIR-Filters gemäß (12.4) benötigten Schätzwerte der Kurzzeit-Auto- und Kreuzkorrelationsfunktion im Spektralbereich gewonnen werden. Durch Mittelung über die vier Periodogramme $|\mathbf{X}_i|$, $i = 1, \ldots, 4$, wird eine verbesserte Schätzung der Autoleistungsdichte, durch Mittelung über die sechs möglichen Kreuz-Periodogramme eine genauere Schätzung der benötigten Kreuzleistungsdichte erreicht. Zur weiteren Reduktion von Artefakten werden – wie bei allen anderen zuvor diskutierten Verfahren – spezielle Nachverarbeitungsschritte unternommen, auf die hier nicht eingegangen wird.

Das Frequenzbereichsverfahren zeichnet sich gegenüber dem reinen Zeitbereichsverfahren durch eine verbesserte störreduzierende Wirkung aus, weist allerdings auch einen höheren Realisierungsaufwand auf.

12.10 Beamforming

Die Schallwellen eines Sprechers erreichen die einzelnen Sensoren einer Mikrofonanordnung auf richtungsabhängig unterschiedlich langen Wegen. In Bild 12.24 ist das für eine ebene Welle skizziert, die im Winkel α auf zwei nebeneinander liegende Mikrofone trifft. Aus der Schallgeschwindigkeit c und der Wegdifferenz $\Delta l = d \sin \alpha$ erhält man die Verzögerung

$$\Delta T = \Delta l / c = \frac{d}{c} \sin \alpha. \tag{12.74}$$

Ähnliches läßt sich für jeden Sensor angeben – auch unter genauerer Berücksichtigung der Wellenausbreitung (etwa als Kugelwelle).

In der Praxis sind die Einfallswinkel nicht bekannt; auch ändern sie sich durch Sprecherbewegungen mit der Zeit. Man muß ΔT also aus den Mikrofonsignalen (i.a. adaptiv) ermitteln. Ein denkbarer Ansatz ist die Maximierung der Summenleistung unter der Annahme tatsächlich weitgehend gleicher, überwiegender Nutz-

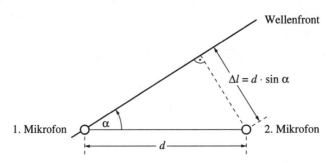

Bild 12.24: Wegunterschied Δl für eine ebene Welle und zwei Mikrofone

12.10 BEAMFORMING

und unkorrelierter Störanteile an allen Sensoren. Aufwandsgünstiger und für das Nachregeln (*Tracking*) kleinerer Bewegungen ausreichend ist die Auswertung des KKF-Maximums zweier Mikrofonsignale.

Den Laufzeitabgleich in Bild 12.22 kann man interpretieren als Ausrichtung der Mikrofonanordnung auf Schallwellen aus einer Vorzugsrichtung, nämlich der des Sprechers; Störkomponenten aus anderen Richtungen werden demgemäß gedämpft. Die Art der hier wirksamen *räumlichen Filterung* durch eine gemeinsame, „künstliche" Richtcharakteristik hängt von Zahl und Anordnung der Sensoren ab, denen man sinnvollerweise nicht von Haus aus irgendeine eigene Richtwirkung geben wird. Gängig sind „planare Arrays" (L Mikrofone in einer Fläche) oder „lineare Arrays" (L Sensoren auf einer Geraden, z.B. längs des Armaturenbretts eines Kfzs). Bild 12.25 zeigt die Charakteristik von $L = 9$ linear im Abstand $d = 6$ cm montierten Schallwandlern in Form der sogenannten *Aperture Smoothing Function*. Sie ist in dieser Form unmittelbar wirksam ohne Einfügung zusätzlicher Laufzeiten und damit sinnvoll zur Ausrichtung auf einen Sprecher in der Mittelsenkrechten-Ebene des Arrays. Durch Laufzeitabgleich läßt sie sich in andere Richtungen drehen. In Anlehnung an derartige Techniken in der Hochfrequenz- und speziell Radartechnik spricht man von *Beamforming* [Van Veen, Buckley-88].

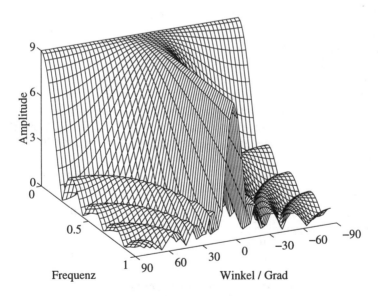

Bild 12.25: Richtwirkung eines linearen Mikrofon-Arrays ($L = 9$, $d = 6$ cm). Die normierte Frequenz „1" entspricht der Wellenlänge $\lambda = 2\,d$, hier also absolut dem Wert $f \approx 2.85$ kHz (nach [Lungwitz-98]).

Einige Beobachtungen sind wichtig:

- Bei tiefen Frequenzen ist kaum eine Richtwirkung zu erzielen.
- Auch bei höheren Frequenzen sorgt die Summation der Teilsignale nicht für eine perfekte Ausrichtung, wie die Nebenmaxima der *Aperture Smoothing Function* zeigen.

Die Verallgemeinerung von (12.73)

$$\Delta \text{SNR} = 10 \lg L \tag{12.75}$$

für den hiermit beschriebenen *Delay-and-Sum-Beamformer* ist also nur sehr eingeschränkt gültig: Es müssen sich L *nur* in der Laufzeit unterschiedliche Sprachsignale in der Amplitude und L unkorrelierte Störer in ihrer Leistung addieren. Vorwiegend niederfrequente, u.U. vom Motor eines Fahrzeuges herrührende und dadurch auch noch teilweise korrelierte Geräusche bereiten ebenso Probleme wie diskrete Echopfade, die das Nutzsignal nicht nur als diffusen Nachhall aus anderen Richtungen eintreffen lassen.

Verallgemeinerungen des geschilderten Beamforming-Ansatzes versuchen, diese Beschränkung zu überwinden. Nahe liegt zunächst die Ergänzung der *Delay-and-Sum*-Version durch Wichtungsfaktoren: Zum einen kann man durch sie ganz analog zur Einführung von Fensterkoeffizienten bei der Spektralanalyse (vgl. Abschnitt 4.2.2) die Form der Richtcharakteristik beeinflussen, zum anderen kann man adaptiv die *Amplituden*unterschiede der einzelnen Mikrofon-Nutzanteile ausgleichen. Sodann kann man die Laufzeiten T_i in Bild 12.22 als Bestandteile von Filterfrequenzgängen realisieren und durch Freigabe der Filterkoeffizienten eine Anpassung des Systems an die Spektren von Signalen und Störungen anstreben (*Filter-and-Sum-Beamformer*). Schließlich kann man das Konzept „Ausrichtung des Arrays auf *maximale Nutzleistung und dadurch* Unterdrückung der Störungen" variieren, indem man einen festen Sprecher-Winkel*bereich* fest vorgibt, ihn möglichst ungefiltert aufnimmt und die Gesamtleistung, damit aber zwangsläufig die Störleistung adaptiv minimiert (*Linearly-Constrained-Least-Squares-Beamformer*). Hierzu kann hier aber nur auf weiterführende Literatur verwiesen werden (z.B. [Frost-72], [Griffith, Jim-82], [Johnson, Dudgeon-93], [Lungwitz-98]).

Für den praktischen Einsatz von besonderem Interesse ist die Form des sog. superdirektiven Mikrofonarrays mit z.B. nur zwei Mikrofonen, das im folgenden Abschnitt noch kurz behandelt werden soll.

12.10.1 Mikrofonarrays mit superdirektiven Richteigenschaften

Das Richtverhalten eines Mikrofonarrays kann gerade bei niedrigen Frequenzen deutlich verbessert werden, wenn die Verzögerungselemente des *Delay-and-Sum-*

12.10 BEAMFORMING

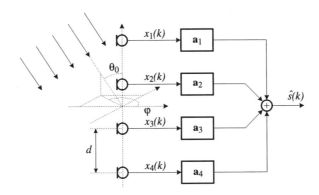

Bild 12.26: Allgemeine Struktur eines linearen Arrays mit vier äquidistant angeordneten Mikrofonen

Beamformers durch Filter mit geeignet zu bestimmenden Impulsantworten $a_i(k)$ ersetzt werden. Diese Struktur wird als superdirektives Array bezeichnet, da es im Vergleich zum *Delay-and-Sum-Beamformer* eine deutlich höhere Direktivität aufweist. Es ergibt sich damit eine Struktur, wie sie in Bild 12.26 am Beispiel eines linearen Arrays mit vier äquidistant angeordneten Mikrofonen dargestellt ist. Die nachfolgenden Ausführungen folgen der Darstellung in [Dörbecker-97/1].

Ein Verfahren zur Bestimmung der Impulsantworten $a_i(k)$ kann aus der Thorie superdirektiver Gruppenantennen abgeleitet werden (siehe z.B. [Gilbert, Morgan-55]). Der Ansatz, der dem Entwurf der Filter zugrunde liegt, basiert auf einer Maximierung des Gewinns. Der Gewinn ist definiert als die Verbesserung des SNR, die sich durch die Kombination der Mikrofonsignale für eine Nutzschallquelle ergibt, wenn diese sich in der Haupteinfallsrichtung des Arrays befindet und ihr ein diffuses – d.h. ein omnidirektional in die Mikrofone einfallendes – Störschallfeld überlagert ist.

Um ein praxistaugliches Array zu entwerfen, reicht es jedoch nicht aus, allein den Gewinn zu maximieren, da sich in diesem Fall eine sehr hohe Anfälligkeit für voneinander abweichende Mikrofon-Übertragungseigenschaften ergeben würde. Da reale Mikrofone jedoch immer Exemplarstreuungen unterliegen, muß die Superdirektivität des Arrays begrenzt werden [Cox, Zeskind, et al.-87], [Zelinski-96], was bei dem in [Gilbert, Morgan-55] beschriebenen Verfahren durch die Vorgabe eines Parameters p möglich ist. Die Übertragungsfunktionen $\tilde{A}_i(f)$ der Array-Filter ergeben sich demnach im Fall des linearen Arrays mit L äquidistant angeordneten Mikrofonen durch Lösung des Gleichungssystems

$$\sum_{m=1}^{L} h_{i,m}(f)\,\tilde{A}_m(f) + p\,\tilde{A}_i(f) = \exp\left(-j\frac{2\pi f}{c}d\cdot\left(\frac{N+1}{2}-i\right)\cos\theta_0\right) \qquad (12.76)$$

für $1 \leq i \leq L$, wobei die Funktion $h_{i,m}(f)$ gegeben ist durch

$$h_{i,m}(f) = \begin{cases} \dfrac{\sin((i-m)\,2\pi f\,d/c)}{(i-m)\,2\pi f\,d/c} & \text{für } i \neq m \\ 1 & \text{für } i = m, \end{cases} \qquad (12.77)$$

d den Abstand zwischen zwei benachbarten Mikrofonen angibt und der Winkel θ_0 die Haupteinfallsrichtung des Arrays beschreibt. Der Parameter p erlaubt es, die Superdirektivität (und damit die tolerierbare Exemplarstreuung der Mikrofonübertragungseigenschaften) vorzugeben: Während kleine Parameter $p < 0.01$ eine hohe Superdirektivität zur Folge haben, führen große Parameter $p > 100$ auf den *Delay-and-Sum-Beamformer*.

Die Impulsantworten $a_i(k)$ können – wie in Abschnitt 12.3.2 beschrieben – durch eine inverse DFT der Länge M, zeitliche Verschiebung und Fensterung bestimmt werden, wenn zuvor die Übertragungsfunktionen durch Lösen des Gleichungssystems (12.76) für verschiedene Frequenzen $f = \mu \cdot f_A/M$ mit $0 \leq \mu < M$ ermittelt wurden. Um für die Haupteinfallsrichtung ein frequenzunabhängiges Übertragungsverhalten zu erhalten, sind die Übertragungsfunktionen vor der Rücktransformation entsprechend

$$A_n(f_\mu) = \dfrac{\tilde{A}_n(f_\mu)}{\sum\limits_{m=1}^{N} \tilde{A}_m(f_\mu) \cdot \exp\!\left(j\dfrac{2\pi f_\mu}{c} d \cdot \left(\dfrac{N+1}{2} - m\right)\cos\theta_0\right)} \qquad (12.78)$$

zu normieren.

Der superdirektive Entwurf ermöglicht es, auch mit wenigen Mikrofonen ein ausgeprägtes Richtverhalten zu erreichen, wie im folgenden am Beispiel eines Arrays, das aus $L = 2$ Mikrofonen im Abstand von 5 cm besteht, demonstriert werden soll. Das betrachtete Array soll so eingesetzt werden, daß die Haupteinfallsrichtung in der Verlängerung der Symmetrieachse des Arrays liegt. Solche Anordnungen werden in der Literatur als *Endfire*-Arrays bezeichnet. Bei Verwendung des in Bild 12.26 eingetragenen Koordinatensystems wird die Haupteinfallsrichtung demnach durch $\theta_0 = 0$ festgelegt (siehe hierzu auch Bild 12.28).

In Bild 12.27 sind die Gewinne dargestellt, die durch diese Mikrofonanordnung erzielt werden, wenn für den Entwurf der Array-Filter die Entwurfsparameter $p \in [0,\, 0.01,\, 0.1,\, \infty]$ verwendet werden. Die strichpunktierte Kurve $p \to \infty$ bestätigt die bereits erwähnte unzureichende Richtwirkung des *Delay-and-Sum-Beamformers* bei niedrigen Frequenzen. Mit diesem Ansatz und dieser Mikrofonanordnung ist demnach nur oberhalb von 1500 Hz eine Verbesserung des SNR von $10\lg L \approx 3\,\text{dB}$ zu erzielen.

Demgegenüber kann durch den superdirektiven Entwurf der Gewinn gerade bei niedrigen Frequenzen auf $20\lg L \approx 6\,\text{dB}$ erhöht werden. Für die Praxis wesentlich

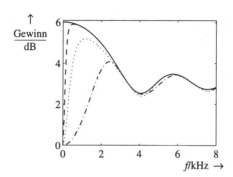

Bild 12.27: Gewinn eines *Endfire*-Arrays mit zwei Mikrofonen im Abstand von $d = 5\,\text{cm}$
—— maximal-superdirektives Array ($p = 0$)
– – – Array mit begrenzter Superdirektivität ($p = 0.01$)
······ Array mit begrenzter Superdirektivität ($p = 0.1$)
–·–·– konventioneller *Delay-and-Sum-Beamformer* ($p \to \infty$)

relevanter ist jedoch der Gewinn, der mit begrenzt-superdirektiven Arrays erzielt werden kann. Wie in [Dörbecker-97/1] gezeigt, führen bei der betrachteten Mikrofonanordnung Entwürfe mit $p = 0.01 \ldots 0.1$ zu Arrays, die eine ausreichende Robustheit gegenüber typischen Streuungen der Mikrofoneigenschaften aufweisen. Wie die gestrichelte und die gepunktete Kurve in Bild 12.27 bestätigen, wird mit dieser Wahl des Parameters p ein Gewinn erzielt, der deutlich über dem des *Delay-and-Sum-Beamformers* liegt.

Eine ähnliche Aussage kann auch anhand der Richtdiagramme getroffen werden, die in Bild 12.28 für das ideale, aus zwei identischen omnidirektionalen Mikrofonen bestehende Array für verschiedene Frequenzen angegeben sind. Der unzureichende Gewinn des *Delay-and-Sum-Beamformers* äußert sich hier in einem nahezu omnidirektionalen Richtverhalten. Eine nennenswerte Direktivität stellt sich mit diesem Ansatz erst oberhalb von 1000 Hz ein. Demgegenüber zeigt das Array mit begrenzter Superdirektivität, das mit $p = 0.05$ entworfen wurde, auch bei $f = 300\,\text{Hz}$ und 750 Hz ein ausgeprägtes Richtverhalten. Allerdings tritt hier bei höheren Frequenzen eine ausgeprägte Nebenkeule in der rückwärtigen Richtung auf, die jedoch mit einem modifizierten Entwurfsverfahren (z.B. [Dörbecker-97/2]) verkleinert werden kann.

Als Nachweis, daß der superdirektive Entwurf auch in der Realität ein deutlich verbessertes Richtverhalten ermöglicht, sind in Bild 12.29 die Richtdiagramme wiedergegeben, die anhand eines Array für eine elektronische Hörhilfe gemessen wurden. Das Array, das aus zwei im Abstand von 5 cm montierten omnidirektionalen Mikrofonen besteht, wurde für die Messung mit Hilfe eines Brillengestells an einem Kunstkopf befestigt. Als Referenz ist zudem das gemessene Richtdiagramm dargestellt, das sich aufgrund der Kopfabschattung für das hintere Mikrofon M2 ergibt. Das Bild bestätigt, daß das verbesserte Richtverhalten des begrenzt-superdirektiven Arrays nur unwesentlich durch voneinander abweichende Mikrofoneigenschaften und durch Abschattungseffekte des benachbarten Kopfes beeinträchtigt wird.

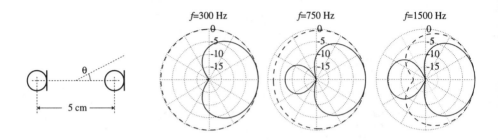

Bild 12.28: Richtdiagramme des idealen *Endfire*-Arrays, bestehend aus zwei Mikrofonen im Abstand von $d = 5\,\text{cm}$ [Dörbecker-97/1]:
– – – *Delay-and-Sum-Beamformer*
—— Array mit begrenzter Superdirektivität ($p = 0.05$)

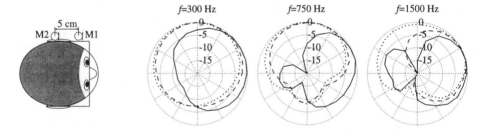

Bild 12.29: Gemessene Richtdiagramme eines realen Arrays, das in einer elektronischen Hörhilfe eingesetzt werden soll. Das *Endfire*-Array, bestehend aus zwei Mikrofonen im Abstand von $d = 5\,\text{cm}$, ist mit Hilfe eines Brillengestells an einem Kunstkopf angebracht [Dörbecker-97/1]:
– – – *Delay-and-Sum-Beamformer*
—— Array mit begrenzter Superdirektivität ($p = 0.05$)
······ als Referenz: Richtdiagramm des einzelnen Mikrofons M2

Kapitel 13

Kompensation akustischer Echos

13.1 Aufgabenstellung und Lösungsansatz

Endgeräte für die Sprachkommunikation werden mit sog. Freisprecheinrichtungen ausgestattet. Dabei wird zur Erhöhung des Benutzerkomforts oder aus sicherheitstechnischen Gründen anstelle eines Telefon-Handapparates eine Lautsprecher-Mikrofon-Anordnung verwendet. Anwendungsbeispiele sind Komfort-Telefone, Multimedia-Systeme mit Spracheingabe, Telekonferenz-Einrichtungen oder Auto-Telefone.

Die zugrundeliegende Aufgabenstellung wird mit Bild 13.1 erläutert. Das Kernproblem besteht in der akustischen Kopplung zwischen Lautsprecher und Mikrofon. Zur Vereinfachung der Darstellung wird im weiteren vorausgesetzt, daß das Signal $x(k)$ des fernen Sprechers und das Sendesignal $y(k)$ in digitalisierter Form vorliegen. Diese Voraussetzung, die bei digitalen Telefonanschlüssen (ISDN) und digitalen Mobiltelefonen (GSM) erfüllt ist, läßt sich auch in analogen Übertragungssystemen mit Richtungsweichen (Gabelschaltungen) und Analog-Digital-Umsetzern herstellen.

Das Mikrofon nimmt nicht nur das gewünschte Signal s des nahen Sprechers auf, sondern auch unerwünschte Hintergrundgeräusche n und insbesondere das durch die akustische Übertragung vom Lautsprecher zum Mikrofon veränderte Signal des fernen Sprechers, das mit $\tilde{x}$ bezeichnet wird. Der Signalanteil $\tilde{x}$ entsteht durch vielfache akustische Reflexionen. Er wird allgemein als akustisches Echosignal bezeichnet (zur Unterscheidung von den elektrischen Leitungsechos des Telefonnetzes).

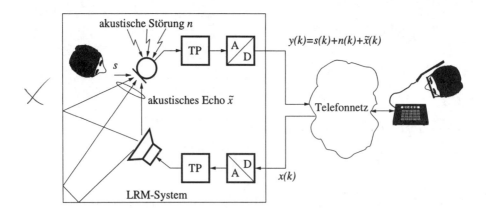

Bild 13.1: Lautsprecher-Raum-Mikrofon-System einer Freisprecheinrichtung

Für das digitalisierte Sendesignal gilt somit

$$y(k) = s(k) + n(k) + \tilde{x}(k). \tag{13.1}$$

Vereinfachend wird mit den Bezeichnungen in Bild 13.1 nicht zwischen den akustischen bzw. analogen Signalen und den digitalisierten Abtastfolgen unterschieden, da nachfolgend nur mit den Abtastfolgen $x(k)$ und $y(k)$ der bandbegrenzten Analogsignale gearbeitet wird.

Die Aufgabe der hier zu diskutierenden akustischen Echokompensation besteht darin, zu verhindern, daß das Echosignal $\tilde{x}(k)$ zum fernen Teilnehmer übertragen wird. Dadurch wird die Stabilität der elektroakustischen Schleife sichergestellt, falls auch der ferne Teilnehmer eine Freisprecheinrichtung benutzt.

Die Kompensation des akustischen Echos ist aus einem weiteren Grund auch dann zwingend erforderlich, wenn der ferne Teilnehmer einen Handapparat oder eine sog. Hör-Sprech-Garnitur verwendet. Telefonnetze verursachen u.U. eine relativ große Signalverzögerung (z.B. ca. 90 ms in GSM Mobilfunknetzen, ca. 200 – 240 ms auf Übertragungsstrecken mit geostationären Satelliten), so daß der ferne Teilnehmer bei Verzicht auf eine Kompensation ein Echo seines eigenen Sprachsignals hört. Da die Echoverzögerung der doppelten Übertragungslaufzeit entspricht, wird der Teilnehmer u.U. erheblich in seinem Sprechvermögen beeinträchtigt.

In einfachen Telefonendgeräten wird als Gegenmaßnahme meist eine sog. sprachgesteuerte *Pegelwaage* eingesetzt. Mit je einem variablen Dämpfungsglied im Sende- und im Empfangszweig werden in Abhängigkeit von der Sprachaktivität der beiden Sprecher der Sende- und der Empfangszweig unterschiedlich gedämpft, wobei die Gesamtdämpfung der Schleife einen Mindestwert von z.B. 40 dB nicht unter-

13.1 Aufgabenstellung und Lösungsansatz

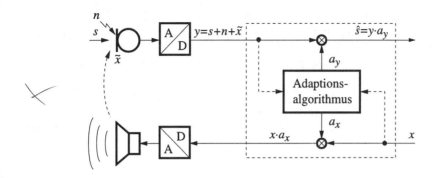

Bild 13.2: Lautsprecher-Telefon mit Pegelwaage

schreitet. Dieses Prinzip läßt sich in analoger oder digitaler Technik mit relativ geringem Aufwand realisieren. Eine digitale Lösung zeigt Bild 13.2.

Da die variablen Dämpfungsfaktoren die Bedingung

$$-(20 \lg a_x + 20 \lg a_y) = 40 \text{ dB} \tag{13.2}$$

erfüllen sollten, ist gleichzeitiges Sprechen der beiden Teilnehmer (*Double Talk*) nur eingeschränkt möglich bzw. verständlich.

Dieses Problem läßt sich durch eine Freisprecheinrichtung mit Echokompensation lösen. Das Grundprinzip wird in Bild 13.3 dargestellt.

Die elektro-akustische Übertragung des Signals $x(k)$ des fernen Sprechers über das Lautsprecher-Raum-Mikrofon-System (LRM-System) kann wegen der Bandbegrenzung des Mikrofonsignals durch ein zeitdiskretes lineares System mit der kausalen Impulsantwort **g** beschrieben werden. Aufgrund der physikalischen Eigenschaften des LRM-Systems ist diese Impulsantwort im Prinzip zeitlich nicht

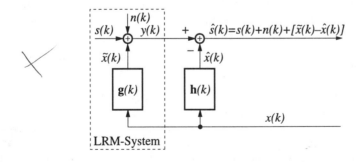

Bild 13.3: Zeitdiskretes Modell einer Freisprecheinrichtung mit Echokompensation

begrenzt. Unter Berücksichtigung des begrenzten Dynamikumfangs der elektroakustischen Übertragungsstrecke (z.B. durch Verstärkerrauschen und Quantisierungsrauschen des Analog-Digital-Umsetzers) kann die Impulsantwort mit guter Näherung auf das Zeitintervall $0 \leq i \leq m'$ begrenzt werden, sofern m' genügend groß gewählt wird. Das LRM-System wird somit als nichtrekursives Filter vom Grad $m' - 1$ modelliert. Die Impulsantwort ist i.a. zeitvariabel, da sie insbesondere durch Bewegungen des Sprechers oder durch sonstige Veränderungen der akustischen Eigenschaften des Raums beeinflußt wird. Zur Charakterisierung des Raums wird deshalb ein zeitvarianter Koeffizientenvektor

$$\mathbf{g}(k) = \bigl(g_0(k), g_1(k), \ldots g_{m'-1}(k)\bigr)^T \tag{13.3}$$

eingeführt.

Um das unerwünschte Echosignal $\tilde{x}(k)$ zu kompensieren, wird es mit Hilfe eines Transversalfilters mit dem zeitvariablen Koeffizientenvektor der Länge m

$$\mathbf{h}(k) = \bigl(h_0(k), h_1(k), \ldots h_{m-1}(k)\bigr)^T \tag{13.4}$$

im Sinne einer Schätzung $\hat{x}(k)$ nachgebildet und vom Mikrofonsignal $y(k)$ subtrahiert. Stimmen die beiden Impulsantworten $\mathbf{g}$ und $\mathbf{h}$ exakt überein, so wird das Echosignal vollständig eliminiert. Dieses Prinzip wird allgemein als Echokompensation bezeichnet.

Das zugrundeliegende Signalverarbeitungsproblem besteht somit in der Identifikation der momentanen System-Impulsantwort $\mathbf{g}(k)$. In der praktischen Ausführung wird die Impulsantwort $\mathbf{h}(k)$ des Kompensationsfilters mit einem iterativen Adaptionsalgorithmus nachgeführt. Zu diesem Problemkreis existiert eine sehr umfangreiche Literatur. Bezüglich der prinzipiell geeigneten Adaptionsalgorithmen wird auf [Haykin-96] verwiesen. Eine ausgezeichnete anwendungsbezogene Übersicht findet man in [Hänsler-92] und [Hänsler-94]. Die nachfolgenden Ausführungen, die sich an den Arbeiten [Schultheiß-88], [Frenzel-92] und [Antweiler-95] orientieren, behandeln den sog. NLMS-Algorithmus (*Normalized Least-Mean-Square*), der sich in der praktischen Anwendung wegen seiner besonderen Effizienz und Robustheit durchgesetzt hat.

Zuvor soll noch eine Abschätzung des erforderlichen Filtergrades vorgenommen werden, um eine erste Aussage zur Komplexität bzw. Dimensionierung zu gewinnen. In Bild 13.4 sind exemplarisch zwei Ausbreitungswege des Schalls dargestellt, ein direkter Pfad vom Lautsprecher zum Mikrofon über die Distanz d und ein indirekter Pfad mit zwei Reflexionen und einer Gesamtlänge von $d_1 + d_2 + d_3$. Die zeitliche Länge der Impulsantwort $\mathbf{h}$ des Kompensationsfilters sollte die entsprechende Laufzeit τ des akustischen Signals abdecken.

13.1 AUFGABENSTELLUNG UND LÖSUNGSANSATZ

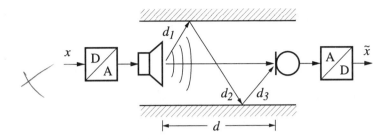

Bild 13.4: Zur Dimensionierung des Echokompensators

Bei einer Abtastfrequenz von $f_A = 8$ kHz bzw. einem Abtastintervall von $T = 125$ μs und der Schallgeschwindigkeit $c \approx 343$ m/s ergibt sich der mindestens erforderliche Filtergrad zu

$$m - 1 \geq \frac{\sum_i d_i}{c} \cdot f_A \,. \tag{13.5}$$

Für einen Abstand zwischen Lautsprecher und Mikrofon von z.B. $d = 20$ cm benötigt man zur Kompensation des direkten Schallanteils nur $m = 6$ Koeffizienten. Für den indirekten Schall sind jedoch je nach Größe und akustischer Beschaffenheit des Raumes (Nachhallzeit) aufgrund der mehrfachen Reflexionen Gesamtlängen von einigen zehn bis einigen hundert Metern anzusetzen.

Für eine Summendistanz von z.B. 20 m, die u.U. bereits in sehr kleinen Räumen erreicht wird (beispielsweise im Pkw), ergibt sich bereits ein Wert von $m = 468$. Der Einsatz in halligen Büroräumen erfordert dagegen einen Kompensator mit $2000\ldots4000$ Koeffizienten. Steht für diese Aufgabe ein Signalprozessor mit *einem* Multiplizierer und *einem* Akkumulator zur Verfügung, so wird alleine für die Kompensationsfilterung eine Rechenleistung von

$$m \cdot f_A = 16 \ldots 32 \text{ MIPS} \tag{13.6}$$

(Mega Instruktionen pro Sekunde) benötigt. Hinzuzurechnen ist der Aufwand für den noch zu diskutierenden Adaptionsalgorithmus, der den Aufwand nach (13.6) um den Faktor $2\ldots3$ erhöht.

Zwei typische Impulsantworten zeigt Bild 13.5.

Eine in der Raumakustik gebräuchliche Größe zur Charakterisierung derartiger Impulsantworten ist die sog. *Nachhallzeit* T_H. Sie bezeichnet die Zeitspanne, in der nach einem Exponentialgesetz die Schallenergie nach Abschalten der Schallquelle auf ein millionstel ihrer Anfangsenergie abgefallen ist. Diese Dauer läßt sich mit Hilfe der sog. *Nachhallformel von Sabine* (z.B. [Kuttruff-90]) als Funktion des

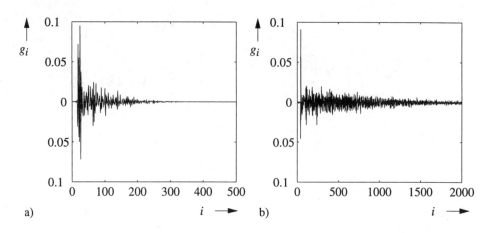

Bild 13.5: Impulsantworten von LRM-Systemen
a) Pkw
b) Büroraum

Raumvolumens V, der Flächen A_i mit Absorptionsgrad α_i und der Schallgeschwindigkeit c wie folgt näherungsweise bestimmen:

$$T_H = \frac{24 \ln(10) \, V}{c \sum_i A_i \, \alpha_i} \; .$$

Im Pkw ergibt sich für ein geschätztes akustisch relevantes Volumen von $V = 1.3 \text{ m}^3$ eine Nachhallzeit von z.B. $T_H = 0.065$ s ($m \leq 520$), in einem Büroraum mit $V = 100 \text{ m}^3$ erhält man z.B. $T_H = 0.7$ s ($m \leq 5600$) (nach [Martin-95]).

Es wird sich jedoch in der weiteren Diskussion herausstellen, daß bei der adaptiven Nachbildung der LRM-Impulsantwort **g** die Dauer der Impulsantwort **h** aus verschiedenen praktischen Gründen in der Regel kürzer als T_H zu dimensionieren ist. Wesentliche Gründe hierfür sind das Konvergenzverhalten der Adaptionsalgorithmen unter dem Einfluß von additiven elektrischen und akustischen Störungen im Signal $y(k)$ sowie psychoakustische Effekte.

13.2 Objektive Beurteilungskriterien

Für den objektiven Vergleich unterschiedlicher Adaptionsalgorithmen oder unterschiedlicher Einstellungen bieten sich zwei Kriterien an, die sich auf die Güte der Systemidentifikation und auf die Höhe der Echodämpfung beziehen.

a) Systemabstand

Mit dem Differenzvektor

$$\mathbf{d}(k) = \mathbf{g}(k) - \mathbf{h}(k) \tag{13.7}$$

der Impulsantworten wird als Maß für die Güte der Systemidentifikation der relative Systemabstand definiert zu

$$D(k) = \frac{\|\mathbf{d}(k)\|^2}{\|\mathbf{g}(k)\|^2} \, . \tag{13.8}$$

Dabei bezeichnet $\|\mathbf{d}(k)\|^2 = \mathbf{d}^T(k)\,\mathbf{d}(k)$ die quadrierte Vektornorm. Üblicherweise wird der logarithmische Abstand $10 \lg D(k)$ in dB angegeben. Bei der Bildung des Differenzvektors $\mathbf{d}(k)$ wird im Fall unterschiedlicher Längen der Koeffizientenvektoren $\mathbf{g}(k)$ und $\mathbf{h}(k)$ der kürzere Vektor mit Nullwerten aufgefüllt. Der Systemabstand $D(k)$ ist nach der Definition (13.8) zunächst unabhängig vom Signal $x(k)$. Da das Kompensationsfilter jedoch – wie später gezeigt wird – mit Hilfe des Signals $x(k)$ adaptiert wird, ist der zu einem Zeitpunkt k erreichte Systemabstand tatsächlich von $x(k)$ abhängig. Die Impulsantworten realer LRM-Systeme sind in der Regel nicht bekannt. Deshalb ist der Systemabstand nach (13.8) in erster Linie eine wichtige Beurteilungsgröße für Simulationsexperimente mit vorgegebener Impulsantwort $\mathbf{g}(k)$.

b) Echodämpfung

Ein mit dem subjektiven Höreindruck korreliertes Maß ist die erzielbare Reduktion der Leistung des Echosignals $\tilde{x}(k)$. Das entsprechende Maß wird in der Literatur mit dem Begriff *Echo Return Loss Enhancement* (ERLE-Maß) bezeichnet. Es ist definiert als

$$\frac{ERLE(k)}{\mathrm{dB}} = 10 \lg \frac{\mathrm{E}\{\tilde{x}^2(k)\}}{\mathrm{E}\{\bigl(\tilde{x}(k) - \hat{x}(k)\bigr)^2\}} \, . \tag{13.9}$$

Dieses Maß ist abhängig vom Signal $x(k)$ bzw. $\tilde{x}(k)$. Es liefert aufgrund der Erwartungswertbildung $\mathrm{E}\{.\}$ für jedes feste, aber beliebige k eine Aussage über die Echodämpfung im Sinne einer Scharmittelung über viele Experimente.

Für die Beurteilung eines Einzelexperimentes werden in der signaltheoretischen Definition (13.9) die Erwartungswerte durch (zeitabhängige) Kurzzeit-Erwartungswerte $\hat{\mathrm{E}}\{.\}$ ersetzt. Wird dieses Maß zur Beurteilung des zeitlichen Konvergenzverhaltens herangezogen, so ist zu beachten, daß der Kurzzeit-Erwartungswert aufgrund seiner effektiven Fensterlänge mit einer begrenzten Zeitauflösung behaftet ist.

Ein geringer Systemabstand $D(k)$ impliziert eine hohe Echodämpfung $ERLE(k)$. Der Umkehrschluß gilt nicht, da bei einem schmalbandigen Signal $x(k)$ eine hohe Echodämpfung erzielt werden kann, wenn der Frequenzgang des Kompensationsfilters nur in dem relevanten Bandpaßintervall mit dem Frequenzgang des LRM-Systems übereinstimmt.

In einem realen System ist das Restecho

$$e(k) = \tilde{x}(k) - \hat{x}(k) \tag{13.10}$$

nur für $s(k) = 0$ (s. Bild 13.3), d.h. in den Sprechpausen des nahen Sprechers (*Single Talk*), und nur im ungestörten Fall, d.h. für $n(k) = 0$, zugänglich. In Simulationsexperimenten kann man allerdings zuerst $e(k)$ berechnen und anschließend die Anteile $s(k)$ und $n(k)$ überlagern, so daß eine Beobachtung des zeitlichen Verlaufs der Echodämpfung auch bei Gegensprechen (*Double Talk*) und additiver Störung möglich ist.

13.3 Adaptionsalgorithmus: LMS, NLMS

a) Ableitung des Algorithmus

In Analogie zur sequentiellen Adaption eines linearen Prädiktors (*Least-Mean-Square* Algorithmus (LMS), s. Abschnitt 7.3.2) läßt sich auch eine Vorschrift zur Einstellung des Kompensators ableiten. Ausgangspunkt ist in diesem Fall die Minimierung des mittleren quadratischen Kompensationsfehlers

$$\mathrm{E}\{e^2(k)\} = \mathrm{E}\{\left(\tilde{x}(k) - \mathbf{h}^T(k)\,\mathbf{x}(k)\right)^2\} \tag{13.11}$$

mit

$$\mathbf{x}(k) = \bigl(x(k), x(k-1), \ldots x(k-m+1)\bigr)^T \tag{13.12}$$

und

$$\mathbf{h}(k) = \bigl(h_0(k), h_1(k), \ldots h_{m-1}(k)\bigr)^T \;. \tag{13.13}$$

Der Gradient ergibt sich in vektorieller Form zu

$$\nabla(k) \;=\; \frac{\partial \mathrm{E}\{e^2(k)\}}{\partial \mathbf{h}(k)} \tag{13.14-a}$$

$$=\; 2\,\mathrm{E}\left\{e(k)\,\frac{\partial e(k)}{\partial \mathbf{h}(k)}\right\} \tag{13.14-b}$$

$$=\; -2\,\mathrm{E}\{e(k)\,\mathbf{x}(k)\} \;. \tag{13.14-c}$$

13.3 ADAPTIONSALGORITHMUS: LMS, NLMS

Gemäß der in Abschnitt 7.3.2 angegebenen Zusammenhänge ist der Koeffizientenvektor in Richtung des negativen Gradienten zu verändern. Dabei wird der Gradient durch den Momentangradienten

$$\hat{\nabla}(k) = -2\, e(k)\, \mathbf{x}(k) \tag{13.15}$$

ersetzt.

Es folgt schließlich die Adaptionsregel

$$\mathbf{h}(k+1) = \mathbf{h}(k) + \beta(k)\, e(k)\, \mathbf{x}(k) \tag{13.16}$$

mit dem effektiven (zeitvariablen) Schrittweitenfaktor $\beta(k)$ (vgl. (7.62-b), $\beta = 2\,\vartheta$), der aus Stabilitätsgründen die Bedingung

$$0 < \beta(k) < \frac{2}{\|\mathbf{x}(k)\|^2} \tag{13.17}$$

erfüllen muß. Da in einem realen System das Fehlersignal $e(k)$ nicht isoliert zugänglich ist, wird stattdessen das Ausgangssignal

$$\hat{s}(k) = s(k) + n(k) + e(k) \tag{13.18}$$

verwendet, so daß die Adaptionsvorschrift die Form

$$\mathbf{h}(k+1) = \mathbf{h}(k) + \beta(k)\, \hat{s}(k)\, \mathbf{x}(k) \tag{13.19}$$

annimmt. Nach (13.18) sind demzufolge das Signal $s(k)$ des nahen Sprechers und die Hintergrundstörung $n(k)$ bezüglich der Adaption als Störgrößen zu betrachten. Tatsächlich minimiert der LMS-Algorithmus nach (13.19) nicht die Leistung des Restechos $e(k)$, sondern die Leistung des Ausgangssignals $\hat{s}(k)$. Deshalb müßte wegen der Instationarität des Sprachsignals $s(k)$ die Adaption gestoppt werden, sobald der nahe Sprecher aktiv wird. Dies kann jedoch indirekt über eine adaptive Schrittweitensteuerung erreicht werden (s. Abschnitt 13.3-e).

Zunächst soll jedoch der „ungestörte Fall" mit $s(k) = 0$ und $n(k) = 0$ betrachtet werden. Unter Berücksichtigung der Stabilitätsbedingung (13.17) wird ein signalabhängiger Gewichtungsfaktor

$$\beta(k) = \frac{\alpha}{\|\mathbf{x}(k)\|^2} \tag{13.20}$$

mit einem vorerst noch konstanten normierten Schrittweitenfaktor α gewählt, wobei die Stabilitätsbedingung

$$0 < \alpha < 2 \tag{13.21}$$

einzuhalten ist (z.B. [Haykin-96]).

Diese Form wird als *normalisierter LMS-Algorithmus* oder als *NLMS-Algorithmus* bezeichnet.

b) Konvergenz im störungsfreien Fall

Das grundsätzliche Konvergenzverhalten läßt sich im ungestörten Fall, d.h. für $s(k) = 0$ und $n(k) = 0$, für spezielle rauschartige Modellsignale $x(k)$ geschlossen analysieren. Es wird angenommen, daß der Grad des Modellfilters genügend groß gewählt wird, so daß $m = m'$ gesetzt werden kann. Außerdem sei die Impulsantwort des LRM-Systems zeitlich invariant, d.h. es gelte $\mathbf{g}(k) = \mathbf{g}$.

Zuerst soll das Verhalten des Systems bei Anregung mit weißem, mittelwertfreiem Rauschen mit

$$\mathrm{E}\{x^2(k)\} = \sigma_x^2 \qquad (13.22)$$

und

$$\|\mathbf{x}(k)\|^2 \approx m\, \sigma_x^2 \qquad (13.23)$$

untersucht werden. Mit dem Systemabstandsvektor

$$\mathbf{d}(k) = \mathbf{g} - \mathbf{h}(k) \qquad (13.24)$$

gilt in diesem Fall

$$\mathrm{E}\{e^2(k)\} = \mathrm{E}\{(\mathbf{d}^T(k)\,\mathbf{x}(k))^2\} \qquad (13.25\text{-a})$$
$$= \sigma_x^2\, \mathrm{E}\{\|\mathbf{d}(k)\|^2\}\,, \qquad (13.25\text{-b})$$

da wegen der Unkorreliertheit der Abtastwerte $x(k)$ die Vektoren $\mathbf{d}(k)$ und $\mathbf{x}(k)$ unter Berücksichtigung von (13.16) voneinander statistisch unabhängig sind.

Unter dieser Voraussetzung folgt aus der Adaptionsvorschrift des NLMS-Algorithmus (13.16), (13.20) mit (13.23) und (13.25-b) der Zusammenhang

$$\mathrm{E}\{\|\mathbf{d}(k+1)\|^2\} \approx \mathrm{E}\{\|\mathbf{d}(k)\|^2\} - \mathrm{E}\{e^2(k)\}\frac{\alpha}{m\,\sigma_x^2}(2-\alpha) \qquad (13.26\text{-a})$$
$$= \mathrm{E}\{\|\mathbf{d}(k)\|^2\}\left(1 - \frac{\alpha}{m}(2-\alpha)\right)\,. \qquad (13.26\text{-b})$$

Bei Einhaltung der Forderung (13.21), d.h. für $0 < \alpha < 2$, wird der Scharmittelwert des Systemabstands im Sinne der gewünschten Konvergenz von Schritt zu Schritt kleiner. Da bei Wahl des Startvektors $\mathbf{h}(k=0) = \mathbf{0}$ für den mittleren Systemabstand zu Beginn der Rekursion

$$\mathrm{E}\{\|\mathbf{d}(0)\|^2\} = \|\mathbf{g}\|^2$$

gesetzt werden kann, läßt sich (13.26-b) auch wie folgt darstellen

$$\mathrm{E}\{\|\mathbf{d}(k)\|^2\} = \|\mathbf{g}\|^2\left(1 - \frac{\alpha}{m}(2-\alpha)\right)^k\,. \qquad (13.26\text{-c})$$

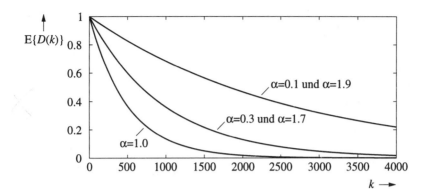

Bild 13.6: Zur Konvergenz des NLMS-Algorithmus bei Anregung mit weißem Rauschen $(m = m' = 500)$

Dieser Zusammenhang wird in Bild 13.6 für verschiedene Werte von α dargestellt. Dabei gilt mit der Definition des Systemabstands nach (13.8)

$$\frac{E\{||\mathbf{d}(k)||^2\}}{||\mathbf{g}||^2} = E\{D(k)\} \ .$$

Die beste *mittlere* Konvergenz ist, wie weiter unten gezeigt wird, für die Wahl von $\alpha = 1$ gegeben (s. Abschnitt 13.3-e).

Im nächsten Schritt soll das Systemverhalten für ein farbiges Rauschsignal $x(k)$ untersucht werden. Es geht darum zu klären, inwieweit eine Korrelation benachbarter Abtastwerte das Konvergenzverhalten beeinflußt. Diese Betrachtung ermöglicht erste qualitative Aussagen über die Wirksamkeit des NLMS-Algorithmus bei Adaption des Kompensationsfilters mit Hilfe eines Sprachsignals.

Das Modellsignal werde durch Filterung aus einem weißen Rauschsignal $u(k)$ der Leistung σ_u^2 mit einem rekursiven Filter ersten Grades (Markoff-Prozeß erster Ordnung) gewonnen:

$$x(k) = b \cdot x(k-1) + u(k); \qquad 0 \leq b < 1 \ . \tag{13.27}$$

Im Sonderfall $\alpha = 1$ findet man in Analogie zu (13.26-c)

$$E\{||\mathbf{d}(k)||^2\} = ||\mathbf{g}||^2 \left(1 - \frac{1-b^2}{m}\right)^k \ . \tag{13.28}$$

Bild 13.7 zeigt die korrespondierenden Konvergenzverläufe für verschiedene Werte des Parameters b. Die Kurve für $b = 0$ stimmt mit der in Bild 13.6 für $\alpha = 1$ überein.

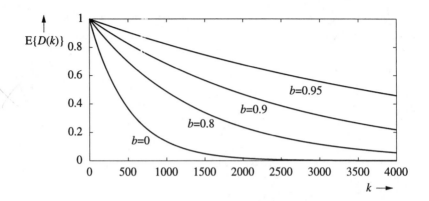

Bild 13.7: Zur Konvergenz des NLMS-Algorithmus bei Anregung mit farbigem Rauschen ($m = m' = 500$, $\alpha = 1$)

Mit zunehmender Korrelation konvergiert der Algorithmus offensichtlich langsamer. Daraus ist zu schließen, daß Sprachsignale suboptimal für den Abgleich des Echokompensators sind.

Die bisherigen Betrachtungen gelten für eine mittlere Konvergenz als Funktion der Zeit k im Sinne eines Scharmittelwertes.

Das Ergebnis einer Simulation mit farbigem Rauschen ist dem Bild 13.8 zu ent-

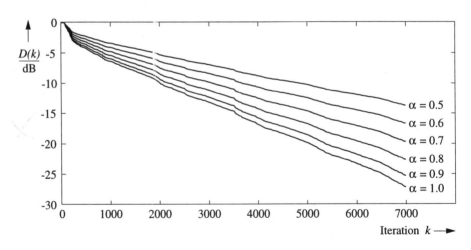

Bild 13.8: Verlauf des Systemabstands mit verschiedenen Schrittweiten α bei ungestörtem Fehlersignal (d.h. $s(k) = 0$, $n(k) = 0$); $m = m' = 500$, $x(k) =$ farbiges Rauschen ($b = 0.8$)

nehmen. Aufgetragen ist der logarithmische Systemabstand $D(k)$ über der Zeit bei Variation der normierten Schrittweite α. Die grundsätzlichen Verläufe stehen im Einklang mit Gleichung (13.26-c), die in logarithmischer Darstellung Geraden mit unterschiedlichen Steigungen beschreibt.

In Bild 13.8 sind im Bereich $k < m$ Abweichungen vom analytischen Ergebnis (13.26-c) festzustellen. Dies ist in erster Linie auf die Näherungen der Beziehungen (13.23) und (13.25-b) zurückzuführen, die in diesem Bereich noch nicht zutreffen.

Das Ergebnis einer Simulation mit farbigem Rauschen und mit Sprache wird in Bild 13.9 wiedergegeben. Auch hier läßt sich die aus der analytischen Betrachtung für farbiges Rauschen gewonnene Aussage der Gleichung (13.28) in Form von näherungsweise geradlinigen Verläufen mit unterschiedlichen Steigungen bestätigen. Deutlich ist auch der relativ schlechte Konvergenzverlauf für das Sprachsignal zu erkennen.

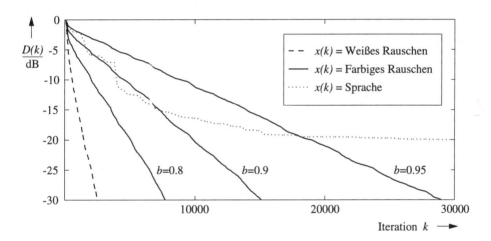

Bild 13.9: Verlauf des Systemabstands mit verschiedenen Eingangssignalen $x(k)$ bei ungestörtem Fehlersignal (d.h. $s(k) = 0$, $n(k) = 0$); $m = m' = 500$, $\alpha = 1$

c) Konvergenz im gestörten Fall

Es wurde schon festgestellt, daß in einem realen System der wahre momentane Kompensationsfehler $e(k) = \tilde{x}(k) - \hat{x}(k)$ nicht zugänglich ist und deshalb der NLMS-Algorithmus das Abgleichsignal

$$\hat{s}(k) = s(k) + n(k) + e(k) \tag{13.29}$$

verwendet, das durch das Sprachsignal des nahen Sprechers und durch das Hintergrundgeräusch hinsichtlich des Adaptionsvorganges gestört ist.

Aufgrund dieser Störung fallen die im stationären Zustand erreichbare Echodämpfung

$$ERLE_\infty = \lim_{k\to\infty} \mathrm{E}\{ERLE(k)\} \tag{13.30}$$

geringer und der erzielbare Systemabstand

$$D_\infty = \lim_{k\to\infty} \mathrm{E}\{D(k)\} \tag{13.31}$$

größer aus.

Eine allgemeingültige Analyse der Störeinflüsse ist schwierig und nicht in analytisch geschlossener Form möglich. Die wesentlichen Auswirkungen lassen sich jedoch für den Sonderfall einer Systemanregung mit einem weißen Rauschsignal $x(k)$ der Leistung σ_x^2 aufzeigen.

Das Signal des nahen Sprechers wird zu Null gesetzt ($s(k) = 0$; Sprechpause, aber Hintergrundstörung $n(k)$). Weiterhin wird eine vom Signal $x(k)$ unabhängige Störung $n(k)$ angenommen entsprechend

$$\mathrm{E}\{x(k)\,n(k)\} = 0 \quad \text{bzw.} \quad \mathrm{E}\{e(k)\,n(k)\} = 0\,. \tag{13.32}$$

Für den NLMS-Algorithmus gilt unter dieser Voraussetzung

$$\mathbf{h}(k+1) = \mathbf{h}(k) + \frac{\alpha}{\|\mathbf{x}(k)\|^2}\Big(e(k) + n(k)\Big)\,\mathbf{x}(k)\,. \tag{13.33}$$

Damit folgt in Analogie zu (13.26-a)

$$\mathrm{E}\{\|\mathbf{d}(k+1)\|^2\} = \mathrm{E}\{\|\mathbf{d}(k)\|^2\} - \mathrm{E}\{e^2(k)\}\frac{\alpha}{m\,\sigma_x^2}(2-\alpha) + \frac{\alpha^2}{m\,\sigma_x^2}\mathrm{E}\{n^2(k)\}. \tag{13.34-a}$$

Mit (13.25-b) läßt sich dies umformen zu

$$\mathrm{E}\{\|\mathbf{d}(k+1)\|^2\} = \mathrm{E}\{\|\mathbf{d}(k)\|^2\}\Big(1 - \frac{\alpha}{m}(2-\alpha)\Big) + \frac{\alpha^2}{m\,\sigma_x^2}\mathrm{E}\{n^2(k)\}. \tag{13.34-b}$$

Im Vergleich zum ungestörten Fall nach (13.26-b) ist ein zusätzlicher konstanter Term hinzugekommen. Dies bedeutet, daß der Systemabstand mit wachsendem k und festem α nicht beliebig klein werden kann.

Im Sinne der Scharmittelwertbildung kann deshalb für den stationären Zustand

$$\lim_{k\to\infty} \mathrm{E}\{\|\mathbf{d}(k+1)\|^2\} = \lim_{k\to\infty} \mathrm{E}\{\|\mathbf{d}(k)\|^2\} = \|\mathbf{d}_\infty\|^2 \tag{13.35}$$

gesetzt werden.

13.3 ADAPTIONSALGORITHMUS: LMS, NLMS

Die Auflösung von (13.34-b) nach diesem Grenzwert liefert schließlich

$$||\mathbf{d}_\infty||^2 = \frac{\alpha}{2-\alpha} \frac{\mathrm{E}\{n^2(k)\}}{\sigma_x^2}. \tag{13.36}$$

Da unter den genannten Voraussetzungen die Leistung des Echosignals $\tilde{x}(k)$ zu

$$\sigma_{\tilde{x}}^2 = ||\mathbf{g}||^2 \sigma_x^2 \tag{13.37}$$

angesetzt werden kann, läßt sich schließlich der mittlere Systemabstand im stationären Zustand wie folgt angeben:

$$\lim_{k\to\infty} \mathrm{E}\{D(k)\} = D_\infty = \frac{||\mathbf{d}_\infty||^2}{||\mathbf{g}||^2} \tag{13.38}$$

$$= \frac{\alpha}{2-\alpha} \frac{\mathrm{E}\{n^2(k)\}}{\sigma_{\tilde{x}}^2}. \tag{13.39}$$

Im Sonderfall $\alpha = 1$ entspricht der erreichbare Systemabstand dem Verhältnis der Leistung des Störsignals $n(k)$ zur Leistung des Echosignals $\tilde{x}(k)$ bzw. dem negativen Signal-Störabstand. Für $\alpha < 1$ kann der Systemabstand auf Kosten einer langsameren Konvergenz verbessert werden.

Bild 13.10 zeigt das Ergebnis einer Simulation für verschiedene Werte des Schrittweitenfaktors α. Der theoretische Grenzwert nach (13.39) ist durch eine gestrichelte Linie markiert.

Es sei noch darauf hingewiesen, daß bei der skizzierten Grenzbetrachtung bezüglich der Störung $n(k)$ lediglich die statistische Unabhängigkeit vom Echosignal $\tilde{x}(k)$ angenommen wurde. Im Fall eines weißen Rauschsignals $x(k)$ stimmen die logarithmische Echodämpfung (ERLE) und der negative logarithmierte Systemabstand in dB überein.

Wird zur Adaption ein Sprachsignal $x(k)$ verwendet, so ergibt sich eine noch stärkere Verschlechterung des erreichbaren Systemabstands. Die Ergebnisse eines vergleichbaren Simulationsbeispiels werden in den Bildern 13.11 und 13.12 dargestellt.

Aus Bild 13.12 geht hervor, daß für ein farbiges stationäres Rauschsignal $x(k)$ aufgrund der Korrelation aufeinanderfolgender Werte ähnliche Systemabstände erzielt werden können wie nach Bild 13.10 für weißes Rauschen $x(k)$ und Werte $\alpha < 1$. Für den realen Einsatz, d.h. für nicht stationäre Sprachsignale, kann der Grenzwert nach (13.39) als praktische Abschätzung verwendet werden.

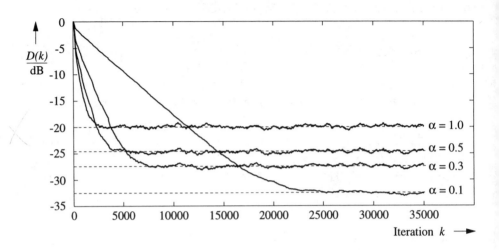

Bild 13.10: Verlauf des Systemabstands für unterschiedliche Schrittweiten α mit gestörtem Fehlersignal $10 \lg \left(\mathrm{E}\{n^2(k)\}/\mathrm{E}\{\tilde{x}^2(k)\} \right) = -20$ dB; $x(k), n(k)$ = weißes Rauschen, $s(k) = 0$, $m = m' = 500$; (nach [Antweiler-95])

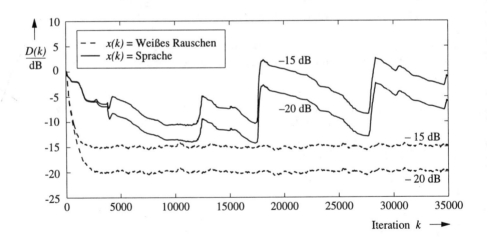

Bild 13.11: Verlauf des Systemabstands mit verschiedenen Eingangssignalen $x(k)$ bei gestörtem Fehlersignal $(10 \lg \left(\mathrm{E}\{n^2(k)\}/\mathrm{E}\{\tilde{x}^2(k)\} \right) = -15$ dB bzw. -20 dB); $n(k)$ = weißes Rauschen, $s(k) = 0$, $m = m' = 500$, $\alpha = 1.0$

13.3 ADAPTIONSALGORITHMUS: LMS, NLMS

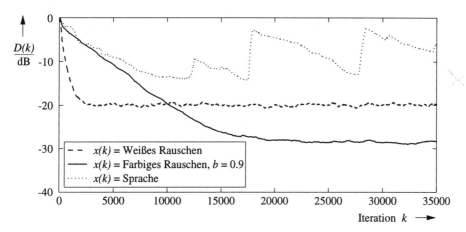

Bild 13.12: Verlauf des Systemabstands mit verschiedenen Eingangssignalen $x(k)$ bei gestörtem Fehlersignal $10 \lg \left(\mathrm{E}\{n^2(k)\}/\mathrm{E}\{\tilde{x}^2(k)\} \right) = -20$ dB; $n(k) =$ weißes Rauschen, $s(k) = 0$, $m = m' = 500$, $\alpha = 1.0$

d) Grad des Kompensators

Da der NLMS-Algorithmus sowohl für die Koeffizientenadaption (ohne Berücksichtigung des Rechenaufwandes zur Bestimmung der absoluten Schrittweite $\beta(k)$, s. Gleichung (13.16)) als auch für die Filterung jeweils m Operationen pro Abtasttakt erfordert, wobei eine kombinierte Multiplikation/Addition als eine Operation gerechnet wird, sollte der Grad des Kompensationsfilters möglichst klein gehalten werden. Dafür spricht auch das Konvergenzverhalten, das nach (13.26-c) mit wachsendem Filtergrad verlangsamt wird. Darüber hinaus steht für die Realisierung meist nur eine begrenzte Speicherkapazität für die m Zustandswerte $x(k-i)$ und die m zeitvariablen Koeffizienten $h_i(k)$, $i = 0, 1, \ldots m-1$, zur Verfügung.

Eine Beschränkung der Länge der Impulsantwort des Kompensators führt zwangsläufig zu einer Begrenzung des erzielbaren Systemabstands. Diese Begrenzung läßt sich leicht wie folgt abschätzen. Bei idealer Übereinstimmung der Impulsantwort des Kompensationsfilters mit den ersten m-Werten der LRM-Impulsantwort ergibt sich der bestmögliche Systemabstand zu

$$D_{\mathrm{opt}} = \frac{\|\mathbf{h} - \mathbf{g}\|^2}{\|\mathbf{g}\|^2} = \frac{\sum_{i=m}^{\infty} g_i^2}{\sum_{i=0}^{\infty} g_i^2} \,. \tag{13.40}$$

Durch Messung einer für die jeweilige akustische Umgebung typischen Impulsantwort läßt sich so vorab die erforderliche Mindestlänge der Impulsantwort des Kompensators bestimmen.

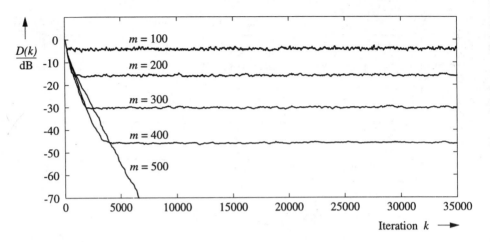

Bild 13.13: Verlauf des Systemabstands mit verschiedenen Filterlängen m bei ungestörtem Fehlersignal; $x(k)$ = weißes Rauschen, $s(k) = 0$, $n(k) = 0$, $m' = 500$, $\alpha = 1.0$

Für ein Simulationsbeispiel zeigt Bild 13.13 die Begrenzung des Systemabstands aufgrund eines zu geringen Filtergrades, wobei zur Modellierung des Lautsprecher-Raum-Mikrofonsystems die in einem Pkw-Innenraum gemessene Impulsantwort aus Bild 13.5-a verwendet wurde.

e) Schrittweitenfaktor

Der normierte Schrittweitenfaktor α wurde bisher als konstant angenommen. Es soll nun die Frage nach der optimalen und möglicherweise adaptiven Einstellung dieses Parameters geklärt werden. Die Optimierung ist dabei im Sinne einer maximalen Verbesserung des mittleren Systemabstands pro Adaptionsschritt zu verstehen.

Zunächst wird wieder der störungsfreie Fall bei Anregung mit einem weißen Rauschsignal $x(k)$ betrachtet. Nach (13.26-a) gilt mit einem jetzt zeitvariablen (deterministischen) Schrittweitenfaktor $\alpha(k)$ für jeden beliebigen, aber festen Zeitpunkt k

$$E\{\|\mathbf{d}(k+1)\|^2\} \approx E\{\|\mathbf{d}(k)\|^2\} - E\{e^2(k)\}\, \frac{\alpha(k)}{m\,\sigma_x^2}\left(2 - \alpha(k)\right). \qquad (13.41)$$

Die mittlere Änderung des Systemabstands beim Übergang vom Zeitpunkt k zum Zeitpunkt $k+1$ beträgt somit

$$\|\Delta_{\mathrm{E}}(k)\|^2 \;\doteq\; E\{\|\mathbf{d}(k)\|^2\} - E\{\|\mathbf{d}(k+1)\|^2\}$$

$$= \mathrm{E}\{e^2(k)\} \frac{\alpha(k)}{m\,\sigma_x^2} \Big(2 - \alpha(k)\Big) \, . \tag{13.42}$$

Aufgrund des zulässigen Wertebereichs von

$$0 < \alpha(k) < 2 \tag{13.43}$$

nimmt diese Größe nur positive Werte an. Sie ist eine quadratische Funktion von $\alpha(k)$.

Der für den Zeitpunkt k jeweils optimale Schrittweitenfaktor ergibt sich aus der Bedingung

$$\frac{\partial \|\Delta_{\mathrm{E}}(k)\|^2}{\partial \alpha(k)} \stackrel{!}{=} 0 \tag{13.44}$$

unabhängig von k zu

$$\alpha(k) = \alpha = 1 \, . \tag{13.45}$$

Dieses Ergebnis spiegelt sich auch in den mittleren zeitlichen Verläufen des Systemabstands in Bild 13.6 wider.

Im gestörten Fall (*Double Talk*, Hintergrundgeräusch) steht das Restecho $e(k)$ nicht isoliert zur Verfügung. In der Adaptionsvorschrift des NLMS-Algorithmus wird deshalb $e(k)$ durch $\hat{s}(k)$ ersetzt:

$$\mathbf{h}(k+1) = \mathbf{h}(k) + \frac{\alpha(k)}{\|\mathbf{x}(k)\|^2}\, \hat{s}(k)\, \mathbf{x}(k) \, . \tag{13.46}$$

Damit ergibt sich die mittlere Änderung des Systemabstands, indem $e(k)$ durch $\hat{s}(k) = e(k) + s(k) + n(k)$ ersetzt wird in Analogie zu (13.34-a), zu

$$\|\Delta_{\mathrm{E}}(k)\|^2 = \mathrm{E}\{e^2(k)\}\frac{\alpha(k)}{m\,\sigma_x^2}\Big(2 - \alpha(k)\Big) - \frac{\alpha^2(k)}{m\,\sigma_x^2}\Big(\mathrm{E}\{s^2(k)\} + \mathrm{E}\{n^2(k)\}\Big). \tag{13.47}$$

Um die bestmögliche Schrittweite zu erhalten, ist die Bedingung

$$\frac{\partial \|\Delta_{\mathrm{E}}(k)\|^2}{\partial \alpha(k)} = 2\,\frac{\mathrm{E}\{e^2(k)\}}{m\,\sigma_x^2} - 2\,\alpha(k)\,\frac{\mathrm{E}\{\hat{s}^2(k)\}}{m\,\sigma_x^2} \stackrel{!}{=} 0 \tag{13.48}$$

mit

$$\mathrm{E}\{\hat{s}^2(k)\} = \mathrm{E}\{e^2(k)\} + \mathrm{E}\{s^2(k)\} + \mathrm{E}\{n^2(k)\}$$

zu erfüllen.

Die allgemeine Lösung lautet

$$\alpha_{\text{opt}}(k) = \frac{\text{E}\{e^2(k)\}}{\text{E}\{\hat{s}^2(k)\}} \ . \tag{13.49}$$

Der störungsfreie Fall mit $e(k) = \hat{s}(k)$ ist darin als Sonderfall $\alpha(k) = 1$ enthalten.
Wegen der vorausgesetzten Unabhängigkeit gilt

$$\alpha_{\text{opt}}(k) = \frac{\text{E}\{e^2(k)\}}{\text{E}\{\hat{s}^2(k)\}} = \frac{\text{E}\{e^2(k)\}}{\text{E}\{s^2(k)\} + \text{E}\{n^2(k)\} + \text{E}\{e^2(k)\}} \tag{13.50-a}$$

$$= \frac{1}{1 + \frac{\text{E}\{s^2(k)\} + \text{E}\{n^2(k)\}}{\text{E}\{e^2(k)\}}} \leq 1 \ . \tag{13.50-b}$$

Wenn es gelingt, die Schrittweite im Sinne von (13.50-b) einzustellen, so wird im Gegensprechbetrieb (*Double Talk*) die Schrittweite automatisch reduziert. Für z.B. $\text{E}\{s^2(k)\} = \text{E}\{e^2(k)\}$ und für $n(k) = 0$ erhält man

$$\alpha = 0.5 \tag{13.51}$$

und für $\text{E}\{s^2(k)\} = 4\,\text{E}\{e^2(k)\}$

$$\alpha = 0.2 \ . \tag{13.52}$$

Durch die automatische Verkleinerung der Schrittweite wird die Verzerrung des Sprachsignals $s(k)$ vermieden bzw. reduziert, und die Adaption muß deshalb im Gegensprechbetrieb nicht explizit angehalten werden.

Im aktiven Betriebszustand des Echokompensators ist die Leistung des Restechos $e(k)$ in der Regel deutlich geringer als die Leistung des Signals $s(k)$.

Da das Restecho $e(k)$ nicht isoliert vorliegt, kann der Schrittweitenfaktor $\alpha_{\text{opt}}(k)$ nur näherungsweise geschätzt werden. In [Yamamoto, Kitayama-82] und [Schultheiß-88] wurden hierfür zwei im Kern ähnliche Lösungen vorgeschlagen, die auf einer Schätzung des momentanen Systemabstands beruhen.

Der Echokompensator wird, wie in Bild 13.14 skizziert, modifiziert: In den Mikrofonzweig wird ein Verzögerungsglied eingesetzt, das das Signal $y(k)$ um m_0 Takte verzögert. Dadurch wird auch die wirksame LRM-Impulsantwort um m_0 Takte verzögert, d.h. sie enthält m_0 Nullwerte als sog. *Vorläuferkoeffizienten*.

Die Impulsantwort des Kompensationsfilters wird entsprechend um m_0 *Vorläuferkoeffizienten* erweitert. Die modifizierten Vektoren werden mit $m \leq m'$ wie folgt bezeichnet:

$$\begin{aligned}
\mathbf{h}'(k) &= \big(h_{-m_0}(k), \ldots h_{-1}(k), h_0(k), \ldots h_{m-1}(k)\big)^T \\
\mathbf{x}'(k) &= \big(x(k), x(k-1), \ldots x(k-(m_0+m)+1)\big)^T \\
\mathbf{d}'(k) &= \big(-h_{-m_0}(k), \ldots -h_{-1}(k), d_0(k), \ldots d_{m'-1}(k)\big)^T \\
\mathbf{g}'(k) &= \big(0, 0, \ldots 0, g_0(k), g_1(k), \ldots g_{m'-1}(k)\big)^T .
\end{aligned} \tag{13.53}$$

13.3 ADAPTIONSALGORITHMUS: LMS, NLMS

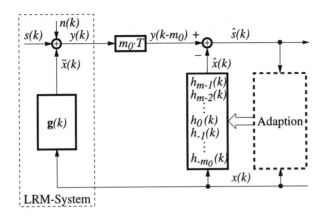

Bild 13.14: Erweiterte Kompensatorstruktur mit m_0 Vorläuferkoeffizienten

Unter der Voraussetzung, daß ein weißes Rauschsignal $x(k)$ anliegt, folgt für (13.49)

$$\alpha_{\text{opt}}(k) = \frac{\mathrm{E}\{e^2(k)\}}{\mathrm{E}\{\hat{s}^2(k)\}} = \frac{\mathrm{E}\{x^2(k)\}\,\mathrm{E}\{\|d'(k)\|^2\}}{\mathrm{E}\{\hat{s}^2(k)\}} \,. \tag{13.54}$$

Die zur Einstellung des Schrittweitenfaktors benötigten drei Erwartungswerte werden durch meßbare Schätzwerte ersetzt:

$$\mathrm{E}\{x^2(k)\} \approx \frac{\|\mathbf{x}'(k)\|^2}{m_0 + m} \tag{13.55-a}$$

$$\mathrm{E}\{\|d'(k)\|^2\} \approx \|\hat{d}(k)\|^2 \tag{13.56-a}$$

$$\approx \frac{m_0 + m}{m_0} \sum_{i=-m_0}^{-1} h_i^2(k) \tag{13.56-b}$$

$$\mathrm{E}\{\hat{s}^2(k)\} \approx \overline{\hat{s}^2}(k) \tag{13.57-a}$$

$$= (1-\gamma) \sum_{i=0}^{k} \gamma^{k-i}\,\hat{s}^2(i) \,. \tag{13.57-b}$$

Der geschätzte Systemabstand wird nach (13.56-b) aus den bekannten m_0 Vorläuferkoeffizienten hochgerechnet, und die Leistung des Signals $\hat{s}(k)$ wird durch Mittelung von $\hat{s}^2(k)$ mit einem rekursiven Filter ersten Grades bestimmt.

Damit erhält man schließlich den in der Adaptionsvorschrift (z.B. Gleichung (13.46)) zu verwendenden normierten Schrittweitenfaktor, der den optimalen Schrittweitenfaktor nach (13.50-a) approximiert:

$$\tilde{\alpha}(k) = \frac{\|\mathbf{x}'(k)\|^2 \cdot \sum_{i=-m_0}^{-1} h_i^2(k)}{m_0 \cdot \widehat{s^2}(k)} .\qquad(13.58\text{-a})$$

Der absolute Schrittweitenfaktor ergibt sich folglich zu:

$$\tilde{\beta}(k) = \frac{\tilde{\alpha}(k)}{\|\mathbf{x}'(k)\|^2} .\qquad(13.58\text{-b})$$

Da die Schätzungen mit Fehlern behaftet sind, wird in der Praxis im Sinne einer die Adaption stabilisierenden Maßnahme der Schrittweitenfaktor

$$\alpha(k) = \begin{cases} \frac{1}{2}\tilde{\alpha}(k) & ; \quad 0 < \frac{1}{2}\tilde{\alpha}(k) \leq 0.9 \\ 0.9 & ; \quad \frac{1}{2}\tilde{\alpha}(k) \geq 0.9 \end{cases} \qquad(13.59)$$

verwendet. Ein typischer Wert für die Anzahl der Vorläuferkoeffizienten ist $m_0 = 20$ [Schultheiß-88].

f) Geometrische Interpretation

Der NLMS-Algorithmus läßt sich anhand einer geometrischen Darstellung des einzelnen Adaptionsschrittes anschaulich interpretieren ([Claasen, Mecklenbräuker-81], [Antweiler-95]).

Für den Abstandsvektor

$$\mathbf{d}(k) = \mathbf{g} - \mathbf{h}(k) \qquad(13.60)$$

gilt im störungsfreien Fall mit $s(k) + n(k) = 0$

$$\begin{aligned}
\mathbf{d}(k+1) &= \mathbf{d}(k) - \alpha \frac{\mathbf{d}^T(k)\,\mathbf{x}(k)}{\|\mathbf{x}(k)\|^2}\,\mathbf{x}(k) & (13.61\text{-a}) \\
&= \mathbf{d}(k) - \alpha \frac{\mathbf{d}^T(k)\,\mathbf{x}(k)}{\|\mathbf{x}(k)\|}\,\frac{\mathbf{x}(k)}{\|\mathbf{x}(k)\|} & (13.61\text{-b}) \\
&= \mathbf{d}(k) - \alpha\,\mathbf{d}''(k) . & (13.61\text{-c})
\end{aligned}$$

Der Korrekturvektor $\mathbf{d}''(k)$ ist als orthogonale Projektion des Abstandsvektors $\mathbf{d}(k)$ auf den Signalvektor $\mathbf{x}(k)$ zu interpretieren.

Diese Vorstellung wird mit Bild 13.15 für $m = 2$ veranschaulicht.

13.3 ADAPTIONSALGORITHMUS: LMS, NLMS

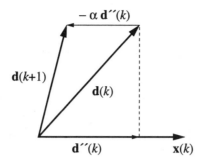

Bild 13.15: Zur geometrischen Interpretation des NLMS-Algorithmus

Die Länge des Abstandsvektors $\mathbf{d}(k)$ wird durch Subtraktion der zum Signalvektor $\mathbf{x}(k)$ parallelen Komponente $\alpha \cdot \mathbf{d}''(k)$ reduziert. Eine Längenverkürzung findet immer statt, sofern der Schrittweitenfaktor im Bereich

$$0 < \alpha < 2 \tag{13.62}$$

liegt. Die Konvergenzbedingung (13.21) wird damit nochmals bestätigt.

Ein Systemabstand $D(k) = 0$ kann nur erreicht werden, wenn der Signalvektor im Lauf der Adaptionsphase sämtliche Richtungen im m-dimensionalen Vektorraum annimmt. Diese Interpretation gibt eine anschauliche Erklärung dafür, daß die beste Konvergenz bei Anregung mit einem weißen Rauschsignal erzielt wurde.

13.3.1 Zusatzmaßnahmen zur Verbesserung der Echodämpfung

Es ist davon auszugehen, daß im praktischen Betrieb der Kompensator nicht immer ausreichend bzw. nicht immer schnell genug konvergiert. Diese Situation liegt beispielsweise dann vor, wenn nach einer Phase mit gutem Abgleich, d.h. geringer Systemdistanz $D(k)$ und kleinem Schrittweitenfaktor α, eine plötzliche Veränderung der LRM-Impulsantwort eintritt. Aus diesem Grunde sind Zusatzmaßnahmen erforderlich, um gegebenenfalls das Restecho weiter zu reduzieren. Derartige Maßnahmen sind auch dann angebracht, wenn aus Gründen des begrenzten Realisierungsaufwandes die Impulsantwort des Kompensationsfilters nicht die eigentlich erforderliche Länge besitzt.

Die geforderte Mindestdämpfung ist abhängig von der Signalverzögerung des Übertragungsweges. Die diesbezüglichen Anforderungen an Freisprecheinrichtungen wurden in internationalen Empfehlungen festgeschrieben. Tabelle 13.1 faßt wesentliche Angaben zusammen.

Tabelle 13.1: Geforderte Echodämpfung TCLw (*Weighted Terminal Coupling Loss*) in Abhängigkeit von der Übertragungsverzögerung ([Gilloire-94], [ETSI-95]). Die in Klammern gesetzten Werte sind noch nicht endgültig festgelegt.

Übertragungsverzögerung (ein Weg)	≤ 25 ms	> 25 ms
TCLw (*Single Talk*)	[> 24 dB]	> 40 dB
TCLw (*Double Talk*)	[> 18 dB]	[> 34 dB]

Die insbesondere bei großer Verzögerung erforderliche hohe Echodämpfung, die z.B. im GSM-Mobilfunksystem ca. 80 ms beträgt, ist in der Praxis nur in Verbindung mit Zusatzmaßnahmen zur eigentlichen Echokompensation zu erreichen.

Die angegebenen hohen Dämpfungswerte sind allerdings nur in einer akustisch ungestörten Umgebung, d.h. $n(k) \approx 0$, einzuhalten. Bei Vorhandensein eines deutlich ausgeprägten Hintergrundgeräusches $n(k)$ wird das Restecho u.U. im psychoakustischen Sinne verdeckt.

a) **Echokompensator mit Center Clipper**

Ein Restechosignal $e(k)$ ist auch bei stark reduziertem Pegel besonders in den Sprachpausen des nahen Sprechers und bei großer Übertragungsverzögerung hörbar.

In dieser Situation kann das hörbare Restechosignal mit einem sog. *Center-Clipper* wirksam unterdrückt werden. Die nichtlineare Funktion des Center-Clippers, der, wie in Bild 13.16 dargestellt, das Ausgangssignal $\hat{s}(k)$ des Echokompensators be-

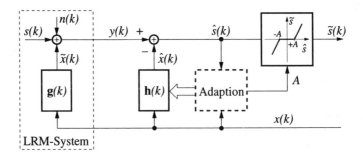

Bild 13.16: Echokompensator mit Center-Clipper nach (13.63) zur Unterdrückung des Restechos

13.3 Adaptionsalgorithmus: LMS, NLMS

arbeitet, wird durch den Zusammenhang

$$\tilde{s}(k) = \begin{cases} \hat{s}(k) - A & ; \quad \hat{s}(k) > +A \\ 0 & ; \quad |\hat{s}(k)| \leq +A \\ \hat{s}(k) + A & ; \quad \hat{s}(k) < -A \end{cases} \quad (13.63)$$

oder durch

$$\tilde{s}(k) = \begin{cases} \hat{s}(k) & ; \quad \hat{s}(k) > +A \\ 0 & ; \quad |\hat{s}(k)| \leq +A \\ \hat{s}(k) & ; \quad \hat{s}(k) < -A \end{cases} \quad (13.64)$$

beschrieben. Mit beiden Varianten werden ähnlich gute Ergebnisse erzielt. Die Schwelle A, die auch adaptiv eingestellt werden kann, sollte möglichst niedrig liegen.

b) Echokompensator mit Pegelwaage

Mit dem Center-Clipper lassen sich Restechos nur dann ohne merkliche Verzerrungen des eigentlichen Nutzsignals $s(k)$ wirksam unterdrücken, wenn sie bereits einen relativ niedrigen Pegel besitzen. In der Initialisierungsphase des Kompensationsfilters und nach plötzlichen, u.U. starken Änderungen der LRM-Impulsantwort ist dies nicht gewährleistet.

In [Armbrüster-88] wurde zur Lösung dieses Problems die in Bild 13.17 skizzierte Anordnung mit einer zusätzlichen Pegelwaage vorgeschlagen.

Die Gesamtdämpfung der Übertragungsschleife mit Eingang $x(k)$ und Ausgang $\tilde{s}(k)$ setzt sich aus den beiden Beiträgen der Pegelwaage (a_x, a_y) und dem Beitrag durch den Echokompensator (a_F, s. Bild 13.18) zusammen.

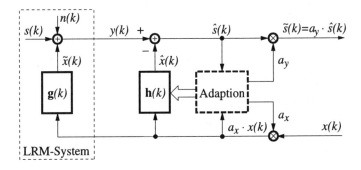

Bild 13.17: Echokompensator mit Pegelwaage zur Unterstützung der Initialisierungsphase und zur Unterdrückung des Restechos

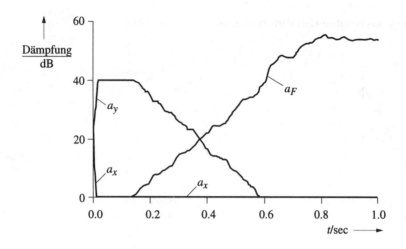

Bild 13.18: Beispiel zur Kombination von Echokompensation und Pegelwaage (nach [Armbrüster-88])

Im Beispiel nach Bild 13.18 wird eine Mindestdämpfung von 40 dB gefordert. Zu Beginn liefert der Echokompensator wegen

$$20\ \lg(a_F) \doteq 10\ \lg \frac{\hat{\mathrm{E}}\{\hat{s}^2(k)\}}{\hat{\mathrm{E}}\{y^2(k)\}} \approx 0$$

noch keinen Beitrag, und die beiden Dämpfungsfaktoren werden auf den Wert $20\ \lg(a_x) = 20\ \lg(a_y) = 20$ dB gesetzt. Dann beginnt eine Aktivitätsphase des fernen Sprechers. Die Empfangsdämpfung der Pegelwaage wird auf 0 dB ($a_x = 1$) und die Sendedämpfung auf 40 dB ($a_y = 0.01$) geschaltet. Der Kompensator wird iterativ mit Hilfe des Signals $x(k)$ eingestellt und trägt zunehmend zur Gesamtdämpfung bei.

Im gleichen Maße kann die Sendedämpfung der Pegelwaage zurückgenommen werden, bis schließlich der Kompensator die Mindestdämpfung von 40 dB erreicht hat und der Gewichtungsfaktor den Wert $a_y = 1$ annimmt.

Bei Gegensprechen in einer Phase, in der der Echokompensator nur eine Dämpfung entsprechend

$$0 \leq 20\ \lg(a_F) < 40\ \mathrm{dB}$$

erreicht, tritt die Pegelwaage in Aktion, wobei die erforderliche Zusatzdämpfung von $[40 - 20\ \lg(a_F)]$ dB jeweils zur Hälfte im Sende- und Empfangszweig eingestellt wird.

c) Echokompensator mit frequenzselektiver Zusatzdämpfung

Eine Alternative zur zusätzlichen Pegelwaage wurde in [Martin-95], [Vary, Martin, et al.-95] vorgeschlagen. Im Sendezweig wird, wie in Bild 13.19 dargestellt, ein zusätzliches adaptives Filter zur Dämpfung des Restechos eingesetzt. Es handelt sich um ein Transversalfilter, das im Gegensatz zur Pegelwaage frequenzselektiv arbeitet. Das Spektrum des Signals $\hat{s}(k)$ wird in Abhängigkeit von den momentanen spektralen Formen des Echos $e(k)$, des Nutzsignals $s(k)$ und der Hintergrundstörung $n(k)$ frequenz- und zeitabhängig gewichtet. Dabei spielt der psychoakustische Effekt der Maskierung eine Rolle. In den Sprachpausen des fernen Sprechers wird das Signal $\hat{s}(k)$ durch den Adaptionsmechanismus nicht beeinflußt. Das Filter mit der zeitvariablen Impulsantwort $\mathbf{c}(k)$ mit z.B. der Ordnung $m_c = 20$ kann mit dem NLMS-Algorithmus eingestellt werden. Es bewirkt eine starke zusätzliche Reduktion des Restechos. Es läßt sich auch im Frequenzbereich realisieren und kann dann mit Maßnahmen zur Geräuschreduktion mittels *Spektraler Subtraktion* kombiniert werden (s. Kap. 12). Bezüglich weiterer Einzelheiten wird auf [Martin-95] und [Martin, Gustafsson-96] verwiesen.

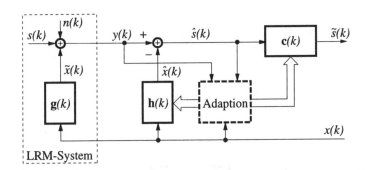

Bild 13.19: Kombination eines Echokompensators mit einem adaptiven Filter zur frequenzselektiven Dämpfung des Echos

d) Initialisierung mit perfekten Sequenzen

Das Konvergenzverhalten läßt sich im Sinne eines schnellen Systemabgleichs verbessern, wenn in der Initialisierungsphase ein geeignetes Hilfssignal verwendet wird.

In [Antweiler-95] werden hierfür sog. perfekte Sequenzen ([Lüke-88], [Lüke-92], [Lüke, Schotten-95], [Ipatov-79]) vorgeschlagen. Es wird gezeigt, daß der NLMS-Algorithmus bei ungestörter Adaption, d.h. für $s(k) = 0$ und $n(k) = 0$, in nur m Schritten konvergiert und somit die Impulsantwort des LRM-Systems korrekt identifiziert.

Den Zugang zu dieser Lösung gibt die geometrische Interpretation des NLMS-Algorithmus nach Bild 13.15. Es wurde gezeigt, daß die Adaptionsvorschrift (13.61-c) den Systemabstandsvektor $\mathbf{d}(k)$ durch Subtraktion einer zum momentanen Zustandsvektor $\mathbf{x}(k)$ parallelen Komponente $\alpha\,\mathbf{d}''(k)$ verkürzt. Bei ungestörter Adaption kann der normierte Schrittweitenfaktor zu $\alpha = 1$ gewählt werden, wodurch die zum Vektor $\mathbf{x}(k)$ parallele Komponente des Abstandsvektors $\mathbf{d}(k)$ vollständig eliminiert wird.

Unter der Voraussetzung, daß sämtliche m aufeinanderfolgenden Zustandsvektoren $\mathbf{x}(k), \mathbf{x}(k-1), \ldots \mathbf{x}(k+m-1)$ im m-dimensionalen Vektorraum zueinander orthogonal sind, kann der vollständige Abgleich in m Schritten erfolgen. Diese Bedingung ist mit perfekten Sequenzen $p(\kappa)$ ($\kappa = 0, 1, \ldots m-1$) bzw. mit einem periodischen Anregungssignal

$$x(\lambda \cdot m + \kappa) = p(\kappa) \; ; \; \lambda \in \mathbb{Z} \tag{13.65}$$

erfüllbar. Perfekte Sequenzen sind durch ihre periodische Autokorrelationsfunktion $\tilde{\varphi}_{pp}(i)$ charakterisiert, die in allen Nebenwerten identisch verschwindet und mit der Beziehung (13.65) der Bedingung

$$\tilde{\varphi}_{pp}(i) = \varphi_{xp}(i) \;=\; \sum_{\kappa=0}^{m-1} p(\kappa)\, x(k+i) \tag{13.66-a}$$

$$= \sum_{\kappa=0}^{m-1} p(\kappa)\, x(\lambda \cdot m + \kappa + i) \tag{13.66-b}$$

$$= \begin{cases} \tilde{\varphi}_{pp}(0) & ; \; i \bmod m = 0 \\ 0 & ; \; \text{sonst} \end{cases} \tag{13.66-c}$$

genügen. Sämtliche m Phasen der perfekten Sequenzen sind damit ideal orthogonal im m-dimensionalen Vektorraum.

Der Zustandsvektor $\mathbf{x}(k)$ erfüllt die Orthogonalitätsbedingung für $k \geq m$, da er erst ab diesem Zeitpunkt ($\lambda \geq 1$ in (13.65)) eine vollständige Periode der Sequenz $p(\kappa)$ enthält.

Das verbesserte Konvergenzverhalten wird exemplarisch in Bild 13.20 im Vergleich zur Adaption mit Hilfe eines Sprachsignals oder eines weißen Rauschsignals dargestellt.

Die Simulation bestätigt das aus der geometrischen Interpretation zu erwartende Verhalten, indem in der Initialisierungsphase der Abgleich im Rahmen der Rechengenauigkeit in nur $2m$ Takten erreicht wird. Im eingeschwungenen Zustand hingegen sind bereits m Iterationsschritte hinreichend für eine erneute vollständige Adaption beispielsweise nach einer Systemänderung im zeitvarianten Raum (s. Bild 13.20 für $k = 4000$).

13.4 FREQUENZBEREICHSVERFAHREN UND BLOCKVERARBEITUNG   457

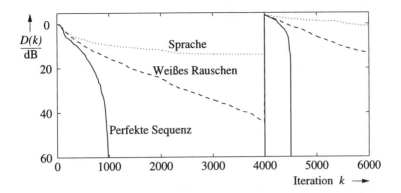

Bild 13.20: Systemabstand bei Verwendung des NLMS-Algorithmus für unterschiedliche Anregungssignale $x(k)$; ungestörte Adaption, Änderung des LRM-Systems bei $k=4000$ ($\alpha = 1; s(k) = 0; n(k) = 0; x(k) = p(k_{|\mathrm{mod}\ m}))$; $m = m' = 500$, [Antweiler-95], ungerade-perfekte Folge $p(\kappa)$ [Lüke, Schotten-95]

Die Tatsache, daß der Algorithmus bei Verwendung eines weißen Rauschsignals langsamer als im Fall der perfekten Sequenz konvergiert, läßt sich damit erklären, daß Vektoren $\mathbf{x}(k)$ der Dimension m, die durch Entnahme von m aufeinanderfolgenden Werten eines ideal weißen Rauschprozesses entstehen, die Orthogonalitätsbedingung nur näherungsweise erfüllen.

Bei den zumeist eingesetzten sog. *ungerade-perfekten* Folgen [Lüke, Schotten-95] handelt es sich um symmetrische quasi-binäre Sequenzen, die bis auf einen (führenden) Nullwert nur zwei Wertigkeiten $p(\kappa) \in \{+a, -a\}$, $\kappa = 1, 2, \ldots m-1$ annehmen. Da die Periodendauer gemäß der Kompensatorlänge zu dimensionieren ist, ist es von besonderem Vorteil, daß sich ungerade-perfekte Folgen für alle Längen $m = p^K + 1$ mit einer Primzahl $p > 2$, $K \in \mathbb{N}$, generieren lassen ([Lüke-92]).

In der praktischen Anwendung genügt es, wenige Perioden der perfekten Sequenz nur in der Initialisierungsphase bzw. nach starken Änderungen der Raumimpulsantwort in das System einzuspeisen.

13.4 Frequenzbereichsverfahren und Blockverarbeitung

Zur Kompensation akustischer Echos werden adaptive FIR-Filter mit m Koeffizienten eingesetzt. Je nach Beschaffenheit der akustischen Umgebung werden Filter mit einigen hundert bis einigen tausend Koeffizienten benötigt. Daraus resultieren zwei Probleme, welche die Konvergenz und die Komplexität betreffen. Bei

Verwendung des NLMS-Algorithmus ergibt sich mit wachsendem Filtergrad ein verlangsamtes Konvergenzverhalten (s.a. Bild 13.13). Die Komplexität bzw. der Rechenaufwand steigt linear mit der Filterlänge m. Beide Probleme lassen sich bis zu einem gewissen Grade durch eine Verarbeitung im Frequenzbereich mindern.

In erster Linie soll hier das Komplexitätsproblem betrachtet werden. Dabei wird zunächst vom LMS-Algorithmus mit festem Schrittweitenfaktor β entsprechend

$$\mathbf{h}(k+1) = \mathbf{h}(k) + \beta \, e(k) \, \mathbf{x}(k) \tag{13.67}$$

ausgegangen. Pro Abtasttakt werden im wesentlichen m Operationen (Multiplikation + Addition) für die Adaption und m Operationen für die Filterung benötigt. Das Produkt $\beta \, e(k)$ und der Fehlerwert $e(k) = \tilde{x}(k) - \hat{x}(k)$ sind nur einmal pro Abtastwert zu berechnen; dieser Anteil am Gesamtaufwand wird in den weiteren Abschätzungen wegen $m \gg 1$ vernachlässigt. Der Rechenaufwand teilt sich somit je zur Hälfte auf die Adaption und auf die eigentliche Filterung auf. Es ist offensichtlich, daß durch den Einsatz der schnellen Faltung (s. Abschnitt 4.3.1-b), d.h. durch Verarbeitung im Frequenzbereich, der Rechenaufwand für die Filterung deutlich zu reduzieren ist. Daraus ergeben sich auch neue Randbedingungen und Möglichkeiten für die Koeffizienten-Adaption, wie die nachfolgenden Überlegungen zeigen werden. Eine gute Übersicht zu diesem Thema findet man z.B. in [Ferrara-85, Kapitel 6] sowie in [Shynk-92]. Den direkten Zugang zu den Frequenzbereichsverfahren zur Echokompensation eröffnet der sog. *Block-LMS-Algorithmus*.

a) Block-LMS-Algorithmus

Der Block-LMS-Algorithmus [Clark, Mitra, et al.-81] und der bezüglich des Adaptionsverhaltens äquivalente, aber hinsichtlich des Rechenaufwandes günstigere FLMS-Frequenzbereichs-Algorithmus (*Fast-LMS-Algorithmus*, z.B. [Ferrara-80], [Clark, Parker, et al.-83]) stellen die Koeffizienten nicht in jedem Abtasttakt, sondern nur alle L Takte nach. Das Signal $x(k)$ wird also mit einer Impulsantwort gefaltet, die für jeweils L Abtastintervalle konstant ist. Bei Zwischenspeicherung der L Fehlerwerte $e(k), e(k-1), \ldots e(k-L+1)$ wird der ab dem Zeitpunkt $k+L$ gültige neue Koeffizientenvektor wie folgt berechnet

$$\mathbf{h}(k+L) = \mathbf{h}(k) + \beta \sum_{\lambda=0}^{L-1} e(k+\lambda) \, \mathbf{x}(k+\lambda), \tag{13.68-a}$$

indem in Analogie zu Gleichung (13.67) die Inkremente $\beta \, e(k+\lambda) \, \mathbf{x}(k+\lambda)$ aufaddiert werden. Das Kompensationsergebnis unterscheidet sich jedoch von dem ursprünglichen LMS-Algorithmus, bei dem jeder Fehlerwert $e(k)$ mit einem anderen Koeffizientensatz erzeugt wird.

13.4 FREQUENZBEREICHSVERFAHREN UND BLOCKVERARBEITUNG

Andererseits läßt sich (13.68-a) mit Bezug auf die Ableitung des Gradientenverfahrens in der modifizierten Form

$$\mathbf{h}(k+L) = \mathbf{h}(k) + L\,\beta\,\frac{1}{L}\sum_{\lambda=0}^{L-1} e(k+\lambda)\,\mathbf{x}(k+\lambda), \qquad (13.68\text{-b})$$

$$= \mathbf{h}(k) + \hat{\beta}\,\hat{\mathbf{v}}(k+L-1) \qquad (13.68\text{-c})$$

darstellen, die darauf hinweist, daß der ursprüngliche Momentangradient durch einen mittleren Gradienten

$$\hat{\mathbf{v}} = \frac{1}{L}\sum_{\lambda=0}^{L-1} e(k+\lambda)\,x(k+\lambda)$$

ersetzt wird.

Der Gradient wird dadurch genauer geschätzt. Allerdings ergibt sich ein verlangsamtes Konvergenzverhalten, da gegenüber dem konventionellen LMS-Algorithmus der maximale Schrittweitenfaktor um den Faktor $1/L$ zu verkleinern ist, um die Konvergenz zu garantieren (z.B. [Clark, Mitra, et al.-81]). Für ein weißes Rauschsignal $x(k)$ konvergieren der konventionelle LMS-Algorithmus und der Block-LMS-Algorithmus gegen die gleiche Lösung. Der Nachteil des schlechteren Konvergenzverhaltens kann bei Übergang auf die Frequenzbereichs-Variante des Verfahrens durch Zusatzmaßnahmen, wie z.B. durch die Verwendung von frequenz- und zeitabhängigen Schrittweitenfaktoren, ausgeglichen werden.

b) FLMS-Algorithmus

Im Zusammenhang mit der Blockverarbeitung wird der Zeitindex durch den Ausdruck

$$k = \kappa\,L + \lambda\,;\qquad \lambda = 0, 1, \ldots L-1 \qquad (13.69)$$

substituiert. Die Filterung wird im Frequenzbereich nach der Methode der schnellen Faltung ausgeführt, wobei jeweils L neue Ausgangswerte $\hat{x}(k)$ berechnet werden sollen. Da sich die Koeffizienten nur alle L Takte ändern und eine Filterrealisierung in der zweiten kanonischen Form vorausgesetzt wird (s. Bild 4.11), wird der *Overlap-Save*-Algorithmus zur Durchführung der Faltung eingesetzt.

Bild 13.21 zeigt die grundsätzliche Struktur. Die Länge der FFT beträgt

$$M = m - 1 + L. \qquad (13.70)$$

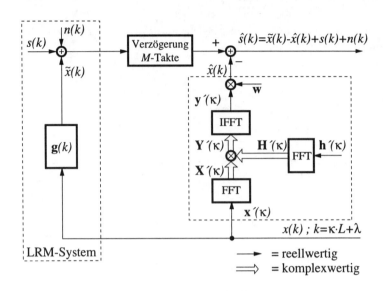

Bild 13.21: Zur Echokompensation mittels schneller Faltung

Der Koeffizientenvektor $\mathbf{h}'(\kappa)$ der Impulsantwort wird mit Nullwerten auf die Länge M aufgefüllt:

$$h'_i(\kappa) = \begin{cases} h_i(\kappa \cdot L) & ; \; i = 0, 1, \ldots m-1 \\ 0 & ; \; i = m, m+1, \ldots M-1 \end{cases} \quad (13.71)$$

Der Eingangsvektor $\mathbf{x}'(\kappa)$, der ebenfalls einer FFT der Länge M unterworfen wird, enthält die Elemente

$$\mathbf{x}'(\kappa) = (x'_0(\kappa), x'_1(\kappa), \ldots x'_{M-1}(\kappa))^T \quad (13.72\text{-a})$$

$$= (x(\kappa \cdot L - m), x(\kappa \cdot L - m + 1), \ldots x(\kappa \cdot L + L - 2))^T. \quad (13.72\text{-b})$$

Abweichend von der Definition (13.12) des Zustandsvektors des Zeitbereichs-Echokompensators enthält der hier verwendete Eingangsvektor $\mathbf{x}'$ die Abtastwerte in gespiegelter Reihenfolge.

Zur kompakteren Darstellung wird im weiteren auch in Verbindung mit der Diskreten Fouriertransformation eine vektorielle Schreibweise verwendet. Die Transformierte des Koeffizientenvektors

$$\mathbf{h}'(\kappa) = (h_0(\kappa), h_1(\kappa), \ldots h_{M-1}(\kappa))^T$$

wird folglich durch

$$\mathbf{H}'(\kappa) = \text{DFT}\{\mathbf{h}'(\kappa)\}$$

beschrieben, wobei gilt:

$$\mathbf{H}'(\kappa) = \left(H'_0(\kappa), H'_1(\kappa), \ldots H'_{M-1}(\kappa)\right)^T.$$

Die Transformierten $\mathbf{H}'(\kappa)$ und $\mathbf{X}'(\kappa)$ werden elementweise miteinander multipliziert, der Ergebnisvektor $\mathbf{Y}'(\kappa)$ liefert nach Rücktransformation den Vektor $\mathbf{y}'(\kappa)$ der Länge M, der durch zyklische Faltung der Vektoren $\mathbf{x}'$ und $\mathbf{h}'$ zu beschreiben ist. Deshalb sind die ersten $m-1$ Werte $y'_i(\kappa)$, $i = 0, 1, \ldots m-2$, nicht korrekt. Sie werden durch elementweise Multiplikation mit dem Fenster $\mathbf{w}$ mit den Komponenten

$$w_i = \begin{cases} 0 & ; \ i = 0, 1, \ldots m-2 \\ 1 & ; \ i = m-1, m, \ldots M-1 \end{cases} \quad (13.73)$$

unterdrückt. Es verbleiben L Werte, die dem Ergebnis der linearen Faltung entsprechen

$$\hat{x}(\kappa \cdot l + \lambda) = y'(m - 1 + \lambda) \ ; \quad \lambda = 0, 1, \ldots L - 1. \quad (13.74)$$

Die Blockverarbeitung verursacht eine algorithmisch bedingte Signalverzögerung, die im Sendezweig durch einen entsprechend großen Zwischenspeicher auszugleichen ist. Diese Verzögerung überschreitet u.U. die in einem Übertragungssystem wie z.B. dem GSM-Mobilfunksystem zugelassene maximale Zusatzverzögerung. In [Egelmeers, Sommen-92] wird zur Minderung dieser Problematik eine Partitionierung des Filters, d.h. eine Aufteilung der langen Impulsantwort auf mehrere Teilfilter mit kürzeren Impulsantworten vorgeschlagen, wodurch sich eine Reduktion der Verzögerung ergibt.

Der nächste Schritt besteht darin, auch die Adaption der Koeffizienten in den Frequenzbereich zu verlagern. Dadurch läßt sich einerseits der Rechenaufwand weiter reduzieren, andererseits eröffnet dies neue Möglichkeiten, das Konvergenzverhalten unter Berücksichtigung der spektralen Verteilung der Signale x, s und n durch frequenz- und zeitabhängige Schrittweitensteuerung zu verbessern.

Dazu wird nochmals die Adaptionsvorschrift des Block-LMS-Algorithmus nach (13.68-c) betrachtet.

Unter Berücksichtigung der gegenüber (13.68-c) geänderten Notation erhält man:

$$\mathbf{h}'(\kappa + 1) = \mathbf{h}'(\kappa) + \beta \ \hat{\mathbf{v}}'(\kappa). \quad (13.75)$$

Für die Komponenten $\hat{v}'_i(\kappa)$ des Gradientenvektors $\hat{\mathbf{v}}'(\kappa)$ gilt

$$\hat{v}'_i(\kappa) = \begin{cases} \sum_{\lambda=0}^{L-1} e(\kappa \cdot L + \lambda) \, x(\kappa \cdot L + \lambda - i) & ; \ i = 0, 1, \ldots m-1 \\ 0 & ; \ i = m, m+1, \ldots M-1 . \end{cases} \quad (13.76)$$

Werden beide Seiten der Beziehung (13.75) der diskreten bzw. schnellen Fourier-Transformation unterworfen, so folgt in vektorieller Darstellung für die Transformierten

$$\mathbf{H}'(\kappa+1) = \mathbf{H}'(\kappa) + \beta\,\hat{\mathbf{\nabla}}'(\kappa)\;. \tag{13.77}$$

Damit ist zunächst eine Adaptionsvorschrift für den Frequenzbereich gefunden, bei der im Gegensatz zu Bild 13.21 nicht die alte Impulsantwort $\mathbf{h}'$, sondern der Gradientenvektor $\nabla'(\kappa-1)$ vom Zeit- in den Frequenzbereich transformiert wird.

Die Adaptionsvorschrift (13.77) wird mit Bild 13.22 veranschaulicht.

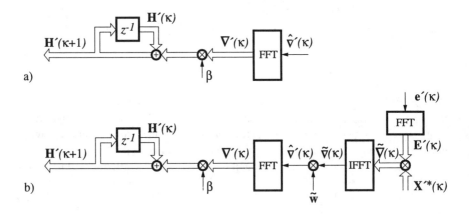

Bild 13.22: Ableitung der Adaptionsvorschrift des FLMS-Algorithmus
    a) Transformation des Gradientenvektors in den Frequenzbereich
    b) Schnelle Berechnung des spektralen Gradientenvektors

Bezüglich des Rechenaufwandes wird im Vergleich zu Bild 13.21 noch keine Einsparung erzielt. Die Komponenten des Gradientenvektors werden nach wie vor nach (13.76) berechnet. Diese Gleichung bietet allerdings ein Potential zur weiteren Aufwandsreduktion. Als Funktion von i läßt sich die einzelne Komponente $\hat{v}'_i(\kappa)$ für feste κ als Korrelation zwischen einem Segment der Fehlerfolge $e(k)$ der Länge L mit der Signalfolge $x(k)$ interpretieren. Diese Korrelation läßt sich in Analogie zur schnellen Faltung als schnelle Korrelation mit Hilfe der FFT aufwandsgünstig berechnen.

Dabei sind wieder die zyklischen Eigenschaften der DFT zu berücksichtigen. Aus diesem Grund ist dafür zu sorgen, daß die letzten $L-1$ Elemente des Gradientenvektors ($i=m, m+1, \ldots M-1$) den Wert Null annehmen.

13.4 FREQUENZBEREICHSVERFAHREN UND BLOCKVERARBEITUNG

Mit dem modifizierten Fehlervektor $\mathbf{e}'(\kappa)$, der m führende Nullwerte aufweist entsprechend

$$e'_i(\kappa) = \begin{cases} 0 & ; \ i = 0, 1, \ldots m-1 \\ e(\kappa \cdot L + i - m) & ; \ i = m, m+1, \ldots M-1, \end{cases} \tag{13.78}$$

und der Definition des Signalvektors $\mathbf{x}'$ nach (13.72-b) läßt sich zeigen, daß die Rücktransformierte $\tilde{\mathbf{v}}(\kappa)$ des Vektors $\tilde{\mathbf{V}}(\kappa)$, dessen Elemente durch komponentenweise Multiplikation der Komponenten der Vektoren $\mathbf{E}'(\kappa)$ und $\mathbf{X}'^*(\kappa)$ entstehen, in den ersten m Elementen mit den gewünschten Werten nach (13.76) übereinstimmt.

Die m Komponenten des gewünschten Gradientenvektors $\hat{\mathbf{v}}'(\kappa)$ werden schließlich durch komponentenweise Multiplikation des Vektors $\tilde{\mathbf{v}}(\kappa)$ mit der Fensterfunktion

$$\tilde{w}_i = \begin{cases} 1 & ; \ i = 0, 1, \ldots m-1 \\ 0 & ; \ i = m, m+1, \ldots M-1 \end{cases} \tag{13.79}$$

gewonnen, wobei die Koeffizienten der Fensterfunktion zu einem Vektor $\tilde{\mathbf{w}}$ zusammengefaßt wurden.

Das Ergebnis dieser Überlegungen zeigt Bild 13.22-b. Unter Berücksichtigung der beiden Transformationen für die schnelle Faltung (Bild 13.21) werden somit insgesamt fünf Transformationen der Länge M berechnet, um L Werte des geschätzten Echosignals $\hat{x}(k)$ zu bestimmen. In der Literatur wird vielfach mit der Dimensionierung

$$M = 2L \tag{13.80}$$

d.h.

$$m - 1 = L \tag{13.81}$$

gearbeitet. Dann läßt sich der Rechenaufwand wie folgt abschätzen (z.B. [Ferrara-85, Kapitel 6]):

Die FFT einer reellwertigen Folge der Länge $2L$ erfordert $(L/2)\,\mathrm{ld}(L)$ komplexe arithmetische Operationen. Insgesamt sind fünf Transformationen sowie ca. $4 \cdot L/2$ komplexe Operationen für die komponentenweise Multiplikation der Vektoren $\mathbf{E}'(\kappa)$ und $\mathbf{X}'^*(\kappa)$ sowie von $\mathbf{X}'(\kappa)$ und $\mathbf{H}'(\kappa)$ und die eigentliche Gradientenadaption auszuführen (unter Berücksichtigung der Symmetrie der Transformierten einer reellwertigen Folge). Schließlich wird eine komplexe Operation 4 reellwertigen Operationen gleichgesetzt. Damit ergibt sich der relative Rechenaufwand des FLMS-Algorithmus im Vergleich zum LMS-Algorithmus zu

$$\rho = \frac{5\,\mathrm{ld}(L) + 4}{L} \,. \tag{13.82}$$

Tabelle 13.2: Relativer Rechenaufwand des FLMS-Algorithmus im Vergleich zum LMS-Algorithmus ($M = 2L$; $m = L + 1$), nach [Ferrara-85].

L	16	32	64	256	1024
ρ	1.5	0.91	0.53	0.17	0.053

Dieses Verhältnis wird in Tabelle 13.2 für verschiedene Werte von L aufgelistet.

Im Vergleich zum LMS-Algorithmus läßt sich der Rechenaufwand erheblich reduzieren. Demgegenüber steigt die erforderliche Speicherkapazität deutlich an, da auch bei geschickter Organisation der Rechenabläufe mit „in-place" FFT-Berechnung mehrere Vektoren der Dimension M zu speichern sind.

Neben diesen rechentechnischen Vorteilen bietet der Frequenzbereichsansatz die Möglichkeit, den Schrittweitenfaktor β frequenz- und zeitabhängig zu steuern, um das Konvergenzverhalten bei Gegensprechen ($s(k) \neq 0$), additiven Störungen ($n(k) \neq 0$) und Zeitvarianz der LRM-Impulsantwort vorteilhaft zu beeinflussen. Die Entwicklung derartiger Verfahren ist noch nicht abgeschlossen. Es wird auf weiterführende Literatur verwiesen (z.B. [Cowan, Grant-85], [Sommen, Van Gerwen, et al.-87], [Egelmeers, Sommen-92], [Egelmeers, Sommen-94]).

Andere vielversprechende Ansätze, auf die hier noch hingewiesen werden soll, benutzen digitale Filterbänke (z.B. QMF oder PPN, s. Kap. 5) anstelle der DFT bzw. FFT. Das Signal $x(k)$ des fernen Sprechers, sowie das Mikrofonsignal $y(k)$ (s. Bild 5.7) werden mittels Filterbank in M Teilbandsignale mit reduzierter Taktrate zerlegt. In jedem Teilband wird ein individueller Echokompensator eingesetzt, der aufgrund der Taktreduktion eine gegenüber dem breitbandigen Echokompensator entsprechend verkürzte Impulsantwort besitzt. Die einzelnen Kompensatoren werden beispielsweise mit dem NLMS-Algorithmus adaptiert. Mit Hilfe einer Synthesefilterbank werden die kompensierten Teilbandsignale interpoliert und überlagert. Da die einzelnen Teilbandsignale innerhalb des jeweiligen Frequenzbandes spektral relativ flach sind, ergibt sich ein vorteilhaftes Konvergenzverhalten. Die Gesamtverzögerung kann geringer gehalten werden als bei der hier diskutierten Grundform der reinen Frequenzbereichslösung. Der Realisierungsaufwand (Rechenleistung) ist jedoch höher, da wegen der nicht zu vermeidenden spektralen Überlappung benachbarter Kanäle der Filterbank der Taktreduktionsfaktor deutlich kleiner als M, z.B. $r_0 = M/2$, zu wählen ist. Dadurch erhöht sich der Aufwand für die Teilbandkompensatoren, dessen Impulsantworten dann ca. $m' = m/r_0 = 2m/M$ Koeffizienten umfassen. Auch hier wird auf weiterführende Literatur verwiesen (z.B. [Kellermann-85], [Kellermann-89], [Shynk-92]).

Kapitel 14

Sprachsynthese

14.1 Sprachsynthese und akustische Mensch-Maschine-Kommunikation

Unter *akustischer Mensch-Maschine-Kommunikation* sei die Gesamtheit der Aufgaben verstanden, bei denen die Kommunikation zwischen einem Rechner und seinem Benutzer mit Hilfe akustischer Signale, insbesondere mit gesprochener natürlicher Sprache erfolgt (Bild 14.1). Je nachdem, ob das akustische Signal vom Benutzer oder der Maschine stammt, sprechen wir von *Spracheingabe* bzw. *Sprachausgabe*. Die Spracheingabe gliedert sich in die Teilbereiche *Spracherkennung* und *Sprachverstehen*. Geht es bei der Spracherkennung darum, einen gesprochenen Text buchstabengetreu wiederzugeben (z.B. zu Diktierzwecken), so ist es Aufgabe eines Sprachverstehenssystems, die Äußerung des Benutzers zu „verstehen", also in einer für den Benutzer sinnvollen Weise zu reagieren (z.B. durch Ausführen eines gegebenen Kommandos oder Bereitstellung einer gewünschten Information). Unter *automatischer Etikettierung* wird die Aufgabe verstanden, das Transkript einer sprachlichen Äußerung auf das zugehörige Sprachsignal abzubilden; hiermit werden dann beispielsweise Lautgrenzen im Signal automatisch festgelegt und die einzelnen Signalabschnitte den zugehörigen Lauten zugeordnet. Im Bereich der Sprachausgabe ist neben der *Sprachwiedergabe* (auch *reproduktive Sprachsynthese* genannt), also der Montage und Wiedergabe aufgezeichneter Sprachsignale, die hier unbehandelt bleiben soll, die *Sprachsynthese* von geschriebenem Text die eigentliche Aufgabe. Sie kann existieren als alleinstehendes System oder auch als Teil eines *Dialogsystems*, der derzeit wohl anspruchsvollsten Form der akustischen Mensch-Maschine-Kommunikation, bei der die Kommunikation in beiden Richtungen über gesprochene Sprache abläuft.

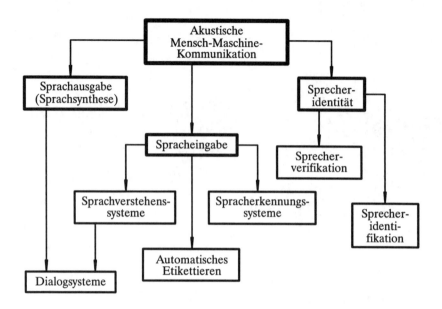

Bild 14.1: Akustische Mensch-Maschine-Kommunikation:
Übersicht über die Teilaufgaben

Die meisten Sprachsynthesesysteme verwenden geschriebene Sprache in orthographischer Repräsentation als Eingabe; diese Anwendung wird als *textgesteuerte Sprachsynthese* [ITG-96] (*text to speech*, TTS) bezeichnet. Textgesteuerte Sprachsynthese läuft grundsätzlich in drei Schritten ab (Bild 14.2): (1) Symbolverarbeitung, (2) Verkettung, (3) akustische Synthese. Unter dem Begriff der Symbolverarbeitung sind verschiedene Aufgaben zusammengefaßt, beispielsweise Graphem-Phonem-Konversion oder ein Teil der Prosodiesteuerung (Rhythmus und Dauer, Betonung). Am Ausgang der Symbolverarbeitung steht eine Zeichenkette diskreter phonetischer und prosodischer Symbole. Das Verkettungsmodul führt diese in einen kontinuierlichen Strom von Sprachsignalparametern (einschließlich Prosodie) und/oder Artikulationsgesten über; der akustische Synthetisator generiert daraus das Sprachsignal.

Im Laufe der Jahre hat sich die Sprachsynthese *bottom-up* von der akustischen Ebene bis hin zu den linguistischen Ebenen entwickelt. Parametrische Analyse-Synthese-Systeme sind seit der Erfindung des Vocoders (vgl. Abschnitt 10.3.1) wohlbekannt. Synthesesysteme nach Regeln mit symbolischer (phonetischer) Eingabe, die ein Verkettungs- und ein Synthesemodul benötigen, wurden erstmals in den frühen 50er Jahren entwickelt. In den 70er Jahren konzentrierte sich die Forschung in der Sprachsynthese auf den Bereich der Symbolverarbeitung. Die ersten vollständigen TTS-Systeme wurden gegen Ende der 70er Jahre vorgestellt [Klatt-87]. Seit dieser Zeit konzentriert sich die Forschung auf die Verbesserung

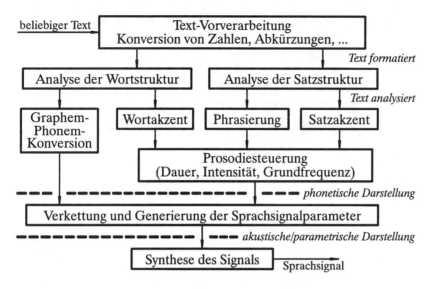

Bild 14.2: Blockdiagramm eines TTS-Systems

der Struktur der Sprachsynthesesysteme und die Optimierung der Qualität des synthetischen Sprachsignals.

Die primären Anforderungen an eine Sprachsynthese sind *Verständlichkeit* und *Natürlichkeit*. Die Verständlichkeit synthetischer Sprache ist heute der Verständlichkeit natürlicher Sprache schon vergleichbar; die Forderung nach Natürlichkeit jedoch ist noch keineswegs erfüllt [Van Santen-97]. Dies dürfte auch der entscheidende Faktor dafür sein, daß die Akzeptanz der Sprachsynthese heute noch zu wünschen übrig läßt. Nach [Fellbaum-96] reagiert ein Benutzer, der normalerweise an Telefonsprache oder an die Sprachausgabe von Rundfunkgeräten gewöhnt ist und unvermittelt mit synthetischer Sprache konfrontiert wird, zumeist ablehnend; dies ändert sich erst dann, wenn der Benutzer weiß, daß sein Kommunikationspartner ein technisches System ist. Die Einsatzmöglichkeiten von Sprachsynthesesystemen sind dementsprechend in der Praxis immer noch vergleichsweise begrenzt, obwohl die Anwendungsgebiete sozusagen vor der Haustür liegen [Sorin-94].

Dieses Kapitel soll keinen Überblick über historische oder heutige Sprachsynthesesysteme bieten; dies würde den Rahmen sprengen, und hierfür sei deshalb auf die Literatur verwiesen (z.B. [Allen-92], [Klatt-87], [Endres-84], [Köster-73]; vgl. auch die Sammelbände [Bailly, Benoit-92] und [Van Santen, Sproat, et al.-96]). Vielmehr soll der Stand der Technik exemplarisch anhand solcher Beispiele aufgezeigt werden, die zu einer signifikanten Verbesserung der Qualität synthetischer Sprache geführt haben. Darüber hinaus werden neue Anwendungsmöglichkeiten im Bereich von Auskunfts- und Dialogsystemen diskutiert, die mit Hilfe einer *inhaltsgesteuerten Synthese* [ITG-96] (*concept to speech*, CTS) zu lösen sind und wo durch Einbeziehen semantischen Wissens und Domänenwissens eine weitere Verbesserung der Sprachqualität zu erwarten ist. Der Schwerpunkt liegt auf akustisch-phonetischen Aspekten. Abschnitt 14.2 diskutiert die Frage der segmentalen Ebene und beschäftigt sich mit der Wahl der segmentalen Einheiten sowie mit Problemen der Verkettung. Abschnitt 14.3 behandelt die Frage der akustischen Synthese. In beiden Abschnitten stehen regelgesteuerte Verfahren solchen gegenüber, bei denen Elemente natürlicher Sprachsignale unmittelbar zur Synthese herangezogen werden. In Abschnitt 14.4 wird die Frage der Prosodie behandelt, die bei der Beurteilung der Natürlichkeit synthetischer Sprache eine entscheidende Rolle spielt. Abschnitt 14.5 schließlich ist neben der Diskussion einiger Anwendungen den Aspekten der inhaltsgesteuerten Sprachsynthese gewidmet. Darüber hinaus sei bereits an dieser Stelle auf Abschnitt 15.4 verwiesen, der sich mit der Evaluierung der Qualität von Sprachsynthesesystemen beschäftigt.

14.2 Synthese auf segmentaler Ebene – Verkettung

Das Verkettungsmodul ist das Bindeglied zwischen der niedrigsten symbolischen Ebene und der akustischen Ebene. Eine Kette diskreter phonetischer Symbole, ergänzt durch prosodische Steuerzeichen, wird in einen kontinuierlichen Datenstrom von Sprachsignalparametern oder Signalabtastwerten transformiert. In der Praxis wird die Verkettung durch einen Satz von Regeln sowie ein Korpus von Sprachdaten gesteuert. Das Korpus kann hierbei in tabellarischer Form empirisches Wissen repräsentieren, beispielsweise Tabellen von Formantfrequenzen; es kann aber auch aus natürlichsprachlichen Daten bestehen. Kein Modell oder Regelsystem jedoch, so vorzüglich es auch arbeiten mag, ist in der Lage, den Spracherzeugungsprozeß, wie er bei einem menschlichen Sprecher stattfindet, völlig adäquat nachzubilden. Jedes Modul trägt damit systematisch zur Verminderung der Qualität des Ausgabesignals im Vergleich zu einer natürlichen menschlichen Stimme bei. Diese Negativbeiträge so gering wie möglich zu machen, ist eine der Hauptaufgaben.

14.2.1 Regeln versus natürlichsprachliche Daten; Koartikulation

Das Verkettungsmodul stellt stets einen Kompromiß zwischen der Zahl und Komplexität der Verkettungsregeln einerseits sowie dem Umfang der Datenbasis andererseits dar. So können wir uns z.B. eine rein regelgesteuerte Systemarchitektur vorstellen, die fast ohne natürliche Daten mit einigen Tabellen gespeicherten akustisch-phonetischen Wissens über Sprachsignale auskommt (Anregungsart, Werte für Formanten und Antiformanten, artikulatorische Zielstellungen usw.; vgl. die Darstellungen in Abschnitt 2.4). Ein solches System berechnet Sprachsignalparameter mit Hilfe eines großen Satzes von Regeln, die die Artikulationsgesten bei der Spracherzeugung nachbilden; je nach Synthetisator werden diese Regeln entweder direkt artikulatorisch formuliert, oder sie sind auf der akustischen Ebene als Funktionen von Parametern in Abhängigkeit von der Zeit realisiert. Im Gegensatz hierzu stützen sich datengesteuerte Systeme auf Bauelemente natürlichsprachlicher Daten (gespeichert in einer parametrischen Darstellung oder direkt als Signale) und kommen mit einem Mindestmaß an Regeln aus. Beide Ansätze besitzen Vor- und Nachteile.

Ein Synthesesystem, das auf natürlicher Sprache basiert, ist in der Lage, einen großen Teil der natürlichen Sprachqualität zu erhalten, da kein Modell und kein Regelsystem die Qualität natürlicher Sprache erreichen kann.

Regelgesteuerte Systeme bieten demgegenüber ein Maximum an Flexibilität. Durch systematische Variation der Regeln und einiger weniger Daten ist es möglich, eine große Anzahl von Stimmen oder Sprechsituationen zu realisieren. Die natürlichen Sprachdaten eines datengesteuerten Systems behalten immer einige Spezifika bezüglich des Sprechers bei.

Die Speicherplatzfrage, in früheren Zeiten das entscheidende Problem, kann heute weitgehend vernachlässigt werden. Der begrenzende Faktor ist heute der Arbeitsaufwand für die Systemerstellung. In einem regelgesteuerten System betrifft dies die Regeln, die entwickelt, getestet und verifiziert werden müssen. Bei Verwendung natürlichsprachlicher Daten erfordert neben der Datenerhebung, also dem Aufsprechen der Bauelemente, deren Aufbereitung den größten Arbeitsaufwand.

Mit einem regelgesteuerten System können wir aus der symbolischen Eingabe den Sprachparametersatz einschließlich prosodischer Parameter in einem Schritt erzeugen. In datengesteuerten Systemen muß das synthetische Signal erzeugt werden, indem gespeicherte Segmente verkettet werden, die der Zeichenkette am Eingang entsprechen. Dies erfordert zwei Schritte.

1. Es liegt in der Philosophie datengesteuerter Synthese, daß die einzelnen akustischen Bausteine möglichst wenig modifiziert werden. Es ist beispielsweise nicht beabsichtigt, innerhalb der Segmente über das unbedingt Notwendige hinaus spektrale Modifikationen durchzuführen. Um die prosodische Information zu überlagern, müssen wir allerdings in der Lage sein, die Grundfrequenz, die Dauer und die Amplitude des Signals an jeder Stelle zu modifizieren.

2. Um zwei Segmente zu verketten, genügt es üblicherweise nicht, sie einfach aneinanderzufügen. Wir müssen deswegen dafür sorgen, daß in unmittelbarer Nähe der Verkettungsstelle eine Manipulation möglich ist. Die Verkettungsoperationen können hierbei eine zeitliche wie auch eine spektrale Glättung oder Interpolation erfordern. Kontextabhängige Verkettungsregeln steuern diese Operationen; das größte Problem hierbei ist die Koartikulation (vgl. Abschnitt 2.4.6).

Es ist wohlbekannt (und aus artikulatorischen Gesichtspunkten unmittelbar einleuchtend), daß die Übergänge zwischen den einzelnen Lauten für das Verständnis der Sprache mindestens ebenso wichtig sind wie die mit den Lauten verbundenen Zielpositionen der Sprechorgane selbst [Endres-73] und in der Sprachsynthese sehr sorgfältig modelliert werden müssen. Es gibt aber sehr wohl Qualitätsunterschiede je nachdem, ob diese Übergänge durch ein Regelwerk modelliert oder als natürliche Sprachsignalbausteine realisiert werden. Entsprechendes gilt für alle Koartikulationseffekte. Sofern Koartikulation, Reduktion etc. die Folge der realisierten Sprachlaute kategorial verändern, muß dies im Rahmen der Symbolverarbeitung berücksichtigt werden, während sie im übrigen ihren Niederschlag in den Regeln zur Verkettung bzw. in der Zusammensetzung des Bausteininventars finden.

Eine abschließende Bemerkung bezüglich der Dichotomie „regelgesteuert vs. datengesteuert" erscheint hier angebracht. In diesem Kapitel werden auf der segmentalen Ebene wie im Bereich der Prosodie regelgesteuerte und datengesteuerte Systeme einander gegenübergestellt. Die Implementierungen dieser beiden Systemtypen sind verschieden, aber in Bezug auf das Wissen über die Sprache, das neben den Anwendungen ein weiteres Hauptziel vieler Untersuchungen auch im Bereich der Sprachsynthese ist, ergänzen sich diese beiden Ansätze und schließen einander nicht aus. Kein regelgesteuertes System kann heute mehr ohne umfangreiche experimentelle Untersuchungen an einem größeren Datenkorpus erstellt werden [Kohler-91]; ebensowenig kann ein datengesteuertes System ohne die Einbeziehung umfangreichen phonetischen und linguistischen Wissens mit Erfolg betrieben werden [Traber-96]. Der Erfolg datengesteuerter Systeme auf der segmentalen Ebene liegt darin, daß natürlichsprachliche Bausteine direkt verwendet werden können und somit der Qualitätsverlust vermieden wird, der mit der rein parametrischen Repräsentation von Sprachsignalen verbunden ist. (In der Sprachcodierung hat die gleiche Tatsache dazu geführt, daß die parametrische Realisierung mit Vocodern durch nichtparametrische und hybride Verfahren der Signalcodierung weitgehend verdrängt wurde, vgl. Abschnitt 10.4.) In der Prosodie stehen regelgesteuerte und datengesteuerte Verfahren einander eher als gleichwertige Partner gegenüber. Regelgesteuerte Systeme gehen von einer prosodisch-phonologischen Darstellung aus; die linguistischen Konzepte in der Symbolverarbeitung lassen sich daher unmittelbar umsetzen. Demgegenüber haben datengesteuerte Systeme den Vorteil, daß sie sich mit automatischen Lernverfahren trainieren lassen und somit mehr Daten in kürzerer Zeit verarbeiten können als der menschliche Systementwickler, der die Regeln aufstellt.

14.2.2 Segmentale Einheiten und Elemente

In Sprachsynthesesystemen werden vorwiegend Phone und Allophone, Diphone, Halbsilben oder eine Kombination dieser Einheiten als Basiselemente auf Segmentebene benutzt (Bild 14.3).

14.2 Synthese auf segmentaler Ebene – Verkettung

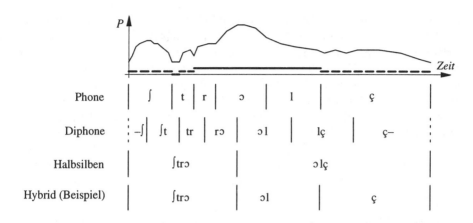

Bild 14.3: Synthese des Wortes „Strolch" [ʃtrɔlç] mit Hilfe verschiedener phonetischer Einheiten. P sei ein beliebiger Signalparameter; hier gezeichnet: Pegel (dünne Kurve) und Stimmhaftigkeit (dicke durchgezogene Linie: stimmhaft; gestrichelte Linie: stimmlos). Das Beispiel für die hybride Lösung (eine von vielen Möglichkeiten) entstammt dem System HADIFIX [Portele-96/1]

Phone und *Allophone* sind die klassischen Einheiten regelgesteuerter Systeme. Neben dem historischen Aspekt – Sprachsynthese nach Regeln entstand aus stilisierten Spektrogrammen und dem Wissen über Formantfrequenzen und Formantverläufe von Phonen [Klatt-87] – ergab sich die Verwendung von Phonen als Grundeinheiten in den älteren Systemen wegen des geringen Bedarfs an Speicherplatz. Später wurden Phone dann eingesetzt in Systemen, die bereits über einen wohlentwickelten Regelapparat verfügten, in Anwendungsgebieten, die hohe Flexibilität bezüglich der Zahl der Stimmen oder der Vielfalt von Sprechstilen erfordern [Carlson, Granström, et al.-90], oder in multilingualen Systemen, wo zahlreiche Sprachen von der gleichen synthetischen Stimme abgedeckt werden müssen.

Phone und Allophone bieten maximale Flexibilität und einen hohen Freiheitsgrad bei der Aufstellung des Regelwerks. Das Inventar der Basiseinheiten ist bei weitem das kleinste (40-50 Elemente), ebenso die Datenrate, die jedes Element benötigt. Einige wenige Stützstellen per Baustein genügen, die artikulatorische Zielstellung zu repräsentieren. Schwierigkeiten hat das System allerdings mit Phonen, die nicht mit einer stationären Zielstellung des Vokaltrakts verbunden sind (insbesondere Plosive und Gleitlaute). Da die Datenbasis nur Information über stationäre Segmente enthält, muß die gesamte Dynamik der Artikulation einschließlich der Koartikulation in Form von Regeln formuliert und implementiert werden [Allen, Hunnicutt, et al.-87].

Ein *Diphon* bzw. eine *Dyade* ist definiert als der Zeitabschnitt von der Mitte eines Lautes bis zur Mitte des folgenden Lautes [Peterson, Wang, et al.-58]. Die Verkettungspunkte befinden sich in den stationären Segmenten des Signals, soweit vorhanden. Prinzipiell ist die Zahl der Diphone das Quadrat der Zahl der Phoneme zuzüglich derjenigen Allophone, die für die Synthese relevant sind. Phonotaktische Einschränkungen greifen hier nur wenig; d.h. ein hoher Prozentsatz, im Deutschen z.B. mehr als 75% [Kohler-95] aller möglichen Kombinationen zweier Phoneme kommen in der Sprache tatsächlich vor. Im mehrsprachigen Synthesesystem des CNET [Hamon, Moulines, et al.-89] [CNET-91] besitzt die Implementierung für das Französische ungefähr 1600, die für das Deutsche ungefähr 1950 Diphonelemente. Transitionen sind fast vollständig, Koartikulationseffekte zu einem großen Teil in den Daten enthalten; sie müssen nur noch ergänzend als Regeln formuliert werden. Manche Koartikulationseffekte insbesondere in Konsonantenfolgen sind jedoch nicht adäquat erfaßt, und die Zahl der Verkettungsstellen im Signal ist im Vergleich zu Phonen eher noch höher.

Der Einsatz silbischer Bausteine wurde möglich mit der Einführung der *Halbsilbe* [Peterson, Sievertsen-60] [Fujimura-76]. Jede Silbe wird in eine initiale und eine finale Halbsilbe aufgespalten; hierbei entsteht ein zusätzlicher Verkettungspunkt im Silbenkern. Die Anfangshalbsilbe enthält die Anfangskonsonantenfolge (die leer sein kann) und den Beginn des Silbenkerns; die Endhalbsilbe enthält den Rest des Silbenkerns und die Endkonsonantenfolge. Es hängt von der Phonotaktik einer Sprache ab, ob sich ein Halbsilbenansatz wesentlich von einem Diphonansatz unterscheidet; in Sprachen mit mehreren Konsonanten zwischen zwei aufeinanderfolgenden Silbenkernen, wie Deutsch oder Englisch, ist dies der Fall.

Halbsilben sind verhältnismäßig große Einheiten; im Vergleich zu Phonen oder Diphonen wird damit die Zahl der Verkettungspunkte im Signal drastisch reduziert, aber die Speicherplatzanforderungen steigen. Halbsilben erfassen die meisten Lautübergänge und eine große Anzahl von Koartikulationseffekten in den Daten. Anfangs- und Endkonsonantenfolgen sind getrennt; somit sind auch zahlreiche allophonische Variationen in den Bausteinen enthalten. Jedoch decken auch Halbsilben nicht alle Aspekte der Koartikulation ab, insbesondere nicht in Verbindung mit intervokalischen Plosiven.

Auch wenn die Zahl der Halbsilben einer Sprache deutlich kleiner ist als die der Silben (im Deutschen: mehr als 11000), enthält ein reines Halbsilbensystem trotzdem noch eine allzu hohe Zahl von Bausteinen (für das Deutsche etwa 5500; vgl. [Dettweiler-84]). In allen realisierten Halbsilbensystemen sind daher Maßnahmen implementiert, die darauf hinauslaufen, durch Abspaltung von Affixen, insbesondere von Suffixen, die Zahl der Kombinationen von Silbenkernen und Konsonantenfolgen zu reduzieren [Fujimura, Lovins-78], [Browman-80], [Dettweiler-84], [Dettweiler, Hess-85].

Mit den im wesentlichen phonologisch orientierten Einheiten Diphon und Halbsilbe (letztere mit den zugehörigen Modifikationen) konnte die Qualität der synthetischen Sprache in datengesteuerten Systemen schon entscheidend verbessert werden. Wie jedoch Olive [Olive-90] nachwies, läßt sich eine weitere Verbesserung der Sprachqualität dadurch erreichen, daß das Bausteininventar nach akustisch-phonetischen und weniger nach rein phonologischen Gesichtspunkten ausgewählt wird. Olive ging aus von einem Diphonsystem, das bei kritischen Lautkombinationen um Triphonelemente erweitert wurde. Nach ähnlichen Gesichtspunkten wird auch im CNET-System verfahren [Sorin-94].

Das in der neuesten Version des Bonner Systems HADIFIX (*Ha*lbsilbe-*Di*phon-Suf*fix*) eingesetzte Bausteininventar [Portele-96/1] [Portele, Höfer, et al.-96] ist ein hybrides (gemischtes) Inventar, nach akustisch-phonetischen Gesichtspunkten zusammengestellt. Als Grundlage dient ein erweitertes Halbsilbenkonzept. Wie Portele nachwies, sind Koartikulationseffekte an Silbengrenzen nahezu ebenso stark wie in der Silbe selbst. Zu diesen Effekten gehören z.b. nasale und laterale Verschlußlösungen, kontextabhängige Entstimmung stimmhafter Plosive und Frikative sowie weitere Assimilationen von Artikulationsart und Artikulationsort. Daher müssen generell die Silbengrenzen nach akustisch-phonetischen Gesichtspunkten redefiniert werden; in Einzelfällen, wenn dies nicht ausreicht, sind eigene Bausteine zu definieren. Das Inventar enthält 2177 Elemente, die sich auf die folgenden Elementetypen (jeweilige Anzahl für das Deutsche in Klammern) verteilen:

- Anfangshalbsilben (1086): „klassische" Anfangshalbsilben, zusätzlich: Kombinationen mit Plosiven unter lateraler und nasaler Verschlußlösung [tl, pm, ...], Kombinationen mit entstimmten Konsonanten, nichtsilbische Vokale;

- Endhalbsilben und Rudimente (572): „klassische" Endhalbsilben ohne finale Obstruenten (außer [ç] und [x]) sowie einige nicht der Phonotaktik des Deutschen entsprechende Einheiten;

- Suffixe (88): Folgen stimmloser Obstruenten (ungerundet und gerundet);

- Konsonant-Konsonant-Diphone (167): Ausnahmeinventar zur Modellierung von Koartikulationseffekten an Silbengrenzen (Reduktion oder Assimilation); Elemente, die durch die Phonotaktik nicht erfaßt werden;

- Vokal-Vokal-Diphone (67): vor allem Übergänge von Vokalen zum *Schwa* [ə] und zu vokalisiertem /r/ [ɐ];

- „Neutrale Silben": a) Silben mit *Schwa* (75), vor allem häufig auftretende Vor- und Nachsilben; b) Silben mit silbischem Konsonanten (122) (nach Elision eines *Schwa*, z.B. in „reden" [re:dn]).

Im Unterschied zu Diphon- oder Halbsilbeninventaren ergibt sich bei der Synthese hier nicht notwendigerweise eine lineare Abfolge der Elemente. Der Bausteinauswahl kommt bei der Synthese einer Äußerung somit eine wichtige Bedeutung zu. Um jeden Silbenkern wird zunächst unabhängig von den benachbarten Silbenkernen eine maximale Umgebung definiert, die unter Verwendung des Silbenkerns mit den Elementen des Inventars synthetisiert werden kann. Folgen stimmloser Frikative werden durch Suffixe realisiert. Setzt man hieraus die Äußerung zusammen, so werden sich an verschiedenen Stellen Überlappungen ergeben. Diese werden durch ein besonderes Regelwerk beseitigt; wichtiges Kriterium hierbei ist das Prinzip der maximalen Anfangskonsonantenfolge, das so viele Konsonanten wie möglich der jeweiligen Anfangshalbsilbe zuschlägt. Vor einem Silbenkern sind die Koartikulationseffekte am ausgeprägtesten; es ist also ratsam, Verkettungsstellen in diesem Bereich zu vermeiden.

Mit der Frage der Verkettung und ihrer praktischen Durchführung werden wir uns in Abschnitt 14.3.4 im Zusammenhang mit der akustischen Synthese erneut beschäftigen. Auf die Frage der Qualitätsverbesserung wird in Abschnitt 15.4 näher eingegangen.

14.3 Akustische Synthese

Die Einteilung der Methoden akustischer Synthese in die zwei Kategorien *parametrische Synthese* (Abschnitt 14.3.1) und *Signalmanipulation* (Abschnitt 14.3.2) richtet sich nach der Art und Weise, in welcher das Anregungssignal behandelt wird. Bei rein parametrischer Synthese ist das Anregungssignal stets künstlich; die Vokaltraktparameter können dagegen einem Regelsatz entstammen oder aus natürlichen Sprachdaten gewonnen sein. Systeme mit Signalmanipulation im Zeitbereich arbeiten stets mit Segmenten natürlicher Sprachsignale; halbparametrische Repräsentationen (beispielsweise Prädiktorkoeffizienten plus Residualsignal) sind hierin eingeschlossen.

14.3.1 Parametrische Synthese

Parametrische Synthetisatoren folgen fast durchweg dem Quelle-Filter-Modell (vgl. Abschnitt 2.2.3 sowie Kap. 7 und 10). Eingesetzt werden vorwiegend Formant- und Prädiktionssynthetisatoren. Bei parametrischer Codierung entscheidet man sich meist zugunsten der linearen Prädiktion, da diese robust und für die automatische Analyse gut geeignet ist und darüber hinaus einfache Quantisierungsschemata zuläßt. In TTS-Systemen, besonders in regelgesteuerten Systemen, wird dem Formantsynthetisator der Vorzug gegeben, da ein Großteil des akustisch-phonetischen Wissens über die Eigenschaften von Lauten in Form von Formantfrequenzen und Formantübergängen vorliegt (vgl. Abschnitt 2.4.3, 2.4.6), die sich wiederum leicht in Syntheseregeln umwandeln lassen.

Ein Mangel sowohl von Prädiktions- als auch von Formantsynthetisatoren besteht darin, daß sie ein Allpol-Filter, also ein reines Resonanzmodell darstellen; Laute, die Antiformanten enthalten, sowie die zugehörigen Übergänge werden damit nicht gut modelliert, was die Verständlichkeit des synthetischen Signals beeinträchtigt. Somit ist die verhältnismäßig einfache Struktur des Synthetisators, wie sie in der parametrischen Sprachcodierung benutzt wird, für Sprachsynthesesysteme nicht geeignet. Komplexer strukturierte Synthetisatoren schaffen hier Abhilfe [Klatt-80]. Die größere Flexibilität solcher Synthetisatoren bringt andererseits eine wesentlich erhöhte Zahl einstellbarer (und einzustellender) Parameter mit sich, die es zunehmend erschweren, die zugehörigen Regeln zu formulieren. Beispielsweise verlangt der Synthetisator von KLATTALK [Klatt-82] 20 Parameter, der Synthetisator GLOVE des KTH-Systems [Carlson, Granström, et al.-91], der für jeden Lauttyp ein eigenes Vokaltraktmodell verwendet, sogar 37.

Als ein Beispiel ist in Bild 14.4 der Synthetisator von [Klatt-80] abgebildet. Das Bild bedarf einiger Erläuterungen. Einstellbar sind 20 Parameter. Entsprechend dem Quelle-Filter-Modell besitzt der Synthetisator einen Impulsgenerator (durch die Grundfrequenz F_0 gesteuert) für die stimmhafte und einen Rauschgenerator für die stimmlose Anregung. Die drei Komponenten GF, GN, GS dienen der Formung des stimmhaften Anregungssignals, wobei neben dem stets vorhandenen glottalen Formanten GF je nach Einstellung der beiden Amplitudenparameter AV und AS die glottale Nullstelle GN zum Tragen kommt. Der Rauschgenerator wird bei gemischter Anregung mit der Grundperiode moduliert (MOD) und kann mit Hilfe der zwei Amplitudenparameter AH und AF in das Formantfilter mit Kaskadenstruktur und das mit Parallelstruktur eingespeist werden. Die stimmhafte Anregung wird über den Schalter Sch stets nur in eines der beiden Formantfilter eingespeist. In der Kaskadenstruktur, die der Formung von Vokalen und den übrigen Sonoranten dient, ist somit stimmhafte und gemischte Anregung möglich, in

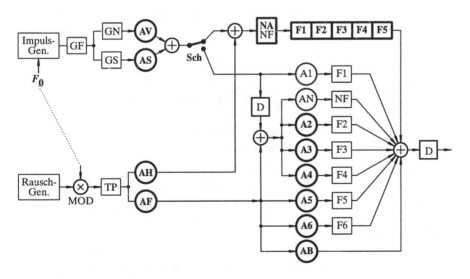

Bild 14.4: Beispiel für einen Formantsynthetisator: Reihen-/Parallelsynthetisator von [Klatt-80]. Einstellbare Parameter sind dick eingezeichnet.

der Parallelstruktur, mit der Plosive und Frikative erzeugt werden, ist stimmlose, gemischte und (mit Einschränkungen) auch stimmhafte Anregung zugelassen. Die Bandbreiten der Formanten $F4$ und $F5$ sind fest; die Formantfilter in beiden Strukturen sind stets auf gleiche Frequenzen eingestellt. In der Parallelstruktur sind außerdem die Amplituden der Formanten (bis auf $F1$) individuell einstellbar. Die Abstrahlung wird durch das Differentiatorfilter 1. Grades (D) am Ausgang approximiert. Der Nasaltrakt ist in der Kaskadenstruktur durch einen festen nasalen Formanten (NF), der auch in die Parallelstruktur übernommen wird, und einen variablen Antiformanten (NA) berücksichtigt; mit $NA=NF$ kompensieren sich Pol und Nullstelle. Die Parallelstruktur kann mit Hilfe des Parameters AB zusätzlich überbrückt werden; damit ist es möglich (z.B. zur Realisierung eines [f]), das Anregungssignal direkt auf den Ausgang zu schalten.

Die Qualität des synthetischen Sprachsignals hängt wesentlich auch vom Generator für das Anregungssignal ab. Die in der parametrischen Codierung verwendete Kombination aus Impuls- und Rauschgenerator reicht wiederum nicht aus, vor allem weil mit einem Impulsgenerator erzeugte synthetische Signale einen störenden summenden Klang („*buzziness*") aufweisen. Ausgefeiltere Systeme generieren Signale, die der Stimmbandschwingung besser angenähert sind und dem System die Möglichkeit bieten, die Klangfarbe der künstlichen Stimme zu manipulieren. Hierzu gehören beispielsweise das vereinfachte Zwei-Massen-Modell der Stimmbänder nach [Ishizaka, Flanagan-72], Multipulsanregung eines LP-Filters (10.4.4) oder das Modell von Liljencrants und Fant (LF-Modell [Fant, Liljencrants, et al.-85]), bei dem ein künstliches Anregungssignal, bestehend aus Versatzstücken von Kosinusschwingungen, direkt modelliert wird. Dieses Modell wird auch im KTH-System [Carlson, Granström, et al.-91] verwendet. Ein besonderes Problem stellt die parametrische Synthese einer Frauenstimme dar [Karlsson-89].

Als Beispiel für die Verbesserung der Qualität durch diese und weitere Verbesserungen des Synthetisators zeigt Bild 14.5 die Entwicklung der Verständlichkeit intervokalischer Konsonanten des KTH-Synthesesystems. Die Daten spiegeln den Fortschritt wider, wenn auch die Zahlenwerte selbst wegen der Einfachheit des Problems (Identifikation eines einzelnen Konsonanten zwischen zwei Vokalen) für die Synthese als Ganzes zu optimistisch sind.

Mehr auf Grundlagenforschung als auf praktische Anwendung hin orientiert ist die *artikulatorische Sprachsynthese* [Coker-76], [Schroeter, Sondhi-92], [Kröger, Opgen-Rhein-95]; eine gute Übersicht über diese Verfahren mit zahlreichen Literaturhinweisen findet sich in [Kröger-96]. Artikulatorisch basierte Sprachsynthese verwendet ein geometrisches Modell des Vokaltrakts; die Steuerung erfolgt direkt durch Simulation der Stellung und Bewegung der Artikulatoren. Hinsichtlich der Sprachqualität bleibt die artikulatorische Sprachsynthese hinter dem Quelle-Filter-Modell zurück; wissenschaftliche Bedeutung hat sie für die artikulatorische Phonetik. Das in Köln entwickelte Modell [Kröger, Opgen-Rhein-95] verwendet die Artikulationsgeste als grundlegende Steuerungseinheit und erlaubt daher bei-

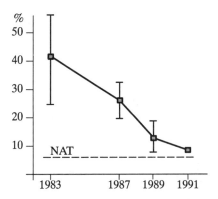

Bild 14.5: Fehlerrate bei der Messung der Lautverständlichkeit des Sprachsynthesesystems der KTH für intervokalische Konsonanten. (NAT) Natürlicher Sprecher, Fehlerrate 5.8%; nach [Carlson, Granström, et al.-91]

spielsweise, Meßergebnisse und Hypothesen der artikulatorischen Phonetik durch Modellierung und (Re-)Synthese zu überprüfen.

14.3.2 Synthese durch Signalmanipulation im Zeitbereich

In einem datengesteuerten System mit Verkettung vorgefertigter natürlichsprachlicher Elemente erstreckt sich der größte Teil aller Manipulationen auf die drei Parameter Amplitude, Dauer und Grundfrequenz. Die Manipulation spektraler Eigenschaften beschränkt sich auf die unmittelbare Nachbarschaft der Verkettungspunkte.

Die Idee, Sprachsignale direkt im Zeitbereich zu manipulieren, ist nicht neu (vgl. [Endres, Großmann-74]). Die Impulsantwort des Vokaltrakts setzt sich annähernd aus gedämpften Schwingungen zusammen, deren Frequenzen und Bandbreiten durch die Formanten festgelegt sind. Die einem Formanten zugeordnete Schwingung, könnte sie ungestört abklingen, würde jedoch länger dauern als eine Grundperiode in fließender Sprache. Eine Grundperiode ist also nur ein Teil der Antwort des Vokaltrakts auf mehrere aufeinanderfolgende Anregungsimpulse. Nichtsdestoweniger können wir jede Grundperiode für sich als ein Signalsegment betrachten, das einen elementaren akustischen Baustein des Sprachsynthesesystems bildet. Derartige Bausteine lassen sich zu synthetischer Sprache zusammensetzen, und die drei prosodischen Parameter Grundfrequenz, Amplitude und Dauer lassen sich ohne Übergang in den Frequenzbereich oder in eine parametrische Darstellung manipulieren. Da jede Grundperiode zudem einem Originalsignal entnommen werden kann, ist es prinzipiell möglich, die natürliche Sprachqualität zu erhalten.

Die Frage ist allerdings, wieviel an Qualität verlorengeht, wenn derart manipulierte Grundperioden wieder zu einem Signal zusammengesetzt werden. Einfache Verkettung, ohne die Abtastwerte an den Übergangsstellen zu beachten, ergibt Sprünge im Signal, welche die Qualität drastisch verschlechtern. Dies hat jahrelang den Einsatz dieser Methode verhindert, bis mit dem PSOLA-Verfahren (*"pitch-synchronous overlap add"*, Bild 14.6) ein Weg gefunden wurde, die „Bruchstelle" zwischen aufeinanderfolgenden Grundperioden über die ganze Periode zu

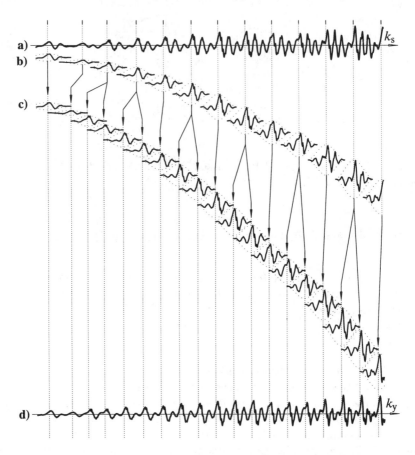

Bild 14.6: PSOLA-Verfahren: Beispiel für die Wirkungsweise. Gezeichnet: Verringerung der Grundperiodendauer um 33.3% ohne Veränderung der Signaldauer
    a) Originalsignal (erste 100 ms der Äußerung „jawohl", Sprecher männlich)
    b) aus dem Originalsignal gebildete Elementarbausteine (Zwei-Perioden-Fenster)
    c) Zwei-Perioden-Fenster nach Verschiebung zur Bildung der neuen Grundperiodendauer und Ergänzung der fehlenden Perioden durch Wiederholung
    d) manipuliertes Ausgangssignal

14.3 AKUSTISCHE SYNTHESE

verteilen und damit weitgehend unhörbar zu machen [Hamon, Moulines, et al.-89], [Charpentier, Moulines-89].

Wird PSOLA im Zeitbereich eingesetzt (*time-domain PSOLA*, TD-PSOLA), so lassen sich Dauer, Amplitude und Grundperiode eines Sprachsignals ändern. Dieser Algorithmus läuft wie folgt ab. Sei $s(k_s)$ das zu manipulierende Sprachsignal (Eingangssignal); $y(k_y)$ sei das Ausgangssignal. In den stimmhaften Abschnitten von $s(k_s)$ seien k_{Psi}, $i = 1, \ldots$ die zeitlichen Markierer für die einzelnen Grundperioden, die jeweils entweder mit dem Zeitpunkt des Glottisverschlusses oder mit einem führenden Extremwert der Grundperiode zusammenfallen; $K_{0s,i}$ seien die zugehörigen Werte der Grundperiodendauer. Die Abbildung von k_s auf k_y, also die zeitliche Synchronisierung zwischen Ein- und Ausgangssignal, wird im Fall der Sprachsynthese durch die Auswahl der Bausteine, den Verkettungsalgorithmus sowie die Dauersteuerung (siehe Abschnitt 14.4.1) festgelegt; die Abbildung der Werte für die Grundperiodendauer richtet sich nach dem Sollwert $K_{0y}(k_y)$ für die Grundperiode des Ausgangssignals, der durch die Intonationssteuerung (siehe Abschnitt 14.4.2) festgelegt wird. PSOLA stellt hohe Anforderungen an die Grundperiodenbestimmung: jede Periode des Sprachsignals muß genau festgelegt werden, vorzugsweise sind sogar die Glottisverschlußzeitpunkte zu bestimmen (vgl. hierzu Kapitel 8, Abschnitte 8.1.1 und 8.5).

Um jeden Markierer k_{Psi} wird nun ein Fenster gebildet; das zugehörige Signal ergibt den Elementarbaustein des PSOLA-Algorithmus wie folgt:

$$x_s(k_{Psi}, \kappa) = s(k) \cdot w(\kappa - \frac{M}{2}) \, , \quad \kappa = -\frac{M}{2} \ldots \frac{M}{2} \, . \tag{14.1}$$

Als Fensterfunktion $w(\cdot)$ wird meist ein Hann-Fenster nach (4.13-c) (Abschnitt 4.2.2) verwendet; hierbei wird die Fensterlänge M [siehe (4.13-a)] in der Regel gleich dem doppelten Wert der Soll-Grundperiodendauer des Ausgangssignals gewählt,

$$M = 2K_{0y}(k_y) \, . \tag{14.2}$$

Der PSOLA-Algorithmus zerlegt das Eingangssignal $s(k_s)$ (siehe das Beispiel in Bild 14.6-a) also in die durch die Grundperioden des Eingangssignals vorgegebene diskrete Folge von Elementarbausteinen $x_s(k_{Psi}, \kappa)$, $i = 1, \ldots$ (Bild 14.6-b); diese lassen sich beliebig auf der Zeitachse gegeneinander verschieben und in gleicher oder veränderter Reihenfolge wieder zusammensetzen. Die Abtastwerte des Ausgangssignals $y(k_y)$ werden gebildet, indem die entsprechenden Abtastwerte der beteiligten Elementarbausteine addiert werden. Üblicherweise sind jeweils zwei Elementarbausteine beteiligt; dann erhalten wir

$$y(k_{Py,j} + \kappa_j) = x_y(k_{Py,j}, \kappa_j) + x_y(k_{Py,j+1}, \kappa_{j+1}) \, , \quad \kappa_j = 0, 1, \ldots K_{0y,j} \tag{14.3-a}$$

$$\text{mit} \quad k_{Py,j+1} = k_{Py,j} + K_{0y,j} \quad \text{sowie} \quad \kappa_{j+1} = K_{0y,j} - \kappa_j \, ; \tag{14.3-b}$$

$x_\mathrm{y}(k_{\mathrm{P}\mathrm{y},j})$ stellt den Elementarbaustein nach Verschiebung auf der Zeitachse dar. Wird als Gewichtungsfunktion ein Hann-Fenster und als Fensterlänge M gemäß (14.2) die doppelte Länge der Soll-Grundperiodendauer des Ausgangssignals gewählt, so addieren sich die Fensterfunktionen benachbarter Elementarbausteine beim abschließenden Zusammenfügen zu Eins. In der praktischen Realisierung läßt sich dies jedoch nicht immer strikt durchhalten, insbesondere wenn die Soll-Grundperiodendauer des Ausgangssignals größer ist als die Dauer der zugehörigen Grundperiode des Eingangssignals.

Wie erfolgt nun die genaue Synchronisation von Ein- und Ausgangssignal? Bild 14.7 zeigt hierzu einige Beispiele. Die zeitliche Abbildungsvorschrift (in Bild 14.7 punktiert eingezeichnet)

$$k_\mathrm{y} = \mathbf{S}\{k_\mathrm{s}\} \tag{14.4}$$

ist extern durch die höheren Stufen des Synthesesystems festgelegt. Sie kann jedoch nur näherungsweise und an den Stellen realisiert werden, an denen sich ein Grundperiodenmarkierer befindet; außerdem ist die Folge der Markierer im Ausgangssignal durch den Verlauf der Soll-Grundperiodendauer im Ausgangssignal bestimmt, die vor der zeitlichen Synchronisierung Vorrang hat. Hierdurch ergibt sich zwischen der Soll- und Ist-Zuordnung von Ein- und Ausgangssignal eine zeitliche Verschiebung, die dadurch abgefangen werden muß, daß einzelne Elementarbausteine bei der Bildung des Ausgangssignals mehrmals hintereinander herangezogen werden oder aber ganz unberücksichtigt bleiben. Dies sei an einem Beispiel kurz erläutert. Sei $\hat{k}_{\mathrm{P}\mathrm{y},j}$ der Zeitpunkt, auf den gemäß (14.4) der Markierer $k_{\mathrm{P}\mathrm{s}i}$ der i-ten Periode des Eingangssignals zu liegen kommen müßte (wenn wir gleichzeitig annehmen, daß der i-te Elementarbaustein des Eingangssignals die j-te Periode des Ausgangssignals bildet). Zum Erhalt der Kontinuität und zur Realisierung des geforderten Grundperiodenverlaufs im Ausgangssignal wird dieser Markierer aber bei

$$k_{\mathrm{P}\mathrm{y},j} = k_{\mathrm{P}\mathrm{y},j-1} + K_{0\mathrm{y},j-1} \tag{14.5}$$

liegen; hierdurch entsteht eine Abweichung zwischen Soll- und Istwert von

$$\Delta k_{\mathrm{P}\mathrm{y},j} = \hat{k}_{\mathrm{P}\mathrm{y},j} - k_{\mathrm{P}\mathrm{y},j} \ . \tag{14.6}$$

Der Betrag dieser Abweichung darf zur Aufrechterhaltung der Synchronisation den Wert $K_{0\mathrm{y}}(k_\mathrm{y})/2$, also die halbe Grundperiodendauer des Ausgangssignals nicht überschreiten; ist $\Delta k_{\mathrm{P}\mathrm{y},j} < -K_{0\mathrm{y}}(k_\mathrm{y})/2$, eilt also der Istwert dem Sollwert um mehr als eine halbe Periode voraus, so wird der i-te Elementarbaustein des Eingangssignals übersprungen und bleibt unberücksichtigt; ist umgekehrt $\Delta k_{\mathrm{P}\mathrm{y},j} > K_{0\mathrm{y}}(k_\mathrm{y})/2$, so wird der i-te Elementarbaustein zweimal hintereinander in das Ausgangssignal übertragen und bildet dort die Perioden j und $j+1$. Bild 14.7 zeigt hierzu ein paar Beispiele.

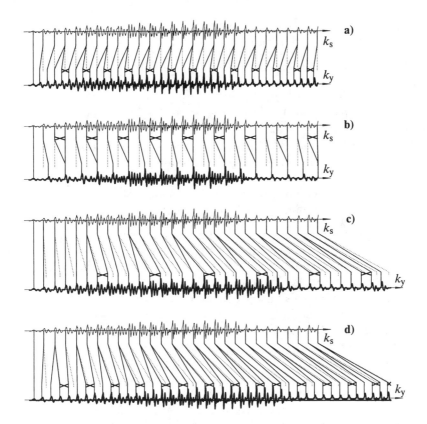

Bild 14.7: Zeitliche Synchronisation beim PSOLA-Verfahren: einige einfache Beispiele
a) Verringerung der Grundperiodendauer um 33.3% ohne Veränderung der Signaldauer (wie in Bild 14.6)
b) Erhöhung der Grundperiodendauer um 50% ohne Veränderung der Signaldauer
c) Erhöhung der Signaldauer um 25% ohne Veränderung der Grundperiode
d) Erhöhung der Signaldauer um 25% und Verringerung der Grundperiodendauer auf 80% (als Extrembeispiel). Gezeichnet sind jeweils das Eingangssignal (oben; in allen 4 Fällen identisch; erste 200 ms der gleichen Äußerung wie in Bild 14.6), das Ausgangssignal (unten) und der Transfer der Elementarbausteine. Oben (knapp unterhalb des Eingangssignals) angekreuzte Perioden werden übersprungen, unten (knapp oberhalb des Ausgangssignals) angekreuzte Perioden werden zweimal übertragen.

PSOLA ist in dieser Form nur für stimmhafte Signale definiert. In stimmlosen Signalen entfällt die Manipulation einer Grundfrequenz; eine Manipulation der Dauer muß aber nach wie vor möglich sein. Hierzu wird das stimmlose Signal einfach in eine Folge von Pseudo-„Perioden" mit zufälliger Dauer zerlegt; erfolgt dies, so kann der PSOLA-Algorithmus unabhängig von der Art der Anregung durchgängig angewendet werden.

Mit TD-PSOLA lassen sich Dauer, Intensität und Grundperiode ändern, spektrale Eigenschaften des Signals dagegen nicht. Mit zwei weiteren PSOLA-Algorithmen wird auch dies möglich: PSOLA im Frequenzbereich, eine verhältnismäßig komplexe, selten angewendete Prozedur, sowie PSOLA in Verbindung mit linearer Prädiktion (LP-PSOLA). Bei LP-PSOLA wird das Signal einer Prädiktionsanalyse unterzogen; der Grad des Prädiktorfilters wird derart gewählt, daß die Information über die Grundfrequenz auf jeden Fall im Residualsignal erhalten bleibt, wohingegen die Information über die Übertragungsfunktion des Vokaltrakts (d.h. die spektrale Einhüllende) in den Filterkoeffizienten repräsentiert ist. Der PSOLA-Algorithmus wird hier auf das Residualsignal angewendet.

Dem PSOLA-Verfahren gebührt zweifelsfrei das Verdienst, die nichtparametrische Sprachsynthese überhaupt erst ermöglicht und damit eine erhebliche Verbesserung der Sprachqualität gegenüber den parametrischen Verfahren bewirkt zu haben. Nichtsdestoweniger hat das Verfahren einige Schwachpunkte. Während die Dauer des synthetischen Signals mit PSOLA in weiten Grenzen variiert werden kann, wird bei Modifikation der Grundfrequenz mit TD-PSOLA die Qualität des synthetischen Signals entscheidend schlechter, wenn die Abweichung der Grundfrequenz gegenüber dem Original eine halbe Oktave nach oben oder unten überschreitet. In einer halbparametrischen Repräsentation, wie sie beispielsweise bei LP-PSOLA eingesetzt wird, kann dagegen auch die Grundfrequenz in weiteren Grenzen variiert werden, weil es leichter ist, hierbei die spektrale Einhüllende zu erhalten. Wie weiterhin in der Literatur berichtet wird [Dutoit, Leich-92], kann es bei Modifikation der Grundfrequenz durch die überlappende Addition benachbarter Grundperioden zur Auslöschung höherer Formanten kommen. Dutoit schlägt darüber hinaus vor, durch eine spektrale Normierung und die Herbeiführung strenger Monotonie (d.h. Setzen der Grundperiode auf einen konstanten Wert) der Bausteine des Inventars spektrale Unebenheiten an den Verkettungsstellen soweit wie möglich zu beseitigen. Ein ähnliches Verfahren ist auch in dem deutschen TTS-System PHRITTS [Meyer, Rühl, et al.-93] implementiert. Die so behandelten Bausteine liefern tatsächlich eine „glattere" synthetische Sprache; andererseits leidet dabei doch die Verständlichkeit. Bei aller Einfachheit des Verfahrens darf nicht übersehen werden, daß es sich bei PSOLA um eine nichtlineare Operation handelt und somit die mehrfache Anwendung, wie sie bei Bausteinen mit konstanter Grundperiode notwendig ist (einmal bei der Normierung der Grundfrequenz beim Erstellen der Bausteine, zum zweiten Mal dann bei der Synthese), zusätzliche nichtlineare Verzerrungen erzeugt.

Bei halbparametrischer Darstellung mit Hilfe der linearen Prädiktion kann unter gewissen Umständen auf PSOLA ganz verzichtet werden, teilweise sogar mit besseren Ergebnissen [Macchi, Altom, et al.-93]. Bei LP-PSOLA wird das Residualsignal mit Hilfe des PSOLA-Algorithmus manipuliert; ist jedoch die Energie des

Residualsignals auf wenige, nahe beieinanderliegende Abtastwerte konzentriert, so sind die übrigen Abtastwerte einer Grundperiode annähernd Null, und das Residualsignal kann ohne Qualitätsverlust hart abgeschnitten und neu zusammengesetzt oder – wenn eine Grundperiode verlängert wird – mit Nullwerten aufgefüllt werden.

14.3.3 Inventarerstellung. Auf dem Weg zum „Personal Synthesizer"

Einer der großen Vorteile datengesteuerter Synthesesysteme ist der vergleichsweise geringe Aufwand bei der Erstellung einer neuen „Stimme". Die zugehörigen Arbeitsschritte sind (1) Aufsprechen der Trägersätze für das Inventar sowie (2) Gewinnen der Bausteine aus den Trägersätzen.

Die Einheiten sind in der Regel in kurze Trägersätze eingebettet; da die gleichen Einheiten für betonte und unbetonte Silben herangezogen werden, hat es sich bewährt, sie in den Trägersätzen in nebenbetonte Silben zu plazieren. Das Aufsprechen der Trägersätze erfordert bei der üblichen Zahl von Bausteinen (zwischen 1000 und 3000) eine Aufnahmesitzung von mehreren Stunden. Für den Sprecher bedeutet dies eine erhebliche Anstrengung, da die Trägersätze möglichst gleichmäßig ohne Variation der stimmlichen Eigenschaften wie Lautstärke, Sprechgeschwindigkeit oder Sprachgrundfrequenz gesprochen werden müssen. Von der Einhaltung der Sprechdisziplin hängt die Qualität des Syntheseinventars entscheidend ab. Nur wenige geübte Sprecher schaffen dies in einer Sitzung; meistens sind mehrere Sitzungen an aufeinanderfolgenden Tagen notwendig. In fast allen Sitzungen werden darüber hinaus einzelne Einheiten mangelhaft gesprochen, so daß sie unbrauchbar werden; dies stellt sich in der Regel erst beim Testen des Inventars heraus und erfordert weitere Termine mit dem Sprecher.

Das Schneiden des Inventars kann nach wie vor nicht vollautomatisch durchgeführt werden. Automatische Grobsegmentierungsalgorithmen (z.B. [Boëffard, Cherbonnel, et al.-93]) erlauben es zwar, die Bausteine in den Trägersätzen zu lokalisieren und zeitlich einzugrenzen; obwohl einzelne dieser Verfahren schon recht gut sind, muß die Feinabstimmung doch von Hand gemacht werden. Ebenfalls grundsätzlich manuell durchzuführen ist eine Annotierung der Bausteine, beispielsweise das Markieren von Lautgrenzen in silbenorientierten Bausteinen. Der Arbeitsaufwand für die Erstellung eines kompletten Inventars liegt bei Verwendung rechnergestützter Hilfsmittel in der Größenordnung von einer Arbeitswoche. Damit ist es durchaus realistisch, datengesteuerte Synthesesysteme mit mehreren Stimmen zu erstellen.

[Portele, Stöber, et al.-96] stellen ein Verfahren vor, mit dem ein bereits geschnittenes Inventar auf neue Inventare der gleichen Art abgebildet werden kann; dies ergibt somit eine weitgehend automatische Segmentierungsprozedur. Die Trägersätze für das neue Inventar werden zum einen von dem neuen Sprecher aufgesprochen, zum anderen vom System mit einem vorhandenen Inventar synthetisiert. Ein *Dynamic-Time-Warping*-Algorithmus (vgl. [Ruske-93]) bildet die neuen Trägersätze auf die synthetischen Sätze ab. Hierbei werden nicht nur die Einheitengrenzen übertragen, sondern auch sonstige für die Synthese erforderliche Zeitmarken (z.B. Lautgrenzen innerhalb eines Bausteins). Der Ansatz erwies sich allerdings als sehr rechenaufwendig.

Obwohl ein *„Personal Synthesizer"*, der es einem Benutzer nach Belieben ermöglicht, z.b. seine eigene Stimme oder die einer bestimmten Person zur Grundlage des Sprachsynthesesystems zu machen, ein wenig wie Spielerei klingen mag, ist dieser Aspekt nicht zu unterschätzen. Zum einen liegt diese Entwicklung im allgemeinen Trend zu fortschreitender Individualisierung, zum anderen kann es aber z.B. bei der Anwendung im Behindertenbereich von Vorteil sein, wenn der Vorleseautomat von der Stimme einer dem Benutzer gut bekannten Person abgeleitet ist. In jedem Fall jedoch ist es vorteilhaft, in einem Synthesesystem mehrere Stimmen zur Verfügung zu haben.

14.3.4 Verkettung in Systemen mit natürlichsprachlichen Bausteinen

Bei der Verkettung natürlichsprachlicher Einheiten besteht das Hauptproblem darin, daß die Signale des Inventars links und rechts von einer Verkettungsstelle nie ganz gleich sind, weil keine Äußerung des Sprechers exakt reproduzierbar ist. Somit entstehen an den Verkettungsstellen notwendigerweise Diskontinuitäten in den spektralen Eigenschaften des Signals, welche die Qualität vermindern. Die wirksamste Methode zur Vermeidung bzw. Abmilderung dieser Diskontinuitäten ist die sorgfältige Auswahl des Sprechers und das Einhalten der notwendigen Sprechdisziplin beim Aufsprechen der Bausteine. Da dies jedoch nur bis zu einem gewissen Grad möglich ist, müssen auch bei laufender Synthese geeignete Verkettungsstrategien angewendet werden. Sie richten sich nach den akustischen Eigenschaften der Bausteine auf beiden Seiten einer Verkettungsstelle. Grundsätzlich sind zu unterscheiden

- „harte" Verkettung – die Bausteine werden an der Verkettungsstelle unmittelbar nebeneinandergestellt;
- „weiche" Verkettung – in der näheren Umgebung der Verkettungsstelle findet eine spektrale Anpassung der Bausteine statt.

Am einfachsten zu realisieren ist die harte Verkettung, bei der keine spektrale Manipulation an der Verkettungsstelle notwendig ist. Dieser Verkettungsmodus bietet sich bei einem Wechsel der Anregungsart an, desgleichen an Verkettungsstellen, wo sich die Sprachsignalparameter rasch ändern und der Hörer die zusätzliche spektrale Diskontinuität infolge des Bausteinwechsels nicht wahrnimmt, ebenso bei Verkettung in Verschlußpausen. In allen anderen Fällen, insbesondere bei der Verkettung im Silbenkern und innerhalb von Sonoranten, ist weiche Verkettung vorzuziehen. Selbstverständlich ist stets, auch bei harter Verkettung, darauf zu achten, daß zwei stimmhafte Bausteine grundperiodensynchron aneinander stoßen. Darüber hinaus richtet sich die Lage der Verkettungsstelle nach übergeordneten prosodischen Gesichtspunkten, vor allem nach der Herstellung einer angemessenen Dauer der einzelnen Laute bzw. Silben (vgl. Abschnitt 14.4.1). Da die Signale der einzelnen Bausteine einander stets ein Stück weit überlappen, ist die Verkettungsstelle nicht von vornherein festgelegt, sondern kann in einem bestimmten Zeitrahmen (z.B. 50 ms) variieren. Verkürzung oder Verlängerung eines Bausteins (durch Hinzufügen bzw. Wegnehmen von Signalabschnitten an den Bausteingrenzen) relativ zur vorgesehenen Dauer gehört ebenso zum Inventar der Verkettungsstrategien wie Dehnung oder Stauchung eines Bausteins (als Ganzes).

In [Kraft-94, -95] wird die Frage untersucht, inwieweit eine Verschiebung der Verkettungsstelle entlang der Zeitachse die Verkettung optimieren kann. Der zeitliche Überlappungsbereich der Bausteine kann dazu ausgenutzt werden, den günstigsten Übergangspunkt zu finden, d.h. die genaue Verkettungsstelle dort anzusetzen, wo die spektrale Distanz zwischen den entsprechenden Stützstellen beider Bausteine am geringsten ist. Der Rechenaufwand wird jedoch so erheblich, daß der Einsatz dieser Verkettungsstrategie eine Synthese in Echtzeit nicht mehr erlaubt. Wie Hörversuche außerdem ergeben haben, ist die Verbesserung der Sprachqualität durch Einsatz dieser Strategie im Mittel nicht signifikant. Der Nutzen dieses Verfahrens liegt damit nicht in einer Verbesserung der Qualität der Synthese, sondern darin, daß es ein Werkzeug an die Hand liefert, um die Konsistenz eines Inventars und damit die Artikulationstreue des Sprechers zu evaluieren und bereits bei der Erstellung des Inventars eine Aussage über mögliche Problembausteine und die Güte der Verkettung zu gewinnen.

14.3.5 Direkte Sprachsynthese vom Sprachkorpus

Kurz zu berichten ist hier über zwei Systeme, die sich derzeit noch im Experimentierstadium befinden: *CHATR* [Campbell, Black-96] und *Whistler* [Huang, Acero, et al.-97]. Beide Verfahren beziehen ihre Bausteine direkt aus einem etikettierten Korpus von Sprachdaten; beide setzen Techniken der Spracherkennung zur Generierung der Bausteine ein, und beide gehen davon aus, daß es in jedem Fall vorteilhaft ist, von jedem Baustein mehrere Instanzen zur Verfügung zu haben.

Der Ansatz von Campbell und Black ist wohl die radikalste Realisierung der Zeitbereichssynthese. Campbell lehnt jegliche Manipulation des Signals (außer der Verkettung selbst) ab; folglich müssen genügend Instanzen vorhanden sein, um die prosodischen Variationen mit abzudecken. Notwendig zur Erstellung der Bausteine ist ein größeres Korpus gesprochener Sprache von einem Sprecher (eine Stunde Sprache oder mehr). Dieses wird mit Hilfe automatischer Segmentierung zunächst auf Segmentebene und anschließend prosodisch etikettiert; die prosodische Etikettierung beschränkt sich auf einige grobe Kategorien auf Silbenbasis. Ausgehend von der aktuellen Häufigkeit der Phone im Korpus werden Gruppen aufeinanderfolgender Phone so lange gebildet, bis eine (vorgegebene) Höchstzahl verschiedener Bausteintypen erreicht ist, die alle möglichst häufig vorkommen; dabei müssen allerdings alle Phonemklassen erhalten bleiben. Von diesen Bausteintypen werden im Korpus nun die verschiedenen Instanzen überprüft und Cluster derart gebildet, daß die prosodische Variationsbreite erhalten bleibt. In der Synthese erfolgt die Auswahl der geeigneten Instanzen vor allem nach prosodischen Gesichtspunkten; mit Hilfe eines Kostenminimierungsalgorithmus wird ein optimaler Pfad bestimmt, aufgrund dessen die am besten geeigneten Instanzen ausgewählt und ohne jede weitere Manipulation direkt verkettet werden. – Die Qualität des Systems ist derzeit noch sehr ungleichmäßig. Ist eine Äußerung durch die Bausteine segmental und prosodisch gut abgedeckt, kann die Sprache sehr gut und natürlich klingen; passen die Bausteine jedoch schlecht zusammen, so wird das synthetische Signal fast unverständlich, insbesondere da durch die fehlende Manipulation an jeder Verkettungsstelle störende Grundfrequenz- und Amplitudensprünge auftreten können.

Whistler [Huang, Acero, et al.-97] ist ein trainierbares System, das sehr schnell an einen neuen Sprecher (und ggf. auch an eine neue Sprache) angepaßt werden kann. Seine Bausteine, als *senones* bezeichnet, entsprechen jeweils einem Zustand eines Hidden-Markov-Modells[1] (HMM). Die HMMs werden mit einer Datenbasis des Sprechers mit mehr als tausend phonetisch ausbalancierten Sätzen trainiert, wobei für jeden Baustein wieder mehrere Instanzen zur Verfügung gestellt werden. Die Synthese erfolgt direkt unter Verkettung der *senones*, wobei eine Kostenfunktion angesetzt wird, mit der Verkettungsverzerrungen sowie Abweichungen zwischen den prosodischen Eigenschaften des Bausteins und denen der Zieläußerung minimiert werden. Mit jedem HMM-Zustand ist eine parametrische Darstellung des zugehörigen Signals gekoppelt, die mit Hilfe eines LPC-Vocoders mit einer ausgefeilten Anregungsfunktion zum Ausgangssignal synthetisiert wird. Erste Ergebnisse lassen darauf schließen, daß mit diesem System eine sehr gute Qualität erreicht werden kann.

---

[1] Das Hidden-Markov-Modell (HMM) ist ein zweistufiger stochastischer Prozeß. Er besteht aus einer Markov-Kette mit einer meist geringen Zahl von Zuständen, denen Wahrscheinlichkeiten bzw. Wahrscheinlichkeitsdichten zugeordnet sind. Beobachtbar sind die Sprachsignale bzw. deren durch Wahrscheinlichkeitsdichten beschriebene Parameter. Die durchlaufene Zustandsfolge selbst bleibt verborgen. HMMs haben sich wegen ihrer Leistungsfähigkeit, Robustheit und guten Trainierbarkeit in der Spracherkennung weithin durchgesetzt. Für weitere Einzelheiten sei auf die Literatur verwiesen (z.B. [Rabiner-89], [Rabiner, Juang-93]).

14.4 Zur Frage der Prosodie

Neben der Qualität auf segmentaler Ebene ist eine gute Prosodiesteuerung entscheidend für die Qualität des synthetischen Sprachsignals. Hierbei wird die Qualität der Prosodie (vgl. Abschnitt 2.4.8) um so wichtiger, je besser die segmentale Verständlichkeit des Systems ist.

Die Prosodiesteuerung betrifft die symbolische und die akustische Ebene der Synthese gleichermaßen. Sie ist mit allen linguistischen Ebenen verknüpft, insbesondere auch mit Semantik und Pragmatik [Kohler-91]. Dementsprechend wird die Prosodiesteuerung in einem TTS-System, das keine semantische oder pragmatische Analyse durchführen kann, immer Stückwerk bleiben: „*Even if one considers that the congruence between syntax and prosody is not complete, neither of these operations* [prosodic segmentation of the utterance and generation of adequate prosodic contours, WH] *can be carried out effectively (i.e., so as to mimic the naturalness of human speech) without the availability of an in-depth linguistic description of the utterance*" [Sorin-94, S. 58]. In TTS-Systemen heißt das, entweder den Text prosodisch zu annotieren oder sich mit einer Standard-Prosodie zu begnügen, die bei ausgefeilten Systemen allerdings schon recht gut ist ([Kohler-91, -96], [Traber-92, -96], vgl. auch [Kraft, Portele-95]). Bei inhaltsgesteuerter Sprachsynthese (vgl. Abschnitt 14.5.3), wo die semantische Information zugänglich ist, kann eine Verbesserung der Prosodie des synthetischen Signals erwartet werden, obwohl unser Wissen über die Umsetzung von Semantik und Pragmatik in die Prosodie des Sprachsignals auch bei prosodisch besser erforschten Sprachen, wie Englisch oder Deutsch, noch lückenhaft ist [Sorin-94].

Auf symbolischer Seite besteht die Aufgabe zunächst darin, einen Satz korrekt in prosodische Phrasen zu segmentieren und ggf. auch die Gewichtigkeit der Phrasengrenzen festzulegen. Die zweite große Aufgabe betrifft die Festlegung der Akzente. Wortakzent (Wortbetonung) einerseits sowie Satz- und Phrasenakzente sind streng auseinanderzuhalten [Kohler-91]. Grundsätzlich kann jede Silbe, die Trägerin der Wortbetonung ist, auch den Satz- oder Phrasenakzent tragen, und letzterer wird in der Regel auf die (haupt-)betonte Silbe eines Wortes fallen. Jedes Wort enthält eine betonte Silbe (bei längeren Wörtern und Komposita können neben einer hauptbetonten Silbe weitere Silben schwächere Nebenbetonungen tragen), aber nicht jedes Wort im Satz erhält eine Betonung. Dies bedeutet, daß die Zuweisungsregeln für Satz- und Phrasenakzente im wesentlichen *Deakzentuierungs*regeln sind, die die Akzente auf den (wort-)betonten Silben entweder abschwächen oder die Silben völlig deakzentuieren, wie dies beispielsweise für Funktionswörter (Artikel, Konjunktionen, Hilfsverben etc.) zutrifft. Die weitere Darstellung dieser im wesentlichen (computer-)linguistischen Aufgabe würde den Rahmen des Buches sprengen. Es sei aber nochmal bemerkt, daß diese Aufgabe nur unvollständig gelöst werden kann, wenn keine Information aus Semantik und Pragmatik zur Verfügung steht.

Bekanntermaßen reicht die Symbolverarbeitung eine Zeichenkette an die Verkettungsstufe weiter, die die zu synthetisierende Information in Lautschrift (ggf. parallel dazu auch orthographisch) enthält. Die Prosodiesteuerung reichert diese Zeichenkette mit prosodischen Steuerzeichen (für Akzente, Phrasengrenzen usw.) an, die ggf. durch manuell eingefügte Annotationen ergänzt werden. Die signalseitige Prosodiesteuerung extrahiert diese Steuerzeichen und setzt sie um in Werte für Dauer, Rhythmus und die Grundfrequenzkontur. Hierzu existieren zahlreiche Verfahren. Dauer und Intonation (Grundfrequenz) werden meist getrennt voneinander modelliert, einige Ansätze behandeln beide Parameter gemeinsam. Wie auf der segmentalen Ebene stehen auch hier regel- und datengesteuerte Verfahren einander gegenüber. Über einige Ansätze soll im folgenden kurz berichtet werden.

14.4.1 Dauersteuerung

In der Dauersteuerung haben sich im wesentlichen drei Ansätze herauskristallisiert: (1) das klassische Regelmodell der Lautdauersteuerung, bei dem die Dauer jedes Lautes durch eine Grammatik sequentiell abzuarbeitender Regeln spezifiziert wird (z.B. [Klatt-79], [Kohler-88]); (2) ein multiplikativ-additives Modell [Van Santen-93, -94] auf Lautbasis sowie (3) Modelle, die mit größeren, beispielsweise silbenorientierten Einheiten arbeiten (z.B. [Campbell, Isard-91]).

[Van Santen-93, -94] schlägt ein Modell vor, das die Dauer jedes Lautes abhängig von wenigen Parametern (Kontext, Stellung innerhalb einer Silbe, Stellung der Silbe in der Phrase, Grad der Akzentuierung) spezifiziert, die entweder einen additiven oder einen multiplikativen Beitrag leisten, so daß sich die Gesamtdauer als eine Summe von Produkten berechnet. Die Berechnung erfolgt für jeden Laut kontextabhängig aufgrund eines Entscheidungsbaumes. Dieser trennt zuerst Vokale und Konsonanten, dann z.B. innerhalb der Konsonanten intervokalische und nicht intervokalische Konsonanten. Die Werte der Parameter wurden aufgrund statistischer Untersuchungen an einem größeren Korpus festgelegt.

Die Elastizitätshypothese von [Campbell, Isard-91] sieht die Silbe als die Einheit an, auf die sich die Dauersteuerung auswirkt. Die Dauer der einzelnen Laute in einer Silbe hängt ab von deren „Elastizität", d.h. Kompressionsfähigkeit. Stimmhafte Plosive mit zeitlich eng begrenzter Dauer der Verschlußpause sind weniger „elastisch" als Frikative oder Vokale. Für jeden Laut wurde die „Elastizität" experimentell aus einem Korpus als Varianz der gemessenen Lautdauern festgelegt. Für die Gesamtdauer der Silbe wiederum sind mehrere Faktoren maßgebend: (1) die Zahl der Laute in der Silbe; (2) die Art des Silbenkerns (gespannter oder ungespannter Vokal, Diphthong oder silbischer Konsonant); (3) Position der Silbe in der Phrase; (4) Akzentuierung der Silbe; sowie (5) ob die Silbe in einem Funktions- oder einem Inhaltswort steht. In ihrer „harten" Form besagt die Elastizitätshypothese, daß die Dauer für die Silbe als Ganzes festgelegt ist; innerhalb der Silbe verteilt sie sich auf die einzelnen Laute entsprechend deren „Elastizität".

In der „weicheren" Form wird zwischen verschiedenen Silbentypen unterschieden, insbesondere werden äußerungsfinale Silben wegen der finalen Längung gesondert behandelt.

14.4.2 Intonationssteuerung

Für die Synthese des Deutschen haben die Intonationssteuerungen von [Kohler-91, -96] und [Traber-92, -96] die bisher besten Ergebnisse aufzuweisen. Diese Modelle sollen deshalb kurz vorgestellt werden.

Das Kieler Intonationsmodell KIM [Kohler-91, -96] ist regelbasiert und streng phonologisch ausgerichtet. Das Regelwerk ist mit Hilfe einer generativen Grammatik formuliert. Es beschreibt die grundlegende globale Makroprosodie von Phrasen und Sätzen und schließt die Mikroprosodie mit ein. Berücksichtigt werden folgende Bereiche: (1) Wortakzent, (2) Satzakzent, (3) Intonation, (4) prosodische Phrasierung (Phrasengrenzen), (5) globale Sprechgeschwindigkeit und ihre Änderung, (6) Register und (7) Verzögerungsphänomene. Ziel des Modells ist es, die gesamte prosodische Vielfalt – auch der Spontansprache – durch eine sehr begrenzte Zahl von Kategorien und das Regelsystem zu modellieren. Das Modell hat eine symbolische und eine parametrische Komponente. Die prosodischen Kategorien werden symbolisch festgelegt und mit einem System binärer Merkmale klassifiziert. Auf die symbolischen Regeln folgen parametrische, die numerische Werte (insbesondere Grundfrequenz und Dauer) kontextsensitiv für die verschiedenen symbolischen Kategorien festlegen.

Jedes satzakzentuierte Wort erhält Intonationsmerkmale, die entweder Gipfel- oder Talkonturen sind und im ersteren Fall entweder einen monoton fallenden oder fallend-steigenden Grundfrequenzverlauf haben; die Talkontur hat entweder leicht oder stark ansteigende Grundfrequenz. Wichtigstes Kennzeichen eines Gipfels ist seine Position in Bezug auf die zugehörige betonte Silbe (hier gekennzeichnet durch den Beginn des betonten Vokals); Kohler unterscheidet zwischen frühem, mittlerem und spätem Gipfel, die bei sonst gleicher Äußerung bedeutungsunterscheidend werden. Das Modell verwendet keine Deklination, vielmehr ist sequentieller Abstieg („*Downstep*") implementiert, d.h. jeder F_0-Gipfel liegt um einen bestimmten Wert tiefer als der vorhergehende, wenn kein Neuansatz erfolgt.

In der TTS-Implementierung werden zunächst in der linguistischen Vorverarbeitung die Notationen bereitgestellt, die dann die Generierung der prosodischen Marken für die jeweiligen Eingabeketten steuern können. Da die linguistische Vorverarbeitung in TTS nur die syntaktische Ebene erfaßt, müssen diese Marken von Hand eingegeben werden, wenn die gesamte Vielfalt des Modells ausgeschöpft werden soll. Das Modell enthält aber eine gute Voreinstellung, die dann wirksam wird, wenn die semantische und pragmatische Information nicht verfügbar ist. In der parametrischen Ebene ist ein Grundfrequenzgipfel durch zwei oder drei distinkte

Stützstellen realisiert, zwischen denen der Grundfrequenzverlauf interpoliert wird; entsprechendes gilt für Talkonturen.

Zur Erleichterung der manuellen Eingabe prosodischer Annotationen entwickelte Kohler [Kohler-96] eine eigene Annotationssprache, die es erlaubt, im Eingabetext jeden prosodischen Parameter einzeln festzulegen. Die Sprache ist leicht zu handhaben und gibt dem Benutzer ein Maximum an Freiheitsgraden.

Traber [Traber-92, -95, -96] beschreibt eine datengesteuerte Prosodiegenerierung mittels automatischer Lernverfahren. Derartige Lernverfahren, beispielsweise mit neuronalen Netzen, erlauben in der Regel eine Generalisierung der trainierten Daten, also hier die Möglichkeit, auch für nicht gelernte Äußerungen und Äußerungsstrukturen sinnvolle Grundfrequenzverläufe zu erzeugen.

Als Datenbasis dient ein prosodisches Korpus von etwa 2000 Sätzen mit rund 24000 Wörtern. Für das Erlernen der Grundfrequenzverläufe und Dauerwerte wurden die den Sprachsignalen zugeordneten Akzentwerte und Phrasengrenzen benötigt. Unterschieden werden Silben mit starkem und schwachem Grundfrequenzakzent, akzentuierte und nebenbetonte Silben ohne Grundfrequenzakzent sowie unakzentuierte Silben. An Grenzen werden unterschieden: einfache Silbengrenzen, Wortgrenze ohne Phrasengrenze sowie verschiedene Typen finaler und nichtfinaler Phrasengrenzen.

Die Grundfrequenzsteuerung wird durch ein rückgekoppeltes neuronales Netz vorgenommen. Dieses enthält typischerweise zwei verdeckte Schichten mit 20 bzw. 10 Knoten und fünf Rückführungen von der zweiten verdeckten Schicht zur Eingabeschicht. Der Grundfrequenzverlauf innerhalb der Silbe wird durch fünf Stützstellen beschrieben (am Silbenanfang, an Anfang, Mitte und Ende des Silbenkerns sowie am Silbenende); als Eingabe wird eine Kombination mit 52 Parametern verwendet, die für jede Berechnung der Grundfrequenzwerte auch Information aus bis zu 6 benachbarten Silben holt. Das rekurrente Netz ist in der Lage, deklinations- bzw. *downstep*-ähnliche Strukturen (und damit die globale Intonationskontur in einer Phrase) nachzubilden.

Die Prosodiesteuerung des Systems *Whistler* ([Huang, Acero, et al.-97], vgl. Abschnitt 14.3.5) ist trainierbar und basiert auf mehreren tausend abgespeicherten Intonationskonturen von Äußerungen eines professionellen Sprechers. Abgespeichert sind die Zuordnungen zwischen der prosodischen Silbenstruktur (Folge betonter und unbetonter Silben, Phrasenakzent, Phrasenmodus, Zahl der Silben) einer Phrase und dem zugehörigen Grundfrequenzverlauf. Bei der Synthese wird symbolseitig in der Prosodiesteuerung die prosodische Silbenstruktur der Zielphrase festgelegt und dann in der Datenbasis die Silbenstruktur ausgewählt, die der Struktur der Zielphrase im Sinne einer Kostenminimierungsfunktion am ähnlichsten ist; deren Grundfrequenzverlauf und zeitliche Struktur wird dann auf die Zieläußerung übertragen.

Um eine Vereinfachung der symbolischen Beschreibung bemüht sich das Modell von [Heuft, Portele-96] im Rahmen von HADIFIX, indem es die gesamte Information über Akzentuierungen auf einen einzigen Parameter *Prominenz* abbildet. Im Unterschied zu Akzentuierungen, die meist mit wenigen kategorialen Stufen (typisch: nicht betont – nebenbetont – hauptbetont – verstärkt betont) beschrieben werden, werden der Prominenz hier Werte zwischen 0 und 31 zugewiesen. Diese sind damit keine Kategorien im linguistischen Sinne mehr, sondern Quantisierungsstufen eines quasikontinuierlichen und damit der akustischen Domäne zuzuordnenden Parameters. Dieser erhält seine Berechtigung durch vorausgegangene Perzeptionsexperimente, die zeigten, daß Hörer durchaus in der Lage sind, zwischen zahlreichen Prominenzstufen zu diskriminieren, und daß zwischen der wahrgenommenen Prominenz und beispielsweise der Silbendauer ein beinahe linearer Zusammenhang besteht. Ähnliche Resultate waren schon in der Literatur berichtet worden [Fant, Kruckenberg-89], [Terken-91]. Auch für Phrasengrenzen wurde ein entsprechender Prominenzfaktor eingeführt, der zwischen 0 und 9 rangiert.

Wenn auch die Prosodieforschung in den letzten Jahren erhebliche Fortschritte gemacht hat, so ist doch der Kenntnisstand auf diesem Gebiet dem Wissen auf dem segmentalen, d.h. lautlichen Sektor noch nicht gleichwertig. Dies liegt vor allem an der engen Beziehung zwischen Prosodie und Semantik (vgl. hierzu auch Abschnitt 14.5.3), die in der textgesteuerten Sprachsynthese nur schwer ausgenutzt werden kann, aber auch daran, daß die Prosodie die sozusagen individuellste Ausprägung einer Sprache ist, von einer Sprache zur anderen stärker variiert und daher schlecht über Sprachengrenzen portierbar ist. Weiterhin existiert noch kein prosodisches Transkriptionssystem, das etwa dem Lautschriftinventar der IPA (vgl. Abschnitt 2.4.4) an Vollständigkeit und internationaler Verbreitung gleichzusetzen wäre; dementsprechend geringer ist auch die Zahl der prosodisch orientierten Sprachkorpora im Vergleich zu denen, die nach lautlichen Gesichtspunkten erstellt wurden. Satzübergreifende Prosodie ist in den meisten TTS-Systemen nur rudimentär oder überhaupt nicht realisiert. So steht der entscheidende Durchbruch auf diesem Sektor noch aus. Nichtsdestotrotz haben einzelne Systeme, wie [Kohler-96], [Traber-96] für das Deutsche, unter gewissen sprachlichen Einschränkungen (Fachtexte mit Aussagecharakter, nicht zu komplizierter Satzbau, usw.) bereits eine gute und akzeptable Qualität ihrer Prosodie erreicht.

14.5 Einige ausgewählte Anwendungen

Als klassisches Anwendungsgebiet der Sprachsynthese (als alleinstehendes System) existieren seit vielen Jahren Vorleseautomaten für Blinde. Mit einem optischen Lesegerät zu einem Gesamtsystem integriert, sind sie heute in der Lage, ihren Benutzern fast jeden beliebigen gedruckten oder maschinengeschriebenen Text vorzulesen. Ein weiterer großer Anwendungsbereich zeichnet sich derzeit ab: automatische

Auskunftssysteme über Telefon oder andere Medien, die einen akustischen Ausgabekanal erfordern, z.B. akustische Sprachausgabe im Multimediabereich oder auch als Teil eines Dialogsystems. Hierzu gehört auch „Speech-to-Speech-Translation", also die sprachliche Kommunikation zwischen zwei menschlichen Kommunikationspartnern verschiedener Muttersprache unter Zwischenschaltung eines maschinellen Übersetzungssystems mit akustischer Ein- und Ausgabe (vgl. Verbmobil [Wahlster-93]).

14.5.1 Einsatz der Sprachsynthese im Behindertenbereich

Als Hilfsmittel für Behinderte haben Sprachsynthesesysteme bisher ihr größtes Einsatzgebiet gefunden [Allen, Hunnicutt, et al.-87], [Klatt-87], [Fellbaum-96]. Nach [Fellbaum-96] enthält dies unter anderem:

- Für Blinde: Vorleseautomat (Vorlesesystem), Textverarbeitungssystem mit Sprachausgabe, PC-Anwendungen, Warn- und Alarmsysteme.
- Für Sprechbehinderte: Umsetzung von eingegebenem Text in Sprache, Übersetzung von unverständlicher in verständliche Sprache.
- Für Taubstumme: Umsetzung von eingegebenem Text in Sprache.

Bei diesen Anwendungen ergibt sich eine Vielzahl praktischer Probleme, die häufig mehr mit der Ergonomie der Benutzeroberfläche zu tun haben als mit der Sprachsynthese. Einige Probleme jedoch, die direkt mit der Sprachsynthese zu tun haben, sollen anhand [Fellbaum-96] sowie [Portele, Krämer-96] kurz vorgestellt werden.

Blinde sind nach einigem Üben in der Lage, synthetische Sprache mit sehr hoher Sprechgeschwindigkeit (bis 300 Wörter pro Minute [Klatt-87]) zu verstehen. Auf der anderen Seite wird auch eine stark verlangsamte Sprachausgabe verlangt. Das System muß also über eine Einstellmöglichkeit für die Sprechgeschwindigkeit in einem weiten Bereich (etwa 1:10) verfügen; hierunter darf jedoch die Verständlichkeit der Ausgabe nicht leiden. Es ist wohlbekannt, daß in natürlicher Sprache eine Änderung der Sprechgeschwindigkeit sich nicht auf alle Signalabschnitte gleichermaßen auswirkt; vielmehr sind dynamische Segmente, also Lautübergänge, die eine starke Bewegung der Artikulatoren erfordern, nur sehr begrenzt kompressionsfähig. Auch die Prosodiesteuerung ist beeinflußt: je größer die Sprechgeschwindigkeit, um so flacher die Intonation, da sonst die Prosodie die Verständlichkeit beeinträchtigt.

Wenn der Benutzer ein Wort nicht versteht oder eine Passage mehrmals hören will, wird er versuchen, das System anzuhalten und die fragliche Passage erneut aufzurufen. Das System synthetisiert üblicherweise die Äußerungen Satz für Satz und gibt jeweils das Signal an die akustische Ausgabe weiter, die einen Satz im Hintergrund abspielt, während das System bereits mit dem nächsten beschäftigt ist. Kommt nun ein Interrupt vom Benutzer, so muß das System genau wissen, welches Wort gerade abgespielt wird, damit es an diese Stelle zurückspringen kann.

Da nach einem nicht verstandenen Wort die Reaktion des Benutzers zudem noch meist verzögert eintrifft, besitzen manche Systeme eine Möglichkeit, sich nach einem Interrupt von Wort zu Wort „zurückzuhangeln", bis der Benutzer das System wieder freigibt [Fellbaum-96].

Die Zeichenerkennungssoftware des optischen Lesegerätes ist meistens alles andere als perfekt. Besondere Schwierigkeiten hat sie mit Telefax-Vorlagen [Portele, Krämer-96]. So war das Bonner Synthesesystem HADIFIX zunächst keineswegs darauf eingerichtet, „Wörter" mit mehr als 300 Zeichen oder „Sätze" mit mehr als 200 Wörtern zu synthetisieren. Wenn die Lesesoftware darüber hinaus einzelne Zeichen nicht oder falsch erkennt, entstehen sinnleere Wörter und grammatisch unkorrekte Sätze. Solche „Wörter" stehen in keinem Aussprachelexikon und sind auch für das implementierte Regelwerk zur Graphem-Phonem-Konversion in der Regel nicht zugänglich. Im Fall von HADIFIX besitzt die neben dem Aussprachelexikon eingesetzte regelbasierte Aussprachegenerierung [Stock-91] für jedes Zeichen eine Voreinstellung des Lautwerts, die dann angesteuert wird, wenn keine Regel mehr greift. Darüber hinaus ist das Bausteininventar so organisiert, daß auch die unsinnigste Lautfolge noch synthetisiert werden kann.

Ein Computerarbeitsplatz für Blinde ist stets auch mit einem Textverarbeitungssystem ausgestattet. Dieses muß an die Sprachausgabe angeschlossen sein, um dem Benutzer die Möglichkeit zu geben, über die Tastatur eingegebene Texte abzuhören und auf Schreibfehler zu überprüfen. Hierbei muß das System zum einen in einen Buchstabiermodus versetzt werden können (was bedeutet, daß Orthographie und Aussprache während der gesamten Verarbeitung nebeneinander verfügbar sein müssen), zum anderen soll eine Option existieren, die es erlaubt, die Satzzeichen mit auszugeben. In letzterem Fall spielt die prosodische Behandlung der Satzzeichen eine besondere Rolle.

Nach wie vor steht bei der Entwicklung von Synthesesystemen im Behindertenbereich die Verständlichkeit der synthetischen Sprache an oberster Stelle. Wie jedoch die vorangegangenen Beispiele zeigen, sind Flexibilität und Robustheit zwei Aspekte, die im praktischen Einsatz und damit für die Akzeptanz des Systems ebenfalls eine entscheidende Rolle spielen.

14.5.2 Multilinguale Systeme

Multilingualität, wenigstens Zweisprachigkeit, ist eine sehr wünschenswerte Eigenschaft für ein Sprachsynthesesystem auch im Hinblick auf die Anwendungen [Sorin-94]. So wird auch bei der Anwendung im Behindertenbereich immer wieder nach Systemen gefragt, die in mehreren Sprachen sprechen können [Fellbaum-96]. Obwohl es bereits kommerziell erhältliche Systeme gibt, die in mehreren Sprachen sprechen, sind Vorleseautomaten für Blinde in den wenigsten Fällen darauf ausgerichtet.

Eines der ersten multilingualen Systeme wurde von [Carlson, Granström, et al.-82] vorgestellt; es bildete die Grundlage für das schwedische System Infovox. Weitere Systeme folgten u.a. bei CNET (Frankreich) [CNET- 91], [Bigorgne, Boëffard, et al.-93], Lernout and Hauspie (Belgien) [L&H-96] sowie bei AT&T (USA) [Sproat, Olive-96], [Möbius, Schroeter, et al.-96].

Als ein Beispiel sei die Architektur des AT&T-Systems ein wenig näher betrachtet. Das System besteht aus einer Kette von 13 Modulen, die streng in Reihe geschaltet sind: Textverarbeitung, Lemmatisierung (d.h. Zuordnung der Wörter zu ihren Grundformen), Akzentuierung und Prominenz, Aussprachegenerierung, Phrasierung, Phrasenakzente, Dauersteuerung, Intonationssteuerung, Steuerung der (Kurzzeit-)Amplitude, Anregungsfunktion, Auswahl der Bausteine, Verkettung und akustische Synthese. Die Schnittstellen zwischen den Modulen sind normiert, und jedes Modul fügt Information zum Datenstrom hinzu, bis schließlich die Verkettungsstufe die Daten in Parametersätze für die akustische Synthese umwandelt. Diese modulare Struktur mit streng normierten Schnittstellen hat u.a. den Vorteil, daß jedes Modul leicht herausgenommen, modifiziert und reintegriert werden kann; weiterhin ist es leicht möglich, an jeder Stelle diagnostisch in das System „hineinzuhören", um Ursachen für Fehler und Qualitätsverluste schnell zu finden.

Für die multilinguale Synthese (in diesem System neben Englisch neun Sprachen) ist es wichtig, daß die grundlegenden Algorithmen der Symbolverarbeitung wie auch der Verkettung und der akustischen Synthese sprachenunabhängig implementiert werden; sprachenspezifische Teile werden als Tabellen und Daten beigesteuert. Bei der Erweiterung des Systems auf eine neue Sprache muß zuerst die Phonotaktik untersucht und ein Bausteininventar aufgebaut werden; Symbolverarbeitung und Prosodie folgen später, wobei die Grundversionen dieser Module meist schon eine halbwegs vernünftige Synthese ermöglichen, die als Arbeitsgrundlage für die weitere Entwicklung dient.

Bei rein regelgesteuerten Systemen, wie z.B. beim schwedischen System Infovox, kann die gleiche „Stimme" für alle Sprachen verwendet werden. Bei datengesteuerten Systemen ist dies nicht oder nur sehr bedingt möglich, wenn geeignete bilinguale Sprecher gefunden werden, die ein Inventar in zwei Sprachen in gleicher Qualität aufsprechen können. Sonst bedeutet bei diesen Systemen ein Wechsel der Sprache stets auch einen Wechsel der Stimme.

14.5.3 Inhaltsgesteuerte Sprachsynthese (*Concept to Speech*)

Als eine künftige Anwendung der Sprachsynthese zeichnet sich ihr Einsatz in Sprachdialogsystemen, Auskunftssystemen und automatischen Ansagediensten ab [Sorin-94]. Sofern nicht vorgefertigte Texte verwendet werden, wird die Sprachsynthese bei dieser Anwendung von einer Sprachgenerierungsstufe angesteuert. Deren

Eingangsinformation besteht in einer abstrakten semantischen Repräsentation des auszugebenden Inhalts. Bei herkömmlicher Realisierung wandelt die Generierungsstufe diese in natürlichsprachlichen Text, der wiederum an die Sprachsynthese weitergereicht wird.

Diese Konfiguration bedeutet einen Umweg, der sich nachteilig auf die erreichbare Qualität des synthetischen Sprachsignals auswirkt. Die Generierungsstufe ist dahingehend ausgelegt, in orthographischer Form einen Text zu erzeugen, der üblicherweise auf einem Bildschirm angezeigt wird. Ist jedoch ein TTS-System nachgeschaltet, so muß dieses den Text wieder analysieren, Aussprache sowie Prosodie generieren und schließlich das Sprachsignal synthetisieren. Somit kann es den Vorteil nicht ausnutzen, daß die semantische Information am Eingang der Generierungsstufe vorhanden ist; vielmehr wird bei der Generierung der textlichen Repräsentation die semantische Information abgeworfen und nicht an die Synthese weitergereicht. Diesem Manko, das zu Lasten der Sprachqualität geht, kann eine *inhaltsgesteuerte Sprachsynthese* (*concept to speech*, CTS) abhelfen.

Inhaltsgesteuerte Sprachsynthese als integrierter Bestandteil eines Sprachdialogsystems mit gesprochener Ausgabe ist in der Literatur andiskutiert [Sorin-94, S. 59]: „*... to have even the best TTS systems sound like 'they know what they are talking about' will, still for a long time, be possible only in the case of their proper coupling with automatic text or message generators (as used in automatic man-machine dialogue systems)*". In [Burgard, Karger, et al.-96] wird ein solcher Ansatz projektiert. Ein experimenteller CTS-Generator für ein Zugauskunfts-Szenario wurde in Nijmegen für das Niederländische entwickelt [Marsi-95].

Worin liegt nun der Gewinn einer solchen inhaltsgesteuerten Sprachsynthese? Ein Vorleseautomat, der in der Regel keine oder höchstens eine sehr rudimentäre semantische Analyse des Textes durchführt (meist gerade genug, daß Aussprachefehler vermieden werden), „weiß" nicht, was er sagt. Infolgedessen lassen sich Phänomene wie Hervorhebungen, Kontrastbetonungen oder semantische Nuancen, die zu realisieren von einem geübten menschlichen Vorleser ohne weiteres verlangt werden kann, von einem Vorleseautomaten nicht erwarten. Auch wenn eine gut ausgefeilte Prosodiesteuerung eine natürlich klingende Standardprosodie zu erzeugen vermag, wird sie mit solchen Situationen nicht fertig. Da die Prosodie zu großen Teilen der Semantik und der Pragmatik verpflichtet ist [Sorin-94], [Kohler-96], bleibt dieser Bereich dem Vorleseautomaten verschlossen. Anders dagegen bei der inhaltsgesteuerten Sprachsynthese. Die für die Prosodie wichtigen Aspekte der semantischen Information lassen sich aus der semantischen Repräsentation mitgenerieren, an den Text anheften und an die Synthese weitergeben. Damit hat die Synthese dann alles, was sie braucht, um nicht nur eine von der Syntax abgeleitete Standardprosodie zu erzeugen, sondern eine Prosodie, welche die semantische Information unterstützt und sich deren Mittel zu bedienen weiß.

Jedoch nicht nur semantische Information ist bei der Generierung verfügbar, sondern auch syntaktische und lexikalische. Die Generierung erzeugt im Rahmen ihrer

Grammatik korrekte Sätze und muß daher die gesamte syntaktische Information eines generierten Satzes ebenso verarbeiten wie die lexikalische und morphologische Information über Wortklassen oder Flexionen. Weitergereicht an die Sprachsynthese kann dort die aufwendige und allem Fortschritt zum Trotz noch fehlerbehaftete syntaktische Analyse des Textes entfallen. Werden Generierung und Synthese zu einer Stufe integriert, so kann auch die gesamte Graphem-Phonem-Konversion entfallen. Da jede Sprachgenerierungsstufe domänenorientiert arbeitet, wird ihr Lexikon stets kleiner sein als das eines Vorleseautomaten; zudem werden keine unbekannten Wörter generiert. Benötigt wird im Lexikon der Generierungsstufe eine eigene Spalte, die Aussprache und Betonung enthält; wortklassenabhängige Zusatzinformationen spezifizieren darüber hinaus beispielsweise, ob es sich um ein Funktionswort handelt, das im Satzgefüge deakzentuiert wird.

Der größte Teil der symbolverarbeitenden Module eines Vorleseautomaten kann folglich durch die inhaltsgesteuerte Sprachsynthese in die Generierung integriert werden. Die Information, welche die Generierung an die Synthese weitergibt, ist vollständiger (da Semantik und Pragmatik hinzukommen) und fehlerärmer als die Information, die sich das Sprachsynthesesystem aus dem generierten Text ohne die Zusatzinformationen selbst erschließen könnte.

Auch die Generierungsstufe kann in ihrer ureigensten Aufgabe der Wandlung einer Verbindung semantischer Konzepte in einen natürlichsprachlichen Text davon profitieren, daß gesprochene Sprache und nicht ein schriftlicher Text erzeugt wird. Erfolgt die Ausgabe in gesprochener Sprache, so kann die Generierungsstufe auf die gesamten Hilfsmittel zurückgreifen, die die Prosodie bereitstellt und die in geschriebenem Text nicht zur Verfügung stehen. Bei gesprochener Sprache hat der Sprecher im Unterschied zur Textform die Wahl, ob er eine Hervorhebung oder den Fokus einer Äußerung mit Hilfe der Prosodie oder mit Hilfe syntaktischer Konstruktionen, beispielsweise auf dem Weg über die Wortstellung realisiert. Die Realisierung mit Hilfe der Prosodie ist in der Regel die kürzeste und prägnanteste. Als ein einfaches Beispiel denke man daran, daß der Satz *„fahren Sie heute nach Stuttgart?"* fünf verschiedene Bedeutungen haben kann (und demnach auch fünf verschiedene Antworten erwarten läßt), je nachdem, ob der Satz neutral gesprochen wird oder eines der Wörter „fahren", „Sie", „heute" oder „Stuttgart" durch Kontrastbetonung hervorgehoben ist. Würden diese semantischen Unterschiede durch Veränderung der Wortstellung erreicht, so müßten fünf textlich verschiedene Sätze generiert werden, und mindestens vier davon wären länger als der vorstehend zitierte.

Macht die Integration von Generierung und Synthese damit syntheseseitig die symbolverarbeitenden Module überflüssig? Keineswegs, nur wird ihre Aufgabe eine andere. Als formale Repräsentation am Ausgang der Generierungsstufe ist annotierter Text bzw. annotierte Lautschrift zu erwarten. Die Annotationen, die sich von der Information über Wortklassen über die Syntax bis hin zur Semantik und Pragmatik erstrecken, werden syntheseseitig in prosodische Steuerinformation (z.B. Deakzentuierung von Funktionswörtern, Phrasierung, Einfügung von Pausen usw.) umgesetzt.

Der nachfolgenden akustischen Prosodiesteuerung steht über die semantische Information ein sehr viel reicheres prosodisches Inventar zur Verfügung als einem Vorleseautomaten. Die Prosodie einer inhaltsgesteuerten Sprachsynthese wird sich daher wesentlich stärker an spontansprachlichen Realisierungen orientieren können, als dies bei rein textgesteuerter Synthese möglich wäre. Zu erwarten ist also eine Steigerung der Sprachqualität vor allem im prosodischen Bereich. Erste Ergebnisse (Portele et al., unveröffentlicht) bestätigen die Erwartungen.

Wichtig innerhalb der Generierungsstufe – und für CTS im allgemeinen – ist die Transparenz der Information. Die Information über Fokus sowie semantische Funktionen und Instanzen muß an die Syntax und die Akzentuierungsstufe weitergegeben werden, um eine korrekte Deakzentuierung zu ermöglichen. In einem komplexeren System wie Verbmobil (vgl. Abschnitt 14.5) muß derartige Information noch von viel weiter her durchgeschleust werden, beispielsweise aus der Prosodie der Originaläußerung, wo die ursprünglichen Akzente und Phrasengrenzen lokalisiert werden, die dann in die Zieläußerung übertragen, in die andere Sprache transformiert und dort wieder für die Synthese verwendet werden. Darüber hinaus ist ein experimentelles sprachverarbeitendes System stets auch immer ein Werkzeug für die Grundlagenforschung [Kohler-91]; es erlaubt, Hypothesen zu testen und die angewendeten Modelle zu verfeinern und zu optimieren. CTS wird insbesondere dazu beitragen können, den Durchgriff semantischer Kategorien und Konzepte auf die Prosodie näher zu untersuchen.

Eine praktische Möglichkeit, ein TTS-System alternativ auf CTS umzustellen, ist durch die Verwendung einer Annotationssprache gegeben. Eine solche, die im wesentlichen Prosodiezwecken dient, wurde bereits in Abschnitt 14.4.2 erwähnt [Kohler-96], weitere Ansätze dieser Art sind in der Literatur vorgestellt. Im Hinblick auf Modularität und Portabilität von Sprachsynthesesystemen ist die sich abzeichnende Vielfalt individueller Annotationssprachen jedoch ungünstig. Aus diesem Grunde sind Bestrebungen im Gang, mit einer universellen Annotationssprache (STML, *Spoken Text Markup Language*, [Sproat, Taylor et al.-97]) einen internationalen Standard zu schaffen, dessen sich die verschiedenen Synthesesysteme bedienen können.

Kapitel 15

Sprachsignal-Qualität

15.1 Problematik

Ziel der bislang geschilderten Sprachsignalverarbeitungen ist i.a. die akustische Ausgabe eines „möglichst guten" Ausgangssignals. Gütekriterium ist der Höreindruck der Systemnutzer – beim hier diskutierten Anwendungshintergrund i.a. meist das Qualitätsempfinden von Fernsprechteilnehmern.

Die Eckwerte des Telefonsytems gehen auf die (durchaus noch verwendete) Analog-Telefonübertragung zurück; sie sind im Hinblick auf eine genügend hohe (Silben-, Wort- und Satz-) Verständlichkeit festgelegt worden. Qualität ist jedoch mehr: Man fragt nach Natürlichkeit, Klarheit, Störgeräuschen und ähnlichen Details, nach der Höranstrengung oder der Gesamtgüte, ausgedrückt etwa mit „Noten" wie auf einem Schulzeugnis.

Diese Fragen kann man nicht an alle Nutzer richten: Man macht „Hörtests" mit einem ausgewählten „Testhörerkreis" anhand ausgesuchter „Hörproben". Damit wird die *Telefon-Situation* (die sehr unterschiedlich sein kann schon allein hinsichtlich Zweck des Gesprächs oder Bekanntheit der Partner!) offenbar nur *modelliert*, und Modelle haben stets Schwächen [Berger-98].

Dennoch liefern solche Hörtests, als „subjektive" oder besser „auditive" Gütebeurteilung" bezeichnet, im Ganzen verläßliche Aussagen [Sotscheck-83] – allerdings auf Kosten eines *erheblichen Aufwands*: Man braucht möglichst viele phonologisch ausgewogene Sprachproben, gesprochen von möglichst vielen „normalen" Sprechern und nach Durchlaufen der zu vergleichenden Verarbeitungssysteme beurteilt von möglichst vielen „normalen" Hörern. Der große Aufwand ist letztlich unvermeidbar bei nationalen oder gar internationalen Standardisierungen; er beschränkt sicher die Zahl der dabei an sich sinnvollen Vor- und Zwischenauswahl-Schritte, und er ist untragbar für die Beurteilung der Einzelschritte einer Algorithmenentwicklung im Labor.

Ziel vielfacher Bemühungen seit vielen Jahren sind daher Möglichkeiten, *instrumentelle* Maße, also technische Signalauswertung ohne Beteiligung von Personen zu finden, welche weitgehend dieselbe Qualitätseinstufung liefern wie ein aufwendiger, sorgfältig durchgeführter Hörtest: Gesucht ist also ein gutes Modell für ein Modell.

Im nächsten Abschnitt werden die wesentlichen *auditiven* Verfahren vorgestellt; insbesondere wird auf das Vorgehen bei der Standardisierung von neuen Sprachcodierungstechniken eingegangen. Im Anschluß werden bekannte *meßtechnische* Ansätze auf reiner Signal- bzw. Spektralbasis zusammengestellt, bevor über neueste Methoden berichtet wird, welche Kenntnisse über die Gehörphysiologie und Psychoakustik verstärkt berücksichtigen. Auditive wie erst recht instrumentelle Verfahren zur Bewertung von Geräuschreduktions- und Echounterdrückungs-Verfahren werden hier ausgespart; sie sind Gegenstand neuerer Untersuchungen (z.B. [Gierlich, Kettler, et al.-96]). Auf die Qualitätsbeurteilung von synthetischer Sprache wird in Abschnitt 15.4 eingegangen.

15.2 Auditive Qualitätsbestimmung

15.2.1 Beurteilungsansätze

Ein gehörtes, verarbeitetes – z.B. codiertes und wieder decodiertes – Sprachsignal kann man beurteilen, indem man es

- nach aller bisher gesammelter (Telefon-) Erfahrung mit einer Wertung belegt,
- mit dem unverfälschten Original vergleicht und die Qualitätsminderung bewertet,
- mit einem zweiten Signal (z.B., aber nicht notwendigerweise dem Original) vergleicht und den Unterschied der in unbekannter Reihenfolge gehörten Versionen positiv oder negativ in mehreren Stufen bewertet,
- mit einem zweiten Signal vergleicht und seine Präferenz angibt oder
- mit einem zweiten Signal vergleicht, dessen Parameter man solange variieren darf, bis man beide Signale als gleichwertig einstuft („Isopräferenz").

Im ersten Fall spricht man von (absoluten) Kategorie-Zuweisungstests (*absolute category rating*, ACR-Tests), in allen anderen von Paarvergleichstests. Genauere Bezeichnungen, Anwendungsmöglichkeiten sowie die – weitgehend sogar international genormten [ITU-93] – üblichen „Noten"-Skalen sind Tab. 15.1 zu entnehmen (nach [Klaus, Berger-96]).

Tabelle 15.1: Testklassen und Varianten mit Bewertungsskalen und Anwendungen

Klasse	Bezeichnungen und Skalen	Anwendungen

Kategorie-Zuweisungs-Tests (Einschätzungs- oder *Opinion*-Test)	ACR (= *absolute category rating*)-Skalen für die
	* Güte:
	  5: ausgezeichnet
	  4: gut
	  4: ordentlich
	  2: dürftig
	  1: schlecht
	* Höranstrengung:
	  5: völlig entspannt, keine Anstrengung
	  4: Aufmerksamkeit, aber keine Anstrengung
	  3: mäßige Anstrengung
	  2: beträchtliche Anstrengung
	  1: unverständlich trotz größter Anstrengung
		allgemeine Qualitätsaussagen, Höranstrengungs-Aussagen, Einschätzung von Störeinflüßen

Paarvergleichs-Tests	DCR (= *degradation category rating*); Verschlechterungs-Skala:
	  5: unhörbar
	  4: hörbar, aber nicht belästigend
	  3: leicht belästigend
	  2: belästigend
	  1: sehr belästigend
		Aussagen über die Verschlechterung gegenüber einem gekennzeichneten Original

	CCR (= *comparison category rating*); Vergleichs-Skala
	  +3: viel besser
	  +2: besser
	  +1: wenig besser
	    0: etwa gleich
	  −1: wenig schlechter
	  −2: schlechter
	  −3: viel schlechter
		Aussagen über Unterschiede zweier Sprachsignale in unbekannter Reihenfolge oder aus unterschiedlichen Systemen

	Präferenz, Skala „besser / schlechter"	Auswahl der besseren von zwei Versionen oder – kombinatorisch – der besten von mehreren Versionen einer Verarbeitung
	ISO-Präferenz	Gleichsetzung mit spezieller Version einer bekannten Verarbeitung

Die obigen Formulierungen enthalten implizit die Aussage, daß die Test*hörer* tatsächlich nur Sprachproben *hören* (*Listening-only tests*). Man kann zwar zu entsprechend klassifizierbaren Urteilen kommen, indem man einen (dem Telefonbetrieb näher kommenden) Konversationstest durchführt; die dafür nötige weitere Aufwandssteigerung vermeidet man jedoch bis auf Sonderfälle. Gehört werden Testsätze, die i.a. etwa zwei Sekunden dauern und aus umfangreichen Dateien stammen. Gängig sind in Deutschland die 100 *Marburger Testsätze* [DIN-80] und die als Ergänzung entwickelten 100 *Berliner Sätze* [Sotscheck-84]. Als Beispiel für Art und Dauer sei genannt: „Er hat schon alles vergessen."

Hinzu kommen 50 *Bochumer Sätze* [Jekosch, Benoit, et al.-89], die ebenfalls phonologisch ausgewogen, aber bewußt ohne sinnvolle Semantik erstellt wurden, um „Verständlichkeit durch Vorhersage" zu erschweren. Ein Beispiel lautet: „Der Dieb fließt in die freie Gier." Einige hundert weitere Proben sind im Bereich „Psychoakustik" des Telekom-Forschungszentrums in Berlin verfügbar, wo bislang alle wesentlichen deutschsprachigen auditiven Tests für nationale und internationale Auswahlverfahren ausgewertet werden.

Unter den geschilderten Tests modelliert ein ACR-Test am ehesten den (im Geschäftsbetrieb häufigen) Fall eines Gesprächs mit einem unbekannten Partner: In das Qualitätsempfinden des Hörers gehen zwangsläufig sowohl Sprechereigenheiten als auch die Übertragungseigenschaften des Systems ein, da ein möglicherweise ja auch schon unangenehm klingendes Originalsignal nicht zum Vergleich herangezogen wird. Die Sprecherauswahl ist besonders wichtig, und eine gewisse Sprach*material*-Abhängigkeit der Urteile ist unvermeidbar. Trotz aller phonologischen Ausgewogenheit bezieht sich das im übrigen auch auf die Testsätze, da eine bestimmte Verarbeitung mit bestimmten Lautfolgen oder Stimmvariationen u.U. besonders gut oder besonders schlecht fertig wird.

Genauere Aussagen über die Auswirkung einer Parameteränderung im Coder oder die Einstufung im Vergleich mit anderen Verfahren brächten Paarvergleichstests. Sie sind bei der auditiven Musik- oder Studio-Signalbewertung auch üblich, nicht jedoch bei der *Sprach*gütebestimmung. Ein naheliegender Grund ist die schlichte Verdoppelung der Testdauer beim Abspielen von Signal*paaren*. Welchen Aufwand schon ein ACR-Hörtest verursacht, sei am Beispiel der Vorauswahl für das Halbraten-Mobilfunksystem in Europa (*GSM Halfrate Preselection Test 1991*) verdeutlicht:

- 80 Sprecher in 6 Landessprachen;
- dabei jeweils mehrere weibliche und männliche Stimmen;
- je Sprecher $\geq$ 10 Sprachproben, je Sprachprobe 2 Sätze (s.o.) plus Pause;
- Gesamtzeit der Datenbasis ca. 7 Stunden;
- Datenumfang > 200 MByte;

- 60 Testbedingungen: verschiedene Pegel, Bitfehlerraten, Codec-Tandems;
- 400 Testhörer insgesamt.

15.2.2 Mean-Opinion Score (MOS)

Nach der Testdurchführung liegen zunächst viele Einzelaussagen vor. Sie werden dann für jedes System bei einer Testbedingung gemittelt und ergeben auf der ACR-Skala nach Tab. (15.1) den sogenannten *Mean-Opinion Score* (MOS). Einen Eindruck von der Qualitätsbewertung nach dieser Methode erhält man, wenn man weiß, daß (europaweit gemittelt) die klassische logarithmische 64 kbit/s-PCM (s. Abschnitt 9.3) mit einem MOS-Wert von 4.3 als „gut mit Tendenz zu sehr gut" eingestuft wird, der 13 kbit/s-D-Netz-Coder (s. Abschnitt 10.4.2) mit 3.4 bis 3.7 (je nach Bitfehlern) als „ordentlich mit Tendenz zu gut" und die 32 kbit/s-ADPCM des DECT-Standards (s. Anhang) mit einem MOS-Wert von 3.85 genau dazwischen. Solche Bewertungen sind allerdings stets zu relativieren: Aufgrund der „Erwartungshaltung" der Telefonnutzer ändern sich die Urteile mit der Zeit bzw. mit der Gewöhnung an die täglich verfügbare Technik.

15.2.3 Anker-Beurteilungen, MNRU

Die gemeinsame Auswertung getrennt durchgeführter Tests ist problematisch: Je nach Sprache, Sprecher- und Hörerauswahl, Erwartungshaltung der Hörerschaft u.a. liegen die absoluten Urteile über gleiche Systeme i.a. auseinander. Die nötige Normierung gelingt, indem man immer wieder gleichartige, wohlbekannte Systeme in alle Tests integriert, deren Qualitäten den ganzen Urteilsbereich von MOS ≈ 1 bis MOS ≈ 5 weitgehend abdecken.

Üblicherweise verwendet man hierzu ein System, das den Störtypus der logarithmischen PCM parametrierbar nachbildet: Die *Modulated-Noise Reference Unit* (MNRU, s. [ITU-96]) erzeugt additives Störrauschen, dessen Stärke proportional zur Signalamplitude ist. Die Variationen der beiden Verstärkungen G_x und G_n in Bild 15.1 erlaubt die definierte Einstellung eines bestimmten Störabstandes gemäß SNR/dB $= 20 \cdot \lg (G_x/G_n)$.

In der Literatur wird anstelle des Störabstandes häufig der in [ITU-96] benutzte „Q-Wert" zitiert. Gemäß

$$Q \doteq \text{SNR/dB}$$

entspricht eine MNRU mit $Q = 40$, auch „MNRU-40" abgekürzt, einer Einstellung mit $G_n = 0.01\, G_x$, einem Störabstand von 40 dB und nach auditiven Beurteilungen einem MOS ≈ 4.4; eine „MNRU-10" ($Q = 10 \mathrel{\hat{=}} \text{SNR} = 10\,\text{dB}$) wird durch $G_n = G_x/\sqrt{10}$ eingestellt und erhält einen MOS $\lesssim 1.9$.

Der Absolutwert G_x wird so gewählt, daß keine Übersteuerungen auftreten.

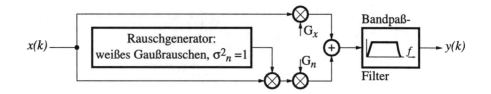

Bild 15.1: MNRU-Aufbau. Der Bandpaß entspricht entweder dem klassischen Telefonkanal (300 Hz – 3.4 kHz) oder dem Kanal der „Breitband"-Telefonie (50 Hz – 7.0 kHz), die Realisierung ist klassisch analog oder neuerdings digital vorgesehen.

15.2.4 Attributbewertungen

Auch mit einer absoluten Kategoriezuweisung kann man sich genauere Aussagen über Unterschiede zweier Coder verschaffen. Man darf dann nicht nur nach dem Gesamtgüteeindruck fragen, sondern nach den eingangs erwähnten Details, aus denen er sich ja zusammensetzt. Die folgenden zehn Qualitäts-*Attribute* wurden von [Voiers-77] herangezogen, um neben der daraus zu bestimmenden Gesamt- „Annehmbarkeit" eine Einzeleffekt-„Diagnose" (*Diagnostic Acceptability Measure*, DAM) zu ermöglichen:

„Die *Sprache* klingt flatternd – dünn – kratzend – dumpf – unterbrochen – näselnd, die *Störungen* klingen zischend – brummend – plätschernd – rumpelnd."

Ähnliche, aber in Anlehnung an [Gabrielsson, Schenkman, et al.-85] abgewandelt sind die in [Halka, Heute-92] verwendeten neun Attribute:

„Die *Sprache* klingt klar – voll – hell – scharf – natürlich – verständlich – nah, die *Störungen* enthalten Rauschen und / oder Geräusche."

Hinzu kommen hier die Beurteilung der „Lautheit" und wiederum der gesamten Annehmbarkeit und Güte. Im Unterschied zum vorn geschilderten, international sonst üblichen Bewertungsbereich zwischen 1 und 5 wurde hier eine nach oben offene Skala angeboten. Die Testhörer mußten sich dabei allmählich selbst den verwendeten Wertebereich definieren. Interessanterweise wurden stets Werte unterhalb von 10 vergeben, und die Streuung der Ergebnisse wurden im Vergleich zu Standard-MOS-Beurteilungen *nicht* vergrößert.

15.2.5 Faktoren- und Hauptkomponentenanalyse

Die Auswertung einer Attributbewertung zeigt starke Abhängigkeiten zwischen den Einzelaussagen. Quantitativ läßt sich das durch die Korrelationsmatrix der

15.2 AUDITIVE QUALITÄTSBESTIMMUNG

Tabelle 15.2: Korrelationsmatrix der Attribute (nach [Bappert, Blauert-94])

	Klarheit	Fülle	Helligkeit	Schärfe	Natürlichkeit	Lautheit	Nähe	Rauschen	Geräusche	Verständlichkeit
Klarheit	1.00									
Fülle	0.33	1.00								
Helligkeit	0.36	-0.67	1.00							
Schärfe	-0.50	-0.67	0.20	1.00						
Natürlichkeit	0.95	0.26	0.38	-0.40	1.00					
Lautheit	0.61	0.62	-0.20	-0.62	0.39	1.00				
Nähe	0.91	0.55	0.14	-0.57	0.91	0.59	1.00			
Rauschen	-0.32	-0.81	0.52	0.48	-0.14	-0.78	-0.46	1.00		
Geräusche	-0.96	-0.46	-0.15	0.49	-0.87	-0.75	-0.87	0.47	1.00	
Verständlichkeit	0.99	0.28	0.39	-0.45	0.91	0.65	0.88	-0.34	-0.96	1.00

Attribute für einen bestimmten Test belegen (s. Tabelle 15.2). Diese (normierten) Korrelationswerte besagen z.B., daß Verständlichkeit und Klarheit fast als Synonym gesehen werden können.

Hieraus folgt, daß sich das Gesamtqualitäts-Urteil eines Hörers nicht aus ca. 10, sondern aus weniger Attributurteilen zusammensetzen sollte. (Nach einer gleichartigen Überlegung sind die 10 Bestandteile des DAM übrigens aus ursprünglich 17 ausgewählt worden.) Diese geringere Anzahl „wirklich qualitätsbestimmender" Faktoren liefert die sogenannte *Faktorenanalyse*; sie entspricht der Bestimmung der wesentlichen Komponenten einer KLT-Darstellung (s. Abschnitt 4.2.7) der „Urteilsvektoren" eines Testsystems. Man spricht daher auch von *Hauptkomponentenanalyse*.

Ausgangspunkt sind die Vektoren $\mathbf{u}_i$ mit den p (z.B. $p=10$) von Mittelwerten befreiten und auf ihre Standardabweichungen σ_{ul} normierten Attributwerten u_{il}, $l \in \{1,\ldots,p\}$ für die m getesteten Sprachverarbeitungssysteme mit der Numerierung $i \in \{1,\ldots,m\}$. Hierzu läßt sich – wie für *Signal*vektoren im Abschnitt 12.6 und speziell in (12.32-a, b) durchgeführt – die Korrelationsmatrix $\mathbf{R}_{uu}$ der Attribute „schätzen", wie sie in Tab. 15.2 für ein Testbeispiel schon zu sehen war. Ganz analog zur *Signal*behandlung in Abschnitt 4.2.7 kann man nun mit einer KLT die *Urteils*vektoren als Überlagerungen von p Basisvektoren $\mathbf{a}_\mu$ der Länge p darstellen:

$$\mathbf{u}_i = \sum_{\mu=1}^{p} U_{i\mu}\, \mathbf{a}_\mu, \qquad i \in \{1,\ldots,m\}. \tag{15.1}$$

Hierin sind $U_{i\mu}$ die KLT-Koeffizienten (s. (4.25)) und die $\mathbf{a}_\mu$ (wie stets bei der KLT) die Eigenvektoren der Korrelationsmatrix $\mathbf{R}_{uu}$. Die Reduktion auf die *wesentlichen* „Faktoren" nimmt man vor, indem man die obige Summation auf diejenigen $p_1 < p$ Vektoren $\mathbf{a}_\mu$ beschränkt, die zu den p_1 größten Eigenwerten von $\mathbf{R}_{uu}$ gehören. Das entspricht einer Projektion des Vektors $\mathbf{u}_i$ auf einen Vektor $\widehat{\mathbf{u}}_i$ gemäß

$$\widehat{\mathbf{u}}_i = \sum_{\mu=1}^{p_1} U_{i\mu}\,\mathbf{a}_\mu, \qquad p_1 < p, \quad i \in \{1,\ldots,m\}$$

mit minimaler quadratischer Abweichung vom ursprünglichen Urteilsvektor $\mathbf{u}_i$ entsprechend (15.1). Systembewertungen lassen sich demnach jetzt ausdrücken durch Vektoren

$$\widehat{\mathbf{U}}_i \doteq (U_{i1}\ ,\ U_{i2}\ ,\ \ldots\ ,\ U_{ip_1})^T, \qquad i \in \{1,\ldots,m\},$$

mit verringerter Dimension $p_1 < p$.

Deren Einträge $U_{i\mu}$ geben allerdings jetzt eine „Bewertung" bezüglich „*abstrakter Attribute*" $\mathbf{a}_\mu$ an, die *nicht* mit den ursprünglichen *Bezeichnungen* wie Helligkeit und Klarheit usw. belegt sind. Das durch die p_1 Basisvektoren gebildete Koordinatensystem läßt sich jedoch – in seiner relativen Anordnung unverändert – so drehen, daß einzelne Attribute weitgehend mit den neuen Achsenrichtungen zusammenfallen. Dann kann man u.U. die abstrakten Faktoren $\mathbf{a}_\mu$ wieder (näherungsweise) anschaulich benennen. Bild 15.2 gibt das Resultat einer solchen Faktorenanalyse nach der Reduktion auf $p_1 = 2$ Hauptkomponenten und deren (sog. „Varimax"-) Rotation wieder für den Fall einer Beurteilung von $m = 26$ Codiersystemen mit $p = 10$ Attributen (nach [Halka, Heute-92], [Bappert, Blauert-94]).

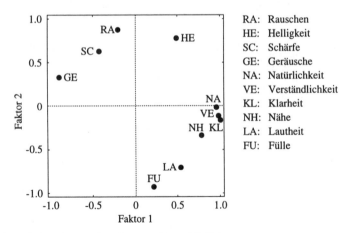

Bild 15.2: Reduktion der 10 Attributurteile auf 2 Faktoren
(nach „Varimax-Rotation" des reduzierten Koordinatensystems)

Eine denkbare Interpretation der so verbliebenen zwei Komponenten ist die folgende:

- Natürlichkeit, Verständlichkeit, Klarheit und auch Nähe werden fast immer als eine Einheit „gehört".

- Diese vier nahezu gleichwertigen Attribute bilden die positive Achse eines Hauptfaktors des Qualitätsempfindens. Ihr negatives Pendant ist das Vorhandensein von Geräuschen (wie Rumpeln, Klingeln, Knacken), welche anschaulich gerade diese vier Attribute beeinträchtigen.

- Rauschen (insbesondere etwa weißes Quantisierungsrauschen) mit seinen höheren Frequenzanteilen bestimmt die Verschlechterung des Eindrucks in einer vom ersten Faktor unabhängigen Weise. Geringes Rauschen erlaubt einen volleren Klang – Fülle steht auf der gegenüberliegenden Seite der zweiten Achse.

Helligkeit, Schärfe und Lautheit entziehen sich einer ähnlichen Interpretation. Das mag an Eigenheiten des zugrundeliegenden Hörtests oder auch an der mit $p_1 = 2$ evtl. zu klein gewählten Zahl der Hauptkomponenten liegen.

15.3 Instrumentelle Qualitätsbestimmung

15.3.1 Problematik der ACR-Nachbildung

Instrumentelle Qualitätsmaße sollen nach Abschnitt 15.1 „ein Modell modellieren". Bei Standardisierungen für ein Fernsprechnetz ist eine absolute Kategorie-Zuweisung in einem reinen Hörtest, i.a. auf der MOS-Skala, gängig (s. Abschnitt 15.2). Modelliert ein solcher *ACR-Listening-Only*-Test die Telefonsituation schon sehr eingeschränkt, so ist seine instrumentelle Nachbildung noch schwieriger: *Hörer* können die Qualität *eines* (Codec-Ausgangs-) Signals beurteilen, indem sie eine interne (Erfahrungs-) Referenz heranziehen. Eine solche Referenz hat das „Instrument Rechner" zumindest a priori nicht zur Verfügung. Als Ersatz bietet sich einzig das Eingangssignal des zu bewertenden Systems an. Alle hierauf beruhenden meßtechnischen Ansätzen wären demnach eher zur Modellierung von Paarvergleichstests in der Lage – die aber aus Aufwandsgründen eben nicht so häufig verwendet werden.

15.3.2 Zwei Vergleichsbasen

Eingangssignal $x(k)$ und Ausgangssignal $\hat{x}(k)$ eines sprachverarbeitenden Systems liegen vor. Zur Qualitätsbestimmung sind zwei Basisansätze möglich:

- Die beiden Signale $x(k)$ und $\hat{x}(k)$ werden zunächst dazu benutzt, eine Signalverfälschung $n(k)$ (im einfachsten Fall als Differenz gemäß $n(k) \doteq$

$\widehat{x}(k) - x(k))$ zu bestimmen. Danach wird – direkt, im Spektrum oder in einer Empfindungsrepräsentation – $n(k)$ mit $x(k)$ (oder $\widehat{x}(k)$) verglichen, und die „Lästigkeit" der Störung wird bestimmt.

- In enger Analogie zum Paarvergleichstest wird der Unterschied zwischen $\widehat{x}(k)$ und $x(k)$ festgestellt. Das kann direkt anhand der Signalwerte oder indirekt durch äquivalente Darstellungen geschehen. Hier kann man an unterschiedliche Spektralformen denken oder aber an „gehörrichtige", d.h. die Empfindung modellierende, „(Kopf-) interne" Repräsentationen.

In beiden Fällen sind i.a. einige Signal-Vorverarbeitungen erforderlich: Die unvermeidliche Signalverzögerung durch die Codierung und Decodierung spielt beim *ACR-Listening-only*-Test keine Rolle – sie muß ausgeglichen werden, damit die Signale zeitrichtig miteinander verglichen werden. Ähnliches gilt für Signalverstärkung oder Abschwächung durch ein Codec. In gewissen Grenzen sind sogar lineare Verzerrungen, d.h. ein nicht konstanter mittlerer Frequenzgang des Codiersystems zu kompensieren, da sie den Höreindruck i.a. weniger stark prägen. Im Hörtest unvermeidliche Frequenzgänge wie (gegebenenfalls) diejenigen von Telefonbandpaß und Handapparat sind vor dem Signalvergleich nachzubilden.

Insgesamt kommt man so zu den beiden Grundaufbauten einer Qualitätsmessung, wie sie im Bild 15.3 wiedergegeben sind (nach [Hauenstein-97]).

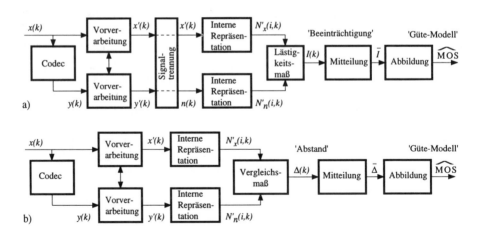

Bild 15.3: Grundvarianten instrumenteller Qualitätsmessungen (mit Vorverarbeitungen zur Kompensation von nicht qualitätsrelevanten Effekten)
a) durch den Vergleich geeigneter Darstellungen von Original- und Störsignal;
b) durch den Vergleich geeigneter Darstellungen von Original- und Codecausgangssignal.

15.3.3 Bekannte Maße

a) Vergleich von Signal und Störung

Von anderen nachrichtentechnischen Anwendungen her kennt man den „Störabstand" in der schon z.B. in Kap. 9 und Kap. 12 gebrauchten, logarithmischen Form als SNR/dB. Wenn wir die darin ins Verhältnis gesetzten mittleren Signalleistungen unter der Annahme von Mittelwertfreiheit gemäß (6.5-c, d) ausdrücken durch $\overline{x^2} = \sigma_x^2$ für das unverzerrte (Nutz-) Signal $x(k)$, durch $\overline{n^2} = \sigma_n^2$ für das Störsignal $n(k)$, so können wir als einfachstes Qualitätsmaß das sogenannte „globale SNR" definieren:

$$\text{SNR/dB} = 10 \lg \frac{\sigma_x^2}{\sigma_n^2}. \tag{15.2-a}$$

Zu seiner praktischen Bestimmung werden die Varianzen zwangsläufig durch Kurzzeit-Mittelwerte ersetzt; nach (6.35-a),(6.37-b, c) sind zu messen:

$$\hat{\sigma}_x^2(k) = \frac{1}{N} \sum_{\kappa=k-N+1}^{k} x^2(\kappa), \quad \hat{\sigma}_n^2 = \frac{1}{N} \sum_{\kappa=k-N+1}^{k} n^2(\kappa).$$

Damit erhält man a priori einen *lokalen* SNR-Wert:

$$\text{SNR}(k)/\text{dB} = 10 \lg \frac{\hat{\sigma}_x^2(k)}{\hat{\sigma}_n^2(k)}. \tag{15.3}$$

Er wird *global*, wenn man von einem Signal begrenzter, aber hinreichend großer Länge N (z.B. $N \geq 10^5 \,\widehat{=}\, 12.5$ s bei $f_A = 8$ kHz) mit Werten in $\kappa \in \{1, 2, \ldots, N\}$ (ohne Einschränkung der Allgemeingültigkeit) ausgeht und als Meßpunkt $k = N$ wählt: Dann werden die *Kurzzeit*mittelwerte zu *Zeit*mittelwerten gemäß (6.36-a), (6.38-b, c), welche die *ganzen* Signale erfassen:

$$\text{SNR}_g/\text{dB} \doteq \text{SNR}(N)/\text{dB} = 10 \lg \frac{\check{\sigma}_x^2(k)}{\check{\sigma}_n^2(k)} = 10 \lg \left(\frac{\sum_{\kappa=1}^{N} x^2(\kappa)}{\sum_{\kappa=1}^{N} n^2(\kappa)} \right). \tag{15.2-b}$$

Problematisch ist die geringe Aussagekraft dieser Meßgröße bezüglich der beim Hören empfundenen Qualität: Nur im Bereich relativ hoher Störabstände (SNR$_g$ = ...30...40...dB) bedeutet eine Erhöhung des SNR i.a. auch eine bessere, eine Verminderung eine schlechtere Gütebewertung. Bei kleinen SNR-Werten (etwa unter 20 dB) stimmt das immer weniger und nur für weitgehend signalunabhängige additive Rauschstörungen $n(k)$. Gerade moderne Codierverfahren lassen jedoch – wegen ihrer niedrigen Bitraten zwangsläufig – relativ große Signalverformungen zu. Sie können bei einer reinen Differenzmessung (auch nach dem natürlich nötigen Verstärkungs- und Verzögerungsabgleich) gemäß

$$n(k) \doteq \widehat{x}(k) - A\, x(k - k_0) \tag{15.4}$$

selbst mit (SNR-)optimierten Werten A und k_0 Fehlerleistungen $\check{\sigma}_n^2 \gtrsim \frac{\check{\sigma}_x^2}{10}$ liefern, also zu Störabständen um und unter 10 dB führen. Dennoch entsteht ein Höreindruck ähnlich dem bei Standard-PCM-Übertragung mit ihrem viel größeren Störabstand von 35...38 dB, weil die Codierverzerrungen spektral „geschickt geformt" sind (vgl. Kap.10.2.2-c / Bild 10.8, Abschnitte 10.4.2 und 11.3.6).

Die schlechte Übereinstimmung zwischen SNR und Hörerurteil drückt man i.a. durch die geringe *Korrelation* beider Werte aus. Dieses im weiteren herangezogene „Qualitätsmaß für Qualitätsmaße" berechnet sich wie folgt als normierter *Korrelationskoeffizient*:

$$\rho \doteq \frac{\sum\limits_{i=1}^{m} u_{iG}\, \widehat{u}_{iG}}{\sqrt{\sum\limits_{i=1}^{m} u_{iG}^2 \sum\limits_{i=1}^{m} \widehat{u}_{iG}^2}} \in [-1, 1]. \tag{15.5}$$

Hierin sind die Werte u_{iG} wie schon in Abschnitt 15.2.5 mittelwertbefreite, normierte, auditiv gewonnene (z.B. MOS-) Urteile bezüglich der Güte als globalem Kriterium für Codier- oder Verarbeitungssysteme mit den Nummern $i \in \{1,\ldots,m\}$, und mit $\widehat{u}_{iG}$ sind Urteils-*Schätzungen* aus apparativer, z.B. SNR-Messung gemeint.

Daß hier auch negative Korrelationen auftreten können, liegt an der Mittelwert-Elimination und an der hier noch nicht festgelegten Art einer Abbildung des Meßwertes auf eine Güteschätzung. Für die Prüfung der Aussagekraft eines instrumentellen Maßes genügt der Betrag des Korrelationskoeffizienten.

Bei einfacher linearer Abbildung des *globalen* Störabstandes nach (15.2-b) auf Schätzer auditiver Qualität findet man nach [Quackenbush, Barnwell, et al.-88] mit

$|\rho|$ = 0.24 für Signalform-Codecs,
$|\rho|$ = 0.70 für ADPCM-Codecs

eine völlig ungenügende Bindung zwischen geschätzter und empfundener Güte: Selbst bei Verfahren, die im wesentlichen additives Störrauschen erzeugen, ergeben sich erst bei engster Eingrenzung der Systemklasse mehr als zufällige Ähnlichkeiten mit einer siebzigprozentigen Korrelation.

Höhere $|\rho|$-Werte erreicht das sogenannte *mittlere* Segment-SNR [Noll-74] mit

$|\rho|$ = 0.70 für Signalform-Codecs,
$|\rho|$ = 0.93 für ADPCM-Codecs.

Es baut bewußt auf zeitlich variierenden *lokalen* Störabständen nach (15.3) auf, zerlegt dazu die N verfügbaren Nutz- und Störsignalwerte in K kurze Blöcke einer Länge $N_1 = N/K \ll N$ (etwa für $N = 10^5$ mit $K = 1250$ dann $N_1 = 80 \;\widehat{=}\; 10$ msec bei $f_A = 8$ kHz), die im Bereich quasi-konstanter Signaleigenschaften liegt, und ermittelt dann den durchschnittlichen SNR-Wert der Blöcke:

$$\mathrm{SNR}_{\mathrm{seg}} \doteq \frac{1}{K} \sum_{i=1}^{K} \left(10 \lg \left(\frac{\sum_{\kappa=1}^{N_1} x^2(\kappa + i\,N_1)}{\sum_{\kappa=1}^{N_1} n^2(\kappa + i\,N_1)} \right) \right). \tag{15.6}$$

Im Vergleich zum globalen Störabstand reagiert dieses Maß

- empfindlicher auf Abschnitte geringerer Signalaussteuerung bei konstanter Störleistung,

- weniger empfindlich auf Abschnitte verstärkter Störung bei konstantem Signalverhalten (nämlich aufgrund seiner Definition (15.6) symmetrisch auf beide Effekte, was dem Prinzip einer möglichen Störverdeckung im Gehör entgegenkommt).

Die erhöhte Empfindlichkeit gegenüber Signalverkleinerungen führt allerdings zu Problemen in Sprachpausen: Sie würden mit extrem großen negativen lokalen SNR-Werten zu stark in (15.6) eingehen und müssen daher gesondert behandelt (i.a. eliminiert) werden. Die nötige Pausen-Detektion ist nicht trivial. Ein reiner Vergleich etwa zwischen Kurzzeitenergie und Gesamtsignal-Energie führt wegen der unsicheren „richtigen" Schwelle zu Variationen des Segment-SNR um ca. 3 dB [Halka-93] und ist darüber hinaus gegenüber a priori vorhandenen Sprachsignal-Störungen empfindlich. Besser geeignet, aber auch recht aufwendig ist z.B. der im GSM-System zu ganz anderen Zwecken eingesetzte *Voice-Activity-Detector* ([ETSI-89], s. auch [Steele-92] und Abschnitt 8.6).

Etliche weitere Varianten einer SNR-Messung sind denkbar. So kann man in (15.6) vor der Logarithmierung zum Summenquotienten den Wert 1 addieren und dadurch die Pausenempfindlichkeit beseitigen [Mermelstein-79]; man kann neben Pausen auch Übersteuerungsbereiche ausschließen [McDermott, Scagliola, et al.-78]; man kann die beteiligten Signale $x(k)$ und $n(k)$ in Teilbändern nach einer Filterbankanalyse (vgl. Kap. 4) auswerten, dort lokale oder globale *Teilband-Störabstände* bestimmen und – mit oder ohne frequenzabhängige Gewichtung – in Frequenzrichtung mitteln; bei lokalen Teilband-SNR-Werten hat man zusätzlich die Wahl zwischen einer Mittelung zuerst in Zeit- oder zuerst in Frequenzrichtung. Weiterhin kann man nichtlineare Operationen bei der Auswertung – z.B. Schwellwertvergleiche oder Sättigungen – vorsehen. Zu diesen Varianten zählen auch die als Artikulations- und Informationsindex bekannten Maße [CCITT-88], [French, Steinberg-47], [Kryter-62]; beide verwenden eine gehörangepaßte Teilbandanalyse.

Tab. (15.3) zeigt, daß alle Störabstands-Varianten die empfundene Qualität (im MOS-Sinn) nur dann mit hinreichend hoher Korrelation nach (15.5) beschreiben können, wenn die Klasse beurteilter Codier-Verfahren stark eingeschränkt wird – auf solche nämlich, die im wesentlichen als lineares System mit additiver Störgeräuschquelle zu kennzeichnen sind.

Auf eine Trennung zwischen einem linear übertragenen Nutzsignalanteil und einem damit nicht korrelierten „Rest", der als Störung interpretiert wird, zielen auch das sogenannte „CF-Maß" nach [CCITT-91] und die „Rausch-Klirr-Messung" nach [Schüßler, Dong-90]. Im ersten Fall werden mit Hilfe der Kohärenzfunktion nach (12.59) Nutz- und Störanteile unterschieden, und die durch die Störung beeinträchtigte Signalwahrnehmung wird nichtlinear in einen *Listening-Opinion Index* umgerechnet. Je nach Testsprache werden für „gute" Codecs Korrelationen zwischen 78% und 93% erreicht. Auf die Nutzung der zweiten Meßmethode wird in Abschnitt 15.3.4-b) eingegangen.

Dort wird sich – wie auch im selben Abschnitt für einen weiteren Ansatz – eine jetzt schon festzuhaltende Beobachtung bestätigen: Die Versuche, vom Ausgangssignal einen Störanteil zu extrahieren und ihn mit einem Nutzsignalanteil, dem Eingangssignal oder auch dem Gesamt-Ausgangssignal im Sinne eines verallgemeinerten Signal-Stör-Verhältnisses zu vergleichen, führen zu guten Schätzungen der empfundenen Qualität nur bei relativ einfachen Signalverzerrungen.

Tabelle 15.3: Einige Signal-Geräusch-Abstandsmaße und ihre Korrelation mit auditiven Bewertungen für verschiedene Codiersysteme und Verzerrungsmodelle (nach [Halka-93], [Wittek-95]). Die Möglichkeit einer nichtlinearen Abbildung gemessener Abstände auf die Bewertungsschätzung ist i.a. schon berücksichtigt.

Maß	Korrelation $|\rho|$	Berücksichtigte Codierverfahren
Globales SNR	0.24	allg. Signalform-Codecs
	0.70	ADPCM-Varianten
SNR_{seg}	0.70	allg. Signalform-Codecs
	0.93	ADPCM-Varianten
SNR_{seg} ohne Übersteuerung	0.95	PCM- und ADPCM-Varianten
Artikulationsindex	0.40	Breite Codec-Palette
	0.95	MNRU-Einstellungen
Informationsindex	0.41	Breite Codec-Palette
	0.97	MNRU-Einstellungen

b) Vergleich von Original- und Ausgangssignal

Ein Vergleich der *Zeitsignale* $x(k)$ und $\hat{x}(k)$ an Eingang und Ausgang eines sprachverarbeitenden Systems führt letztlich auf die im vorausgegangenen Abschnitt besprochenen Maße mit all ihren Problemen. Bekanntlich sind aber Spektraldarstellungen wie die Fourier-Transformation wegen ihrer eindeutigen Umkehrbarkeit völlig äquivalente Signalbeschreibungen. Es ist weiterhin bekannt, daß in den Kurzzeitspektren von Sprachsignalen die vollständige Information über den gesprochenen Laut (Formanten, spektrale Einhüllende), die Prosodie (Sprachgrundfrequenz, spektrale Feinstruktur) und die Sprechercharakteristik (Formantbereiche, Grundfrequenzkontur u.a.) enthalten ist (vgl. Kap. 2, 7, 10, 11).

Daher liegt es nahe, $x(k)$ und $\hat{x}(k)$ auf der Basis zugehöriger Kurzzeitspektren $X(\Omega, k)$ und $\hat{X}(\Omega, k)$ zu vergleichen. Dazu wird ein „Abstand" $\Delta(k)$ zwischen beiden definiert, dessen Mittelwert $\bar{\Delta}$ schließlich zur Güteschätzung herangezogen wird (vgl. Bild 15.3-b).

Als Kurzzeitspektral-Darstellungen können, müssen aber nicht Block-DFT-Werte oder, allgemeiner, taktreduzierte Filterbank-Ausgangswerte verwendet werden: Mit der (durchaus anzuzweifelnden!) impliziten Annahme, daß Verständlichkeit das Hauptziel, damit *Laut-Information* wichtiger sei als „Feinheiten" der Sprechercharakteristik und Prosodie, kann man sich auf den Vergleich der spektralen Grobstruktur zurückziehen und die Feinstruktur durch *Glättung* eliminieren. Geglättete Kurzzeitspektren, d.h. deren Einhüllende, liefert aber die in der Zeitbereichscodierung intensiv genutzte lineare Prädiktion (s. Kap. 7).

Gängige *spektrale Abstandsmaße* vergleichen – linear oder mit unterschiedlicher Nichtlinearität – stets „LPC-Kurzzeit-Spektren" von K Eingangs- und Ausgangssignal-Segmenten. Sie werden jeweils mit Hilfe einer DFT/FFT aus den zum Eingangssignal $x(k)$ bzw. zum Ausgangssignal $\hat{x}(k)$ bestimmten n Prädiktionskoeffizienten $a_i^x(k)$, $a_i^{\hat{x}}(k)$ berechnet, welche zur besseren Annäherung an die an sich kontinuierlichen Spektren zuvor um genügend viele Nullwerte ergänzt werden (*zero-padding*, s. Abschnitt 4.3.1). Für das Eingangssignal heißt das z.B. für das ι-te Signalsegment zum Zeitpunkt k_ι

$$X_{\text{LP}}(\mu, k_\iota) \doteq 1/\text{DFT}_M\left\{1, -a_1^{(x)}(k_\iota), -a_2^{(x)}(k_\iota), \ldots, -a_n^{(x)}(k_\iota), 0, 0, \ldots, 0\right\},$$

$$\text{für } \mu \in \{0, 1, \ldots, M-1\} \tag{15.7}$$

mit z.B. $n = 10$, $M = 256$; für das Ausgangssignal erhält man $\hat{X}_{\text{LP}}(\mu, k_\iota)$ ganz entsprechend aus den dazu bestimmten Koeffizienten $a_i^{(\hat{x})}(k_\iota)$.

Intensiv untersucht wurden in der Literatur [Quackenbush, Barnwell, et al.-88] vor allem der

- „lineare" Spektralabstand:

$$\Delta_{\text{lin}} \doteq \frac{1}{K} \sum_{\iota=1}^{K} \left\{ \frac{\sum_{\mu=0}^{M-1} |X_{\text{LP}}(\mu, k_\iota)|^\gamma \left||X_{\text{LP}}(\mu, k_\iota)| - |\widehat{X}_{\text{LP}}(\mu, k_\iota)|\right|^p}{\sum_{\mu=0}^{M-1} |X_{\text{LP}}(\mu, k_\iota)|^\gamma} \right\}^{\frac{1}{p}}, \qquad (15.8)$$

- „logarithmische" Spektralabstand:

$$\Delta_{\text{log}} \doteq \frac{1}{K} \sum_{\iota=1}^{K} \left\{ \frac{\sum_{\mu=0}^{M-1} |X_{\text{LP}}(\mu, k_\iota)|^\gamma \left|20 \lg \left|\frac{X_{\text{LP}}(\mu,k_\iota)}{\widehat{X}_{\text{LP}}(\mu,k_\iota)}\right|\right|^p}{\sum_{\mu=0}^{M-1} |X_{\text{LP}}(\mu, k_\iota)|^\gamma} \right\}^{\frac{1}{p}}, \qquad (15.9)$$

- „nichtlineare" Spektralabstand:

$$\Delta_{\text{nl}} \doteq \frac{1}{K} \sum_{\iota=1}^{K} \left\{ \frac{\sum_{\mu=0}^{M-1} |X_{\text{LP}}(\mu, k_\iota)|^\gamma \left||X_{\text{LP}}^\delta(\mu, k_\iota)| - |\widehat{X}_{\text{LP}}^\delta(\mu, k_\iota)|\right|^p}{\sum_{\mu=0}^{M-1} |X_{\text{LP}}(\mu, k_\iota)|^\gamma} \right\}^{\frac{1}{p}}. \qquad (15.10)$$

Offenbar geht Δ_{nl} nach (15.10) für $\delta = 1$ in Δ_{lin} nach (15.8) über; „linear" ist dieser Abstand dann aber auch nur bezüglich der inneren Differenzbildung. Aufgrund der äußeren Anwendung einer l_p-Norm und auch wegen der zusätzlich durch Variation von γ wählbaren Gewichtung mit $|X_{\text{LP}}(\mu, k_\iota)|^\gamma$ sind alle genannten Maße grundsätzlich nichtlinear.

Sinn der Gewichtung kann z.B. mit $\gamma < 1$ eine Betonung von Fehlern *zwischen*, eine geringere Berücksichtigung von Fehlern *in* Formantregionen sein – also eine Annäherung an Verdeckungseffekte im Ohr (vgl. Abschnitt 2.3.3, 11.3.6). Die enthaltene l_p-Norm kann man nutzen, um – je nach psychoakustisch motivierten Annahmen – durch große p-Werte einzelne Fehlerspitzen, durch kleine p-Werte mehr die mittleren Abweichungen in die Qualitätsschätzung eingehen zu lassen. Üblich sind Werte wie $p = 1$, $p = 2$ oder $p = 6$.

Zum logarithmischen Spektrum gehört – s. Abschnitt 3.4 – als inverse Transformation das Cepstrum nach (3.21). Zu einem geglätteten LPC-Spektrum $X_{\text{LP}}(\mu, k)$ gemäß (15.7) kann man ganz entsprechend ein „LPC-Cepstrum" angeben. Die Cepstralwerte $C_{\text{LP}}^{(x)}(i, k)$ brauchen dabei nicht durch Transformation von $\log X_{\text{LP}}(\mu, k)$

15.3 INSTRUMENTELLE QUALITÄTSBESTIMMUNG

berechnet zu werden: Sie lassen sich rekursiv unmittelbar aus den Prädiktorkoeffizienten $a_i^{(x)}(k)$ bestimmen (z.B. [O'Shaughnessy-87]) gemäß

$$C_{LP}^{(x)}(0,k) = \ln\left(\widehat{E}^{(x)}(k)\right), \qquad (15.11\text{-a})$$

$$C_{LP}^{(x)}(1,k) = a_1^{(x)}(k), \qquad (15.11\text{-b})$$

$$C_{LP}^{(x)}(i,k) = a_i^{(x)}(k) + \sum_{\nu=1}^{i-1} \frac{\nu}{i} C_{LP}^{(x)}(\nu,k)\, a_{i-\nu}^{(x)}(k), \quad i \in \{2,\ldots m\} \qquad (15.11\text{-c})$$

mit $a_i^{(x)}(k) \equiv 0$ für $i > n$. \hfill (15.11-d)

Für den ersten Schritt nach (15.11-a) wird die Restsignal-Energie $\widehat{E}^{(x)}(k)$ benötigt, die bei der Berechnung der Prädiktorkoeffizienten $a_i^{(x)}(k)$ z.B. mit Hilfe des Levinson-Durbin-Algorithmus mitgeliefert wird (vgl. Abschnitt 7.3.1.3). Gemäß (15.11-d) ist die Anzahl m der berechenbaren Cepstralwerte nicht auf $m \leq n$, also die Prädiktorordnung beschränkt. Im Gegenteil wird das „geglättete LPC-Spektrum" an sich erst durch unendlich viele Cepstralkoeffizienten *vollständig* beschrieben. Praktisch arbeitet man natürlich mit endlich vielen, üblicherweise z.B. $m = 16$ Werten.

Auf der Grundlage der in (15.11) definierten Größen und entsprechender Werte für das Ausgangssignal läßt sich nun ein *cepstraler* Signalabstand angeben:

$$\Delta_{\text{Ceps}} \doteq \qquad (15.12)$$

$$\frac{1}{K} \sum_{\iota=1}^{K} \left\{ \frac{10}{\ln 10} \cdot \sqrt{\left[C_{LP}^{(x)}(0,k_\iota) - C_{LP}^{(\hat{x})}(0,k_\iota)\right]^2 + 2\sum_{i=1}^{m} \left[C_{LP}^{(x)}(i,k_\iota) - C_{LP}^{(\hat{x})}(i,k_\iota)\right]^2} \right\}.$$

Unmittelbar hierauf aufbauend oder auf einem quadratischen Ausdruck in Δ_{Ceps} mit optimierten Koeffizienten wurden verschiedentlich MOS-Schätzer vorgeschlagen. Anschaulich sollte ihr Verhalten, d.h. letztlich ihre Tauglichkeit, für wachsende Koeffizientenzahlen m dem des logarithmischen Spektralabstandes nach (15.9) mit $\gamma = 0$, $p = 2$ entsprechen. Das ist tatsächlich weitgehend der Fall, wie Tab. 15.4 u.a. zeigt.

Eng mit dem linearen Spektralabstandsmaß verwandt ist das sogenannte *Log-Likelihood*-Maß nach [Itakura-75/2]:

$$\Delta_{ll} = \ln\left(\frac{\tilde{\mathbf{a}}^{(\hat{x})T} \mathbf{R}_{xx} \tilde{\mathbf{a}}^{(\hat{x})}}{\tilde{\mathbf{a}}^{(x)T} \mathbf{R}_{xx} \tilde{\mathbf{a}}^{(x)}} \right).$$

Hierin sind jeweils *erweiterte* LPC-Koeffizientenvektoren

$$\tilde{\mathbf{a}}^{(x)} \doteq \left(1, -a_1^{(x)}, \ldots, -a_n^{(x)}\right)^T \quad \text{bzw.} \quad \tilde{\mathbf{a}}^{(x)} \doteq \left(1, -a_1^{(\hat{x})}, \ldots, -a_n^{(\hat{x})}\right)^T$$

Tabelle 15.4: Einige Maße für die Distanz zwischen Ein- und Ausgangssignal bezüglich der zugehörigen spektralen Einhüllenden und erreichbare Korrelationen mit auditv gewonnenen Urteilen

Maß	Korrelation $|\varrho|$	Berücksichtigte Codierverfahren
Δ_{lin} nach (15.8)	0.38	Breite Codec-Klasse, allg. Verzerrungen
Δ_{nl} nach (15.10)	0.60	Breite Codec-Klasse, allg. Verzerrungen
$\Delta_{\log}$ nach (15.9)	0.60	Breite Codec-Klasse, allg. Verzerrungen
Parabel in $\Delta_{\log}$	0.80	
Δ_{Ceps} nach (15.12)	0.95	Signalform-Codecs
Parabel in Δ_{Ceps}	0.63...0.85	Breite Codec-Klasse, verschiedene Testsprachen

zu den Signalen $x(k)$ bzw. $\hat{x}(k)$ enthalten. Das Maß Δ_{ll} läßt sich einerseits als logarithmiertes Verhältnis der Restsignalenergien bei Filterung von $x(k)$ mit dem zu $x(k)$ bzw. $\hat{x}(k)$ gehörigen Prädiktor (vgl. (7.25-d) und (7.27-d)) deuten, andererseits als logarithmischer mittlerer quadratischer Abstand der zu $x(k)$ und $\hat{x}(k)$ gehörigen LPC-Spektren (s. [Quackenbush, Barnwell, et al.-88], [Gray, Markel-76]). Ein Wert von $|\varrho| \approx 0.5$ läßt es als ebenso ungeeignet erscheinen wie Δ_{lin} nach (15.8).

Ebenfalls aus den LPC-Koeffizienten, allerdings aus den nichtlinear mit den Vektoren $\mathbf{a}^{(x)}$ und $\mathbf{a}^{(\hat{x})}$ zusammenhängenden *Log-Area-Ratio-* oder auch den „Reflexionskoeffizienten"-Vektoren $\mathbf{k}^{(x)}$ und $\mathbf{k}^{(\hat{x})}$ (s. Abschnitt 10.3.3), lassen sich weitere Maße gewinnen. Hierfür findet man Korrelationswerte ähnlich denen für den logarithmischen Spektralabstand.

15.3.4 Neuere psychoakustisch motivierte Ansätze

a) Modellaspekte

Die bislang behandelten Maßansätze gehen von Distanzen zwischen Signalen oder Spektren aus und verwenden Nichtlinearitäten, Parameter und Gewichtungen, welche auf eine hohe Korrelation mit auditiven Messungen hin optimiert werden können. *Implizit* wird damit die Psychoakustik der Hörerschaft berücksichtigt.

Neuere Maßansätze gehen hingegen von einer *expliziten* Modellierung des Hörvorgangs aus, soweit

- hierüber verläßliche, technisch umsetzbare Erkenntnisse verfügbar und
- praktische Realisierungen mit vertretbarem Aufwand möglich sind.

15.3 Instrumentelle Qualitätsbestimmung

Der „vertretbare Aufwand" ist dabei natürlich abhängig von der Anwendung. Danach richtet es sich, inwieweit realisierte Modelle dann wieder heuristische Vereinfachungen gegenüber dem vorliegenden Wissensstand enthalten.

Im folgenden werden die Modellaspekte erläutert, die bei der Umrechnung des akustischen Signals in eine interne Repräsentation berücksichtigt werden können. Hierzu wird auch auf Abschnitt 2.3 verwiesen.

* *Frequenzgang der Übertragung vom Außenohr zum Innenohr:*

Ein auf gemittelten Messungen aus [Zwicker-82] beruhender analytischer Ausdruck [Kapust-93] läßt sich durch den Frequenzgang eines rekursiven Digitalfilters vierten Grades sehr gut annähern [Hauenstein-97], wie aus Bild 15.4 zu ersehen ist:

$$H(e^{j\Omega}) = \frac{\sum_{\mu=0}^{4} \alpha_\mu e^{j\mu\Omega}}{\sum_{\nu=0}^{4} \beta_\nu e^{j\nu\Omega}} \quad \text{mit}$$

$\beta_4 = 1,\quad \beta_3 = 0.797,\quad \beta_2 = -0.161,\quad \beta_1 = -0.281,\quad \beta_0 = -0.111$
$\alpha_4 = 1.378,\quad \alpha_3 = 0.574,\quad \alpha_2 = -0.512,\quad \alpha_1 = -0.129,\quad \alpha_0 = -0.065.$

* *Nicht-gleichmäßige Frequenzauflösung entlang der Basilarmembran:*

Mittenfrequenzabstände und Bandbreiten eines Filterbankmodells für die Basilarmembran sind konstant nicht über der gewöhnlichen Frequenz f, sondern über

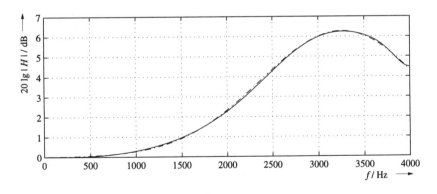

Bild 15.4: Typischer Frequenzgang der Übertragung vom Außenohr zum Innenohr (Abtastfrequenz $f_A = 8$ kHz)
—·—·— Publizierter geschlossener Näherungsausdruck
———— Nachbildung durch ein rekursives Digitalfilter

ihrer nichtlinear transformierten Version, die man als Tonheit θ in der Einheit Bark angibt:

$$\frac{\theta}{\text{Bark}} \doteq 13 \arctan\left(0.76 \frac{f}{\text{kHz}}\right) + 3.5 \arctan\left[\left(\frac{1}{7.5} \frac{f}{\text{kHz}}\right)^2\right] \qquad (15.13)$$

(vgl. Abschnitt 2.3.3).

Eine monofrequente Erregung bewirkt eine *maximale* Anregung der Haarzellen in einem bestimmten *Punkt* der Basilarmembran, darüber hinaus jedoch schwächere Reaktionen auch davor und dahinter. Diese „Verschmierung" wird durch die sogenannte *spreading function* (SF) beschrieben. Sie entspricht dem zur Konstruktion der „Verdeckungskurve" im Abschnitt 11.3.6 herangezogenen Verlauf mit einem steilen Abfall zu tiefen Frequenzen (d.h. zu weiter innen in der Schnecke liegenden Basilarmembranbereichen) und einem flacheren Abfall zu höheren Frequenzen hin. Der Verlauf ist *über der θ-Achse* näherungsweise für alle Mittenfrequenzen als *bis auf eine Verschiebung* identischer, asymmetrischer Bandpaßfrequenzgang zu beschreiben. Über der unverzerrten f-Achse ergeben sich Stauchungen bzw. Dehnungen entsprechend (15.13). Bild 15.5 zeigt eine mögliche Modell-Filterbank (nach [Sekey, Hanson-84]) mit bereits berücksichtigter Außenohr-Innenohr-Übertragung.

Hier wird der Frequenzbereich bis zu 6 kHz durch 20 Filter abgedeckt, die sich jeweils in den 3 dB-Dämpfungspunkten aneinander anschließen. Der gesamte Hörfrequenzbereich bis etwas oberhalb von 20 kHz würde durch 24 „Frequenzgruppen-

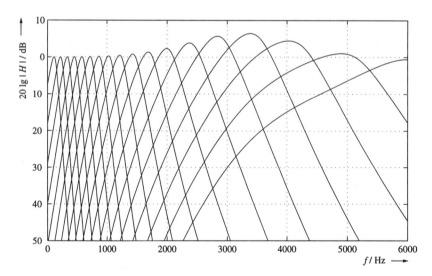

Bild 15.5: Frequenzgänge einer „Frequenzgruppen-Filterbank" mit Berücksichtigung der Außenohr-Innenohr-Übertragung

Filter" dieser Art erfaßt (vgl. Bild 2.20). Die Zahl der Filterkanäle ist jedoch keine physiologisch vorgegebene Konstante: Man kann „beliebig vielen" Basilarmembranpunkten Mittenfrequenzen zuordnen und noch stärker überlappende Filterbänke als Modell benutzen. Eine Aufteilung wie die nach Bild 15.5 erlaubt jedoch eine lückenlose Erfassung bei noch begrenztem Aufwand.

Aus dem z.B. mit einer DFT/FFT als Periodogramm „geschätzten" Leistungsdichtespektrum (s. Abschnitt 6.2.5, (6.46)) kann man nun nach Gewichtung mit Ohr- und Basilarmembran-Leistungsübertragungsfunktionen die Leistung durch Integration bzw. Summation berechnen, die für die weiteren Aktivitäten im Innenohr verantwortlich ist. Alternativ kann man die Leistungen am Ausgang von Filterbänken messen, die a priori nicht-gleichmäßige Frequenzbänder in SF-Anlehnung aufweisen – realisiert direkt durch passend entworfene Einzelfilter oder durch eine PPN-FFT mit Allpaß-PPN (vgl. Abschnitt 4.3) oder auch mit Hilfe einer Wavelet-Transformation [Engelsberg, Gülzow-97/1], [Engelsberg, Gülzow-97/2].

* *Verdeckungseffekte im Frequenzbereich:*

Wie in Abschnitt 11.3.6 geschildert, kann man z.B. durch Maximumbildung mit Hilfe der SF-Verläufe aus breitbandigen Anregungsspektren eine Gesamt-Verdeckungskurve „schätzen". Bei der Bestimmung der „relevanten" Leistungen nach dem eben geschilderten Vorgehen kann man dann die Werte weglassen, welche (genügend weit) unter der Verdeckungsschwelle liegen. In jedem Fall kann man alle Anteile unterdrücken, welche unter der Ruhehörschwelle bleiben.

* *Verdeckungseffekte im Zeitbereich:*

Aufgrund von Relaxationsmechanismen des Nervensystems sind Verdeckungen u.U. auch noch wirksam, wenn das erregende Signal bereits abgeklungen ist. Neben den somit erklärbaren „Nachverdeckungen" gibt es zudem auch „Vorverdeckungen" *vor* einem Schallereignis; sie lassen sich aufgrund von unterschiedlich großen Laufzeiten bei unterschiedlichen Frequenzanteilen sowie unterschiedlich rascher Verarbeitung von Signalen verschiedener Lautheit verstehen.

* *Nichtlinearitäten der beschriebenen Modellaspekte:*

Der SF-Abfall zu höheren Frequenzen hin hängt vom Pegel der Frequenzkomponenten ab. Auch die Nachverdeckung ist pegelabhängig; zudem wird sie von der Reizdauer beeinflußt. Der Signalpegel wie die Frequenz bestimmen weiterhin den Abstand zwischen verdeckendem und verdecktem Signal.

* *Nichtlineare Abbildungen von Leistungen auf empfundene Lautheiten:*

Die Lautheitsempfindung hängt in nichtlinearer Weise mit den oben (an „Filterbank-Ausgängen") bestimmten Komponentenleistungen zusammen. Anstelle einer Umrechnung der Leistungs- in eine Lautheitsdichte kann man auch unmittelbar die nichtlineare Umsetzung der Basilarmembran-Auslenkung in „Feuerwahrscheinlichkeiten" der Haarzellen zu modellieren versuchen (z.B. nach [Meddis-90]).

Erste psychoakustisch ansetzende Qualitätsmaße waren aus Rechenzeitgründen meist sehr einfach. Neuere Vorschläge reichen bis hin zu komplexen Haarzellenmodellen, die allerdings auch auf leistungsfähigen Rechnern noch viel Rechenzeit brauchen. Weitgehend untersuchte Verfahren arbeiten (meist)

– ohne Berücksichtigung der Pegelabhängigkeiten der SF,

– ohne Berücksichtigung von Pegel- und Dauerabhängigkeit der Nachverdeckung,

– ohne Berücksichtigung der Vorverdeckungen,

– mit Beachtung der nichtlinearen Frequenzachsen-Verzerrung,

– mit Beachtung der Frequenzverschmierung,

– mit einer nichtlinearen Lautheits-Transformation gemäß der vereinfachten Formel

$$L_i(k) \sim [E_i(k)]^{0.23}, \qquad (15.14)$$

wo mit $E_i(k)$ die momentane Erregung(sleistung) im i-ten Frequenzband bezeichnet wird.

Frequenzverdeckungen wie zeitliche Nachverdeckungen werden des öfteren vernachlässigt; selbst die Verschmierungseffekte werden in einigen Vorschlägen nicht beachtet. Als Beispiel einer modernen „internen Repräsentation" sind in Bild 15.6 ein „Leistungs-" und ein „Lautheitsdichte-Spektrogramm" einer Sprachprobe wiedergegeben. Zugrunde gelegt ist eine Analyse mit den oben genannten Charakteristiken inklusive aller Nichtlinearitäten und Verdeckungen sowie einer zeitlichen Glättung der berechneten Leistungen [Hauenstein-97]. Auffällig ist das Verschwinden der spektralen Feinstruktur (d.h. der Grundfrequenz-Information) in dieser Darstellung.

15.3 Instrumentelle Qualitätsbestimmung

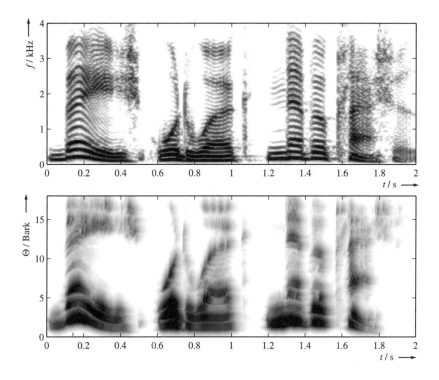

Bild 15.6: Leistungs- und Lautheitsdichte-Spektrogramme

b) Vergleich von Signal und Störung

Mit dem Ziel, dadurch einen Sprachcoder intern zu steuern, wurde in [Schroeder, Atal, et al.-79] ein psychoakustisch motiviertes Qualitätsmaß mit der Bezeichnung *Speech-Signal Degradation* vorgeschlagen. Es fußt auf einem „gehörrichtigen" Vergleich des Eingangs-Signals mit einem durch Differenzbildung gewonnenen Fehlersignal (s. Bild 15.3-a). Nach Verarbeitungsschritten der oben geschilderten Art wird der Vergleich selbst durch Bildung des mittleren Verhältnisses von Signal- zu Störlautheit gebildet.

Völlig anders wird in [Halka-93] vorgegangen (vgl. auch [Halka, Heute-92]): Zum ersten ist das Ziel hier die instrumentelle Schätzung der *Attribute*, aus denen sich das Qualitätsempfinden zusammensetzt, bzw. der sie weitgehend bestimmenden *Hauptkomponenten* (s. Abschnitt 15.2.4, 15.2.5) und dann ein kombiniertes Maß d_{cm2} zur Schätzung eben der Gesamt-Güte. Zum zweiten ist die Meßtechnik eine völlig andere: Es wird das *mittlere lineare* Systemverhalten durch Schätzung eines mittleren *Frequenzganges* $\hat{H}(e^{j\Omega})$ (mit Hilfe ursprünglich einer Rausch-Klirr-Messung (RKM), daraus entwickelt einer Kreuz- und Autoperiodogramm-

Berechnung [Schüßler-87], [Schüßler, Dong-90]) bestimmt; anschließend wird der damit nicht erklärbare Ausgangssignalanteil als Ergebnis einer Nichtlinearität betrachtet und durch ein mittleres *Stör*-LDS $\Phi_{nn}(e^{j\Omega})$ beschrieben. Zusätzlich wird

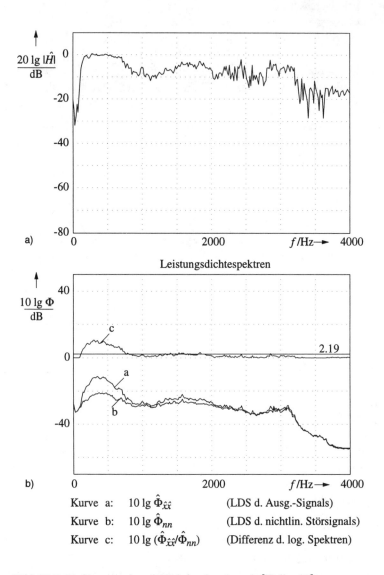

Kurve a: $10\lg\hat{\Phi}_{\hat{x}\hat{x}}$ (LDS d. Ausg.-Signals)
Kurve b: $10\lg\hat{\Phi}_{nn}$ (LDS d. nichtlin. Störsignals)
Kurve c: $10\lg(\hat{\Phi}_{\hat{x}\hat{x}}/\hat{\Phi}_{nn})$ (Differenz d. log. Spektren)

Bild 15.7: Meßkurven der „RKM-Analyse" nach [Halka-93]
  a) mittlerer Systemfrequenzgang
  b) LDS am Ausgang, Stör-LDS und Verhältnis beider LDS
     (mit Angabe des mittleren Verhältnisses)

das mittlere Ausgangssignal-LDS $\Phi_{\hat{x}\hat{x}}(e^{j\Omega})$ – wie $\Phi_{nn}(e^{j\Omega})$ durch Periodogramm-Mittelung – gemessen. Zum dritten wird, alternativ zur Verwendung der Testsätze nach Abschnitt 15.2.1, mit Hilfe eines stochastischen *Sprachmodellsignals* vorgebbarer statistischer Eigenschaften gemessen (vgl. [Halka, Heute-92], [Halka-93], [Brehm, Stammler-87], [Heute, Halka-93]). Bild 15.7 zeigt so gewonnene Meßkurven für einen CELP-Codec, Bild 15.8 den Vergleich des daraus berechneten Maßes d_{cm2} nach [Halka-93] mit Ergebnissen einer auditiven Bewertung (mit nach oben offener Skala nach Abschnitt 15.2.4) für 23 Systeme. Hier wird eine sehr gute Korrelation mit $|\rho| = 0.97$ erzielt.

Beide geschilderten Vorgehensweisen scheitern beim Versuch einer Anwendung auf eine *breitere* Coderklasse, wie eine umfangreiche Untersuchung gezeigt hat [Hauenstein-97]: Die Korrelation sinkt drastisch. Das zuletzt geschilderte Verfahren weist mit der Nachbildung von Hauptkomponenten einen richtigen Kern auf; die damit vorhandene Berechnung eines kombinierten Maßes erhöht jedoch die Zahl der Freiheitsgrade (Parameter) des Ansatzes so sehr, daß eine echte Optimierung mit statistischer Relevanz erst mit einer sehr großen Anzahl (≥ 100) von Testsystemen erreichbar scheint: Wird mit weniger Systemen optimiert, so besteht die Gefahr einer „Interpolation" der auditiven Ergebnisse durch die Wahl (fast) gleich vieler Parameter. Eine weitere Schwäche dieses Verfahrens ist wohl in der Messung *mittlerer* System- und Signaleigenschaften begründet: Gehört werden *momentane* Effekte, erst der Eindruck wird gemittelt. Beiden Verfahren gemeinsam ist die bereits im Abschnitt 15.3.3-a) beobachtete grundlegende Problematik, die im Vergleich eines Signals mit einem wie auch immer geschätzten Störanteil begründet ist.

c) Vergleich von Original- und Ausgangssignal

Die in Abschnitt 15.3.3-b) behandelten nichtlinearen Maße für den Abstand zwischen unverzerrtem und verzerrtem Signal werden nun entsprechend dem Variantenkatalog nach Abschnitt 15.3.4-a) „gehörrichtig" durch „Empfindungs-Unterschiede" ersetzt.

In der Bestimmung der „Bark-Spektraldistanz" nach [Gersho, Wang, et al.-91] werden die Außenohrübertragung, ein Basilarmembran-Filterbankmodell mit 16 SF-Nachbildungen im Bark-Abstand bis zu 4 kHz und die Lautheitstransformation nach (15.14) der Filterausgangs-Energien berücksichtigt; als Unterschied wird die mittlere quadratische Lautheitsdifferenz bestimmt und zur Güteschätzung herangezogen. Die in der Originalarbeit zitierten hohen Korrelationen um 0.9 konnten in ausgiebigen Untersuchungen [Hauenstein-97] allerdings nicht verifiziert werden: Es wurden lediglich Werte um $|\rho| = 0.7$, nach einigen Modifikationen um $|\rho| = 0.8$ für die in Bild 15.8 verwendeten Codierer erreicht. Die dabei erzielte Steigerung ist zurückzuführen auf eine Verbesserung des erfaßten Frequenzbandes über 4 kHz

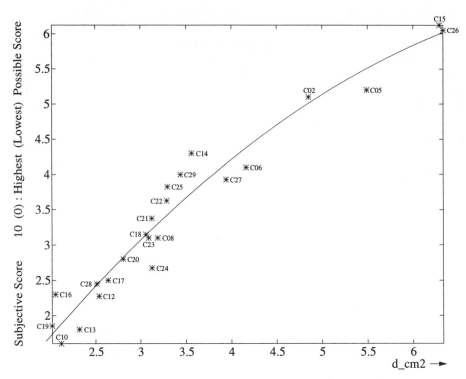

Bild 15.8: Gütenachbildung durch das kombinierte Maß nach [Halka-93]; auditive Bewertung auf einer nach oben offenen Skala (s. Abschnitt 15.2.4)

hinaus (*trotz* der Telefonbandbreite Signale – *wegen* der oben geschilderten „Verschmierungen"!), eine stärkere Überlappung der SF-Nachbildungen durch die Erhöhung der Filterbank-Kanalzahl und vor allem das Ersetzen des quadratischen durch einen absoluten Abstand der Lautheiten.

Einige dieser Maßnahmen finden sich im „Perzeptiven Sprachqualitätsmaß" (PSQM nach [Beerends, Stemerdink-94]) wieder. Dort wird allerdings auf die SF-Modellierung völlig verzichtet, lediglich die Frequenzachsenverzerrung nach (15.13) beachtet und mit einer stark modifizierten Lautheitsberechnung gearbeitet: Anstelle der Energie wird eine l_p-Norm bestimmt, der Exponent der Abbildung (15.14) wird drastisch verkleinert. Hinzu kommen Nachbildungen von Verstärkungsschwankungen durch adaptive Skalierungen und von Umgebungsgeräuschen durch additive Modellspektren sowie – vor allem und sehr wirkungsvoll – eine *ungleichmäßige* Gewichtung *zu großer* und *zu kleiner* Lautheiten: Hinzutretende Störanteile werden als stärker störend empfunden als das Fehlen ursprünglich vorhandener Signalanteile. Diese als „kognitive Aspekte" bezeichneten Punkte [Beerends, Stemerdink-94] werden durch eine getrennte Gewichtung des Pausen-

15.3 INSTRUMENTELLE QUALITÄTSBESTIMMUNG

geräusches je nach verwendeter (Landes-) Sprache (!) ergänzt. Untersuchungen im internationalen Standardisierungsgremien [ITU-94/2] vor dem Hintergrund, PSQM als Standard-Qualitätsmaß festzulegen [ITU-95], zeigen z.T. sehr hohe Korrelationen mit auditiven Bewertungen, trotz Werten um $|\rho| \approx 0.95$ aber immer noch Probleme mit stark streuenden Maßwerten insbesondere bei einigen Sprachen.

In einer gründlichen Untersuchung [Hauenstein-97] wurde daher versucht, von einer möglichst weitgehenden Berücksichtigung der vorn aufgelisteten Hörmodell-Aspekte und der „kognitiven" Effekte des PSQM-Verfahrens auszugehen und festzustellen, was im Sinne einer hohen Korrelation mit auditiven Urteilen wichtig, weniger wichtig oder sogar hinderlich ist. Hiernach sind

- Laufzeit-, Verstärkungs- und Filtereffekte (im Telefon wie im Außenohr) durch Vorverarbeitungen möglichst gut auszugleichen, wobei die Zeit- und Größenanpassungen am besten adaptiv erfolgen,

- die nicht-gleichmäßige Frequenzauflösung (d.h. die Bark-Skala) und die Verschmierungseffekte durch SF-Modellfilter unbedingt zu berücksichtigen,

- dafür a priori Filterbankmodelle mit nichtäquidistanten Kanälen gut geeignet (wobei Allpaß-Polyphasensysteme besser abschneiden als die zur Gehörmodellierung speziell empfohlenen „Gammaton-Filterbänke" nach [Slaney-93]),

- die Gesamterregungen in den Punkten der Basilarmembran durch Maximalwerte, nicht durch Summenleistungen zu bestimmen (so daß Frequenzverdeckungen berücksichtigt werden),

- Zeitbereichsverdeckungen am ehesten zu vernachlässigen, erfaßte *Nach*verdeckungen aber doch nützlich im Sinne etwas ansteigender Korrelation,

- nichtlineare Abhängigkeiten der SF-Flanken von Pegel und Frequenz einzubeziehen und

- die Lautheitstransformation in enger Anlehnung an [Zwicker-82] (s. auch (15.14)) mit dem dort angegebenen Exponenten durchzuführen.

Auf dieser Grundlage ist ein Maß entstanden, das in Bild 15.9 graphisch dargestellt ist. Es vergleicht Lautheits-Spektrogramme genau der in Bild 15.6 wiedergegebenen Form für Ausgangs- und Originalsignale auf der Basis einer Differenz-*Betrags*bildung, die für positive Differenzen stärker, für negative Differenzen schwächer gewichtet in eine Mittelwertbildung und damit in die abschließende Güteschätzung eingeht. Hiermit sind Korrelationswerte $|\rho| = 0.9\ldots 0.97$ erzielbar (vgl. Bild 15.10).

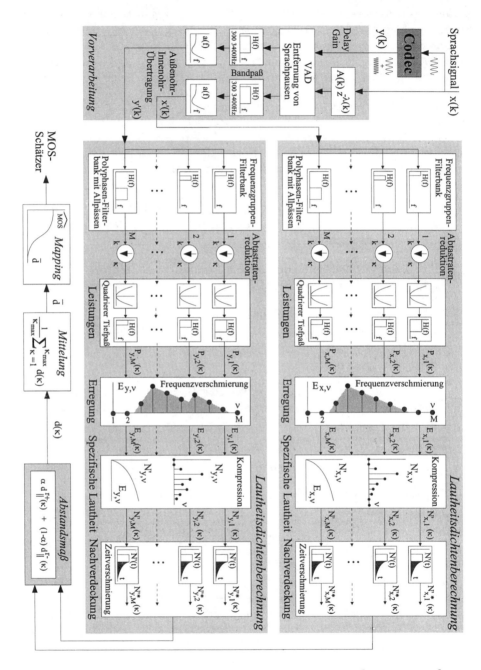

Bild 15.9: Psychoakustisch motiviertes Sprachgütemaß nach [Hauenstein-97]

15.3 Instrumentelle Qualitätsbestimmung

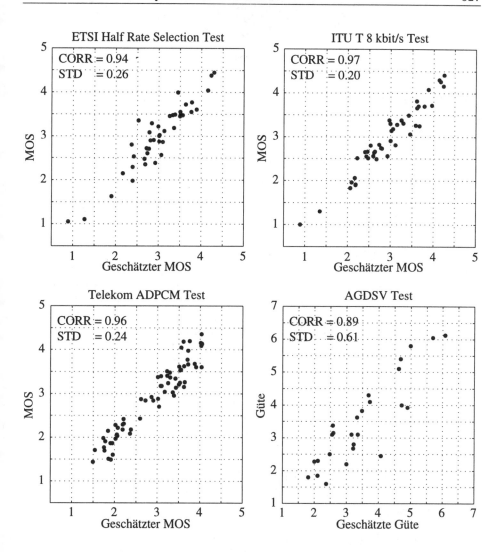

Bild 15.10: Psychoakustisch motiviertes Maß mit einem Telefonbandpaß, einer Lautheitsberechnung mit einer allpaßtransformierten Polyphasen-Filterbank und einem relativen betragsmäßigen Abstand bei unterschiedlicher Wichtung der vom Codec entfernten („negativen") bzw. eingefügten („positiven") Lautheitskomponenten $\alpha\, d_{\|}^{r+} + (1-\alpha) d_{\|}^{r-}$ als Abstandsmaß. Die Abbildung des Abstandsmaßes auf einen MOS-Schätzer erfolgt über eine Arcustangens-Funktion. Die Parameter α wurden für jeden Test so optimiert, daß sich eine möglichst hohe Korrelation ergab (nach [Hauenstein-97]).

15.4 Evaluierung der Qualität von Sprachsynthesesystemen

Nach [Pols-92] ist zu unterscheiden zwischen einer *globalen* und einer *diagnostischen* Evaluierung (wobei der Übergang zwischen beiden Methoden fließend ist). In der Sprachsynthese beurteilt die globale Evaluierung ein System (oder mehrere vergleichend) als Ganzes nach globalen Kriterien (Verständlichkeit, Natürlichkeit, Deutlichkeit der Aussprache usw.), während die diagnostische Evaluierung dazu dient, systematische Fehler aufzuspüren und zu lokalisieren. Sie liefert dem Systementwickler Kriterien an die Hand, sein System gezielt zu verbessern. Hierfür ist es notwendig, den Beitrag jedes einzelnen Moduls so genau wie möglich einzugrenzen.

Sprachqualität ist eine mehrdimensionale Größe mit zahlreichen Aspekten (s. Abschnitt 15.2.4). Da bei der Synthese – schon aus Mangel an Vergleichssignalen – keine signalbasierte Meßprozedur eingesetzt werden kann, muß die Sprachqualität bzw. müssen die Teilaspekte auditiv ermittelt werden. Hierbei wird von der Methodik unterschieden zwischen (1) Kategorien, die quantitativ gemessen werden können, vor allem Verständlichkeit und Verstehbarkeit, sowie (2) Kategorien, die nur global bestimmt werden können, z.B. Natürlichkeit oder Grad der Anstrengung beim Zuhören. Solche Größen werden üblicherweise in Einschätzungstests durch Skalierung ermittelt.

Für die Akzeptanz eines Sprachsynthesesystems sind die beiden Aspekte der Verständlichkeit und Verstehbarkeit einerseits und der Grad der Anstrengung beim Zuhören andererseits die wichtigsten Größen. Einige Methoden ihrer auditiven Ermittlung sollen im folgenden kurz dargestellt werden.

Im Unterschied zur Sprachcodierung, wo einer (decodierten Äußerung) auf Empfängerseite stets eine gleichartige natürliche Äußerung eines natürlichen Sprechers auf Senderseite gegenübersteht, mit der die decodierte Äußerung verglichen werden kann, liegt einer synthetischen Äußerung kein Original zugrunde. Die synthetische Äußerung entsteht durch Anwendung von Regelwerken und Modellen und durch Generalisierung der im System befindlichen natürlichsprachlichen Daten. Es liegt daher auf der Hand, daß die Qualität synthetischer Sprachsignale der eines Codierverfahrens in jedem Fall unterlegen ist. Aus diesem Grund sind für die Evaluierung von Sprachsynthesesystemen Verfahren der quantitativen Sprachverständlichkeitsmessung unabdingbar.

15.4.1 Evaluierung der Verständlichkeit und Verstehbarkeit

Die *Verständlichkeit* (engl. *intelligibility*) wird auf mehreren Ebenen gemessen: auf der segmentalen Ebene (Laut- bzw. Silbenverständlichkeit), der Wortebene oder

der Satzebene. Hierbei wird festgestellt, welcher Anteil der dargebotenen Elemente (Laute bzw. Silben im sprachlichen Zusammenhang, Wörter, Sätze) richtig erkannt, d.h. korrekt nachgesprochen oder schriftlich korrekt wiedergegeben werden kann.

Unter *Verstehbarkeit* (engl. *comprehension*) soll dagegen ein Maß definiert sein, das es erlaubt, den Anteil eines zusammenhängenden Textes zu ermitteln, den die Versuchsperson dem Sinn nach verstanden hat. Die Versuchsperson wird hier beispielsweise über den Inhalt eines Textes befragt oder gebeten, den Text im Diktat niederzuschreiben.

a) Laut- und Silbenverständlichkeit („*intelligibility*")

Zu ihrer Ermittlung existieren seit langer Zeit wohlbekannte und gut erprobte Testverfahren. Diese unterscheiden sich vor allem in der Form der Antwort der Versuchspersonen [Fellbaum-84].

- Bei der *offenen Antwortform* wird die Versuchsperson gebeten, die dargebotenen Stimuli schriftlich oder lautschriftlich so wiederzugeben, wie sie sie gehört hat. Die bekannten Logatom-Tests[1] [Fellbaum-84] und insbesondere auch der CLID-Test (*Cl*uster *Id*entification [Jekosch-92], s.u.) bedienen sich dieser Antwortform.

- Bei der *geschlossenen Antwortform* erhält die Versuchsperson zu jedem dargebotenen Stimulus eine Liste von Alternativen zur Auswahl, von denen sie diejenige ankreuzen soll, die dem Höreindruck entspricht. Bei den gebräuchlichsten Tests, die wiederum mit Einsilbern arbeiten, unterscheiden sich die Alternativen in nur einem Laut bzw. einer Lautkombination, je nach Test initial, medial oder final im Wort; deswegen sind diese Tests auch als *Reimtests* bekannt. Im Deutschen wird für Zwecke der Evaluierung von Sprachübertragungskanälen meistens der Reimtest von [Sotscheck-82] verwendet.

Das Hauptproblem bei der Entwicklung dieser Tests besteht darin, den für die jeweilige Anwendung wesentlichen Eigenschaften der untersuchten Sprache möglichst gerecht zu werden. Der Reimtest beispielsweise ist so gut wie möglich phonemisch ausbalanciert, d.h. die Lauthäufigkeit der Wörter des Tests entspricht der Lauthäufigkeit fortlaufender Texte des Deutschen. Dies ist für den Test von Sprachübertragungskanälen ein wesentlicher Gesichtspunkt, obwohl auch andere Aspekte, wie z.B. die Silbenstruktur des Deutschen, nicht vernachlässigt werden sollten [Sendlmeier-91].

---

[1]Logatome sind sinnleere, in der Regel einsilbige Pseudowörter, deren Lautzusammensetzung den Gesetzen der Phonotaktik der jeweiligen Sprache genügt. Beispiele für das Deutsche: „schlef", „plol", „trunkst".

In unserem Fall der Sprachsynthese, insbesondere wenn der Test zu diagnostischen Zwecken durchgeführt wird, ist die Frage der *Abdeckung* wesentlich, also die Frage, wie mit dem Test eine möglichst große Zahl von Elementarbausteinen bzw. Regeln des Synthesesystems erfaßt werden kann. Ist eine Regel ungeschickt formuliert oder ein Baustein schlecht artikuliert bzw. geschnitten, so ergibt das im späteren Betrieb des Synthesesystems einen systematischen Fehler. Nicht zuletzt aus diesem Grund ist für Synthesesysteme ein Verständlichkeitstest vorzuziehen, der auf der Basis logatomähnlicher Bausteine und sinnleerer Wörter und – vor allem – mit offener Antwortform arbeitet [Pols-92], [Jekosch-92]. Nur so wird die Versuchsperson unbeeinflußt von der eventuellen Vorgabe einer Auswahl von Alternativen oder dem Vorhandensein bzw. Nichtvorhandensein lautlich ähnlicher sinnvoller Wörter den Höreindruck so niederschreiben, daß es für die diagnostische Auswertung eines Systems sinnvoll wird, also daß beispielsweise die Ergebnisse in Lautverwechslungsmatrizen zusammengefaßt werden können.

Zu diesem Zweck wurde in [Jekosch-92] der Cluster-Identifikationstest (CLID-Test) entwickelt. Hierzu gehört ein programmierbarer Stimulusgenerator, der einsilbige sinnleere Wörter in phonetischer Transkription sowie orthographienaher Darstellung generiert, sowie ein Auswertungsmodul. Dieses transkribiert die Antworten der Versuchspersonen, ermittelt, nach Lautclustern getrennt, den Anteil der korrekten Antworten und stellt, wenn gewünscht, Verwechslungsmatrizen auf. Die Stimuli richten sich nach den phonotaktischen Gesetzmäßigkeiten des Deutschen sowie zusätzlichen einschränkenden Bedingungen, die versuchsspezifisch festgelegt werden können (wenn es beispielsweise darum geht, gewisse Konsonantenfolgen bevorzugt zu testen). Der CLID-Test verwendet eine offene Antwortform. Wegen seiner Flexibilität ist er für Anwendungen in der Sprachsynthese geeignet, obwohl durch die Festlegung auf Einsilber wesentliche Aspekte insbesondere der Verkettung von Konsonantenfolgen nicht adäquat getestet werden können.

Neben der Laut- und Silbenverständlichkeit sind Wort- und Satzverständlichkeit wichtige Kenngrößen eines Sprachübertragungs- bzw. Sprachsynthesesystems. Sie sind mehr zur globalen Charakterisierung eines Synthesesystems geeignet als zur Ermittlung diagnostischer Information. Ihre Ermittlung stellt wegen des Lerneffekts (jeder Text kann pro Versuchsperson nur einmal verwendet werden!) hohe Anforderungen an den Umfang und die Erstellung des Stimulusmaterials.

b) **Verstehbarkeit** (*„comprehensibility"*, *„comprehension"*)

Bei der Verstehbarkeit geht es um das Verständnis eines zusammenhängenden, sinnvollen Textes und somit um die Fähigkeit des Systems zur Übermittlung des Inhalts einer Nachricht. Es ist wohlbekannt, daß zum fehlerfreien Verständnis eines Textes nicht jedes Wort und jeder Laut vollständig erkannt werden müssen; vieles kann aus dem Kontext – nicht zuletzt auch über die Prosodie – ergänzt und erschlossen werden. Dies rechtfertigt die Definition und Ermittlung einer eigenständigen Größe *Verstehbarkeit* als Attribut für die Beschreibung von Sprachsynthesesystemen. Im Gegensatz zur Verständlichkeit, die in der Regel quantitativ definiert und ermittelt wird, läßt sich die Verstehbarkeit sowohl qualitativ als auch quantitativ definieren. Als Stimulusmaterial dienen in allen Fällen kurze, zusammenhängende, allgemeinverständliche Texte möglichst gleichen Schwierigkeitsgrades, die auch die lautliche Struktur (Lauthäufigkeit, Worthäufigkeit, Silbenstruktur usw.) der Sprache berücksichtigen sollen. Unter diesem Gesichtspunkt wurden z.B. von [Sendlmeier, Holzmann-91] eine Reihe von Textpassagen (zu je etwa 100 Wörtern) aus Radiosendungen zusammengestellt. Wird die Verstehbarkeit via Einschätzungstest ermittelt, so ist sie eines der Attribute einer skalierenden Bewertung. Ansonsten wird sie nach Anhören des Textes durch Befragung der Versuchsperson zum Inhalt des Textes oder durch Diktat des Textes ermittelt. Wie sich zeigte [Sendlmeier, Holzmann-91], sind Versuchspersonen recht zuverlässig in der Lage, ihr Verständnis eines gehörten Textes selbst einzuschätzen, so daß für diagnostische Zwecke ggf. auf die aufwendige Befragungs- oder Diktatmethode verzichtet werden kann.

15.4.2 Bewertung der Natürlichkeit und zugehöriger Attribute

Natürlichkeit bedeutet nicht notwendigerweise, daß die synthetische Stimme wie ein Mensch klingen muß; es mag vielmehr sogar wünschenswert sein, daß ein Zuhörer jederzeit in der Lage ist, die maschinelle Provenienz eines synthetischen Signals als solche zu erkennen. Andererseits darf es nicht anstrengender sein, einer synthetischen Stimme zuzuhören, als einer natürlichen.

Die Natürlichkeit einer synthetischen sprachlichen Äußerung kann global oder über eine Reihe von Detailfragen ermittelt werden [Sendlmeier-91], [CCITT-87], [ITU-94/1]. Hierbei gelangt der Präferenztest ebenso zum Einsatz wie die auditive Bewertung anhand von Bewertungsskalen (vgl. Abschnitt 15.2). Wie sich jedoch gezeigt hat [Hess, Kraft, et al.-94], [Kraft, Portee-95], ist eine auditive skalierende Bewertung z.B. nach [ITU-94/1] allein, d.h. ohne flankierende quantitative Messung der Verständlichkeit oder Verstehbarkeit, für die detaillierte Bewertung von Sprachsynthesesystemen – auch zu nichtdiagnostischen Zwecken – nicht ausreichend.

15.4.3 Beispiele von Qualitätsauswertungen

Wer einmal Gelegenheit hatte, eines der ersten (parametrischen) TTS-Systeme für Englisch oder auch für Deutsch zu hören, wird überrascht sein darüber, wie schlecht verständlich diese Systeme waren. Auch mehr als 20 Jahre nach der Entwicklung des ersten TTS-Systems ist das Problem der Sprachsynthese noch keineswegs gelöst, wenn auch die Qualität, insbesondere die Verständlichkeit, entscheidend besser geworden ist. Als ein Beispiel für die Verbesserung der Qualität ist die Entwicklung der Verständlichkeit intervokalischer Konsonanten des Synthesesystems der KTH Stockholm [Carlson, Granström, et al.-91], das auf der Basis eines Formantsynthetisators arbeitet, bereits in Abschnitt 14.3.1 vorgestellt worden.

Die Studie von [Klaus, Klix, et al.-93] (vgl. auch [Fellbaum, Klaus, et al.-94]) erfaßte 13 Sprachsynthesesysteme verschiedener Entwicklungsstufen für das Deutsche, davon zwei regelbasierte Systeme mit Formantsynthetisator ohne Prosodiesteuerung, ein System mit artikulatorischer Synthese sowie vier datengesteuerte Systeme mit natürlichsprachlichen Bausteinen und Zeitbereichssynthese mit PSOLA; die restlichen Systeme waren TTS-Systeme mit Formantsynthetisator. Zur Kontrolle wurden vier Codierungsverfahren mitbewertet, die als Referenzpunkte dienten. Die Bewertung umfaßte zwei Schritte: (1) eine globale Einstufung mit *Mean-Opinion Score* und (2) einen Diktattest zur Ermittlung der Verständlichkeit und Verstehbarkeit [Sendlmeier, Holzmann-91]. Die Ergebnisse beider Tests bestätigten die Überlegenheit der Zeitbereichssynthese, was die Verständlichkeit betrifft. Auch in der Gesamtbeurteilung lagen diese Systeme vorn.

Eine zu Beginn der Arbeiten am Synthesemodul des Projekts *Verbmobil* [Wahlster-93] durchgeführte diagnostische Evaluierung [Kraft, Portele-95] erfaßte fünf Synthesesysteme für das Deutsche, die bei den beteiligten Projektpartnern aus dem Vorfeld des Projekts oder aus früheren Arbeiten zur Verfügung standen und als Ausgangspunkt für die Weiterentwicklung eines Verbmobil-Synthesesystems dienen konnten. Drei der Systeme (im folgenden als D1, D2 und D3 bezeichnet) verwendeten eine PSOLA-Synthese mit natürlichsprachlichen Bauelementen, wobei eines der Systeme (D3) bereits auf besonders gute Segmentverständlichkeit optimiert war; die übrigen beiden Systeme (R1 und R2) waren regelgesteuert mit einem parametrischen Synthetisator auf Formantbasis, eines der Systeme (R1) besaß eine besonders ausgefeilte Prosodiesteuerung.

Die Untersuchung umfaßte drei Einzelbewertungen. Mit dem CLID-Test wurde die segmentale Verständlichkeit jedes Systems ermittelt. Weiterhin wurden die Systeme global jeweils paarweise in einem Präferenztest verglichen. Schließlich wurden die Systeme einzeln einer globalen, skalierenden Beurteilung anhand von 8 Attributen unterzogen. Keine Versuchsperson hatte zum Testzeitpunkt Erfahrung im Umgang mit Sprachsynthesesystemen.

Die Ergebnisse des CLID-Tests bestätigten die Erwartungen: an der Spitze lag das System D3, gefolgt von D2 und D1; die parametrischen Synthesesysteme schnitten schlechter ab (Bild 15.11-a). Dies bestätigte die Ergebnisse früherer Untersuchungen ([Fellbaum, Klaus, et al.-94], vgl. auch [Sorin-94]), daß eine rein parametrische Synthese stets mit einem Verlust an Verständlichkeit besonders bei den Konsonanten einhergeht. Da der CLID-Test nur einsilbige Stimuli verwendet, kann die

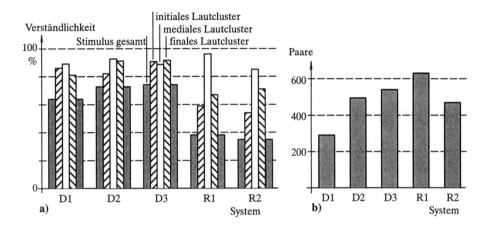

Bild 15.11: Evaluation von 5 Sprachsynthesesystemen [Kraft, Portele-95]
a) Verständlichkeit der Lautcluster im CLID-Test
b) Ergebnis des globalen Präferenztests: Zahl der Präferenzen für die fünf untersuchten Systeme. Jedes System nahm an insgesamt 960 Vergleichen teil.

Güte der Verkettung bei inneren Konsonantenfolgen (also zwischen zwei Silbenkernen) noch nicht beurteilt werden. Aus diesem Grund wurden die datengesteuerten Systeme (mit halbsilbenorientierten Bausteinen) möglicherweise etwas überbewertet. Die Entwicklung des verbesserten hybriden Bausteininventars ([Portele-96/1], vgl. Abschnitt 14.2.2) war bei dieser Untersuchung noch nicht berücksichtigt. Wie eine spätere Gegenüberstellung synthetischer Stimuli mit diesem Inventar und natürlicher Sprache [Portele-96/2] ergab, konnte die Lautverständlichkeit nochmals erheblich verbessert werden und war bei Konsonanten im Anlaut und Auslaut für synthetische und natürliche Stimuli fast gleich (zwischen 5 und 6% Fehler im Anlaut; zwischen 2 und 3% Fehler im Auslaut). Nur im Inlaut waren die synthetischen Stimuli mit einer Fehlerrate von 7% schlechter als die natürlichsprachlichen (2%). Dies ging im wesentlichen auf das Konto eines Lautes, des intervokalischen [h], bei dem noch ein systematischer Fehler im Inventar bzw. bei der akustischen Synthese zu verzeichnen war.

Im globalen Vergleichstest der Untersuchung von [Kraft, Portele-95] sollten die Satzverständlichkeit (in qualitativer Bewertung) und die Gesamtakzeptanz der Systeme verglichen werden. Der Test wurde als Präferenztest im Paarvergleich anhand von sechs Aussagesätzen durchgeführt. Jede Version eines Satzes wurde mit jeder anderen verglichen, wobei beide möglichen Reihenfolgen (A-B und B-A) je Satz und Systempaar einmal auftraten. Das Präferenzkriterium wurde den 20 Versuchspersonen wie folgt erläutert: *„Sie sollen von den beiden Versionen diejenige auswählen, die Ihnen verständlicher erscheint. Ziehen Sie jedoch auch* *die Vorstellung in Betracht, Sie müßten täglich eine oder mehrere Stunden mit den Stimmen arbeiten."* Das regelgesteuerte System R1 erzielte das beste Ergebnis, gefolgt von den datengesteuerten Systemen D3 und D2; die Systeme R2 und D1 schnitten am ungünstigsten ab (Bild 15.11-b). Generell bescheinigten die Versuchspersonen der synthetischen Sprache eine hohe Verständlichkeit, stellten aber gleichzeitig heraus, daß der wesentliche Faktor für die Akzeptanz die Prosodie gewesen sei. Die Testergebnisse bestätigen diese Aussagen, indem das System R1 (mit der besonders ausgefeilten Prosodiesteuerung) das beste und das System D1 (ohne Prosodiesteuerung) das schlechteste Ergebnis erzielte. Der Test war somit kein Verständlichkeitstest im engeren Sinn, sondern ein globaler Akzeptanztest.

Der Bewertungstest sollte eine differenzierte Bewertung der Stärken und Schwächen einzelner Systeme bei der Erzeugung längerer Textpassagen in synthetischer Sprache ermöglichen. Zu diesem Zweck wurden die insgesamt 44 Versuchspersonen gebeten, jeden von einem System generierten Text durch acht Attribute zu bewerten. Eine als „bekannt" vorgegebene Passage, von allen Systemen synthetisiert, wurde zusätzlich von einer natürlichen (weiblichen) Stimme gesprochen und allen Versuchsteilnehmern vor Versuchsbeginn vorgespielt. Weitere fünf Texte wurden (nach Auslosung) je einem System fest zugeordnet und waren den Versuchspersonen vor Versuchsbeginn nicht bekannt. Die verwendeten Attribute sowie deren Skalierung wurden der Empfehlung [CCITT-87] entnommen. Im einzelnen waren zu bewerten: *Verständlichkeit* (ist es leicht oder schwer, einzelne Laute/Wörter zu verstehen?), *Verstehbarkeit* (ist es leicht oder schwer, die Aussage des Textes zu verstehen?), *Deutlichkeit* (ist die Aussprache [Artikulation] eher klar oder undeutlich?), *Natürlichkeit* (klingt die gehörte Stimme eher natürlich oder unnatürlich?), *Annehmlichkeit* (ist der Klang der gehörten Stimme angenehm oder unangenehm?). Diese 5 Attribute waren jeweils auf einer Sechs-Punkte-Skala zu bewerten (von *sehr schlecht* bis *sehr gut*, also z.B. von *sehr unnatürlich* bis *sehr natürlich*). Weiterhin waren zu bewerten *Aussprache* (wie störend finden Sie ggf. eine falsche Aussprache?), *Betonung* sowie *Sprechgeschwindigkeit*.

Für die Frage der Akzeptanz von Sprachsynthesesystemen allgemein ist die globale Aussage dieses Tests von Bedeutung, weist sie doch darauf hin, wo nach Ansicht der Versuchspersonen die Stärken und die Schwächen der Systeme liegen. Die schlechtesten Bewertungen wurden bei der Beurteilung des Hörkomforts vergeben. Drei Systeme wurden im Median als *ziemlich unnatürlich* beurteilt, eines als *unnatürlich* und das fünfte sogar als *sehr unnatürlich*; das Attribut *Annehmlichkeit* kam nicht besser weg. Bezüglich Verstehbarkeit, Verständlichkeit und Deutlichkeit fielen die Beurteilungen um ein bis zwei Grade besser aus. Aussprache- und Betonungsfehler wurden als *ziemlich störend* bis *störend* empfunden.

Wie eine abschließende Faktorenanalyse der Ergebnisse zeigte, läßt sich ein großer Teil der Varianz der Bewertung nach Attributen durch zwei Faktoren erklären (Bild 15.12). Der erste Faktor umfaßt die Attribute *Verständlichkeit, Verstehbarkeit* sowie *Deutlichkeit*; der zweite die Attribute *Betonung* sowie mit Anteilen auch von

15.4 Evaluierung der Qualität von Sprachsynthesesystemen

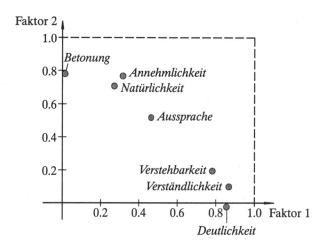

Bild 15.12: Ergebnis einer Faktorenanalyse der Attribute: Darstellung der beiden ersten Faktoren und Zuordnung der Attribute. Der erste Faktor spannt eine vorwiegend artikulationsorientierte, der zweite eine vorwiegend prosodieorientierte Dimension auf.

Faktor 1 *Natürlichkeit* und *Annehmlichkeit*; das Attribut *Aussprache* ist beiden Faktoren zuzuordnen. Damit wird der durch die Attribute aufgespannte Raum auf eine im wesentlichen artikulationsorientierte sowie auf eine im wesentlichen prosodieorientierte Dimension reduziert. Zusammenfassend ist festzuhalten:

- Systeme mit Zeitbereichssynthese haben Vorteile bei der Verständlichkeit auf Segmentebene durch die bessere Realisierung von Konsonantenfolgen. Die Verständlichkeit (ebenso wie die Verstehbarkeit) der Sprachsynthese wird systemübergreifend bereits als ziemlich gut bis sehr gut beurteilt.

- Der Hörkomfort (vertreten durch die Attribute *Natürlichkeit* und *Annehmlichkeit*) läßt noch erheblich zu wünschen übrig. Alle bewerteten Systeme in allen Untersuchungen bekamen mangelhafte Noten. Mit der Natürlichkeit des akustischen Signals steht und fällt letztlich jedoch die Akzeptanz eines Sprachsynthesesystems als Ganzes.

- Ist die Verständlichkeit eines Systems gut, so wird bei der Gesamtbeurteilung der Prosodiesteuerung hoher Stellenwert eingeräumt.

- Die differenzierende Beurteilung der Systeme durch Attribute erlaubt es, die Gesamtakzeptanz von Sprachsynthesesystemen gezielt zu beurteilen. Die Attribute selbst werden offensichtlich zum einen einer vorwiegend artikulationsbezogenen, zum anderen einer vorwiegend prosodiebezogenen Dimension zugeordnet.

Wie „gut" ist also die Sprachsynthese heute? Es gelingt, synthetische Sprache zu erzeugen, die bezüglich der Lautverständlichkeit natürlichen Äußerungen kaum noch nachsteht. Andererseits mangelt es nach wie vor an der Natürlichkeit – *„naturalness is harder to achieve than intelligibility"* [Van Santen-97]. Ist jedoch die Natürlichkeit gering (und damit die Stimme „verfremdet"), muß der Zuhörer angestrengt hinhören und ermüdet schnell. Dies wirkt sich indirekt auch wieder auf die Verständlichkeit aus: unter ungünstigen Umgebungsbedingungen (z.B. in halligen Räumen oder bei Anwesenheit von Störschallen) sinkt die Verständlichkeit der synthetischen Sprache sehr viel schneller als die der natürlichen, was die Sprachsynthese fragil und wenig robust macht. So ist die Sprachsynthese keineswegs eine ausgereifte Technik [Van Santen-97], und noch viel Detailarbeit ist notwendig, um insbesondere die Natürlichkeit zu verbessern und damit die Robustheit der Systeme zu erhöhen.

15.5 Schlußbemerkungen

So vielschichtig wie der Begriff „Sprachqualität", so schwierig ist seine Messung – schon mit auditiven Mitteln, erst recht instrumentell. Für einfache Verarbeitungen (PCM, ADPCM, MNRU z.B.) ist die Angabe gut parametrierter Segment-Störabstände bereits geeignet, Höreindrücke durch Zahlenwertangaben zu beschreiben. Für komplexe, stärker verzerrende und Gehöreigenschaften nutzende Verfahren genügen sie nicht mehr; auch bekannte, aufwendige Ansätze (Cepstral- und Spektralabstände z.B.) sind unzureichend: Man muß den Hörvorgang modellieren. Im Gegensatz zu Aussagen bei [Beerends, Stemerdink-94], [Beerends-94] lohnt es sich dabei nach [Hauenstein-97] sehr wohl, belegte Erkenntnisse *vollständig* zu nutzen: Nur so lassen sich, wenn überhaupt, für breite Sprachbearbeitungs-Klassen gemeinsame Maße ohne viele Ad-hoc-Parameter mit Korrelationen von 90 bis 95% finden.

Derart hohe Korrelationen *sind* im übrigen tatsächlich nötig, obwohl schon auditive Tests in verschiedenen Einzeldurchführungen, erst recht in verschiedenen Landessprachen Unsicherheiten gleicher Größenordnung aufweisen: Bei geringeren Korrelationen nimmt die Gefahr von „Platztausch"-Fehlern drastisch zu, bei denen ein auditiv (deutlich) besser eingestuftes System nach dem instrumentellen Maß (deutlich) schlechter abschneidet als ein anderes oder umgekehrt (s. etwa die Systeme c14 und c27 in Bild 15.8).

Anhang

Codec-Standards

Für die verschiedenen Einsatzbereiche existiert eine Vielzahl unterschiedlicher Codecs, die sich bezüglich Sprachqualität, Bitrate B, Komplexität und Signalverzögerung voneinander unterscheiden.

Die wesentlichen Merkmale einiger ausgewählter Codecs werden auf den nachfolgenden Seiten zusammengefaßt. Tabelle A.1 gibt hierzu eine Übersicht.

Standard	Bezeichnung	B / (kbit/s)
ITU-T/G.726	Adaptive Differential Pulse Code Modulation (ADPCM)	32 (16, 24, 40)
ITU-T/G.728	Low-Delay CELP Speech Coder (LD-CELP)	16
ITU-T/G.729	Conjugate-Structure Algebraic CELP Codec (CS-ACELP)	8
ITU-T/G.722	7 kHz Audio Codec	64 (48, 56)
ETSI-GSM 06.10	Full-Rate Speech Transcoding	13
ETSI-GSM 06.20	Half-Rate Speech Transcoding	5.6
ETSI-GSM 06.60	Enhanced Full-Rate Speech Transcoding	13
INMARSAT/IMBE	Improved Multi-Band Excitation Codec (IMBE)	4.15
ISO-MPEG1	Audio Coding (Stereo) Layer I Layer II Layer III (* mittlere Bitrate)	384 192 128*

Tabelle A.1: Zusammenstellung der ausgewählten Codec-Standards
      ITU: International Telecommunications Union
      ETSI: European Telecommunications Standards Institute
      ISO: International Organization of Standardization
      MPEG: Moving Pictures Expert Group

A.1 ITU-T/G.726: Adaptive Differential Pulse-Code Modulation (ADPCM)

Blockschaltbild: Codierung und Decodierung

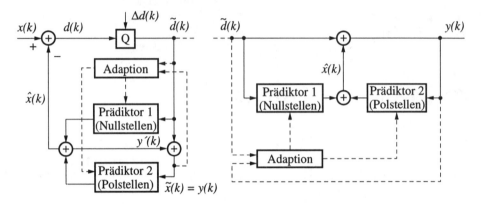

Abtastung: $f_A = 8$ kHz

Bitraten: $B = 16, 24, 32, 40$ kbit/s

Qualität:
– Signalformcodierung, nahezu gleiche Qualität wie PCM mit 64 kbit/s
– Modemsignale (Fax) bis 4.8 kbit/s (bei $B = 40$ kbit/s)

Anwendungen:
– Schnurlose digitale Telefone nach dem DECT-Standard (*Digital Enhanced Cordless Telecommunications*)
– „Leitungsvervielfacher" (Transatlantik Kabel)

Algorithmus:
– Rückwärtsadaptiver Prädiktor (s. Abschnitt 10.2.3) mit Polen und Nullstellen
– Adaption des Prädiktors mit Hilfe des Vorzeichen-LMS-Algorithmus (s. Abschnitt 10.2.3)
– Adaptive Quantisierung des Prädiktionsfehlersignals nach dem AQB-Verfahren mit $w = 2, 3, 4$ oder 5 (s. Abschnitt 9.5)
– Quantisierung mit fester Schrittweite Δd bei Codierung von Modemsignalen

Besonderheit: Vorzeichen-LMS-Algorithmus ohne echte Multiplikation

$$a_i(k+1) = (1 - 2^{-8})\, a_i(k) + 2^{-7} \operatorname{sign}\{\tilde{d}(k)\} \cdot \operatorname{sign}\{\tilde{d}(k-i)\}$$

$$b_1(k+1) = \frac{255}{256} b_1(k) + \frac{3}{256} \text{sign}\{y'(k)\} \cdot \text{sign}\{y'(k-1)\}$$

$$y'(k) = \tilde{d}(k) + \sum_{i=1}^{6} a_i(k) \cdot \tilde{d}(k-i)$$

$$b_2(k+1) = \frac{127}{128} b_2(k) + \frac{1}{128} \text{sign}\{y'(k)\} \cdot \text{sign}\{y'(k-2)\}$$

$$- \frac{1}{128} f[b_1(k)] \text{sign}\{y'(k)\} \cdot \text{sign}\{y'(k-1)\}$$

$$f[b_1(k)] = \begin{cases} 4 \cdot b_1(k) & ; \ |b_1(k)| \leq 0.5 \\ 2 \, \text{sign}\{b_1(k)\} & ; \ |b_1(k)| > 0.5 \end{cases}$$

Literatur:

Jayant, N. S.; Noll, P.: „*Digital coding of waveforms*", Prentice-Hall, Englewood Cliffs, Abschnitt 6.5.3, New Jersey, 1984.

ITU-T Rec. G.726: „*40, 32, 24, 16 kbit/s Adaptive differential pulse code modulation (ADPCM)*", 1992.

Bonnet, M.; Macchi, O.; Jaidane-Saidane, M.: „Theoretical analysis of the ADPCM CCITT algorithm", *IEEE Transactions on Communications*, 38(6), S. 847-858, 1990.

A.2 ITU-T/G.728: Low-Delay CELP Speech Coder

Blockschaltbild: Codierung

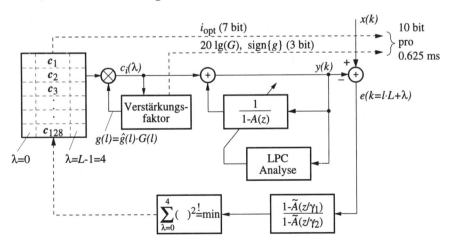

Abtastung: $f_A = 8$ kHz

Bitrate: $B = 16$ kbit/s

Qualität:
- bei Sprache vergleichbar mit (z.T. besser als) 32 kbit/s-ADPCM
- Modemsignale (Fax) bis 4.8 kbit/s

Anwendungen:
- Bildtelefonie
- „Leitungsvervielfacher"

Algorithmus:
- Rückwärtsadaption eines LPC-Prädiktors der Ordnung $n = 50$ (blockweise, Levinson-Durbin Algorithmus, s. Abschnitt 7.3.1)
- kein Langzeitprädiktor
- logarithmisch-differentielle Quantisierung des Verstärkungsfaktors g mit rückwärtsadaptiver Prädiktion der Ordnung 10
- Blocklänge $L = 5$ Abtastwerte bzw. $\tau = 0.625$ ms
- Codebuch mit $K = 128$ Einträgen $\mathbf{c}_i$
- modifiziertes Gewichtungsfilter der Ordnung 10
- adaptives Nachfilter (s. Abschnitt 10.5)
- Signalverzögerung < 2 ms
- Komplexität ca. 20 MOPS (Mega-Operationen pro Sekunde)

Bitzuordnung: 10 bit pro $5 \cdot 0.125$ ms $= 0.625$ ms

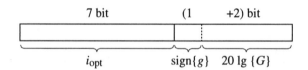

Besonderheiten:

- logarithmisch-differentielle Quantisierung des Verstärkungsfaktors:

$$|g(l)| = |\hat{g}(l)| \cdot G(l) \quad ; \quad l = \text{Blockindex}$$
$$v(l) = 20 \lg |g(l)| = 20 \lg |\hat{g}(l)| + 20 \lg G(l)$$
$$= \hat{v}(l) + \Delta v(l)$$

- Quantisierung von $\Delta v(l) = v(l) - \hat{v}(l)$ mit nur 4 Stufen (2 bit) nach dem Analyse-durch-Synthese-Kriterium
- adaptive Prädiktion von $\hat{v}(l)$ gemäß

$$\hat{v}(l) = \sum_{j=1}^{10} b_j \cdot \overline{v}(l-j)$$

A.2 ITU-T/G.728: Low-Delay CELP Speech Coder

$$\text{mit} \quad \overline{v}(l-j) = 20 \lg \sqrt{\sum_{\lambda=0}^{4} c_{i\text{opt}}^2(\lambda) \cdot g^2(l-j)}$$

$\mathbf{c}_{i\text{opt}}$ = optimaler Vektor für Blockindex $l-j$

- Berechnung eines Gewichtungsfilters

$$W(z) = \frac{1 - \tilde{A}(z/\gamma_1)}{1 - \tilde{A}(z/\gamma_2)} \quad ; \quad \gamma_1 = 0.9, \quad \gamma_2 = 0.6$$

der Ordnung 10 aus dem unquantisierten Eingangssignal

- LPC-Analysen für Synthesefilter ($A(z)$, $n = 50$), Gewichtungsfilter ($\tilde{A}(z)$, $\tilde{n} = 10$) und Prädiktor für Verstärkungsfaktor ($B(z), n' = 10$) mit „hybridem" Fenster $w_m(k)$ mit rekursiv-exponentiellem und nichtrekursiv-sinusförmigem Anteil

$$w_m(k) = \begin{cases} b \cdot \alpha^{-(k-(m-N-1))} & ; \quad k \leq m-N-1 \\ -\sin(c \cdot (k-m)) & ; \quad m-N \leq k \leq m-1 \\ 0 & ; \quad k \geq m \end{cases}$$

„Hybrides Fenster" $w_m(k)$ für $b = 0.9889, \alpha = 0.9928$ und $c = 0.0478$:

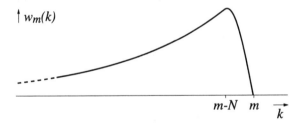

- adaptives Postfilter mit LTP- und LPC-Anteil (s.a. Abschnitt 10.5)

Literatur:

Chen, J. H.: „Low-delay coding of speech", *Speech Coding and Synthesis*, W. B. Kleijn, K. K. Paliwal (eds.), Kapitel 6, Elsevier, 1995.

Chen, J. H.; Cox, R. V.; Lin, Y.-C.; Jayant, N. S.; Melchner, M. J.: „A low-delay CELP-coder for the CCITT 16 kbit/s speech coding standard", *IEEE J. Selected Areas Communication*, S. 830-849, 1992.

Murphy, M. T.; Cox, C. E. M.: „A real time implementation of the ITU-T/G.728 LD-CELP fixed point algorithm on the Motorola DSP56156", *Signal Processing VII: Theories and Applications*, M. J. J. Holt, C. F. N. Cowan, P. M. Grant, W. A. Sandham (eds.), Elsevier, S. 1617-1620, 1994.

ITU-T Rec. G.728: „*Coding of speech at 16 kbit/s using low-delay code excited linear prediction*", 1992.

A.3 ITU-T/G.729: Conjugate-Structure Algebraic CELP-Codec (CS-ACELP)

Blockschaltbild: Decodierung

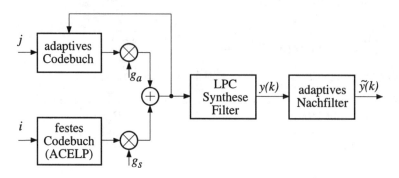

Abtastung: $f_A = 8$ kHz

Bitrate: $B = 8$ kbit/s

Qualität: – bei Sprache vergleichbar mit (z.T. geringfügig schlechter als) 32 kbit/s-ADPCM
– Modemsignale (Fax) bis 4.8 kbit/s
– nicht geeignet für Musik

Anwendungen: – Bildtelefonie, Multimedia

Algorithmus: – *Code Excited Linear Prediction* (CELP)
– LPC-Synthesefilter der Ordnung $n = 10$
– Rahmenlänge $T_N = 10$ ms, Subrahmenlänge $\frac{1}{2} T_N = 5$ ms
– vektorielle Quantisierung der Filterparameter in Form der LSF-Koeffizienten mit 18 bit (s.a. Abschnitt 10.3.3-f)
– Langzeitprädiktion (adaptives Codebuch, s.a. Abschnitt 10.4.3) mit sog. *open-loop*-Vorsuche und *closed-loop*-Nachoptimierung des Verzögerungsparameters N_0 (bzw. j_{opt}) mit verbesserter Zeitauflösung durch Interpolation um den Faktor 3
– Codierung des Verzögerungsparameters N_0 des ersten Subrahmens mit 8 bit, differentielle Codierung des entsprechenden Parameters des zweiten Subrahmens mit 5 bit
– festes *algebraisches Codebuch* (ACELP) mit effektiv 2^{17} Vektoren der Dimension 40 mit jeweils nur 4 von Null verschiedenen Werten (s.u.)

- adaptives Fehlergewichtungsfilter

$$W(z) = \frac{1 - A(z/\gamma_1)}{1 - A(z/\gamma_2)},$$

wobei γ_1 und γ_2 von der momentanen spektralen Einhüllenden abhängig sind
- zweistufige vektorielle Quantisierung der Verstärkungsfaktoren g_a, g_s mit 7 bit
- adaptives Nachfilter (s. Abschnitt 10.5)
- Signalverzögerung (Algorithmus) 15 ms
- Komplexität ca. 18 MOPS (Mega-Operationen pro Sekunde)

Bitzuordnung:

Parameter	Quantisierung	Subrahmen 1 (5 ms)	Subrahmen 2 (5 ms)	Bits pro 10 ms
LPC-Filter 10 Koeffizienten (*Line Spectral Frequencies*)	vektoriell (4 Quantisierer)			18
adaptives Codebuch • N_0 (bzw. j_1, j_2) • Paritätsbit für j_1	skalar j_1 $j_1 - j_2$	8 1	5	13 1
festes Codebuch • ACELP-Indizes • Vorzeichen	Pulspositionen $3 \times 3 + 4$ 4×1	13 4	13 4	26 8
Verstärkungsfaktoren g_a, g_s	2-stufig vektoriell $3 + 4$	7	7	14
	Bits pro 10 ms			80

Besonderheiten:

- aufwandsgünstiges algebraisches ternäres Codebuch mit

$$c_i(\lambda) \in \{+1, 0, -1\} \quad ; \quad \lambda = 0, 1, \ldots, 39$$

und nur vier von Null verschiedenen Elementen pro Codebuchvektor $\mathbf{c}_i$ gemäß

$$c_i(\lambda) = v_0 \, \gamma_0(\lambda - \mu_0) + v_1 \, \gamma_0(\lambda - \mu_1) + v_2 \, \gamma_0(\lambda - \mu_2) + v_3 \, \gamma_0(\lambda - \mu_3)$$

- separate Codierung der Pulspositionen $\mu_0, \mu_1, \mu_2, \mu_3$ und der Vorzeichen $v_0, v_1, v_2, v_3 \in \{+1, -1\}$

Pulsposition	Vorzeichen	Positionen	Bits
μ_0	v_0	0, 5, 10, 15, 20, 25, 30, 35	3 + 1
μ_1	v_1	1, 6, 11, 16, 21, 26, 31, 36	3 + 1
μ_2	v_2	2, 7, 12, 17, 22, 27, 32, 37	3 + 1
μ_3	v_3	3, 8, 13, 18, 23, 28, 33, 38	4 + 1
		4, 9, 14, 19, 24, 29, 34, 39	

- aufwandsgünstige Codebuch-Suche unter Ausnutzung der Struktur der Codevektoren

- aufwandsgünstigere kompatible Variante G.729A (ca. 9 MOPS, leicht reduzierte Sprachqualität bei Codec-Tandem und Hintergrundstörungen)

Literatur:

Salami, R.; Laflamme, C.; Kataoka, A.; Lamblin, C.; Kroon, P.: „Description of the proposed ITU-T 8 kbit/s speech coding standard", *IEEE Workshop on Speech Coding for Telecommunications*, Annapolis, S. 3-4, 1995.
(weitere Beiträge zu Details des Standards im gleichen Tagungsband)

ITU-T Rec. G.729: „*Coding of speech at 8 kbit/s using conjugate-structure algebraic code-excited linear-prediction (CS-ACELP)*", 1995.

Salami, R.; Laflamme, C.; Bessette, B.; Adoul, J.-P.: „Description of ITU-T Recommendation G.729 Annex A: Reduced Complexity 8 kbit/s CS-ACELP Codec", *Proc. of ICASSP-97*, München, S. 775-778, 1997.

A.4 ITU-T/G.722: 7 kHz Audio Coding within 64 kbit/s

Blockschaltbild: Codierung und Decodierung

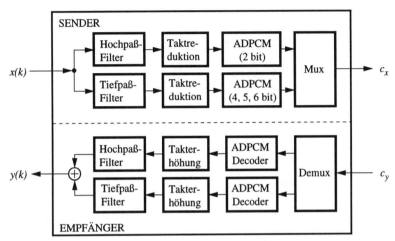

Abtastung: $f_A = 16$ kHz

Bitraten: $B = 48, 56, 64$ kbit/s

Qualität:
- hohe Qualität für Sprache und Musik
- vergrößerte Bandbreite 0.05 kHz $\leq f \leq 7.0$ kHz

Anwendungen:
- Video- und Audio-Konferenzen
- ISDN-Komforttelefone

Algorithmus:
- Teilbandcodierung mit zwei Teilbändern (s. Abschnitt 11.3)
- Bandaufteilung mittels QMF-Tiefpaß-Hochpaß-Paar (siehe Abschnitt 5.3.2, $n = 24$)
- ADPCM (ähnlich zu G.726) in den beiden Teilbändern mit $w = 4, 5$ oder 6 (bzw. 32, 40, 48 kbit/s) im unteren Teilband und $w = 2$ (bzw. 16 kbit/s) im oberen Teilband
- Signalverzögerung (Algorithmus) 1.5 ms
- Komplexität ca. 10 MOPS (Mega-Operationen pro Sekunde)

Besonderheiten:
- gleichzeitige Sprach- und Datenübertragung mit der Rate $B_D = 8$ oder 16 kbit/s möglich mit insgesamt $B + B_D = 64$ kbit/s
- Dimensionierung der Quantisierer für $w = 4, 5$ derart, daß man zur simultanen Datenübertragung das letzte Bit bzw. die beiden letzten Bits des 6-Bit-Quantisierers überschreibt (*embedded coding*).

Literatur:

Taka, M.; Maitre, X.: „CCITT standardization activities on speech coding", *Proc. of ICASSP-86*, Tokyo, S. 817-820, 1986.

ITU-T Rec. G.722: „*7 kHz audio coding within 64 kbit/s*", vol. Fascicle III.4, Blue Book, S. 269-341, 1988.

A.5 ETSI-GSM 06.10: Full-Rate Speech Transcoding

Blockschaltbild: Codierung und Decodierung

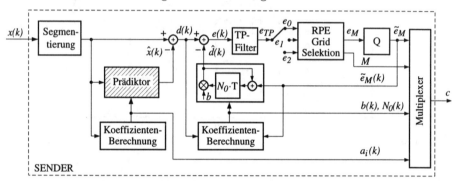

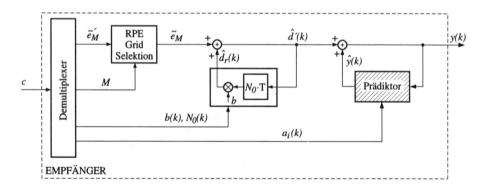

Abtastung: $f_A = 8$ kHz

Bitrate: $B = 13.0$ kbit/s

Qualität: – eingeschränkte Telefonqualität (Sprache)
                 – nicht geeignet für Modem- und Musiksignale

Anwendungen: – Mobilfunksysteme nach dem GSM-Standard
                 – Internet-Telefonie

A.5 ETSI-GSM 06.10: Full-Rate Speech Transcoding

Algorithmus:
- Prädiktive Restsignal-Codierung (s. Abschnitt 10.4.2)
- Signalverzögerung (Algorithmus) 20 ms
- Komplexität ca. 3.5 MOPS (Mega-Operationen pro Sekunde)

Bitzuordnung:

Parameter		Bitanzahl
8 Reflexionskoeffizienten (LPC) $(2 \times 6, 2 \times 5, 2 \times 4, 2 \times 3$ bit)		36
4 LTP-Verstärkungsfaktoren b	$(4 \times 2$ bit)	8
4 LTP-Verzögerungswerte N_0	$(4 \times 7$ bit)	28
4 RPE-Rasterpositionen	$(4 \times 2$ bit)	8
4 RPE-Blockmaxima	$(4 \times 6$ bit)	24
4×13 normierte RPE-Werte	$(52 \times 3$ bit)	156
Bits pro 20 ms		260

Besonderheiten:

- Interpolation (Extrapolation) gestörter Rahmen durch Rahmenwiederholung

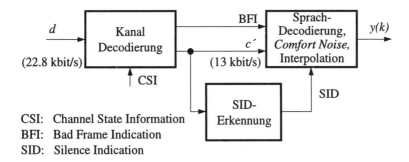

CSI: Channel State Information
BFI: Bad Frame Indication
SID: Silence Indication

- Kennzeichnung von Rahmen (260 bits) mit Restfehlern in der Gruppe der wichtigsten Bits mittels BFI = 1 und Wiederholung des letzten „guten" Rahmens; Stummschaltung nach mehrfacher Wiederholung

- Sprachpausenerkennung (SID: *Silence Indication*)

- bei Abschaltung des Senders in den Sprachpausen (Option des Netzbetreibers) empfangsseitige Erzeugung eines künstlichen Hintergrundgeräuschs (*Comfort Noise*) durch Anregung des LPC-Synthese-Filters mit weißem Rauschen, wobei der Pegel der momentan vorhandenen Hintergrundstörung angepaßt wird.

Literatur:

ETSI Rec. GSM 06.10: *„GSM full rate speech transcoding"*, 1988.

Vary, P.; Hellwig, K.; Hofmann, R.; Sluyter, R. J.; Galand, C.; Rosso, M.: „Speech codec for the European mobile radio system", *Proc. of ICASSP-88*, New York, Beitrag S6.1 S. 227-230, April 1988.

A.6 ETSI-GSM 06.20: Half-Rate Speech Transcoding

Blockschaltbild: Decodierung

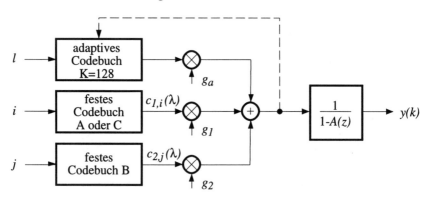

Abtastung: $f_A = 8$ kHz

Bitrate: $B = 5.6$ kbit/s

Qualität:
- nahezu gleiche Sprachqualität wie Vollraten-Codec (GSM 06.10)
- nicht geeignet für Modem- und Musiksignale

Anwendungen:
- Mobilfunksysteme nach dem GSM-Standard (Halbratenkanal mit $B' = 11.4$ kbit/s für Sprach- und Kanal-Codierung)
- modifizierte Versionen mit $B = 6.9$ kbit/s im japanischen Mobilfunksystem (JDC) und mit $B = 7.95$ kbit/s im amerikanischen Mobilfunksystem (*digital* AMPS)

Algorithmus:
- *Code Excited Linear Prediction* (CELP) mit speziellen Codebüchern, die durch Überlagerung orthogonaler Basisvektoren konstruiert werden (VSELP: *Vector Sum Excited Linear Prediction*, s.u.)
- Rahmenlänge $T_N = 20$ ms; Subrahmenlänge $\frac{1}{4} T_N = 5$ ms

A.6 ETSI-GSM 06.20: HALF-RATE SPEECH TRANSCODING

- LPC-Filter der Ordnung $n = 10$; Quantisierung der Reflexionskoeffizienten $k_1, k_2, \ldots, k_{10}$ mit 3 Vektorquantisierern der Dimensionen $2^{11} \times 3$ (k_1, k_2, k_3), $2^9 \times 3$ (k_4, k_5, k_6) und $2^8 \times 4$ (k_7, k_8, k_9, k_{10}); Aufwandsreduktion durch Vorquantisierung
- Langzeitprädiktion mit kombinierter *open-loop/closed-loop*-Suche
- vektorielle Quantisierung der Verstärkungsfaktoren
- adaptives Fehlergewichtungsfilter (s. Abschnitt A.3)
- adaptives Nachfilter (s. Abschnitt 10.5)
- Signalverzögerung (Algorithmus) 20 ms
- Komplexität ca. 20 MOPS (Mega-Operationen pro Sekunde)

Bitzuordnung:

Parameter	stimmlose Rahmen: – kein adaptives Codebuch – 2 feste Codebücher A u. B Bits pro Rahmen (= 4 Subrahmen)	stimmhafte Rahmen: – adaptives Codebuch – ein festes Codebuch C Bits pro Rahmen (= 4 Subrahmen)
Modus-Bits	1×2	1×2
Rahmen-Energie	1×5	1×5
Interpolationsindex	1×1	1×1
10 Reflexionskoeff.	1×28	1×28
Verstärkungsfaktoren	4×5	4×5
Codebuch-Indizes A	4×7	
Codebuch-Indizes B	4×7	
Codebuch-Indizes C		4×9
LTP-Verzögerungen N_0		$1 \times 8 + 3 \times 4$
Bits pro 20 ms	112	112

Besonderheiten:
- unterschiedliche Codierung von stimmhaften und stimmlosen Abschnitten auf der Grundlage einer Signalklassifikation
- Konstruktion der Codevektoren durch gewichtete Überlagerung von $M = 7$ (Codebücher A, B) oder $M = 9$ (Codebuch C) orthogonalen Basisvektoren; Beispiel:
  Codebuch A mit den Basisvektoren $\mathbf{a}_\mu = \bigl(a_\mu(0), \ldots, a_\mu(\lambda), \ldots, a_\mu(L-1)\bigr)^\mathrm{T}$;
  $$c_{1,i}(\lambda) = \sum_{\mu=1}^{7} \alpha_{\mu,i} \cdot a_\mu(\lambda) \ ; \quad \alpha_{\mu,i} \in \{-1, +1\} \ ;$$

nur die $M = 7$ Basisvektoren der Dimension $L = 40$ sind zu speichern; anstelle der Codebuch-Indizes werden die Gewichtungsfaktoren $\alpha_{\mu,i}$ übertragen

Literatur:

ETSI Rec. GSM 06.20: *"European digital cellular telecommunications system speech codec for the half rate speech traffic channel"*, 1994.

Gerson, J. A.; Jasiuk, M. A.: „Vector sum excited linear prediction (VSELP) speech coding at 8 kbit/s", *Proc. of ICASSP-90*, Albuquerque, S. 461-464, 1990.

Gerson, J. A.; Jasiuk, M. A.: „Vector sum excited linear prediction (VSELP)", *Advances in speech coding*, B. S. Atal, V. Cuperman, A. Gersho (eds.), Kluwer Academic Publishers, S. 69-79, 1991.

A.7 ETSI-GSM 06.60: Enhanced Full-Rate Speech Transcoding

Blockschaltbild: Decodierung

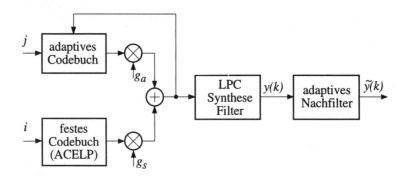

Abtastung: $f_A = 8$ kHz

Bitrate: $B = 13.0$ kbit/s (inkl. 0.78 kbit/s für Paritätsbits)

Qualität: – deutlich bessere Sprachqualität als der Vollraten-Codec nach GSM 06.10, vergleichbar mit 32 kbit/s ADPCM

              – nicht geeignet für Modem- und Musiksignale

Anwendungen: – Mobilfunksysteme nach dem GSM-Standard

Algorithmus: – CELP-Codec mit algebraischem Codebuch ähnlich dem Codec-Standard G.729 (s. Abschnitt A.3)

              – Rahmenlänge $T_N = 20$ ms; 4 Subrahmen

A.7 ETSI-GSM 06.60: Enhanced Full-Rate Speech Transcoding

- pro Rahmen zweimalige Bestimmung von jeweils 10 LPC-Koeffizienten; differentielle Vektor-Matrix-Quantisierung von 20 LSF-Koeffizienten
- adaptives Codebuch mit kombinierter *open-loop/closed-loop*-Suche und verbesserter Zeitauflösung durch Interpolation um den Faktor 6
- festes algebraisches Codebuch (ACELP) mit effektiv 2^{35} Vektoren der Dimension 40 mit jeweils 10 von Null verschiedenen Werten
- prädiktive Quantisierung der Verstärkungsfaktoren
- adaptives Fehlergewichtungsfilter
- adaptives Nachfilter (s. Abschnitt 10.5)
- Signalverzögerung (Algorithmus) 20 ms
- Komplexität ca. 18 MOPS (Mega-Operationen pro Sekunde)

Bitzuordnung:

Parameter	Subrahmen 1 & 2 (je 5 ms)	Subrahmen 3 & 4 (je 5 ms)	Bits pro Rahmen 20 ms
2 × 10 LPC-Koeffizienten (*Line Spectral Frequencies*)			38
adaptives Codebuch • Verzögerung N_0 • Verstärkung g_a	9 4	6 4	30 16
festes Codebuch (ACELP) • Pulspositionen u. Vorzeichen • Verstärkung g_s	35 5	35 5	140 20
Bits pro 20 ms			244

Besonderheiten:

- aufwandsgünstiges algebraisches ternäres Codebuch nach dem ACELP-Ansatz gemäß

$$c_i(\lambda) = \sum_{\mu=0}^{9} v_\mu \cdot \gamma_0(\lambda - i_\mu) \;; \quad v_\mu \in \{+1, -1\}$$

- Auswahl von jeweils 2 Pulsen auf 5 Rastern mit jeweils 8 Pulspositionen i_μ

– gemeinsames Vorzeichen für die beiden Pulse eines Rasters

Pulsposition	Vorzeichen	Positionen	Bits
i_0, i_1	$v_0 = v_1$	0, 5, 10, 15, 20, 25, 30, 35	$2 \times 3 + 1$
i_2, i_3	$v_2 = v_3$	1, 6, 11, 16, 21, 26, 31, 36	$2 \times 3 + 1$
i_4, i_5	$v_4 = v_5$	2, 7, 12, 17, 22, 27, 32, 37	$2 \times 3 + 1$
i_6, i_7	$v_6 = v_7$	3, 8, 13, 18, 23, 28, 33, 38	$2 \times 3 + 1$
i_8, i_9	$v_8 = v_9$	4, 9, 14, 19, 24, 29, 34, 39	$2 \times 3 + 1$

– aufwandsgünstige, nicht-vollständige Codebuch-Suche unter Berücksichtigung der Struktur der Codevektoren

Literatur:

ETSI Rec. GSM 06.60: *„Digital cellular telecommunications system; enhanced full rate (EFR) speech transcoding"*, 1996.

Järvinen, K.; Vainio, J.; Kapanen, P.; Salami, R.; Laflamme, C.; Adoul, J.-P.: „GSM Enhanced full rate speech codec", *Proc. of ICASSP-97*, München, S. 771-774, 1997.

A.8 INMARSAT: Improved Multi-Band Excitation Codec (IMBE)

Blockschaltbild: Decodierung

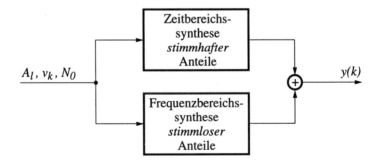

A_l: spektrale Amplitudenwerte
v_k: Stimmhaft/Stimmlos-Klassifikation in Frequenzbändern
N_0: Pitch-Periode

A.8 INMARSAT: Improved Multi-Band Excitation Codec (IMBE)

Abtastung: $f_A = 8$ kHz

Bitrate: $B = 4.15$ kbit/s

Qualität:
- eingeschränkte Telefonqualität (geringer als beim GSM-Vollratencodec)
- weitere Qualitätseinbußen bei Hintergrundstörungen oder Hintergrundmusik
- nicht geeignet für Modem- und Musiksignale

Anwendungen:
- mobile Telefonie über das Satellitensystem von INMARSAT
- Polizei- und Behörden-Funksysteme (USA)

Algorithmus:
- Klassifikation von Frequenzbändern als stimmhaft oder stimmlos auf der Basis einer Spektralanalyse mittels FFT
- Blocklänge 20 ms
- Bestimmung und Quantisierung der spektralen Einhüllenden
- Analyse der momentanen Pitch-Periode
- empfangsseitige Synthese *stimmhafter* Abschnitte durch Zeitbereichsüberlagerung gewichteter Cosinus-Signale, deren Frequenzen ganzzahlige Vielfache der Grundfrequenz sind
- empfangsseitige Synthese der *stimmlosen* Abschnitte durch Frequenzbereichsüberlagerung von gewichteten Bandpaß-Rauschsignalen und Zeitsignalsynthese mittels inverser FFT
- Zeitbereichsüberlagerung der stimmhaften und stimmlosen Anteile
- Signalverzögerung (Algorithmus) 20 ms
- Komplexität ca. 7 MOPS (Mega-Operationen pro Sekunde)

Literatur:

DVS: „*Methods for speech quantization and error correction*", incl. INMARSAT-M Codec, Digital Voice Systems Inc., Patent PCT/US91/09135, Juni 1991.

Griffin, D. W.; Lim, J. S.: „Multiband excitation vocoder", *IEEE Transactions on Acoustics, Speech, and Signal Processing*, 36, S. 1223-1235, 1988.

Hardwick, J. C.; Lim, J. S.: „The application of the IMBE speech coder to mobile communications", *Proc. of ICASSP-91*, Toronto, S. 249-252, 1991.

A.9 ISO-MPEG1 Audio Codierung

Blockschaltbild: Codierung und Decodierung

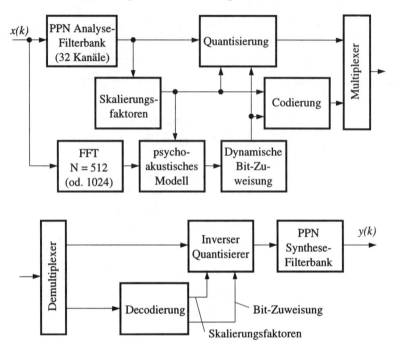

Abtastung: $f_A = 32, 44.1$ oder 48 kHz

Bitrate: $B = 128\text{-}384$ kbit/s (stereo)

Qualität: – CD-Qualität

Anwendungen: – digitaler Rundfunk (DAB: *Digital Audio Broadcast*)
– Speicherung (Mini-Disk)
– Audio-visuelle Endgeräte nach MPEG-Standard

Algorithmus: – Teilbandcodierung mit adaptiver Bitzuordnung auf der Grundlage psychoakustischer Modelle
– drei Varianten (*Layer*) mit unterschiedlicher Qualität, Komplexität und Signalverzögerung
Layer I: 32 Teilbänder, typisch $B = 128$ kbit/s
Layer II: 32 Teilbänder, typisch $B = 192$ kbit/s
Layer III: verfeinerte Spektralauflösung durch spektrale Zerlegung der 32 Teilbandsignale in jeweils bis zu 18 Subbänder, typisch $B = 384$ kbit/s

- Bestimmung der Mithörschwellen mit Hilfe einer parallel zur Analyse-Filterbank eingesetzten FFT mit Blocklänge $N = 512$ (Layer I) bzw. $N = 1024$ (Layer II und III)
- vier Betriebsarten für alle Layer: Mono, Stereo, 2 separate Kanäle, Stereo mit reduzierter Bitrate
- Quantisierung mit Block-Kompandierung (s. AQF, Abschnitt 9.5)

Literatur:

MPEG: ISO/IEC 11172-3: *„Coding of moving pictures and associated audio for digital storage media at up to about 1.5 Mbit/s - audio part"*, Int. Standard 11172, November 1992.

Pan, D.: „A tutorial on MPEG/audio compression", *IEEE Transactions on Multimedia*, 2(2), S. 60-74, 1995.

Noll, P.: „MPEG digital audio coding", *IEEE Signal Processing Magazine*, 14(5), S. 59-81, 1997.

Hoogedorn A.: „Digital compact cassette", *Proceedings of the IEEE*, 82(10), S. 1479-1489, 1994.

Yoshida, T.: „The rewritable MiniDisc system", *Proceedings of the IEEE*, 82(10), S. 1492-1502, 1994.

Literaturverzeichnis

Abrantes, A. J.; Marques, J. S.: „Hybrid harmonic coding of speech", *Signal Processing VI: Theories and Applications*, J. Vanderwalle, R. Boite, M. Moonen, A. Oosterlinck (eds.), Elsevier, S. 487-490, 1992.

Adoul, J. P.; Mabilleau, P.; Delprat, M.; Morisette, S.: „Fast CELP coding based on algebraic codes", *Proc. of ICASSP-87*, Dallas, S. 1957-1960, 1987.

Ahmadi, S.; Spanias, A. S.: „Low rate sinusoidal coding of speech using an improved phase matching algorithm", *Proc. IEEE Workshop on Speech Cod. for Telecom.*, Pocono Manor, S. 35-36, 1997.

Alku, P.: „Glottal wave analysis with pitch synchronous iterative adaptive inverse filtering," *Speech Communication*, 11, S. 109-118, 1992.

Allen, J.: „Overview of text-to-speech systems", *Advances in speech signal processing*, M. M. Sondhi, S. Furui (eds.), Marcel Dekker, New York, S. 741-790, 1992.

Allen, J.; Berkley, D.; Blauert, J.: „Multimicrophone signal-processing technique to remove room reverberation from speech signals", *J. Acoust. Soc. Am.*, 62(4), S. 912-915, 1977.

Allen, J.; Hunnicutt, S.; Klatt, D. H.: *„From text to speech: The MITalk system"*, Cambridge University Press, London, 1987.

Almeida, L. B.; Tribolet, J. M.: „A model for short-time phase prediction of speech", *Proc. of ICASSP-81*, S. 213-216, 1981.

Almeida, L. B.; Tribolet, J. M.: „Nonstationary spectral modeling of voiced speech", *IEEE Transactions on Acoustics, Speech, and Signal Processing*, 31, S. 664-678, 1983.

Antweiler, C.: *„Orthogonalisierende Algorithmen für die digitale Kompensation akustischer Echos"*, ABDN, 1, P. Vary (ed.), Verlag der Augustinus Buchhandlung, Aachen, 1995.

Arévalo, L.: „Beiträge zur Schätzung der Frequenz gestörter Schwingungen kurzer Dauer und eine Anwendung auf die Analyse von Sprachsignalen", *Arb. Dig. Sig. Verarb.*, 1, U. Heute (ed.), Ruhr-Universität Bochum, 1991.

Armbrüster, W.: „High quality hands-free telephony using voice switching optimized with echo cancellation", *Signal Processing IV: Theories and Applications*, J. L. Lacoume et al. (eds.), Elsevier, S. 495-498, 1988.

Atal, B. S.: „Predictive coding of speech at low bit rates", *IEEE Transactions on Communications*, 30, S. 600-614, April 1982.

Atal, B. S.; Cox, R.; Kroon, P.: „Spectral quantization and interpolation for CELP coders", *Proc. of ICASSP-89*, Glasgow, S. 69-72, 1989.

Atal, B. S.; Rabiner, L. R.: „A pattern-recognition approach to voiced-unvoiced-silence classification with applications to speech recognition", *IEEE Transactions on Acoustics, Speech, and Signal Processing*, 24, S. 201-212, 1976.

Atal, B. S.; Remde, J. R.: „A new model of LPC excitation for producing natural-sounding speech at low bit rates", *Proc. of ICASSP-82*, Paris, S. 614-617, 1982.

Atal, B. S.; Schroeder, M. R.: „Predictive coding of speech signals and subjective error criteria", *IEEE Transactions on Acoustics, Speech, and Signal Processing*, 27, S. 247-254, Juni 1979.

ATSC: *„Digital audio compression standard (AC-3)"*, U.S. Adv. Telev. Syst. Committee, Washington, D.C., Doc. No. A/52, Dezember 1995.

Bappert, V.; Blauert, J.: „Auditory quality evaluation of speech-coding systems", *Acta Acustica*, 2, S. 49-58, 1994.

Bailly, G.; Benoit, C. (eds.): *„Talking machines: theories, models, and designs"*, North-Holland, Amsterdam, 1992.

Beerends, J. G.: „Modelling cognitive effects that play a role in the perception of speech quality", *Proceedings Workshop Speech Quality Assessment*, Bochum, S. 1-9, 1994.

Beerends, J. G.; Stemerdink, J. A.: „A perceptual speech-quality measure based on a psychoacoustic sound representation", *J. Audio Eng. Soc.*, 42, S. 115-123, 1994.

Békésy, G. von: *„Experiments in hearing"*, McGraw-Hill, New York, 1960.

Bellanger, M.; Bonnerot, G.; Coudreuse, M.: „Digital filtering by polyphase network: application to sampling-rate alteration and filter banks", *IEEE Transactions on Acoustics, Speech, and Signal Processing*, 24, S. 109-114, 1976.

Bendat, J.; Piersol, A.: *„Measurement and analysis of random data"*, Wiley, New York, 1966.

Beranek, L. L.: „The design of communication systems", *Proc. IRE*, 35, S. 880-890, 1947.

Berger, J.: „Meßtechnische Erfassung von sprachqualitätsbeeinflussenden Faktoren beim Einsatz von Sprachcodierverfahren in Telefonverbindungen", *Arb. Dig. Sig. Verarb.*, 13, LNS/CAU Kiel, Shaker-Verlag, Aachen, 1998.

Berouti, M.; Schwartz, R.; Makhoul, J.: „Enhancement of speech corrupted by acoustic noise", *Proc. of ICASSP-79*, S. 69-73, 1979.

Bigorgne, D.; Boëffard, O.; Cherbonnel, B.; Emerard, F.; Larreur, D.; Le Saint-Milon, J. L.; Metayer I.; Sorin, C.; White, S.: „Multilingual PSOLA text-to-speech system", *Proc. of ICASSP-93*, Minneapolis, S. II-187-190, 1993.

Bistritz, Y.: „Zero location with respect to the unit circle of discrete-time linear system polynomials", *Proceedings of the IEEE*, 72, S. 1131-1142, 1984.

Boëffard, O.; Cherbonnel, B.; Emerard, F.; White, S.: „Automatic segmentation and quality evaluation of speech units inventories for concatenation-based multilingual PSOLA text-to-speech systeme", *Proc. of EUROSPEECH-93*, Berlin, S. 1449-1452, 1993.

Bogert, B. P.; Healy, M. J. R.; Tukey, J. W.: „The quefrency analysis of time series for echos: Cepstrum, pseudo-autocovariance, cross-cepstrum, and saphe cracking", *Proc. Sympos. Time-Series Analysis*, M. Rosenblatt (ed.), Wiley, New York, 1963.

Boite, R.; Leich, H.: „A new procedure for the design of high-order minimum-phase FIR digital or CCD filters", *Signal Processing*, 3, S. 101-108, 1981.

Boll, S.: „Suppression of acoustic noise in speech using spectral subtraction", *IEEE Transactions on Acoustics, Speech, and Signal Processing*, 27, S. 113-120, 1979.

Bonnet, M.; Macchi, O.; Jaidane-Saidane, M.: „Theoretical analysis of the ADPCM CCITT algorithm", *IEEE Transactions on Communications*, 38(6), S. 847-858, 1990.

Brandenburg, K.; Stoll, G.: „ISO/MPEG-1 Audio: A generic standard for coding of high quality audio", *J. Audio Eng. Soc.*, 42(10), S. 780-792, 1994.

Brehm, H.: „Sphärisch invariante stochastische Prozesse", *Ausgew. Arb. Nachr.-Syst.*, 47, Universität Erlangen, 1978.

Brehm, H.; Stammler, W.: „Description and generation of spherically-invariant speech-model signals", *Signal Processing*, 12, S. 119-141, 1987.

Brigham, E. O.: *„FFT – Schnelle Fourier-Transformation"*, Oldenbourg, München, 1995.

Bronstein, I. N.; Semendjajew, K. A.: *„Taschenbuch der Mathematik"*, Teubner-Verlag, Stuttgart, 25. Auflage, 1991.

Browman, C. P.: „Rules for demisyllable synthesis using LINGUA, a language interpreter", *Proc. of ICASSP-80*, Denver, S. 561-564, 1980.

Brox, W.; Hellwig, K.; Selbach, B.-J.; Vary, P.: „Verfahren zur Erkennung und Trennung von Störgeräuschen im Sprachsignal", *Schlußbericht zum BMFT-Förderungsvorhaben TK 0104-0*, Dezember, 1983 (s. auch Patentschrift DE 3230391 C2, 1991).

Burgard, C.; Karger, R.; Wahlster, W. (eds.): *„Wissenschaftliche Ziele und Netzpläne für Verbmobil Phase 2"*, Verbmobil Technisches Dokument Nr. 44, DFKI, Saarbrücken, Juli 1996.

Bußmann, H.: *„Lexikon der Sprachwissenschaft"*, Verlag Kröner, Stuttgart, 2. Aufl., 1990.

Campbell, J. P.; Tremain, T. E.: „Voiced/unvoiced classification of speech with applications to the U.S. Government LPC-10E algorithm", *Proc. of ICASSP-86*, Tokyo, S. 473-476, 1986.

Campbell, J. P.; Welch, V. C.; Tremain, T. E.: „The new 4800 bps voice coding standard", *Proc. Military Speech Tech.*, S. 64-70, 1989.

Campbell, W. N.; Black, A. W.: „Prosody and the selection of source units for concatenative synthesis", *Progress in speech synthesis*, J. Van Santen et al. (eds.), Springer Verlag, New York, S. 279-291, 1996.

Campbell, W. N.; Isard, S. D.: „Segment durations in a syllable frame", *J. Phonetics*, 19, S. 37-47, 1991.

Cappé, O.: „Elimination of the musical noise phenomenon with the ephraim and malah noise suppressor", *IEEE Transactions on Speech and Audio Processing*, 2, S. 345-349, 1994.

Carl, H.: „Full-band harmonic sieve pitch extractor for a harmonic coder", *Signal Processing VI: Theories and Applications*, J. Vanderwalle, R. Boite, M. Moonen, A. Oosterlinck (eds.), Elsevier, S. 315-318, 1992.

Carl, H.: „Untersuchungen verschiedener Methoden zur Sprachkodierung und eine Anwendung zur Bandbreitenvergrößerung von Schmalband-Signalen", *Arb. Dig. Sig. Verarb.*, 4, U. Heute (ed.), AGDSV, Ruhr-Universität, Bochum, 1994.

Carl, H.; Kolpatzik, B.: „Speech coding using nonstationary sinusoidal modeling and narrow-band basis functions", *Proc. of ICASSP-91*, Toronto, S. 581-584, 1991.

Carl, H.; Marques, J. S.; Abrantes, A.; Trancoso, I. M.: „*High-level description of a sinusoidal coding algorithm at 6 kbit/s*", Report, EUREKA-Project No. 151, 1991.

Carlson R.; Granström, B.; Hunnicutt, S.: „A multi-language text-to-speech module", *Proc. of ICASSP-82*, Paris, S. 1604-1607, 1982.

Carlson, R.; Granström, B.; Karlsson, I.: „Experiments with voice modelling in speech synthesis", *Speech Communication*, 10, S. 481-490, 1991.

Carlson, R.; Granström, B.; Nord, L.: „Evaluation and development of the KTH text-to-speech system on the segmental level", *Speech Communication*, 9, S. 271-277, 1990.

Carter, G. C.: „Coherence and Time Delay Estimation", *Proceedings of the IEEE*, 75(2), S. 236-255, 1987.

CCITT: „*Subjective quality assessment of synthetic speech*", (Contribution COM XII-176-E), 1987.

CCITT: Supplement No. 3: „*Models for predicting transmission quality from objective measurements*", CCITT Blue Book, IX-th Plenary Assembly, V, S. 248-329, 1988.

CCITT: "*Objective estimation for speech-quality degraded by non-linear distortion*", (Contribution COM XII-103-E), 1991.

Charpentier, F.; Moulines, E.: „Pitch-synchronous waveform processing techniques for text-to-speech synthesis using diphones", *Proc. of EUROSPEECH-89*, Paris, 2, S. 13-19, 1989.

Chen, J. H.: „Low-delay coding of speech", *Speech Coding and Synthesis*, W. B. Kleijn, K. K. Paliwal (eds.), Kapitel 6, Elsevier, 1995.

Chen, J. H.; Cox, R. V.; Lin, Y.-C.; Jayant, N. S.; Melchner, M. J.: „A low-delay CELP-coder for the CCITT 16 kbit/s speech coding standard", *IEEE J. Selected Areas Communication*, S. 830-849, 1992.

Chen, J. H.; Gersho, A.: „Adaptive postfiltering for quality enhancement of coded speech", *IEEE Transactions on Speech and Audio Processing*, 3(1), S. 59-71, Januar 1995.

Cheng, Y. M.; O'Shaughnessy, D.: „Automatic and reliable estimation of glottal closure instant and period", *IEEE Transactions on Acoustics, Speech, and Signal Processing*, 37, S. 1805-1815, 1989.

Chomsky, N.; Halle, M.: „*The sound pattern of English*", Harpar & Row, New York, 1968.

Claasen, T. A. C. M.; Mecklenbräuker, W. F. G.: „Comparison of the convergence of two algorithms for adaptive FIR digital filters", *IEEE Transactions on Acoustics, Speech, and Signal Processing*, 29(3), S. 670-678, Juni 1981.

Clark, G. A.; Mitra, S. K.; Parker, S. R.: „Block implementation of adaptive digital filters", *IEEE Transactions on Acoustics, Speech, and Signal Processing*, 29(3), S. 744-752, Juni 1981.

Clark, G. A.; Parker, S. R.; Mitra, S. K.: „A unified approach to time- and frequency-domain realization of FIR adaptive digital filters", *IEEE Transactions on Acoustics, Speech, and Signal Processing*, 31(5), S. 1073-1083, Oktober 1983.

CNET (ed.): Note technique NT/LAA/TSS/430 – Recueil des publications et communications externes du département RCP (synthèse, reconnaissance de la parole et dialogue oral), janvier-décembre 1991 I: Synthèse à partir du texte et applications. CNET, F-22301 Lannion, 1991.

Coker, C. H.: „A model or articulatory dynamics and control", *Proceedings of the IEEE*, 64, S. 452-460, 1976.

Conway, J. H.; Sloane, N. J. A.: „*Sphere packings, lattices and groups*", Springer Verlag, New York, 1988.

Cowan, C. F. N.; Grant, P. M.: „*Adaptive filters*", Prentice-Hall, Englewood Cliffs, New Jersey, 1985.

Cox, H.; Zeskind, R. M.; Owen, M. M.: „Robust adaptive beamforming", *IEEE Transactions on Acoustics, Speech, and Signal Processing*, 35(10), S. 1365-1376, 1987.

Crochiere, R. E.; Webber, S. A.; Flanagan, J. L.: „Digital coding of speech in subbands", *Proc. of ICASSP-76*, Philadelphia, 1976.

D'Alessandro, C.; Yegnanarayana, B.; Darsinos, V.: „Decomposition of speech signals into deterministic and stochastic components", *Proc. of ICASSP-95*, Detroit, S. 760-763, 1995.

Dehner, G.: „Program for the design of recursive digital filters", *Programs for Digital Signal Processing*, IEEE Press, New York, 1979.

Delattre, P.: „From acoustic cues to distinctive features", *Phonetica*, 18, S. 198-230, 1968.

Deller, J. R., Jr.; Proakis, J. G.; Hansen, J. H. L.: „*Discrete-time processing of speech signals*", Macmillan, Englewood Cliffs, New Jersey, 1993.

De Mori, R.; Laface, P.; Makhonine, V. A.; Mezzalama, M.: „A syntactic procedure for the recognition of glottal pulses in continuous speech", *Pattern Recognition*, 9, S. 282-289, 1977.

Dendrinos, M.; Bakamidis, S.; Carayannis, G.: „Speech enhancement from noise: A regenerative approach", *Speech Communication*, 10, S. 45-57, 1991.

Denes, P. B.; Pinson, E. N.: „*The speech chain*, The physics and biology of spoken language*", Freeman, New York, 1973 , 2. Aufl., 1993.

Dettweiler, H.: „*Automatische Sprachsynthese deutscher Wörter mit Hilfe von silbenorientierten Segmenten*", Dissertation, Technische Universität München, 1984.

Dettweiler, H.; Hess, W. J.: „Concatenation rules for demisyllable speech synthesis", *Acustica*, 57, S. 268-283, 1985.

DIN 45621, Teil 2: „Sprache für Gehörprüfung, Sätze", Beuth-Verlag, Berlin, 1980.

Doblinger, G.: „An efficient algorithm for uniform and nonuniform digital filter banks", *Proc. IEEE ISCAS*, 1, S. 646-649, 1991.

Dologlou, I.; Carayannis, G.: „Pitch detection based on zero-phase filtering", *Speech Communication*, 8, S. 309-318, 1989.

Dörbecker, M.: „Speech enhancement using small microphone arrays with optimized directivity", *Proc. International Workshop Acoustic Echo & Noise Control*, London, S. 100-103, 1997.

Dörbecker, M.: „Small microphone arrays with optimized directivity for speech enhancement", *Proc. of EUROSPEECH-97*, Rhodos, S. 327-330, 1997.

Dörbecker, M.; Ernst, S.: „Combination of two-channel spectral subtraction and adaptive wiener post-filtering for noise reduction and dereverberation", *Signal Processing VIII: Theories and Applications*, G. Ramponi, G. L. Sicuranza, S. Carrato, S. Marsi (eds.), Elsevier, S. 995-998, 1996.

Dudley, H.: „The vocoder", *Bell Labs Record*, 17, S. 122-126, 1939.

Duifhuis, H.; Willems, L. F.; Sluyter, R. J.: „Measurement of pitch in speech: an implementation of Goldstein's theory of pitch perception", *J. Acoust. Soc. Am.*, 71, S. 1568-1580, 1982.

Dutoit, Th.; Leich, H.: „Improving the TD-PSOLA text-to-speech synthesizer with a specially designed multi-band excitation (MBE) re-synthesis of the segments database", *Signal Processing VI: Theories and Applications*, J. Vanderwalle, R. Boite, M. Moonen, A. Oosterlinck (eds.), Elsevier, S. 343-346, 1992.

DVS: *„Methods for speech quantization and error correction"*, incl. INMARSAT-M Codec, Digital Voice Systems Inc., Patent PCT/US91/09135, Juni 1991.

Egelmeers, G. P. M.; Sommen, P. C. W.: „Relation between reduced dimension time and frequency domain adaptive algorithm", *Signal Processing VI: Theories and Applications*, J. Vanderwalle, R. Boite, M. Moonen, A. Oosterlinck (eds.), Elsevier, S. 1065-1068, 1992.

Egelmeers, G. P. M.; Sommen, P. C. W.: „A New Method for Efficient Convolution in Frequency Domain by Non-Uniform Partitioning", *Signal Processing VII: Theories and Applications*, M. J. J. Holt, C. F. N. Cowan, P. M. Grant, W. A. Sandham (eds.), Elsevier, S. 1030-1033, 1994.

Endres, W. K.: „The transitional sounds of the German language as link elements for a speech synthesis", *Acustica*, 26, S. 33-36, 1973.

Endres, W. K.: „Verfahren zur Sprachsynthese – ein geschichtlicher Überblick", *Der Fernmeldeingenieur*, 38(9), S. 1-37, 1984.

Endres, W. K.; Großmann, E.: „Manipulation of the time functions of vowels for reducing the number of elements needed for speech synthesis", *Proc. of the 1974 Speech Communication Seminar*, Almqvist & Wiksell, Stockholm, 2, S. 267-274, 1974.

Engelsberg, A.: „Signalrekonstruktion mit Unterraumtechniken und systemtheoretische Interpretation", *9. Aachener Kolloquium "Signaltheorie": Bild- und Sprachsignale*, Aachen, S. 263-266, 1997.

Engelsberg, A.: „Transformationsbasierte Systeme zur einkanaligen Störunterdrückung bei Sprachsignalen", *Arb. Dig. Sig. Verarb.*, 11, U. Heute (ed.), LNS/TF/CAU, Kiel, 1998.

Engelsberg, A.; Gülzow, T.: „Spectral subtraction using a non-critically decimated discrete wavelet transform", *Proc. of EUROSPEECH-97*, Rhodos, S. 2559-2562, 1997.

Engelsberg, A.; Gülzow, T.: „Comparison of a discrete wavelet transform and a non-uniform polyphase filterbank applied for spectral subtraction", *Proc. International Workshop Acoustic Echo & Noise Control*, London, S. 124-127, September 1997.

Ephraim, Y.; Malah, D.: „Speech enhancement using a minimum mean-square error short-time spectral amplitude estimator", *IEEE Transactions on Acoustics, Speech, and Signal Processing*, 32, S. 1109-1121, 1984.

Ephraim, Y.; Malah, D.: „Speech enhancement using a minimum mean-square error log-spectral amplitude estimator", *IEEE Transactions on Acoustics, Speech, and Signal Processing*, 33, S. 443-445, 1985.

ETSI Interim European Telecommunication Standard ETS 300 245-3: *„Technical characteristics of telephony terminals; Part3: PCM A-law, loudspeaking and handsfree telephony"*, ETSI, Draft, Februar 1995.

ETSI Rec. GSM 06.10: *„GSM full rate speech transcoding"*, 1988.

ETSI Rec. GSM 06.20: *„European digital cellular telecommunications system speech codec for the half rate speech traffic channel"*, 1994.

ETSI Rec. GSM 06.60: „*Digital cellular telecommunications system; enhanced full rate (EFR) speech transcoding*", 1996.

ETSI Rec. GSM 06.92: „*Voice-Activity Detector*", Valboune, 1989.

Fant, G.: „*Acoustic theory of speech production*", Mouton, The Hague, 1960, 2. Aufl., 1970.

Fant, G.; Kruckenberg, A.: „Preliminaries to the study of Swedish prose reading and reading style", *STL-QPSR*, KTH Stockholm, 2, S. 1-83, 1989.

Fant, G.; Liljencrants, J.; Lin, Q.: „A four-parameter model of glottal flow", *STL-QPSR*, KTH Stockholm, 4, S. 21-45, 1985.

Fellbaum, K.: „*Sprachverarbeitung und Sprachübertragung*", Nachrichtentechnik, H. Marko (ed.), 12, Springer Verlag, Berlin, 1984.

Fellbaum, K.: „Einsatz der Sprachsynthese im Behindertenbereich", *Fortschritte der Akustik, DAGA 96*, DEGA, Oldenburg, S. 78-81, 1996.

Fellbaum, K.; Klaus, H.; Sotscheck, J.: „Hörversuche zur Beurteilung der Sprachqualität von Sprachsynthesesystemen für die deutsche Sprache", *Fortschritte der Akustik, DAGA 94*, DEGA, Oldenburg, S. 117-122, 1994.

Ferrara, E. R., Jr.: „Fast implementation of LMS adaptive filters", *IEEE Transactions on Acoustics, Speech, and Signal Processing*, 28(4), S. 474-475, August 1980.

Ferrara, E. R., Jr.: „Frequency-domain adaptive filters", *Adaptive Filters*, C. F. N. Cowan, P. M. Grant (eds.), Prentice-Hall, Englewood Cliffs, New Jersey, S. 145-179, 1985.

Fettweis, A.: „Wave digital filters: theory and practice", *Proceedings of the IEEE*, 74, S. 270-327, 1986.

Fettweis, A.: „*Elemente nachrichtentechnischer Systeme*", Teubner-Verlag, Stuttgart, 1996.

Fingscheidt, T.; Vary, P.: „Error concealment by softbit speech decoding", *Sprachkommunikation*, ITG-Tagung, A. Lacroix (ed.), VDE-Verlag, Berlin, S. 7-10, 1996.

Flanagan, J. L.: „*Speech analysis, synthesis, and perception*", Springer Verlag, Berlin, 2. Aufl., 1972.

Flanagan, J.; Golden, R.: „Phase Vocoder", *Bell Sys. Tech. J.*, 45, S. 1493-1509, 1966.

Flanagan, J. L.; Saslow, M. G.: „Pitch discrimination for synthetic vowels", *J. Acoust. Soc. Am.*, 30, S. 435-442, 1958.

Fliege, N.: „*Systemtheorie*", Teubner-Verlag, Stuttgart, 1991.

French, N. R.; Steinberg, J. C.: „Factors covering the intelligibility of speech sounds", *J. Acoust. Soc. Am.*, 19, S. 90-119, 1947.

Frenzel, R.: „*Freisprechen in gestörter Umgebung*", Fortschritt-Berichte VDI, 10(228), VDI-Verlag, Düsseldorf, 1992.

Frost, O. L.: „An algorithm for linearly-constrained adaptive array processing", *Proceedings of the IEEE*, 60, S. 926-935, 1972.

Fujimura, O.: „Syllable as the unit of speech synthesis", *Internal Report*, AT&T Bell Laboratories, Murray Hill, NJ, USA, 1976.

Fujimura, O.; Lovins, J. B.: „Syllables as concatenative phonetic units", *Syllables and segments*, A. Bell, J. B. Hooper (eds.), North-Holland, New York, 107-120, 1978.

Fujisaki, H.; Hirose, K.; Shimizu, K.: „A new system for reliable pitch extraction of speech", *Proc. of ICASSP-86*, Tokyo, 34.16, 1986.

Gazsi, L.: „Explicit formulas for lattice wave digital filters", *IEEE Transactions on Circuits and Systems*, 32, S. 68-88, 1985.

Gabrielsson, A.; Schenkman, B. N.; Hagerman, B.: „The effects of different frequency responses on sound-quality judgements and speech intelligibility", *Techn. Audiology*, Rep. TA, 112, 1985.

Geoffrois, E.: „The multi-lag window method for robust extended-range F_0 determination", *Proc. of the Intern. Conf. on Spoken Language Processing (ICSLP-96)*, Philadelphia, SuA2L2.1, 1996.

Gerlach, C. G.: „A probabilistic framework for optimum speech extrapolation in digital mobile radio", *Proc. of ICASSP-93*, Minneapolis, S. II 419-422, 1993.

Gerlach, C. G.: „Beiträge zur Optimalität in der codierten Sprachübertragung", ABDN, 5, P. Vary (ed.), Verlag der Augustinus Buchhandlung, Aachen, 1996.

Gersho, A.; Gray, R. M.: „*Vector quantization and signal compression*", Dordrecht: Kluwer Academic Publishers, 1992.

Gersho, A.; Wang, S.; Sekey, A.: „Auditory distortion measure for speech coding", *Proc. of ICASSP-91*, Toronto, S. 493-496, 1991.

Gerson, J. A.; Jasiuk, M. A.: „Vector sum excited linear prediction (VSELP) speech coding at 8 kbit/s", *Proc. of ICASSP-90*, Albuquerque, S. 461-464, 1990.

Gerson, J. A.; Jasiuk, M. A.: „Vector sum excited linear prediction (VSELP)", *Advances in speech coding*, B. S. Atal, V. Cuperman, A. Gersho (eds.), Kluwer Academic Publishers, S. 69-79, 1991.

Gierlich, H. W.; Kettler, F.; Krebber, W.; Diedrich, E.: „Quality evaluation procedures for hands-free telephones", *Proceedings ITG-EURASIP Workshop Quality Assessment Speech, Audio and Image Communication*, Darmstadt, S. 30-31, 1996.

Gilbert, E. N.; Morgan, S. P.: „Optimum Design of Directive Antenna Arrays Subject to Random Variations", *Bell System Tech. J.*, 34, S. 637-663, 1955.

Gilloire, A.: „Performance evaluation of acoustic echo control: Required values and measurement procedures", *Annales de Télécommunications*, 49(7-8), S. 368-372, 1994.

Gluth R.: „Regular FFT-related transform kernels for DCT/DST-based polyphase filter banks", *Proc. of ICASSP-91*, Toronto, S. 2205-2208, 1991.

Gluth R.: „Beiträge zur Beschreibung und Realisierung digitaler, nichtrekursiver Filterbänke auf der Grundlage linearer diskreter Transformationen", *Arb. Dig. Sig. Verarb.*, 2, U. Heute (ed.), AGDSV, Ruhr-Universität, Bochum, 1993.

Gluth, R.; Cramer, S.: „Computationally efficient real-valued filter banks based on a modified O^2 DFT", *Signal Processing V: Theories and Applications*, L. Torres, E. Masgrau, M. A. Lagunas (eds.), Elsevier, S. 585-588, 1990.

Gluth, R.; Heute, U.: „A modular multiprocessor system and its application to real time speech coding", *Proc. IEEE Sympos. Circ. Syst.*, Helsinki, S. 1565-1568, 1988.

Gluth, R.; Heute, U.: „Analysis-synthesis filterbanks based on generalized sinusoidal transforms with an application to speech coding", *Signal Processing VI: Theories and Applications*, J. Vanderwalle, R. Boite, M. Moonen, A. Oosterlinck (eds.), Elsevier, S. 215-218, 1992.

Gold, B.: „Digital speech networks", *Proceedings of the IEEE*, 65, S. 2636-2658, 1977.

Görtz, N.: Zero-redundancy error protection for CELP speech codecs, *Proc. of EUROSPEECH-97*, Rhodos, S. 1283-1286, 1997.

Grauel, C.: „Sub-band coding with adaptive bit allocation", *Signal Processing*, 2, S. 23-30, 1980.

Gray, A. H.; Markel, J. D.: „Distance measures for speech processing". *IEEE Transactions on Acoustics, Speech, and Signal Processing*, 24, S. 380-391, 1976.

Gray, R. M.: „Vector quantization", *IEEE ASSP Magazine*, 1(2), S. 4-29, April 1984.

Griffin, D. W.; Lim, J. S.: „A high-quality 9.6 kbit/s speech coding system", *Proc. of ICASSP-86*, Tokyo, S. 125-128, 1986.

Griffin, D. W.; Lim, J. S.: „Multiband excitation vocoder", *IEEE Transactions on Acoustics, Speech, and Signal Processing*, 36, S. 1223-1235, 1988.

Griffith, L. J.; Jim, C. W.: „An alternative approach to linearly-constrained adaptive beamforming", *IEEE Transactions on Audio Processing*, 30, S. 27-34, 1982.

Gündel, L.: „Anwendung von Filterbänken für die Codierung von Sprache im Frequenzbereich", *Ausgew. Arb. Nachr.-Syst.*, 66, LNT, Universität Erlangen, 1987.

Halka, U.: „Objektive Qualitätsbeurteilung von Sprachkodierverfahren unter Anwendung von Sprachmodellprozessen", *Arb. Dig. Sig. Verarb.*, 3, U. Heute (ed.), AGDSV, Ruhr-Universität, Bochum, 1993.

Halka, U.; Heute, U.: „A new approach to objective quality measures based on attribute matching", *Speech Communication*, 11, S. 15-30, 1992.

Hamon, C.; Moulines, E.; Charpentier, F.: „A diphone synthesis system based on time-domain modifications of speech", *Proc. of ICASSP-89*, Glasgow, S. 238-241, 1989.

Hänsler, E.: *„Grundlagen der Theorie statistischer Signale"*, Springer Verlag, Berlin, 1983.

Hänsler, E.: „The hands-free telephone problem - An annotated bibliography", *Signal Processing*, 27, S. 259-271, 1992.

Hänsler, E.: „The hands-free telephone problem - An annotated bibliography update", *Annales de Télécommunications*, 49(7-8), S. 360-367, 1994.

Hänsler, E.: *„Statistische Signale"*, Springer Verlag, Berlin, 1997.

Hardwick, J. C.; Lim, J. S.: „A 4.8 kbit/s multi-band excitation speech coder", *Proc. of ICASSP-88*, New York, S. 374-377, April 1988.

Hardwick, J. C.; Lim, J. S.: „The application of the IMBE speech coder to mobile communications", *Proc. of ICASSP-91*, Toronto, S. 249-252, 1991.

Hauenstein, M.: „Psychoakustisch motivierte Ansätze zur instrumentellen Sprachgütebeurteilung", *Arb. Dig. Sig. Verarb.*, 10, LNS/TF/CAU, Kiel, 1997.

Haykin, S.: *„Adaptive filter theory"*, Prentice-Hall, Englewood Cliffs, New Jersey, 1996.

Heike, G.: „Das phonologische System des Deutschen als binäres Distinktionssystem", *Phonetica*, 6, S. 162-176, 1961.

Hermes, D. J.: „Measurement of pitch by subharmonic summation", *J. Acoust. Soc. Am.*, 83, S. 257-264, 1988.

Hess, W. J.: „A pitch-synchronous digital feature extraction system for phonemic recognition of speech", *IEEE Transactions on Acoustics, Speech, and Signal Processing*, 24, S. 14-25, 1976.

Hess, W. J.: *„Pitch Determination of Speech Signals"*, Springer Verlag, Berlin, 1983.

Hess, W. J.: „Pitch and voicing determination", *Advances in speech signal processing*, S. Furui, M. M. Sondhi (eds.), Marcel Dekker, New York, S. 3-48, 1992.

Hess, W. J.: *„Digitale Filter"*, Teubner-Verlag, Stuttgart, 2. Auflage, 1993.

Hess, W. J.: „Determination of glottal excitation cycles for voice quality analysis", *Proc. of the Intern. Conf. on Spoken Language Processing (ICSLP-94)*, Yokohama, S. 1067-1070, 1994.

Hess, W. J.; Indefrey, H.: „Accurate time-domain pitch determination of speech signals by means of a laryngograph", *Speech Communication*, 6, S. 55-68, 1987.

Hess, W. J.; Kraft, V.; Portele, T.: „Zum Problem der Evaluierung von Sprachsynthesesystemen – dargestellt am Beispiel der Synthesekomponenten in VERBMOBIL", *Fortschritte der Akustik, DAGA 94*, DEGA, Oldenburg, S. 33-46, 1994.

Heuft, B.; Portele, T.: „Synthesizing prosody: A prominence-based approach", *Proc. of the Intern. Conf. Spoken Language Processing (ICSLP-96)*, Philadelphia, SaA1L3.6, 1996.

Heute, U.: „Adaptive quantization of LPC reflection coefficients", *Proc. Int. Conf. Dig. Signalp Processing*, Florenz, S. 1041-1048, 1981.

Heute, U.: „Results of a deterministic analysis of FFT coefficient errors", *Signal Processing*, 4, S. 321-331, 1981.

Heute, U.: „Fehler in DFT und FFT: Neue Aspekte in Theorie und Anwendung", *Ausgew. Arb. Nachr.-Syst.*, 54, LNT, Universität Erlangen, 1982.

Heute, U.; Gluth, R.; Gündel, L.: „ATC – a candidate for digital mobile-radio telephony", *Proc. 2nd Nordic Sem. Dig. Land Mob. Rad. Comm.*, Stockholm, S. 230-235, 1986.

Heute, U.; Gluth, R.; Gündel, L.: „Sprachkodierung im Frequenzbereich: Realisierungsmöglichkeiten mit hochintegrierten Schaltungen sowie Aufwands-, Qualitäts- und Empfindlichkeitsvergleich", *Abschlußbericht*, LNT, Universität Erlangen, 1986.

Heute, U.; Gluth, R.; Gündel, L.: „Frequenzbereichs-Kodierung von Sprachsignalen: Untersuchungen zur Kompensation von Überfaltungen sowie Optimierung und Hardware-Realisierung eines Systems für mittlere Bitraten", *Abschlußbericht*, LNT, Universität Erlangen, 1988.

Heute, U.; Gündel, L.: „Redundanzmindernde Sprachkodierung im Frequenzbereich: Möglichkeiten zur Verbesserung von Transformations- und Teilbandkodierung durch Polyphasen-Filterbank-Verfahren", *Abschlußbericht*, LNT, Universität Erlangen, 1985.

Heute, U.; Halka, U.: „Speech-model processes based on discrete markov chains", *Proc. Asilomar Int. Conf. Sig. Syst. Comp.*, Pacific Grove, S. 1196-1200, 1993.

Hirose, K.; Fujisaki, H.; Seto, S.: „A scheme for pitch extraction of speech using autocorrelation function with frame length proportional to the time lag", *Proc. of ICASSP-92*, San Francisco, S. I-149-152, 1992.

Hollien, H.: „On vocal registers", *J. Phonetics*, 2, S. 225-243, 1974.

Hoogedorn A.: „Digital compact cassette", *Proceedings of the IEEE*, 82(10), S. 1479-1489, 1994.

Howard, I. S.; Walliker, J. R.: „The implementation of a portable real-time multilayer-perceptron speech fundamental period estimator", *Proc. of EUROSPEECH-89*, Paris, S. 206-209, 1989.

Huang, X.; Acero, A.; Hon, H.; Ju, Y.; Liu, J.; Meredith, S.; Plumpe, M.: „Recent improvements on Microsoft's trainable text-to-speech system – Whistler", *Proc. of ICASSP-97*, München, S. 797-800, 1997.

Indefrey, H.; Hess, W. J.; Seeser, G.: „Design and evaluation of double-transform pitch determination algorithms with nonlinear distortion in the frequency domain", *Proc. of ICASSP-85*, Tampa, Florida, Beitrag 11.12, 1985.

IPA (ed.): „*The principles of the International Phonetic Association*", IPA, London, 1949.

IPA (ed.): „The international phonetic alphabet (as revised to 1989)", *J. Intern. Phonetic Ass.*, 19(1), 1989; Tabelle der letzten Revision [ohne Kommentar] in *J. Intern. Phonetic Ass.*, 23(1), S. 80-81, 1993.

Ipatov, V. P.: „Ternary sequences with ideal perfect autocorrelation properties", *Radio Eng. Electron. Phys.*, 24, S. 75-79, 1979.

Ishizaka, K.; Flanagan, J. L.: „Synthesis of voiced sounds from a two-mass model of the vocal cords", *Bell System Tech. J.*, 51, S. 1233-1268, 1972.

Ising, H.; Kruppa, B.: „Gesundheitsgefahren für Gehör und Herz durch laute Musik und Lärm", *Fortschritte der Akustik, DAGA 96*, S. 2-11, 1996.

Itakura, F.: „Line spectral representation of linear prediction coefficients of speech signals", *J. Acoust. Soc. Am.*, 57(1), S. S35a, 1975.

Itakura, F.: „Minimum Prediction – Residual Principle Applied to Speech Recognition", *IEEE Transactions on Acoustics, Speech, and Signal Processing*, 23, S. 67-72, 1975.

Itakura, F.; Saito, S.: „Analysis synthesis telephony based on the maximum likelihood method", *Proceedings of the 6th International Congress of Acoustics*, Tokyo, Japan, 1968.

ITG-Fachgruppe 4.3.1 [Sotscheck, J.; Endres, W.; Hess, W.; Hoffmann, R.; Krause, M.; Lacroix, A.; Mangold, H.; Paulus, E.; Wolf, H. E.]: ITG Empfehlung 4.3.1-01 *Terminologie der Sprachakustik*, VDE, Frankfurt am Main, 1996.

ITU-T Rec. G.722: „*7 kHz audio coding within 64 kbit/s*", vol. Fascicle III.4, Blue Book, S. 269-341, 1988.

ITU-T Rec. G.726: „*40, 32, 24, 16 kbit/s Adaptive differential pulse code modulation (ADPCM)*", 1992.

ITU-T Rec. G.728: „*Coding of speech at 16 kbit/s using low-delay code excited linear prediction*", 1992.

ITU-T Rec. G.729: „*Coding of speech at 8 kbit/s using conjugate-structure algebraic code-excited linear-prediction (CS-ACELP)*", 1995.

ITU-T Rec. P.80: „*Methods for subjective determination of transmission quality*", 1993.

ITU-T Rec. P.810: „*Modulated noise reference unit*", Geneva, Februar 1996.

ITU-T Rec. P.85: „*A method for subjective performance assessment of the quality of speech voice output devices*", Version 6, 1994.

ITU-T Studiengruppe 12: „*Correlation between the PSQM and the subjective results of ITU-T 8 kbit/s 1993 speech codec test*", COM, S. 12-31, Genf, 1994.

ITU-T Studiengruppe 12: „*Algorithmic description of the perceptual speech-quality measure*", Del. Contr. D. 73, Genf, 1995.

Järvinen, K.; Vainio, J.; Kapanen, P.; Salami, R.; Laflamme, C.; Adoul, J.-P.: „GSM Enhanced full rate speech codec", *Proc. of ICASSP-97*, München, S. 771-774, 1997.

Jain, V. K.; Crochiere, R. E.: „A novel approach to the design of analysis-synthesis filter banks", *Proc. of ICASSP-83*, S. 228-231, 1983.

Jain, V. K.; Crochiere, R. E.: „Quadrature-mirror filter design in the time domain", *IEEE Transactions on Acoustics, Speech, and Signal Processing*, 32, S. 353-361, 1984.

Jakobson, R.; Fant, G.; Halle, M.: „*Preliminaries to speech analysis: the distinctive features and their correlates*", MIT Press, Cambridge, MA, USA, 1952.

Jayant, N. S.: „Adaptive quantization with a one word memory", *Bell System Techn. J.*, S. 1119-1144, September 1973.

Jayant, N. S.; Noll, P.: *„Digital coding of waveforms"*, Prentice-Hall, Englewood Cliffs, New Jersey, 1984.

Jekosch, U.: „The cluster-identification test", *Proc. of the Intern. Conf. on Spoken Language Processing (ICSLP-92)*, S. 205-208, 1992.

Jekosch, U.; Benoit, C.; Van Erp, A.; Grice, M.: „Multisignal Synthesizer Assessment Using Semantically Unpredictable Sentences", *Proc. of EUROSPEECH-85*, Paris, S. 633-636, 1989.

Jensen, S. H.; Hansen, P. C.: „Reduced-rank noise reduction: A filter-bank interpretation", *Signal Processing VIII: Theories and Applications*, G. Ramponi, G. L. Sicuranza, S. Carrato, S. Marsi (eds.), Elsevier, S. 479-482, 1996.

Jensen, S. H.; Hansen, P. C.; Hansen, S. D.; Sørensen, J. A.: „Reduction of broad-band noise in speech by truncated QSVD", *IEEE Transactions on Speech and Audio Processing*, 39, S.439-448, 1995.

Jones, D.: *„An outline of english phonetics"*, Heffer, Cambridge, UK, 1918, 9. Aufl., 1972.

Johnson, A. W.; Bradley, A. B.: „Adaptive transform coding incorporating time-domain aliasing cancellation", *Speech Communication*, 6, S. 299-308, 1987.

Johnson, D. H.; Dudgeon, D. E.: *„Array signal processing"*, Prentice-Hall, Englewood Cliffs, New Jersey, 1993.

Johnston, J. D.: „A filter family designed for use in quadrature-mirror filter banks", *Proc. of ICASSP-80*, Denver, S. 291-294, 1980.

Kadambe, S.; Boudreaux-Bartels, G.: „A pitch detector based on event detection using the dyadic wavelet transform", *Proc. of the Intern. Conf. Spoken Language Processing (ICSLP-90)*, Kobe, S. 469-472, 1990.

Kaiser, J. F.: „Nonrecursive digital filter design using the I_0-Sinh window function", *Proc. IEEE Int. Sympos. Circ. Syst.*, S. 20-23, 1974.

Kammeyer, D.; Kroschel, K.: *„Digitale Signalverarbeitung, Filterung und Spektralanalyse"*, Teubner-Verlag, Stuttgart, 1989.

Kappelan, M.; Strauß, B.; Vary, P.: „Flexible nonuniform filter banks using allpass transformation of multiple order", *Signal Processing VIII: Theories and Applications*, G. Ramponi, G. L. Sicuranza, S. Carrato, S. Marsi (eds.), Elsevier, S. 1745-1748, 1996.

Kappelan, M.: *„Eigenschaften von Allpaß-Ketten und ihre Anwendung bei der Filter- und Signal-Transformation"*, ABDN, 8, P. Vary (ed.), Verlag der Augustinus Buchhandlung, Aachen, 1998.

Kapust, R.: „Qualitätsbeurteilung codierter Audiosignale mittels einer BARK-Transformation", Dissertation, Universität Erlangen, 1993.

Karlsson, I.: „A female voice for a text-to-speech system", *Proc. of EUROSPEECH-89*, Paris, S. 345-348, 1989.

Kataoka, A.; Moriya, T.; Hayashi, S.: „An 8 kb/s conjugate structure CELP (CS-CELP) speech coder", *IEEE Transactions on Speech and Audio Processing*, 4(6), S. 401-411, 1996.

Kay, S.: *„Modern spectral estimation"*, Prentice-Hall, Englewood Cliffs, New Jersey, 1988.

Kellermann, W.: „Kompensation elektrischer Echos in Frequenzteilbändern", *Frequenz*, S. 209-215, 1985.

Kellermann, W.: „Zur Nachbildung physikalischer Systeme durch parallelisierte digitale Ersatzsysteme", *Fortschritt-Berichte VDI*, 10(102), VDI-Verlag, Düsseldorf, Deuschland, 1989.

Kelly, J. L.; Lochbaum, C. C.: „Speech synthesis", *Congress Report, 4th Int. Congr. on Acoustics*, Harlang and Toksvig, Copenhagen, 1962.

Klatt, D. H.: „Synthesis by rule of segmental durations in English sentences", *Frontiers of speech communication research*, B. Lindblom, S. Öhman (eds.), Academic Press, London, S. 287-300, 1979.

Klatt, D. H.: „Software for a cascade/parallel formant synthesizer", *J. Acoust. Soc. Am.*, 67, S. 971-980, 1980.

Klatt, D. H.: „The KLATTALK text-to-speech conversion system", *Proc. of ICASSP-82*, Paris, S. 1589-1592, 1982.

Klatt, D. H.: „Review of text-to-speech conversion for English", *J. Acoust. Soc. Am.*, 82, S. 737-793, 1987.

Klaus, H.; Berger, J.: „Die Bestimmung der Telefon-Sprachqualität für die Übertragungskette vom Mund zum Ohr – Herausforderungen und ausgewählte Verfahren", Deutsche Telekom, *Highlights aus der Forschung*, Darmstadt, S. 12-27, 1996.

Klaus, H.; Klix, H.; Sotscheck, J.; Fellbaum, K.: „An evaluation system for ascertaining the quality of synthetic speech based on subjective category rating tests", *Proc. of EUROSPEECH-93*, Berlin, S. 1679-1682, 1993.

Kleijn, W. B., Paliwal, K. K.: *„Speech coding and synthesis"*, Elsevier, Amsterdam, 1995.

Klemm, H.: „Spektrale Subtraktion mit linearer und nichtlinearer Filterung zur Unterdrückung von "musical tones" bei hoher Sprachqualtität", *Fortschritte der Akustik, DAGA 94*, DEGA, Dresden, S. 1381-1384, 1994.

Kliewer, J.: „Simplified design of linear-phase prototype filters for modulated filter banks", *Signal Processing VIII: Theories and Applications*, G. Ramponi, G. L. Sicuranza, S. Carrato, S. Marsi (eds.), Elsevier, S. 1191-1194, 1996.

Kohler, K. J.: „25 Years of *Phonetica*. Preface to the special issue on pitch analysis", *Phonetica*, 39(4-5), S. 185-187, 1982.

Kohler, K. J.: „Zeitstrukturierung in der Sprachsynthese", *Digitale Sprachverarbeitung*, ITG-Tagung, A. Lacroix (ed.), VDE-Verlag, Berlin, S. 165-170, 1988.

Kohler, K. J.: „Segmental reduction in connected speech in German: phonological facts and phonetic explanations", *Proc. of the NATO ASI on Speech Production and Speech Modeling*, W. J. Hardcastle, A. Marchal (eds.), Kluwer, Dordrecht, S. 69-92, 1990.

Kohler, K. J.: „Prosody in speech synthesis: the interplay between basic research and TTS application", *J. Phonetics*, 19, S. 121-138, 1991.

Kohler, K. J.: *„Einführung in die Phonetik des Deutschen"*, Verlag Erich Schmidt, Berlin, 1977, 2. Aufl. 1995.

Kohler, K. J.: „Parametric control of prosodic variables by symbolic input in TTS synthesis", *Progress in speech synthesis*, J. Van Santen et al. (eds.), Springer Verlag, New York, S. 459-476, 1996.

Köster, J. P.: „Historische Entwicklung von Syntheseapparaten zur Erzeugung statischer und vokalartiger Signale nebst Untersuchungen zur Synthese deutscher Vokale", *Hamburger Phonetische Beiträge*, 4, Buske, Hamburg, 1973.

Kraft, V.: „Does the resulting speech quality improvement make a sophisticated concatenation of time-domain synthesis units worthwhile?", *Proc. of the Second ESCA/IEEE Workshop on Speech Synthesis*, New Paltz, NY, USA, S. 65-68, 1994.

Kraft, V.: „*Konkatenation natürlichsprachlicher Bausteine zur Sprachsynthese: Anforderungen, Methoden und Evaluierung*", Dissertation, Ruhr-Universität Bochum, 1995.

Kraft, V.; Portele, T.: „Quality evaluation of five speech synthesis system for German", *Acta Acustica*, 3, S. 351-366, 1995.

Kröger, B. J.: „Artikulatorische Sprachsynthese", *Fortschritte der Akustik, DAGA 96*, DEGA, Oldenburg, S. 96-99, 1996.

Kröger, B. J.; Opgen-Rhein, C.: „A gesture-based dynamic model describing articulatory movement data", *J. Acoust. Soc. Am.*, 98, S. 1878-1889, 1995.

Kroon, P.; Deprettere, E. F.; Sluyter, R. J.: „Regular-pulse excitation - A novel approach to effective and efficient multipulse coding of speech", *IEEE Transactions on Acoustics, Speech, and Signal Processing*, 34, S. 1054-1063, Oktober 1986.

Kryter, K. D.: „Methods for the calculation and use of the articulation index", *J. Acoust. Soc. Am.*, 34, S. 1689-1697, 1962.

Kuttruff, H.: „*Room acoustics*", Applied Science Publishers, 3. Auflage, 1990.

Lachenbruch, P. A.: „*Discriminant analysis*", Hafner Press, 1975.

Lacroix, A.: „*Digitale Filter: Eine Einführung in zeitdiskrete Signale und Systeme*", Oldenbourg, München, 3. Aufl., 1995.

Ladefoged, P.: „*A course in phonetics*", Harcourt Brace Jovanovich, New York, 1975, 3. Aufl., 1993.

Laflamme, C.; Salami, R.; Matmti, R.; Adoul, J. P.: „Harmonic-stochastic excitation (HSX) speech coding below 4 kbit/s", *Proc. of ICASSP-96*, Atlanta, S. 204-207, 1996.

Lahat, M.; Niederjohn, R. J.; Krubsack, D. A.: „A spectral autocorrelation method for measurement of the fundamental frequency of noise corrupted speech", *IEEE Transactions on Acoustics, Speech, and Signal Processing*, 35, S. 741-750, 1987.

Laver, J.: „*Principles of phonetics*", Cambridge University Press, Cambridge, UK, 1994.

Lehiste, I.: „*Suprasegmentals*", MIT Press, Cambridge, MA, 1970.

Leickel, T.: „Bitratenreduktion bei digitalen Audiosignalen unter Berücksichtigung der psychoakustischen Eigenschaften des menschlichen Gehörs", *Dipl.-Arbeit*, LNT, Ruhr-Universität Bochum, 1988.

L&H: „*TTS evaluator*", Lernout and Hauspie, Ieper, Belgium, 1995.

Lieberman, Ph.: „Some acoustic measures of the fundamental periodicity of normal and pathologic larynges", *J. Acoust. Soc. Am.*, 35, S. 344-353, 1963.

Lindblom, B.: „Spectrographic study of vowel reduction", *J. Acoust. Soc. Am.*, 35, S. 1773-1779, 1983.

Lim, J. S. (ed.): „*Speech enhancement*", Prentice-Hall, Englewood Cliffs, New Jersey, 1983.

Linde, Y.; Buzo, A.; Gray, R. M.: „An algorithm for vector quantizer design", *IEEE Transactions on Communications*, 28, S. 84-95, 1980.

Lindqvist, J.: „Studies of the voice source by inverse filtering", *STL-QPSR*, KTH, Stockholm, 2, S. 8-13, 1965.

Lobanov, B. M.: „Automatic discrimination of noisy and quasi periodic speech sounds by the phase plane method", *Soviet Physics-Acoustics*, 26, S. 353-356, 1970.

Lockwood, P.; Boudy, J.: „Experiments with a nonlinear spectral subtractor (NSS), hidden Markov models and the projection, for robust speech recognition in cars", *Speech Communication*, 11, S. 215-228, 1992.

Lüke, H. D.: *„Signalübertragung"*, Springer Verlag, Berlin, 1975.

Lüke, H. D.: „Sequences and arrays with perfect periodic correlation", *IEEE Transactions on Aerospace and Electronic Systems*, 24(3), S. 287-294, Mai 1988.

Lüke, H. D.: *„Korrelationssignale"*, Springer Verlag, Berlin, 1992.

Lüke, H. D.; Schotten, H.: „Odd-perfect, almost binary correlation sequences", *IEEE Transactions on Aerospace and Electronic Systems*, 31, S. 495-498, 1995.

Lungwitz, T.: „Untersuchungen zur mehrkanaligen adaptiven Geräuschreduktion für die Spracherkennung im Kraftfahrzeug", *Arb. Dig. Sig. Verarb.*, LNS/CAU Kiel, Shaker-Verlag, Aachen, 1998.

Lyons, J.: *„Semantics"*, Cambridge University Press, Cambridge, UK, Vols. I, II, 1977, dt. Übers. München, 1980.

Macchi, M.; Altom, M. J.; Kahn, D.; Singhal, S.; Spiegel, M.: „Intelligibility as a function of speech coding method for template-based speech synthesis", *Proc. of EUROSPEECH-93*, Berlin, S. 893-896, 1993.

Makhoul, J.: „A fast cosine transform in one and two dimensions", *IEEE Transactions on Acoustics, Speech, and Signal Processing*, 28, S. 27-34, 1980.

Makhoul, J.; Roucos, S.; Gish, H.: „Vector quantization in speech coding", *Proceedings of the IEEE*, 73(11), S. 1551-1587, November 1985.

Makhoul, J.; Viswanathan, R.: „Quantization properties of transmission parameters in linear predictive systems", *IEEE Transactions on Acoustics, Speech, and Signal Processing*, 23, S. 309-321, 1975.

Malvar, H. S.: *„Signal processing with lapped transform"*, Artech House, Norwood, 1992.

Markel, J.: „The SIFT algorithm for fundamental frequency estimation", *IEEE Transactions on Audio and Electroacoustics*, AU-20, S. 149-153, 1972.

Marple, S. L., Jr.: *„Digital spectral analysis: With applications"*, Prentice-Hall, Englewood Cliffs, New Jersey, 1987.

Marques, J. S.; Almeida, L. B.: „Sinusoidal modeling of speech: Representation of unvoiced sounds with narrow-band basis functions", *Signal Processing IV: Theories and Applications*, J. L. Lacoume et al. (eds.), Elsevier, S. 891-894, 1988.

Marques, J. S.; Almeida, L. B.: „Sinusoidal modeling of voiced and unvoiced speech", *Proc. of EUROSPEECH-89*, Paris, S. 203-206, 1989.

Marques, J. S.; Almeida, L. B.: „A fast algorithm for generating sinusoids with polynomial phase", *Proc. of ICASSP-91*, Toronto, S. 2261-2264, 1991.

Marsi, E.: „Intonation in a spoken language generator", *Proceedings*, Dept. of Language and Speech, University of Nijmegen, S. 85-98, 1995.

Martin, Ph.: „A logarithmic spectral comb method for fundamental frequency analysis", *Proceedings of the 11th Congr. on Phonetic Sciences*, Tallinn, Beitrag 59.2, 1987.

Martin, R.: „An efficient algorithm to estimate the instantaneous SNR of speech signals", *Proc. of EUROSPEECH-93*, Berlin, S. 1093-1096, 1993.

Martin, R.: „Spectral subtraction based on minimum statistics", *Signal Processing VII: Theories and Applications*, M. J. J. Holt, C. F. N. Cowan, P. M. Grant, W. A. Sandham (eds.), Elsevier, S. 1182-1185, 1994.

Martin, R.: „Freisprecheinrichtungen mit mehrkanaliger Echokompensation und Störgeräuschreduktion", ABDN, 3, P. Vary (ed.), Verlag der Augustinus Buchhandlung, Aachen, 1995.

Martin, R.; Gustafsson, S.: „The echo shaping approach to acoustic echo control", *Speech Communication*, 20(3-4), S. 181-190, Dezember 1996.

Martin, R.; Vary, P.: „A symmetric two microphone speech enhancement system - theoretical limits and application in a car environment", *Proceedings Fifth IEEE Signal Processing Workshop*, Illinois, S. 4.5.1- 4.5.2, 1992.

McAulay, R. J.; Quatieri, T. F.: „Mid-rate coding based on a sinusoidal representation of speech", *Proc. of ICASSP-85*, Tampa, Florida, S. 945-948, 1985.

McAulay, R. J.; Quatieri, T. F.: „Sine-wave phase coding at low data rates", *Proc. of ICASSP-91*, Toronto, S. 577-580, 1991.

McDermott, B. J.; Scagliola, C.; Goodman, D. J.: „Perceptual and objective evaluation of speech processed by adaptive differential PCM", *Bell Syst. Tech. J.*, 57, S. 1597-1618, 1978.

McGonegal, C. A.; Rabiner, L. R.; Rosenberg, A. E.: „A subjective evaluation of pitch detection methods using LPC synthesized speech", *IEEE Transactions on Acoustics, Speech, and Signal Processing*, 25, S. 221-229, 1977.

McKinney, N. P.: „Laryngeal frequency analysis for linguistic research", Report Nr. 24, Communication Sciences Lab., University of Michigan, Ann Arbor, MI, USA, 1965.

Meddis, R.: „Implementation details of a computation model of the inner hair-cell auditory-nerve synapse", *J. Acoust. Soc. Am.*, 87, S. 1813-1816, 1990.

Mendel, J. M.: „Tutorial on higher-order statistics (spectra) in signal processing and system theory: theoretical results and some applications", *Proceedings of the IEEE*, 79, S. 278-305, 1991.

Menzerath, P.; de Lacerda, A.: „Koartikulation und Steuerung", Dümmler, Bonn, 1933.

Mermelstein, P.: „Evaluation of a segmented SNR measure as an indicator of the quality of ADPCM-coded speech", *J. Acoust. Soc. Am.*, 66, S. 1664-1667, 1979.

Meyer, P.; Rühl, H. W.; Krüger, R.; Kugler, M.; Vogten, L. L. M.; Dirksen, A.; Belhoula, K.: „PHRITTS - a text-to-speech synthesizer for the German language", *Proc. of EUROSPEECH-93*, Berlin, S. 877-880, 1993.

Möbius, B.; Schroeter, J.; Van Santen, J.; Sproat, R.; Olive, J.: „Recent advances in multilingual text-to-speech synthesis", *Fortschritte der Akustik, DAGA 96*, DEGA, Oldenburg, S. 82-85, 1996.

Moreno, A.; Fonollosa, J. A.: „Pitch determination of noisy speech using higher order statistics", *Proc. of ICASSP-92*, San Francisco, S. I-133-136, 1992.

Mousset, E.; Ainsworth, W. A.; Fonollosa, J. A.: „A comparison of several recent methods of fundamental frequency and voicing decision estimation", *Proc. of the Intern. Conf. Spoken Language Processing (ICSLP-96)*, Philadelphia, FrP2P1.19, 1996.

MPEG: ISO/IEC 11172-3: „Coding of moving pictures and associated audio for digital storage media at up to about 1.5 Mbit/s - audio part", Int. Standard 11172, November 1992.

Murphy, M. T.; Cox, C. E. M.: „A real time implementation of the ITU-T/G.728 LD-CELP fixed point algorithm on the Motorola DSP56156", *Signal Processing VII: Theories and Applications*, M. J. J. Holt, C. F. N. Cowan, P. M. Grant, W. A. Sandham (eds.), Elsevier, S. 1617-1620, 1994.

Ney, H.: „Dynamic programming algorithm for optimal estimation of speech parameter contours", *IEEE Transactions on Systems, Man, and Cybernetics*, 13, S. 208-214, 1982.

Nguyen, T.: „Near-perfect-reconstruction pseudo-QMF banks", *IEEE Transactions on Signal Processing*, 42, S. 64-75, 1994.

Nishiguchi, M.; Iijima, K.; Matsumoto, J.: „Harmonic vector excitation coding of speech at 2.0 kbps", *Proc. IEEE Workshop on Speech Cod. for Telecom.*, Pocono Manor, S. 39-41, 1997.

Noll, A. M.: „Cepstrum pitch determination", *J. Acoust. Soc. Am.*, 42, S. 193-309, 1967.

Noll, A. M.: „Pitch determination of human speech by the harmonic product spectrum, the harmonic sum spectrum, and a maximum likelihood estimate", *Symposium on computer processing in communication*, ed. by the Microwave Institute, Univ. of Brooklyn Press, New York, 19, S. 779-797, 1970.

Noll, P.: „Adaptive quantizing in speech coding systems", *Proc. Int. Zürich Seminar, Dig. Comm.*, Zürich, S. II.1-6, 1974.

Noll, P.: „MPEG digital audio coding", *IEEE Signal Processing Magazine*, 14(5), S. 59-81, 1997.

Noll, P.; Zelinski, R.: „Adaptive transform coding of speech signals", *IEEE Transactions on Acoustics, Speech, and Signal Processing*, 25, S. 299-309, 1977.

Öhman, S. E. G.: „Coarticulation in VCV utterances: Spectrographic measurements", *J. Acoust. Soc. Am.*, S. 151-168, 1966.

Olive, J. P.: „A new algorithm for a concatenative speech synthesis system using an augmented acoustic inventory of speech sounds", *Proc. of the ESCA ETRW on Speech Synthesis*, Autrans, Frankreich, S. 25-29, 1990.

Oppenheim, A. V.; Schafer, R. W.: „*Discrete-time signal processing*", Prentice-Hall, Englewood Cliffs, New Jersey, 1989.

Oppenheim, A. V.; Schafer, R. W.; Stockham, T.G.: „Nonlinear filtering of multiplied and convolved signals", *Proceedings of the IEEE*, 56, S. 1264-1291, 1968.

Oppenheim, A. V.; Willsky, A.: „*Signale und Systeme*", VCH-Verlagsgesellschaft, Weinheim, 1989.

O'Shaughnessy, D.: „*Speech communication*", Addison-Wesley, New York, 1987.

Pan, D.: „A tutorial on MPEG/audio compression", *IEEE Transactions on Multimedia*, 2(2), S. 60-74, 1995.

Papoulis, A.: „*Probability, random variables and stochastic processes*", McGraw-Hill, New York, 1965.

Parks, T. W.; McClellan, J. H.; Rabiner, L. R.: „FIR linear-phase filter-design program", *Programs for Digital Signal Processing*, IEEE Press, New York, 1979.

Paulus, J.: „*Codierung breitbandiger Sprachsignale bei niedrigerer Datenrate*", ABDN, 6, P. Vary (ed.), Verlag der Augustinus Buchhandlung, Aachen, 1997.

Peterson, G. E.; Barney, H. L.: „Control methods used in a study of the vowels", *J. Acoust. Soc. Am.* 24, S. 175-184, 1952.

Peterson, G. E.; Sievertsen, E.: „Objectives and techniques of speech synthesis", *Language and Speech*, 3, S. 84-95, 1960.

Peterson, G. E.; Wang, W.; Sievertsen, E.: „Segmentation techniques in speech synthesis", *J. Acoust. Soc. Am.*, 30, S. 739-742, 1958.

Plomp, R.: „*Aspects of tone sensation*", Academic Press, London, 1976.

Pols, L. C. W.: „Quality assessment of text-to-speech synthesis by rule", *Advances in speech signal processing*, M. M. Sondhi, S. Furui (eds.), Marcel Dekker, New York, S. 387-418, 1992.

Pompino-Marschall, B.: „*Einführung in die Phonetik*", de Gruyter Studienbuch, Berlin, 1995.

Portele, T.: „*Ein phonetisch-akustisch motiviertes Inventar zur Sprachsynthese deutscher Äußerungen*", Niemeyer, Tübingen, 1996.

Portele, T.: „Sprachsynthese durch Konkatenation natürlichsprachlicher Einheiten", *Fortschritte der Akustik, DAGA 96*, DEGA, Oldenburg, S. 92-95, 1996.

Portele, T.; Höfer, F.; Hess, W.: „A mixed inventory structure for German concatenative synthesis", *Progress in speech synthesis*, J. Van Santen et al. (eds.), Springer Verlag, New York, S. 263-278, 1996.

Portele, T.; Krämer, J.: „Adapting a TTS system to a reading machine for the blind", *Proc. of the Intern. Conf. Spoken Language Processing (ICSLP-96)*, Philadelphia, ThA2P2.9, 1996.

Portele, T.; Stöber, K. H.; Meyer, H.; Hess, W.: „Generation of multiple synthesis inventories by a bootstrapping procedure", *Proc. of the Intern. Conf. Spoken Language Processing (ICSLP-96)*, Philadelphia, SuP1L1.4, 1996.

Princen, J. P.; Johnson, A. W.; Bradley, A. B.: „Subband/transform coding using filter bank designs based on time-domain aliasing cancellation", *Proc. of ICASSP-87*, Dallas, S. 2161-2164, 1987.

Qian, X.; Kumaresan, R.: „A variable frame pitch estimator and test results", *Proc. of ICASSP-96*, Atlanta, S. 228-231, 1996.

Quackenbush, S. R.; Barnwell, T. P.; Clements, M.A.: „*Objective measures of speech quality*", Prentice-Hall, Englewood Cliffs, New Jersey, 1988.

Rabiner, L. R.: „On the use of autocorrelation analysis for pitch detection", *IEEE Transactions on Acoustics, Speech, and Signal Processing*, 25, S. 24-33, 1977.

Rabiner, L. R.: „A tutorial on Hidden Markov Models and selected applications in speech recognition", *Proceedings of the IEEE*, 77(2), S. 257-285, 1989.

Rabiner, L. R.; Cheng, M. J.; Rosenberg, A. E.; McGonegal, C. A.: „A comparative study of several pitch detection algorithms", *IEEE Transactions on Acoustics, Speech, and Signal Processing*, 24, S. 399-423, 1976.

Rabiner, L. R.; Juang, B. H.: „*Fundamentals of speech recognition*", Prentice-Hall, Englewood Cliffs, New Jersey, 1993.

Rabiner, L. R.; Sambur, M. R.: „Application of an LPC distance measure to the voiced-unvoiced-silence detection problem", *IEEE Transactions on Acoustics, Speech, and Signal Processing*, 25, S. 338-343, 1977.

Rabiner, L. R.; Sambur, M. R.; Schmidt, Carol E.: „Applications of nonlinear smoothing algorithm to speech processing", *IEEE Transactions on Acoustics, Speech, and Signal Processing*, 23, S. 552-557, 1975.

Rabiner, L. R.; Schafer, R. W.: „*Digital processing of speech signals*", Prentice-Hall, Englewood Cliffs, New Jersey, 1978.

Reck, H.: „Karhunen-Loéve-Transformation, ein Verfahren zur Signal-Verarbeitung", *Nachr.-Techn. Elektronik*, 29, S. 186-188, 1979.

Reddy, D. R.: „*An approach to computer speech recognition by direct analysis of the speech wave*", Dissertation, Stanford University, Stanford, CA, Tech. Rept. CS-49, 1966.

Reddy, D. R.: „Pitch period determination of speech sounds", *Commun. ACM*, 20, S. 343-348, 1967.

Reetz, H.: „*Pitch perception in speech – a time-domain approach: implementation and evaluation*", IFOTT, Amsterdam, 1996.

Rosenberg, A. E.; Schafer, R. W.; Rabiner, L. R.: „Effects of smoothing and quantizing the parameters of formant-coded voiced speech", *J. Acoust. Soc. Am.*, 50(6), S. 1532-1538, 1971.

Ross, M. J.; Shaffer, H. L.; Cohen, A.; Freudberg, R.; Manley H. J.: „Average magnitude difference function pitch extractor", *IEEE Transactions on Acoustics, Speech, and Signal Processing*, 22, S. 353-362, 1974.

Ruske, G.: „*Automatische Spracherkennung*", Oldenbourg, München, 2. Aufl., 1993.

Ruske, G.; Schotola, T.: „An approach to speech recognition using syllabic decision units", *Proc. of ICASSP-78*, S. 722-725, 1978.

Sagisaka, Y.; Campbell, N.; Higuchi, N. (eds.): „*Computing prosody*", Springer Verlag, New York, 1996.

Salami, R.; Laflamme, C.; Bessette, B.; Adoul, J.-P.: „Description of ITU-T Recommendation G.729 Annex A: Reduced Complexity 8 kbit/s CS-ACELP Codec", *Proc. of ICASSP-97*, München, S. 775-778, 1997.

Salami, R.; Laflamme, C.; Kataoka, A.; Lamblin, C.; Kroon, P.: „Description of the proposed ITU-T 8 kbit/s speech coding standard", *IEEE Workshop on Speech Coding for Telecommunications*, Annapolis, S. 3-4, 1995.

Sauvagerd, U.: „*Bitratenreduktion hochwertiger Musiksignale unter Verwendung von Wellendigitalfiltern*", Dissertation, Ruhr-Universität Bochum, VDI-Verlag, 1989.

Scharf, L.: „*Statistical signal processing: Detection, estimation, and time series analysis*", Addison-Wesley, New York, 1990.

Schroeder M. R.: „Period histogram and product spectrum: New methods for fundamental-frequency measurement", *J. Acoust. Soc. Am.*, 43, S. 819-834, 1968.

Schroeder, M. R.; Atal, B. S.: „Code-excited linear prediction (CELP): High-quality speech at very low bit rates", *Proc. of ICASSP-85*, Tampa, Florida, S. 937-940, 1985.

Schroeder, M. R.; Atal, B. S.; Hall, J.: „Optimizing digital speech coders by exploiting masking properties of the human ear", *J. Acoust. Soc. Am.*, 66, S. 1647-1652, 1979.

Schroeter, J.; Sondhi, M. M.: „Speech coding based on physiological models of speech production", *Advances in speech signal processing*, M. M. Sondhi, S. Furui (eds.), Marcel Dekker, New York, S. 231-268, 1992.

Schultheiß, U.: „*Über die Adaption eines Kompensators für akustische Echos*", Fortschritt-Berichte VDI, 10(90), VDI-Verlag, Düsseldorf, Deuschland, 1988.

Schüßler, H. W.: „An objective method for measuring the performance of weakly nonlinear systems", *Frequenz*, 41, S. 147-154, 1987.

Schüßler, H. W.: „Netzwerke, Signale und Systeme II", Springer Verlag, Berlin, 1991.

Schüßler, H. W.: „Digitale Signalverarbeitung I", Springer Verlag, Berlin, 1994.

Schüßler, H. W.; Dong, Y.: „A new method for measuring the performance of weakly nonlinear and noisy systems", *Frequenz*, 44, S. 82-87, 1990.

Schüßler, H. W.; Winkelnkemper, W.: „Veränderbare digitale Filter", *AEÜ*, 24, S. 524-525, 1970.

Sekey, A.; Hanson, B.: „Improved one-Bark bandwidth auditory filter", *J. Acoust. Soc. Am.*, 75, S. 1902-1904, 1984.

Sendlmeier, W. F.: „Wie testet man Hörverstehen? Eine kritische Analyse sprachaudiometrischer Testverfahren", *Beiträge zur angewandten und experimentellen Phonetik*, W. Hess, W. F. Sendlmeier (eds.), Beihefte zur Z. für Dialektologie und Linguistik, 72, Franz Steiner, Stuttgart, S. 83-101, 1991.

Sendlmeier, W. F.; Holzmann, U.: „Sprachgütebeurteilung mit Passagen fließender Rede", *Fortschritte der Akustik, DAGA 91*, Oldenburg, 1991.

Shynk, J. J.: „Frequency domain and multirate adaptive filtering", *IEEE Signal Processing Magazine*, 1, S. 14-37, Januar 1992.

Siegel, L. J.; Bessey, A. C.: „Voiced/unvoiced/mixed excitation classification of speech", *IEEE Transactions on Acoustics, Speech, and Signal Processing*, 30, S. 452-462, 1982.

Singhal, S.; Atal, B. S.: „Improving performance of multi-pulse LPC coders at low bit rates", *Proc. of ICASSP-84*, San Diego, S. 1.3.1-1.3.4, 1984.

Slaney, M.: „An Efficient Implementation of the Patterson-Holdsworth Auditory Filter Bank", *Apple Comp. Tech. Rep.*, 35, 1993.

Sluyter, R.; Kotmans, H. J.; v. Leeuwaarden, A: „A novel method for pitch extraction from speech and a hardware model applicable to vocoder systems", *Proc. of ICASSP-80*, Denver, S. 45-48, 1980.

Sluyter, R.; Kotmans, H. J.; Claasen, T. A. C. M.: „Improvements of the Harmonic-Sieve Pitch Extraction Scheme and an Appropriate Method for Voiced-Unvoived Detection", *Proc. of ICASSP-82*, Paris, S. 188-191, 1982.

Sluyter, R. J.; Vary, P.; Hofmann R.; Hellwig, K.: „A regular-pulse excited linear predictive code", *Speech Communication*, 7(2), S. 209-215, 1988.

Smith, M. J. T.; Barnwell, T. P.: „Exakt reconstruction techniques for tree-structured subband coders", *IEEE Transactions on Acoustics, Speech, and Signal Processing*, 34, S. 434-441, 1986.

Sommen, P. C. W.; Van Gerwen, P. J.; Kotmans, H. J.; Janssen, A. J. E. M.: „Convergence analysis of a frequency-domain adaptive filter with exponential power averaging and generalized window function", *IEEE Transactions Circuits Systems*, 34(7), S. 788-798, Juli 1987.

Sondhi, M. M.: „New methods of pitch extraction", *IEEE Transactions on Audio and Electroacoustics*, 26, S. 262-266, 1968.

Soong, F.; Juang, B.: „Line spectrum pair (LSP) and speech data compression", *Proc. of ICASSP-84*, San Diego, S. 1.10.1-1.10.4, 1984.

Sorin, C.: „Towards high-quality multilingual text-to-speech", *Progress and prospects of speech research and technology*, H. Niemann et al. (eds.), infix, St. Augustin, S. 53-62, 1994.

Sotscheck, J.: „Ein Reimtest für Verständlichkeitsmessungen mit deutscher Sprache als ein verbessertes Verfahren zur Bestimmung der Sprachübertragungsgüte", *Der Fernmeldeingenieur*, 36(4/5), S. 1-45, 1982.

Sotscheck, J.: „*Beurteilung und Messung der Sprachübertragungsgüte*", Taschenbuch der Fernmeldepraxis, S. 90-121, 1983.

Sotscheck, J.: „Sätze für Sprachgütemessungen und ihre phonologische Anpassung an die deutsche Sprache", *Fortschritte der Akustik, DAGA 84*, DEGA, Darmstadt, S. 873-876, 1984.

Specker, P.: „A powerful postprocessing algorithm for time-domain pitch trackers", *Proc. of ICASSP-84*, San Diego, 28B.2, 1984.

Speech Comm.: „Medium-rate speech coding for digital mobile telephony", *Speech Communication*, Sonderheft, 7(2), 1988.

Sproat, R.; Olive, J.: „A modular architecture for multi-lingual text-to-speech", *Progress in speech synthesis*, J. Van Santen et al. (eds.), Springer Verlag, New York, S. 565-573, 1996.

Sproat, R.; Taylor, P.; Tanenblatt, M.; Isard, A.: „A markup language for text-to-speech synthesis", *Proc. of EUROSPEECH-97*, Rhodos, S. 1747-1750, 1997.

Steele, R. (ed.): „Mobile Radio Communications", *Pentech Press*, London, 1992.

Stock, D.: „P-TRA – eine Programmiersprache zur phonetischen Transkription", *Beiträge zur angewandten und experimentellen Phonetik*, W. Hess, W. F. Sendlmeier (eds.), Beihefte zur Z. für Dialektologie und Linguistik, 72, Franz Steiner, Stuttgart, S. 222-231, 1991.

Stylianou, Y.: „Decomposition of speech signals into a deterministic and a stochastic part", *Proc. of the Intern. Conf. on Spoken Language Processing (ICSLP-96)*, Philadelphia, FrP2P1.4, 1996.

Sugamura, N.; Farvardin, N.: „Quantizer design in LSP speech analysis and synthesis", *Proc. of ICASSP-88*, New York, S. 398-401, 1988.

Sugamura, N.; Itakura, F.: „Speech analysis and synthesis methods developed at ECL in NTT – from LPC to LSP", *Speech Communication*, 5, S. 199-215, 1986.

't Hart, J.: „Differential sensitivity to pitch distance, particularly in speech", *J. Acoust. Soc. Am.*, 69, S. 811-822, 1981.

Taka, M.; Maitre, X.: „CCITT standardization activities on speech coding", *Proc. of ICASSP-86*, Tokyo, S. 817-820, 1986.

Talkin, D.: „Cross correlation and dynamic programming for estimation of fundamental frequency", *Proc. of the Workshop on Acoustic Voice Analysis*, D. Wong (ed.), National Center for Voice and Speech, Denver, S. TALK1-8, 1995.

Terhardt, E.: „Calculating virtual pitch", *Hearing Res.*, 1, S. 155-182, 1979.

Terhardt, E.; Stoll, G.; Seewann, M.: „Algorithm for extraction of pitch and pitch salience from complex tonal signals", *J. Acoust. Soc. Am.*, 71, S. 679-688, 1982.

Terken, J.: „Fundamental frequency and perceived prominence of accented syllables", *J. Acoust. Soc. Am.*, 87, S. 1768-1776, 1991.

Traber, C.: „F0 generation with a database of natural F0 patterns and with a neural network", *Talking machines: theories, models, and designs*, G. Bailly, C. Benoit (eds.), North-Holland, Amsterdam, S. 287-304, 1992.

Traber, C.: „*SVOX: The implementation of a text-to-speech system for German*", Dissertation, TIK-Schriftenreihe Nr. 7, vdf Hochschulverlag, ETH Zürich, 1995.

Traber, C.: „Datengesteuerte Prosodiegenerierung mittels automatischer Lernverfahren", *Fortschritte der Akustik, DAGA 96*, DEGA, Oldenburg, S. 86-89, 1996.

Trancoso, I. M.; Almeida, L. B.; Rodrigues, J. S.; Marques, J. S.; Tribolet, J. M.: „Harmonic coding - state of the art and future trends", *Speech Communication*, 7, S. 239-245, 1988.

Tremain, T. E.: „The government standard linear predictive coding algorithm: LPC-10", *Speech Technology*, 1, S. 40-49, 1982.

Tsutsui, K.; Suzuki, H.; Shimoyoshi, O.; Sonohara, M.; Akagiri, K.; Heddle, R.: „ATRAC: Adaptive transform coding for MiniDisc", *Proc. 91st AES Convention*, Preprint No. 3216, New York, 1991.

Tufts, D. W.; Kumaresan, R.: „Estimation of Frequencies of Multiple Sinusoids: Making Linear Prediction Perform like Maximum Likelihood", *Proceedings of the IEEE*, 70, S. 975-989, 1982.

Ungeheuer, G.: „*Elemente einer akustischen Theorie der Vokalartikulation*", Springer Verlag, Berlin, 1962.

Vaidyanathan, P. P.: „*Multirate systems and filterbanks*", Prentice-Hall, Englewood Cliffs, New Jersey, 1993.

Van den Berg, J. W.: „Myoelastic-aerodynamic theory of voice production", *J. Speech Hear. Res.*, 1, S. 227-244, 1958.

Van den Berg, J. W.; Zantema, T.; Doornenbal, P.: „On the air resistance and the Bernoulli effect of the human larynx", *J. Acoust. Soc. Am.*, 29, S. 626-631, 1957.

Van Santen, J. P. H.: „Timing in text-to-speech systems", *Proc. of EUROSPEECH-93*, Berlin, S. 1397-1404, 1993.

Van Santen, J. P. H.: „Assignment of segmental duration in text-to-speech synthesis", *Computer Speech and Language*, 8, S. 95-128, 1994.

Van Santen, J. P. H.: „Prosodic modelling in text-to-speech synthesis", *Proc. of EUROSPEECH-97*, Rhodos, S. KN-19-28, 1997.

Van Santen, J. P. H.; Sproat, R.; Olive, J.; Hirschberg, J. (eds.): „*Progress in speech synthesis*", Springer Verlag, New York, 1996.

Van Veen, B. D.; Buckley K. M.: „Beamforming: A versatile approach to spatial filtering", *IEEE ASSP Magazine*, 5, S. 4-24, 1988.

Vary, P.: „Ein Beitrag zur Kurzzeitspektralanalyse mit digitalen Systemen" H. W. Schüßler (ed.), *Ausgew. Arbeiten über Nachrichtensysteme*, 32, Universität Erlangen, 1978.

Vary, P.: „Noise suppression by spectral magnitude estimation – mechanism and theoretical limits", *Signal Processing*, 8, S. 387-400, 1985.

Vary, P.; Hellwig, K.; Hofmann, R.; Sluyter, R. J.; Galand, C.; Rosso, M.: „Speech codec for the European mobile radio system", *Proc. of ICASSP-88*, New York, Beitrag S6.1 S. 227-230, April 1988.

Vary, P.; Heute, U.: „A short-time spectrum analyzer with polyphase-network DFT", *Signal Processing*, 2, S. 55-65, 1980.

Vary, P.; Heute, U.: „A digital filter bank with polyphase network and FFT hardware: Measurements and applications", *Signal Processing*, 3, S. 307-319, 1981.

Vary, P.; Hofmann R.: „Sprachcodec für das Europäische Funkfernsprechnetz", *Frequenz*, 42, S. 85-93, 1988.

Vary, P.; Martin, R.; Altenhöner, J.: „Kombinierte adaptive Filterung für die Kompensation akustischer Echos und die Störgeräuschreduktion", *Kleinheubacher Berichte*, 38, Deutsche Telekom AG, S. 517-526, 1995.

Viswanathan, V. R.; Russell W. H.: *„Subjective and objective evaluation of pitch extractors for LPC and harmonic-deviations vocoders"*, Report No. 5726, Bolt Beranek and Newman, Cambridge, MA, 1984.

Voiers, W. D.: „Diagnostic acceptability measure for speech communication systems", *Proc. of ICASSP-77*, Hartford, S. 204-207, 1977.

Wackersreuther, G.: „On the design of filters for ideal QMF and polyphase filter banks", *Archiv el. Übertr.*, 39, S. 123-130, 1985.

Wackersreuther, G.: „Some new aspects of filters for filter banks", *IEEE Transactions on Acoustics, Speech, and Signal Processing*, 34, S. 1182-1200, 1986.

Wackersreuther, G.: „Ein Beitrag zum Entwurf digitaler Filterbänke", *Ausgew. Arb. Nachr.-Syst.*, 64, Universität Erlangen, 1987.

Wahlster, W.: „VERBMOBIL – Translation of face-to-face dialogs", *Proc. of EUROSPEECH-93*, Berlin, Opening and Plenary Sessions, S. 29-38, 1993.

Wakita, H.: „Direct estimation of the vocal tract shape by inverse filtering of acoustic speech waveforms", *IEEE Transactions on Audio and Electroacoustics*, AU-21, S. 417-427, 1973.

Wakita, H.: „Estimation of vocal-tract shapes from acoustical analysis of the speech wave: The state of the art", *IEEE Transactions on Acoustics, Speech, and Signal Processing*, ASSP-27, S. 281-285, 1979.

Wang, D. L.; Lim, J. S.: „The unimportance of phase in speech enhancement", *IEEE Transactions on Acoustics, Speech, and Signal Processing*, 30, S. 679-681, 1982.

Widrow, B.; Glover, J.; et al.: „Adaptive noise cancelling: Principles and applications", *Proceedings of the IEEE*, 63, S. 1692-1716, 1975.

Wiener, N.: *„Extrapolation, interpolation, and smoothing of stationary time series with engineering applications"*, Wiley, New York, 1949.

Wirtz, G. C.: „Digital compact cassette: Audio coding technique", *Proc. 91st AES Convention*, Preprint No. 3216, New York, 1991.

Wise, J. D.; Caprio, J. R.; Parks, T. W.: „Maximum likelihood pitch estimation", *IEEE Transactions on Acoustics, Speech, and Signal Processing*, 24, S. 428-423, 1976.

Wittek, J.: *„Beiträge zur apparativen Sprachgütebeurteilung"*, Dipl.-Arbeit, Lehrstuhl f. Netzwerk- u. Systemtheorie, Univ. Kiel, 1995.

Wong, D. Y.; Markel, J. D.; Gray, A. H.: „Least-squares glottal inverse filtering from the acoustic speech waveform", *IEEE Transactions on Acoustics, Speech, and Signal Processing*, 27, S. 350-355, 1979.

Wong, S. W.: „An evaluation of 6.4 kbit/s speech codecs for Inmarsat-M system", *Proc. of ICASSP-91*, Toronto, S. 629-632, 1991.

Xie, M.; Adoul, J.: „Fast and low complexity LSF quantization using algebraic vector quantizer", *Proc. of ICASSP-95*, Detroit, S. 716-719, 1995.

Yamamoto, S.; Kitayama, S.: „An adaptive echo canceller with variable step gain method", *Transactions of the IECE Japan*, E65(1), S. 1-8, Januar 1982.

Ying, G. S.; Jamieson, L. H.; Michell, C. D.: „A probabilistic approach to AMDF pitch detection", *Proc. of the Intern. Conf. Spoken Language Processing (ICSLP-96)*, Philadelphia, FrP2P1.1, 1996.

Yoshida, T.: „The rewritable MiniDisc system", *Proceedings of the IEEE*, 82(10), S. 1492-1502, 1994.

Zelinski, R.: „Ein Geräuschunterdrückungssystem mit zweidimensionaler Mikrophongruppe und nachgeschalteter adaptiver Wiener Filterung", *6. Aachener Symposium für Signaltheorie*, D. Meyer-Ebrecht (ed.), Springer Verlag, S. 372-375, 1987.

Zelinski, R.: „A microphone array with adaptive post-filtering for noise reduction in reverberant rooms", *Proc. of ICASSP-88*, New York, S. 2578-2581, 1988.

Zelinski, R.: „Noise reduction based on microphone array with LMS adaptive postfiltering", *Elect. Letters*, 26(24), S. 2036-2037, 1990.

Zelinski, R.: „Ein Geräuschreduktionssystem mit Mikrofongruppe und LMS-gesteuerter adaptiver Nachfilterung", *Fortschritte der Akustik, DAGA 91*, S. 893-896, 1991.

Zelinski, R.: „Mikrofon-Arrays mit superdirektiven Eigenschaften zur Sprachsignalübertragung", *Frequenz*, 50(9-10), S. 198-204, 1996.

Zwicker, E.: *„Psychoakustik"*, Springer Verlag, Berlin, 1982.

Zwicker, E.; Hess, W. J.; Terhardt, E.: „Erkennung gesprochener Zahlworte mit Funktionsmodell und Rechenanlage", *Kybernetik*, 3, S. 267-272, 1967.

Sachwortverzeichnis

A-Kennlinie 251
Abdeckung 530
Absolute Category Rating 500
Abtastfrequenz f_A 61
Abtastung 61, 73
ACELP 542
ACR-Test 500
Adaption
    blockorientiert 174
    sequentiell 184, 408
Adaptive Bitzuteilung 351
Adaptive Differenz-Puls-Code-
    Modulation 235, 273
Adaptive Prädiktive Codierung 274
Adaptive Quantisierung 257, 353
Adaptive Quantization Backward 257
Adaptive Quantization Forward 257
Adaptive Transformationscodierung
    (ATC) 235, 351, 364, 370
Adaptives Codebuch 324
ADPCM 235, 273, 288, 358, 503, 537
AKF 140, 146, 205, 208
AKF der Impulsantwort 146
Akustische Barriere 409
Akustische Mensch-Maschine-
    Kommunikation 1
Akustische Theorie der
    Vokalartikulation 9, 15, 16
Akustisches Echo 2, 429
Akzent 489, 497
Akzentuierung 58, 488, 494
Akzentwert 490
Akzeptanz 229, 467, 493, 528, 534, 535
Algorithmische Grundverzögerung 312
Aliasing 73, 85, 124
Aliaskompensation 129, 364
Allophon 44, 51, 52, 470–472

Allpaß 96, 104, 107, 168, 391
Allpaß-Polyphasensystem 525
Allpaß-PPN 519
Allpol-Filter 26, 169, 474
Allpol-Modell 167
Allpol-Übertragungsfunktion 9, 24, 210
Alveolar 48
AMDF 202, 208, 215
Analyse-durch-Synthese 308, 310, 367, 368
Analyse-durch-Synthese-Codierung 319
Analyse-Filterbank 75
Analyse-Synthese-Filterbank 355, 391
Analyse-Synthese-System 120, 126, 337
Annehmbarkeit 504
Anregung 8–10, 26, 28, 44, 195–197, 201, 219, 476, 482
    gemischt 12, 28, 219, 475
    stimmhaft 10, 27, 52, 475
    stimmlos 10, 475
    transient 10–12
Anregung des Vokaltrakts 216
Anregungsart 28, 195, 219, 468, 485
    Bestimmung 219, 228
Anregungssignal 474
Ansatzrohr 9, 13, 15, 16, 19, 22, 44, 52
Antiformant 26, 468, 474
Antispiegelpolynom 299
APC 274, 311, 358
Aperture Smoothing Function 423
AQB 257
AQF 257
AQF-Verfahren 317
AR-Prozeß 167
ARMA-Modell 166
Artikulation 9, 15, 44, 47, 49, 54, 471
Artikulationsart 47, 54, 473

Artikulationsaufwand 54
Artikulationsgeste 9, 20, 44, 47, 56, 466, 468, 476
Artikulationsindex 512
Artikulator 9, 44, 53–55, 476, 492
Artikulatorische Synthese 532
Attribut 504, 521, 532
Audio 355
Audio Coding 537
Audiosignal 363
Auditive Gütebestimmung 4
Auditive Gütebeurteilung 499
Aufwand
    artikulatorisch 55
Außenohr 28
Autokorrelation 140, 202, 222
    Kurzzeit- 176
Autokorrelationsmatrix 144, 161
Autokorrelationsmethode 175
Autokovarianz 140
Autoregressiver Prozeß 167

Bad Frame Indication 547
Bark-Skala 34, 359, 361, 518, 525
Bark-Spektraldistanz 523
Basilarmembran 30, 34, 38
Basisband-RELP-Codec 312
Bausteininventar 473
Beamforming 380, 422
BFI 547
Bitzuteilung 345, 354, 364
Block-LMS-Algorithmus 458
Blockfilterung 316
Blockorientierte Adaption 174
Breitbandsprache 233, 358
Butterfly 78

CCR 501
CELP-Codec 310, 319
Center-Clipper 452
Cepstraler Signalabstand 515
Cepstrum 69, 133, 203, 352, 514
Cepstrum-GFB-Algorithmus 222
Cepstrum-Verfahren 205
Cepstrum-Vocoder 293
Channel State Information 547
CLID-Test 529, 530
Closed-Loop Prediction 279

Closed-Loop-LTP 326
Code Excited Linear Prediction 310, 319
Codebuch 262
    adaptiv 324
    fest 326
    stochastisch 326
Codec
    Basisband-RELP- 312
    CELP- 310, 319
    GSM-Vollraten- 315
Codec-Standards 537
Codevektor 262
Codierung 233, 271
    Analyse-durch-Synthese- 319
    Hybrid- 271, 301
    linear prädiktiv 293
    Multipuls- 327
    prädiktiv 271
    Signalform- 271
Cortisches Organ 28, 30
Critical Band 357
CS-ACELP 537
CSI 547
CTS 497

D_2-Lattice 263, 266
D_m-Lattice 266
Dämpfung 68
Datenkompression 3
Datenreduktion 42, 200, 209
Dauer 37, 53, 58, 232, 466, 469, 479, 481, 485, 488, 489
Dauer von Vokalen 58
Dauersteuerung 479, 488, 494
DCR 501
DCT 88, 135, 342, 350
DCT II 88
Dekorrelation 154
Dekorrelierendes System 142
Delay-and-Sum-Beamformer 424
Deutlichkeit 528
DFT 63, 135, 342, 350, 366, 368
DFT-Filterbank 83
Diagnostic Acceptability Measure 504
Diagnostische Evaluierung 528
Diagonalisierung 349

Dialogsteuerung 2
Dialogsystem 465, 467, 492
Digital Audio Broadcast 554
Digitalfilter 23, 24, 26, 94, 212
Diphon 470, 471
Diphthong 44, 57, 488
Dirac-Impuls 64
Diskrete Fourier-Transformation 63
Distanz 485
Distanzfunktion 202
Distinktive Merkmale 52
Dominante Aliaskomponente 129, 364
Dominierende Komponente 365
Double Talk 431, 436, 448
DPCM 273

Echo Return Loss Enhancement 435
Echodämpfung 435
Echokompensator 2, 429
    mit frequenzselektiver
        Zusatzdämpfung 455
Eigenvektor 92, 401
Eigenwert 92
Eigenwert-orientierte
        Geräuschreduktion 398
Einheitsimpuls 64
Einkanaliger Ansatz 379
Elision 57, 473
Empfindungsgröße 34, 35
Endfire-Array 426
Endgerät zur Sprachkommunikation 2
Enhanced Full-Rate Speech
        Transcoding 537
Entwurf
    Equal-Ripple- 100
    minimales Fehlerquadrat 100
Entwurf von optimalen
        Vektor-Codebüchern 267
Ergodizität 157
ERLE-Maß 435
Error Concealment 4
Erwartungswert 139
ETSI 537
ETSI-GSM 06.10 537
ETSI-GSM 06.20 537, 548
ETSI-GSM 06.60 537, 550
European Telecommunications
        Standards Institute 537

Evaluierung 227, 485, 528
Expanderkennlinie 248

Faktorenanalyse 505, 534
Faltung
    linear 97
    Schnell 98, 383, 407
    zyklisch 97, 386
Faltungssätze 66
Fast Fourier Transform 77
Fast perfekte Rekonstruktion 134
Fast-LMS-Algorithmus 458
Fehlergewichtungsfilter 307
Fehlerleistung 346
Fehlerverdeckung 378
Fenster 127, 162
    Hamming- 83, 101
    Hann- 83, 101
    Kaiser- 101, 364
    Rechteck- 83, 101
Fensterfunktion 81, 161
Fensterlänge 107
Fensterung 73
Festes Codebuch 326
Feuerwahrscheinlichkeit 520
FFT 77
    reellwertiger Signale 78
Filter
    Allpol- 169, 474
    Digital- 94
    FIR- 96, 382
    Halbband- 102, 131, 360
    Hintergrund- 417, 420
    invers 169
    linearphasig 96
    M-telband- 131
    minimalphasig 168
    nichtrekursiv 94, 381
    Optimal- 380, 399
    Prototyp- 391
    Quadratur-Spiegel- 104
    rekursiv 94
    Vordergrund- 417, 421
    Weißmacher- 172
    Wellendigital- 95, 103, 360
    Wiener- 380, 382, 389, 399, 405,
        410, 416, 420

Wurzel-Nyquist- 133
Filter-and-Sum-Beamformer 424
Filterbank 82, 94, 100, 337
   Analyse- 75
   Analyse-Synthese- 355, 391
   DCT- 90
   DFT- 83
   Frequenzgruppen- 114
   KLT- 92
   Modell- 518
   moduliert 110, 120, 127
   Oktav- 105, 357
   Polyphasen- 107, 391
   Terz- 357
   überabgetastet 391
Filterbank-Kanal 83
Filterbank-Tiefpaß-Kanal 82
Filterentwurf 100
Filterung
   invers 216, 230
   inverse LPC- 229
FIR-Filter 96, 382
Flachheit 338, 348, 358
FLMS-Algorithmus 459
Formant 16, 20, 23, 24, 46, 53, 196, 204, 205, 210, 217, 227, 230, 468, 475, 477, 482, 513
Formant-Vocoder 292
Formantfrequenz 17, 19, 46, 54, 474
Formantkarte 46
Formantsynthetisator 474, 532
Fourier-Transformierte 62
Freisprecheinrichtung 2, 377, 429
Freisprechen 2
Frequenzbereichscodierung 337
Frequenzgang 66
Frequenzgruppe 33, 34, 38, 337, 357, 359, 518
Frequenzgruppen-Filterbank 114
Frikativ 13, 48, 54, 55, 222, 224, 473, 476, 488
Full-Rate Speech Transcoding 537

Gain 270
Gain-Shape-Vektorquantisierung 270, 307
Gamma-Verteilung 151, 155

Gammaton-Filterbank 525
GDCT 87, 110, 120, 131, 134, 343, 398
GDFT 86, 110, 120, 129, 131, 343, 398
Gegensprechen 436
Gehör 6, 7, 28, 51, 200
Gehörrichtige Quantisierung 361, 364
Gemischte Anregung 12, 28, 226, 475
Geometrische Interpretation 450
Geräuschkompensation 404
Geräuschreduktion 3, 377
Gesamtenergie 157
Glättung 200, 214, 469
Gleichmäßige Quantisierung 239
Gleichverteilung 147
Gleitlaut 20, 48, 55, 57
Globale Evaluierung 528
Glottis 9, 10, 15, 26, 48, 49, 198
Glottis-Signal 183
Glottisverschlußzeitpunkt 198, 199, 210, 217, 223, 479
Gradient 185
Gradientenverfahren 408
   stochastisch 186
Grundfrequenz 11, 26, 58, 195–197, 469, 475, 481, 489
Grundfrequenzbestimmung 195, 196
Grundperiode 11, 188, 195, 197, 210, 217, 475, 477, 479
Grundperiodendauer 27
GSM-Standard 315
GSM-Vollraten-Codec 315
Gütebeurteilung
   auditiv 499
   subjektiv 499

Haarzellenmodell 520
Häufigkeit 152
Halbbandfilter 102, 131, 360
Halbsilbe 58, 470, 472
Halbsilbenorientierter Baustein 533
Half-Rate Speech Transcoding 537
Hallradius 379, 415
Hamming-Fenster 83, 101
Hann-Fenster 83, 101
Harmonische Codierung 368
Harmonische Modellierung 372
Hauptkomponente 521

Hauptkomponentenanalyse 505
Hidden-Markov-Modell 486
Hilberttransformation 217, 223
Hintergrundfilter 417, 420
Hintergrundstörung 377
Histogramm 154
Höranstrengung 499
Hörer 6, 39, 41, 54, 485, 491
Hörfläche 31, 33
Hörprobe 499
Hörtest 499
Hybrid-Coder 373
Hybrid-Codierung 234–236, 271, 301

IDCT 88, 120
IDFT 63, 120, 383
IGDFT 86
IMBE 374, 537
Improved Multi-Band Excitation
    Codec 537
Impulsantwort 66
Impulskamm 73
Informationsindex 512
INMARSAT/IMBE 537
INMARSAT: Improved Multi-Band
    Excitation Codec 552
Innenohr 6, 28
Innovation 169
Instationäres Verfahren 161
Instationarität 138
Instrumentelle Qualitätsbeurteilung 4,
    500
Integer-band sampling 75
International Organization of
    Standardization 537
International Telecommunications
    Union 537
Interpolation 118
Intonation 58, 196, 489, 492
Intonationssteuerung 489, 494
Inventar 482
Inverse KLT 120
ISDN 233
ISO 537
ISO-MPEG1 537
ISO-MPEG1 Audio Codierung 554
ITU 537

ITU G.711 255
ITU-T/G.722 537, 545
ITU-T/G.726 537, 538
ITU-T/G.728 537, 539
ITU-T/G.729 537, 542

Kaiser-Fenster 101, 364
Kanal-Vocoder 291
Kardinalvokal 45, 46
Karhunen-Loève-Transformation 349
Kategorie-Zuweisungstest 500
Kelly-Lochbaum-Struktur 22
Kennlinien für gleichmäßige
    Quantisierung 241
KKF 140
Klarheit 499
Klassifikation der Algorithmen zur
    Sprachcodierung 234
KLT 91, 343, 349, 505
    invers 120
Knappsack-Verfahren 354
Koartikulation 54, 56, 469–471
Kognitiver Aspekt 524
Kohärenzfunktion 411, 512
Kommunikation 5, 39, 465
Kommunikationskette 7
Kommunikationsmodell 6, 39
Kompander 248
Kompandergewinn 254
Kompensation akustischer Echos 429
Kompensationsgewinn 411
Komplexität 237
Kompressorkennlinie 247
Konsonant 20, 44, 47, 52, 54, 473, 476,
    488, 532
Konsonantenfolge 530
Konvergenz 408
Konvergenz im gestörten Fall 441
Konvergenz im störungsfreien Fall 438
Konversationstest 502
Korpus 229, 468, 485, 488, 490
Korrelation 141, 154
    Auto- 140
    Kreuz- 140
    Kurzzeit-Auto- 158
    Kurzzeit-Kreuz- 158
    zeitlich 158

zyklisch 163
Korrelationskoeffizient 510
Korrelationsmatrix 91, 143, 348, 504
Korrelationsmethode 161, 400
Kovarianz
  Auto- 140
  Kreuz- 140
Kovarianzmatrix 143
Kovarianzmethode 161, 175, 400
Kreuz-Periodogramm 422
Kreuzkorrelation 140
Kreuzkovarianz 140
Kritische Taktreduktion 73, 339
Kurven gleicher Lautstärke 32, 41
Kurzzeit-Autokorrelation 158, 176
Kurzzeit-Autokorrelationsmatrix 161
Kurzzeit-KLT 401
Kurzzeit-Kreuzkorrelation 158
Kurzzeitenergie 157
Kurzzeitmittelwert 155
  linear 156
  quadratisch 156
Kurzzeitprädiktion 165
Kurzzeitspektrum 72, 82, 162, 513
Kurzzeitspektrum in Tiefpaßlage 75
Kurzzeitstationarität 138
Kurzzeitsumme 155
Kurzzeitvarianz 156

Labial 48
Lag 162
Lag window 162
Langue 40, 41, 47
Langzeitprädiktion 188, 192
Laplace-Dichte 150
Laplace-Verteilung 155
Lattice-Quantisierung 266
Lattice-Struktur 182
Lautheit 35, 38
Lautheitsdichte-Spektrogramm 520
Lautheitsempfindung 520
Lautschrift 50, 51, 488, 496
Lautschriftinventar 491
Lautschriftsystem 45
Lautsprecher-Raum-Mikrofon-System
  2, 430
Lautstärkepegel 32, 35

Lautverständlichkeit 528
LBG-Algorithmus 267, 268
LD-CELP 537
LDS 145, 348
Least-Mean-Square-Algorithmus 186,
  288, 408, 436
Leistungsdichtespektrum 145, 162
Leistungskomplementär 124
Leistungskomplementarität 103
Leistungsübertragungsfunktion 66, 102,
  147
Levinson-Durbin-Algorithmus 179, 385,
  515
Likelihood-Maß 515
Linde-Buzo-Gray-Algorithmus 267
Line Spectrum Frequencies 299
Lineare Faltung 66, 97
Lineare Prädiktion 21, 24, 165, 207,
  217, 227, 474, 482, 513
Lineare Prädiktive Codierung 236, 293
Linearer Kurzzeitmittelwert 156
Linearer Mittelwert 139
Linearer Zeitmittelwert 156
Lineares Array 423
Lineares Modell der Spracherzeugung
  26, 28, 216
Linearly-Constrained-Least-Squares-
  Beamformer 424
Linearphasiges Filter 96
Linguistik 7, 39, 52, 58
Liquid 20, 48, 52, 55, 57
Listening-only Test 502
Listening-Opinion Index 512
Lloyd-Max-Quantisierer 256
LMS-Algorithmus 186, 408, 436
Log.-Area-Ratio 298
Logatom-Test 529
Long Term Prediction 188
LPC 236, 353, 370, 371, 513
LPC-10 Algorithmus 294
LPC-Cepstrum 514
LPC-Vocoder 293
LRM 2
LRM-System 430, 431
LSF-Koeffizienten 299
LTP 188

M-telbandfilter 131

MA-Modell 167
Magnitude Squared Coherence 411
Marginalverteilung 138
Maskierung 33, 36, 38, 280
MBE 373
Mean-Opinion Score 503, 532
Mega-Instruktionen pro Sekunde 237
Mega-Operationen pro Sekunde 237
Mehrkanal-Geräuschreduktion 419
Mehrkanaliger Ansatz 379
Mensch-Maschine-Kommunikation
    akustisch 465
Midrise 241
Midtread 241
Mikrofonarray mit superdirektiven
    Richteigenschaften 424
Mini-Disk 554
Minimalphasiges Filter 168
Minimum-Statistik-Methode 386, 393
MIPS 237
Mithörschwelle 33, 36, 38
Mittelohr 6, 28
Mittelwert 146
    Kurzzeit- 155
    linear 139
    quadratisch 139, 146
    Zeit- 155
Mittlere Leistung 157
MNRU 503
Mobilfunk-Endgerät 1
Modell
    Allpol- 167
    ARMA- 166
    MA- 167
    Nullstellen- 167
    Pol-Nullstellen- 166
    Polstellen- 167
Modell der Spracherzeugung 3, 165
Modell-Filterbank 518
Modulated-Noise Reference Unit 503
Modulationssatz 72
Modulierte Filterbank 110, 120, 127
Moment 139
Momentanfrequenz 365
Momentangradient 437
MOPS 237
Morphem 41, 49

MOS 503
Moving Pictures Expert Group 537
MPE 327
MPE-LPC 368
MPEG 537
MSC 411
μ-Kennlinie 251
Multiband-Erregung 373
Multimedia-Terminal 1
Multipuls-Codierung 327
Musical Tones 393, 396
Mustererkennung 220, 225
Myoelastisch-aerodynamische Theorie
    10

Nachfilterung 4, 332
Nachhallformel von Sabine 433
Nachhallzeit 433
Nachverdeckung 519
Nasal 9, 44, 48, 54, 55, 57, 224
Natürlichkeit 467, 499, 528, 531,
    534–536
Nebeninformation 236, 258, 302, 351,
    358
Nichtrekursives Filter 94, 381
Nichtstationäre Lösung 175
NLMS-Algorithmus 432, 437
Noise Reduction 379
Noise-Shaping 283, 305
Normalgleichungen 172
Normalisierter LMS-Algorithmus 437
Normalized Least-Mean-Square-
    Algorithmus 432
Normalverteilung 146, 149
Nulldurchgang 198, 211
Nulldurchgangshäufigkeit 221, 227
Nullstellen-Modell 167
Nyquist-Flanke 132

Obstruent 48, 57, 473
Ökonomie der Artikulation 54
Oktavfilterbank 105, 357
Open-Loop Prediction 279
Optimalfilter 379, 380, 388, 399
Optimalquantisierung 256, 353, 364
Ort der Artikulation 47, 48, 54, 473
Orthogonalität 65, 142, 148
Overlap-Add-Algorithmus 387

Overlap-Save-Algorithmus 459

Paarvergleichstest 500
Parole 40, 41
Pause 12, 37, 219, 225, 227, 497
Pausensegment 219
PCM 503
Pegelwaage 430, 453
Perfekte Rekonstruktion 122, 134, 356, 364
Perfekte Sequenz 455
Periodogramm 162, 385, 519
Perzeptives Sprachqualitätsmaß 524
Phase unwrapping 370
Phasen-Vocoder 293
Phaseninterpolation 371
Phon 41, 44, 58, 470, 471, 486
Phonation 10, 26, 44, 48, 197
Phonationssignal 228
Phone 51
Phonem 9, 40, 44, 51, 52, 55
Phonetik 7, 39, 51, 55, 476
Phonotaktik 57, 472, 494, 529
Pitch 198, 352
Pitch-Periode 183, 188
Pitchanalyse 368
Planares Array 423
Plosiv 13, 47, 55, 471–473, 476, 488
Pol-Nullstellen-Modell 166
Polstellen-Modell 167
Polyphasen-Filterbank 107, 391
    Allpaßtransformation 111
Polyphasennetzwerk 110
PPN 110, 120
PPN-DCT 110
PPN-DFT 110, 126, 363
PPN-FFT 519
PPN-GDCT 364
Prädiktion
    Kurzzeit- 165
    Langzeit- 188
    linear 21, 24, 165, 207, 217, 227, 474, 482
Prädiktionsfehlersignal 170, 175
Prädiktionsgewinn 173, 227, 234, 280, 337, 347, 358
Prädiktive Codierung 271

Prädiktorkoeffizient 170, 351
Präemphase 27
Präferenz 501, 531
Pragmatik 42, 59, 487, 496
Primärsignal 404
Produkterwartungswert 139
Prosodie 58, 470, 487, 492, 495, 530, 534
Prosodiesteuerung 466, 487, 492, 495, 497, 532, 535
Prototyp-Tiefpaß 109
Prototypfilter 391
PSOLA-Verfahren 478, 532
PSQM 524
Psychoakustik 367, 500, 516

Q-Wert 503
QMF 104, 120, 360
Quadratischer Kurzzeitmittelwert 156
Quadratischer Mittelwert 139, 146
Quadratischer Zeitmittelwert 156
Quadratur-Spiegelfilter 104
Qualität 196, 221, 225, 227, 468, 476, 482, 487, 495, 528
Qualität der synthetischen Sprache 467, 472, 476, 528
Qualitätsbeurteilung 4
Qualitätsempfinden 499
Quantisierung 233, 238
    adaptiv 257
    gleichmäßig 239
    Lattice- 266
    Optimal- 256
    Vektor- 262
    vektoriell 307
Quantisierung mit Kompandierung 247, 249
Quantisierungsfehler 239
Quantisierungskennlinie 242
Quantisierungsniveau 243
Quantität 58
Quelle-Filter-Modell 8, 26, 474–476
Quellencodierung 3

Randverteilung 138
Rausch-Klirr-Messung 512, 521
Rauschen 11, 33, 35, 36, 204, 205, 223, 228, 229, 231

Rauschfärbung 288
Rauschgenerator 28, 475
Rauschsockel 399
Rechteckfenster 83, 101
Referenzsignal 379, 404
Reflexionskoeffizient 181
Regeln 41, 466, 468, 469, 471, 487, 530
Regelwerk 53, 493
Regular Pulse Excitation 316
Reimtest 529
Rekonstruktion
    fast perfekt 134
    perfekt 122, 134
Rekursives Filter 94
RELP 311
Restecho 436
Reststörung 393
Richtdiagramm 427
Richtwirkung 423
RLS-Algorithmus 187
Robuster GFB-Algorithmus 207
Robustheit 204, 205, 222, 225, 229, 231, 474, 486, 493, 536
Röhrenmodell 181
RPE 327, 368
RPE-Grid-Selektion 316
Rückwärtsadaption 358
Rückwärtsprädiktion 279
Ruhehörschwelle 31, 36, 519
Rundungskennlinie 241

Satzverständlichkeit 530
SBC 340, 355
Schätzspektrum 351, 371
Schallwelle 13, 29
Schmalband-Rauschsignal 375
Schmalband-Tiefpaßgeräusch 370
Schnelle Faltung 98, 383, 407, 459
    Overlap-Add 99
    Overlap-Save 99
Schrittweite 186
Schrittweitenfaktor 187, 437, 446
Schwa 16, 53, 56, 473
6-dB-pro-Bit-Regel 244
Segment 55, 58, 469, 471, 474, 492
Segment-Kennlinie 254, 255
Segment-SNR 510

Segmentale Ebene 59, 470, 487, 488, 528
Segmentale Verständlichkeit 532
Segmentebene 486
Seiteninformation 351, 358, 363
Semantik 41, 59, 487, 491, 496
Sequentielle Adaption 184, 408
Shape 270
SID 547
SIFT-Algorithmus 231
Signal 61
Signal-Quantisierung 346
Signal-Rausch-Abstand 207, 231
Signal-Störabstand
    bei gleichmäßiger Quantisierung 246
    der A-Kennlinie 253
Signalfensterung 160, 163
Signalform-Codierung 234, 235, 271
Signalmodelle 166
Signalpegel 69
Signalverbesserung 4
Silbenverständlichkeit 528
Silence Indication 547
Single Talk 436
Singulärvektor-Spektrum 403
Singulärwert 401
Singular-value decomposition 401
Sinus-Synthese 371
Sinusmodellierung 365
SNR 509
Speech Enhancement 379
Spektral-Quantisierung 346
Spektralabstand
    linear 514
    logarithmisch 514
    nichtlinear 514
Spektralanalyse 61, 71, 337
Spektrale Einhüllende 513
Spektrale Formung des Quantisierungsfehlers 283
Spektrale Subtraktion 379, 387, 396, 418
Spektrales Abstandsmaß 296
Spektralsynthese 61, 117, 337
Spiegelpolynom 299
Sprachausgabe 2

Sprachcodierung 3, 198, 208, 219, 224, 228, 470, 475, 528
Sprachcodierverfahren 196
Spracherkennung 2, 465, 485, 486
Spracherkennungssystem 7, 220
Sprachgemeinschaft 40, 41, 58
Sprachgrundfrequenz 368, 513
Sprachmodellsignal 523
Sprachsynthese 2, 28, 219, 228, 465, 466, 536
    artikulatorisch 476
    inhaltsgesteuert 467, 495
    textgesteuert 466
Sprachsynthesesystem 7, 232
Sprecher 6, 10, 39, 41, 58, 196, 226, 469, 483, 486, 494, 496, 528
Sprechorgan 6–8, 10, 56, 470
Sprechtrakt 8, 28
Sprechtrakt-Frequenzgang 205
Sprechtraktfilter 272
Spreizung 121
Start-Codebuch 267
Stationäre Lösung 175
Stationäres Verfahren 161
Stationarität 138, 384
    Kurzzeit- 138
Statistische Unabhängigkeit 142
Stimmband 8, 10, 198, 476
Stimmbandschwingung 10–12, 26, 27, 195, 196, 209, 215, 216, 476
Stimmhaft 11, 44, 47, 195, 216, 219, 226–228, 471
Stimmhaft-Stimmlos-Klassifikation 222, 226, 368
Stimmhafter Abschnitt 214
Stimmhafter Baustein 485
Stimmhafter Zweig 26
Stimmlos 28, 47, 195, 219, 223, 227, 471, 481
Stimmlos-Fehler 227
Stochastisches Codebuch 326
Störabstand 345, 503, 509
Störleistung 341, 346
Störungsrechnung 17
Stufenhöhen-Multiplikator 258
Sub-Band Coding 340
Subjektive Gütebeurteilung 499

Summenorthogonalität 65
Superdirektivität 425
Suprasegmentale Ebene 59
Suprasegmentales Merkmal 58
SVD 401
Syntax 41, 487, 495, 496
Synthese
    parametrisch 474
Synthesefilterbank 119
Synthetisator 466, 474, 475, 532
Systemabstand 435
Systemidentifikation 172
Systemphase 69, 147

Takterhöhung 121
Taktreduktion 73, 85, 104, 109, 114, 123, 127, 356, 364
Tandem-Betrieb 336
TC 340
TDAC 135
Teilband-Codierung 235
Teilband-Störabstand 511
Terzfilterbank 357
Testsatz 502
Tiefpaß 27, 211, 212, 215
Tiefpaßkanal 87, 90, 111
Toeplitz-Matrix 92, 144, 162, 172
Tonheit 34
Trainingsvektor 267
Transformationscodierung 235, 340, 351, 364, 370, 390
Transformationsgewinn 234, 347
Transiente Anregung 10, 12
Transkription 50, 51, 530
Trennung Sprache-Pause 219–221
TTS-System 474, 482, 487, 495, 497, 531

Überabgetastete Filterbank 391
Überschätzung 390
Übertragung vom Außenohr zum Innenohr 517
Übertragungsfunktion 27, 66, 95
Unabhängigkeit 148, 150
Ungleichmäßige Auflösung 113
Unitäre Transformation 341
Unkorreliertheit 142, 148, 150, 381

VAD 386
Varianz 139, 146
    Kurzzeit- 156
    zeitlich 156
VDF 152
Vektorquantisierung 262, 307
Velar 49
Verbund-Verteilungsfunktion 138
Verdeckungseffekt 307, 361, 514
Verdeckungskurve 362, 518
Verdeckungsschwelle 519
Verkettung 466, 477, 494, 530
Verkettung natürlichsprachlicher Einheiten 484
Verkettungsmodul 468
Versetzte Taktreduktion 123
Verständlichkeit 467, 499, 528, 534, 536
Verstehbarkeit 528–531, 534
Verteilung
    Gamma- 151, 155
    Gleich- 147
    Laplace- 155
    Marginal- 138
    Normal- 149
    Rand- 138
Verteilungsdichtefunktion 137
Verteilungsfunktion 137
Vocoder 234, 235, 271, 290
    Cepstrum- 293
    Formant- 292
    Kanal- 291
    LPC- 293
    Phasen- 293
Voice Coder 290
Voice-Activity-Detector 386, 511
Vokal 9, 13, 16, 20, 44, 45, 49–52, 55, 57, 207, 214, 473, 475, 488
    neutral 16, 46, 56
Vokal-Vokal-Diphon 473
Vokalaffinität 57
Vokaltrakt 9, 13, 15, 27, 44, 47, 53, 196, 210, 471, 476
    Anregung 216
    Querschnittsfunktion 22, 26
    Röhrenmodell 9, 20, 26
    Übertragungsfunktion 26, 28, 217, 482

Vollraten-Codec 315
Vordergrundfilter 417, 421
Vorläuferkoeffizienten 448
Vorleseautomat 484, 491, 492
Voronoi-Zelle 263, 268
Vorverdeckung 519
Vorwärtsprädiktion 279

Wahrnehmbarkeitsschwelle
    differentiell 38
Wavelet-Transformation 519
Webster'sche Horngleichung 16
Weißes Quantisierungsgeräusch 346
Weißmacher-Effekt 183
Weißmacher-Filter 172
Wellendigitalfilter 95, 103, 360
Wiener-Hopf-Gleichung 405
Wienerfilter 380, 382, 389, 399, 402, 405, 410, 416, 420
Wortlängengewinn 283
Wortverständlichkeit 530
Wurzel-Nyquist-Filter 133

z-Transformation 63
Zeichen 39
    diakritisch 51
Zeichensystem 6, 7, 39, 40, 60
Zeitliche Korrelation 158
Zeitliche Varianz 156
Zeitmittelwert 155
    linear 156
    quadratisch 156
Zero padding 67, 163, 387
Zweikanal-Geräuschreduktion 379, 409
Zweikanalige Geräuschreduktion im Frequenzbereich 417
Zweikanalige Geräuschreduktion im Zeitbereich 416
Zyklische Faltung 67, 97, 386
Zyklische Korrelation 163

Informationstechnik

Herausgegeben von
Prof. Dr.-Ing. Dr.-Ing. E.h. **Norbert Fliege**, Mannheim
Prof. Dr.-Ing. **Martin Bossert**, Ulm

Systemtheorie
Von Prof. Dr.-Ing. Dr.-Ing. E.h. **N. Fliege**, Mannheim
1991. XV, 403 Seiten mit 135 Bildern. ISBN 519-06140-6

Nachrichtenübertragung
Von Prof. Dr.-Ing. **K. D. Kammeyer**, Bremen
2., neubearbeitete und erweiterte Auflage.
1996. XVIII, 759 Seiten mit 405 Bildern. ISBN 3-519-16142-7

Multiraten-Signalverarbeitung
Von Prof. Dr.-Ing. Dr.-Ing. E.h. **N. Fliege**, Mannheim
1993. XVII, 405 Seiten mit 314 Bildern. ISBN 3-519-06155-4

Pseudorandom-Signalverarbeitung
Von Prof. Dr.-Ing. habil. **A. Finger**, Dresden
1997. XI, 308 Seiten mit 135 Bildern. ISBN 3-519-06184-8

Systemtheorie der visuellen Wahrnehmung
Von Prof. Dr.-Ing. **G. Hauske**, München
1994. XI, 270 Seiten mit 138 Bildern. ISBN 3-519-06156-2

Architekturen der digitalen Signalverarbeitung
Von Prof. Dr.-Ing. **P. Pirsch**, Hannover
1996. IX, 368 Seiten mit 207 Bildern. ISBN 3-519-06157-0

Signaltheorie
Von Dr.-Ing. **A. Mertins**, Hamburg-Harburg
1996. XI, 312 Seiten mit 101 Bildern. ISBN 3-519-06178-3

Digitale Audiosignalverarbeitung
Von Dr.-Ing. **U. Zölzer**, Hamburg-Harburg
2., durchgesehene Auflage. 1997. IX, 303 Seiten mit 277 Bildern.
ISBN 3-519-16180-X

Video-Signalverarbeitung
Von Dr.-Ing. habil. **C. Hentschel**, Eindhoven/NL
1998. VIII, 269 Seiten. ISBN 3-519-06250-X

B. G. Teubner Stuttgart · Leipzig

Informationstechnik

Digitale Netze
Grundlegende Verfahren und Konzepte
Von Prof. Dr.-Ing. **M. Bossert** und Dr.-Ing. **M. Breitbach**, Ulm
1998. ca. 400 Seiten. ISBN 3-519-06191-0

Digitale Mobilfunksysteme
Von Dr.-Ing. **K. David**, Münster, und Dr.-Ing. **T. Benkner**, Siegen
1996. XIII, 457 Seiten mit 217 Bildern. ISBN 3-519-06181-3

Analyse und Entwurf digitaler Mobilfunksysteme
Von Priv.-Doz. Dr.-Ing. habil. **P. Jung**, Kaiserslautern
1997. XI, 416 Seiten mit 97 Bildern. ISBN 3-519-06190-2

Mobilfunknetze und ihre Protokolle
Von Prof. Dr.-Ing. **B. Walke**, Aachen
Band 1: Grundlagen, GSM, UMTS und andere zellulare Mobilfunknetze
1998. XIX, 468 Seiten mit 198 Bildern. ISBN 3-519-06430-8
Band 2: Bündelfunk, schnurlose Telefonsysteme, W-ATM, HIPERLAN, Satellitenfunk, UPT
1998. XX, 456 Seiten mit 257 Bildern. ISBN 3-519-06431-6
Band 1 u. 2: (im Set) ISBN 3-519-06182-1

GSM
Global System for Mobile Communication
Vermittlung, Dienste und Protokolle in digitalen Mobilfunknetzen
Von Prof. Dr.-Ing. **J. Eberspächer**
und Dipl.-Ing. **H.-J. Vögel**, München
1997. XI, 342 Seiten mit 177 Bildern. ISBN 3-519-06192-9

Digitale Sprachsignalverarbeitung
Von Prof. Dr.-Ing. **P. Vary**, Aachen, Prof. Dr.-Ing. **U. Heute**, Kiel,
und Prof. Dr.-Ing. **W. Hess**, Bonn
1998. XIII, 591 Seiten, ISBN 3-519-06165-1

Kanalcodierung
Von Prof. Dr.-Ing. **M. Bossert**, Ulm
2., neubearbeitete und erweiterte Auflage.
1998. ca. 450 Seiten. ISBN 3-519-16143-5

B. G. Teubner Stuttgart · Leipzig